Albert Einstein: Akademie-Vorträge

Herausgegeben von
Dieter Simon

Albert Einstein: Akademie-Vorträge. Dieter Simon (Hrsg.)

ISBN: 3-527-40609-3

Albert Einstein:
Akademie-Vorträge

Sitzungsberichte der Preußischen Akademie der Wissenschaften 1914–1932

Herausgegeben von
Dieter Simon
Berlin-Brandenburgische Akademie der Wissenschaften

WILEY-VCH

WILEY-VCH Verlag GmbH & Co. KGaA

Herausgeber

Professor Dr. Dieter Simon,
Präsident der Berlin-Brandenburgischen
Akademie der Wissenschaften
Jägerstr. 22/23
10117 Berlin

Titelbild
Einstein hält einen Vortrag in der
Berliner Philharmonie
zugunsten notleidender Studenten (1932).

Bibliografische Information der Deutschen Bibliothek
Die Deutsche Bibliothek verzeichnet diese Publikation in der Deutschen Nationalbibliografie; detaillierte bibliografische Daten sind im Internet über <http://dnb.ddb.de> abrufbar.

Printed in the Federal Republic of Germany

Gedruckt auf säurefreiem Papier

Druck Betz-Druck GmbH, Darmstadt

Buchbinder Litges & Dopf Buchbinderei GmbH, Heppenheim

ISBN-13: 978-3-527-40609-8
ISBN-10: 3-527-40609-3

Geleitwort

Aus Anlass des Einstein-Jahres 2005 hat sich der Wiley-VCH Verlag entschlossen, im Rahmen seiner von uns herausgegebenen Reihe *Abenteuer Wissensgeschichte* diese neue Auflage von Einsteins Akademie-Vorträgen in Faksimiledruck vorzulegen und zugleich ihre Veröffentlichung im Internet zu ermöglichen. Dieser Band ergänzt somit die bereits erschienene Sammlung von Einsteins Beiträgen zu den *Annalen der Physik*, die ebenfalls als Buch mit ergänzender Website[1] erschienen ist.

Der vorliegende Band umfasst Schlüsselarbeiten Einsteins aus seinen Berliner Jahren zu Problemen der allgemeinen Relativitätstheorie und der Quantentheorie und dokumentiert Einsteins unablässige Bemühungen, durch die Formulierung einer einheitlichen Feldtheorie eine neue Grundlage der Physik zu schaffen. Diese Arbeiten werden in den *Collected Papers of Albert Einstein* ausführlich kommentiert[2]. Da sie als Ergebnis von Einsteins Wirken an der Preußischen Akademie der Wissenschaften von 1914–1932 entstanden sind, mögen einige kurze Bemerkungen zum Verständnis dieses historischen Kontextes beitragen.

Im April 1914 folgte Albert Einstein dem Ruf der Königlich Preußischen Akademie der Wissenschaften nach Berlin. Neunzehn Jahre lang war er eines ihrer berühmtesten Mitglieder.

> Im Sommer gehe ich nämlich nach Berlin als Akademie-Mensch ohne irgendwelche Verpflichtung, quasi als lebende Mumie. Ich freue mich auf diesen schwierigen Beruf [...],

schrieb Einstein seinem Freund Jakob Laub im Herbst 1913. In seiner Berliner Zeit erlebte er den Höhepunkt seiner wissenschaftlichen und gesellschaftlichen Anerkennung. Dennoch waren diese Jahre keineswegs eine Zeit ungeteilter Freude. Sie waren nicht zuletzt von politischen und antisemitisch geprägten Angriffen auf seine Person und sein Werk gekennzeichnet und mündeten schließlich mit der Machtübernahme der Nationalsozialisten in seine erzwungene Emigration. Einstein ist nie wieder nach Berlin zurückgekehrt.

Einsteins Berufung nach Berlin war mit der Absicht verbunden, ein interdisziplinäres Forschungsprojekt ins Leben zu rufen mit dem Ziel, die Einsichten der jüngeren Physik in die Mikrostruktur der Materie und in die Wechselwirkung zwischen Materie und Strahlung für eine theoretische Begründung der Chemie fruchtbar zu machen. Einstein wurde die Akademiestelle des verstorbenen Jacobus Henricus van't Hoff angeboten. Als hauptamtliches Mitglied der Akademie sollte er

---

[1] J. Renn (ed.): Einstein's Annalen Papers – The Complete Collection 1901–1922, Wiley-VCH 2005, ISBN 3-527-40564-X.
http://einstein-annalen.mpiwg-berlin.mpg.de

[2] The Collected Papers of Albert Einstein, Bde 1–9, Princeton University Press.

Albert Einstein: Akademie-Vorträge. Dieter Simon (Hrsg.)

ISBN: 3-527-40609-3

sich in dieser Position ausschließlich auf seine Forschungsinteressen konzentrieren können. Mit Einsteins Akademiemitgliedschaft war zudem die Berufung an die Berliner Universität verknüpft, dies mit allen akademischen Rechten, doch ohne die Pflicht, regelmäßig Vorlesungen halten zu müssen. Darüber hinaus stellte man Einstein in Aussicht, Direktor eines neu zu gründenden Kaiser-Wilhelm-Instituts für Physik zu werden.

Als Einstein nach Berlin kam, war er vor allem mit der Veränderung der Begriffe von Raum und Zeit durch die spezielle Relativitätstheorie und die Auswirkungen dieser Veränderung auf die Physik als Ganzes beschäftigt. Die klassische Theorie der Gravitation schien in einem unlösbaren Widerspruch mit diesen Begriffen zu stehen. Seine Erwartung, dass seine Arbeiten zur Lösung dieses Problems auf das Interesse seiner Akademiekollegen stoßen würden, wurde allerdings enttäuscht. Schon bei seiner Berufung wurde deutlich, dass seine revolutionären Ideen in Berlin skeptisch aufgenommen wurden. In dem von Planck, Nernst, Rubens und Warburg im Juni 1913 eingebrachten Wahlvorschlag für die Akademiemitgliedschaft wurde seine Bemühung um die Verallgemeinerung der Relativitätstheorie, ebenso wie seine Arbeit, in der er die Lichtquantenhypothese aufstellte, die zu seinem späteren Nobelpreis führte, geradezu als entschuldbarer Fehltritt eines ansonsten herausragenden jungen Forschers behandelt:

> Daß er in seinen Spekulationen gelegentlich auch einmal über das Ziel hinausgeschossen haben mag, wie z.B. in seiner Hypothese der Lichtquanten, wird man ihm nicht allzuschwer anrechnen dürfen; denn ohne einmal ein Risiko zu wagen, läßt sich auch in der exakten Naturwissenschaft keine wirkliche Neuerung einführen. Gegenwärtig arbeitet er intensiv an einer neuen Gravitationstheorie; mit welchem Erfolg, kann auch erst die Zukunft lehren.

Planck machte seine Ablehnung der Arbeit an der allgemeinen Relativitätstheorie sogar zu einem zentralen Thema seiner Erwiderung auf Einsteins Antrittsrede am 2. Juli 1914; er sprach von der „Gefahr, sich gelegentlich in allzu dunkle Gebiete zu verlieren".

Einstein wird es deshalb als einen um so größeren Triumph empfunden haben, dass er schließlich im Herbst 1915 seine allgemeine Relativitätstheorie zum erfolgreichen Abschluss bringen konnte. Im Wochentakt legte er seinen skeptischen Akademiekollegen insgesamt die vier Berichte vor, in denen er sich Schritt für Schritt den korrekten Feldgleichungen der Gravitation näherte – im Wettlauf mit dem Mathematiker David Hilbert, der zwar weniger von der Physik aber weitaus mehr von den mathematischen Techniken verstand, die zur Lösung dieses Problems erforderlich waren.

Nicht nur der erfolgreiche Abschluss der allgemeinen Relativitätstheorie dokumentierte im übrigen, dass sich Einstein keineswegs durch das Verhalten seiner Berliner Kollegen beirren ließ, wenn sie ihm die erbetene wissenschaftliche Unterstützung versagten. Bereits vor der Vollendung der allgemeinen Relativitätstheorie hatte er sich um die Unterstützung der Astronomen bei dem Versuch bemüht, die Konsequenzen seiner Theorie empirisch zu überprüfen.

Offenbar auch in der Hoffnung, das Interesse der Astronomen zu wecken, kommentierte Einstein als einzige seiner vier abschließenden Arbeiten zur allgemeinen Relativitätstheorie seine Berechnung der Perihelverschiebung des Merkurs mündlich vor der Akademie – die anderen wurden lediglich schriftlich vorgelegt und in den Sitzungsberichten publiziert.

Einsteins Distanz zur Akademie ist möglicherweise darauf zurückzuführen, dass er auf seine eigenen ehrgeizigen Bemühungen bezog, was tatsächlich nur der ihm ungewohnte Arbeits- und Umgangsstil der Berliner Akademie war, dem akademischen Kontext mehr Aufmerksamkeit zu schenken als den wissenschaftlichen Inhalten.

Einstein nahm jedoch die Distanz seiner Kollegen zu den ihn so brennend interessierenden Problemen ebenso wie die ihm fremden Umgangsformen in der Akademie relativ gelassen hin. Für ihn war die Akademie, wie er an Otto Stern schrieb, „amüsant, eigentlich mehr ulkig als ernst“. Sogar sich selbst bezog er in seine ironische Skepsis gegenüber der Akademie ein, wie aus einem Brief an seinen Freund Heinrich Zangger vom Winter 1917/18 deutlich wird:

> Der Geist wird lahm, die Kraft schwindet aber das Renomme hängt glitzernd um die verkalkte Schale. [...] Ich bin gerade recht für die Akademie, deren Quintessenz mehr in der blossen Existenz als im Wirken liegt.

Einstein konfrontierte seine Berliner Akademiekollegen noch mit einer weiteren Herausforderung, der politischen Brisanz, die sich mit seinem Namen und mit seiner Theorie verband. In den Konflikten um seine Person kam ein neues Verhältnis zwischen Wissenschaft und Politik zum Ausdruck, das in bestimmten Situationen dazu führte, dass Wissenschaftler, ob sie wollten oder nicht, politische Positionen einnahmen. Die politische Distanz zwischen Einstein und seinen Akademiekollegen setzte schon kurz nach seinem Antritt der Stelle in Berlin ein. Als im August 1914 der Krieg ausbrach, ließ sich Einstein nicht von der allgemeinen Kriegshysterie mitreißen. Die meisten seiner Kollegen dagegen – auch die Mitglieder der Akademie – taten wie selbstverständlich dasjenige, von dem sie meinten, dass es von ihnen erwartet wurde. Die Kompartimentalisierung des Wissens in der Akademie, die die fortgeschrittene Spezialisierung der Wissenschaft im 19. Jahrhundert widerspiegelte, und die vermeintliche Trennung von Wissenschaft und Politik, setzten die Akademie außerstande, auf politische Herausforderungen zu reagieren. Einsteins pazifistische und internationalistische Haltung isolierte ihn damit zwangsläufig von seinen Akademiekollegen.

Als Einstein im März 1933 öffentlich gegen den Antisemitismus auftrat, wurde er für die Akademie untragbar, obwohl seine Erklärung eher moderat wirkt und auf die Vorfälle in Deutschland nur mit einem einzigen Satz eingeht:

> Die Akte brutaler Gewalt und Bedrückung, die gerichtet sind gegen alle Leute freien Geistes und gegen die Juden, diese Akte, die in Deutschland stattgefunden haben und noch stattfinden, haben glücklicherweise das Gewissen aller Länder aufgerüttelt, die dem Humanitätsgedanken und den politischen Freiheiten treu bleiben.

Kurz nachdem er diese Erklärung verfasst hatte, trat er aus der Akademie aus und fasste den Entschluss, nicht mehr nach Deutschland zurückzukehren. Obwohl mit Einsteins Entscheidung die unüberbrückbare Kluft zwischen ihm und seinen Akademiekollegen klar war, ist ihm der Entschluss, Berlin endgültig den Rücken zu kehren, offenbar dennoch keineswegs leicht gefallen. In seinem Rücktrittsschreiben an die Akademie stellte er fest:

> Die Akademie hat mir 19 Jahre die Möglichkeit gegeben, mich frei von jeder beruflichen Verpflichtung wissenschaftlicher Arbeit zu widmen. [...] Ungern scheide ich aus ihrem Kreis auch der Anregungen und der schönen menschlichen Beziehungen wegen, die ich während dieser langen Zeit als ihr Mitglied genoss und stets hoch schätzte.

Das Plenum der Akademie reagierte auf den Austritt Einsteins mit einer beschämenden Presseerklärung. Einsteins Ausscheiden aus der Akademie wurde im Übrigen zum Auftakt einer beispiellosen Vertreibung und Verfolgung von Wissenschaftlern und Künstlern aus Deutschland. Dass nicht wenige, die weder die Mittel noch den Mut zur Emigration fanden, in den nationalsozialistischen Vernichtungslagern umgebracht wurden, gehört zu den grausamen Konsequenzen der Entrechtung und Verfolgung jüdischer Bürger im nationalsozialistischen Deutschland, die Einstein zur Emigration veranlassten.

Zugleich wurde damit eine fast einmalig zu nennende schöpferische Atmosphäre, die Deutschland und speziell Berlin in den ersten Jahrzehnten des 20. Jahrhunderts zu einem wissenschaftlichen Weltzentrum gemacht hatte, für das Einsteins Berliner Wirkungszeit ein Symbol war, zerstört. Erhalten geblieben sind uns dagegen die Werke, die damals entstanden sind. Einsteins Akademie-Vorträge gehören zum unvergänglichen Erbe dieser Epoche und bieten noch heute zahlreiche Anknüpfunspunkte für die Fortsetzung jener Suche nach einer Einheit der Natur, in der Einstein sich auch durch die Schrecken seiner Zeit nicht beirren ließ.

Jürgen Renn

Berlin, im September 2005

Professor Dr. Jürgen Renn ist Direktor am Max-Planck-Institut für Wissenschaftsgeschichte. Im ‚World Year of Physics‘ zeichnete er für die Initiierung und Durchführung der Ausstellung ‚Albert Einstein – Ingenieur des Universums‘ in Berlin verantwortlich. Dieses Geleitwort beruht auf folgendem Artikel: „Albert Einstein: Alte und neue Kontexte in Berlin“. In *Die Königlich Preußische Akademie der Wissenschaften zu Berlin im Kaiserreich*, Hrsg. J. Kocka, Berlin, Akademie Verlag, 1999.

Vorwort

Dieser Band enthält in photomechanischem Wiederabdruck 47 der von Albert Einstein zwischen 1914 und 1932 in den Sitzungen der Preußischen Akademie gehaltenen Vorträge, die der Berlin-Brandenburgischen Akademie der Wissenschaften als Sonderdruck aus den seinerzeitigen Sitzungsberichten der Akademie vorliegen.

Einsteins Akademieabhandlungen enthalten die ersten grundlegenden Mitteilungen über die allgemeine Relativitätstheorie und ihre Folgerungen, einschließlich der Vorhersage von Gravitationswellen, seine Begründung der relativistischen Kosmologie und die Fundamente der Quantenstatistik. Wegweisend für die heutige Physik, wenn auch verfrüht, waren Einsteins zahlreiche Mitteilungen über Versuche, eine einheitliche, geometrisch begründete Feldtheorie zu schaffen und damit eine neue Beziehung zwischen Physik und Mathematik herzustellen. Andere Akademiemitteilungen Einsteins zeigen ihn als ingeniösen Experimentator und als Anreger von Grundversuchen der Physik.

Mitten in die heutigen Hauptprobleme der physikalischen Forschung führen Einsteins Diskussionen zu den Grundfragen der Quantenmechanik und der Beziehungen von Materie- und Raumzeitstruktur, von Elementarteilchen und Feldphysik.

Die Akademieschriften Einsteins bestimmten im ersten Drittel des 20. Jahrhunderts weitgehend die Physik und beeinflussten sie wesentlich bis jetzt. Sie gehören zu den großartigsten Dokumenten physikalischen Denkens und Forschens.

Albert Einstein: Akademie-Vorträge. Dieter Simon (Hrsg.)

ISBN: 3-527-40609-3

Inhalt

1. Antrittsrede und Erwiderung von Max Planck am Leibniztag
(1914, SB II, S. 739–744)* 1

2. Die formale Grundlage der allgemeinen Relativitätstheorie
(1914, SB II, S. 1030–1085) 8

3. Zur allgemeinen Relativitätstheorie. (Mit Nachtrag)
(1915, SB II, S. 778–786 und S. 799–801) 65

4. Erklärung der Perihelbewegung des Merkur aus der allgemeinen Relativitätstheorie
(1915, SB II, S. 831–839) 78

5. Die Feldgleichungen der Gravitation
(1915, SB II, S. 844–847) 88

6. Eine neue formale Deutung der Maxwellschen Feldgleichungen der Elektrodynamik
(1916, SB I, S. 184–188) 93

7. Näherungsweise Integration der Feldgleichungen der Gravitation
(1916, SB I, S. 688–696) 99

8. Gedächtnisrede auf Karl Schwarzschild
(1916, SB I, S. 768–770) 109

9. Hamiltonsches Prinzip und allgemeine Relativitätstheorie
(1916, SB II, S. 1111–1116) 112

10. Kosmologische Betrachtungen zur allgemeinen Relativitätstheorie
(1917, SB I, S. 142–152) 119

* Sitzungsberichte der Königlich Preußischen Akademie der Wissenschaften, 1914–1918: jeweils Halbband 1 = SB I, Halbband 2 = SB II.
Sitzungsberichte der Preußischen Akademie der Wissenschaften, 1919–1921: 1919 und 1921 jeweils Halbband 1 = SB I, Halbband 2 = SB II, 1920 in einem Band = SB.
Sitzungsberichte der Preußischen Akademie der Wissenschaften. Physikalisch-mathematische Klasse, 1922–1932: SB Phys.-math.

Albert Einstein: Akademie-Vorträge. Dieter Simon (Hrsg.)

ISBN: 3-527-40609-3

11. Eine Ableitung des Theorems von Jacobi
(1917, SB II, S. 606–608) 131

12. Über Gravitationswellen
(1918, SB I, S. 154–167) 135

13. Kritisches zu einer von Hrn. De Sitter gegebenen Lösung der Gravitationsgleichungen
(1918, SB I, S. 270–272) 150

14. Der Energiesatz in der allgemeinen Relativitätstheorie
(1918, SB I, S. 448–459) 154

15. Spielen Gravitationsfelder im Aufbau der materiellen Elementarteilchen eine wesentliche Rolle?
(1919, SB I, S. 349–356) 167

16. Bemerkungen über periodische Schwankungen der Mondlänge, welche bisher nach der Newtonschen Mechanik nicht erklärbar erschienen
(1919, SB I, S. 433–436) 176

17. Schallausbreitung in teilweise dissoziierten Gasen
(1920, SB, S. 380–385) 181

18. Geometrie und Erfahrung
(1921, SB I, S. 123–130) 188

19. Über eine naheliegende Ergänzung des Fundamentes der allgemeinen Relativitätstheorie
(1921, SB I, S. 261–264) 197

20. Über ein den Elementarprozeß der Lichtemission betreffendes Experiment
(1921, SB II, S. 882–883) 202

21. Zur Theorie der Lichtfortpflanzung in dispergierenden Medien
(1922, SB Phys.-math., S. 18–22) 205

22. Bemerkung zu der Abhandlung von E. Trefftz: „Das statische Gravitationsfeld zweier Massenpunkte in der Einsteinschen Theorie“
(1922, SB Phys.-math., S. 448–449) 211

23. Zur allgemeinen Relativitätstheorie
(1923, SB Phys.-math., S. 32–38) 214

24. Bemerkung zu meiner Arbeit „Zur allgemeinen Relativitätstheorie“
(1923, SB Phys.-math., S. 76–77) 222

25. Zur affinen Feldtheorie
(1923, SB Phys.-math., S. 137–140) 225

26. Bietet die Feldtheorie Möglichkeiten für die Lösung des
Quantenproblems?
(1923, SB Phys.-math., S. 359–364) 230

27. Quantentheorie des einatomigen idealen Gases. Erste Abhandlung
(1924, SB Phys.-math., S. 261–267) 237

28. Quantentheorie des einatomigen idealen Gases. Zweite Abhandlung
(1925, SB Phys.-math., S. 3–14) 245

29. Zur Quantentheorie des idealen Gases
(1925, SB Phys.-math., S. 18–25) 258

30. Einheitliche Feldtheorie von Gravitation und Elektrizität
(1925, SB Phys.-math., S. 414–419) 267

31. Über die Interferenzeigenschaften des durch Kanalstrahlen
emittierten Lichtes
(1926, SB Phys.-math., S. 334–340) 274

32. A. Einstein und J. Grommer: Allgemeine Relativitätstheorie und
Bewegungsgesetz
(1927, SB Phys.-math., S. 2–13) 282

33. Zu Kaluzas Theorie des Zusammenhanges von Gravitation und
Elektrizität. Erste Mitteilung
(1927, SB Phys.-math., S. 23–25) 295

34. Zu Kaluzas Theorie des Zusammenhanges von Gravitation und
Elektrizität. Zweite Mitteilung
(1927, SB Phys.-math., S. 26–30) 299

35. Allgemeine Relativitätstheorie und Bewegungsgesetz
(1927, SB Phys.-math., S. 235–245) 304

36. Riemann-Geometrie mit Aufrechterhaltung des Begriffes des
Fernparallelismus
(1928, SB Phys.-math., S. 217–221) 316

37. Neue Möglichkeit für eine einheitliche Feldtheorie von Gravitation und Elektrizität
(1928, SB Phys.-math., S. 224–227) 322

38. Zur einheitlichen Feldtheorie
(1929, SB Phys.-math., S. 2–7) 327

39. Einheitliche Feldtheorie und Hamiltonsches Prinzip
(1929, SB Phys.-math., S. 156–159) 334

40. Die Kompatibilität der Feldgleichungen in der einheitlichen Feldtheorie
(1930, SB Phys.-math., S. 18–23) 339

41. A. Einstein und W. Mayer: Zwei strenge statische Lösungen der Feldgleichungen der einheitlichen Feldtheorie
(1930, SB Phys.-math., S. 110–120) 346

42. Zur Theorie der Räume mit Riemann-Metrik und Fernparallelismus
(1930, SB Phys.-math., S. 401–402) 358

43. Zum kosmologischen Problem der allgemeinen Relativitätstheorie
(1931, SB Phys.-math., S. 235–237) 361

44. A. Einstein und W. Mayer: Systematische Untersuchung über kompatible Feldgleichungen, welche in einem Riemannschen Raume mit Fernparallelismus gesetzt werden können
(1931, SB Phys.-math., S. 257–265) 365

45. A. Einstein und W. Mayer: Einheitliche Theorie von Gravitation und Elektrizität. Erste Abhandlung
(1931, SB Phys.-math., S. 541–557) 375

46. A. Einstein und W. Mayer: Einheitliche Theorie von Gravitation und Elektrizität. Zweite Abhandlung
(1932, SB Phys.-math., S. 130–137) 393

47. A. Einstein und W. Mayer: Semi-Vektoren und Spinoren
(1932, SB Phys.-math., S. 522–550) 402

Folgende Titel und Bemerkungen A. Einsteins in den Sitzungsberichten sind nicht in das Gesamtregister (Gesamtregister der Abhandlungen, Sitzungsberichte, Jahrbücher, Vorträge und Schriften der Preußischen Akademie der Wissenschaften 1900–1945, Akademie-Verlag, Berlin 1966) aufgenommen worden und sind nicht in diesem Band enthalten:

A. Kommentare von A. Einstein zu Arbeiten anderer Akademiemitglieder in den Sitzungsberichten:

a) Kommentar zu H. Weyl, Gravitation und Elektrizität (1918, SB I, S. 478)
b) Kommentar zu A. v. Brunn, Zu Hrn. Einsteins Bemerkung über die unregelmäßigen Schwankungen der Mondlänge von der genäherten Periode des Umlaufes der Mondknoten (1919, SB II, S. 711)

B. Nur mit Titel und Inhaltsangabe sind folgende Arbeiten von A. Einstein in die Sitzungsberichte aufgenommen worden:

a) Über die Grundgedanken der Allgemeinen Relativitätstheorie und Anwendung dieser Theorie in der Astronomie (1915, SB I, S. 315)
b) Über einige anschauliche Überlegungen aus dem Gebiete der Relativitätstheorie (1916, SB I, S. 423)
c) Über eine von Levi-Civita und Weyl gefundene Vereinfachung der Riemannschen Theorie der Krümmung und über die hieran sich knüpfende Weylsche Theorie der Gravitation und Elektrizität (1918, SB I, S. 615)
d) Über eine Veranschaulichung der Verhältnisse im sphärischen Raum, ferner über die Feldgleichungen der Allgemeinen Relativitätstheorie vom Standpunkte des kosmologischen Problems und des Problems der Konstitution der Materie (1919, SB I, S. 463)
e) Das Trägheitsmoment des Wasserstoff-Moleküls (1920, SB, S. 65)
f) Experiment betreffend die Gültigkeitsgrenze der Undulationstheorie (1922, SB Phys.-math., S. 2)
g) Über den gegenwärtigen Zustand des Strahlungsproblems (1924, SB Phys.-math., S. 179)
h) 1. Über die Ursache des „Mäander"-Phänomens bei Flußläufen (Beeinflussung des mittleren Geschwindigkeitsgefälles am Ufer durch eine von der örtlich verschiedenen Zentrifugalkraft verursachten Zirkulation);
2. Über die Anwendung einer von Rainich gefundenen Spaltung des Riemannschen Krümmungstensors in der Theorie des Gravitationsfeldes (1926, SB Phys.-math., S. 1)
i) Einheitliche Interpretation von Gravitation und Elektrizität (1929, SB Phys.-math., S. 102)
j) Über die Fortschritte der einheitlichen Feldtheorie (1930, SB Phys.-math., S. 143)
k) Über die statistischen Eigenschaften der Strahlung (1930, SB Phys.-math., S. 543)

Die Publikation der Einsteinschen Texte erfolgt mit freundlicher Zustimmung des Albert Einstein Archivs der Hebräischen Universität Jerusalem.

Albert Einstein: Akademie-Vorträge. Dieter Simon (Hrsg.)

ISBN: 3-527-40609-3

SITZUNGSBERICHTE 1914. XXVIII.

DER

KÖNIGLICH PREUSSISCHEN

AKADEMIE DER WISSENSCHAFTEN.

Öffentliche Sitzung zur Feier des Leibnizischen Jahrestages vom 2. Juli.

Antrittsrede

des Hrn. Einstein

und Erwiderung

des Hrn. Planck,
Sekretars der phys.-math. Klasse.

[739, 740]

Antrittsrede des Hrn. Einstein.

Hochgeehrte Kollegen!

Nehmen Sie zuerst meinen tiefgefühlten Dank dafür entgegen, daß Sie mir die größte Wohltat erwiesen haben, die einem Menschen meiner Art erwiesen werden kann. Sie haben es mir durch die Berufung an Ihre Akademie ermöglicht, mich frei von den Aufregungen und Sorgen eines praktischen Berufes ganz den wissenschaftlichen Studien zu widmen. Ich bitte Sie, von meinem Gefühl der Dankbarkeit und von der Emsigkeit meines Strebens auch dann überzeugt zu sein, wenn Ihnen die Früchte meiner Bemühungen als ärmliche erscheinen werden.

Gestatten Sie mir im Anschluß hieran einige allgemeine Bemerkungen über die Stellung, welche mein Arbeitsgebiet, die theoretische Physik, der experimentellen Physik gegenüber einnimmt. Ein befreundeter Mathematiker sagte mir neulich halb scherzhaft: »Der Mathematiker kann schon etwas, aber freilich gerade dasjenige nicht, was man jeweilen von ihm haben will.« Ganz ähnlich verhält es sich oft mit dem theoretischen Physiker, der vom Experimentalphysiker zu Rate gezogen wird. Woher rührt dieser eigentümliche Mangel an Anpassungsfähigkeit?

Die Methode des Theoretikers bringt es mit sich, daß er als Fundament allgemeine Voraussetzungen, sogenannte Prinzipe, benutzt, aus denen er Folgerungen deduzieren kann. Seine Tätigkeit zerfällt also in zwei Teile. Er hat erstens jene Prinzipe aufzusuchen, zweitens die aus den Prinzipen fließenden Folgerungen zu entwickeln. Für die Erfüllung der zweiten der genannten Aufgaben erhält er auf der Schule ein treffliches Rüstzeug. Wenn also die erste seiner Aufgaben auf einem Gebiete bzw. für einen Komplex von Zusammenhängen bereits gelöst ist, wird ihm bei hinreichendem Fleiß und Verstand der Erfolg nicht fehlen. Die erste der genannten Aufgaben, nämlich jene, die Prinzipe aufzustellen, welche der Deduktion als Basis dienen sollen, ist von ganz anderer Art. Hier gibt es keine erlernbare, systematisch anwendbare Methode, die zum Ziele führt. Der Forscher muß vielmehr der Natur jene allgemeinen Prinzipe gleichsam ablauschen, indem er an größeren Komplexen von Erfahrungstatsachen gewisse allgemeine Züge erschaut, die sich scharf formulieren lassen.

Ist diese Formulierung einmal gelungen, so setzt eine Entwicklung der Folgerungen ein, die oft ungeahnte Zusammenhänge liefert, die über das Tatsachengebiet, an dem die Prinzipe gewonnen sind, weit hinausreichen. Solange aber die Prinzipe, die der Deduktion als Basis dienen können, nicht gefunden sind, nützt dem Theoretiker die einzelne Erfahrungstatsache zunächst nichts; ja er vermag dann nicht einmal mit einzelnen empirisch ermittelten allgemeineren Gesetzmäßigkeiten etwas anzufangen. Er muß vielmehr im Zustande der Hilflosigkeit den Einzelresultaten der empirischen Forschung gegenüber verharren, bis sich ihm Prinzipe erschlossen haben, die er zur Basis deduktiver Entwicklungen machen kann.

In einer derartigen Lage befindet sich die Theorie gegenwärtig gegenüber den Gesetzen der Wärmestrahlung und Molekularbewegung bei tiefen Temperaturen. Vor etwa fünfzehn Jahren zweifelte man noch nicht daran, daß auf der Grundlage der auf die Molekülbewegungen angewendeten Galilei-Newtonschen Mechanik und der Maxwellschen Theorie des elektromagnetischen Feldes eine richtige Darstellung der elektrischen, optischen und thermischen Eigenschaften der Körper möglich sei. Da zeigte Planck, daß man zur Aufstellung eines mit der Erfahrung übereinstimmenden Gesetzes der Wärmestrahlung sich einer Methode des Rechnens bedienen muß, deren Unvereinbarkeit mit den Prinzipen der klassischen Mechanik immer deutlicher wurde. Mit dieser Rechenmethode führte Planck nämlich die sogenannte Quantenhypothese in die Physik ein, die seitdem glänzende Bestätigungen erfahren hat. Mit dieser Quantenhypothese stürzte er die klassische Mechanik für den Fall, daß genügend kleine Massen mit hinreichend kleinen Geschwindigkeiten und genügend großen Beschleunigungen bewegt sind, so daß wir heute die von Galilei und Newton aufgestellten Bewegungsgesetze nur mehr als Grenzgesetze gelten lassen können. Aber trotz emsigster Bemühungen der Theoretiker gelang es bisher nicht, die Prinzipe der Mechanik durch solche zu ersetzen, welche Plancks Gesetz der Wärmestrahlung bzw. der Quantenhypothese entsprechen. So unzweifelhaft auch erwiesen ist, daß wir die Wärme auf Molekularbewegung zurückzuführen haben, müssen wir heute doch gestehen, daß wir den Grundgesetzen dieser Bewegung ähnlich gegenüberstehen wie die Astronomen vor Newton den Bewegungen der Planeten.

Ich habe soeben auf einen Tatsachenkomplex hingewiesen, für dessen theoretische Behandlung die Prinzipe fehlen. Es kann aber ebensogut der Fall eintreten, daß klar formulierte Prinzipe zu Konsequenzen führen, die ganz oder fast ganz aus dem Rahmen des gegenwärtig unserer Erfahrung zugänglichen Tatsachenbereiches herausfallen. In diesem Falle kann es langwieriger empirischer Forschungsarbeit bedürfen, um zu erfahren, ob die Prinzipe der Theorie der Wirklichkeit entsprechen. Dieser Fall bietet sich uns dar bei der Relativitätstheorie.

Eine Analyse der zeitlichen und räumlichen Grundbegriffe hat uns gezeigt, daß der aus der Optik bewegter Körper sich ergebende Satz von der Konstanz der Vakuumlichtgeschwindigkeit uns keineswegs zu der Theorie eines ruhenden Lichtäthers zwingt. Es ließ sich vielmehr eine allgemeine Theorie aufstellen, die dem Umstande Rechnung trägt, daß wir von der Translationsbewegung der Erde bei auf der Erde ausgeführten Versuchen niemals etwas merken. Dabei wird von dem Relativitätsprinzip Gebrauch gemacht, welches lautet: die Naturgesetze ändern ihre Form nicht, wenn man von dem ursprünglichen (berechtigten) Koordinatensystem zu einem neuen, relativ zu ihm in gleichförmiger Translationsbewegung begriffenen übergeht. Diese Theorie hat nennenswerte Bestätigungen durch die Erfahrung erhalten und hat zu einer Vereinfachung der theoretischen Darstellung bereits in Zusammenhang gebrachter Tatsachenkomplexe geführt.

Anderseits aber gewährt diese Theorie vom theoretischen Gesichtspunkte aus nicht die volle Befriedigung, weil das vorhin formulierte Relativitätsprinzip die gleichförmige Bewegung bevorzugt. Wenn es nämlich wahr ist, daß der gleichförmigen Bewegung vom physikalischen Standpunkte aus eine absolute Bedeutung nicht zugeschrieben werden darf, so liegt die Frage auf der Hand, ob diese Aussage nicht auch auf ungleichförmige Bewegungen auszudehnen sei. Es zeigte sich, daß man zu einer ganz bestimmten Erweiterung der Relativitätstheorie gelangt, wenn man ein Relativitätsprinzip in diesem erweiterten Sinne zugrunde legt. Man wird dabei zu einer allgemeinen, die Dynamik einschließenden Theorie der Gravitation geführt. Es fehlt aber vorläufig das Tatsachenmaterial, an dem wir die Berechtigung der Einführung des zugrunde gelegten Prinzips prüfen könnten.

Wir haben festgestellt, daß die induktive Physik an die deduktive und die deduktive an die induktive Fragen stellt, deren Beantwortung die Anspannung aller Kräfte erfordert. Möge es bald gelingen, durch vereinte Arbeit zu endgültigen Fortschritten vorzudringen!

Erwiderung des Sekretars Hrn. Planck.

Sie haben, Hr. Kollege Einstein, durch Ihre Antrittsworte mir die Aufgabe wesentlich erleichtert, eine Begründung dafür zu geben, daß die Akademie das Zusammentreffen mehrerer außerordentlich glücklicher und außerordentlich dankenswerter Umstände gern benutzt hat, um Sie in ihren Kreis zu ziehen. Denn ich habe dem von Ihnen Gesagten nur noch das eine ergänzend hinzuzufügen, daß Sie, wie Ihre Arbeiten gezeigt haben, das Programm des theoretischen Physikers nicht bloß zu formulieren, sondern auch durchzuführen verstehen. Beide Seiten der von Ihnen geschilderten Tätigkeit, die schöpferische sowohl wie die deduktive, sind für den Fortschritt der Wissenschaft notwendig, beide müssen sich, auch in dem einzelnen Forscher, ergänzen, beiden ist auch die Wirksamkeit unserer Akademie gewidmet, und zwar nicht nur in der Physik, sondern, mehr oder weniger ausgesprochen, in jeder der durch sie vertretenen Wissenschaften.

Aber trotz dieser gleichmäßigen Unentbehrlichkeit der beiden Arbeitsmethoden ist es doch nur menschlich und natürlich, daß den Einzelnen Begabung und Neigung zur Bevorzugung der einen vor der anderen führen, und wenn Sie sich über diesen Punkt auch nicht ausdrücklich verbreitet haben, so kenne ich Sie doch gut genug, um die Behauptung wagen zu dürfen, daß Ihre eigentliche Liebe derjenigen Arbeitsrichtung gehört, in welcher die Persönlichkeit sich am freiesten entfaltet, in der die Einbildungskraft ihr reichstes Spiel treibt und der Forscher sich am ersten dem behaglichen Gefühl hingeben kann, daß er nicht so leicht durch einen anderen zu ersetzen ist. Freilich droht ihm dabei auch am ehesten die Gefahr, sich gelegentlich in allzu dunkle Gebiete zu verlieren und plötzlich unversehens auf harten Widerspruch zu stoßen, sei es von seiten der Theoretiker oder, was schlimmer ist, von seiten der Experimentatoren. Aber gerade in solchem Kampf wird die Wissenschaft am besten gefördert, und man darf für diese Art von Kräften gewiß das Schillersche Wort variieren: »Großes wirket ihr Bund, Größeres wirket ihr Streit.«

So werden Sie es mir auch heute sicherlich nicht verargen, wenn ich, im vollen Bewußtsein des vielen, was uns eint, einen Augenblick bei solchen Punkten verweile, in welchen unsere Ansichten sich trennen. Zwar will ich nicht mit Ihnen rechten über die Art des

Unterschieds, den Sie machen zwischen einer Rechenmethode und einem Prinzip, insbesondere darüber, wie es möglich ist, daß ein Prinzip durch eine Rechenmethode gestürzt werden kann; denn es würde sich da schließlich doch nur um Worte handeln, da wir uns sachlich ganz gewiß ohne weiteres restlos verständigen würden.

Aber in einem anderen, wichtigeren Punkte kann ich doch der Versuchung nicht widerstehen, meinen Einspruch anzumelden. Wenn Sie das Prinzip der Relativität in der zuerst von Ihnen formulierten Fassung aus dem Grunde nicht voll befriedigend nennen, weil es unter den verschiedenen Arten von Bewegungen die gleichförmige Bewegung bevorzugt, so könnte man, wie ich meine, ebensogut auch umgekehrter Ansicht sein und gerade in der Bevorzugung der gleichförmigen Bewegung ein besonders wichtiges und wertvolles Merkmal der Theorie, in der Durchführung dieser Auffassung einen besonderen Fortschritt der Wissenschaft erblicken. Denn die Naturgesetze, nach denen wir suchen, stellen doch stets gewisse Beschränkungen dar, nämlich eine gewisse spezielle Auswahl aus dem unendlich mannigfaltigen Bereich der überhaupt denkbaren logisch widerspruchsfreien Beziehungen.

Oder wollen wir etwa das NEWTONsche Attraktionsgesetz deshalb unbefriedigend finden, weil darin gerade die Potenz 2 eine bevorzugte Rolle spielt? Wir sehen doch vielmehr in diesem Umstand eine natürliche Folge der Dreidimensionalität unseres Raumes, die wir als eine gegebene Tatsache hinnehmen, ohne uns, als vernünftige Physiker, weiter darüber zu beunruhigen, warum der Raum nicht vier oder noch mehr Dimensionen besitzt. Ähnlich könnten wir vielleicht die Bevorzugung der gleichförmigen Bewegung in engen Zusammenhang bringen mit dem besonderen Vorrecht, welches die gerade Linie unter allen räumlichen Linien nun einmal tatsächlich auszeichnet.

Es kommt hinzu, daß auch in Ihrem verallgemeinerten Relativitätsprinzip die Bedingung für die Berechtigung eines Koordinatensystems nur weiter gefaßt, nicht aber ganz aufgehoben wird; denn daß nicht alle beliebigen Koordinatensysteme berechtigt sein können, haben Sie selber erst kürzlich bewiesen. Eine Grenze für die Berechtigung muß also in jedem Falle konstatiert werden; es fragt sich nur, ob dieselbe enger oder weiter zu ziehen ist.

Doch bei alledem: Sie wissen so gut wie ich, verehrter Hr. Kollege, daß es sich bei diesen Meinungsverschiedenheiten nicht um Gegensätze der Erkenntnis, sondern um Gegensätze der Erwartung handelt, mit der wir der Beantwortung einer an die Natur gestellten Frage entgegensehen. Und nicht darin, wie die Antwort ausfallen wird, sondern darin, daß überhaupt eine vollständige Beantwortung, früher oder später, in sicherer Aussicht steht, liegt die hohe, niemals anfechtbare Bedeutung der von Ihnen entwickelten Theorie begründet. Hoffen wir, daß schon die am 21. August d. J. bevorstehende Sonnenfinsternis, an deren Erforschung sich auch unsere Akademie durch Bewilligung besonderer Mittel beteiligt hat, die nach dieser Richtung in sie gesetzten Erwartungen rechtfertigt. Wie dann auch das Ergebnis sein wird, in jedem Falle stehen wir vor einer wertvollen Bereicherung unserer Wissenschaft, in welcher sich, wie wir nicht ohne einen gewissen Stolz sagen dürfen, leichter als in anderen Wissenschaften die schärfsten sachlichen Gegensätze in persönlicher Hochschätzung und in herzlich freundschaftlicher Gesinnung austragen lassen. Daß dies sich auch im vorliegenden Falle bewahrheiten wird, das lassen Sie mich zum Schluß nicht nur als frommen Wunsch, sondern als erfreuliche, aus vielfacher Erfahrung geschöpfte Gewißheit aussprechen!

Ausgegeben am 9. Juli.

Berlin, gedruckt in der Reichsdruckerei.

SITZUNGSBERICHTE

1914.
XLI.

DER

KÖNIGLICH PREUSSISCHEN

AKADEMIE DER WISSENSCHAFTEN.

Gesammtsitzung vom 19. November.
Mitth. aus der Sitzung der phys.-math. Classe vom 29. October.

Die formale Grundlage der allgemeinen Relativitätstheorie.

Von A. EINSTEIN.

1030

Die formale Grundlage der allgemeinen Relativitätstheorie.

Von A. EINSTEIN.

In den letzten Jahren habe ich, zum Teil zusammen mit meinem Freunde GROSSMANN, eine Verallgemeinerung der Relativitätstheorie ausgearbeitet. Als heuristische Hilfsmittel sind bei jenen Untersuchungen in bunter Mischung physikalische und mathematische Forderungen verwendet, so daß es nicht leicht ist, an Hand jener Arbeiten die Theorie vom formal mathematischen Standpunkte aus zu übersehen und zu charakterisieren. Diese Lücke habe ich durch die vorliegende Arbeit in erster Linie ausfüllen wollen. Es gelang insbesondere, die Gleichungen des Gravitationsfeldes auf einem rein kovarianten-theoretischen Wege zu gewinnen (Abteilung D). Auch suchte ich einfache Ableitungen für die Grundgesetze des absoluten Differentialkalkuls zu geben, die zum Teil neu sein dürften (Abteilung B), um dem Leser ein vollständiges Erfassen der Theorie ohne die Lektüre anderer, rein mathematischer Abhandlungen zu ermöglichen. Um die mathematischen Methoden zu illustrieren, habe ich die (EULERschen) Gleichungen der Hydrodynamik und die Feldgleichungen der Elektrodynamik bewegter Körper abgeleitet (Abteilung C). Im Abschnitt E ist gezeigt, daß NEWTONS Gravitationstheorie sich aus der allgemeinen Theorie als Näherung ergibt; auch sind dort die elementarsten, für die vorliegende Theorie, charakteristischen Eigenschaften des NEWTONschen (statischen) Gravitationsfeldes (Lichtstrahlenkrümmung, Verschiebung der Spektrallinien) abgeleitet.

A. Grundgedanke der Theorie.

§ 1. Einleitende Überlegungen.

Der ursprünglichen Relativitätstheorie liegt die Voraussetzung zugrunde, daß für die Beschreibung der Naturgesetze alle Koordinatensysteme gleichberechtigt seien, die relativ zueinander in gleichförmiger Translationsbewegung sind. Vom Standpunkte der Erfahrung aus, er-

1031 Gesammtsitzung v. 19. Nov. 1914. — Mitth. d. phys.-math. Cl. v. 29. Oct.

hält diese Theorie ihre Hauptstütze in der Tatsache, daß wir beim Experimentieren auf der Erde absolut nichts davon merken, daß die Erde sich mit erheblicher Geschwindigkeit um die Sonne bewegt.

Aber das Vertrauen, welches wir der Relativitätstheorie entgegenbringen, hat noch eine andere Wurzel. Man verschließt sich nämlich nicht leicht folgender Erwägung. Wenn K und K' zwei relativ zueinander in gleichförmiger Translationsbewegung befindliche Koordinatensysteme sind, so sind diese Systeme vom kinematischen Standpunkt aus vollkommen gleichwertig. Wir suchen deshalb vergeblich nach einem zureichenden Grunde dafür, warum eins dieser Systeme geeigneter sein sollte, bei der Formulierung der Naturgesetze als Bezugssystem zu dienen, als das andere; wir fühlen uns vielmehr dazu gedrängt, die Gleichberechtigung beider Systeme zu postulieren.

Dies Argument fordert aber sofort ein Gegenargument heraus. Die kinematische Gleichberechtigung zweier Koordinatensysteme ist nämlich durchaus nicht auf den Fall beschränkt, daß die beiden ins Auge gefaßten Koordinatensysteme K und K' sich *in gleichförmiger Translationsbewegung* gegeneinander befinden. Diese Gleichberechtigung vom kinematischen Standpunkt aus besteht z. B. ebensogut, wenn die Systeme relativ zueinander gleichförmig rotieren. Man fühlt sich daher zu der Annahme gedrängt, daß die bisherige Relativitätstheorie in weitgehendem Maße zu verallgemeinern sei, derart, daß die ungerecht scheinende Bevorzugung der gleichförmigen Translation gegenüber Relativbewegungen anderer Art aus der Theorie verschwindet. Dies Bedürfnis nach einer derartigen Erweiterung der Theorie muß jeder empfinden, der sich eingehend mit dem Gegenstande befaßt hat.

Zunächst scheint es nun allerdings, daß eine derartige Erweiterung der Relativitätstheorie aus physikalischen Gründen abzulehnen sei. Es sei nämlich K ein im Galilei-Newtonschen Sinne berechtigtes Koordinatensystem, K' ein relativ zu K gleichförmig rotierendes Koordinatensystem. Dann wirken auf relativ zu K' ruhende Massen Zentrifugalkräfte, während auf relativ zu K ruhende Massen solche nicht wirken. Hierin sah bereits Newton einen Beweis dafür, daß man die Rotation von K' als eine »absolute« aufzufassen habe, daß man also K' nicht mit demselben Rechte wie K als »ruhend« behandeln könne. Dies Argument ist aber — wie insbesondere E. Mach ausgeführt hat — nicht stichhaltig. Die Existenz jener Zentrifugalkräfte brauchen wir nämlich nicht notwendig auf eine Bewegung von K' zurückzuführen; wir können sie vielmehr ebensogut zurückführen auf die durchschnittliche Rotationsbewegung der ponderabeln fernen Massen der Umgebung in bezug auf K', wobei wir K' als »ruhend« behandeln. Lassen die

Newtonschen Gesetze der Mechanik und Gravitation eine solche Auffassung nicht zu, so kann dies sehr wohl in Mängeln dieser Theorie begründet sein. Für die relativistische Auffassung spricht anderseits folgendes wichtige Argument. Die Zentrifugalkraft, welche unter gegebenen Verhältnissen auf einen Körper wirkt, wird genau durch die gleiche Naturkonstante desselben bestimmt wie die Wirkung eines Schwerefeldes auf denselben, derart, daß wir gar kein Mittel haben, ein »Zentrifugalfeld« von einem Schwerefeld zu unterscheiden. So messen wir als Gewicht eines Körpers an der Erdoberfläche immer eine Superposition von Wirkungen von Feldern der beiden genannten Arten, ohne diese Wirkungen trennen zu können. Dadurch gewinnt die Auffassung durchaus an Berechtigung, daß wir das rotierende System K' als ruhend und das Zentrifugalfeld als ein Gravitationsfeld auffassen dürfen. Es erinnert diese Auffassung an diejenige der ursprünglichen (spezielleren) Relativitätstheorie, daß man die auf eine in einem Magnetfelde bewegte elektrische Masse wirkende ponderomotorische Kraft auch auffassen kann als die Einwirkung desjenigen elektrischen Feldes, welches vom Standpunkte eines mit der Masse bewegten Bezugssystems am Orte der Masse vorhanden ist.

Aus dem Gesagten geht schon hervor, daß in einer im angedeuteten Sinne erweiterten Relativitätstheorie die Gravitation eine fundamentale Rolle spielen muß; denn geht man von einem Bezugssystem K durch bloße Transformation zu einem Bezugssystem K' über, so existiert in bezug auf K' ein Gravitationsfeld, ohne daß in bezug auf K ein solches vorhanden zu sein braucht.

Es erhebt sich nun naturgemäß die Frage, was für Bezugssysteme und Transformationen wir in einer verallgemeinerten Relativitätstheorie als »berechtigte« anzusehen haben. Diese Frage wird sich jedoch erst viel später beantworten lassen (Abschnitt D). Einstweilen stellen wir uns auf den Standpunkt, daß alle Koordinatensysteme und Transformationen zuzulassen seien, die mit den bei physikalischen Theorien stets vorausgesetzten Bedingungen der Stetigkeit vereinbar sind. Es wird sich zeigen, daß die Relativitätstheorie einer sehr weitgehenden, von Willkür nahezu freien Verallgemeinerung fähig ist.

§ 2. Das Gravitationsfeld.

Nach der ursprünglichen Relativitätstheorie bewegt sich ein materieller Punkt, der weder Gravitationskräften noch sonstigen Kräften unterworfen ist, geradlinig und gleichförmig gemäß der Formel

$$\delta\left\{\int ds\right\} = 0, \tag{1}$$

1033 Gesammtsitzung v. 19. Nov. 1914. — Mitth. d. phys.-math. Cl. v. 29. Oct.

wobei

$$ds^2 = -\sum_\nu dx_\nu^2 \tag{2}$$

gesetzt ist. Dabei ist $x_1 = x$, $x_2 = y$, $x_3 = z$, $x_4 = idt$ gesetzt. ds ist das Differential der »Eigenzeit«, d. h. diese Größe gibt den Betrag an, um welchen die Angabe einer mit dem materiellen Punkt bewegten Uhr auf dem Wegelement (dx, dy, dz) vorschreitet. Die Variation in (1) ist dabei so zu bilden, daß die Koordinaten x_ν in den Endpunkten der Integration unvariiert bleiben.

Führt man nun eine beliebige Koordinatentransformation aus, so bleibt Gleichung (1) bestehen, während an Stelle von (2) die allgemeinere Form

$$ds^2 = \sum_{\mu\nu} g_{\mu\nu}\, dx_\mu\, dx_\nu \tag{2a}$$

tritt. Die 10 Größen $g_{\mu\nu}$ sind dabei Funktionen von den x_ν, welche durch die angewandte Substitution bestimmt sind. Physikalisch bestimmen die $g_{\mu\nu}$ das in bezug auf das neue Koordinatensystem vorhandene Gravitationsfeld, wie aus den Überlegungen des vorigen Paragraphen hervorgeht. (1) und (2a) bestimmen daher die Bewegung eines materiellen Punktes in einem Gravitationsfelde, das bei passender Wahl des Bezugssystems verschwindet. Wir wollen aber verallgemeinernd annehmen, daß auch sonst die Bewegung des materiellen Punktes im Gravitationsfelde stets nach diesen Gleichungen erfolge.

Den Größen $g_{\mu\nu}$ kommt noch eine zweite Bedeutung zu. Wir können nämlich immer setzen

$$ds^2 = \sum_{\mu\nu} g_{\mu\nu}\, dx_\mu\, dx_\nu = -\sum_\nu dX_\nu^2\,, \tag{2b}$$

wobei die dX_ν allerdings keine vollständigen Differentiale sind. Diese Größen dX_ν können aber doch im Unendlichkleinen als Koordinaten verwendet werden. Es liegt deshalb die Annahme nahe, daß im Unendlichkleinen die ursprüngliche Relativitätstheorie gelte. Die dX_ν sind dann die mit Einheitsmaßstäben und einer passend gewählten Einheitsuhr unmittelbar zu messenden Koordinaten in einem unendlich kleinen Gebiete. Die Größe ds^2 ist in diesem Sinne als der natürlich gemessene Abstand zweier Raum-Zeit-Punkte zu bezeichnen. Dagegen können die dx_ν nicht in gleicher Weise durch Messung mit starren Körpern und Uhren direkt gewonnen werden. Sie hängen vielmehr mit dem natürlich gemessenen Abstand ds zusammen in einer gemäß (2b) durch die Größen $g_{\mu\nu}$ bestimmten Weise.

Nach dem Gesagten ist ds eine von der Wahl des Koordinatensystems unabhängig definierbare Größe, d. h. ein Skalar. ds spielt in der allgemeinen Relativitätstheorie dieselbe Rolle wie das Element der Weltlinie in der ursprünglichen Relativitätstheorie.

Im folgenden sollen die wichtigsten Sätze des absoluten Differentialkalkuls abgeleitet werden, die in unserer Theorie an die Stelle der Sätze der gewöhnlichen Vektoren- und Tensorentheorie der dreidimensionalen bzw. vierdimensionalen Vektorrechnung (die sich auf das euklidische Element ds bezieht) treten; mit Hilfe jener Sätze können die Gesetze der allgemeinen Relativitätstheorie, welche bekannten Gesetzen der ursprünglichen Relativitätstheorie entsprechen, ohne Schwierigkeit abgeleitet werden.

B. Aus der Theorie der Kovarianten.

§ 3. Vierervektoren.

Kovarianter Vierervektor. Vier Funktionen A_ν der Koordinaten, welche für jedes beliebige Koordinatensystem definiert sind, nennt man dann einen kovarianten Vierervektor oder einen kovarianten Tensor ersten Ranges, wenn für ein beliebig gewähltes Linienelement mit den Komponenten dx_ν die Summe

$$\sum_\nu A_\nu dx_\nu = \phi \tag{3}$$

beliebigen Koordinatentransformationen gegenüber eine Invariante (Skalar) ist. Die Größen A_ν nennt man die »Komponenten« des Vierervektors.

Das Transformationsgesetz für diese Komponenten folgt unmittelbar aus dieser Definition. Beziehen sich nämlich die Zeichen A'_ν, dx'_ν auf denselben Punkt des Kontinuums, aber auf ein beliebig gewähltes anderes Koordinatensystem, so ist

$$\sum_\nu A'_\nu dx'_\nu = \sum_\alpha A_\alpha dx_\alpha = \sum_{\alpha\nu} A_\alpha \frac{\partial x_\alpha}{\partial x'_\nu} dx'_\nu .$$

Da die Gleichung für beliebig gewählte dx'_ν gelten soll, so folgt das gesuchte Transformationsgesetz:

$$A'_\nu = \sum_\alpha \frac{\partial x^\alpha}{\partial x'_\nu} A^\alpha . \tag{3a}$$

Umgekehrt ist leicht zu zeigen, daß aus der Gültigkeit dieses Transformationsgesetzes folgt, daß A_ν ein kovarianter Vierervektor ist.

Kontravarianter Vierervektor. Vier Funktionen A^ν der Koordinaten, welche für jedes beliebige Koordinatensystem definiert sind, nennt man dann einen kontravarianten Vierervektor oder einen kontravarianten Tensor ersten Ranges, wenn das Transformationsgesetz

1035 Gesammtsitzung v. 19. Nov. 1914. — Mitth. d. phys.-math. Cl. v. 29. Oct.

der A_ν dasselbe ist wie dasjenige für die Komponenten dx_ν des Linienelementes. Hieraus folgt als Transformationsgesetz:

$$A^{\nu'} = \sum_\alpha \frac{\partial x'_\nu}{\partial x_\alpha} A^\alpha . \tag{4}$$

Wir deuten im Anschluß an Ricci und Levi-Civita den kontravarianten Charakter dadurch an, daß wir den Index oben anbringen. Natürlich sind gemäß dieser Definition die dx_ν selbst Komponenten eines kontravarianten Vierervektors; trotzdem wollen wir hier, der Gewohnheit zuliebe, den Index unten belassen.

Aus den beiden gegebenen Definitionen folgt unmittelbar, daß der Ausdruck

$$\sum_\nu A_\nu A^\nu = \Phi \tag{3b}$$

ein Skalar (Invariante) ist. Wir nennen Φ das innere Produkt des kovarianten Vektors (A_ν) und des kontravarianten Vektors (A^ν).

Daraus, daß die Transformationsgleichungen (3a) und (4) linear in den Vektorkomponenten sind, folgt, daß man aus zwei kovarianten bzw. kontravarianten Vierervektoren wieder einen kovarianten bzw. kontravarianten Vierervektor erhält, indem man die entsprechenden Komponenten addiert (oder subtrahiert).

§ 4. Tensoren zweiten und höheren Ranges.

Kovarianter Tensor zweiten und höheren Ranges. 16 Funktionen $A_{\mu\nu}$ der Koordinaten bezeichnet man dann als Komponenten eines kovarianten Tensors zweiten Ranges, wenn die Summe

$$\sum_{\mu\nu} A_{\mu\nu}\, dx_\mu^{(1)}\, dx_\nu^{(2)} = \Phi \tag{5}$$

ein Skalar ist; $dx_\mu^{(1)}$ und $dx_\nu^{(2)}$ bezeichnen dabei die Komponenten zweier beliebig gewählter Linienelemente.

Aus der hieraus fließenden Relation

$$\sum_{\mu\nu} A'_{\mu\nu}\, dx_\mu^{(1)'}\, dx_\nu^{(2)'} = \sum_{\alpha\beta} A_{\alpha\beta}\, dx_\alpha^{(1)}\, dx_\beta^{(2)} = \sum_{\alpha\beta\mu\nu} \frac{dx_\alpha}{dx'_\mu}\frac{dx_\beta}{dx'_\nu} A_{\alpha\beta}\, dx_\mu^{(1)'}\, dx_\nu^{(2)'}$$

folgt mit Rücksicht darauf, daß dieselbe für beliebig gewählte $dx_\mu^{(1)'}$ und $dx_\nu^{(2)'}$ gelten soll; die 16 Gleichungen:

$$A'_{\mu\nu} = \sum_{\alpha\beta} \frac{\partial x_\alpha}{\partial x'_\mu}\frac{\partial x_\beta}{\partial x'_\nu} A_{\alpha\beta} . \tag{5a}$$

Diese Gleichung ist wieder obiger Definition äquivalent.

Es ist klar, daß in analoger Weise auch kovariante Tensoren dritten und höheren Ranges definiert werden können.

Symmetrischer kovarianter Tensor. Erfüllt ein kovarianter Tensor für ein Koordinatensystem die Bedingung, daß die Werte zweier seiner Komponenten, welche einer bloßen Vertauschung von Indizes einander entsprechen, einander gleich sind ($A_{\alpha\beta} = A_{\beta\alpha}$), so gilt dies, wie ein Blick auf Gleichung (5a) zeigt, auch für jedes andere Koordinatensystem. Dann reduzieren sich beim kovarianten Tensor zweiten Ranges die 16 Transformationsgleichungen auf 10. In dem Falle, daß $A_{\mu\nu} = A_{\nu\mu}$ ist, genügt zum Beweise des Tensorcharakters von $(A_{\mu\nu})$ der Nachweis, daß

$$\sum_{\mu\nu} A_{\mu\nu} dx_\mu dx_\nu = \Phi \tag{5c}$$

ein Skalar sei. Es folgt dies aus der Identität

$$\sum_{\mu\nu} A'_{\mu\nu} dx'_\mu dx'_\nu = \sum_{\alpha\beta} A_{\alpha\beta} dx_\alpha dx_\beta = \sum_{\alpha\beta\mu\nu} A_{\alpha\beta} \frac{\partial x_\alpha}{\partial x'_\mu} \frac{\partial x_\beta}{\partial x'_\nu} dx'_\mu dx'_\nu$$

mit Rücksicht auf (5a).

Symmetrische kovariante Tensoren höheren Ranges lassen sich ganz analog definieren.

Kovarianter Fundamentaltensor. In der zu entwickelnden Theorie spielt die Größe

$$ds^2 = \sum g_{\mu\nu} dx_\mu dx_\nu \,,$$

welche wir als Quadrat des Linienelementes bezeichnen wollen, eine besondere Rolle. Aus dem Vorigen geht hervor, daß $g_{\mu\nu}$ ein kovarianter (symmetrischer) Tensor zweiten Ranges ist. Wir wollen ihn als »kovarianten Fundamentaltensor« bezeichnen.

Bemerkung. Wir hätten den kovarianten Tensor auch definieren können als einen Inbegriff von 16 Größen $A_{\mu\nu}$, die sich ebenso transformieren wie die 16 Produkte $A_\mu B_\nu$ zweier kovarianter Vektoren (A_μ) und (B_ν). Setzt man

$$A_{\mu\nu} = A_\mu B_\nu \,, \tag{6}$$

so folgt aus (3a) sofort

$$A'_{\mu\nu} = A'_\mu B'_\nu = \sum_{\alpha\beta} \frac{\partial x_\alpha}{\partial x'_\mu} \frac{\partial x_\beta}{\partial x'_\nu} A_\alpha B_\beta = \sum_{\alpha\beta} \frac{\partial x_\alpha}{\partial x'_\mu} \frac{\partial x_\beta}{\partial x'_\nu} A_{\alpha\beta} \,,$$

woraus mit Rücksicht auf (5a) folgt, daß $A_{\mu\nu}$ ein kovarianter Tensor ist. Ganz Entsprechendes gilt für Tensoren höheren Ranges. Allerdings ist nicht jeder kovariante Tensor in dieser Form darstellbar, da $(A_{\mu\nu})$ 16 Komponenten besitzt, A_μ und B_ν zusammen nur 8 Komponenten; es bestehen also zwischen den $A_{\mu\nu}$ auf Grund von (6) algebraische Beziehungen, welche Tensorkomponenten im allgemeinen nicht erfüllen. Man gelangt jedoch zu einem beliebigen Tensor, indem man mehrere Tensoren vom Typus der Gleichung (6) addiert[1], indem man setzt

$$A_{\mu\nu} = A_{\mu} B_{\nu} + C_{\mu} D_{\nu} + \cdots \tag{6a}$$

Analog verhält es sich bei kovarianten Tensoren höheren Ranges. Diese Darstellung von Tensoren aus Vierervektoren erweist sich für den Beweis vieler Sätze als nützlich. Eine analoge Bemerkung gilt für kovariante Tensoren höheren Ranges.

Kontravariante Tensoren. Analog wie sich kovariante Tensoren aus kovarianten Vierervektoren gemäß (6) bzw. (6a) bilden lassen, lassen sich auch kontravariante Tensoren aus kontravarianten Vierervektoren bilden gemäß den Gleichungen

$$A^{\mu\nu} = A^{\mu} B^{\nu} \tag{7}$$

bzw.

$$A^{\mu\nu} = A^{\mu} B^{\nu} + C^{\mu} D^{\nu} + \cdots \tag{7a}$$

Aus dieser Definition folgte sogleich nach (4) das Transformationsgesetz

$$A^{\mu\nu\prime} = \sum_{\alpha\beta} \frac{\partial x'_{\mu}}{\partial x_{\alpha}} \frac{\partial x'_{\nu}}{\partial x_{\beta}} A^{\alpha\beta}. \tag{8}$$

Analog gestaltet sich die Definition von kontravarianten Tensoren höheren Ranges. Genau wie oben ist hier der Spezialfall des symmetrischen Tensors besonders zu beachten.

Gemischte Tensoren. Es lassen sich auch Tensoren (zweiten und höheren) Ranges bilden, die bezüglich gewisser Indizes kovarianten, bezüglich anderer kontravarianten Charakter haben; man nennt sie gemischte Tensoren. Ein gemischter Tensor zweiten Ranges ist z. B.

$$A_{\mu}^{\nu} = A_{\mu} B^{\nu} + C_{\mu} D^{\nu}. \tag{9}$$

Antisymmetrische Tensoren. Außer den symmetrischen kovarianten und kontravarianten Tensoren spielen die sogenannten antisymmetrischen kovarianten und kontravarianten Tensoren eine wichtige Rolle. Sie sind dadurch ausgezeichnet, daß Komponenten, die durch Vertauschung zweier Indizes auseinander hervorgehen, entgegengesetzt gleich sind. Wenn z. B. der kontravariante Tensor $A^{\mu\nu}$ die Bedingung $A^{\mu\nu} = -A^{\nu\mu}$ erfüllt, so nennt man ihn einen antisymmetrischen

---

[1] Es ist klar, daß durch Addition entsprechender Komponenten eines Tensors wieder Komponenten eines Tensors entstehen, wie dies für den Tensor ersten Ranges (Vierervektor) gezeigt wurde (Addition und Subtraktion von Tensoren).

kontravarianten Tensor zweiten Ranges oder Sechservektor (weil er 12 von Null verschiedene Komponenten hat, die zu je zweien den gleichen absoluten Betrag haben. Der kontravariante Tensor dritten Ranges $A^{\mu\nu\lambda}$ ist antisymmetrisch, wenn die Bedingungen erfüllt sind

$$A^{\mu\nu\lambda} = -A^{\mu\lambda\nu} = -A^{\nu\mu\lambda} = A^{\nu\lambda\mu} = -A^{\lambda\nu\mu} = A^{\lambda\mu\nu}.$$

Man erkennt, daß es (in einem Kontinuum von 4 Dimensionen) nur 4 numerisch von Null verschiedene Komponenten dieses antisymmetrischen Tensors gibt.

Daß diese Definition eine von der Wahl des Bezugssystems unabhängige Bedeutung besitzt, beweist man leicht aus Formel (5a) bzw. (8). So ist z. B. gemäß (5a)

$$A'_{\nu\mu} = \sum_{\alpha\beta} \frac{\partial x_\alpha}{\partial x'_\nu} \frac{\partial x_\beta}{\partial x'_\mu} A_{\alpha\beta}.$$

Ersetzt man $A_{\alpha\beta}$ durch $-A_{\beta\alpha}$ (was gemäß der Voraussetzung gestattet ist) und vertauscht man hierauf in der Doppelsumme die Summationsindizes β und α, so hat man

$$A'_{\nu\mu} = -\sum_{\alpha\beta} \frac{\partial x_\alpha}{\partial x'_\mu} \frac{\partial x_\beta}{\partial x'_\nu} A_{\alpha\beta} = -A'_{\mu\nu},$$

gemäß der Behauptung. Analog ist der Beweis für kontravariante Tensoren und für Tensoren dritten und vierten Ranges. Antisymmetrische Tensoren höheren als vierten Ranges kann es in einem vierdimensionalen Kontinuum nicht geben, weil alle Komponenten verschwinden, für welche zwei Indizes gleich sind.

§ 5. Multiplikation der Tensoren.

Äußeres Produkt von Tensoren. Wir haben gesehen (vgl. Gleichungen (6), (8) und (9)), daß man durch Multiplizieren der Komponenten von Tensoren ersten Ranges die Komponenten von Tensoren höheren Ranges erhält. Analog können wir Tensoren höheren Ranges aus solchen niedrigeren Ranges durch Multiplizieren aller Komponenten des einen Tensors mit denen des anderen stets herleiten. Sind beispielsweise $(A_{\alpha\beta})$ und $(B_{\lambda\mu\sigma})$ kovariante Tensoren, so ist auch $(A_{\alpha\beta} \cdot B_{\lambda\mu\sigma})$ ein kovarianter Tensor (fünften Ranges). Der Beweis ergibt sich sofort aus der Darstellbarkeit der Tensoren durch Summe von Produkten von Vierervektoren:

$$A_{\alpha\beta} = \sum A^{(1)}_\alpha A^{(2)}_\beta,$$

$$B_{\lambda\mu\sigma} = \sum B^{(1)}_\lambda B^{(2)}_\mu B^{(3)}_\sigma,$$

$$\text{also } A_{\alpha\beta} B_{\lambda\mu\sigma} = \sum A^{(1)}_\alpha A^{(2)}_\beta B^{(1)}_\lambda B^{(2)}_\mu B^{(3)}_\sigma;$$

also ist $(A_{\alpha\beta} B_{\lambda\mu\sigma})$ ein Tensor fünften Ranges.

1039 Gesammtsitzung v. 19. Nov. 1914. — Mitth. d. phys.-math. Cl. v. 29. Oct.

Man nennt diese Operation »äußere Multiplikation«, das Resultat »äußeres Produkt« der Tensoren. Man sieht, daß es bei dieser Operation auf Charakter und Rang der zu »multiplizierenden« Tensoren nicht ankommt. Es gilt ferner das kommutative und das assoziative Gesetz für eine Sukzession solcher Operationen.

Inneres Produkt von Tensoren. Die in Formel (3b) angegebene, mit den Tensoren ersten Ranges A_ν und A^ν vorgenommene Operation nennt man »innere Multiplikation«, das Resultat »inneres Produkt«. Diese Operation läßt sich infolge der Darstellbarkeit von Tensoren höheren Ranges aus Vierervektoren leicht auf Tensoren erweitern.

Ist z. B. $A_{\alpha\beta\gamma\ldots}$ ein kovarianter, $A^{\alpha\beta\gamma\ldots}$ ein kontravarianter Tensor vom gleichen Range, so ist

$$\sum_{\alpha\beta\gamma}(A_{\alpha\beta\gamma\ldots}\,A^{\alpha\beta\gamma\ldots}) = \Phi$$

ein Skalar. Der Beweis ergibt sich unmittelbar, wenn man setzt

$$\begin{aligned} A_{\alpha\beta\gamma\ldots} &= \sum A_\alpha B_\beta C_\gamma \cdots \\ A^{\alpha\beta\gamma\ldots} &= \sum A^\alpha B^\beta C^\gamma \cdots, \end{aligned}$$

hierauf ausmultipliziert und (3b) berücksichtigt.

Gemischtes Produkt von Tensoren. Die allgemeinste Multiplikation von Tensoren erhält man, wenn man letztere nach gewissen Indizes äußerlich, nach andern innerlich multipliziert. Aus den Tensoren A und B erhält man einen Tensor C gemäß folgendem Schema

$$\sum_{\alpha\beta\gamma\ldots\alpha'\beta'\gamma'}(A^{\alpha'\beta'\gamma'\ldots\lambda\mu\nu\ldots}_{\alpha\beta\gamma\ldots\varrho\sigma\tau\ldots}\,B^{\alpha\beta\gamma\ldots lmn\ldots}_{\alpha'\beta'\gamma'\ldots rst\ldots}) = C^{\lambda\mu\nu\ldots lmn\ldots}_{\varrho\sigma\tau\ldots rst\ldots}\,.$$

Der Beweis dafür, daß C ein Tensor ist, ergibt sich durch Kombination der beiden zuletzt angedeuteten Beweise.

§ 6. Über einige den Fundamentaltensor der $g_{\mu\nu}$ betreffende Beziehungen.

Der kontravariante Fundamentaltensor. Bildet man in dem Determinanten-Schema der $g_{\mu\nu}$ zu jedem $g_{\mu\nu}$ die Unterdeterminante und dividiert diese durch die Determinante $g = |g_{\mu\nu}|$ der $g_{\mu\nu}$, so erhält man gewisse Größen $g^{\mu\nu}$ ($= g^{\nu\mu}$), von denen wir beweisen wollen, daß sie einen kontravarianten symmetrischen Tensor bilden.

Aus dieser Definition und einem bekannten Determinantensatze folgt zunächst

$$\sum_\sigma g_{\mu\sigma} g^{\nu\sigma} = \delta_\mu^{\ \nu}, \tag{10}$$

wobei δ_μ^ν die Größe 1 bzw. 0 bedeutet, je nachdem $\mu = \nu$ oder $\mu \neq \nu$ ist[1]. Es ist ferner

$$\sum_{\alpha\beta} g_{\alpha\beta} dx_\alpha dx_\beta$$

ein Skalar, den wir gemäß (10) gleich

$$\sum_{\alpha\beta\mu} g_{\mu\beta} \delta_\alpha^\mu dx_\alpha dx_\beta$$

und gleich

$$\sum_{\alpha\beta\mu\nu} g_{\mu\beta} g_{\nu\alpha} g^{\mu\nu} dx_\alpha dx_\beta$$

setzen können. Nun sind aber nach dem vorigen Paragraphen

$$d\xi_\mu = \sum_\beta g_{\mu\beta} dx_\beta$$

die Komponenten eines kovarianten Vektors, ebenso natürlich

$$d\xi_\nu = \sum_\alpha g_{\nu\alpha} dx_\alpha .$$

Unser Skalar nimmt demnach die Form an

$$\sum_{\mu\nu} g^{\mu\nu} d\xi_\mu d\xi_\nu .$$

Daraus, daß dies ein Skalar ist, die $d\xi_\mu$ ihrem Verhältnis nach beliebig zu wählende Komponenten eines kovarianten Vierervektors sind, und daß $g^{\mu\nu} = g^{\nu\mu}$ ist, läßt sich leicht beweisen, daß $g^{\mu\nu}$ ein kontravarianter Tresor ist.

Bemerkung. Nach dem Multiplikationssatz der Determinanten ist

$$\left|\sum_\alpha g_{\mu\alpha} g^{\alpha\nu}\right| = \left|g_{\mu\alpha}\right| \cdot \left|g^{\alpha\nu}\right| .$$

Anderseits ist

$$\left|\sum_\alpha (g_{\mu\alpha} g^{\alpha\nu})\right| = \left|\delta_\mu^\nu\right| = 1 .$$

Hieraus folgt

$$\left|g_{\mu\nu}\right| \cdot \left|g^{\mu\nu}\right| = 1 . \qquad (11)$$

Invariante des Volumens. Für die unmittelbare Umgebung eines Punktes unseres Kontinuums kann gemäß (2b) immer

$$ds^2 = \sum_{\mu\nu} g_{\mu\nu} dx_\mu dx_\nu = \sum_\sigma dX_\sigma^2 \qquad (12)$$

gesetzt werden, falls man imaginäre Werte der dX_σ zuläßt. Für die Wahl des Systems der dX_σ gibt es noch unendlich viele Möglichkeiten; jedoch sind alle diese Systeme durch lineare orthogonale Sub-

[1] Nach dem vorigen Paragrahpen ist δ_μ^ν ein gemischter Tensor (»gemischter Fundamentaltensor«).

stitutionen verbunden. Daraus folgt, daß das über ein Volumelement erstreckte Integral

$$d\tau_0^* = \int dX_1 dX_2 dX_3 dX_4$$

eine Invariante, d. h. völlig unabhängig von jeder Koordinatenwahl ist.

Wir wollen für diese Invariante einen zweiten Ausdruck suchen. Es bestehen nun jedenfalls Beziehungen von der Form

$$dX_\sigma = \sum_\mu \alpha_{\sigma\mu} dx_\mu\,, \tag{13}$$

woraus folgt

$$d\tau_0^* = |\alpha_{\sigma\mu}|\, d\tau\,, \tag{14}$$

wenn mit $d\tau$ bzw. $d\tau_0^*$ das Integral

$$\int dx_1 \cdots dx_4 \text{ bzw. } \int dX_1 dX_2 dX_3 dX_4$$

erstreckt über dasselbe Elementargebiet bedeutet. Nach (12) und (13) ist ferner

$$g_{\mu\nu} = \sum_\sigma \alpha_{\sigma\mu} \alpha_{\sigma\nu} \tag{15}$$

und folglich nach dem Multiplikationssatz der Determinanten

$$|g_{\mu\nu}| = \left|\sum_\sigma (\alpha_{\sigma\mu} \alpha_{\tau\nu})\right| = |\alpha_{\tau\nu}|^2\,. \tag{16}$$

Mit Rücksicht hierauf erhält man aus (14)

$$\sqrt{g}\, d\tau = d\tau_0^*\,, \tag{17}$$

wobei der Kürze halber $|g_{\mu\nu}| = g$ gesetzt ist. Damit haben wir die gesuchte Invariante gefunden.

Bemerkung. Aus (12) geht hervor, daß die dX_σ den in der ursprünglichen Relativitätstheorie üblichen Koordinaten entsprechen. Von diesen sind drei reell, eine (z. B. dX_4) imaginär. $d\tau_0$ ist daher imaginär. Anderseits ist im Falle der ursprünglichen Relativitätstheorie die Determinante g bei reeller Zeitkoordinate negativ, da die $g_{\mu\nu}$ (bei passender Wahl der Zeiteinheit) die Werte

$$\left.\begin{matrix} -1 & 0 & 0 & 0 \\ 0 & -1 & 0 & 0 \\ 0 & 0 & -1 & 0 \\ 0 & 0 & 0 & 1 \end{matrix}\right\} \tag{18}$$

erhalten; $\sqrt{g}$ ist daher ebenfalls imaginär. Daß dies allgemein der Fall ist, wird in § 17 gezeigt. Um Imaginäre zu vermeiden, setzen wir

$$d\tau_0 = \frac{1}{i}\int dX_1\, dX_2\, dX_3\, dX_4$$

und schreiben statt (17)

$$\sqrt{-g}\, d\tau = d\tau_0 \,. \tag{17a}$$

Der antisymmetrische Fundamentaltensor von RICCI und LEVI-CIVITA. Wir behaupten, daß

$$G_{iklm} = \sqrt{g}\, \delta_{iklm} \tag{19}$$

ein kovarianter Tensor ist. δ_{iklm} bedeutet dabei $+1$ bzw. -1, je nachdem man 1 2 3 4 zu *iklm* durch eine gerade oder ungerade Zahl von Indexvertauschungen gelangt.

Zum Beweise bemerken wir zunächst, daß die Determinante

$$\sum_{iklm} \delta_{iklm}\, dx_i^{(1)} dx_k^{(2)} dx_l^{(3)} dx_m^{(4)} = V \tag{20}$$

bis auf einen belanglosen Zahlenfaktor gleich dem Volumen des elementaren Pentaeders ist, dessen Ecken gebildet werden durch einen Punkt des Kontinuums und vier Endpunkte von willkürlichen Linienelementen $(dx_i^{(1)})$, (dx_k^{2}), (dx_l^{3}) und (dx_m^{4}), welche von diesem Punkt aus gezogen sind. Nach (19) und (2) ist

$$\sum_{iklm} G_{iklm}\, dx_i^{(1)} dx_k^{(2)} dx_l^{(3)} dx_m^{(4)} = \sqrt{g}\, V.$$

Da die rechte Seite dieser Gleichung nach (17) ein Skalar ist, so ist (G_{iklm}) ein kovarianter Tensor, und zwar wegen der Definitionseigenschaften von δ_{iklm} ein antisymmetrischer kovarianter Tensor.

Aus diesem bildet man leicht durch gemischte Multiplikation einen kontravarianten Tensor nach dem Schema

$$\sum_{\alpha\beta\lambda\mu} G_{\alpha\beta\lambda\mu}\, g^{\alpha i} g^{\beta k} g^{\lambda l} g^{\mu m} = G^{iklm}. \tag{21}$$

Der kontravariante Tensorcharakter ergibt sich unmittelbar aus § 4. Die linke Seite nimmt vermöge (19) die Form an

$$\sqrt{g} \sum_{\alpha\beta\lambda\mu} \delta_{\alpha\beta\lambda\mu}\, g^{\alpha i} g^{\beta k} g^{\lambda l} g^{\mu m},$$

was vermöge bekannter Determinantensätze gleich

$$\sqrt{g}\; \delta_{iklm} \sum \delta_{\alpha\beta\lambda\mu}\, g^{1\alpha} g^{2\beta} g^{3\lambda} g^{4\mu}$$

oder gemäß (11) gleich

$$\frac{1}{\sqrt{g}}\, \delta_{iklm}$$

ist. Damit ist bewiesen, daß

$$G^{iklm} = \frac{1}{\sqrt{g}} \delta_{iklm} \tag{21a}$$

ein kontravarianter antisymmetrischer Tensor ist.

Endlich spielt in der Theorie der allgemeinen antisymmetrischen Tensoren ein aus dem Fundamentaltensor der $g_{\mu\nu}$ gebildeter gemischter Tensor eine wichtige Rolle, dessen Komponenten sind

$$G_{ik}^{lm} = \sum_{\alpha\beta} \sqrt{g}\, \delta_{ik\alpha\beta}\, g^{\alpha l} g^{\beta m} = \sum_{\alpha\beta} \frac{1}{\sqrt{g}} \delta_{lm\alpha\beta}\, g_{\alpha i} g_{\beta k} \tag{22}$$

Der Tensor-Charakter dieser beiden Ausdrücke ist nach dem Vorigen und nach § 4 evident. Zu beweisen ist nur, daß sie einander gleich sind. Den letzten derselben können wir gemäß (21) und (19) auch in der Form bringen

$$\sum_{\lambda\mu\rho\sigma\alpha\beta} \sqrt{g}\, \delta_{\lambda\mu\rho\sigma}\, g^{\lambda l} g^{\mu m} g^{\rho\alpha} g^{\sigma\beta} g_{\alpha i} g_{\beta\kappa}\,,$$

woraus man durch Summation nach α und β mit Rücksicht auf (10) erhält

$$\sum_{\lambda\mu} \sqrt{g}\, \delta_{\lambda\mu i\kappa}\, g^{\lambda l} g^{\mu m}\,;$$

letzterer Ausdruck unterscheidet sich von dem ersten der in (22) gegebenen Ausdrücke nur durch die Bezeichnung der Summationsindizes und durch die (belanglose) Reihenfolge der Indexpaare $\lambda\mu$ und ik in $\delta_{\lambda\mu ik}$.

Aus (22) ist ersichtlich, daß der gemischte Tensor (G_{ik}^{lm}) sowohl der Indizes i, k, als auch bezüglich der Indizes lm antisymmetrisch ist.

Mit Hilfe des Fundamentaltensors können wir aus einem beliebigen Tensor in mannigfacher Weise Tensoren von anderem Charakter herstellen nach den im § 5 angegebenen Regeln. So können wir beispielsweise aus dem kovarianten Tensor $(T_{\mu\nu})$ den kontravarianten $(T^{\mu\nu})$ herstellen nach der Regel

$$T^{\mu\nu} = \sum_{\alpha\beta} T_{\alpha\beta}\, g^{\alpha\mu} g^{\beta\nu}, \tag{23}$$

während man umgekehrt hat:

$$T_{\mu\nu} = \sum_{\alpha\beta} T^{\alpha\beta} g_{\alpha\mu} g_{\beta\nu}\,. \tag{23a}$$

Die Gleichwertigkeit der Gleichungen (23) und (23a) ergibt sich leicht mit Hilfe von (10). Man nennt die Tensoren $(T^{\mu\nu})$ und $(T_{\mu\nu})$ »reziprok«. Ist einer von zwei reziproken Tensoren symmetrisch bzw antisymmetrisch, so ist es, wie aus (23) bzw. (23a) hervorgeht, auch der andere. Dies gilt für Tensoren beliebigen Ranges.

Duale Sechservektoren. Ist ferner $(F^{\mu\nu})$ ein antisymmetrischer Tensor (zweiten Ranges), so können wir zu ihm einen zweiten antisymmetrischen Tensor $F^{\mu\nu *}$ bilden nach der Gleichung

$$F^{\mu\nu *} = \frac{1}{2}\sum_{\alpha\beta} G^{\mu\nu}_{\alpha\beta} F^{\alpha\beta} \,. \tag{24}$$

Man nennt $F^{\mu\nu *}$ den zu $F^{\mu\nu}$ »dualen« kontravarianten Sechservektor. Umgekehrt ist $F^{\mu\nu}$ zu $F^{\mu\nu *}$ dual. Denn multipliziert man (24) mit $G^{\sigma\tau}_{\mu\nu}$, und summiert über μ und ν, so erhält man

$$\frac{1}{2}\sum G^{\sigma\tau}_{\mu\nu} F^{\mu\nu *} = \frac{1}{4}\sum_{\alpha\beta\mu\nu} G^{\sigma\tau}_{\mu\nu} G^{\mu\nu}_{\alpha\beta} F^{\alpha\beta} ;$$

da aber nach (22)

$$\sum_{\mu\nu} G^{\sigma\tau}_{\mu\nu} G^{\mu\nu}_{\alpha\beta} = \sum_{\mu\nu\lambda\varkappa\lambda'\varkappa'} \sqrt{g}\, \delta_{\mu\nu\lambda\varkappa} g^{\lambda\sigma} g^{\varkappa\tau} \frac{1}{\sqrt{g}} \delta_{\mu\nu\lambda'\varkappa'} g_{\lambda'\alpha} g_{\varkappa'\beta} = 2(\delta^{\sigma}_{\alpha}\delta^{\tau}_{\beta} - \delta^{\sigma}_{\beta}\delta^{\tau}_{\alpha}) \,,$$

ist[1], so ergibt sich

$$\frac{1}{4}\sum_{\alpha\beta\mu\nu} G^{\sigma\tau}_{\mu\nu} G^{\mu\nu}_{\alpha\beta} F_{\alpha\beta} = \frac{1}{2}(F^{\sigma\tau} - F^{\tau\sigma}) = F^{\sigma\tau} \,,$$

woraus die Behauptung folgt.

Ganz Entsprechendes gilt für kovariante Sechservektoren. Man beweist ferner leicht, daß Sechservektoren, welche zwei dualen reziprok sind, selbst dual sind.

§ 7. Geodätische Linie bzw. Gleichungen der Punktbewegung.

In § 2 ist bereits dargelegt, daß die Bewegung eines materiellen Punktes im Gravitationsfelde nach der Gliederung

$$\delta\left\{\int ds\right\} = 0 \tag{1}$$

vor sich geht. Der Bewegung eines Punktes entspricht also vom mathematischen Standpunkte eine geodätische Linse in unserer vierdimensionalen Mannigfaltigkeit. Wir wollen der Vollständigkeit halber die

[1] Die zweite dieser Umformungen beruht darauf, daß $\delta_{\mu\nu\lambda\varkappa}$ nur dann nicht verschwindet, wenn alle Indizes verschieden sind. Es bleiben deshalb nur die beiden Möglichkeiten ($\lambda = \lambda'$, $\varkappa = \varkappa'$) und ($\lambda = \varkappa'$, $\varkappa = \lambda'$); mit Rücksicht darauf ergibt sich zunächst durch Summation über μ und ν der Ausdruck

$$2\sum_{\lambda\varkappa}\left\{g^{\lambda\sigma} g^{\varkappa\tau} g^{\lambda\alpha} g^{\varkappa\beta} - g^{\lambda\sigma} g^{\varkappa\tau} g^{\lambda\beta} g^{\varkappa\alpha}\right\},$$

wobei die Summe zunächst nur über solche Indexkombinationen ($\lambda\varkappa$) zu erstrecken ist, für welche $\lambda \neq \varkappa$. Da aber die Klammer für $\lambda = \varkappa$ ohnehin verschwindet, so kann die Summe über alle Kombinationen erstreckt werden. Mit Rücksicht auf (10) ergibt sich hieraus der im Text angegebene Ausdruck.

wohlbekannte Ableitung der expliziten Gleichungen dieser Linie hier hersetzen.

Es handelt sich um eine zwischen zwei Punkten $P^{(1)}$ und $P^{(2)}$ verlaufende Linie, gegenüber der alle ihr unendlich benachbarten Linien, die durch dieselben genannten Punkte gehen, die Gleichung (1) erfüllen. Bezeichnet man mit λ eine Funktion der Koordinaten x_ν, so wird eine »Fläche« von konstanten λ auf allen diesen unendlich benachbarten Linien je einen Punkt herausschneiden, dessen Koordinaten bei gegebener Kurve als Funktionen von λ allein aufzufassen sind. Setzen wir

$$w^2 = \sum_{\mu\nu} g_{\mu\nu} \frac{dx_\mu}{d\lambda} \frac{dx_\nu}{d\lambda},$$

so können wir statt (1) setzen

$$\int_{\lambda_1}^{\lambda_2} \delta w \, d\lambda = 0, \tag{1a}$$

da die Integrationsgrenzen λ_1 und λ_2 für alle betrachteten Kurven dieselben sind. Bezeichnet man mit δx_ν die Zuwächse, welche man den x_ν erteilen muß, um von einem Punkte der gesuchten geodätischen Linie zu dem zum gleichen Werte von λ gehörigen Punkte einer der variierten Linien zu gelangen, so hat man

$$\delta w = \frac{1}{w} \left\{ \frac{1}{2} \sum_{\mu\nu\sigma} \frac{\partial g_{\mu\nu}}{\partial x_\sigma} \frac{dx_\mu}{d\lambda} \frac{dx_\nu}{d\lambda} \delta x_\sigma + \sum_{\mu\nu} g_{\mu\nu} \frac{dx_\mu}{d\lambda} \delta \left(\frac{dx_\nu}{d\lambda} \right) \right\}.$$

Setzt man dies in (1a) ein, so erhält man, indem man das letzte Glied partiell integriert und dabei berücksichtigt, daß für $\lambda = \lambda_1$ und $\lambda = \lambda_2$ die δx_ν verschwinden

$$\int_{\lambda_1}^{\lambda_2} d\lambda \sum_\sigma (K_\sigma \delta x_\sigma) = 0,$$

wobei

$$K_\sigma = \sum_{\mu\nu} \left[\frac{d}{d\lambda} \left\{ \frac{g_{\mu\sigma}}{w} \frac{dx_\mu}{d\lambda} \right\} - \frac{1}{2w} \frac{\partial g_{\mu\nu}}{\partial x_\sigma} \frac{dx_\mu}{d\lambda} \frac{dx_\nu}{d\lambda} \right]$$

gesetzt ist. Es folgt hieraus, daß

$$K_\sigma = 0 \tag{23}$$

die Gleichung der geodätischen Linie ist.

In der ursprünglichen Relativitätstheorie entsprechen diejenigen geodätischen Linien, für welche $ds^2 > 0$ ist, der Bewegung materieller Punkte diejenigen, für welche $ds = 0$ ist, den Lichtstrahlen. Dies wird auch in der verallgemeinerten Relativitätstheorie der Fall sein. Schließen wir den letzteren Fall ($ds = 0$) von der Betrachtung aus, so können wir als Parameter λ die auf der geodätischen Linie gemessene »Bogenlänge« s wählen. Dann geht die Gleichung der geodätischen Linie über in

$$\sum_{\mu} g_{\sigma\mu} \frac{d^2 x_\mu}{ds^2} + \sum_{\mu\nu} \begin{bmatrix} \mu\nu \\ \sigma \end{bmatrix} \frac{dx_\mu}{ds} \frac{dx_\nu}{ds} = 0, \qquad (23\text{a})$$

wobei nach CHRISTOFFEL die Abkürzung

$$\begin{bmatrix} \mu\nu \\ \sigma \end{bmatrix} = \frac{1}{2}\left(\frac{\partial g_{\mu\sigma}}{\partial x_\nu} + \frac{\partial g_{\nu\sigma}}{\partial x_\mu} - \frac{\partial g_{\mu\nu}}{\partial x_\sigma}\right) \qquad (24)$$

eingeführt ist, welcher Ausdruck bezüglich der Indizes μ und ν symmetrisch ist. Endlich multipliziert man (23a) mit $g^{\sigma\tau}$ und summiert über σ. Mit Rücksicht auf (10) und bei Benutzung des bekannten CHRISTOFFELschen Symbols

$$\begin{Bmatrix} \mu\nu \\ \tau \end{Bmatrix} = \sum_{\sigma} g^{\sigma\tau} \begin{bmatrix} \mu\nu \\ \sigma \end{bmatrix} \qquad (24\text{a})$$

erhält man dann an Stelle von (23a)

$$\frac{d^2 x_\tau}{ds^2} + \sum_{\mu\nu} \begin{Bmatrix} \mu\nu \\ \tau \end{Bmatrix} \frac{dx_\mu}{ds} \frac{dx_\nu}{ds} = 0. \qquad (23\text{b})$$

Dies ist die Gleichung der geodätischen Linie in ihrer übersichtlichsten Form. Sie drückt die zweiten Ableitungen der x_τ nach s durch die ersten Ableitungen aus. Durch Differenzieren von (23b) nach s erhielte man Gleichungen, die auch eine Zurückführung der höheren Differenzialquotionenten bei Koordinaten nach s auf die ersten Ableitungen gestatten; man erhielte so die Koordinaten in TAYLORscher Entwicklung nach den Variabeln s. Gleichung (23b) entspricht der Bewegungsgleichung des materiellen Punktes in MINKOWSKIscher Form, indem s die »Eigenzeit« bedeutet.

§ 8. Bildung von Tensoren durch Differentiation.

Die fundamentale Bedeutung des Tensorbegriffes beruht bekanntlich darauf, daß die Transformationsgleichungen für die Tensorkomponenten linear und homogen sind. Dies bringt es mit sich, daß die Komponenten eines Tensors bezüglich eines jeden beliebigen Koordinatensystems verschwinden, falls sie bezüglich eines Koordinatensystems verschwinden. Hat man also eine Gruppe von physikalischen Gleichungen in eine Form gebracht, welche das Verschwinden aller Komponenten eines Tensors aussagt, so hat dieses Gleichungssystem eine von der Wahl des Koordinatensystems unabhängige Bedeutung. Um derartige Tensorgleichungen aufstellen zu können, muß man die Gesetze kennen, nach denen aus gegebenen Tensoren neue gebildet werden können. Wie dies auf algebraischem Wege geschehen kann, ist bereits besprochen worden. Wir haben noch die Gesetze abzuleiten, gemäß welchen man durch Differentiation aus bekannten Tensoren neue bilden kann. Die Gesetze dieser Differentialbildungen sind bereits durch Christoffel und Ricci und Levi-Civita gegeben worden; ich gebe hier eine besonders einfache Ableitung für dieselben, welche neu zu sein scheint.

Alle Differentialoperationen an Tensoren lassen sich auf die sogenannte »Erweiterung« zurückführen. Diese ist im Falle der ursprünglichen Relativitätstheorie, d. h. in dem Falle, daß nur lineare, orthogonale Substitutionen als »berechtigte« zugelassen werden, durch folgenden Satz gegeben. Ist $T_{\alpha_1 \dots \alpha_l}$ ein Tensor $l$ten Ranges, so ist $\frac{\partial T_{\alpha_1 \dots \alpha_l}}{\partial x_s}$ ein Tensor vom $l+1$ten Range. Hieraus ergibt sich leicht die sogenannte »Divergenz« an Tensoren mit Hilfe des in Gleichung (10) des § 6 gegebenen speziellen Tensors δ_μ^ν, den wir im Falle der Beschränkung auf lineare orthogonale Transformationen, in welchem die Unterschiede zwischen kovariant und kontravariant wegfallen, durch das Zeichen $\delta_{\mu\nu}$ zu ersetzen haben. Durch innere Multiplikation des durch »Erweiterung« gebildeten Tensors $l+1$ten Ranges mit dem Tensor $\delta_{\mu\nu}$ erhalten wir den Tensor $l-1$ten Ranges

$$T_{\alpha_1 \dots \alpha_{l-1}} = \sum_{ls} \frac{\partial T_{\alpha_1 \dots \alpha_l}}{\partial x_s} \delta_{\alpha_l s} = \sum_{\alpha_l} \frac{\partial T_{\alpha_1 \dots \alpha_l}}{\partial x_{\alpha_l}}.$$

Es ist dies die nach dem Index α_l gebildete Divergenz des Tensors $T_{\alpha_1 \dots \alpha_l}$. Es ist unsere Aufgabe, die Verallgemeinerung dieser Operationen für den Fall aufzustellen, daß die Substitutionen den genannten beschränkenden Bedingungen (Linearität-Orthogonalität) nicht unterworfen werden.

Erweiterung eines kovarianten Tensors. Es sei $\phi\ (x_1 \cdot\cdot x_4)$ ein Skalar und S eine in unserem Kontinuum gegebene Kurve. Die von einem Punkte P von S aus nach bestimmter Seite auf S im Sinne der §§ 1 und 8 gemessene »Bogenlänge« sei s. Dann können wir die Funktionswerte ϕ der auf S gelegenen Punkte des Kontinuums auch als Funktion von s ansehen. Es ist dann klar, daß auch die Größen $\frac{d\phi}{ds}$, $\frac{d^2\phi}{ds^2}$ usw. Skalare sind, d. h. Größen, die in einer vom Koordinatensystem unabhängigen Weise definiert sind. Da aber

$$\frac{d\phi}{ds} = \sum_{\mu} \frac{\partial \phi}{\partial x_{\mu}} \frac{dx_{\mu}}{ds}, \tag{25}$$

und von jedem Punkte aus Kurven S in beliebiger Richtung gezogen werden können, so sind gemäß § 3 die Größen

$$A_{\mu} = \frac{\partial \phi}{\partial x_{\mu}} \tag{26}$$

Komponenten eines kovarianten Vierervektors (Tensors ersten Ranges), den wir passend als »Erweiterung« des Skalars ϕ (eines Tensors vom nullten Range) auffassen können.

Wir erhalten weiter gemäß (25)

$$\frac{d^2\phi}{ds^2} = \sum_{\mu\nu} \frac{\partial^2 \phi}{\partial x_{\mu} \partial x_{\nu}} \frac{dx_{\mu}}{ds} \frac{dx_{\nu}}{ds} + \sum_{\tau} \frac{\partial \phi}{\partial x_{\tau}} \frac{d^2 x_{\tau}}{ds^2}.$$

Wir spezialisieren nun unsere Betrachtung durch die von der Wahl des Bezugssystems unabhängige Festsetzung, daß die Linie S eine geodätische sei; dann erhalten wir nach (23b)

$$\frac{d^2\phi}{ds^2} = \sum_{\mu\nu} \left[\frac{\partial^2 \phi}{\partial x_{\mu} \partial x_{\nu}} - \sum_{\tau} \begin{Bmatrix} \mu\nu \\ \tau \end{Bmatrix} \frac{\partial \phi}{\partial x_{\tau}} \right] \frac{dx_{\mu}}{ds} \frac{dx_{\nu}}{ds}. \tag{27}$$

Wir richten nun unser Augenmerk auf die Größen

$$A_{\mu\nu} = \frac{\partial^2 \phi}{\partial x_{\mu} \partial x_{\nu}} - \sum_{\tau} \begin{Bmatrix} \mu\nu \\ \tau \end{Bmatrix} \frac{\partial \phi}{\partial x_{\tau}}, \tag{28}$$

welche gemäß (24) und (24a) die Symmetriebedingung

$$A_{\mu\nu} = A_{\nu\mu}$$

erfüllen. Vermöge letzterer geht mit Rücksicht auf (5c) aus Gleichung (27) und aus dem Skalarcharakter von $\frac{d^2\phi}{ds^2}$ hervor, daß $A_{\mu\nu}$ ein (symmetrischer) kovarianter Tensor zweiten Ranges ist. Wir können $A_{\mu\nu}$ als die Erweiterung des kovarianten Tensors ersten Ranges $A_{\mu} = \frac{d\phi}{dx_{\mu}}$ auffassen und (28) auch in der Form schreiben

$$A_{\mu\nu} = \frac{\partial A_{\mu}}{\partial x_{\nu}} - \sum_{\tau} \begin{Bmatrix} \mu\nu \\ \tau \end{Bmatrix} A_{\tau}. \tag{28a}$$

Es liegt nun die Vermutung nahe, daß nicht nur aus einem Vierervektor vom Typus (26), sondern aus einem beliebigen kovarianten Vierervektor gemäß (28a) durch Differentiation (Erweiterung) ein kovarianter Tensor zweiten Ranges gebildet werden kann. Dies wollen wir jetzt nachweisen.

Es ist zunächst leicht zu sehen, daß sich die Komponenten A_μ eines beliebigen kovarianten Vierervektors im vierdimensionalen Kontinuum in der Form darstellen lassen

$$A_\mu = \psi_1 \frac{\partial \phi_1}{\partial x_\mu} + \psi_2 \frac{\partial \phi_2}{\partial x_\mu} + \psi_3 \frac{\partial \phi_3}{\partial x_\mu} + \psi_4 \frac{\partial \phi_4}{\partial x_\mu},$$

wobei die Größen ψ_λ und ϕ_λ Skalare sind. Denn wählen wir (in dem speziell benutzten Koordinatensystem) willkürlich $\phi_\nu = x_\nu$, so brauchen wir nur $\psi_\nu = A_\nu$ (in dem speziell benutzten Koordinatensystem) zu setzen, um die Gleichung zu erfüllen. Um den Tensorcharakter der gemäß (28a) gebildeten Größen $A_{\mu\nu}$ einzusehen, brauchen wir daher nur zu beweisen, daß $A_{\mu\nu}$ ein Tensor ist, wenn in (28a) $A_\mu = \psi \frac{d\phi}{dx_\mu}$ gesetzt wird, wobei ψ und ϕ Skalare sind. Gemäß (28) sind

$$\psi \left[\frac{\partial^2 \phi}{\partial x_\mu \partial x_\nu} - \sum_\tau \left\{ {\mu\nu \atop \tau} \right\} \frac{\partial \phi}{\partial x_\tau} \right]$$

Tensorkomponenten, gemäß (26) und (6) ebenso

$$\frac{\partial \psi}{\partial x_\mu} \frac{\partial \phi}{\partial x_\nu}.$$

Durch Addition folgt der Tensorcharakter von

$$\frac{\partial}{\partial x_\nu} \left[\psi \frac{\partial \phi}{\partial x_\mu} \right] - \sum_\tau \left\{ {\mu\nu \atop \tau} \right\} \left(\psi \frac{\partial \phi}{\partial x_\tau} \right).$$

(28a) liefert also auch aus dem Vierervektor $\psi \frac{\partial \phi}{\partial x_\mu}$ einen Tensor und damit nach dem vorhin Bewiesenen uns einen beliebigen kovarianten Vierervektor A_μ. Damit ist der gesuchte Nachweis geliefert.

Nachdem die Erweiterung des kovarianten Tensors ersten Ranges abgeleitet ist, gelingt es leicht, die Erweiterung des kovarianten Tensors beliebigen Ranges zu finden. Gemäß (6) und (6a) können wir jeden kovarianten Tensor darstellen als eine Summe von Tensoren vom Typus

$$A_{\alpha_1 \dots \alpha_l} = A^{(1)}_{\alpha_1} A^{(2)}_{\alpha_2} \cdots A^{(l)}_{\alpha_l},$$

wobei die $A^{(\nu)}_{\alpha_\nu}$ kovariante Vierervektoren bedeuten. Gemäß (28a) ist zunächst

$$A^{(\nu)}_{\alpha_\nu s} = \frac{\partial A^{(\nu)}_{\alpha_\nu}}{\partial x_s} - \sum_\tau \left\{ {\alpha_\nu s \atop \tau} \right\} A^{(\nu)}_\tau$$

ein kovarianter Tensor vom zweiten Range. Diesen multiplizieren wir nach der Regel der äußeren Multiplikation mit allen $A^{(\mu)}_{\alpha_\mu}$ mit Ausnahme von $A^{(\nu)}_{\alpha_\nu}$ und erhalten so einen Tensor vom Range $l+1$, bei dessen Bildung der Index ν bevorzugt wurde. Derartige Tensoren lassen sich l bilden, indem man der Reihe nach die Indizes $\nu = 1$, $\nu = 2 \cdots \nu = l$ bei der Bildung bevorzugt. Addiert man sie alle, so erhält man den Tensor $(l+1)$ten Ranges

$$A_{\alpha_1 \cdots \alpha_l s} = \frac{\partial A_{\alpha_1 \cdots \alpha_l}}{\partial x_s} - \sum_\tau \left[\begin{Bmatrix} \alpha_1 s \\ \tau \end{Bmatrix} A_{\tau \alpha_2 \cdots \alpha_l} + \begin{Bmatrix} \alpha_2 s \\ \tau \end{Bmatrix} A_{\alpha_1 \tau \alpha_3 \cdots \alpha_l} \cdots \right] \qquad (29)$$

Diese von CHRISTOFFEL gefundene Formel liefert nach obiger Bemerkung aus jedem beliebigen kovarianten Tensor $l$ten Ranges einen solchen $(l+1)$ten Ranges, welchen wir dessen »Erweiterung« nennen. Auf diese Operation lassen sich alle Differentialoperationen zurückführen.

Multipliziert man (29) mit $g^{\alpha_1\beta_1} g^{\alpha_2\beta_2} \cdots g^{\alpha_l\beta_l}$ derart, daß die Multiplikation bezüglich der Indizes α eine innere, bezüglich der β eine äußere ist, so erhält man einen Tensor, der bezüglich $\beta_1 \cdots \beta_l$ kontravariant, bezüglich s kovariant ist. Schreibt man schließlich wieder α statt β, so erhält man

$$A_s^{\alpha_1 \cdots \alpha_l} = \frac{\partial A^{\alpha_1 \cdots \alpha_l}}{\partial x_s} + \sum_\tau \left[\begin{Bmatrix} s\tau \\ \alpha_1 \end{Bmatrix} A^{\tau \alpha_2 \cdots \alpha_l} + \begin{Bmatrix} s\tau \\ \alpha_2 \end{Bmatrix} A^{\alpha_1 \tau \alpha_3 \cdots \alpha_l} + \cdots \right]. \qquad (30)$$

Diesen Tensor kann man die Erweiterung des kontravarianten Tensors nennen. Ein Blick auf (29) und (30) zeigt, daß die so definierte Erweiterung stets einen Index von kovariantem Charakter liefert. Es ist auch leicht, eine allgemeine Formel für die Erweiterung eines gemischten Tensors anzugeben, welche eine Verschmelzung der Formeln (29) und (30) wäre.

Divergenz. Die Erweiterung eines kontravarianten Tensors vom Range l ist ein gemischter Tensor vom Range $l+1$. Man kann aus ihm einen kontravarianten Tensor vom Range $l-1$ bilden durch innere Multiplikation mit dem gemischten Fundamentaltensor (10), und zwar kann dies auf l verschiedene Arten gemacht werden. Man kann demgemäß l im allgemeinen voneinander verschiedene Divergenzen eines kontravarianten Tensors unterscheiden. Eine derselben lautet

$$A^{\alpha_1 \cdots \alpha - 1} = \sum_{\alpha_l s} A_s^{\alpha_1 \cdots \alpha_l} \delta^s_{\alpha_l}. \qquad (31)$$

Bei symmetrischen und bei antisymmetrischen Tensoren ist das Resultat der Divergenzbildung unabhängig davon, welcher der Indizes α_ν hierbei bevorzugt wird.

Einige Hilfsformeln. Bevor wir die abgeleiteten Formeln auf Spezialfälle anwenden, leiten wir einige Differentialeigenschaften des

1051 Gesammtsitzung v. 19. Nov. 1914. — Mitth. d. phys.-math. Cl. v. 29. Oct.

Fundamentaltensors ab. Durch Differenzieren der Determinante $|g_{\mu\nu}| = g$ nach x_α erhält man

$$\frac{1}{g}\frac{\partial g}{\partial x_\alpha} = \sum_{\mu\nu} \frac{\partial g_{\mu\nu}}{\partial x_\alpha} g^{\mu\nu} = \frac{2}{\sqrt{g}} \frac{\partial \sqrt{g}}{\partial x_\alpha}. \tag{32}$$

Aus (24a), (24) und (32) erhält man

$$\sum_\tau \begin{Bmatrix} \mu\tau \\ \tau \end{Bmatrix} = \sum_\tau \begin{Bmatrix} \tau\mu \\ \tau \end{Bmatrix} = \frac{1}{2}\sum_{\tau\alpha} g^{\tau\alpha} \frac{\partial g_{\tau\alpha}}{\partial x_\mu} = \frac{1}{\sqrt{\ }} \frac{\partial \sqrt{g}}{\partial x_\iota}. \tag{33}$$

Durch Differenzieren von (10) ergibt sich

$$\sum_\sigma \frac{\partial g_{\mu\sigma}}{\partial x_\alpha} g^{\nu\tau} = -\sum_\sigma \frac{\partial g^{\nu\sigma}}{\partial x_\alpha} g_{\mu\sigma}. \tag{34}$$

Durch Multiplizieren dieser Gleichung mit $g_{\nu\tau}$ und Summieren über ν, bzw. durch Multiplizieren mit $g_{\mu\tau}$ und Summieren über μ, erhält man mit Rücksicht auf (10) zwei Gleichungen, die bei anderer Bezeichnung der Indizes lauten

$$\frac{\partial g_{\mu\nu}}{\partial x_\alpha} = -\sum_{\sigma\tau} \frac{\partial g^{\sigma\tau}}{\partial x_\alpha} g_{\sigma\mu} g_{\tau\nu} \tag{35}$$

$$\frac{\partial g^{\mu\nu}}{\partial x_\alpha} = -\sum_{\sigma\tau} \frac{\partial g_{\sigma\tau}}{\partial x_\alpha} g^{\sigma\mu} g^{\tau\nu}. \tag{36}$$

Erweiterung und Divergenz des Vierervektors. Die Erweiterung des kovarianten Vierervektors ist durch (28a) gegeben. Durch Vertauschen der Indizes μ und ν und Subtraktion erhält man den antisymmetrischen Tensor

$$A_{\mu\nu} - A_{\nu\mu} = \frac{\partial A_\mu}{\partial x_\nu} - \frac{\partial A_\nu}{\partial x_\mu}. \tag{28b}$$

Als Erweiterung A^μ_ν des kontravarianten Vierervektors A^μ ergibt sich aus (30)

$$A^\mu_\nu = \frac{\partial A^\mu}{\partial x_\nu} + \sum_\tau \begin{Bmatrix} \nu\tau \\ \mu \end{Bmatrix} A^\tau.$$

Hieraus die Divergenz

$$\Phi = \sum_{\mu\nu} A^\mu_\nu \delta^\nu_\mu = \sum_\mu \left(\frac{\partial A^\mu}{\partial x_\mu} + \begin{Bmatrix} \mu\tau \\ \mu \end{Bmatrix} A^\tau \right),$$

also nach (33)

$$\Phi = \frac{1}{\sqrt{g}} \sum_\mu \frac{\partial}{\partial x_\mu} (\sqrt{g} A^\mu). \tag{37}$$

Setzt man hierin für A^μ den kontravarianten Vektor $\sum g^{\mu\nu} \frac{\partial \phi}{\partial x_\nu}$ ein, wobei ϕ einen Skalar bedeutet, so erhält man die bekannte Verallgemeinerung des Laplaceschen $\Delta\phi$:

$$\Phi = \sum_{\mu\nu} \frac{1}{\sqrt{g}} \frac{\partial}{\partial x_\mu}\left(\sqrt{g}\, g^{\mu\nu} \frac{\partial \phi}{\partial x_\nu}\right). \qquad (38)$$

Erweiterung und Divergenz des Tensors zweiten Ranges. In Anwendung auf den kovarianten und kontravarianten Tensor zweiten Ranges liefern (29) und (30) die Tensoren dritten Ranges.

$$A_{\mu\nu s} = \frac{\partial A_{\mu\nu}}{\partial x_s} - \sum_\tau \left(\begin{Bmatrix}\mu s\\ \tau\end{Bmatrix} A_{\tau\nu} + \begin{Bmatrix}\nu s\\ \tau\end{Bmatrix} A_{\mu\tau}\right) \qquad (29a)$$

$$A^{\mu\nu}_s = \frac{\partial A^{\mu\nu}}{\partial x_s} + \sum_\tau \left(\begin{Bmatrix}s\tau\\ \mu\end{Bmatrix} A^{\tau\nu} + \begin{Bmatrix}s\tau\\ \nu\end{Bmatrix} A^{\mu\tau}\right). \qquad (30a)$$

Man überzeugt sich hieraus leicht, daß die »Erweiterung« des Fundamentaltensors $g_{\mu\nu}$ bzw. $g^{\mu\nu}$ verschwindet.

Als Divergenz von $A^{\mu\nu}$ nach dem Index ν ergibt sich aus (31), (30a) und (33):

$$A^\mu = \sum_{s\nu} A^{\mu\nu}_s \delta^s_\nu = \frac{1}{\sqrt{g}}\left(\sum_\nu \frac{\partial(A^{\mu\nu}\sqrt{g})}{\partial x_\nu} + \sum_{\tau\nu} \begin{Bmatrix}\tau\nu\\ \mu\end{Bmatrix} A^{\tau\nu}\sqrt{g}\right). \qquad (39)$$

Dies liefert für einen antisymmetrischen Tensor (Sechservektor) wegen der Symmetrie von $\begin{Bmatrix}\tau\nu\\ \mu\end{Bmatrix}$ bezüglich der Indizes τ und ν:

$$A^\mu = \frac{1}{\sqrt{g}} \sum_\nu \frac{\partial(A^{\mu\nu}\sqrt{g})}{\partial x_\nu}. \qquad (40)$$

Für den Fall, daß $A^{\mu\nu}$ symmetrisch ist, gestattet (39) eine Umformung, welche für das Folgende von Wichtigkeit ist; wir bilden den zu (A^μ) reziproken kovarianten Vierervektor $\sum_\mu A^\mu g_{\mu\sigma} = A_\sigma$:

$$A_\sigma = \frac{1}{\sqrt{g}}\left(\sum_{\mu\nu} g_{\mu\sigma} \frac{\partial(A_{\mu\nu}\sqrt{g}}{\partial x_\nu} + \sqrt{g}\sum_{\tau\nu}\begin{bmatrix}\tau\nu\\ \sigma\end{bmatrix} A^{\tau\nu}\right)$$

$$= \frac{1}{\sqrt{g}}\left(\sum_{\mu\nu} \frac{\partial(g_{\mu\sigma}A^{\mu\nu}\sqrt{g})}{\partial x_\nu} + \frac{1}{2}\sqrt{g}\sum_{\mu\nu}\left(-\frac{\partial g_{\mu\sigma}}{\partial x_\nu} + \frac{\partial g_{\nu\sigma}}{\partial x_\mu} \frac{\partial g_{\mu\nu}}{\partial x_\sigma}\right) A^{\mu\nu}\right).$$

Hieraus, falls $A^{\mu\nu}$ symmetrisch ist:

$$A_\sigma = \frac{1}{\sqrt{g}}\sum_{\mu\nu}\left(\frac{\partial(g_{\mu\sigma}A^{\mu\nu}\sqrt{g})}{\partial x_\nu} - \frac{1}{2}\frac{\partial g_{\mu\nu}}{\partial x_\sigma} A^{\mu\nu}\sqrt{g}\right), \qquad (41)$$

wofür man bei Einführung des gemischten Tensors $\sum_\mu g_{\sigma\mu} A^{\mu\nu} = A^\nu_\sigma$ auch setzen kann

$$A_- = \frac{1}{\sqrt{g}}\left(\sum_\nu \frac{\partial(A^\nu_\sigma\sqrt{g})}{\partial x_\nu} - \frac{1}{2}\sum_{\mu\nu\tau} g^{\tau\mu}\frac{\partial g_{\mu\nu}}{\partial x_\tau} A^\nu_\tau\sqrt{g}\right). \qquad (41a)$$

Riemann-Christoffelscher Tensor. Die Formel (29) gestattet eine sehr einfache Ableitung des bekannten Kriteriums dafür, ob ein gegebenes Kontinuum mit gegebenem Linienelement ein euklidisches ist, d. h. ob man es durch eine passend gewählte Substitution erzielen kann, daß ds^2 überall gleich der Quadratsumme der Koordinatendifferentiale wird.

Wir bilden aus dem kovarianten Vierervektor A_μ durch zweimalige Erweiterung gemäß (29) den Tensor dritten Ranges $(A_{\mu\nu\lambda})$. Man erhält

$$\begin{aligned} A_{\mu\nu\lambda} = & \frac{\partial^2 A_\mu}{\partial x_\nu \partial x_\lambda} - \left[\genfrac\{\}{0pt}{}{\mu\lambda}{\tau} \frac{\partial A_\tau}{\partial x_\nu} + \genfrac\{\}{0pt}{}{\mu\nu}{\tau} \frac{\partial A_\tau}{\partial x_\lambda} \right] \\ & - \genfrac\{\}{0pt}{}{\nu\lambda}{\tau} \frac{\partial A_\tau}{\partial x_\mu} + \genfrac\{\}{0pt}{}{\nu\lambda}{\tau} \genfrac\{\}{0pt}{}{\tau\mu}{\sigma} A_\sigma \\ & - \left[\frac{\partial}{\partial x_\lambda} \genfrac\{\}{0pt}{}{\mu\nu}{\sigma} - \genfrac\{\}{0pt}{}{\mu\lambda}{\tau} \genfrac\{\}{0pt}{}{\nu\tau}{\sigma} \right] A_\sigma . \end{aligned}$$

Es folgt hieraus sofort, daß auch $(A_{\mu\lambda\nu} - A_{\mu\nu\lambda})$ ein kovarianter Tensor dritten Ranges ist; es ist also

$$\left[\frac{\partial}{\partial x_\lambda} \genfrac\{\}{0pt}{}{\mu\nu}{\sigma} - \frac{\partial}{\partial x_\nu} \genfrac\{\}{0pt}{}{\mu\lambda}{\sigma} + \sum_\tau \left(\genfrac\{\}{0pt}{}{\mu\nu}{\tau} \genfrac\{\}{0pt}{}{\lambda\tau}{\sigma} - \genfrac\{\}{0pt}{}{\mu\lambda}{\tau} \genfrac\{\}{0pt}{}{\nu\tau}{\sigma} \right) \right] A_\sigma$$

ein kovarianter Tensor σ dritten Ranges, die eckige Klammer also ein Tensor vierten Ranges $(K^\sigma_{\mu\nu\lambda})$, welcher nach dem Indizes μ, ν, λ kovariant, nach σ kontravariant ist. Alle Komponenten dieses Tensors verschwinden, wenn die $g_{\mu\nu}$ Konstante sind. Dies Verschwinden findet immer statt, wenn es bezüglich eines passend gewählten Koordinatensystems stattfindet. Das Verschwinden der Klammer für alle Indexkombinationen ist also eine notwendige Bedingung dafür, daß sich das Linienelement auf die euklidische Form bringen läßt; daß diese Bedingung hierfür hinreicht, bedarf allerdings noch eines Beweises.

V-Tensoren. Ein Blick auf die Formeln (37), (39), (40), (41), (41a) lehrt, daß Tensorkomponenten häufig mit $\sqrt{g}$ multipliziert auftreten. Wir wollen deshalb eine besondere Bezeichnung für die mit $\sqrt{g}$ (bzw. $\sqrt{-g}$, wenn g negativ ist) multiplizierten Tensorkomponenten einführen, indem wir die Produkte mit deutschen Buchstaben bezeichnen, z. B. setzen

$$A_\sigma \sqrt{g} = \mathfrak{A}_\sigma$$

$$A^\nu_\sigma \sqrt{g} = \mathfrak{A}^\nu_\sigma$$

(A_σ), (A^ν_σ) usw., nennen wir V-Tensoren (Volumtensoren). Sie geben, da $\sqrt{g}\, d\tau = \sqrt{g}\, dx_1 dx_2 dx_3 dx_4$ ein Skalar ist, mit $d\tau$ multipliziert, Tensoren im früher definierten Sinne. Bei Benutzung dieser Schreibweise nimmt (41a) beispielsweise die Form an

$$\mathfrak{A}_\sigma = \sum_\nu \frac{\partial \mathfrak{A}_\sigma^\nu}{\partial x_\nu} - \frac{1}{2}\sum_{\mu\tau\nu} g^{\tau\mu} \frac{\partial g_{\mu\nu}}{\partial x_\sigma} \mathfrak{A}_\tau^\nu . \tag{41 b}$$

C. Gleichungen der physikalischen Vorgänge bei gegebenem Gravitationsfelde.

Jeder Gleichung der ursprünglichen Relativitätstheorie entspricht eine im Sinne des vorigen Abschnitts allgemein kovariante Gleichung, welche in der verallgemeinerten Relativitätstheorie an die Stelle der ersteren zu treten hat. Bei Aufstellung jener Gleichungen hat man den Fundamentaltensor der $g_{\mu\nu}$ als gegeben zu betrachten. Man erhält so Verallgemeinerungen derjenigen physikalischen Gesetze, welche in der ursprünglichen Relativitätstheorie bereits bekannt sind; die verallgemeinerten Gleichungen geben dabei Aufschluß über den Einfluß des Gravitationsfeldes auf diejenigen Vorgänge, auf welche sich jene Gleichungen beziehen. Unbekannt bleiben zunächst nur die Differentialgesetze des Gravitationsfeldes selbst, die auf eine besondere Weise gewonnen werden müssen. Wir wollen alle übrigen (z. B. mechanische, elektromagnetische) Gesetze unter dem Namen »Gesetze der materiellen Vorgänge« zusammenfassen.

§ 9. Impuls-Energie-Satz für die »materiellen Vorgänge«.

Das allgemeinste »materielle Vorgänge« betreffende Gesetz ist der Impuls-Energie-Satz. Derselbe läßt sich nach der ursprünglichen Relativitätstheorie in der Formulierung Minkowski-Laue folgendermaßen schreiben:

$$\left.\begin{aligned}
\frac{\partial p_{xx}}{\partial x} + \frac{\partial p_{xy}}{\partial y} + \frac{\partial p_{xz}}{\partial z} + \frac{\partial (i\mathfrak{i}_x)}{\partial l} &= f_x \\
\frac{\partial p_{yx}}{\partial x} + \frac{\partial p_{yy}}{\partial y} + \frac{\partial p_{yz}}{\partial z} + \frac{\partial (i\mathfrak{i}_y)}{\partial l} &= f_y \\
\frac{\partial p_{zx}}{\partial x} + \frac{\partial p_{zy}}{\partial y} + \frac{\partial p_{zz}}{\partial z} + \frac{(\partial i\mathfrak{i}_z)}{\partial l} &= f_z \\
\frac{\partial (i\mathfrak{f}_x)}{\partial x} + \frac{\partial (i\mathfrak{f}_y)}{\partial y} + \frac{\partial (i\mathfrak{f}_z)}{\partial z} + \frac{\partial (-\eta)}{\partial l} &= iw
\end{aligned}\right\} \tag{42}$$

Dabei ist als Zeitkoordinate $l = it$ gewählt, wobei die reelle Zeit t so gemessen wird, daß die Leichtgeschwindigkeit gleich 1 wird.

$$\begin{matrix} p_{xx} & p_{xy} & p_{xz} & i\mathfrak{i}_x \\ p_{yx} & p_{yy} & p_{yz} & i\mathfrak{i}_y \\ p_{zx} & p_{zy} & p_{zz} & i\mathfrak{i}_z \\ i\mathfrak{s}_x & i\mathfrak{s}_y & i\mathfrak{s}_z & -\eta \end{matrix}$$

ist ein symmetrischer Tensor ($T_{\sigma\nu}$) zweiten Ranges (Energietensor)

$$f_x,\ f_y,\ f_z,\ iw$$

ein Vierervektor (K_σ), beides natürlich bezüglich linearer orthogonaler Substitutionen, welche in der ursprünglichen Relativitätstheorie die allein berechtigten sind. Formal betrachtet, besagt (42), daß (K_σ) gleich der Divergenz des Energietensors $T_{\sigma\nu}$ ist. Physikalisch bedeuten

p_{xx} usw. die »Spannungskomponenten«
$\mathfrak{i}$ den Vektor der Impulsdichte
$\mathfrak{s}$ den Vektor des Energiestromes
η die Energiedichte
f den Vektor der pro Volumeinheit von außen auf das System wirkenden Kraft
w die dem System pro Volumen- und Zeiteinheit zugeführte Energie.

Falls das System ein »vollständiges« ist, verschwinden die rechten Seiten der Gleichungen (42).

Unsere Aufgabe ist es nun, die allgemein kovarianten Gleichungen aufzusuchen, welche den Gleichungen (42) entsprechen. Es ist klar, daß auch die verallgemeinerten Gleichungen formal dadurch charakterisiert sind, daß die Divergenz eines Tensors zweiten Ranges einem Vierervektor gleichgesetzt wird. Bei jeder solchen Verallgemeinerung besteht aber die Schwierigkeit, daß es in der verallgemeinerten Relativitätstheorie im Gegensatze zur ursprünglichen Tensoren verschiedenen Charakters (kovariante, kontravariante, gemischte, ferner von allen diesen Gattungen V-Tensoren) gibt, so daß stets eine gewisse Wahl getroffen werden muß. Diese Wahl bringt aber keine physikalische Willkür mit sich; sie hat nur Einfluß darauf, welche Variabeln bei der Darstellung bevorzugt werden[1]. Die Wahl ist so zu treffen, daß die Gleichungen möglichst übersichtlich werden, und die in denselben eingeführten Größen eine möglichst anschauliche physikalische Bedeutung erhalten. Es erweist sich, daß man diesen Gesichtspunkten am besten gerecht wird, wenn man dem Tensor $T_{\sigma\nu}$ einen gemischten V-Tensor $\mathfrak{T}_\sigma^\nu$, dem

---

[1] Es hängt dies damit zusammen, daß aus jedem Tensor Tensoren anderen Charakters durch Multiplikation mit dem Fundamentaltensor bzw. mit $\sqrt{-g}$ gewonnen werden können.

Vierervektor (K_σ) den kovarianten V-Vierervektor $\mathfrak{K}_\sigma$ entsprechen läßt. Man hat dann die Divergenz gemäß (41b) zu bilden und erhält als Verallgemeinerung von (42) die allgemein kovarianten Gleichungen

$$\sum_\nu \frac{\partial \mathfrak{T}_\sigma^\nu}{\partial x_\nu} = \frac{1}{2}\sum_{\mu\tau\nu} g^{\tau\mu}\frac{\partial g_{\mu\nu}}{\partial x_\sigma}\mathfrak{T}_\tau^\nu + \mathfrak{K}_\sigma . \tag{42a}$$

Dabei bezeichnen wir, indem wir die obigen Benennungsweisen aufrechterhalten, die Komponenten von $\mathfrak{T}_\sigma^\nu$ gemäß dem Schema

	$\nu = 1$	$\nu = 2$	$\nu = 3$	$\nu = 4$
$\sigma = 2$	$-p_{xx}$	$-p_{xy}$	$-p_{xz}$	$-\mathfrak{i}_x$
$\sigma = 1$	$-p_{yx}$	$-p_{yy}$	$-p_{yz}$	$-\mathfrak{i}_y$
$\sigma = 3$	$-p_{zx}$	$-p_{zy}$	$-p_{zz}$	$-\mathfrak{i}_z$
$\sigma = 4$	$\mathfrak{f}_x$	$\mathfrak{f}_y$	$\mathfrak{f}_z$	η

(43)

die Komponenten von $\mathfrak{K}_\sigma$ gemäß dem Schema

$\sigma = 1$	$-f_x$
$\sigma = 2$	$-f_y$
$\sigma = 3$	$-f_z$
$\sigma = 4$	w

(44)

Der zu $\mathfrak{T}_\sigma^\nu$ gehörige rein kovariante (bzw. rein kontravariante) Tensor ist hierbei symmetrisch. Es ist leicht einzusehen, daß die Gleichungen (42a) in die Gleichungen (42) übergehen, wenn den Größen $g_{\mu\nu}$ die speziellen Werte

$$\begin{matrix} -1 & 0 & 0 & 0 \\ 0 & -1 & 0 & 0 \\ 0 & 0 & -1 & 0 \\ 0 & 0 & 0 & 1 \end{matrix} \tag{45}$$

gegeben werden.

Diskussion von (42a). Wir fassen zunächst den Spezialfall ins Auge, daß ein Gravitationsfeld nicht vorhanden ist, d. h. daß die $g_{\mu\nu}$ sämtlich als konstant anzusehen sind. Dann verschwindet das erste Glied der rechten Seite von (42a). Das betrachtete System sei räumlich (d. h. in bezug auf x_1, x_2, x_3) endlich ausgedehnt. Das Integral einer Größe ϕ über

x_1, x_2, x_3, ausgedehnt über das ganze System bezeichen wir mit ϕ. Dann erhalten wir aus (42 a) durch eine derartige Integration über x_1, x_2, x_3

$$\frac{d\bar{\mathfrak{i}}}{dx_4} = \bar{f}$$

$$\frac{d\bar{\eta}}{dx_4} = \bar{w}\,.$$

Es sind dies die Bilanzsätze des Impulses und der Energie in der üblichen Form, aus welchen im Falle des Fehlens äußerer Kräfte die zeitliche Konstanz des Impulses $\bar{\mathfrak{i}}$ und der Energie $\bar{\eta}$ folgt. In diesem Falle drückt sich der Energie-Impulssatz also durch einen eigentlichen Erhaltungssatz aus, der in differentieller Schreibweise durch die Gleichung

$$\sum_\nu \frac{\partial \mathfrak{T}_\sigma^\nu}{\partial x_\nu} = 0 \qquad (42\text{b})$$

ausgedrückt wird, falls äußere Kräfte fehlen ($\mathfrak{K}_\sigma = 0$).

Existiert ein Schwerefeld, d. h. sind die $g_{\mu\nu}$ nicht konstant, so gilt auch dann kein eigentlicher Erhaltungssatz für das betrachtete (räumlich endliche) System, wenn die $\mathfrak{K}_\sigma$ verschwinden. Denn es besteht keine Gleichung vom Typus von (42 b), da das erste Glied der rechten Seite von (42 a) nun nicht verschwindet. Es entspricht dem die physikalische Tatsache, daß in einem Gravitationsfelde Impuls und Energie eines materiellen Systems sich mit der Zeit ändern, indem das Gravitationsfeld auf das materielle System Impuls und Energie überträgt. Die physikalische Bedeutung des ersten Gliedes der rechten Seite von (42) ist also derjenigen des zweiten Gliedes analog. Die Komponenten dieses ersten Gliedes, welche wir

$$-f_x^{(g)},\ -f_y^{(g)},\ -f_z^{(g)},\ w^{(g)}$$

nennen können, drücken also den negativen Impuls bzw. die Energie aus, welche das Gravitationsfeld pro Volumen- und Zeiteinheit auf das materielle System überträgt.

Im Falle des Verschwindens der $\mathfrak{K}_\sigma$ muß aber gefordert werden, daß für das materielle System und das zugehörige Gravitationsfeld zusammen Sätze bestehen, welche die Konstanz des Gesamtimpulses und der Gesamtenergie von Materie und Gravitationsfeld ausdrücken. Es kommt dies darauf hinaus, daß ein Komplex von Größen $\mathfrak{t}_\sigma^\nu$ für das Gravitationsfeld existieren muß, derart, daß die Gleichungen

$$\sum_\nu \frac{\partial(\mathfrak{T}_\sigma^\nu + \mathfrak{t}_\sigma^\nu)}{\partial x_\nu} = 0 \qquad (42\text{c})$$

bestehen. Auf diesen Punkt kann erst dann näher eingegangen werden, wenn die Differentialgesetze für das Gravitationsfeld aufgestellt sind.

Man sieht, daß für die Einwirkung des Gravitationsfeldes auf die materiellen Vorgänge die Größen

$$\Gamma^{\tau}_{\nu\sigma} = \frac{1}{2}\sum_{\mu} g^{\tau\mu}\frac{\partial g^{\mu\nu}}{\partial x_{\sigma}} \tag{46}$$

maßgebend sind, die wir deshalb »Komponenten des Gravitationsfeldes« nennen wollen.

§ 10. Bewegungsgleichungen kontinuierlich verteilter Massen.

Natürlich gemessene Größen. Es wurde bereits hervorgehoben, daß es in der verallgemeinerten Relativitätstheorie nicht möglich ist, Koordinatensysteme so zu wählen, daß räumliche und zeitliche Koordinatendifferenzen mit an Maßstäben und Uhren erhaltenen Meßergebnissen in so unmittelbarer Weise zusammenhängen, wie dies gemäß der ursprünglichen Relativitätstheorie der Fall ist. Eine derartige bevorzugte Koordinatenwahl ist nur im Unendlichkleinen möglich, indem gesetzt wird

$$ds^2 = \sum_{\mu\nu} g_{\mu\nu}\, dx_\mu\, dx_\nu = -d\xi_1^2 - d\xi_2^2 - d\xi_3^2 + d\xi_4^2 . \tag{46}$$

Die $d\xi$ sind (vgl. § 2) genau so meßbar wie die Koordinaten der ursprünglichen Relativitätstheorie; sie sind aber keine vollständigen Differentiale. Im Unendlichkleinen lassen sich alle Größen auf das Koordinatensystem der $d\xi$ beziehen; geschieht dies, so nennen wir sie »natürlich gemessene« Größen. Das Koordinatensystem der $d\xi$ nennen wir »Normalsystem«.

Gemäß (17a) gilt für unendlich kleine vierdimensionale Volumina

$$\sqrt{-g}\int dx_1\, dx_2\, dx_3\, dx_4 = \int d\xi_1\, d\xi_2\, d\xi_3\, d\xi_4 . \tag{47}$$

Das betrachtete Volumen bestehe nun in einem unendlich kurzen Stück eines unendlich dünnen vierdimensionalen Fadens. dv sei das über ihn erstreckte Integral $\int dx_1 dx_2 dx_3$. Das System der $d\xi$ wählen wir so, daß die $d\xi_4$-Achse in die Achse des Fadens fällt, dann ist $d\xi_4 = ds$, und das Integral $\int d\xi_1 d\xi_2 d\xi_3$ ist als natürlich gemessenes Ruhevolumen dv_0 des Fadens zu bezeichnen. Es ist nach (47)

$$\sqrt{-g}\, dv\, dx_4 = dv_0\, ds \tag{47a}$$

1059 Gesammtsitzung v. 19. Nov. 1914. — Mitth. d. phys.-math. Cl. v. 29. Oct.

Masseneinheit. Die Vergleichung der Massen zweier materieller Punkte ist nach den gewöhnlichen Methoden möglich. Es bedarf also zur Messung von Massen nur einer Masseneinheit. Diese sei definiert als diejenige Menge Wasser, welche im natürlich gemessenen Volumen 1 im Zustande relativer Ruhe Platz findet. Die Masse des materiellen Punktes ist ihrer Definition nach eine Invariante bezüglich aller Transformationen.

Dichteskalar. Unter der skalaren Dichte kontinuierlich verbreiteter Materie verstehen wir deren Masse pro (mitbewegter) natürlich gemessener Volumeinheit. Der Dichteskalar charakterisiert zusammen mit den Geschwindigkeitskomponenten $\frac{dx_\mu}{ds}$ die Materie im Sinne der Hydrodynamik vollständig, falls man von der Existenz der Flächenkräfte absehen darf.

Energietensor strömender Massen. Bewegungsgleichungen. Aus dem Skalar ρ_0 und dem kontravarianten Vierervektor $\left(\frac{dx_\mu}{ds}\right)$ der Geschwindigkeit läßt sich der gemischte V-Tensor bilden

$$\mathfrak{T}_\sigma^\nu = \rho_0 \sqrt{-g}\,\frac{dx_\nu}{ds}\sum_\mu g_{\sigma\mu}\frac{dx_\mu}{ds}. \tag{48}$$

Es liegt die Vermutung nahe, daß $(\mathfrak{T}_\sigma^\nu)$ der Energietensor der ponderabeln Massenströmung sei, und daß die Gleichungen (44) in Verbindung mit (48) den Eulerschen Strömungsgleichungen entsprechen für den Fall inkohärenter Massen, d. h. für den Fall, daß Flächenkräfte vernachlässigt werden können. Wir beweisen dies, indem wir aus diesen Gleichungen die früher angegebenen für die Bewegung des materiellen Punktes ableiten.

Die Ausdehnung der betrachteten Massen nach x_1, x_2, x_3 sei unendlich klein. Integrieren wir (44) bezüglich dieser Variabeln über den ganzen »Strömungsfaden« und setzen wir zur Abkürzung $dx_1\,dx_2\,dx_3 = dv$, so erhalten wir:

$$\frac{d}{dx_4}\left\{\int \mathfrak{T}_\sigma^4\,dv\right\} = \sum_{\tau\nu}\left\{\Gamma_{\nu\sigma}^\tau \int \mathfrak{T}_\tau^\nu\,dv\right\} + \int \mathfrak{K}_\sigma\,dv. \tag{50}$$

Setzt man hierin für $\mathfrak{T}_\sigma^\nu$ den in (48) gegebenen Ausdruck, so erhält man mit Rücksicht darauf, daß gemäß (47a)

$$dv = \frac{dv_0}{\sqrt{-g}}\,\frac{ds}{dx_4}, \tag{47b}$$

und daß

$$m = \int \rho_0\,dv_0 \tag{49}$$

ist, die Gleichung:

$$\frac{d}{dx_4}\left\{m\sum_\mu g_{\tau\mu}\frac{dx_\mu}{ds}\right\} = \sum_{\nu\tau}\left\{\Gamma^\tau_{\nu\sigma}\frac{dx_\nu}{dx_4}\, m\sum_\mu g_{\tau\mu}\frac{dx_\mu}{ds}\right\} + \int \mathfrak{K}_\sigma dv\,, \quad (50a)$$

oder, indem man zur Abkürzung den kovarianten Vierervektor

$$\mathrm{I}_\sigma = m\sum_\mu g_{\sigma\mu}\frac{dx_\mu}{ds} \quad (51)$$

einführt[1]

$$\frac{d\mathrm{I}_\sigma}{dx_4} = \sum_{\nu\tau}\Gamma^\tau_{\nu\sigma}\frac{dx_\nu}{dx_4}\mathrm{I}_\tau + \int \mathfrak{K}_\sigma dv\,. \quad (50b)$$

Es ist dies die Bewegungsgleichung des materiellen Punktes, falls die vierte Koordinate (»Zeitkoordinate«) als unabhängige Variable gewählt wird. Aus dem Schema (43) geht hervor, daß die Komponenten von (I_σ) ihrer physikalischen Bedeutung nach gleich sind den negativ genommenen Impulskomponenten bzw. der Energie des materiellen Punktes. In dem Spezialfalle der ursprünglichen Relativitätstheorie, d. h. wenn die $g_{\mu\nu}$ die in (18) angegebenen Werte haben, ist

$$\left.\begin{array}{l} -\mathrm{I}_1 = \dfrac{m\mathfrak{q}_x}{\sqrt{1-q^2}} \\ \cdots\cdots\cdots \\ \mathrm{I}_4 = \dfrac{m}{\sqrt{1-q^2}} \end{array}\right\} \quad (52)$$

falls $\mathfrak{q}$ den dreidimensionalen Geschwindigkeitsvektor, q dessen Betrag bedeutet. Dies ist im Einklang mit den Resultaten jener Theorie, mit Rücksicht darauf, daß wir durch die Festsetzung (18) als Zeiteinheit die »Lichtsekunde« gewählt haben[1].

---

[1] An dieser Stelle sei erwähnt, warum nach meiner Meinung nicht Gleichung (39), sondern Gleichung (41) für die Formulierung des Impuls-Energiesatzes herangezogen wurde. Es wäre gemäß (39) der Energietensor als kontravarianter V-Tensor und die Größen $\left\{{\tau\nu \atop \mu}\right\}$ als Komponenten des Gravitationsfeldes aufzufassen. In § 11 wären wir dann auf dem dargelegten Wege dazu gelangt, die Komponenten des kontravarianten Vierervektors $\left(\mathrm{I}^\sigma = m\dfrac{dx_\sigma}{ds}\right)$ als Impulskomponenten und Energie des materiellen Punktes aufzufassen. Daß diese Auffassung eine unserer physikalischen Auffassung vom Wesen des Impulses widerstrebende ist, soll hier an einem ganz speziellen Falle gezeigt werden.

In einem Raume ohne Gravitationsfeld führen wir ein Koordinatensystem ein, das sich von einem »Normalsystem« nur dadurch unterscheidet, daß die x_1-Achse mit der x_2-Achse (von einem Normalsystem aus beurteilt) einen von $\frac{\pi}{2}$ abweichenden Winkel ϕ bildet. Dann ist

$$ds^2 = -dx_1^2 - dx_2^2 - 2dx_1 dx_2\cos\phi - dx_3^2 + dx_4^2\,.$$

1061 Gesammtsitzung v. 19. Nov. 1914. — Mitth. d. phys.-math. Cl. v. 29. Oct.

Verschwindet in (50b) $\mathfrak{K}_\sigma$, d. h. die äußeren Kräfte mit Ausschluß der vom Gravitationsfelde herrührenden, so erhält man durch Multiplikation der Gleichung mit $\frac{dx_4}{ds}\cdot\frac{1}{m}$ nach einfacher Rechnung die mit (1) gleichwertige Gleichung (23a) für die Bewegung des materiellen Punktes im Gravitationsfelde. Damit ist die Vermutung bestätigt, daß $\mathfrak{T}_\sigma^\nu$ in (48) tatsächlich der Energietensor der strömenden Materie ist.

Energietensor der idealen Flüssigkeit. Wir wollen nun (48) derart vervollständigen, daß wir den Energietensor einer idealen Flüssigkeit erhalten, mit Berücksichtigung der auftretenden Flächenkräfte (Druck) und die mit den Dichteänderungen verbundenen Energieänderungen[1]. Es läßt sich ohne Mühe der Energietensor an einer Stelle des Mediums gewinnen für dasjenige Normalsystem, dessen $d\xi_4$-Achse in dem betrachteten Punkte mit dem Element der vierdimensionalen Strömungslinie zusammenfällt.

Es sei ϕ das (natürlich gemessene) Volumen einer solchen Menge der Substanz, welche auf den Druck 0 gebracht das Volumen ϕ_0 und die Masse 1 besitzt. Die natürlich gemessene Energie ε dieses Quantums beim Volumen ϕ ist dann, wenn nur adiabatische Zustandsänderungen in Betracht gezogen werden

$$1-\int_{\phi_0}^{\phi} p\,d\phi\,,$$

wobei p den natürlich gemessenen Druck bedeutet. Denn es ist nach (52) die Energie der ruhenden Masseneinheit gleich 1, wenn der Druck verschwindet. Das negativ genommene Integral ist Funktion des Druckes p allein; wir nennen es P. Die Energie pro Volumeneinheit ergibt sich hieraus durch Multiplikation mit $\rho_0=\frac{1}{\phi}$. Die Energiedichte ist also

$$\rho_0(1+P)\,.$$

Dann wird z. B. $-\mathrm{I}^2 = m\frac{dx_2}{ds}$. Diese Größe verschwindet, wenn der Punkt in Richtung der x_1-Achse bewegt ist. Es ist aber klar, daß in dem betrachteten Falle eine x_2-Komponente des Impulses tatsächlich existiert, die sich von der x_1-Komponente nur um den Faktor $\cos\phi$ unterscheidet.

Wenn man aber den Impulssatz auf (41) gründet, und demnach gemäß (51) den kovarianten Vierervektor für die Berechnung von Impuls und Energie heranzieht, so ergibt sich in dem betrachteten Falle $-\mathrm{I}_2 = -g_{12}\,m\frac{dx_2}{ds} = m\frac{dx_1}{ds}\cos\phi = (-\mathrm{I}_1)\cos\phi$, wie verlangt werden muß.

[1] Dabei beschränken wir uns aber auf adiabatische Strömungsvorgänge einer Flüssigkeit mit einheitlicher adiabatischer Zustandsgleichung.

Der gesuchte Tensor ist also bei unserer besonderen Koordinatenwahl gegeben durch die Komponenten

$$\begin{matrix} -p & 0 & 0 & 0 \\ 0 & -p & 0 & 0 \\ 0 & 0 & -p & 0 \\ 0 & 0 & 0 & \rho_0(1+P). \end{matrix}$$

Bei beliebig gewähltem Bezugssystem geht dieser Tensor offenbar über in:

$$\mathfrak{T}_\sigma^\nu = -p\delta_\sigma^\nu \sqrt{-g} + \rho_0 \sqrt{-g}\,(1+p+P)\frac{dx_\nu}{ds}\sum_\mu g_{\sigma\mu}\frac{dx_\mu}{ds}. \quad (48\text{a})$$

Denn ρ_0, p und P sind in ihrer Definition nach Skalare. Setzen wir zur Abkürzung

$$\rho_0\sqrt{-g}\,(1+p+P) = \rho^*,$$

so ergeben die Gleichungen (42a)

$$-\sqrt{-g}\,\frac{\partial p}{\partial x_\sigma} + \sum_{\mu\nu}\frac{\partial}{\partial x_\nu}\left(\rho^* g_{\sigma\mu}\frac{dx_\mu}{ds}\frac{dx_\nu}{ds}\right) = \frac{1}{2}\sum_{\mu\nu}\rho^*\frac{\partial g_{\mu\nu}}{\partial x_\sigma}\frac{dx_\mu}{ds}\frac{dx_\nu}{ds} + \mathfrak{K}_\sigma. \quad (53)$$

Diese vier Gleichungen bestimmen die fünf unbekannten Funktionen p und $\frac{dx_\nu}{ds}$, da zwischen letzten die Beziehung

$$\sum g_{\mu\nu}\frac{dx_\mu}{ds}\frac{dx_\nu}{ds} = 1$$

besteht, und ρ bei bekannter adiabatischer Zustandsgleichung der Flüssigkeit eine bekannte Funktion von p ist. Die $g_{\mu\nu}$ und $\mathfrak{K}_\sigma$ sind als bekannt anzusehen. Die Gleichungen (53) ersetzen die EULERschen Gleichungen inklusive der Kontinuitätsgleichung; das läßt sich durch Spezialisierung auf den Fall der ursprünglichen Relativitätstheorie leicht beweisen, wenn man noch die daraus entspringenden Vernachlässigungen einführt, daß die Geschwindigkeiten stets klein gegen die Lichtgeschwindigkeit sind, und daß die Drucke so klein sind, daß sie die Trägheit nicht merklich beeinflussen.

§ 11. Die elektromagnetischen Gleichungen.

Die Überlegungen, die zu den allgemein kovarianten Gesetzen der elektromagnetischen Vorgänge führen, sind denjenigen, die bei Einreihung des Gebietes in die ursprüngliche Relativitätstheorie angestellt werden müssen, ganz analog, so daß wir uns kurz fassen können.

1063 Gesammtsitzung v. 19. Nov. 1914. — Mitth. d. phys.-math. Cl. v. 29. Oct.

Elektromagnetische Gleichungen für das Vakuum. Es seien $\mathfrak{F}^{\mu\nu}$ und $\mathfrak{F}^{\mu\nu*}$ zwei duale, kontravariante V-Sechservektoren (vgl. (24)). Aus (40) folgt dann, daß die Ausdrücke

$$\sum_\nu \frac{\partial \mathfrak{F}^{\mu\nu}}{\partial x_\nu}, \quad \sum \frac{\partial \mathfrak{F}^{\mu\nu*}}{\partial x_\nu}$$

die Komponenten kontravarianter V-Vierervektoren sind. Durch Nullsetzen dieser Komponenten erhält man die Maxwellschen Gleichungen für das Vakuum in allgemein kovarianter Gestalt. Man erkennt in der Tat leicht, daß diese Gleichungen in die Maxwellschen übergehen, wenn man die Komponenten von $\mathfrak{F}^{\mu\nu}$ und $\mathfrak{F}^{\mu\nu*}$ nach den Schemen

$\mathfrak{F}^{23}$	$\mathfrak{F}^{31}$	$\mathfrak{F}^{12}$	$\mathfrak{F}^{14}$	$\mathfrak{F}^{24}$	$\mathfrak{F}^{34}$
$\mathfrak{h}_x$	$\mathfrak{h}_y$	$\mathfrak{h}_z$	$-\mathfrak{e}_x$	$-\mathfrak{e}_y$	$-\mathfrak{e}_z$

$\mathfrak{F}^{23*}$	$\mathfrak{F}^{31*}$	$\mathfrak{F}^{12*}$	$\mathfrak{F}^{14*}$	$\mathfrak{F}^{24*}$	$\mathfrak{F}^{34*}$
$-\mathfrak{e}^*_x$	$-\mathfrak{e}^*_y$	$-\mathfrak{e}^*_z$	$-\mathfrak{h}^*_x$	$-\mathfrak{h}^*_y$	$-\mathfrak{h}^*_z$

bezeichnet und berücksichtigt, daß gemäß (24)

$$\mathfrak{h}^* = \mathfrak{h}$$
$$\mathfrak{e}^* = \mathfrak{e}$$

ist, wenn den $g_{\mu\nu}$ die speziellen Werte (18) gegeben werden.

Ladungsdichte, Konvektionsstrom. Es gibt offenbar im mitbewegten Normalsystem eine elektrische Ladungsdichte; diese ist ihrer Definition gemäß ein Skalar. Den durch Multiplikation mit $\sqrt{-g}$ hieraus entstehenden V-Skalar bezeichnen wir mit $\rho_{(e)}$. Aus ihm und dem kontravarianten Vierervektor $\frac{dx_\mu}{ds}$ bilden wir den kontravarianten V-Vierervektor des Konvektionsstromes

$$\rho_{(e)} \frac{dx_\mu}{ds}$$

Lorentzsche Gleichungen für das Vakuum. Führt man im Lorentzschen Sinne alle Wechselwirkungen zwischen Materie und elektromagnetischem Felde auf Bewegung elektrischer Ladungen zurück, so wird man sich auf die Gleichungen

$$\left.\begin{aligned} \sum_\nu \frac{\partial \mathfrak{F}^{\mu\nu}}{\partial x_\nu} &= \rho_e \frac{dx_\mu}{ds} \\ \sum_\nu \frac{\partial \mathfrak{F}^{\mu\nu*}}{\partial x_\nu} &= 0 \end{aligned}\right\} \qquad (54)$$

zu stützen haben. Sie sind die Grundgleichungen der Lorentzschen Elektronentheorie in allgemein kovarianter Gestalt. Sie geben Aufschluß über die Gesetze, nach welchen das Gravitationsfeld auf das elektromagnetische Feld einwirkt.

Elektromagnetische Gleichungen bewegter Körper für den Fall, daß nur Körper mit der Dielektrizitätskonstante 1 *und der magnetischen Permeabilität* 1 *berücksichtigt werden.* Es mögen elektrische und magnetische Polarisation der Körper nur insofern Berücksichtigung finden, als sie zu elektrischen und magnetischen Ladungsdichten Veranlassung geben; elektrische und magnetische »Polarisationsströme« sollen nicht auftreten. Dagegen sollen elektrische Leitungsströme berücksichtigt werden. Die allgemein kovarianten Feldgleichungen für diesen Fall findet man, indem man auf der rechten Seite der Gleichungen einen elektrischen bzw. magnetischen Konvektionsstrom sowie einen elektrischen Leitungsstrom berücksichtigt.

Es sei ρ_e die Ladungsdichte im vorhin definierten Sinne der Polarisations- und Leitungselektronen zusammen; dann ist $\left(\rho_{(e)} \frac{dx_\mu}{ds}\right)$ der V-Vierervektor des durch Polarisations- und Leitungselektronen zusammen gelieferten Konvektionsstromes.

ρ_m sei im vorher definierten Sinne die magnetische Ladungsdichte, welche von der (starren) magnetischen Polarisation herrührt. $\left(\rho_{(m)} \frac{dx_\mu}{ds}\right)$ ist dann der V-Vierervektor des magnetischen Konvektionsstromes.

Dem Leitungsstrome wird ebenfalls ein V-Vierervektor entsprechen, den wir mit $(\mathfrak{L}^\mu)$ bezeichnen. Er ist dadurch bestimmt, daß im »Normalsystem«

$$\mathfrak{L}^1 = -\lambda \mathfrak{F}^{14} \qquad \mathfrak{L}^2 = -\lambda \mathfrak{F}^{24} \qquad \mathfrak{L}^3 = -\lambda \mathfrak{F}^{34} \qquad \mathfrak{L}^4 = 0$$

und anderseits

$$\frac{dx_1}{ds} = 0 \qquad \frac{dx_2}{ds} = 0 \qquad \frac{dx^3}{ds} = 0 \qquad \frac{dx_4}{ds} = 1$$

ist. Man wird dieser Bedingung gerecht, indem man setzt

$$\mathfrak{L}^\mu = -\lambda \sum_{\alpha\beta} g_{\alpha\beta} \mathfrak{F}^{\mu\alpha} \frac{dx_\beta}{ds}. \tag{55}$$

Die Feldgleichungen sind dann

$$\left.\begin{aligned} \sum_\nu \frac{\partial \mathfrak{F}^{\mu\nu}}{dx_\nu} &= \rho_{(e)} \frac{dx_\mu}{ds} + \mathfrak{L}^\mu \\ \sum_\nu \frac{\partial \mathfrak{F}^{\mu\nu *}}{dx_\nu} &= \rho_{(m)} \frac{dx_\mu}{ds} \end{aligned}\right\} \tag{56}$$

1065 Gesammtsitzung v. 19. Nov. 1914. — Mitth. d. phys.-math. Cl. v. 29. Oct.

Feldgleichungen für isotrope, elektrisch und magnetisch polarisierbare, bewegte Körper. Wir modifizieren den soeben betrachteten Fall dahin, daß wir auch elektrische und magnetische Polarisationsströme berücksichtigen. Dabei wird angenommen, daß für das mitbewegte Normalsystem die Komponenten der Feldstärken diesen Polarisationen proportional seien.

Die Feldgleichungen für diesen Fall erhalten wir aus (56), indem wir auf den rechten Seiten von (56) Ausdrücke für den V-Vierervektor des elektrischen bzw. magnetischen Polarisationsstromes hinzufügen. Die elektrische Polarisation stellen wir durch einen kontravarianten V-Vierervektor ($\mathfrak{P}^{\mu}_{(e)}$) dar, dessen Komponenten für das mitbewegte Normalsystem durch die Gleichungen

$$\mathfrak{P}^{1}_{e} = -\sigma_{(e)}\mathfrak{F}^{14}; \quad \mathfrak{P}^{2}_{(e)} = -\sigma_{(e)}\mathfrak{F}^{24}; \quad \mathfrak{P}^{3}_{(e)} = -\sigma_{(e)}\mathfrak{F}^{34}; \quad \mathfrak{P}^{4}_{(e)} = 0$$

bestimmt sind. Man genügt dieser Festsetzung durch die Gleichung

$$\mathfrak{P}^{\mu}_{(e)} = -\sigma_{(e)}\sum_{\alpha\beta} g_{\alpha\beta}\mathfrak{F}^{\mu\alpha}\frac{dx_{\beta}}{ds}. \tag{57}$$

Aus diesem V-Vierervektor bilden wir den V-Sechservektor

$$\mathfrak{P}^{\mu\nu}_{(e)} = \mathfrak{P}^{\mu}_{(e)}\frac{dx_{\nu}}{ds} - \mathfrak{P}^{\nu}_{(e)}\frac{dx_{\mu}}{ds}, \tag{58}$$

und aus diesem wieder durch Divergenzbildung gemäß (40) den kontravarianten V-Vierervektor

$$\sum_{\nu}\frac{\partial\mathfrak{P}^{\mu\nu}_{(e)}}{\partial x_{\nu}} \tag{59}$$

des elektrischen Konvektionsstromes. Wir bemerken, daß für das Normalsystem die Komponenten dieses Vektors

$$\frac{\partial(\sigma_{(e)}\mathfrak{e}_x)}{\partial t} \quad \frac{\partial(\sigma_{(e)}\mathfrak{e}_y)}{\partial t} \quad \frac{\partial(\sigma_{(e)}\mathfrak{e}_z)}{\partial t} \quad -\left(\frac{\partial(\sigma_{(e)}\mathfrak{e}_x)}{\partial x} + \frac{\partial(\sigma_{(e)}\mathfrak{e}_y)}{\partial y} + \frac{\partial(\sigma_{(e)}\mathfrak{e}_z)}{\partial z}\right)$$

sind. Setzt man also (59) auf der rechten Seite der ersten der Gleichungen (56) hinzu, so erhält man Gleichungen, welche für das Normalsystem in diejenigen des ersten Maxwellschen Gleichungssystems für ruhende Körper übergehen. Hierdurch ist die Berechtigung der Festsetzungen (57), (58), (59) begründet.

Für die magnetische Polarisation setzen wir analog fest:

$$\mathfrak{P}^{\mu}_{(m)} = -\sigma_{(m)}\sum_{\alpha} g_{\alpha\beta}\mathfrak{F}^{\mu\alpha *}\frac{dx_{\beta}}{ds} \tag{57a}$$

$$\mathfrak{P}^{\mu\nu}_{(m)} = \mathfrak{P}^{\mu}_{(m)}\frac{dx_{\nu}}{ds} - \mathfrak{P}^{\nu}_{(m)}\frac{dx_{\mu}}{ds}, \tag{58a}$$

woraus sich die Komponenten des V-Vierervektors des magnetischen Polarisationsstromes

$$\sum_\nu \frac{\partial \mathfrak{P}^{\mu\nu}_{(m)}}{\partial x_\nu} \tag{59a}$$

ergeben.

Es ergeben sich also die Feldgleichungen

$$\left.\begin{aligned} \sum_\nu \frac{\partial(\mathfrak{F}^{\mu\nu} - \mathfrak{P}^{\mu\nu}_{(e)})}{\partial x_\nu} &= \rho_{(e)} \frac{dx_{(\mu)}}{ds} + \mathfrak{L}^\mu \\ \sum_\nu \frac{\partial(\mathfrak{F}^{\mu\nu *} - \mathfrak{P}^{\mu\nu}_{(m)})}{\partial x_\nu} &= \rho_{(m)} \frac{dx_\mu}{ds}, \end{aligned}\right\} \tag{60}$$

wobei die $\mathfrak{P}^{\mu\nu}_{(e)}$, $\mathfrak{P}^{\mu\nu}_{(m)}$, $\mathfrak{L}^\mu$ mit dem Sechservektor des Feldes durch die Relationen

$$\left.\begin{array}{l|l|l} \mathfrak{P}^\mu_{(e)} = -\sigma_{(e)} \sum_{\alpha\beta} g_{\alpha\beta} \mathfrak{F}^{\mu\alpha} \frac{dx_\beta}{ds} & \mathfrak{P}^\mu_{(m)} = -\sigma_{(m)} \sum_{\alpha\beta} g_{\alpha\beta} \mathfrak{F}^{\mu\alpha *} \frac{dx_\beta}{ds} & \mathfrak{L}^\mu = -\lambda \sum_{\alpha\beta} g_{\alpha\beta} \mathfrak{F}^{\mu\alpha} \frac{dx_\beta}{ds} \\ \mathfrak{P}^{\mu\nu}_{(e)} = \mathfrak{P}^\mu_{(e)} \frac{dx_\nu}{ds} - \mathfrak{P}^\nu_{(e)} \frac{dx_\mu}{ds} & \mathfrak{P}^{\mu\nu}_{(m)} = \mathfrak{P}^\mu_{(m)} \frac{dx_\nu}{ds} - \mathfrak{P}^\nu_{(m)} \frac{dx_\mu}{ds} & \end{array}\right\} \tag{60a}$$

verbunden sind.

Auch einer Durchführung der Impuls-Energie-Bilanz im Sinne der Gleichung (42a) steht keine Schwierigkeit entgegen. Die bisherigen Ausführungen zeigen aber zur Genüge, wie man bei der Umwandlung bereits bekannter Naturgesetze in absolut kovariante vorzugehen hat.

D. Die Differentialgesetze des Gravitationsfeldes.

Im letzten Abschnitt wurden die Koeffizienten $g_{\mu\nu}$, welche physikalisch als Komponenten des Gravitationspotentials aufzufassen sind, als gegebene Funktionen der x_ν betrachtet. Es sind noch die Differentialgesetze aufzusuchen, welchen diese Größen genügen. Das erkenntnistheoretisch Befriedigende der bisher entwickelten Theorie liegt darin, daß dieselbe dem Relativitätsprinzip in dessen weitgehendster Bedeutung Genüge leistet. Dies beruht, formal betrachtet, darauf, daß die Gleichungssysteme allgemein, d. h. beliebigen Substitutionen der x_ν gegenüber, kovariant sind.

Es scheint hiernach die Forderung geboten, daß auch die Differentialgesetze für die $g_{\mu\nu}$ allgemein kovariant sein müssen. Wir wollen aber zeigen, daß wir diese Forderung einschränken müssen, wenn wir dem Kausalgesetz vollständig Genüge leisten wollen. Wir beweisen nämlich, daß Gesetze, welche den Ablauf des Geschehens im Gravitationsfelde bestimmen, unmöglich allgemein kovariant sein können.

1067 Gesammtsitzung v. 19. Nov. 1914. — Mitth. d. phys.-math. Cl. v. 29. Oct.

§ 12. Beweis von der Notwendigkeit einer Einschränkung der Koordinatenwahl.

Wir betrachten einen endlichen Teil Σ des Kontinuums, in welchem ein materieller Vorgang nicht stattfindet. Das physikalische Geschehen in Σ ist dann vollständig bestimmt, wenn in bezug auf ein zur Beschreibung benutztes Koordinatensystem K die Größen $g_{\mu\nu}$ als Funktion der x_ν gegeben werden. Die Gesamtheit dieser Funktionen werde symbolisch durch $G(x)$ bezeichnet.

Es werde ein neues Koordinatensystem K' eingeführt, welches außerhalb Σ mit K übereinstimme, innerhalb Σ aber von K abweiche, derart, daß die auf K' bezogenen $g'_{\mu\nu}$ wie die $g_{\mu\nu}$ (nebst ihren Ableitungen) überall stetig sind. Die Gesamtheit der $g'_{\mu\nu}$ bezeichnen wir symbolisch durch $G'(x')$. $G'(x')$ und $G(x)$ beschreiben das nämliche Gravitationsfeld. Ersetzen wir in den Funktionen $g'_{\mu\nu}$ die Koordinaten x'_ν durch die Koordinaten x_ν, d. h. bilden wir $G'(x)$, so beschreibt $G'(x)$ ebenfalls ein Gravitationsfeld bezüglich K, welches aber nicht übereinstimmt mit dem tatsächlichen (bzw. ursprünglich gegebenen) Gravitationsfelde.

Setzen wir nun voraus, daß die Differentialgleichungen des Gravitationsfeldes allgemein kovariant sind, so sind sie für $G'(x')$ erfüllt (bezüglich K'), wenn sie bezüglich K für $G(x)$ erfüllt sind. Sie sind dann also auch bezüglich K für $G'(x)$ erfüllt. Bezüglich K existierten dann die voneinander verschiedenen Lösungen $G(x)$ und $G'(x)$, trotzdem an den Gebietsgrenzen beide Lösungen übereinstimmten, d. h. durch allgemein kovariante Differentialgleichungen für das Gravitationsfeld kann das Geschehen in demselben nicht eindeutig festgelegt werden.

Verlangen wir daher, daß der Ablauf des Geschehens im Gravitationsfelde durch die aufzustellenden Gesetze vollständig bestimmt sei, so sind wir genötigt, die Wahl des Koordinatensystems derart einzuschränken, daß es ohne Verletzung der einschränkenden Bedingungen unmöglich ist, ein neues Koordinatensystem K' von der vorhin charakterisierten Art einzuführen. Die Fortsetzung des Koordinatensystems ins Innere eines Gebietes Σ hinein darf nicht willkürlich sein.

§ 13. Kovarianz bezüglich linearer Transformationen. Angepaßte Koordinatensysteme.

Nachdem wir gesehen haben, daß das Koordinatensystem Bedingungen zu unterwerfen ist, müssen wir einige Arten der Spezialisierung der Koordinatenwahl ins Auge fassen. Eine sehr weitgehende Spezialisierung erhält man, wenn man nur lineare Transformationen zuläßt. Würden wir von den Gleichungen der Physik nur verlangen, daß sie linearen Transformationen gegenüber kovariant sein müssen, so würde unsere Theorie ihre Hauptstütze einbüßen. Denn eine Transformation auf ein beschleunigtes oder rotierendes System würde dann keine berechtigte Transformation sein, und die in § 1 hervorgehobene physikalische Gleichwertigkeit des »Zentrifugalfeldes« und Schwerefeldes würde durch die Theorie nicht auf eine Wesensgleichheit zurückgeführt. Anderseits aber ist es (wie sich im folgenden zeigen wird) vorteilhaft, zu fordern, daß zu den berechtigten Transformationen auch die linearen gehören. Es sei daher zunächst kurz einiges gesagt über die Modifikation, welche die im Absatz B dargelegte Kovariantentheorie erfährt, wenn statt beliebiger nur lineare Transformationen als berechtigte zugelassen werden.

Kovarianten bezüglich linearer Transformationen. Die in § 3 bis § 8 dargestellten algebraischen Eigenschaften der Tensoren werden dadurch, daß man nur lineare Transformationen zuläßt, nicht vereinfacht; hingegen vereinfachen sich die Regeln für die Bildung der Tensoren durch Differentiation (§ 9) bedeutend.

Es ist nämlich allgemein

$$\frac{\partial}{\partial x'_\varrho} = \sum_\delta \frac{\partial x_\delta}{\partial x'_\varrho} \frac{\partial}{\partial x_\delta}.$$

Also ist z. B. für einen kovarianten Tensor zweiten Ranges gemäß (§ 5 a)

$$\frac{\partial A'_{\mu\nu}}{\partial x'_\varrho} = \sum_{\alpha\beta\delta} \frac{\partial x_\delta}{\partial x'_\varrho} \frac{\partial}{\partial x_\delta} \left(\frac{\partial x_\alpha}{\partial x'_\mu} \frac{\partial x_\beta}{\partial x'_\nu} A_{\alpha\beta} \right).$$

Für lineare Substitutionen sind die Ableitungen $\frac{\partial x_\alpha}{\partial x'_\mu}$ usw. von den x_δ unabhängig, so daß man hat

$$\frac{\partial A'_{\mu\nu}}{\partial x'_\varrho} = \sum_{\alpha\beta\delta} \frac{\partial x_\alpha}{\partial x'_\mu} \frac{\partial x_\beta}{\partial x'_\nu} \frac{\partial x_\delta}{\partial x'_\varrho} \frac{\partial A_{\alpha\beta}}{\partial x_\delta}.$$

$\left(\frac{\partial A_{\alpha\beta}}{\partial x_\delta}\right)$ ist also ein kovarianter Tensor dritten Ranges.

Allgemein kann gezeigt werden, daß man durch Differentiation der Komponenten eines beliebigen Tensors nach den Koordinaten wieder einen Tensor erhält, dessen Rang um 1 erhöht ist, wobei der hinzutretende Index kovarianten Charakter hat. Dies ist also die Operation der Erweiterung bei Beschränkung auf lineare Transformationen. Da die Erweiterung in Verbindung mit den algebraischen Operationen die Grundlage für die Kovariantenbildung überhaupt bildet, beherrschen wir damit das System der Kovarianten bezüglich linearer Transformationen. Wir wenden uns nun zu einer Überlegung, die zu einer viel weniger weitgehenden Beschränkung der Koordinatenwahl hinführt.

Transformationsgesetz des Integrals *I*. Es sei *H* eine Funktion der $g^{\mu\nu}$ und ihrer ersten Ableitungen $\frac{\partial g^{\mu\nu}}{\partial x_\sigma}$, die wir zur Abkürzung auch $g_\sigma^{\mu\nu}$ nennen. *I* bezeichne das über einen endlichen Teil Σ des Kontinuums erstreckte Integral

$$J = \int H\sqrt{-g}\,d\tau \tag{61}$$

Das zunächst benutzte Koordinatensystem sei K_1. Wir fragen nach der Änderung ΔJ, welche J erfährt, wenn man vom System K_1 auf das unendlich wenig verschiedene Koordinatensystem K_2 übergeht. Bezeichnet man mit $\Delta\phi$ den Zuwachs, welchen die beliebige, auf einen Punkt des Kontinuums sich beziehende Größe ϕ bei der Transformation erleidet, so hat man zunächst gemäß (17)

$$\Delta(\sqrt{-g}\,d\tau) = 0 \tag{62}$$

und ferner

$$\Delta H = \sum_{\mu\nu\sigma}\left(\frac{\partial H}{\partial g^{\mu\nu}}\Delta g^{\mu\nu} + \frac{\partial H}{\partial g_\sigma^{\mu\nu}}\Delta g_\sigma^{\mu\nu}\right). \tag{62a}$$

Die $\Delta g^{\mu\nu}$ lassen sich vermöge (8) durch die Δx_μ ausdrücken, indem man die Beziehungen

$$\Delta g^{\mu\nu} = g^{\mu\nu\prime} - g^{\mu\nu}$$
$$\Delta x_\mu = x_\mu' - x_\mu$$

berücksichtigt. Man erhält

$$\Delta g^{\mu\nu} = \sum_\alpha\left(g^{\mu\alpha}\frac{\partial \Delta x_\nu}{\partial x_\alpha} + g^{\nu\alpha}\frac{\partial \Delta x_\mu}{\partial x_\alpha}\right) \tag{63}$$

$$\Delta g_\sigma^{\mu\nu} = \sum_\alpha\left\{\frac{\partial}{\partial x_\sigma}\left(g^{\mu\alpha}\frac{\partial \Delta x_\nu}{\partial x_\alpha} + g^{\nu\alpha}\frac{\partial \Delta x_\mu}{\partial x_\alpha}\right) - \frac{\partial g^{\mu\nu}}{\partial x_\alpha}\frac{\partial \Delta x_\alpha}{\partial x_\sigma}\right\}. \tag{63a}$$

Die Gleichungen (62a), (63), (63a) liefern ΔH als lineare homogene Funktion der ersten und zweiten Ableitungen der Δx_μ nach den Koordinaten.

Bisher haben wir über die Art, wie H von den $g^{\mu\nu}$ und $g_\sigma^{\mu\nu}$ abhängen soll, noch keine Festsetzung getroffen. Wir nehmen nun an, daß H bezüglich linearer Transformationen eine Invariante sei; d. h. ΔH soll verschwinden, falls die $\frac{\partial^2 \Delta x_\mu}{\partial x_\alpha \partial x_\sigma}$ verschwinden. Unter dieser Voraussetzung erhalten wir

$$\frac{1}{2}\Delta H = \sum_{\mu\nu\sigma\alpha} g^{\nu\alpha}\frac{\partial H}{\partial g_\sigma^{\mu\nu}}\frac{\partial^2 \Delta x_\mu}{\partial x_\sigma \partial x_\alpha}. \tag{64}$$

Mit Hilfe von (64) und (62) erhält man

$$\frac{1}{2}\Delta J = \int d\tau \sum_{\mu\nu\sigma\alpha} g^{\nu\alpha} \frac{\partial H\sqrt{-g}}{\partial g^{\mu\nu}_{\sigma}} \frac{\partial^2 \Delta x_\mu}{\partial x_\alpha \partial x_\sigma},$$

und hieraus durch partielle Integration:

$$\frac{1}{2}\Delta J = \int d\tau \sum_{\mu} (\Delta x_\mu B_\mu) + F, \qquad (65)$$

wobei gesetzt ist

$$B_\mu = \sum_{\alpha\sigma\nu} \frac{\partial^2}{\partial x_\sigma \partial x_\alpha}\left(g^{\nu\alpha} \frac{\partial H\sqrt{-g}}{\partial g^{\mu\nu}_{\sigma}}\right) \qquad (65\text{a})$$

$$F = \int d\tau \sum_{\alpha\sigma\nu} \frac{\partial}{\partial x_\alpha}\left[g^{\nu\alpha} \frac{\partial H\sqrt{-g}}{\partial g^{\mu\nu}_{\sigma}} \frac{\partial \Delta x_\mu}{\partial x_\sigma} - \frac{\partial}{\partial x_\sigma}\left(g^{\nu\sigma} \frac{\partial H\sqrt{-g}}{\partial g^{\mu\nu}_{\alpha}}\right)\Delta x_\mu\right]. \qquad (65\text{b})$$

F läßt sich in ein Oberflächenintegral verwandeln. Es verschwindet, wenn an der Begrenzung die Δx_μ und $\frac{\partial \Delta x_\mu}{\partial x_\sigma}$ verschwinden.

Angepaßte Koordinatensysteme. Wir betrachten wieder den nach allen Koordinaten endlichen Teil Σ unseres Kontinuums, der zunächst auf das Koordinatensystem K bezogen sei. Von diesem Koordinatensystem K ausgehend, denke man sich sukzessive, einander unendlich benachbarte Koordinatensysteme K', K'' usw. eingeführt, derart, daß für den Übergang von jedem System zu dem folgenden die Δx_μ und $\frac{\partial \Delta x_\mu}{\partial x_\alpha}$ an der Begrenzung verschwinden. Wir nennen alle diese Systeme »Koordinatensystem mit übereinstimmenden Begrenzungskoordinaten«. Für jede infinitesimale Koordinatentransformation zwischen benachbarten Koordinatensystemen der Gesamtheit K, K', $K'' \cdots$ ist

$$F = 0,$$

so daß hier statt (65) die Gleichung

$$\frac{1}{2}\Delta J = -\int d\tau \, \Delta x_\mu B_\mu \qquad (66)$$

tritt. Unter allen Systemen mit übereinstimmenden Begrenzungskoordinaten wird es solche geben, für welche J ein Extrenuum ist gegenüber den J-Werten aller benachbarten Systeme mit übereinstimmenden Begrenzungskoordinaten; solche Koordinatensysteme nennen wir »dem Gravitationsfeld angepaßte Koordinntensysteme«. Für angepaßte Systeme gelten nach (66), weil die Δx_μ im Innern von Σ frei wählbar sind, die Gleichungen

$$B_\mu = 0. \qquad (67)$$

Umgekehrt ist (67) hinreichende Bedingung dafür, daß das Koordinatensystem ein dem Gravitationsfeld angepaßtes ist.

Indem wir im folgenden Differenzialgleichungen des Gravitationsfeldes aufstellen, welche nur für angepaßte Koordinatensysteme Gültigkeit beanspruchen, vermeiden wir die im § 13 dargelegte Schwierigkeit. In der Tat ist es bei Beschränkung auf angepaßte Koordinatensysteme nicht gestattet, ein außerhalb Σ gegebenes Koordinatensystem ins Innere von Σ in beliebiger Weise stetig fortzusetzen.

§ 14. Der H-Tensor.

Die Gleichung (65) führt uns zu einem Satze, der für die ganze Theorie von fundamentaler Bedeutung ist. Wenn wir das Gravitationsfeld der $g_{\mu\nu}$ unendlich wenig variieren, d. h. die $g_{\mu\nu}$ durch $g^{\mu\nu}+\delta g^{\mu\nu}$ ersetzen, wobei die $\delta g^{\mu\nu}$ in einer endlich breiten, der Begrenzung von Σ anliegenden Zone verschwinden mögen, so wird H in $H+\delta H$ und das Integral J in $J+\delta J$ übergehen. Wir behaupten nun, daß stets die Gleichung

$$\Delta\{\delta J\} = 0 \tag{68}$$

gilt, wie die $\delta g_{\mu\nu}$ auch gewählt werden mögen, falls nur die Koordinatensysteme (K_1 und K_2) bezüglich des unvariierten Gravitationsfeldes angepaßte Koordinatensysteme sind; d. h. bei Beschränkung auf angepaßte Koordinatensysteme ist δJ eine Invariante.

Zum Beweise denken wir uns die Variationen $\delta g^{\mu\nu}$ aus zwei Teilen zusammengesetzt; wir schreiben also

$$\delta g^{\mu\nu} = \delta_1 g^{\mu\nu} + \delta_2 g^{\mu\nu}, \tag{69}$$

welche Teilvariationen in folgender Weise gewählt werden:

a) Die $\delta_1 g^{\mu\nu}$ seien so gewählt, daß das Koordinatensystem K_1 nicht nur dem (wirklichen) Gravitationsfelde der $g^{\mu\nu}$, sondern auch dem (variierten) Gravitationsfelde der $g^{\mu\nu}+\delta g^{\mu\nu}$ angepaßt sei. Es bedeutet dies, daß nicht nur die Gleichung

$$B_\mu = 0,$$

sondern auch die Gleichungen

$$\delta_1 B_\mu = 0 \tag{70}$$

gelten soll. Die $\delta_1 g^{\mu\nu}$ sind also nicht voneinander unabhängig, sondern es bestehen zwischen ihnen 4 Differentialgleichungen.

b) Die $\delta_2 g^{\mu\nu}$ seien so gewählt, wie sie ohne Änderung des Gravitationsfeldes durch bloße Variation des Koordinatensystems erzielt werden könnten, und zwar durch eine Variation in demjenigen Teilgebiete von Σ, in welchem die $\delta g^{\mu\nu}$ von Null verschieden sind. Eine derartige Variation ist durch vier voneinander unabhängige Funktionen (Variationen der Koordinaten) bestimmt. Es ist klar, daß im allgemeinen $\delta_2 B_\mu \neq 0$ ist.

Die Superposition dieser beiden Variationen ist also durch

$$(10-4)+4=10$$

voneinander unabhängige Funktionen bestimmt; sie wird also einer beliebigen Variation der $\delta g^{\mu\nu}$ äquivalent sein. Der Beweis unseres Satzes ist also geleistet, wenn Gleichung (68) für beide Teilvariationen bewiesen ist.

Beweis für die Variation δ_1: Durch δ_1-Variation von (65) erhält man unmittelbar

$$\frac{1}{2}\Delta(\delta_1 J) = \int d\tau \sum_\mu (\Delta x_\mu \delta_1 B_\mu) + \delta_1 F. \qquad (65\text{a})$$

Da an der Begrenzung von Σ die δ_1-Variationen der $g^{\mu\nu}$ und ihrer sämtlichen Ableitungen verschwinden, so verschwindet gemäß (65b) die in ein Oberflächenintegral verwandelbare Größe $\delta_1 F$. Hiernach und nach (70) geht (65a) über in die behauptete Beziehung

$$\Delta(\delta_1 J) = 0. \qquad (68\text{a})$$

Beweis für die Variation δ_2: Die Variation $\delta_2 J$ entspricht einer infinitesimalen Koordinatentransformation bei festgehaltenen Begrenzungskoordinaten. Da das Koordinatensystem bezüglich des unvariierten Gravitationsfeldes ein angepaßtes sein soll, so ist also gemäß der Definition des angepaßten Koordinatensystems

$$\delta_2 J = 0.$$

Es werde zunächst angenommen, daß die betrachtete Variation des Gravitationsfeldes bezüglich des Koordinatensystems K_1 als eine δ_2-Variation gewählt sei; dann ist also zunächst

$$\delta_2(J_1) = 0.$$

Ist diese Variation dann auch bezüglich K_2 eine δ_2-Variation, was nachher bewiesen werden wird, so gilt bezüglich K_2 die analoge Gleichung

$$\delta_2(J_2) = 0.$$

Durch Subtraktion folgt dann die zu beweisende Gleichung

$$\delta_2(\Delta J) = \Delta(\delta_2 J) = 0. \qquad (68\text{b})$$

Es ist noch der Nachweis zu erbringen, daß die betrachtete Variation auch bezüglich K_2 eine δ_2-Variation ist. Wir bezeichnen symbolisch mit G_1 bzw. G_2 die unvariierten, auf K_1 bzw. K_2 bezogenen Tensoren der $g^{\mu\nu}$, mit G_1^* bzw. G_2^* die variierten, auf K_1 bzw. K_2 bezogenen Tensoren $g^{\mu\nu}$. Von G_1 zu G_2 bzw. von G_1^* zu G_2^* gelangt man durch die Koordinatentransformation T; die inverse Substitution sei T^{-1}. Ferner gelange man von G_1 zu G_1^* durch die Koordinatentransformation t. Dann erhält man G_2^* aus G_2 durch die Aufeinanderfolge

$$T^{-1} - t - T$$

von Transformationen, also wieder durch eine Koordinatentransformation. Damit ist gezeigt, daß die betrachtete Variation der $g^{\mu\nu}$ auch bezüglich K_2 eine δ_2-Variation ist.

Aus (68a) und (68b) folgt endlich die zu beweisende Gleichung (68).

Aus dem bewiesenen Satze leiten wir die Existenz eines aus 10 Komponenten bestehenden Komplexes ab, der bei Beschränkung auf angepaßte Koordinatensysteme Tensorcharakter besitzt. Nach (61) hat man

$$\delta J = \delta\left\{\int H\sqrt{-g}\,d\tau\right\}$$
$$= \int d\tau \sum_{\mu\nu\sigma}\left\{\frac{\partial(H\sqrt{-g})}{\partial g^{\mu\nu}}\delta g^{\mu\nu} + \frac{\partial(H\sqrt{-g})}{\partial g_\sigma^{\mu\nu}}\delta g_\sigma^{\mu\nu}\right\}$$

oder, da $\delta g_\sigma^{\mu\nu} = \frac{\partial}{\partial x_\sigma}(\delta g^{\mu\nu})$, nach partieller Integration und mit Rücksicht darauf, daß die $\delta(g^{\mu\nu})$ an der Begrenzung verschwinden.

$$\delta J = \int d\tau \sum_{\mu\nu}\delta g^{\mu\nu}\left\{\frac{\partial H\sqrt{-g}}{\partial g^{\mu\nu}} - \sum_\sigma \frac{\partial}{\partial x_\sigma}\left(\frac{\partial H\sqrt{-g}}{\partial g_\sigma^{\mu\nu}}\right)\right\} \tag{71}$$

Wir haben nun bewiesen, daß δJ bei Beschränkung auf angepaßte Koordinatensysteme eine Invariante ist. Da die $\delta g^{\mu\nu}$ nur in einem unendlich kleinen Gebiete von Null verschieden zu sein brauchen und $\sqrt{-g}\,d\tau$ ein Skular ist, so ist auch der durch $\sqrt{-g}$ dividierte Integrand eine Invariante, d. h. die Größe

$$\frac{1}{\sqrt{-g}}\sum \delta g^{\mu\nu}\mathfrak{E}_{\mu\nu}, \tag{72}$$

wobei

$$\mathfrak{E}_{\mu\nu} = \frac{\partial H\sqrt{-g}}{\partial g^{\mu\nu}} - \sum_\sigma \frac{\partial}{\partial x_\sigma}\left(\frac{\partial H\sqrt{-g}}{\partial g_\sigma^{\mu\nu}}\right) \tag{73}$$

gesetzt ist. Nun ist aber $\delta g^{\mu\nu}$ ebenso wie $g^{\mu\nu}$ ein kontravarianter Tensor, und es sind die Verhältnisse der $\delta g^{\mu\nu}$ frei wählbar. Daraus folgt, daß

$$\frac{\mathfrak{E}_{\mu\nu}}{\sqrt{-g}}$$

bei Beschränkung auf angepaßte Koordinatensysteme und Substitutionen zwischen solchen ein kovarianter Tensor, $\mathfrak{E}_{\mu\nu}$ selbst der entsprechende kovariante V-Tensor ist, und zwar nach (73) ein symmetrischer Tensor.

§ 15. Ableitung der Feldgleichungen.

Es liegt die Annahme nahe, daß in den gesuchten Feldgleichungen der Gravitation, welche an die Stelle der POISSONschen Gleichung der NEWTONschen Theorie zu treten haben, der Tensor $\mathfrak{E}_{\mu\nu}$ eine fundamentale Rolle spiele. Denn wir haben nach den Überlegungen der §§ 13 und 14 zu fordern, daß die gesuchten Gleichungen — ebenso wie der Tensor $\mathfrak{E}_{\mu\nu}$ — nur bezüglich angepaßter Koordinatensysteme kovariant seien. Da wir ferner im Anschluß an (42a) gesehen haben, daß für die Einwirkung des Gravitationsfeldes auf die Materie der Energietensor $\mathfrak{T}_\sigma^\nu$ maßgebend ist, so werden die gesuchten Gleichungen in einer Verknüpfung der Tensoren $\mathfrak{E}_{\mu\nu}$ und $\mathfrak{T}_\sigma^\nu$ bestehen. Es liegt also nahe, die gesuchten Gleichungen so anzusetzen:

$$\mathfrak{E}_{\sigma\tau} = \varkappa \mathfrak{T}_{\sigma\tau} \tag{74}$$

Dabei ist $\varkappa$ eine universelle Konstante und $\mathfrak{T}_{\sigma\tau}$ der symmetrische kovariante V-Tensor, der zu dem gemischten Energietensor $\mathfrak{T}_\sigma^\nu$ gehört, gemäß der Relation

$$\left.\begin{aligned} \mathfrak{T}_{\sigma\tau} &= \sum_\nu g_{\nu\tau} \mathfrak{T}_\sigma^\nu \\ \text{bzw.}\quad \mathfrak{T}_\sigma^\nu &= \sum_\tau \mathfrak{T}_{\sigma\tau} g^{\nu\tau} \end{aligned}\right\} \tag{75}$$

Bestimmung der Funktion H. Damit sind die gesuchten Gleichungen insofern noch nicht vollständig gegeben, als wir die Funktion H noch nicht festgelegt haben. Wir wissen bisher nur, daß H von den $g^{\mu\nu}$ und $g_\sigma^{\mu\nu}$ allein abhängt und bezüglich linearer Transformationen ein Skalar ist[1]. Eine weitere Bedingung, welcher H genügen muß, erhalten wir auf folgendem Wege.

Ist $\mathfrak{T}_\sigma^\nu$ der Energietensor des gesamten, in dem betrachteten Gebiete vorhandenen materiellen Vorganges, so verschwindet in (42a) der V-Vierervektor ($\mathfrak{K}_\sigma$) der Kraftdichte. (42a) sagt dann aus, daß die Divergenz des Energietensors $\mathfrak{T}_\sigma^\nu$ des materiellen Vorganges verschwindet; gleiches gilt dann gemäß (74) für den Tensor $\mathfrak{E}_{\sigma\tau}$, bzw. für den aus

[1] Ohne die letztere, in § 14 eingeführte Beschränkung hätten wir für B_μ nicht den in (65a) gegebenen Ausdruck gefunden; die im folgenden im Texte angegebene Betrachtung zur Bestimmung von H scheitert, wenn man jene Beschränkung fallen läßt. Hierin liegt ihre Rechtfertigung.

demselben zu bildenden gemischten V-Tensor $\mathfrak{E}_\sigma^\nu$. Es muß also für jedes Gravitationsfeld die Beziehung erfüllt sein (vgl. (41 b) und (34)).

$$\sum_{\nu\tau} \frac{\partial}{\partial x_\nu}(g^{\tau\nu}\mathfrak{E}_{\sigma\tau}) + \frac{1}{2}\sum_{\mu\nu} \frac{\partial g^{\mu\nu}}{\partial x_\sigma}\mathfrak{E}_{\mu\nu} = 0.$$

Diese Beziehung läßt sich auf Grund von (73) und (65a) in die Form bringen:

$$\sum_\nu \frac{\partial S_\sigma^\nu}{\partial x_\nu} - B_\sigma = 0, \tag{76}$$

wobei

$$S_\sigma^\nu = \sum_{\mu\tau}\left(g^{\nu\tau}\frac{\partial H\sqrt{-g}}{\partial g^{\sigma\tau}} + g_\mu^{\nu\tau}\frac{\partial H\sqrt{-g}}{\partial g_\mu^{\sigma\tau}} + \frac{1}{2}\delta_\sigma^\nu H\sqrt{-g} - \frac{1}{2}g_\sigma^{\mu\tau}\frac{\partial H\sqrt{-g}}{\partial g_\nu^{\mu\tau}}\right) \tag{76a}$$

gesetzt ist ($\delta_\sigma^\nu = 1$ bzw. 0, je nachdem $\sigma = \nu$ oder $\sigma \neq \nu$ ist).

Wenn die $\mathfrak{T}_{\sigma\tau}$ gegeben sind, so können die 10 Gleichungen (74) dazu dienen, die 10 Funktionen $g^{\mu\nu}$ zu bestimmen. Außerdem müssen die $g^{\mu\nu}$ aber noch die vier Gleichungen (67) erfüllen, da das Koordinatensystem ein angepaßtes sein soll. Wir haben also mehr Gleichungen als zu suchende Funktionen. Dies geht nur dann an, wenn die Gleichungen nicht alle voneinander unabhängig sind. Es wird gefordert werden müssen, daß die Erfüllung der Gleichungen (74) zur Folge hat, daß auch die Gleichungen (67) erfüllt sind. Ein Blick auf (76) und (76a) zeigt, daß dies dann erreicht ist, wenn S_σ^ν (welche Größe wie H eine Funktion der $g^{\mu\nu}$ und $g_\sigma^{\mu\nu}$ ist) identisch verschwindet für jede Kombination der Indizes. H muß also gemäß den Bedingungen

$$S_\sigma^\nu \equiv 0 \tag{77}$$

gewählt werden.

Ohne einen formalen Grund dafür angeben zu können, fordere ich ferner, daß H eine ganze homogene Funktion zweiten Grades in den $g_\sigma^{\mu\nu}$ sei. Dann ist H bis auf einen konstanten Faktor vollkommen bestimmt. Denn da es bezüglich linearer Transformationen ein Skalar sein soll, muß[1] es mit Rücksicht auf die eben angegebene Festsetzung eine lineare Kombination der folgenden fünf Größen sein:

$$\sum g_{\mu\nu}\frac{\partial g^{\mu\nu}}{\partial x_\sigma}\frac{\partial g^{\sigma\tau}}{\partial x_\tau}; \quad \sum g^{\sigma\sigma'} g_{\mu\nu}\frac{\partial g^{\mu\nu}}{\partial x_\sigma} g_{\mu'\nu'}\frac{\partial g^{\mu'\nu'}}{\partial x'_\sigma}; \quad \sum g^{\sigma\sigma'}\frac{\partial g^{\sigma\mu}}{\partial x_\mu}\frac{\partial g^{\sigma'\nu}}{\partial x_{\nu'}};$$

$$\sum g_{\mu\mu'} g_{\nu\nu'} g^{\sigma\sigma'}\frac{\partial g^{\mu\nu}}{\partial x_\sigma}\frac{\partial g^{\mu'\nu'}}{\partial x'_\sigma}; \quad \sum g_{\alpha\beta}\frac{\partial g^{\alpha\sigma}}{\partial x_\tau}\frac{\partial g^{\beta\tau}}{\partial x_\sigma}.$$

Die Bedingungen (77) führen endlich dazu, die Funktion H, abgesehen von einem konstanten Faktor der vierten dieser Größen gleich-

[1] Der Beweis hierfür ist einfach, aber weitläufig, deshalb lasse ich ihn weg.

zusetzen. Wir setzen daher[1] mit Rücksicht auf (35), indem wir über die Konstante willkürlich verfügen:

$$H = \frac{1}{4} \sum_{\alpha\beta\tau\varrho} g^{\alpha\beta} \frac{\partial g_{\tau\varrho}}{\partial x_\alpha} \frac{\partial g^{\tau\varrho}}{\partial x_\beta}. \qquad (78)$$

Wir beschränken uns darauf, zu zeigen, daß bei dieser Wahl von H Gleichung (77) wirklich erfüllt ist. Mit Hilfe der Relationen

$$dg = g \sum_{\sigma\tau} g^{\sigma\tau} dg_{\sigma\tau} = -g \sum_{\sigma\tau} g_{\sigma\tau} dg^{\sigma\tau}$$

$$dg_{\alpha\beta} = -\sum_{\mu\nu} g_{\alpha\mu} g_{\beta\nu} dg^{\mu\nu}$$

erhält man aus (78)

$$\left.\begin{aligned}
\sum_\tau g^{\nu\tau} \frac{\partial H\sqrt{-g}}{\partial g^{\sigma\tau}} &= \frac{1}{2} H\sqrt{-g}\,\delta_\sigma^\nu + \frac{1}{4}\sqrt{-g} \sum_{\mu\mu'\tau} g^{\nu\tau} \frac{\partial g_{\mu\mu'}}{\partial x_\sigma} \frac{\partial g^{\mu\mu'}}{\partial x_\tau} \\
&\quad - \frac{1}{2}\sqrt{-g} \sum_{\varrho\varrho'\varkappa} g^{\varrho\varrho'} \frac{\partial g_{\sigma\varkappa}}{\partial x_\varrho} \frac{\partial g^{\nu\varkappa}}{\partial x_{\varrho'}} \\
\sum_{\mu\tau} g_\mu^{\nu\tau} \frac{\partial H\sqrt{-g}}{\partial g_\mu^{\sigma\tau}} &= \frac{1}{2}\sqrt{-g} \sum_{\varrho\varrho'\varkappa} g^{\varrho\varrho'} \frac{\partial g_{\sigma\varkappa}}{\partial x_\varrho} \frac{\partial g^{\nu\varkappa}}{\partial x_{\varrho'}} \\
\frac{1}{2} \sum_{\mu\tau} g_\sigma^{\mu\tau} \frac{\partial H\sqrt{-g}}{\partial g_\nu^{\mu\tau}} &= \frac{1}{4}\sqrt{-g} \sum_{\mu\mu'\tau} g^{\mu\tau} \frac{\partial g_{\mu\mu'}}{\partial x_\sigma} \frac{\partial g^{\mu\mu'}}{\partial x_\tau}.
\end{aligned}\right\} \qquad (79)$$

Hieraus folgt die Behauptung.

Wir sind nun auf rein formalem Wege, d. h. ohne direkte Heranziehung unserer physikalischen Kenntnisse von der Gravitation, zu ganz bestimmten Feldgleichungen gelangt. Um dieselben in ausführlicher Schreibweise zu erhalten, multiplizieren wir (74) mit $g^{\nu\tau}$ und summieren über den Index τ; wir erhalten so mit Rücksicht auf (73)

$$\varkappa \mathfrak{T}_\sigma^\nu = \sum_{\tau\alpha} g^{\nu\tau} \left(\frac{\partial H\sqrt{-g}}{\partial g^{\sigma\tau}} - \frac{\partial}{\partial x_\alpha} \left[\frac{\partial H\sqrt{-g}}{\partial g_\alpha^{\sigma\tau}} \right] \right) \qquad (80)$$

oder

$$-\sum_{\alpha\tau} \frac{\partial}{\partial x_\alpha} \left(g^{\nu\tau} \frac{\partial H\sqrt{-g}}{\partial g_\alpha^{\sigma\tau}} \right) = \varkappa \mathfrak{T}_\sigma^\nu + \sum_{\alpha\tau} \left(-g^{\nu\tau} \frac{\partial H\sqrt{-g}}{\partial g^{\sigma\tau}} + g_\alpha^{\nu\tau} \frac{\partial H\sqrt{-g}}{\partial g_\alpha^{\sigma\tau}} \right). \qquad (80a)$$

Dabei gilt, weil unser Koordinatensystem ein angepaßtes ist, gemäß (67) und (65a) die Gleichung

---

[1] Drückt man H durch die Komponenten $\Gamma_{\sigma\tau}^\nu$ des Gravitationsfeldes aus (vgl. (46)), so erhält man $H = -\sum_{\mu\varrho\tau\tau'} g^{\tau\tau'} \Gamma_{\mu\tau}^\varrho \Gamma_{\varrho\tau'}^\mu$.

$$\sum_{\alpha\tau\nu}\frac{\partial}{\partial x_\nu}\frac{\partial}{\partial x_\alpha}\left(g^{\nu\tau}\frac{\partial H\sqrt{-g}}{\partial g_\alpha^{\sigma\tau}}\right)=0,$$

also mit Rücksicht auf (80) die Gleichung

$$\sum_\nu\frac{\partial}{\partial x_\nu}\left\{\mathfrak{T}_\sigma+\frac{1}{\varkappa}\sum_{\alpha\tau}\left(-g^{\nu\tau}\frac{\partial H\sqrt{-g}}{\partial g^{\sigma\tau}}+g_\alpha^{\nu\tau}\frac{\partial H\sqrt{-g}}{\partial g_\alpha^{\sigma\tau}}\right)\right\}=0. \quad (80b)$$

Vermöge (78), (79) und (46) können wir an die Stelle der Gleichungen (80a) und (80b) die folgenden setzen

$$\sum_{\alpha\beta}\frac{\partial}{\partial x^\alpha}\left(\sqrt{-g}\,g^{\alpha\beta}\,\Gamma_{\sigma\beta}^\nu\right)=-\varkappa(\mathfrak{T}_\sigma^\nu+\mathfrak{t}_\sigma^\nu), \quad (81)$$

$$\sum_\nu\frac{\partial}{\partial x_\nu}(\mathfrak{T}_\sigma^\nu+\mathfrak{t}_\sigma^\nu)=0, \quad (42c)$$

wobei

$$\Gamma_{\sigma\beta}^\nu=\frac{1}{2}\sum_\tau g^{\nu\tau}\frac{\partial g_{\sigma\tau}}{\partial x_\beta}, \quad (81a)$$

$$\left.\begin{aligned}\mathfrak{t}_\sigma^\nu&=-\frac{\sqrt{-g}}{4\varkappa}\sum_{\mu\mu'\varrho\tau}\left(g^{\nu\tau}\frac{\partial g_{\mu\mu'}}{\partial x_\sigma}\frac{\partial g^{\mu\mu'}}{\partial x_\tau}-\frac{1}{2}\delta_\sigma^\nu g^{\varrho\tau}\frac{\partial g_{\mu\mu'}}{\partial x_\varrho}\frac{\partial g^{\mu\mu'}}{\partial x_\tau}\right)\\&=\frac{\sqrt{-g}}{\varkappa}\sum_{\mu\varrho\tau\tau'}\left(g^{\nu\tau}\Gamma_{\mu\sigma}^\varrho\Gamma_{\varrho\tau}^\mu-\frac{1}{2}\delta_\sigma^\nu g^{\tau\tau'}\Gamma_{\mu\tau}^\varrho\Gamma_{\varrho\tau'}^\mu\right)\end{aligned}\right\} \quad (81b)$$

Die Gleichungen (81) in Verbindung mit (81a) und (81b) sind die Differentialgleichungen des Gravitationsfeldes. Die Gleichungen (42c) drücken nach den in § 10 gegebenen Überlegungen die Erhaltungssätze des Impulses und der Energie für Materie und Gravitationsfeld zusammen aus. $\mathfrak{t}_\sigma^\nu$ sind diejenigen auf das Gravitationsfeld bezüglichen Größen, welche den Komponenten $\mathfrak{T}_\sigma^\nu$ des Energietensors (V-Tensors) der physikalischen Bedeutung nach analog sind. Es sei hervorgehoben, daß die $\mathfrak{t}_\sigma^\nu$ nicht beliebigen berechtigten, sondern nur linearen Transformationen gegenüber Tensorkovarianz besitzen; trotzdem nennen wir ($\mathfrak{t}_\sigma^\nu$) den Energietensor des Gravitationsfeldes. Analoges gilt für die Komponenten $\Gamma_{\sigma\beta}^\nu$ der Feldstärke des Gravitationsfeldes.

Das Gleichungssystem (81) läßt trotz seiner Kompliziertheit eine einfache physikalische Interpretation zu. Die linke Seite drückt eine Art Divergenz des Gravitationsfeldes aus. Diese wird — wie die rechte Seite zeigt — bedingt durch die Komponenten des totalen Energietensors. Sehr wichtig ist dabei das Ergebnis, daß der Energietensor des Gravitationsfeldes selbst in gleicher Weise felderregend wirksam ist wie der Energietensor der Materie.

§ 16. Kritische Bemerkungen über die Grundlage der Theorie.

Es liegt im Wesen der abgeleiteten Theorie, daß im Unendlichkleinen überall die ursprüngliche Relativitätstheorie gilt. Dies ist klar, wenn gezeigt ist, daß bei passender Wahl reeller Koordinaten die Größen $g_{\mu\nu}$ in einem beliebig gegebenen Punkte die Werte

$$\begin{matrix} -1 & 0 & 0 & 0 \\ 0 & -1 & 0 & 0 \\ 0 & 0 & -1 & 0 \\ 0 & 0 & 0 & 1 \end{matrix}$$

annehmen. Es ist das der Fall, wenn die Fläche zweiten Grades

$$\sum_{\mu\nu} g_{\mu\nu}\xi_\mu\xi_\nu = 1$$

für jedes in unserem Kontinuum auftretende Wertsystem der $g_{\mu\nu}$ stets drei imaginäre Achsen und eine reelle Achse besitzt. Sind λ_1, λ_2, λ_3, λ_4 die Quadrate der reziproken Halbachsen der Fläche, so erfüllen sie die Gleichung vierten Grades

$$|g_{\mu\nu} - \lambda\delta_\mu^\nu| = 0 = (\lambda_1 - \lambda)(\lambda_2 - \lambda)(\lambda_3 - \lambda)(\lambda_4 - \lambda)\,.$$

Es ist also

$$\lambda_1\lambda_2\lambda_3\lambda_4 = g\,.$$

Sollen die Größen $g^{\mu\nu}$ nicht unendliche Werte annehmen, so wird zu fordern sein, daß g nirgends verschwindet; denn die $g^{\mu\nu}$ sind die durch g dividierten Unterdeterminanten der $g_{\mu\nu}$-Determinante. Es kann dann keines der λ je Null werden. Ist also für einen Punkt des Kontinuums $\lambda_1 < 0$, $\lambda_2 < 0$, $\lambda_3 < 0$, $\lambda_4 > 0$, so ist dies überall der Fall; der raumzeitliche Charakter unseres Kontinuums entspricht also in der Umgebung aller Punkte dem in der ursprünglichen Relativitätstheorie zugrunde gelegten Falle. Man kann dies mathematisch so ausdrücken: von vier paarweise zueinander »senkrecht« von einem Punkte weggezogenen Linienelementen ist jeweilen eine »zeitartig«, die drei übrigen »raumartig«.

Damit ist jedoch noch keine Beziehung des Zeitartigen und Raumartigen zu dem Koordinatensystem der x_ν gegeben. Während in der ursprünglichen Relativitätstheorie jedes Linienelement, indem nur dx_4 von Null abweicht, überall zeitartig, jedes Linienelement mit verschwindendem dx_4 raumartig ist, kann das gleiche für unsere angepaßten Koordinatensysteme nicht behauptet werden. Es ist also wohl denkbar, daß man, wenn man genügend große Teile der Welt ins Auge faßt, keine Koordinatenachse als »Zeitachse« bezeichnen kann, sondern daß die Linienelemente einer Achse teils zeitartig, teils raumartig sind. Die Gleichwertigkeit der vier Dimensionen der Welt wäre dann nicht eine nur formale, sondern eine vollständige. Diese wichtige Frage muß einstweilen offengelassen werden.

Eine noch tiefer gehende Frage von fundamentaler Bedeutung, deren Beantwortung mir nicht möglich ist, soll nun aufgeworfen werden. In der gewöhnlichen Relativitätstheorie ist jede Linie, welche die Bewegung eines materiellen Punktes beschreiben kann, d. h. jede aus nur zeitartigen Elementen bestehende Linie, notwendig eine ungeschlossene; denn eine solche Linie besitzt niemals Elemente, für die dx_4 verschwindet. Das Entsprechende kann in der hier entwickelten Theorie nicht behauptet werden. Es ist daher a priori eine Punktbewegung denkbar, bei welcher die vierdimensionale Bahnkurve des Punktes eine fast geschlossene wäre. In diesem Falle könnte ein und derselbe materielle Punkt in einem beliebig kleinen raum-zeitlichen Gebiete in mehreren voneinander scheinbar unabhängigen Exemplaren vorhanden sein. Dies widerstrebt meinem physikalischen Gefühl aufs lebhafteste. Ich bin aber nicht imstande, den Nachweis zu führen, daß das Auftreten solcher Bahnkurven nach der entwickelten Theorie ausgeschlossen sei.

Da ich nach diesen Bekenntnissen nicht umhin kann, im Antlitz des Lesers ein mitleidiges Lächeln zu erblicken, kann ich folgende Bemerkung über die bisherige Auffassung der Grundlagen der Physik nicht unterdrücken. Vor Maxwell waren die Naturgesetze in räumlicher Beziehung im Prinzip Integralgesetze; damit soll ausgedrückt werden, daß in den Elementargesetzen die Abstände zwischen endlich voneinander entfernten Punkten auftraten. Dieser Naturbeschreibung liegt die euklidische Geometrie zugrunde. Letztere bedeutet zunächst nichts als den Inbegriff der Folgerungen aus den geometrischen Axiomen; sie hat insofern keinen physikalischen Inhalt. Die Geometrie wird aber dadurch zu einer physikalischen Wissenschaft, daß man die Bestimmung hinzufügt, zwei Punkte eines »starren« Körpers sollen einen bestimmten von der Lage des Körpers unabhängigen Abstand realisieren; die Sätze der durch diese Festsetzung ergänzten Geometrie sind (im physikalischen Sinne) entweder zutreffend oder unzutreffend. Die Geometrie in diesem erweiterten Sinne ist es, welche der Physik zugrunde liegt. Die Sätze der Geometrie sind von diesem Gesichtspunkte aus als physikalische Integralgesetze anzusehen, indem sie von den Abständen endlich entfernter Punkte handeln.

Durch und seit Maxwell hat die Physik eine durchgreifende Umwälzung erfahren, indem sich allmählich die Forderung durchsetzte, daß in den Elementargesetzen Abstände endlich entfernter Punkte nicht mehr auftreten dürften; d. h. die »Fernwirkungs-Theorien« werden durch »Nahewirkungs-Theorien« ersetzt. Bei diesem Prozeß vergaß man, daß auch die euklidische Geometrie — wie sie in der Physik verwendet wird — aus physikalischen Sätzen besteht, die den Integralgesetzen der NEWTONschen Punktmechanik vom physikalischen Gesichtspunkte aus durchaus an die Seite zu stellen sind. Dies bedeutet nach meiner Ansicht eine Inkonsequenz, von der wir uns befreien müssen.

Ein Versuch dieser Befreiung führt wieder dazu, statt der Koordinaten zunächst willkürliche Parameter zur Darstellung des vierdimensionalen raum-zeitlichen Kontinuums, daß uns umgibt, zu verwenden. Wir gelangen so wieder zu den nämlichen Betrachtungen, wie wir sie in den Abschnitten *B* und *C* dieser Abhandlung gegeben haben, mit dem einzigen Unterschied, daß ein Zusammenhang der $g_{\mu\nu}$ mit dem Gravitationsfelde nicht vorausgesetzt wird. An Stelle der in diesem Abschnitt angegebenen Gleichungen hätten wir aber, wenn wir an den Forderungen der euklidischen Geometrie (im angegebenen Sinne) festhalten wollen, solche zu setzen, die aus der Behauptung fließen: die Koordinaten x_ν sind so wählbar, daß die $g_{\mu\nu}$ von den x_ν unabhängig werden. Wir gelangen so zu der Forderung, daß die Komponenten des in § 9 entwickelten RIEMANN-CHRISTOFFELschen Tensors verschwinden sollen. Damit wären die Sätze der euklidischen Geometrie auf Differentialgesetze reduziert; aber man wird sich bei dieser Formulierung des Umstandes bewußt, daß vom Standpunkt der konsequenten Durchführung der Nahewirkungs-Theorie jene Möglichkeit durchaus nicht die einfachste und naheliegendste ist.

E. Einiges über den physikalischen Inhalt der entwickelten allgemeinen Gesetze.

Bei der Ableitung der Gesetze habe ich mich — soweit dies möglich war — nur von formalen Gesichtspunkten leiten lassen. Nun aber soll, damit die Darlegung des Gegenstandes nicht allzu lückenhaft bleibe, auch die physikalische Seite der erlangten Resultate kurz beleuchtet werden. Dabei beschränken wir uns aber, um nicht durch mathematische Komplikationen erdrückt zu werden, auf die Betrachtung von Näherungen.

§ 17. Aufstellung von Näherungsgleichungen nach verschiedenen Gesichtspunkten.

Aus der weitgehenden Brauchbarkeit der Gleichungen der ursprünglichen Relativitätstheorie geht hervor, daß in dem für unsere

Wahrnehmung in Betracht kommenden raum-zeitlichen Gebiete die $g^{\mu\nu}$ nahezu als Konstante behandelt werden dürfen. Wir setzen demnach

$$\left.\begin{aligned} g_{\mu\nu} &= g_{\mu\nu 0} + h_{\mu\nu} \\ g^{\mu\nu} &= g_0^{\mu\nu} + h^{\mu\nu} \end{aligned}\right\}, \tag{82}$$

wobei die $g_{\mu\nu 0}$ und die $g_0^{\mu\nu}$ die Werte

$$\left.\begin{matrix} -1 & 0 & 0 & 0 \\ 0 & -1 & 0 & 0 \\ 0 & 0 & -1 & 0 \\ 0 & 0 & 0 & -1 \end{matrix}\right\} \tag{82a}$$

besitzen. Die $h_{\mu\nu}$ und $h^{\mu\nu}$ sind dabei als unendlich kleine Größen erster Ordnung zu behandeln, zwischen denen bei Vernachlässigung von Unendlichkleinem zweiter Ordnung die Beziehungen bestehen

$$h^{\mu\nu} = -h_{\mu\nu} \tag{83}$$

Hierbei ist wie bei Minkowski die Zeitkoordinate rein imaginär gewählt; dadurch wird erzielt, daß $(g_{44})_0 = g_0^{44} = -1$ wird und daß die Gleichungssysteme linearen orthogonalen Transformationen gegenüber kovariant bleiben. Bei imaginärer Wahl der Zeitkoordinate werden g_{14}, g_{24}, g_{34} imaginär, ebenso $\sqrt{-g}$; die Gültigkeit der von uns entwickelten Gleichungen bleibt indes gewährleistet, weil man von einer reellen Zeitvariable zu einer imaginären durch eine lineare Transformation gelangt. Durch die Festsetzung (82a) ist erzielt, daß natürlich gemessene Längen und Koordinatenlängen in dem betrachteten Gebiete bis auf Unendlichkleines erster Ordnung übereinstimmen.

Wir ersetzen nun die Gleichungen (81) und (81a) durch solche, in denen unendlich kleine Größen zweiter und höherer Ordnung vernachlässigt ist. Dann verschwindet $\mathfrak{t}_\sigma^\nu$ und wir erhalten

$$\sum_\alpha \frac{\partial^2 h_{\sigma\nu}}{\partial x_\alpha^2} = i\varkappa \mathfrak{T}_\sigma^\nu \tag{84}$$

$$\Gamma_{\sigma\beta}^\nu = -\frac{1}{2}\frac{\partial h_{\sigma\nu}}{\partial x_\beta}. \tag{84a}$$

Eine weitere Näherungsannahme führen wir nun ein, indem wir in $\mathfrak{T}_\sigma^\nu$ nur diejenigen Terme berücksichtigen, welche der ponderabeln Materie entsprechen, wobei die von Flächenkräften herrührenden Terme unberücksichtigt bleiben. Unter diesen Voraussetzungen gibt (48) den Energietensor. Da die $\mathfrak{T}_\sigma^\nu$ gemäß (48) endlich sind, gelangt man bereits zu einer weitgehenden Näherung, wenn man in (48) bereits unendlich Kleines erster Ordnung vernachlässigt. Man erhält so

$$\mathfrak{T}_\tau^\nu = -i\rho_0 \frac{dx_\sigma}{ds_0}\frac{dx_\nu}{ds_0}. \tag{84b}$$

Durch Einsetzen in (84) erhält man, indem man die linke Seite $\Box h^{\sigma\nu}$ schreibt:

$$\Box h_{\sigma\nu} = \varkappa\rho_0 \frac{dx_\sigma}{ds_0}\frac{dx_\nu}{ds_0}. \tag{85}$$

In dieser Gleichung bedeuten x_1, x_2, x_3 die räumlichen Koordinaten $x_4 = it$ die (imaginäre) Zeitkoordinate, $ds_0 = dt\sqrt{1-\left(\frac{dx_1^2}{dt}+\frac{dx_2^2}{dt}+\frac{dx_3^2}{dt}\right)}$ das Element von MINKOWSKIS »Eigenzeit«.

Nachdem wir so die Gleichungen (81) durch Näherungsgleichungen ersetzt haben, deren Ähnlichkeit mit der POISSONschen Gleichung der NEWTONschen Gravitationstheorie in die Augen springt, wollen wir auch die Gleichungen der Bewegung des materiellen Punktes (50b) nebst (51) durch Näherungsgleichungen ersetzen. Die roheste Näherung erhält man, indem man statt (51) setzt

$$\mathrm{I}_\sigma = -m\frac{dx_\tau}{ds_0}. \tag{86}$$

Bei Einführung des dreidimensionalen Geschwindigkeitsvektors $\mathfrak{q}$ mit dem Betrage q bedeutet dies die Gleichungen

$$\left.\begin{aligned} -\mathrm{I}_1 &= \frac{m\mathfrak{q}_x}{\sqrt{1-q^2}} \\ -\mathrm{I}_2 &= \frac{m\mathfrak{q}_y}{\sqrt{1-q^2}} \\ -\mathrm{I}_3 &= \frac{m\mathfrak{q}_z}{\sqrt{1-q^2}} \\ -\mathrm{I}_4 &= i\frac{m}{\sqrt{1-q^2}} \end{aligned}\right\} \tag{86a}$$

Die Wahl der imaginären Zeitkoordinate bringt es hier mit sich, daß nicht wie gemäß (52) die Größe I_4 die Energie ausdrückt, sondern die Größe $i\mathrm{I}_4$. An Stelle von (50b) erhält man gemäß (84a) beim Fehlen äußerer Kräfte

$$\frac{d_\alpha(-\mathrm{I}_\sigma)}{dt} = -\frac{1}{2}\sum_{\nu\tau}\frac{\partial h_{\nu\tau}}{\partial x_\sigma}\frac{dx_\nu}{dt}(-\mathrm{I}_\tau). \tag{87}$$

Die Gleichungen (85), (87), (86) ersetzen in erster Näherung die NEWTONsche Theorie.

1083 Gesammtsitzung v. 19. Nov. 1914. — Mitth. d. phys.-math. Cl. v. 29. Oct.

NEWTONS Theorie als Näherung. Zu letzterer gelangen wir, indem wir die Geschwindigkeit $\mathfrak{q}$ als unendlich klein behandeln und in den Gleichungen jeweilen nur diejenigen Glieder beibehalten, welche die Komponenten von $\mathfrak{q}$ in der niedrigsten Potenz enthalten. An die Stelle von (85) treten dann die Gleichungen

$$\left.\begin{aligned} \Box h_{\sigma\nu} &= 0 \text{ (wenn nicht } \nu = \sigma = 4) \\ \Box h_{44} &= -\varkappa\rho_0 \end{aligned}\right\} \qquad (85\text{a})$$

und an die Stelle von (87)

$$\frac{d(m\mathfrak{q})}{dt} = \frac{m}{2}\operatorname{grad} h_{44}. \qquad (87\text{a})$$

Aus (85a) schließt man, daß in diesem Falle (bei passenden Grenzbedingungen fürs Unendliche) alle $h_{\sigma\nu}$ bis auf h_{44} verschwinden, aus (87a), daß $\left(-\frac{h_{44}}{2}\right)$ die Rolle des Gravitationspotentials spielt; nennt man diese Größe ϕ, so hat man die Gleichungen

$$\left.\begin{aligned} \Box\phi &= \frac{\varkappa}{2}\rho_0 \\ \frac{d(m\mathfrak{q})}{dt} &= -m \operatorname{grad} \phi \end{aligned}\right\} \qquad (88)$$

im Einklang mit NEWTONS Theorie in dem Falle, daß $\frac{\partial^2\phi}{\partial t^2}$ neben $\frac{\partial^2\phi}{x\,\partial^2}$ usw. vernachlässigt werden kann.

In der NEWTONschen Theorie lautet die erste der Gleichungen (88)

$$\frac{\partial^2\phi}{\partial x^2} + \frac{\partial^2\phi}{\partial y^2} + \frac{\partial^2\phi}{\partial z^2} = 4\pi K\rho_0,$$

so daß man hat

$$\frac{\varkappa}{2} = 4\pi K.$$

Die Konstante K hat bei Zugrundelegung der Sekunde als Zeiteinheit den Zahlenwert $6.7\cdot 10^{-8}$, bei Zugrundelegung der Lichtsekunde als Zeiteinheit also den Wert $\frac{6.7\cdot 10^{-8}}{9\cdot 10^{20}}$. Man erhält demnach

$$\varkappa = 8\pi\cdot\frac{6.7\cdot 10^{-8}}{9\cdot 10^{20}} = 1.87\cdot 10^{-27}. \qquad (89)$$

Für den natürlich gemessenen Abstand benachbarter Raumzeitpunkte ergibt sich für den Fall der NEWTONschen Näherung

$$ds^2 = \sum_{\mu\nu} g_{\mu\nu}\,dx_\mu\,dx_\nu = -dx^2 - dy^2 - dz^2 + (1 + 2\phi)dt^2.$$

Für einen rein räumlichen Abstand ergibt sich

$$-ds^2 = dx^2 + dy^2 + dz^2.$$

Koordinatenlängen sind also hier zugleich natürlich gemessene Längen; es gilt die euklidische Abstandgeometrie mit der hier in Betracht gezogenen Genauigkeit. Für rein zeitliche Abstände galt

$$ds^2 = (1 + 2\phi)\,dt^2$$

oder

$$ds = (1 + \phi)\,dt.$$

Zu der natürlich gemessenen Dauer ds gehört die Zeitdauer $\frac{ds}{1+\phi}$. Die Ganggeschwindigkeit einer Uhr ist also durch $(1 + \phi)$ gemessen, wächst also mit dem Gravitationspotential. Hieraus schließt man, daß die Spektrallinien, welche auf der Sonne erzeugtem Lichte zugehören, gegenüber den entsprechenden, auf der Erde erzeugten Spektrallinien eine Verschiebung nach Rot hin aufweisen im Betrage

$$\frac{\Delta\lambda}{\lambda} = 2 \cdot 10^{-6}.$$

Für Lichtstrahlen $(ds = 0)$ ist

$$\frac{\sqrt{dx^2 + dy^2 + dz^2}}{dt} = 1 + \phi.$$

Die Lichtgeschwindigkeit ist also unabhängig von der Richtung, aber mit dem Gravitationspotential veränderlich; hieraus folgt ein gekrümmter Verlauf der Lichtstrahlen im Gravitationsfelde.

Wir berechnen endlich Impuls und Energie des materiellen Punktes im NEWTONschen Felde, wobei wir uns nicht auf die Gleichungen (86a) sondern auf die exakten Gleichungen (51) stützen. Setzt man in diese für die $g_{\sigma\mu}$ die Werte

$$\begin{matrix} -1 & 0 & 0 & 0 \\ 0 & -1 & 0 & 0 \\ 0 & 0 & -1 & 0 \\ 0 & 0 & 0 & -1 + h_{44} \end{matrix}$$

und für dx_ν die Größen

$$dx \quad dy \quad dz \quad idt$$

ein, so erhält man, indem man sich in bezug auf h_{44} auf Größen erster Ordnung beschränkt, $\left(-\frac{h_{44}}{2}\right)$ wieder durch ϕ ersetzt und Glieder höherer als zweiter Ordnung in bezug auf Geschwindigkeiten vernachlässigt:

$$-\mathrm{I}_1 = m(1-\phi)\,q_x$$

$$\cdot\quad\cdot\quad\cdot\quad\cdot\quad\cdot\quad\cdot\quad\cdot\quad\cdot\quad\cdot\quad\cdot\quad\cdot\quad\cdot$$

$$i\mathrm{I}_4 = m\left[(1+\phi)+\frac{1}{2}(1-\phi)\,q^2\right].$$

Da $(-\mathrm{I}_1)$ die X-Komponente des Impulses und $(i\mathrm{I}_4)$ die Energie des materiellen Punktes ist, so folgt hieraus, daß die träge Masse mit abnehmendem Gravitationspotential zunimmt. Es ist dies durchaus im Geiste der hier vertretenen Auffassung. Denn da es nach unserer Theorie selbständige physikalische Qualitäten des Raumes nicht gibt, so ist die Trägheit einer Masse die Folge einer Wechselwirkung zwischen ihr und den übrigen Massen; diese Wechselwirkung wird dadurch zunehmen müssen, daß man der betrachteten Masse andere Massen nähert, d. h. ϕ verkleinert.

Ausgegeben am 26. November.

Berlin, gedruckt in der Reichsdruckerei.

SITZUNGSBERICHTE 1915. XLIV. XLVI.

DER

KÖNIGLICH PREUSSISCHEN

AKADEMIE DER WISSENSCHAFTEN.

Gesamtsitzung vom 4. November.
Sitzung der physikalisch-mathematischen Klasse vom 11. November.

Zur allgemeinen Relativitätstheorie.

(Mit Nachtrag.)

Von A. Einstein.

Zur allgemeinen Relativitätstheorie.

Von A. Einstein.

In den letzten Jahren war ich bemüht, auf die Voraussetzung der Relativität auch nicht gleichförmiger Bewegungen eine allgemeine Relativitätstheorie zu gründen. Ich glaubte in der Tat, das einzige Gravitationsgesetz gefunden zu haben, das dem sinngemäß gefaßten, allgemeinen Relativitätspostulate entspricht, und suchte die Notwendigkeit gerade dieser Lösung in einer im vorigen Jahre in diesen Sitzungsberichten erschienenen Arbeit[1] darzutun.

Eine erneute Kritik zeigte mir, daß sich jene Notwendigkeit auf dem dort eingeschlagenen Wege absolut nicht erweisen läßt; daß dies doch der Fall zu sein schien, beruhte auf Irrtum. Das Postulat der Relativität, soweit ich es dort gefordert habe, ist stets erfüllt, wenn man das Hamiltonsche Prinzip zugrunde legt; es liefert aber in Wahrheit keine Handhabe für eine Ermittelung der Hamiltonschen Funktion H des Gravitationsfeldes. In der Tat drückt die die Wahl von H einschränkende Gleichung (77) a. a. O. nichts anderes aus, als daß H eine Invariante bezüglich linearer Transformationen sein soll, welche Forderung mit der der Relativität der Beschleunigung nichts zu schaffen hat. Ferner wird die durch Gleichung (78) a. a. O. getroffene Wahl durch Gleichung (77) keineswegs festgelegt.

Aus diesen Gründen verlor ich das Vertrauen zu den von mir aufgestellten Feldgleichungen vollständig und suchte nach einem Wege, der die Möglichkeiten in einer natürlichen Weise einschränkte. So gelangte ich zu der Forderung einer allgemeineren Kovarianz der Feldgleichungen zurück, von der ich vor drei Jahren, als ich zusammen mit meinem Freunde Grossmann arbeitete, nur mit schwerem Herzen abgegangen war. In der Tat waren wir damals der im nachfolgenden gegebenen Lösung des Problems bereits ganz nahe gekommen.

Wie die spezielle Relativitätstheorie auf das Postulat gegründet ist, daß ihre Gleichungen bezüglich linearer, orthogonaler Transfor-

[1] Die formale Grundlage der allgemeinen Relativitätstheorie. Sitzungsberichte XLI, 1914, S. 1066—1077. Im folgenden werden Gleichungen dieser Abhandlungen beim Zitieren durch den Zusatz »a. a. O.« von solchen der vorliegenden Arbeit unterschieden.

mationen kovariant sein sollen, so ruht die hier darzulegende Theorie auf dem Postulat der Kovarianz aller Gleichungssysteme bezüglich Transformationen von der Substitutionsdeterminante 1.

Dem Zauber dieser Theorie wird sich kaum jemand entziehen können, der sie wirklich erfaßt hat; sie bedeutet einen wahren Triumph der durch GAUSS, RIEMANN, CHRISTOFFEL, RICCI und LEVI-CIVITER begründeten Methode des allgemeinen Differentialkalküls.

§ 1. Bildungsgesetze der Kovarianten.

Da ich in meiner Arbeit vom letzten Jahre eine ausführliche Darlegung der Methoden des absoluten Differentialkalküls gegeben habe, kann ich mich hier bei der Darlegung der hier zu benutzenden Bildungsgesetze der Kovarianten kurz fassen; wir brauchen nur zu untersuchen, was sich an der Kovariantentheorie dadurch verändert, daß nur Substitutionen von der Determinante 1 zugelassen werden.

Die für beliebige Substitutionen gültige Gleichung

$$d\tau' = \frac{\partial(x'_1 \cdots x'_4)}{\partial(x_1 \cdots x_4)} d\tau$$

geht zufolge der Prämisse unsrer Theorie

$$\frac{\partial(x'_1 \cdots x'_4)}{\partial(x_1 \cdots x_4)} = 1 \qquad (1)$$

über in

$$d\tau' = d\tau: \qquad (2)$$

das vierdimensionale Volumelement $d\tau$ ist also eine Invariante. Da ferner (Gleichung (17) a. a. O.) $\sqrt{-g}\,d\tau$ eine Invariante bezüglich beliebiger Substitutionen ist, so ist für die uns interessierende Gruppe auch

$$\sqrt{-g'} = \sqrt{-g} \qquad (3)$$

Die Determinante aus den $g_{\mu\nu}$ ist also eine Invariante. Vermöge des Skalarcharakters von $\sqrt{-g}$ lassen die Grundformeln der Kovariantenbildung gegenüber den bei allgemeiner Kovarianz gültigen eine Vereinfachung zu, die kurz gesagt darin beruht, daß in den Grundformeln die Faktoren $\sqrt{-g}$ und $\frac{1}{\sqrt{-g}}$ nicht mehr auftreten, und der Unterschied zwischen Tensoren und V-Tensoren wegfällt. Im einzelnen ergibt sich folgendes:

1. An Stelle der Tensoren $G_{iklm} = \sqrt{-g}\,\delta_{iklm}$

und $G^{iklm} = \frac{1}{\sqrt{-g}}\delta_{iklm}$

((19) und (21a) a. a. O.) treten die einfacher gebauten Tensoren

$$G_{iklm} = G^{iklm} = \delta_{iklm} \tag{4}$$

2. Die Grundformeln (29) a. a. O. und (30) a. a. O. für die Erweiterung der Tensoren lassen sich auf Grund unserer Prämisse nicht durch einfachere ersetzen, wohl aber die Definitionsgleichung der Divergenz, welche in der Kombination der Gleichungen (30) a. a. O. und (31) a. a. O. besteht. Sie läßt sich so schreiben

$$A^{\alpha_1\cdots\alpha_l} = \sum_s \frac{\partial A^{\alpha_1\cdots\alpha_l s}}{\partial x_s} + \sum_{s\tau}\left[\begin{Bmatrix} s\tau \\ \alpha_1 \end{Bmatrix} A^{\tau\alpha_2\cdots\alpha_l s} + \cdots\cdots \begin{Bmatrix} s\tau \\ \alpha_l \end{Bmatrix} A^{\alpha_1\cdots\alpha_{l-1}\tau s}\right] + \sum_{s\tau}\begin{Bmatrix} s\tau \\ s \end{Bmatrix} A^{\alpha_1\cdots\alpha_l\tau}.$$

Nun ist aber gemäß (24) a. a. O. und (24a) a. a. O.

$$\sum_\sigma \begin{Bmatrix} s\tau \\ s \end{Bmatrix} = \frac{1}{2}\sum_{\alpha s} g^{s\alpha}\left(\frac{\partial g_{s\alpha}}{\partial x_\tau} + \frac{\partial g_{\tau\alpha}}{\partial x_s} - \frac{\partial g_{s\tau}}{\partial x_\alpha}\right) = \frac{1}{2}\sum g^{s\alpha}\frac{\partial g_{s\alpha}}{\partial x_\tau} = \frac{\partial(lg\sqrt{-g})}{\partial x_\tau}. \tag{6}$$

Es hat also diese Größe wegen (3) Vektorcharakter. Folglich ist das letzte Glied der rechten Seite von (5) selbst ein kontravarianter Tensor vom Range *l*. Wir sind daher berechtigt, an Stelle von (5) die einfachere Definition der Divergenz

$$A^{\alpha_1\cdots\alpha_l} = \sum \frac{\partial A^{\alpha_1\cdots\alpha_l s}}{\partial x_s} + \sum_{\sigma\tau}\left[\begin{Bmatrix} s\tau \\ \alpha_1 \end{Bmatrix} A^{\tau\alpha_2\cdots\alpha_l s} + \cdots \begin{Bmatrix} s\tau \\ \alpha_l \end{Bmatrix} A^{\alpha_1-\alpha_{l-1}\tau s}\right] \tag{5a}$$

zu setzen, was wir konsequent tun wollen.

So wäre z. B. die Definition (37) a. a. O.

$$\Phi = \frac{1}{\sqrt{-g}}\sum_\mu \frac{\partial}{\partial x_\mu}(\sqrt{-g}A^\mu)$$

durch die einfachere Definition

$$\Phi = \sum_\mu \frac{\partial A^\mu}{\partial x_\mu} \tag{7}$$

zu ersetzen, die Gleichung (40) a. a. O. für die Divergenz des kontravarianten Sechservektors durch die einfachere

$$A^\mu = \sum_\nu \frac{\partial A^{\mu\nu}}{\partial x_\nu}. \tag{8}$$

An Stelle von (41a) a. a. O. tritt infolge unserer Festsetzung

$$A_\sigma = \sum_\nu \frac{\partial A_\sigma^\nu}{\partial x_\nu} - \frac{1}{2}\sum_{\mu\nu\tau} g^{\tau\mu}\frac{\partial g_{\mu\nu}}{\partial x_\sigma}A_\tau^\nu. \tag{9}$$

Ein Vergleich mit (41b) zeigt, daß bei unserer Festsetzung das Gesetz für die Divergenz dasselbe ist, wie gemäß dem allgemeinen Differentialkalkül das Gesetz für die Divergenz des *V*-Tensors. Daß diese Bemerkung für beliebige Tensordivergenzen gilt, läßt sich aus (5) und (5a) leicht ableiten.

3. Die tiefgreifendste Vereinfachung bringt unsere Beschränkung auf Transformationen von der Determinante 1 hervor für diejenigen Kovarianten, die aus den $g_{\mu\nu}$ und ihren Ableitungen allein gebildet werden können. Die Mathematik lehrt, daß diese Kovarianten alle von dem Riemann-Christoffelschen Tensor vierten Ranges abgeleitet werden können, welcher (in seiner kovarianten Form) lautet:

$$\left.\begin{aligned}(ik, lm) = \frac{1}{2}\left(\frac{\partial^2 g_{im}}{\partial x_k \partial x_l} + \frac{\partial^2 g_{kl}}{\partial x_i \partial x_m} - \frac{\partial^2 g_{il}}{\partial x_k \partial x_m} - \frac{\partial^2 g_{mk}}{\partial x_l \partial x_i}\right) \\ + \sum_{\rho\sigma} g^{\rho\sigma}\left(\begin{bmatrix} im \\ \rho \end{bmatrix}\begin{bmatrix} kl \\ \sigma \end{bmatrix} - \begin{bmatrix} il \\ \rho \end{bmatrix}\begin{bmatrix} km \\ \sigma \end{bmatrix}\right)\end{aligned}\right\}. \qquad (10)$$

Das Problem der Gravitation bringt es mit sich, daß wir uns besonders für die Tensoren zweiten Ranges interessieren, welche aus diesem Tensor vierten Ranges und den $g_{\mu\nu}$ durch innere Multiplikation gebildet werden können. Infolge der aus (10) ersichtlichen Symmetrie-Eigenschaften des Riemannschen Tensors

$$\left.\begin{aligned}(ik, lm) &= (lm, ik) \\ (ik, lm) &= -(ki, lm)\end{aligned}\right\} \qquad (11)$$

kann eine solche Bildung nur auf eine Weise vorgenommen werden; es ergibt sich der Tensor

$$G_{im} = \sum_{kl} g^{kl}(ik, lm). \qquad (12)$$

Wir leiten diesen Tensor für unsere Zwecke jedoch vorteilhafter aus einer zweiten, von Christoffel angegebenen Form des Tensors (10) ab, nämlich aus[1]

$$k, lm\} = \sum_{\rho} g^{k\rho}(i\rho, lm) = \frac{\partial \left\{ {il \atop k} \right\}}{\partial x_m} - \frac{\partial \left\{ {im \atop k} \right\}}{\partial x_l} + \sum_{\rho}\left[\begin{Bmatrix} il \\ \rho \end{Bmatrix}\begin{Bmatrix} \rho m \\ k \end{Bmatrix} - \begin{Bmatrix} im \\ \rho \end{Bmatrix}\begin{Bmatrix} \rho l \\ k \end{Bmatrix}\right]. \qquad (13)$$

Aus diesem ergibt sich der Tensor G_{im}, indem man ihn mit dem Tensor

$$\delta_k^l = \sum_{\alpha} g_{k\alpha} g^{\alpha l}$$

multipliziert (innere Multiplikation):

---

[1] Einen einfachen Beweis für den Tensorcharakter dieses Ausdrucks findet man auf S. 1053 meiner mehrfach zitierten Arbeit.

$$G_{im} = \{il, lm\} = R_{im} + S_{im} \tag{13}$$

$$R_{im} = -\frac{\partial \left\{ {im \atop l} \right\}}{\partial x_l} + \sum_\rho \left\{ {il \atop \rho} \right\} \left\{ {\rho m \atop l} \right\} \tag{13a}$$

$$S_{im} = \frac{\partial \left\{ {il \atop l} \right\}}{\partial x_m} - \left\{ {im \atop \rho} \right\} \left\{ {\rho l \atop l} \right\}. \tag{13b}$$

Beschränkt man sich auf Transformationen von der Determinante 1, so ist nicht nur (G_{im}) ein Tensor, sondern es besitzen auch (R_{im}) und (S_{im}) Tensorcharakter. In der Tat folgt aus dem Umstande, daß $\sqrt{-g}$ ein Skalar ist, wegen (6), daß $\left\{ {il \atop l} \right\}$ ein kovarianter Vierervektor ist. (S_{im}) ist aber gemäß (29) a. a. O. nichts anderes als die Erweiterung dieses Vierervektors, also auch ein Tensor. Aus dem Tensorcharakter von (G_{im}) und (S_{im}) folgt nach (13) auch der Tensorcharakter von (R_{im}). Dieser letztere Tensor ist für die Theorie der Gravitation von größter Bedeutung.

§ 2. Bemerkungen zu den Differentialgesetzen der »materiellen« Vorgänge.

1. Impuls-Energie-Satz für die Materie (einschließlich der elektromagnetischen Vorgänge im Vakuum.

An die Stelle der Gleichung (42a) a. a. O. hat nach den allgemeinen Betrachtungen des vorigen Paragraphen die Gleichung

$$\sum_\nu \frac{\partial T_\sigma^\nu}{\partial x_\nu} = \frac{1}{2} \sum_{\mu\tau\nu} g^{\tau\mu} \frac{\partial g_{\mu\nu}}{\partial x_\sigma} T_\tau^\nu + K_\nu \tag{14}$$

zu treten; dabei ist T_σ^ν ein gewöhnlicher Tensor, K_ν ein gewöhnlicher kovarianter Vierervektor (kein V-Tensor bzw. V-Vektor). An diese Gleichung haben wir eine für das Folgende wichtige Bemerkung zu knüpfen. Diese Erhaltungsgleichung hat mich früher dazu verleitet, die Größen

$$\frac{1}{2} \sum_\mu g^{\tau\mu} \frac{\partial g_{\mu\nu}}{\partial x_\sigma}$$

als den natürlichen Ausdruck für die Komponenten des Gravitationsfeldes anzusehen, obwohl es im Hinblick auf die Formeln des absoluten Differentialkalküls näher liegt, die Christoffelschen Symbole

$$\left\{ {\nu\sigma \atop \tau} \right\}$$

statt jener Größen einzuführen. Dies war ein verhängnisvolles Vorurteil. Eine Bevorzugung des Christoffelschen Symbols rechtfertigt sich insbesondere wegen der Symmetrie bezüglich seiner beiden Indices kovarianten Charakters (hier ν und σ) und deswegen, weil dasselbe in den fundamental wichtigen Gleichungen der geodätischen Linie (23b) a. a. O. auftritt, welche, vom physikalischen Gesichtspunkte aus betrachtet, die Bewegungsgleichung des materiellen Punktes in einem Gravitationsfelde sind. Gleichung (14) bildet ebenfalls kein Gegenargument, denn das erste Glied ihrer rechten Seite kann in die Form

$$\sum_{\nu\tau} \begin{Bmatrix} \sigma\nu \\ \tau \end{Bmatrix} T_\tau^\nu$$

gebracht werden.

Wir bezeichnen daher im folgenden als Komponenten des Gravitationsfeldes die Größen

$$\Gamma_{\mu\nu}^\sigma = -\begin{Bmatrix} \mu\nu \\ \sigma \end{Bmatrix} = -\sum_\alpha g^{\sigma\alpha} \begin{bmatrix} \mu\nu \\ \alpha \end{bmatrix} = -\frac{1}{2}\sum_\alpha g^{\sigma\alpha}\left(\frac{\partial g_{\mu\alpha}}{\partial x_\nu} + \frac{\partial g_{\nu\alpha}}{\partial x_\mu} - \frac{\partial g_{\mu\nu}}{\partial x_\alpha}\right). \quad (15)$$

Bezeichnet T_σ^ν den Energietensor des gesamten »materiellen« Geschehens, so verschwindet K_ν; der Erhaltungssatz (14) nimmt dann die Form an

$$\sum_\alpha \frac{\partial T_\tau^\alpha}{\partial x_\alpha} = -\sum_{\alpha\beta} \Gamma_{\sigma\beta}^\alpha T_\alpha^\beta . \quad (14a)$$

Wir merken an, daß die Bewegungsgleichungen (23b) a. a. O. des materiellen Punktes im Schwerefelde die Form annehmen

$$\frac{d^2 x_\tau}{ds^2} = \sum_{\mu\nu} \Gamma_{\mu\nu}^\tau \frac{dx_\mu}{ds}\frac{dx_\nu}{ds} . \quad (15)$$

2. An den Betrachtungen der Paragraphen 10 und 11 der zitierten Abhandlung ändert sich nichts, nur haben nun die dort als *V*-Skalare und *V*-Tensoren bezeichneten Gebilde den Charakter gewöhnlicher Skalare bzw. Tensoren.

§ 3. Die Feldgleichungen der Gravitation.

Nach dem bisher Gesagten liegt es nahe, die Feldgleichungen der Gravitation in der Form

$$R_{\mu\nu} = -\varkappa T_{\mu\nu} \quad (16)$$

anzusetzen, da wir bereits wissen, daß diese Gleichungen gegenüber beliebigen Transformationen von der Determinante 1 kovariant sind. In der Tat genügen diese Gleichungen allen Bedingungen, die wir an sie zu stellen haben. Ausführlicher geschrieben lauten sie gemäß (13a) und (15)

$$\sum_\alpha \frac{\partial \Gamma_{\mu\nu}^\alpha}{\partial x_\alpha} + \sum_{\alpha\beta} \Gamma_{\mu\beta}^\alpha \Gamma_{\nu\alpha}^\beta = -\varkappa T_{\mu\nu} . \quad (16a)$$

Wir wollen nun zeigen. daß diese Feldgleichungen in die Hamiltonsche Form

$$\left.\begin{array}{l}\delta\left\{\int\left(\mathfrak{L}-\varkappa\sum_{\mu\nu}g^{\mu\nu}T_{\mu\nu}\right)d\tau\right\} \\ \mathfrak{L}=\sum_{\sigma\tau\alpha\beta}g^{\sigma\tau}\Gamma^{\alpha}_{\sigma\beta}\Gamma^{\beta}_{\tau\alpha}\end{array}\right\} \tag{17}$$

gebracht werden können, wobei die $g^{\mu\nu}$ zu variieren, die $T_{\mu\nu}$ als Konstante zu behandeln sind. Es ist nämlich (17) gleichbedeutend mit den Gleichungen

$$\sum_{\alpha}\frac{\partial}{\partial x_{\alpha}}\left(\frac{\partial\mathfrak{L}}{\partial g^{\mu\nu}_{\alpha}}\right)-\frac{\partial\mathfrak{L}}{\partial g^{\mu\nu}}=-\varkappa T_{\mu\nu}, \tag{18}$$

wobei $\mathfrak{L}$ als Funktion der $g^{\mu\nu}$ und $\frac{\partial g^{\mu\nu}}{\partial x_{\sigma}}$ $(= g^{\mu\nu}_{\sigma})$ zu denken ist. Anderseits ergeben sich durch eine längere, aber ohne Schwierigkeiten durchzuführende Rechnung die Beziehungen

$$\frac{\partial\mathfrak{L}}{\partial g^{\mu\nu}}=-\sum_{\alpha\beta}\Gamma^{\alpha}_{\mu\beta}\Gamma^{\beta}_{\nu\alpha} \tag{19}$$

$$\frac{\partial\mathfrak{L}}{\partial g^{\mu\nu}_{\alpha}}=\Gamma^{\alpha}_{\mu\nu}. \tag{19a}$$

Diese ergeben zusammen mit (18) die Feldgleichungen (16a).

Nun läßt sich auch leicht zeigen, daß dem Prinzip von der Erhaltung der Energie und des Impulses Genüge geleistet wird. Multipliziert man (18) mit $g^{\mu\nu}_{\sigma}$ und summiert man über die Indices μ und ν, so erhält man nach geläufiger Umformung

$$\sum_{\alpha\mu\nu}\frac{\partial}{\partial x_{\alpha}}\left(g^{\mu\nu}_{\sigma}\frac{\partial\mathfrak{L}}{\partial g^{\mu\nu}_{\alpha}}\right)-\frac{\partial\mathfrak{L}}{\partial x_{\sigma}}=-\varkappa\sum_{\mu\nu}T_{\mu\nu}g^{\mu\nu}_{\sigma}.$$

Anderseits ist nach (14) für den gesamten Energietensor der Materie

$$\sum_{\lambda}\frac{\partial T^{\lambda}_{\sigma}}{\partial x_{\lambda}}=-\frac{1}{2}\sum_{\mu\nu}\frac{\partial g^{\mu\nu}}{\partial x_{\sigma}}T_{\mu\nu}.$$

Aus den beiden letzten Gleichungen folgt

$$\sum_{\lambda}\frac{\partial}{\partial x_{\lambda}}(T^{\lambda}_{\sigma}+t^{\lambda}_{\sigma})=0, \tag{20}$$

wobei

$$t^{\lambda}_{\sigma}=\frac{1}{2\varkappa}\left(\mathfrak{L}\delta^{\lambda}_{\sigma}-\sum_{\mu\nu}g^{\mu\nu}_{\sigma}\frac{\partial\mathfrak{L}}{\partial g^{\mu\nu}_{\lambda}}\right) \tag{20a}$$

den »Energietensor« des Gravitationsfeldes bezeichnet, der übrigens nur linearen Transformationen gegenüber Tensorcharakter hat. Aus (20a) und (19a) erhält man nach einfacher Umformung

$$t_\sigma^\lambda = \frac{1}{2}\delta_\sigma^\lambda \sum_{\mu\nu\alpha\beta} g^{\mu\nu}\Gamma^\alpha_{\mu\beta}\Gamma^\beta_{\nu\alpha} - \sum_{\mu\nu\alpha} g^{\mu\nu}\Gamma^\alpha_{\mu\sigma}\Gamma^\lambda_{\nu\alpha} \qquad (20\text{b})$$

Endlich ist es noch von Interesse, zwei skalare Gleichungen abzuleiten, die aus den Feldgleichungen hervorgehen. Multiplizieren wir (16a) mit $g^{\mu\nu}$ und summieren wir über μ und ν, so erhalten wir nach einfacher Umformung

$$\sum_{\alpha\beta}\frac{\partial^2 g^{\alpha\beta}}{\partial x_\alpha \partial x_\beta} - \sum_{\sigma\tau\alpha\beta} g^{\sigma\tau}\Gamma^\alpha_{\sigma\beta}\Gamma^\beta_{\tau\alpha} + \sum_{\alpha\beta}\frac{\partial}{\partial x_\alpha}\left(g^{\alpha\beta}\frac{\partial \lg\sqrt{-g}}{\partial x_\beta}\right) = -\varkappa\sum_\sigma T_\sigma^\sigma . \qquad (21)$$

Multiplizieren wir anderseits (16a) mit $g^{\nu\lambda}$ und summieren über ν, so erhalten wir

$$\sum_{\alpha\nu}\frac{\partial}{\partial x_\alpha}(g^{\nu\lambda}\Gamma^\alpha_{\mu\nu}) - \sum_{\alpha\beta\nu} g^{\nu\beta}\Gamma^\alpha_{\nu\mu}\Gamma^\lambda_{\beta\alpha} = -\varkappa T_\mu^\lambda ,$$

oder mit Rücksicht auf (20b)

$$\sum_{\alpha\nu}\frac{\partial}{\partial x_\alpha}(g^{\nu\lambda}\Gamma^\alpha_{\mu\nu}) - \frac{1}{2}\delta_\mu^\lambda \sum_{\mu\nu\alpha\beta} g^{\mu\nu}\Gamma^\alpha_{\mu\beta}\Gamma^\beta_{\nu\alpha} = -\varkappa(T_\mu^\lambda + t_\mu^\lambda) .$$

Hieraus folgt weiter mit Rücksicht auf (20) nach einfacher Umformung die Gleichung

$$\frac{\partial}{\partial x_\mu}\left[\sum_{\alpha\beta}\frac{\partial^2 g^{\alpha\beta}}{\partial x_\alpha \partial x_\beta} - \sum_{\sigma\tau\alpha\beta} g^{\sigma\tau}\Gamma^\alpha_{\sigma\beta}\Gamma^\beta_{\tau\alpha}\right] = 0 . \qquad (22)$$

Wir aber fordern etwas weitergehend:

$$\sum_{\alpha\beta}\frac{\partial^2 g^{\alpha\beta}}{\partial x_\alpha \partial x_\beta} - \sum_{\sigma\tau\alpha\beta} g^{\sigma\tau}\Gamma^\alpha_{\sigma\beta}\Gamma^\beta_{\tau\alpha} = 0 , \qquad (22\text{a})$$

so daß (21) übergeht in

$$\sum_{\alpha\beta}\frac{\partial}{\partial x_\alpha}\left(g^{\alpha\beta}\frac{\partial \lg\sqrt{-g}}{\partial x_\beta}\right) = -\varkappa\sum_\sigma T_\sigma^\sigma \qquad (21\text{a})$$

Aus Gleichung (21a) geht hervor, daß es unmöglich ist, das Koordinatensystem so zu wählen, daß $\sqrt{-g}$ gleich 1 wird; denn der Skalar des Energietensors kann nicht zu null gemacht werden.

Die Gleichung (22a) ist eine Beziehung, der die $g_{\mu\nu}$ allein unterworfen sind und die in einem neuen Koordinatensystem nicht mehr gelten würde, das durch eine unerlaubte Transformation aus dem ursprünglich benutzten Koordinatensystem hervorginge. Diese Gleichung sagt also aus, wie das Koordinatensystem der Mannigfaltigkeit angepaßt werden muß.

§ 4. Einige Bemerkungen über die physikalischen Qualitäten der Theorie.

Die Gleichungen (22a) geben in erster Näherung

$$\sum_{\alpha\beta} \frac{\partial^2 g^{\alpha\beta}}{\partial x_\alpha \partial x_\beta} = 0 .$$

Hierdurch ist das Koordinatensystem noch nicht festgelegt, indem zur Bestimmung desselben 4 Gleichungen nötig sind. Wir dürfen deshalb für die erste Näherung willkürlich festsetzen

$$\sum_{\beta} \frac{\partial g^{\alpha\beta}}{\partial x_\beta} = 0 . \qquad (22)$$

Ferner wollen wir zur Vereinfachung der Darstellung die imaginäre Zeit als vierte Variable einführen. Dann nehmen die Feldgleichungen (16a) in erster Näherung die Form an

$$\frac{1}{2} \sum_{\alpha} \frac{\partial^2 g_{\mu\nu}}{\partial x_\alpha^2} = \varkappa T_{\mu\nu} , \qquad (16\text{b})$$

von welcher sogleich ersichtlich ist, daß sie das Newtonsche Gesetz als Näherung enthält. —

Daß die Relativität der Bewegung gemäß der neuen Theorie wirklich gewahrt ist, geht daraus hervor, daß unter den erlaubten Transformationen solche sind, die einer Drehung des neuen Systems gegen das alte mit beliebig veränderlicher Winkelgeschwindigkeit entsprechen, sowie solche Transformationen, bei welchen der Anfangspunkt des neuen Systems im alten System eine beliebig vorgeschriebene Bewegung ausführt.

In der Tat sind die Substitutionen

$$\begin{aligned} x' &= x \cos \tau + y \sin \tau \\ y' &= -x \sin \tau + y \cos \tau \\ z' &= z \\ t' &= t \end{aligned}$$

und

$$\begin{aligned} x' &= x - \tau_1 \\ y' &= y - \tau_2 \\ z' &= z - \tau_3 \\ t' &= t , \end{aligned}$$

wobei τ bzw. τ_1, τ_2, τ_3 beliebige Funktionen von t sind, Substitutionen von der Determinante 1.

Ausgegeben am 11. November.

799

Zur allgemeinen Relativitätstheorie (Nachtrag).

Von A. EINSTEIN.

In einer neulich erschienenen Untersuchung[1] habe ich gezeigt, wie auf RIEMANNS Kovariantentheorie mehrdimensionaler Mannigfaltigkeiten eine Theorie des Gravitationsfeldes gegründet werden kann. Hier soll nun dargetan werden, daß durch Einführung einer allerdings kühnen zusätzlichen Hypothese über die Struktur der Materie ein noch strafferer logischer Aufbau der Theorie erzielt werden kann.

Die Hypothese, deren Berechtigung in Erwägung gezogen werden soll, betrifft folgenden Gegenstand. Der Energietensor der »Materie« T_μ^λ besitzt einen Skalar $\sum_\mu T_\mu^\mu$. Es ist wohlbekannt, daß dieser für das elektromagnetische Feld verschwindet. Dagegen scheint er für die eigentliche Materie von Null verschieden zu sein. Betrachten wir nämlich als einfachsten Spezialfall die »inkohärente« kontinuierliche Flüssigkeit (Druck vernachlässigt), so pflegen wir ja für sie zu setzen

$$T^{\mu\nu} = \sqrt{-g}\,\rho_0 \frac{dx_\mu}{ds}\frac{dx_\nu}{ds},$$

so daß wir haben

$$\sum_\mu T_\mu^\mu = \sum_{\mu\nu} g_{\mu\nu} T^{\mu\nu} = \rho_0 \sqrt{-g}.$$

Hier verschwindet also nach dem Ansatz der Skalar des Energietensors nicht.

Es ist nun daran zu erinnern, daß nach unseren Kenntnissen die »Materie« nicht als ein primitiv Gegebenes, physikalisch Einfaches aufzufassen ist. Es gibt sogar nicht wenige, die hoffen, die Materie auf rein elektromagnetische Vorgänge reduzieren zu können, die allerdings einer gegenüber MAXWELLS Elektrodynamik vervollständigten Theorie gemäß vor sich gehen würden. Nehmen wir nun einmal an, daß in einer so vervollständigten Elektrodynamik der Skalar des Energietensors ebenfalls verschwinden würde! Würde dann das soeben aufgezeigte Resultat beweisen, daß die Materie mit Hilfe dieser Theorie nicht konstruiert werden könnte? Ich glaube diese Frage verneinen

[1] Diese Sitzungsberichte S. 778.

zu können. Denn es wäre sehr wohl möglich, daß in der »Materie«, auf die sich der eben angegebene Ausdruck bezieht, Gravitationsfelder einen wesentlichen Bestandteil ausmachen. Dann kann $\sum T_\mu^\mu$ für das ganze Gebilde scheinbar positiv sein, während in Wirklichkeit nur $\sum_\mu (T_\mu^\mu + t_\mu^\mu)$ positiv ist, während $\sum_\mu T_\mu^\mu$ überall verschwindet. Wir setzen im folgenden voraus, daß die Bedingung $\sum T_\mu^\mu = 0$ tatsächlich allgemein erfüllt sei.

Wer die Hypothese, daß molekulare Gravitationsfelder einen wesentlichen Bestandteil der Materie ausmachen, nicht von vornherein ablehnt, wird in dem Folgenden eine kräftige Stütze dieser Auffassung sehen[1].

Ableitung der Feldgleichungen.

Unsere Hypothese erlaubt es, den letzten Schritt zu tun, welchen der allgemeine Relativitätsgedanke als wünschbar erscheinen läßt. Sie ermöglicht nämlich, auch die Feldgleichungen der Gravitation in allgemein kovarianter Form anzugeben. In der früheren Mitteilung habe ich gezeigt (Gleichung (13)), daß

$$G_{im} = \sum_l \{il, lm\} = R_{im} + S_{im} \tag{13}$$

ein kovarianter Tensor bezüglich beliebiger Substitutionen ist. Dabei ist gesetzt

$$R_{im} = -\sum_l \frac{\partial \begin{Bmatrix} im \\ l \end{Bmatrix}}{\partial x_l} + \sum_{\rho l} \begin{Bmatrix} il \\ \rho \end{Bmatrix} \begin{Bmatrix} \rho m \\ l \end{Bmatrix} \tag{13a}$$

$$S_{im} = \sum_l \frac{\partial \begin{Bmatrix} il \\ l \end{Bmatrix}}{\partial x_m} - \sum_{\rho l} \begin{Bmatrix} im \\ \rho \end{Bmatrix} \begin{Bmatrix} \rho l \\ l \end{Bmatrix} \tag{13b}$$

Dieser Tensor G_{im} ist der einzige Tensor, der für die Aufstellung allgemein kovarianter Gravitationsgleichungen zur Verfügung steht.

Setzen wir nun fest, daß die Feldgleichungen der Gravitation lauten sollen

$$G_{\mu\nu} = -\kappa T_{\mu\nu}, \tag{16b}$$

so haben wir damit allgemein kovariante Feldgleichungen gewonnen. Diese drücken zusammen mit den vom absoluten Differentialkalkül gelieferten allgemein kovarianten Gesetzen für das »materielle« Geschehen die Kausalzusammenhänge in der Natur so aus, daß irgendwelche besondere Wahl des Koordinatensystems, welche ja logisch mit den zu

[1] Bei Niederschrift der früheren Mitteilung war mir die prinzipielle Zulässigkeit der Hypothese $\Sigma T_\mu^\mu = 0$ noch nicht zu Bewußtsein gekommen.

beschreibenden Gesetzmäßigkeiten nichts zu tun hat, auch bei deren Formulierung nicht verwendet wird.

Von diesem System aus kann man durch nachträgliche Koordinatenwahl leicht zu dem System von Gesetzmäßigkeiten zurückgelangen, welches ich in meiner letzten Mitteilung aufgestellt habe, und zwar ohne an den Gesetzen tatsächlich etwas zu ändern. Es ist nämlich klar, daß wir ein neues Koordinatensystem einführen können, derart, daß mit Bezug auf dieses überall

$$\sqrt{-g} = 1$$

ist. Dann verschwindet S_{im}, so daß man zu dem System der Feldgleichungen

$$R_{\mu\nu} = -\varkappa T_{\mu\nu} \qquad (16)$$

der letzten Mitteilung zurückgelangt. Die vom absoluten Differentialkalkül gelieferten Formeln degenerieren dabei genau in der in der letzten Mitteilung angegebenen Weise. Auch jetzt läßt ferner unsere Koordinatenwahl nur Transformationen von der Determinante 1 zu.

Der Unterschied zwischen dem Inhalte unserer aus den allgemein kovarianten gewonnenen Feldgleichungen und dem Inhalte der Feldgleichungen unserer letzten Mitteilung liegt nur darin, daß in der letzten Mitteilung der Wert für $\sqrt{-g}$ nicht vorgeschrieben werden konnte. Derselbe war vielmehr durch die Gleichung

$$\sum_{\alpha\beta} \frac{\partial}{\partial x_\alpha}\left(g^{\alpha\beta} \frac{\partial \lg \sqrt{-g}}{\partial x_\alpha}\right) = -\varkappa \sum_\sigma T_\sigma^\sigma \qquad (21a)$$

bestimmt. Aus dieser Gleichung sieht man, daß dort $\sqrt{-g}$ nur dann konstant sein kann, wenn der Skalar des Energietensors verschwindet.

Bei unserer jetzigen Ableitung ist vermöge unserer willkürlich getroffenen Koordinatenwahl $\sqrt{-g} = 1$. Statt der Gleichung (21a) folgt daher jetzt aus unsern Feldgleichungen das Verschwinden des Skalars des Energietensors der »Materie«. Die unsern Ausgangspunkt bildenden allgemein kovarianten Feldgleichungen (16b) führen also nur dann zu keinem Widerspruch, wenn die in der Einleitung dargelegte Hypothese zutrifft. Dann aber sind wir gleichzeitig berechtigt, unseren früheren Feldgleichungen die beschränkende Bedingung

$$\sqrt{-g} = 1 \qquad (21b)$$

zuzufügen.

Ausgegeben am 18. November.

Berlin, gedruckt in der Reichsdruckerei.

1915.
XLVII.

SITZUNGSBERICHTE

DER

KÖNIGLICH PREUSSISCHEN

AKADEMIE DER WISSENSCHAFTEN.

Gesamtsitzung vom 18. November.

Erklärung der Perihelbewegung des Merkur aus der allgemeinen Relativitätstheorie.

Von A. Einstein.

Erklärung der Perihelbewegung des Merkur aus der allgemeinen Relativitätstheorie.

Von A. Einstein.

In einer jüngst in diesen Berichten erschienenen Arbeit, habe ich Feldgleichungen der Gravitation aufgestellt, welche bezüglich beliebiger Transformationen von der Determinante 1 kovariant sind. In einem Nachtrage habe ich gezeigt, daß jenen Feldgleichungen allgemein kovariante entsprechen, wenn der Skalar des Energietensors der »Materie« verschwindet, und ich habe dargetan, daß der Einführung dieser Hypothese, durch welche Zeit und Raum der letzten Spur objektiver Realität beraubt werden, keine prinzipiellen Bedenken entgegenstehen[1].

In der vorliegenden Arbeit finde ich eine wichtige Bestätigung dieser radikalsten Relativitätstheorie; es zeigt sich nämlich, daß sie die von Leverrier entdeckte säkulare Drehung der Merkurbahn im Sinne der Bahnbewegung, welche etwa 45″ im Jahrhundert beträgt qualitativ und quantitativ erklärt, ohne daß irgendwelche besondere Hypothese zugrunde gelegt werden müßte[2].

Es ergibt sich ferner, daß die Theorie eine stärkere (doppelt so starke) Lichtstrahlenkrümmung durch Gravitationsfelder zur Konsequenz hat als gemäß meinen früheren Untersuchungen.

---

[1] In einer bald folgenden Mitteilung wird gezeigt werden, daß jene Hypothese entbehrlich ist. Wesentlich ist nur, daß eine solche Wahl des Bezugssystems möglich ist, daß die Determinante $|g_{\mu\nu}|$ den Wert -1 annimmt. Die nachfolgende Untersuchung ist hiervon unabhängig.

[2] Über die Unmöglichkeit, die Anomalien der Merkurbewegung auf der Basis der Newtonschen Theorie befriedigend zu erklären, schrieb E. Freundlich jüngst einen beachtenswerten Aufsatz (Astr. Nachr. 4803, Bd. 201. Juni 1915).

§ 1. Das Gravitationsfeld.

Aus meinen letzten beiden Mitteilungen geht hervor, daß das Gravitationsfeld im Vakuum bei geeignet gewähltem Bezugssystem folgenden Gleichungen zu genügen hat

$$\sum_{\alpha} \frac{\partial \Gamma^{\alpha}_{\mu\nu}}{\partial x_{\alpha}} + \sum_{\alpha\beta} \Gamma^{\alpha}_{\mu\beta} \Gamma^{\beta}_{\nu\alpha} = 0, \qquad (1)$$

wobei die $\Gamma^{\alpha}_{\mu\nu}$ durch die Gleichung definiert sind

$$\Gamma^{\alpha}_{\mu\nu} = -\begin{Bmatrix} \mu\nu \\ \alpha \end{Bmatrix} = -\sum_{\beta} g^{\alpha\beta} \begin{bmatrix} \mu\nu \\ \beta \end{bmatrix} = -\frac{1}{2} \sum_{\beta} g^{\alpha\beta} \left(\frac{\partial g_{\mu\beta}}{\partial x_{\nu}} + \frac{\partial g_{\nu\beta}}{\partial x_{\mu}} - \frac{\partial g_{\mu\nu}}{\partial x_{\alpha}} \right). \qquad (2)$$

Machen wir außerdem die in der letzten Mitteilung begründete Hypothese, daß der Skalar des Energietensors der »Materie« stets verschwinde, so tritt hierzu die Determinantengleichung

$$|g_{\mu\nu}| = -1. \qquad (3)$$

Es befinde sich im Anfangspunkt des Koordinatensystems ein Massenpunkt (die Sonne). Das Gravitationsfeld, welches dieser Massenpunkt erzeugt, kann aus diesen Gleichungen durch sukzessive Approximation berechnet werden.

Es ist indessen wohl zu bedenken, daß die $g_{\mu\nu}$ bei gegebener Sonnenmasse durch die Gleichungen (1) und (3) mathematisch noch nicht vollständig bestimmt sind. Es folgt dies daraus, daß diese Gleichungen bezüglich beliebiger Transformationen mit der Determinante 1 kovariant sind. Es dürfte indessen berechtigt sein, vorauszusetzen, daß alle diese Lösungen durch solche Transformationen aufeinander reduziert werden können, daß sie sich also (bei gegebenen Grenzbedingungen) nur formell, nicht aber physikalisch voneinander unterscheiden. Dieser Überzeugung folgend begnüge ich mich vorerst damit, hier eine Lösung abzuleiten, ohne mich auf die Frage einzulassen, ob es die einzig mögliche sei.

Wir gehen nun in solcher Weise vor. Die $g_{\mu\nu}$ seien in »nullter Näherung« durch folgendes, der ursprünglichen Relativitätstheorie entsprechende Schema gegeben

$$\left.\begin{matrix} -1 & 0 & 0 & 0 \\ 0 & -1 & 0 & 0 \\ 0 & 0 & -1 & 0 \\ 0 & 0 & 0 & +1 \end{matrix}\right\}, \qquad (4)$$

oder kürzere

$$\left.\begin{aligned} g_{\rho\sigma} &= \delta_{\rho\sigma} \\ g_{\rho 4} &= g_{4\rho} = 0 \\ g_{44} &= 1 \end{aligned}\right\}. \qquad (4a)$$

Hierbei bedeuten ρ und σ die Indizes 1, 2, 3; $\delta_{\rho\sigma}$ ist gleich 1 oder 0, je nachdem $\rho = \sigma$ oder $\rho \neq \sigma$ ist.

Wir setzen nun im folgenden voraus, daß sich die $g_{\mu\nu}$ von den in (4a) angegebenen Werten nur um Größen unterscheiden, die klein sind gegenüber der Einheit. Diese Abweichungen behandeln wir als kleine Größen »erster Ordnung«, Funktionen $n$ten Grades dieser Abweichungen als »Größen $n$ter Ordnung«. Die Gleichungen (1) und (3) setzen uns in den Stand, von (4a) ausgehend, durch sukzessive Approximation das Gravitationsfeld bis auf Größen $n$ter Ordnung genau zu berechnen. Wir sprechen in diesem Sinne von der »$n$ten Approximation«; die Gleichungen (4a) bilden die »nullte Approximation«.

Die im folgenden gegebene Lösung hat folgende, das Koordinatensystem festlegende Eigenschaften:

1. Alle Komponenten sind von x_4 unabhängig.
2. Die Lösung ist (räumlich) symmetrisch um den Anfangspunkt des Koordinatensystems, in dem Sinne, daß man wieder auf dieselbe Lösung stößt, wenn man sie einer linearen orthogonalen (räumlichen) Transformation unterwirft.
3. Die Gleichungen $g_{\rho 4} = g_{4\rho} = 0$ gelten exakt (für $\rho = 1$ bis 3).
4. Die $g_{\mu\nu}$ besitzen im Unendlichen die in (4a) gegebenen Werte.

Erste Approximation.

Es ist leicht zu verifizieren, daß in Größen erster Ordnung den Gleichungen (1) und (3) sowie den eben genannten 4 Bedingungen genügt wird durch den Ansatz

$$\left.\begin{aligned} g_{\rho\sigma} &= -\delta_{\rho\sigma} + \alpha\left(\frac{\partial^2 r}{\partial x_\rho \partial x_\sigma} - \frac{\delta_{\rho\sigma}}{r}\right) = -\delta_{\rho\sigma} - \alpha\frac{x_\rho x_\sigma}{r^3} \\ g_{44} &= 1 - \frac{\alpha}{r} \end{aligned}\right\} . \qquad (4\text{b})$$

Die $g_{4\rho}$ bzw. $g_{\rho 4}$ sind dabei durch Bedingung 3 festgelegt. r bedeutet die Größe $+\sqrt{x_1^2 + x_2^2 + x_3^2}$, α eine durch die Sonnenmasse bestimmte Konstante.

Daß (3) in Gliedern erster Ordnung erfüllt ist, sieht man sogleich. Um in einfacher Weise einzusehen, daß auch die Feldgleichungen (1) in erster Näherung erfüllt sind, braucht man nur zu beachten, daß bei Vernachlässigung von Größen zweiter und höherer Ordnung die linke Seite der Gleichungen (1) sukzessive durch

$$\sum_\alpha \frac{\partial \Gamma^\alpha_{\mu\nu}}{\partial x_\alpha}$$

$$\sum_\alpha \frac{\partial}{\partial x_\alpha}\begin{bmatrix}\mu\nu \\ \alpha\end{bmatrix}$$

versetzt werden kann, wobei α nur von 1—3 läuft.

Wie man aus (4b) ersieht, bringt es unsere Theorie mit sich, daß im Falle einer ruhenden Masse die Komponenten g_{11} bis g_{33} bereits in den Größen erster Ordnung von null verschieden sind. Wir werden später sehen, daß hierdurch kein Widerspruch gegenüber Newtons Gesetz (in erster Näherung) entsteht. Wohl aber ergibt sich hieraus ein etwas anderer Einfluß des Gravitationsfeldes auf einen Lichtstrahl als nach meinen früheren Arbeiten; denn die Lichtgeschwindigkeit ist durch die Gleichung

$$\sum g_{\mu\nu} dx_\mu dx_\nu = 0 \tag{5}$$

bestimmt. Unter Anwendung von Huygens' Prinzip findet man aus (5) und (4b) durch eine einfache Rechnung, daß ein an der Sonne im Abstand Δ vorbeigehender Lichtstrahl eine Winkelablenkung von der Größe $\frac{2\alpha}{\Delta}$ erleidet, während die früheren Rechnungen, bei welchen die Hypothese $\sum T_\mu^\mu = 0$ nicht zugrunde gelegt war, den Wert $\frac{\alpha}{\Delta}$ ergeben hatten. Ein an der Oberfläche der Sonne vorbeigehender Lichtstrahl soll eine Ablenkung von 1.7″ (statt 0.85′) erleiden. Hingegen bleibt das Resultat betreffend die Verschiebung der Spektrallinien durch das Gravitationspotential, welches durch Herrn Freundlich an den Fixsternen der Größenordnung nach bestätigt wurde, ungeändert bestehen, da dieses nur von g_{44} abhängt.

Nachdem wir die $g_{\mu\nu}$ in erster Näherung erlangt haben, können wir auch die Komponenten $\Gamma_{\mu\nu}^\alpha$ des Gravitationsfeldes in erster Näherung berechnen. Aus (2) und (4b) ergibt sich

$$\Gamma_{\rho\sigma}^\tau = -\alpha\left(\delta_{\rho\sigma}\frac{x_\tau}{r^3} - \frac{3}{2}\frac{x_\rho x_\sigma x_\tau}{r^5}\right), \tag{6a}$$

wobei ρ, σ, τ irgendwelche der Indizes 1, 2, 3 bedeuten,

$$\Gamma_{44}^\sigma = \Gamma_{4\sigma}^4 = -\frac{\alpha}{2}\frac{x_\sigma}{r^3}, \tag{6b}$$

wobei σ den Index 1, 2 oder 3 bedeutet. Diejenigen Komponenten, in welchen der Index 4 einmal oder dreimal auftritt, verschwinden.

Zweite Approximation.

Es wird sich nachher ergeben, daß wir nur die drei Komponenten Γ_{44}^σ in Größen zweiter Ordnung genau zu ermitteln brauchen, um die Planetenbahnen mit dem entsprechenden Genauigkeitsgrade ermitteln zu können. Hierfür genügt uns die letzte Feldgleichung zusammen mit den allgemeinen Bedingungen, welche wir unserer Lösung auferlegt haben. Die letzte Feldgleichung

$$\sum_{\sigma} \frac{\partial \Gamma_{44}^{\sigma}}{\partial x_{\sigma}} + \sum_{\sigma\tau} \Gamma_{4\tau}^{\sigma} \Gamma_{4\sigma}^{\tau} = 0$$

geht mit Rücksicht auf (6b) bei Vernachlässigung von Größen dritter und höherer Ordnung über in

$$\sum_{\sigma} \frac{\Gamma_{44}^{\sigma}}{\partial x_{\sigma}} = \frac{\alpha^2}{2r^4}.$$

Hieraus folgern wir mit Rücksicht auf (6b) und die Symmetrieeigenschaften unserer Lösung

$$\Gamma_{44}^{\sigma} = -\frac{\alpha}{2} \frac{x_{\sigma}}{r^3} \left(1 - \frac{\alpha}{r}\right). \tag{6c}$$

§ 2. Die Planetenbewegung.

Die von der allgemeinen Relativitätstheorie gelieferten Bewegungsgleichungen des materiellen Punktes im Schwerefelde lauten

$$\frac{d^2 x_{\nu}}{ds^2} = \sum_{\sigma\tau} \Gamma_{\sigma\tau}^{\nu} \frac{dx_{\sigma}}{ds} \frac{dx_{\tau}}{ds}. \tag{7}$$

Aus diesen Gleichungen folgern wir zunächst, daß sie die Newtonschen Bewegungsgleichungen als erste Näherung enthalten. Wenn nämlich die Bewegung des Punktes mit gegen die Lichtgeschwindigkeit kleiner Geschwindigkeit stattfindet, so sind dx_1, dx_2, dx_3 klein gegen dx_4. Folglich bekommen wir eine erste Näherung, indem wir auf der rechten Seite jeweilen nur das Glied $\sigma = \tau = 4$ berücksichtigen. Man erhält dann mit Rücksicht auf (6b)

$$\left.\begin{aligned} \frac{d^2 x_{\nu}}{ds^2} &= \Gamma_{44}^{\nu} = -\frac{\alpha}{2} \frac{x_{\nu}}{r^3} \quad (\nu = 1, 2, 3) \\ \frac{d^2 x_4}{ds^2} &= 0 \end{aligned}\right\}. \tag{7a}$$

Diese Gleichungen zeigen, daß man für eine erste Näherung $s = x_4$ setzen kann. Dann sind die ersten drei Gleichungen genau die Newtonschen. Führt man in der Bahnebene Polargleichungen r, ϕ ein, so liefern der Energie- und der Flächensatz bekanntlich die Gleichungen

$$\left.\begin{aligned} \frac{1}{2} u^2 + \Phi &= A \\ r^2 \frac{d\phi}{ds} &= B \end{aligned}\right\}, \tag{8}$$

wobei A und B die Konstanten des Energie- bzw. Flächensatzes bedeuten, wobei zur Abkürzung

$$\left.\begin{aligned}\Phi &= -\frac{\alpha}{2r}\\ u^2 &= \frac{dr^2 + r^2 d\phi^2}{ds^2}\end{aligned}\right\} \qquad (8\text{a})$$

gesetzt ist.

Wir haben nun die Gleichungen (7) um eine Größenordnung genauer auszuwerten. Die letzte der Gleichungen (7) liefert dann zusammen mit (6b)

$$\frac{d^2 x_4}{ds^2} = 2\sum_\sigma \Gamma^4_{\sigma 4} \frac{dx_\tau}{ds}\frac{dx_4}{ds} = -\frac{dg_{44}}{ds}\frac{dx_4}{ds}$$

oder in Größen erster Ordnung genau

$$\frac{dx_4}{ds} = 1 + \frac{\alpha}{r}. \qquad (9)$$

Wir wenden uns nun zu den ersten drei Gleichungen (7). Die rechte Seite liefert

a) für die Indexkombination $\sigma = \tau = 4$

$$\Gamma^\nu_{44}\left(\frac{dx_4}{ds}\right)^2$$

oder mit Rücksicht auf (6c) und (9) in Größen zweiter Ordnung genau

$$-\frac{\alpha}{2}\frac{x_\nu}{r^3}\left(1 + \frac{\alpha}{r}\right),$$

b) für die Indexkombinationen $\sigma \neq 4$ $\tau \neq 4$ (welche allein noch in Betracht kommen) mit Rücksicht darauf, daß die Produkte $\frac{dx_\sigma}{ds}\frac{dx_\tau}{ds}$ mit Rücksicht auf (8) als Größen erster Ordnung anzusehen sind[1], ebenfalls auf Größen zweiter Ordnung genau

$$-\frac{\alpha x_\nu}{r^3}\sum_{\sigma\tau}\left(\delta_{\sigma\tau} - \frac{3}{2}\frac{x_\sigma x_\tau}{r^2}\right)\frac{dx_\sigma}{ds}\frac{dx_\tau}{ds}.$$

Die Summation ergibt

$$-\frac{\alpha x_\nu}{r^3}\left(u^2 - \frac{3}{2}\left(\frac{dr}{ds}\right)^2\right).$$

[1] Diesem Umstand entsprechend können wir uns bei den Feldkomponenten $\Gamma^\nu_{\sigma\tau}$ mit der in Gleichung (6a) gegebenen ersten Näherung begnügen.

Mit Rücksicht hierauf erhält man für die Bewegungsgleichungen die in Größen zweiter Ordnung genaue Form

$$\frac{d^2 x_\nu}{ds^2} = -\frac{\alpha}{2}\frac{x_\nu}{r^3}\left(1 + \frac{\alpha}{r} + 2u^2 - 3\left(\frac{dr}{ds}\right)^2\right), \tag{7b}$$

welche zusammen mit (9) die Bewegung des Massenpunktes bestimmt. Nebenbei sei bemerkt, daß (7b) und (9) für den Fall der Kreisbewegung keine Abweichungen vom dritten KEPLERschen Gesetze ergeben.

Aus (7b) folgt zunächst die exakte Gültigkeit der Gleichung

$$r^2 \frac{d\phi}{ds} = B, \tag{10}$$

wobei B eine Konstante bedeutet. Der Flächensatz gilt also in Größen zweiter Ordnung genau, wenn man die »Eigenzeit« des Planeten zur Zeitmessung verwendet. Um nun die säkulare Drehung der Bahnellipse aus (7b) zu ermitteln, ersetzt man die Glieder erster Ordnung in der Klammer der sechsten Seite am vorteilhaftesten vermittels (10) und der ersten der Gleichungen (8), durch welches Vorgehen die Glieder zweiter Ordnung auf der rechten Seite nicht geändert werden. Die Klammer nimmt dadurch die Form an

$$\left(1 - 2A + \frac{3B^2}{r^2}\right).$$

Wählt man endlich $s\sqrt{1-2A}$ als Zeitvariable, und nennt man letztere wieder s, so hat man bei etwas geänderter Bedeutung der Konstanten B:

$$\left.\begin{aligned} \frac{d^2 x_\nu}{ds^2} &= -\frac{\partial \Phi}{\partial x_\nu} \\ \Phi &= -\frac{\alpha}{2}\left[1 + \frac{B^2}{r^2}\right] \end{aligned}\right\}. \tag{7c}$$

Bei der Bestimmung der Bahnform geht man nun genau vor wie im NEWTONschen Falle. Aus (7c) erhält man zunächst

$$\frac{dr^2 + r^2 d\phi^2}{ds^2} = 2A - 2\Phi.$$

Eliminiert man aus dieser Gleichung ds mit Hilfe von (10), so ergibt sich, indem man mit x die Größe $\frac{1}{r}$ bezeichnet:

$$\left(\frac{dx}{d\phi}\right)^2 = \frac{2A}{B^2} + \frac{\alpha}{B^2}x - x^2 + \alpha x^3, \tag{11}$$

welche Gleichung sich von der entsprechenden der NEWTONschen Theorie nur durch das letzte Glied der rechten Seite unterscheidet.

Der vom Radiusvektor zwischen dem Perihel und dem Aphel beschriebene Winkel wird demnach durch das elliptische Integral

$$\phi = \int_{\alpha_1}^{\alpha_2} \frac{dx}{\sqrt{\frac{2A}{B^2} + \frac{\alpha}{B^2}x - x^2 + \alpha x^3}},$$

wobei α_1 und α_2 diejenigen Wurzeln der Gleichung

$$\frac{2A}{B^2} + \frac{\alpha}{B^2}x - x^2 + \alpha x^3 = 0$$

bedeuten, welchen sehr benachbarte Wurzeln derjenigen Gleichung entsprechen, die aus dieser durch Weglassen des letzten Gliedes entsteht.

Hierfür kann mit der von uns zu fordernden Genauigkeit gesetzt werden

$$\phi = [1 + \alpha(\alpha_1 + \alpha_2)] \cdot \int_{\alpha_1}^{\alpha_2} \frac{dx}{\sqrt{-(x-\alpha_1)(x-\alpha_2)(1-\alpha x)}}$$

oder nach Entwicklung von $(1-\alpha x)^{-\frac{1}{2}}$

$$\phi = [1 + \alpha(\alpha_1 + \alpha_2)] \int_{\alpha_1}^{\alpha_2} \frac{\left(1 + \frac{\alpha}{2}x\right)dx}{\sqrt{-(x-\alpha_1)(x-\alpha_2)}}.$$

Die Integration liefert

$$\phi = \pi\left[1 + \frac{3}{4}\alpha(\alpha_1 + \alpha_2)\right],$$

oder, wenn man bedenkt, daß α_1 und α_2 die reziproken Werte der maximalen bzw. minimalen Sonnendistanz bedeuten,

$$\phi = \pi\left(1 + \frac{3}{2}\frac{\alpha}{a(1-e^2)}\right). \tag{12}$$

Bei einem ganzen Umlauf rückt also das Perihel um

$$\varepsilon = 3\pi \frac{\alpha}{a(1-e^2)} \tag{13}$$

im Sinne der Bahnbewegung vor, wenn mit a die große Halbachse, mit e die Exzentrizität bezeichnet wird. Führt man die Umlaufszeit T

(in Sekunden) ein, so erhält man, wenn c die Lichtgeschwindigkeit in cm/sec. bedeutet:

$$\varepsilon = 24\pi^3 \frac{a^2}{T^2 c^2 (1-e^2)}. \tag{14}$$

Die Rechnung liefert für den Planeten Merkur ein Vorschreiten des Perihels um 43″ in hundert Jahren, während die Astronomen 45″ ± 5″ als unerklärten Rest zwischen Beobachtungen und NEWTONscher Theorie angeben. Dies bedeutet volle Übereinstimmung.

Für Erde und Mars geben die Astronomen eine Vorwärtsbewegung von 11″ bzw. 9″ in hundert Jahren an, während unsere Formel nur 4″ bzw. 1″ liefert. Es scheint jedoch diesen Angaben wegen der zu geringen Exzentrizität der Bahnen jener Planeten ein geringer Wert eigen zu sein. Maßgebend für die Sicherheit der Konstatierung der Perihelbewegung ist ihr Produkt mit der Exzentrizität $\left(e\frac{d\pi}{dt}\right)$. Betrachtet man die für diese Größe von NEWCOMB angegebenen Werte

	$e\frac{d\pi}{dt}$
Merkur	8.48″ ± 0.43
Venus	−0.05 ± 0.25
Erde	0.10 ± 0.13
Mars	0.75 ± 0.35,

welche ich Hrn. Dr. FREUNDLICH verdanke, so gewinnt man den Eindruck, daß ein Vorrücken des Perihels überhaupt nur für Merkur wirklich nachgewiesen ist. Ich will jedoch ein endgültiges Urteil hierüber gerne den Fachastronomen überlassen.

Ausgegeben am 25. November.

Berlin, gedruckt in der Reichsdruckerei.

1915 XLVIII. XLIX

SITZUNGSBERICHTE

DER

KÖNIGLICH PREUSSISCHEN

AKADEMIE DER WISSENSCHAFTEN

844 Sitzung der physikalisch-mathematischen Klasse vom 25. November 1915

Die Feldgleichungen der Gravitation.

Von A. Einstein.

In zwei vor kurzem erschienenen Mitteilungen[1] habe ich gezeigt, wie man zu Feldgleichungen der Gravitation gelangen kann, die dem Postulat allgemeiner Relativität entsprechen, d. h. die in ihrer allgemeinen Fassung beliebigen Substitutionen der Raumzeitvariabeln gegenüber kovariant sind.

Der Entwicklungsgang war dabei folgender. Zunächst fand ich Gleichungen, welche die Newtonsche Theorie als Näherung enthalten und beliebigen Substitutionen von der Determinante 1 gegenüber kovariant waren. Hierauf fand ich, daß diesen Gleichungen allgemein kovariante entsprechen, falls der Skalar des Energietensors der »Materie« verschwindet. Das Koordinatensystem war dann nach der einfachen Regel zu spezialisieren, daß $\sqrt{-g}$ zu 1 gemacht wird, wodurch die Gleichungen der Theorie eine eminente Vereinfachung erfahren. Dabei mußte aber, wie erwähnt, die Hypothese eingeführt werden, daß der Skalar des Energietensors der Materie verschwinde.

Neuerdings finde ich nun, daß man ohne Hypothese über den Energietensor der Materie auskommen kann, wenn man den Energietensor der Materie in etwas anderer Weise in die Feldgleichungen einsetzt, als dies in meinen beiden früheren Mitteilungen geschehen ist. Die Feldgleichungen für das Vakuum, auf welche ich die Erklärung der Perihelbewegung des Merkur gegründet habe, bleiben von dieser Modifikation unberührt. Ich gebe hier nochmals die ganze Betrachtung, damit der Leser nicht genötigt ist, die früheren Mitteilungen unausgesetzt heranzuziehen.

Aus der bekannten Riemannschen Kovariante vierten Ranges leitet man folgende Kovariante zweiten Ranges ab:

$$G_{im} = R_{im} + S_{im} \tag{1}$$

$$R_{im} = -\sum_l \frac{\partial \begin{Bmatrix} im \\ l \end{Bmatrix}}{\partial x_l} + \sum_{l\varrho} \begin{Bmatrix} il \\ \varrho \end{Bmatrix} \begin{Bmatrix} m\varrho \\ l \end{Bmatrix} \tag{1a}$$

$$S_{im} = \sum_l \frac{\partial \begin{Bmatrix} il \\ l \end{Bmatrix}}{\partial x_m} - \sum_{l\varrho} \begin{Bmatrix} im \\ \varrho \end{Bmatrix} \begin{Bmatrix} \varrho l \\ l \end{Bmatrix} \tag{1b}$$

[1] Sitzungsber. XLIV, S. 778 und XLVI, S. 799, 1915.

Die allgemein kovarianten zehn Gleichungen des Gravitationsfeldes in Räumen, in denen »Materie« fehlt, erhalten wir, indem wir ansetzen

$$G_{im} = 0\,. \tag{2}$$

Diese Gleichungen lassen sich einfacher gestalten, wenn man das Bezugssystem so wählt, daß $\sqrt{-g} = 1$ ist. Dann verschwindet S_{im} wegen (1 b), so daß man statt (2) erhält

$$R_{im} = \sum_l \frac{\partial \Gamma^l_{im}}{\partial x_l} + \sum_{\varrho l} \Gamma^l_{i\varrho} \Gamma^\varrho_{ml} = 0 \tag{3}$$

$$\sqrt{-g} = 1\,. \tag{3a}$$

Dabei ist

$$\Gamma^l_{im} = -\begin{Bmatrix} im \\ l \end{Bmatrix} \tag{4}$$

gesetzt, welche Größen wir als die »Komponenten« des Gravitationsfeldes bezeichnen.

Ist in dem betrachteten Raume »Materie« vorhanden, so tritt deren Energietensor auf der rechten Seite von (2) bzw. (3) auf. Wir setzen

$$G_{im} = -\varkappa \left(T_{im} - \frac{1}{2} g_{im} T \right), \tag{2a}$$

wobei

$$\sum_{\varrho\sigma} g^{\varrho\sigma} T_{\varrho\sigma} = \sum_\sigma T^\sigma_\sigma = T \tag{5}$$

gesetzt ist; T ist der Skalar des Energietensors der »Materie«, die rechte Seite von (2 a) ein Tensor. Spezialisieren wir wieder das Koordinatensystem in der gewohnten Weise, so erhalten wir an Stelle von (2 a) die äquivalenten Gleichungen

$$R_{im} = \sum_l \frac{\partial \Gamma^l_{im}}{\partial x_l} + \sum_{\varrho l} \Gamma^l_{i\varrho} \Gamma^\varrho_{ml} = -\varkappa \left(T_{im} - \frac{1}{2} g_{im} T \right) \tag{6}$$

$$\sqrt{-g} = 1\,. \tag{3a}$$

Wie stets nehmen wir an, daß die Divergenz des Energietensors der Materie im Sinne des allgemeinen Differentialkalkuls verschwinde (Impulsenergiesatz). Bei der Spezialisierung der Koordinatenwahl gemäß (3 a) kommt dies darauf hinaus, daß die T_{im} die Bedingungen

$$\sum_\lambda \frac{\partial T^\lambda_\sigma}{\partial x_\lambda} = -\frac{1}{2} \sum_{\mu\nu} \frac{\partial g^{\mu\nu}}{\partial x_\sigma} T_{\mu\nu} \tag{7}$$

oder

$$\sum_\lambda \frac{\partial T^\lambda_\sigma}{\partial x_\lambda} = -\sum_{\mu\nu} \Gamma^\mu_{\sigma\nu} T^\nu_\mu \tag{7a}$$

erfüllen sollen.

Multipliziert man (6) mit $\frac{\partial g^{im}}{\partial x_\sigma}$ und summiert über i und m, so erhält man[1] mit Rücksicht auf (7) und auf die aus (3a) folgende Relation

$$\frac{1}{2}\sum_{im} g_{im}\frac{\partial g^{im}}{\partial x_\sigma} = -\frac{\partial \lg\sqrt{-g}}{\partial x_\sigma} = 0$$

den Erhaltungssatz für Materie und Gravitationsfeld zusammen in der Form

$$\sum_\lambda \frac{\partial}{\partial x_\lambda}(T_\sigma^\lambda + t_\sigma^\lambda) = 0, \tag{8}$$

wobei t_σ^λ (der »Energietensor« des Gravitationsfeldes) gegeben ist durch

$$\varkappa t_\sigma^\lambda = \frac{1}{2}\delta_\sigma^\lambda \sum_{\mu\nu\alpha\beta} g^{\mu\nu}\Gamma^\alpha_{\mu\beta}\Gamma^\beta_{\nu\alpha} - \sum g^{\mu\nu}\Gamma^\alpha_{\mu\sigma}\Gamma^\lambda_{\nu\alpha}. \tag{8a}$$

Die Gründe, welche mich zur Einführung des zweiten Gliedes auf der rechten Seite von (2a) und (6) veranlaßt haben, erhellen erst aus den folgenden Überlegungen, welche den an der soeben angeführten Stelle (S. 785) gegebenen völlig analog sind.

Multiplizieren wir (6) mit g^{im} und summieren wir über die Indizes i und m, so erhalten wir nach einfacher Rechnung

$$\sum_{\alpha\beta}\frac{\partial^2 g^{\alpha\beta}}{\partial x_\alpha \partial x_\beta} - \varkappa(T+t) = 0, \tag{9}$$

wobei entsprechend (5) zur Abkürzung gesetzt ist

$$\sum_{\varrho\sigma} g^{\varrho\sigma} t_{\varrho\sigma} = \sum_\sigma t_\sigma^\sigma = t. \tag{8b}$$

Man beachte, daß es unser Zusatzglied mit sich bringt, daß in (9) der Energietensor des Gravitationsfeldes neben dem der Materie in gleicher Weise auftritt, was in Gleichung (21) a. a. O. nicht der Fall ist.

Ferner leitet man an Stelle der Gleichung (22) a. a. O. auf dem dort angegebenen Wege mit Hilfe der Energiegleichung die Relationen ab:

$$\frac{\partial}{\partial x_\mu}\left[\sum_{\alpha\beta}\frac{\partial^2 g^{\alpha\beta}}{\partial x_\alpha \partial x_\beta} - \varkappa(T+t)\right] = 0. \tag{10}$$

Unser Zusatzglied bringt es mit sich, daß diese Gleichungen gegenüber (9) keine neue Bedingung enthalten, so daß über den Energie-

[1] Über die Ableitung vgl. Sitzungsber. XLIV, 1915, S. 784/785. Ich ersuche den Leser, für das Folgende auch die dort auf S. 785 gegebenen Entwicklungen zum Vergleiche heranzuziehen.

tensor der Materie keine andere Voraussetzung gemacht werden muß als die, daß er dem Impulsenergiesatze entspricht.

Damit ist endlich die allgemeine Relativitätstheorie als logisches Gebäude abgeschlossen. Das Relativitätspostulat in seiner allgemeinsten Fassung, welches die Raumzeitkoordinaten zu physikalisch bedeutungslosen Parametern macht, führt mit zwingender Notwendigkeit zu einer ganz bestimmten Theorie der Gravitation, welche die Perihelbewegung des Merkur erklärt. Dagegen vermag das allgemeine Relativitätspostulat uns nichts über das Wesen der übrigen Naturvorgänge zu offenbaren, was nicht schon die spezielle Relativitätstheorie gelehrt hätte. Meine in dieser Hinsicht neulich an dieser Stelle geäußerte Meinung war irrtümlich. Jede der speziellen Relativitätstheorie gemäße physikalische Theorie kann vermittels des absoluten Differentialkalkuls in das System der allgemeinen Relativitätstheorie eingereiht werden, ohne daß letztere irgendein Kriterium für die Zulässigkeit jener Theorie lieferte.

Ausgegeben am 2. Dezember.

1916.
VII.

SITZUNGSBERICHTE

DER

KÖNIGLICH PREUSSISCHEN

AKADEMIE DER WISSENSCHAFTEN.

Gesamtsitzung vom 3. Februar.

Eine neue formale Deutung der Maxwellschen Feldgleichungen der Elektrodynamik.

Von A. Einstein.

184

Eine neue formale Deutung der Maxwellschen Feldgleichungen der Elektrodynamik.

Von A. Einstein.

Die bisher benutzte kovarianten-theoretische Auffassung der elektrodynamischen Gleichungen rührt von Minkowski her. Sie läßt sich wie folgt charakterisieren.. Die Komponenten des elektromagnetischen Feldes bilden einen Sechservektor (antisymmetrischen Tensor zweiten Ranges). Diesem ist ein zweiter Sechservektor, der zum ersten duale, zugeordnet, welcher sich im Spezialfall der ursprünglichen Relativitätstheorie vom ersteren nicht in den Werten der Komponenten, sondern nur in der Art der Zuordnung dieser Komponenten zu den vier Koordinatenachsen unterscheidet. Man erhält die beiden Maxwellschen Gleichungssysteme, indem man die Divergenz des einen dieser Sechservektoren gleich Null, die Divergenz des andern gleich dem Vierervektor des elektrischen Stromes setzt.

Die Einführung des dualen Sechservektors bringt es mit sich, daß diese kovarianten theoretische Darstellung verhältnismäßig unübersichtlich ist. Insbesondere gestaltet sich die Ableitung des Erhaltungssatzes des Impulses und der Energie kompliziert, besonders im Falle der allgemeinen Relativitätstheorie, welche den Einfluß des Gravitationsfeldes auf das elektromagnetische Feld mitberücksichtigt. Im folgenden wird eine Formulierung gegeben, in welcher durch Vermeidung des Begriffes des dualen Sechservektors eine erhebliche Vereinfachung des Systems erzielt wird. Es wird im folgenden gleich der Fall der allgemeinen Relativitätstheorie behandelt[1].

§ 1. Die Feldgleichungen.

Es seien ϕ_ν die Komponenten eines kovarianten Vierervektors, des Vierervektors des elektromagnetischen Potentials. Aus ihnen bilden

[1] Meine Arbeit »Die formale Grundlage der allgemeinen Relativitätstheorie« (diese Sitzungsberichte XLI, 1914, S. 1030) wird im folgenden als bekannt vorausgesetzt; der Zusatz »a. a. O.« bedeutet im folgenden stets einen Hinweis auf jene Arbeit.

wir die Komponenten $F_{\varrho\sigma}$ des kovarianten Sechservektors des elektromagnetischen Feldes gemäß dem Gleichungssystem

$$F_{\varrho\sigma} = \frac{\partial \phi_\varrho}{\partial x_\sigma} - \frac{\partial \phi_\sigma}{\partial x_\varrho} \tag{1}$$

ab. Daß $F_{\varrho\sigma}$ wirklich ein kovarianter Tensor ist, folgt aus (28a) a. a. O. Aus (1) folgt, daß das Gleichungssystem

$$\frac{\partial F_{\varrho\sigma}}{\partial x_\tau} + \frac{\partial F_{\sigma\tau}}{\partial x_\varrho} + \frac{\partial F_{\tau\varrho}}{\partial x_\sigma} = 0 \tag{2}$$

erfüllt ist, welches die natürlichste Formulierung des zweiten Maxwellschen Gleichungssystems (Faradayschen Induktionsgesetzes) darstellt. Zunächst erkennt man, daß (2) ein allgemein kovariantes Gleichungssystem ist; denn es geht aus dem allgemein kovarianten System (1) als Folgerung hervor. Ferner beweist man durch dreimalige Anwendung von (29) a. a. O. auf $F_{\varrho\sigma}$, $F_{\sigma\tau}$, $F_{\tau\varrho}$, indem man die Erweiterung nach den Indizes τ, ρ bzw. σ bildet und die drei so erhaltenen Ausdrücke addiert, wobei man den antisymmetrischen Charakter von $F_{\varrho\sigma}$ in Betracht zieht, daß die linke Seite von (2) ein kovarianter Tensor dritten Ranges ist. Dieser Tensor dritten Ranges ist ein antisymmetrischer; denn aus dem antisymmetrischen Charakter von $F_{\varrho\sigma}$ ergibt sich, daß die linke Seite von (2) eine Änderung des Vorzeichens ohne Wertänderung erleidet, wenn zwei ihrer Indizes vertauscht werden. Das System (2) läßt sich deshalb durch die vier Gleichungen

$$\left.\begin{aligned}
\frac{\partial F_{23}}{\partial x_4} + \frac{\partial F_{34}}{\partial x_2} + \frac{\partial F_{42}}{\partial x_3} &= 0 \\
\frac{\partial F_{34}}{\partial x_1} + \frac{\partial F_{41}}{\partial x_3} + \frac{\partial F_{13}}{\partial x_4} &= 0 \\
\frac{\partial F_{41}}{\partial x_2} + \frac{\partial F_{12}}{\partial x_4} + \frac{\partial F_{24}}{\partial x_1} &= 0 \\
\frac{\partial F_{12}}{\partial x_3} + \frac{\partial F_{23}}{\partial x_1} + \frac{\partial F_{31}}{\partial x_2} &= 0
\end{aligned}\right\} \tag{2a}$$

vollkommen ersetzen, welche entstehen, indem man den Indizes $\rho\sigma\tau$ der Reihe nach die Werte 2, 3, 4 bzw. 3 4 1 bzw. 4 1 2 bzw. 1 2 3 gibt.

In dem allgemein geläufigen Spezialfalle des Fehlens eines Gravitationsfeldes hat man zu setzen

$$\left.\begin{aligned}
F_{23} &= \mathfrak{h}_x & F_{14} &= \mathfrak{e}_x \\
F_{31} &= \mathfrak{h}_y & F_{24} &= \mathfrak{e}_y \\
F_{12} &= \mathfrak{h}_z & F_{34} &= \mathfrak{e}_z
\end{aligned}\right\}. \tag{3}$$

Dann ergeben die Gleichungen (2a) die Feldgleichungen

$$\left.\begin{aligned}\frac{\partial \mathfrak{h}}{\partial t} + \operatorname{rot} \mathfrak{e} = 0 \\ \operatorname{div} \mathfrak{h} = 0\end{aligned}\right\} . \tag{2b}$$

Man kann die letzteren Gleichungen auch im Falle der allgemeinen Relativitätstheorie beibehalten, wenn man an den Definitionsgleichungen (3) festhält, d. h. wenn man den Sechservektor $(\mathfrak{e}, \mathfrak{h})$ als kovarianten Sechservektor behandelt.

Bezüglich des ersten MAXWELLschen Gleichungssystems bleiben wir bei der Verallgemeinerung des MINKOWSKIschen Schemas, die in § 11 der mehrfach zitierten Arbeit dargelegt ist. Wir führen den kovarianten $\sqrt{}$-Sechservektor

$$\mathfrak{F}^{\mu\nu} = \sqrt{-g} \sum_{\alpha\beta} g^{\mu\alpha} g^{\nu\beta} F_{\alpha\beta} \tag{4}$$

ein und verlangen, daß die Divergenz dieses kontravarianten Sechservektors dem kontravarianten $\sqrt{}$-Vierervektor $\mathfrak{J}^\mu$ der elektrischen Vakuumstromdichte gleich sei:

$$\sum_\nu \frac{\partial \mathfrak{F}^{\mu\nu}}{\partial x_\nu} = \mathfrak{J}^\mu . \tag{5}$$

Daß dies Gleichungssystem wirklich dem ersten MAXWELLschen System äquivalent ist, erkennt man, indem man die $\mathfrak{F}^{\mu\nu}$ gemäß (4) im Falle der speziellen Relativitätstheorie berechnet, in welchem die $g_{\mu\nu}$ die Werte

$$\begin{matrix} -1 & 0 & 0 & 0 \\ 0 & -1 & 0 & 0 \\ 0 & 0 & -1 & 0 \\ 0 & 0 & 0 & +1 \end{matrix}$$

besitzen. Für diesen Spezialfall erhält man aus (3) und (4)

$$\left.\begin{aligned} \mathfrak{F}^{23} &= \mathfrak{h}_x & \mathfrak{F}^{14} &= -\mathfrak{e}_x \\ \mathfrak{F}^{31} &= \mathfrak{h}_y & \mathfrak{F}^{24} &= -\mathfrak{e}_y \\ \mathfrak{F}^{12} &= \mathfrak{h}_z & \mathfrak{F}^{34} &= -\mathfrak{e}_z \end{aligned}\right\} . \tag{6}$$

Setzt man außerdem

$$\mathfrak{J}^1 = \mathfrak{i}_x , \quad \mathfrak{J}^2 = \mathfrak{i}_y , \quad \mathfrak{J}^3 = \mathfrak{i}_z , \quad \mathfrak{J}^4 = \rho , \tag{7}$$

so nimmt (5) die geläufige Form an

$$\left.\begin{aligned}\operatorname{rot} \mathfrak{h} - \frac{\partial \mathfrak{e}}{\partial t} = \mathfrak{i} \\ \operatorname{div} \mathfrak{e} = \rho\end{aligned}\right\} . \tag{5b}$$

Im Falle der allgemeinen Relativitätstheorie gelten zwar ebenfalls Gleichungen von der Form (5b). Doch sind die (dreidimensionalen) Vektoren $\mathfrak{e}$ und $\mathfrak{h}$ nicht mehr dieselben wie in (2b). Man hätte vielmehr zwei neue Vektoren $\mathfrak{e}'$, $\mathfrak{h}'$ einzuführen, die mit $\mathfrak{e}$ und $\mathfrak{h}$ in dem im allgemeinen ziemlich komplizierten Zusammenhange stehen, der durch Gleichung (4) bestimmt ist.

Zusammenfassend bemerken wir, daß die neue Verallgemeinerung des Maxwellschen Systems, welches von der früher gegebenen nur der Form, nicht aber dem Inhalte nach abweicht, durch die Gleichungen (2), (4) und (5) vollständig gegeben ist.

§ 2. Ponderomotorische Kraft und Impuls-Energiesatz[1].

Wir bilden durch innere Multiplikation des kovarianten Sechservektors $F_{\sigma\mu}$ des elektromagnetischen Feldes und des V-Vierervektors der $\mathfrak{J}^\mu$ elektrischen Stromdichte den kovarianten V-Vierervektor

$$\mathfrak{K}_\sigma = \sum_\mu F_{\sigma\mu}\mathfrak{J}^\mu. \tag{8}$$

Seine Komponenten lauten gemäß (3) in üblicher dreidimensionaler Schreibweise

$$\begin{aligned}
\mathfrak{K}_1 &= \rho\mathfrak{e}_x + [\mathfrak{i}, \mathfrak{h}]_x\\
\mathfrak{K}_2 &= \rho\mathfrak{e}_y + [\mathfrak{i}, \mathfrak{h}]_y\\
\mathfrak{K}_3 &= \rho\mathfrak{e}_z + [\mathfrak{i}, \mathfrak{h}]_z\\
\mathfrak{K}_4 &= -(\mathfrak{i}, \mathfrak{e}).
\end{aligned}$$

Es ist also $\mathfrak{K}_\sigma$ für das elektromagnetische Feld gerade derjenige V-Vektor, der in Gleichung (42a) a. a. O. als Vierervektor der Kraftdichte eingeführt ist. $\mathfrak{K}_1$, $\mathfrak{K}_2$, $\mathfrak{K}_3$ sind die negativ genommenen Komponenten des pro Volumen- und Zeiteinheit von den elektrischen Massen auf das elektromagnetische Feld übertragenen Impulses; $\mathfrak{K}_4$ ist die pro Volumen- und Zeiteinheit auf das Feld übertragene Energie.

Um nun die Komponenten $\mathfrak{T}_\sigma^\nu$ des Energietensors des elektromagnetischen Feldes zu erhalten, brauchen wir nur mit Hilfe der Gleichung (7) und der Feldgleichungen die der Gleichung (42a) a. a. O. entsprechende Gleichung für unseren Fall zu bilden. Aus (7) und (5) ergibt sich zunächst

$$\mathfrak{K}_\sigma = \sum_{\mu\nu} F_{\sigma\mu}\frac{\partial \mathfrak{F}^{\mu\nu}}{\partial x_\nu} = \sum \frac{\partial}{\partial x_\nu}(F_{\sigma\mu}\mathfrak{F}^{\mu\nu}) - \sum \mathfrak{F}^{\mu\nu}\frac{\partial F_{\sigma\mu}}{\partial x_\nu}.$$

---

[1] Eine andere Behandlung desselben Gegenstandes verdanken wir H. A. Lorentz (Koninkl. Akad. van Wetensch. 1915, XXIII, S. 1085).

Das zweite Glied der rechten Seite läßt vermöge (2) die Umformung zu

$$\sum \mathfrak{F}^{\mu\nu} \frac{\partial F_{\sigma\mu}}{\partial x_\nu} = -\frac{1}{2} \sum \mathfrak{F}^{\mu\nu} \frac{\partial F_{\mu\nu}}{\partial x_\sigma} = -\frac{1}{2} \sum \sqrt{-g}\, g^{\mu\alpha} g^{\nu\beta} F_{\alpha\beta} \frac{\partial F_{\mu\nu}}{\partial x_\sigma},$$

welch letzterer Ausdruck aus Symmetriegründen auch in der Form

$$-\frac{1}{4} \sum \left[\sqrt{-g}\, g^{\mu\alpha} g^{\nu\beta} F_{\alpha 3} \frac{\partial F_{\mu\nu}}{\partial x_\sigma} + \sqrt{-g}\, g^{\mu\alpha} g^{\nu\beta} \frac{\partial F_{\alpha\beta}}{\partial x_\sigma} F_{\mu\nu} \right]$$

geschrieben werden kann. Dafür aber läßt sich schreiben

$$-\frac{1}{4} \frac{\partial}{\partial x_\sigma} \left(\sum \sqrt{-g}\, g^{\mu\alpha} g^{\nu\beta} F_{\alpha\beta} F_{\mu\nu} \right) + \frac{1}{4} \sum F_{\alpha\beta} F_{\mu\nu} \frac{\partial}{\partial x_\sigma} \left(\sqrt{-g}\, g^{\mu\alpha} g^{\nu\beta} \right).$$

Das erste dieser beiden Glieder lautet in kürzerer Schreibweise

$$-\frac{1}{4} \frac{\partial}{\partial x_\sigma} \left(\sum \mathfrak{F}^{\mu\nu} F_{\mu\nu} \right),$$

das zweite ergibt nach Ausführung der Differenziation nach einiger Umformung

$$-\frac{1}{2} \sum \mathfrak{F}^{\mu\tau} F_{\mu\nu} g^{\nu\varrho} \frac{\partial g_{\sigma\tau}}{\partial x_\sigma} + \frac{1}{8} \sum \mathfrak{F}^{\alpha\beta} F_{\alpha\beta} g^{\varrho\tau} \frac{\partial g_{\varrho\tau}}{\partial x_\sigma}.$$

Nimmt man endlich alle vier berechneten Glieder zusammen, so erhält man die Relation

$$\sum_\nu \frac{\partial \mathfrak{T}_\sigma^\nu}{\partial x_\nu} - \frac{1}{2} \sum_{\mu\nu} g^{\tau\mu} \frac{\partial g_{\mu\nu}}{\partial x_\sigma} \mathfrak{T}_\tau^\nu = \mathfrak{K}_\sigma, \tag{8a}$$

wobei

$$\mathfrak{T}_\sigma^\nu = \sum_{\alpha\beta} \left(-\mathfrak{F}^{\nu\alpha} F_{\sigma\alpha} + \frac{1}{4} \mathfrak{F}^{\alpha\beta} F_{\alpha\beta} \delta_\sigma^\nu \right) \tag{9}$$

gesetzt ist. δ_σ^ν ist der gemischte Tensor, dessen Komponenten gleich 1 bzw. gleich 0 sind, je nachdem $\sigma = \nu$ oder $\sigma = n$ ist. Der Vergleich von Gleichung (8a) mit Gleichung (42a) a. a. O. zeigt, daß (8a) die Impuls-Energiegleichung für das elektromagnetische Feld ist, wobei die Komponenten des Energietensors durch (9) gegeben sind. Mit Hilfe von (3) und (6) erkennt man leicht, daß der so gefundene Energietensor des elektromagnetischen Feldes mit demjenigen der früheren Theorie übereinstimmt; doch ist die nun gefundene Form eine übersichtlichere als bei der bisherigen Behandlungsweise des Gegenstandes.

Ausgegeben am 10. Februar.

Berlin, gedruckt in der Reichsdruckerei.

SITZUNGSBERICHTE 1916. XXXII.

DER

KÖNIGLICH PREUSSISCHEN

AKADEMIE DER WISSENSCHAFTEN.

Sitzung der physikalisch-mathematischen Klasse vom 22. Juni.

Näherungsweise Integration der Feldgleichungen der Gravitation.

Von A. Einstein.

Näherungsweise Integration der Feldgleichungen der Gravitation.

Von A. Einstein.

Bei der Behandlung der meisten speziellen (nicht prinzipiellen) Probleme auf dem Gebiete der Gravitationstheorie kann man sich damit begnügen, die $g_{\mu\nu}$ in erster Näherung zu berechnen. Dabei bedient man sich mit Vorteil der imaginären Zeitvariable $x_4 = it$ aus denselben Gründen wie in der speziellen Relativitätstheorie. Unter »erster Näherung« ist dabei verstanden, daß die durch die Gleichung

$$g_{\mu\nu} = -\delta_{\mu\nu} + \gamma_{\mu\nu} \qquad (1)$$

definierten Größen $\gamma_{\mu\nu}$, welche linearen orthogonalen Transformationen gegenüber Tensorcharakter besitzen, gegen 1 als kleine Größen behandelt werden können, deren Quadrate und Produkte gegen die ersten Potenzen vernachlässigt werden dürfen. Dabei ist $\delta_{\mu\nu} = 1$ bzw. $\delta_{\mu\nu} = 0$, je nachdem $\mu = \nu$ oder $\mu \neq \nu$.

Wir werden zeigen, daß diese $\gamma_{\mu\nu}$ in analoger Weise berechnet werden können wie die retardierten Potentiale der Elektrodynamik. Daraus folgt dann zunächst, daß sich die Gravitationsfelder mit Lichtgeschwindigkeit ausbreiten. Wir werden im Anschluß an diese allgemeine Lösung die Gravitationswellen und deren Entstehungsweise untersuchen. Es hat sich gezeigt, daß die von mir vorgeschlagene Wahl des Bezugssystems gemäß der Bedingung $g = |g_{\mu\nu}| = -1$ für die Berechnung der Felder in erster Näherung nicht vorteilhaft ist. Ich wurde hierauf aufmerksam durch eine briefliche Mitteilung des Astronomen de Sitter, der fand, daß man durch eine andere Wahl des Bezugssystems zu einem einfacheren Ausdruck des Gravitationsfeldes eines ruhenden Massenpunktes gelangen kann, als ich ihn früher gegeben hatte[1]. Ich stütze mich daher im folgenden auf die allgemein invarianten Feldgleichungen.

[1] Sitzungsber. XLVII, 1915, S. 833.

§ 1. Integration der Näherungsgleichungen des Gravitationsfeldes.

Die Feldgleichungen lauten in ihrer kovarianten Form

$$\left.\begin{aligned} R_{\mu\nu} + S_{\mu\nu} &= -\varkappa\left(T_{\mu\nu} - \frac{1}{2} g_{\mu\nu} T\right) \\ R_{\mu\nu} &= -\sum_{\alpha} \frac{\partial}{\partial x_\alpha}\begin{Bmatrix}\mu\nu \\ \alpha\end{Bmatrix} + \sum_{\alpha\beta}\begin{Bmatrix}\mu\alpha \\ \beta\end{Bmatrix}\begin{Bmatrix}\nu\beta \\ \alpha\end{Bmatrix} \\ S_{\mu\nu} &= \frac{\partial \log \sqrt{g}}{\partial x_\mu \partial x_\nu} - \sum_{\alpha}\begin{Bmatrix}\mu\nu \\ \alpha\end{Bmatrix}\frac{\partial \log \sqrt{g}}{\partial x_\alpha} \end{aligned}\right\}. \tag{1}$$

Dabei bedeuten die geschweiften Klammern die bekannten CHRISTOFFELschen Symbole, $T_{\mu\nu}$ den kovarianten Energietensor der Materie, T den zugehörigen Skalar. Die Gleichungen (1) liefern in der uns interessierenden Näherung die durch Entwickeln unmittelbar folgenden Gleichungen

$$\frac{\partial^2 \gamma_{\mu\alpha}}{\partial x_\nu \partial x_\alpha} + \sum_{\alpha} \frac{\partial^2 \gamma_{\nu\alpha}}{\partial x_\mu \partial x_\alpha} - \sum_{\alpha} \frac{\partial^2 \gamma_{\mu\nu}}{\partial x_\alpha^2} - \frac{\partial^2}{\partial x_\mu \partial x_\nu}\left(\sum_{\alpha} \gamma_{\alpha\alpha}\right) = -2\varkappa\left(T_{\mu\nu} - \frac{1}{2}\delta_{\mu\nu}\sum T_{\alpha\alpha}\right). \tag{2}$$

Das letzte Glied der linken Seite stammt von der Größe $S_{\mu\nu}$, die bei der von mir bevorzugten Koordinatenwahl verschwindet. Die Gleichungen (2) lassen sich durch den Ansatz

$$\gamma_{\mu\nu} = \gamma'_{\mu\nu} + \psi\delta_{\mu\nu} \tag{3}$$

lösen, wobei die $\gamma'_{\mu\nu}$ der zusätzlichen Bedingung

$$\sum_{\nu} \frac{\partial \gamma'_{\mu\nu}}{\partial x_\nu} = 0 \tag{4}$$

genügen. Durch Einsetzen von (3) in (2) erhält man an Stelle der linken Seite

$$-\sum_{\alpha} \frac{\partial \gamma'_{\mu\nu}}{\partial x_\alpha^2} - \frac{\partial^2}{\partial x_\mu \partial x_\nu}\left(\sum_{\alpha} \gamma'_{\alpha\alpha}\right) + 2\frac{\partial^2 \psi}{\partial x_\mu \partial x_\nu} - \delta_{\mu\nu}\sum_{\alpha}\frac{\partial^2 \psi}{\partial x_\alpha^2} - 4\frac{\partial^2 \psi}{\partial x_\mu \partial x_\nu}.$$

Der Beitrag des zweiten, dritten und fünften Gliedes verschwindet, wenn ψ gemäß der Gleichung

$$\sum_{\alpha} \gamma'_{\alpha\alpha} + 2\psi = 0 \tag{5}$$

gewählt wird, was wir festsetzen. Mit Rücksicht hierauf erhält man an Stelle von (2)

$$\sum_\alpha \frac{\partial^2}{\partial x_\alpha^2}\left(\gamma'_{\mu\nu} - \frac{1}{2}\delta_{\mu\nu}\sum_\alpha \gamma'_{\alpha\alpha}\right) = 2\varkappa\left(T_{\mu\nu} - \frac{1}{2}\delta_{\mu\nu}\sum_\alpha T_{\alpha\alpha}\right)$$

oder

$$\sum_\alpha \frac{\partial^2}{\partial x_\alpha^2}\gamma'_{\mu\nu} = 2\varkappa T_{\mu\nu}. \tag{6}$$

Es ist hierzu zu bemerken, daß Gleichung (6) mit der Gleichung (4) im Einklang ist. Denn es ist zunächst leicht zu zeigen, daß bei der von uns erstrebten Genauigkeit der Impulsenergiesatz für die Materie durch die Gleichung

$$\sum_\nu \frac{\partial T_{\mu\nu}}{\partial x_\nu} = 0 \tag{7}$$

ausgedrückt ward. Führt man an (6) die Operation $\sum_\nu \frac{\partial}{\partial x_\nu}$ aus, so verschwindet nicht nur vermöge (4) die linke Seite, sondern, wie es sein muß, vermöge (7) auch die rechte Seite von (6). Wir merken an, daß wegen (3) und (5) die Gleichungen

$$\gamma_{\mu\nu} = \gamma'_{\mu\nu} - \frac{1}{2}\delta_{\mu\nu}\sum_\alpha \gamma'_{\alpha\alpha} \tag{8}$$

$$\gamma'_{\mu\nu} = \gamma_{\mu\nu} - \frac{1}{2}\delta_{\mu\nu}\sum_\alpha \gamma_{\alpha\alpha} \tag{8a}$$

bestehen. Da sich die $\gamma'_{\mu\nu}$ nach Art der retardierten Potentiale berechnen lassen, so ist damit unsere Aufgabe gelöst. Es ist

$$\gamma'_{\nu\mu} = -\frac{\varkappa}{2\pi}\int \frac{T_{\mu\nu}(x_0, y_0, z_0, t-r)}{r}\, dV_0. \tag{9}$$

Dabei sind mit x, y, z, t die reellen Koordinaten $x_1, x_2, x_3, \frac{x_4}{i}$ bezeichnet, und zwar bezeichnen sie ohne Indizes die Koordinaten des Aufpunktes, mit dem Index »0« diejenigen des Integrationselementes. dV_0 ist das dreidimensionale Volumelement des Integrationsraumes r der räumliche Abstand $\sqrt{(x-x_0)^2+(y-y_0)^2+(z-z)^2}$.

Für das Folgende bedürfen wir ferner der Energiekomponenten des Gravitationsfeldes. Wir erhalten sie am einfachsten direkt aus den Gleichungen (6). Durch Multiplikation mit $\frac{\partial \gamma_{\mu\nu}}{\partial x_\sigma}$ und Summation über μ und ν erhält man auf der linken Seite nach geläufiger Umformung

$$\frac{\partial}{\partial x_\alpha}\left[\sum_{\mu\nu}\frac{\partial \gamma'_{\mu\nu}}{\partial x_\sigma}\frac{\partial \gamma'_{\mu\nu}}{\partial x_\alpha} - \frac{1}{2}\delta_{\sigma\alpha}\sum_{\mu\nu\beta}\left(\frac{\partial \gamma'_{\mu\nu}}{\partial x_\beta}\right)^2\right].$$

Diese Klammergröße drückt bis auf den Proportionalitätsfaktor offenbar die Energiekomponenten $t_{\sigma\alpha}$ aus; der Faktor ergibt sich leicht durch Berechnen der rechten Seite. Der Impuls-Energie-Satz der Materie lautet ohne Vernachlässigungen

$$\sum_{\sigma} \frac{\partial \sqrt{-g}\, T^{\sigma}_{\mu}}{\partial x_{\sigma}} + \frac{1}{2} \sum_{\varrho\sigma} \frac{\partial g^{\varrho\sigma}}{\partial x_{\mu}} \sqrt{-g}\, T_{\varrho\sigma} = 0 .$$

Mit dem von uns gewünschten Grade der Näherung kann man dafür setzen

$$\sum_{\sigma} \frac{\partial T_{\mu\sigma}}{\partial x_{\sigma}} + \frac{1}{2} \sum_{\varrho\sigma} \frac{\partial g_{\varrho\sigma}}{\partial x_{\mu}} T_{\varrho\sigma} = 0 . \qquad (7\,\mathrm{a})$$

Es ist dies die um einen Grad exaktere Formulierung zu Gleichung (7). Hieraus folgt, daß die rechte Seite von (6) bei der ins Auge gefaßten Umformung

$$-4\varkappa \sum \frac{\partial T_{\mu\nu}}{\partial x_{\nu}}$$

liefert. Der Erhaltungssatz lautet also

$$\sum \frac{\partial (T_{\mu\nu} + t_{\mu\nu})}{\partial x_{\nu}} = 0 , \qquad (10)$$

wobei

$$t_{\mu\nu} = \frac{1}{4\varkappa} \left[\sum_{\alpha\beta} \frac{\partial \gamma'_{\alpha\beta}}{\partial x_{\mu}} \frac{\partial \gamma'_{\alpha\beta}}{\partial x_{\nu}} - \frac{1}{2} \delta_{\mu\nu} \sum_{\alpha\beta\tau} \left(\frac{\partial \gamma'_{\alpha\beta}}{\partial x_{\tau}} \right)^2 \right] \qquad (11)$$

die Energiekomponenten des Gravitationsfeldes sind.

Als einfachstes Anwendungsbeispiel berechnen wir das Gravitationsfeld eines im Koordinatenursprung ruhenden Massenpunktes von der Masse M. Der Energietensor der Materie ist bei Vernachlässigung der Flächenkräfte durch

$$T_{\mu\nu} = \rho \frac{dx_{\mu}}{ds} \frac{dx_{\nu}}{ds} \qquad (12)$$

gegeben, mit Rücksicht darauf, daß in erster Näherung der kovariante Tensor der Energie durch den kontravarianten ersetzt werden kann. Der Skalar ρ ist die (natürlich gemessene) Massendichte. Es ergibt sich aus (9) und (12), daß alle $\gamma'_{\mu\nu}$ bis auf γ'_{44} verschwinden, für welch letztere Komponente sich ergibt

$$\gamma'_{44} = -\frac{\varkappa}{2\pi} \frac{M}{r} . \qquad (13)$$

Hieraus erhält man mit Hilfe von (8) und (1) für die $g_{\mu\nu}$ die Werte

$$\left.\begin{array}{cccc} -1-\frac{\varkappa}{4\pi}\frac{M}{r} & 0 & 0 & 0 \\ 0 & -1-\frac{\varkappa}{4\pi}\frac{M}{r} & 0 & 0 \\ 0 & 0 & -1-\frac{\varkappa}{4\pi}\frac{M}{r} & 0 \\ 0 & 0 & 0 & -1-\frac{\varkappa}{4\pi}\frac{M}{r} \end{array}\right\} \quad (14)$$

Diese Werte, welche sich von den von mir früher angegebenen nur vermöge der Wahl des Bezugssystems unterscheiden, wurden mir durch Hrn. de Sitter brieflich mitgeteilt. Sie führten mich auf die im vorstehenden angegebene einfache Näherungslösung. Es ist aber wohl im Auge zu behalten, daß der hier benutzten Koordinatenwahl keine entsprechende im allgemeinen Falle zur Seite steht, indem die $\gamma_{\mu\nu}$ und $\gamma'_{\mu\nu}$ nicht beliebigen, sondern nur linearen, orthogonalen Substitutionen gegenüber Tensorcharakter besitzen.

§ 2. Ebene Gravitationswellen.

Aus den Gleichungen (6) und (9) folgt, daß sich Gravitationsfelder stets mit der Geschwindigkeit 1, d. h. mit Lichtgeschwindigkeit, fortpflanzen. Ebene, nach der positiven x-Achse fortschreitende Gravitationswellen sind daher durch den Ansatz zu finden

$$\gamma'_{\mu\nu} = \alpha_{\mu\nu} f(x_1 + i x_4) = \alpha_{\mu\nu} f(x - t)\,. \qquad (15)$$

Dabei sind die $\alpha_{\mu\nu}$ Konstante; f ist eine Funktion des Arguments $x-t$. Ist der betrachtete Raum frei von Materie, d. h. verschwinden die $T_{\mu\nu}$, so sind die Gleichungen (6) durch diesen Ansatz erfüllt. Die Gleichungen (4) liefern zwischen den $\alpha_{\mu\nu}$ die Beziehungen

$$\left.\begin{array}{l} \alpha_{11} + i\alpha_{14} = 0 \\ \alpha_{12} + i\alpha_{24} = 0 \\ \alpha_{13} + i\alpha_{34} = 0 \\ \alpha_{14} + i\alpha_{44} = 0 \end{array}\right\}. \qquad (16)$$

Von den 10 Konstanten $\alpha_{\mu\nu}$ sind daher nur 6 frei wählbar. Wir können die allgemeinste Welle der betrachteten Art daher aus Wellen von folgenden 6 Typen superponieren

$$\left.\begin{array}{lll} \text{a)}\ \begin{array}{l}\alpha_{11}+i\alpha_{14}=0\\ \alpha_{14}+i\alpha_{44}=0\end{array} & \begin{array}{l}\text{b)}\ \alpha_{12}+i\alpha_{24}=0\\ \text{c)}\ \alpha_{13}+i\alpha_{34}=0\end{array} & \begin{array}{l}\text{d)}\ \alpha_{22}\neq 0\\ \text{e)}\ \alpha_{23}\neq 0\\ \text{f)}\ \alpha_{33}\neq 0\end{array} \end{array}\right\}. \qquad (17)$$

Diese Angaben sind so aufzufassen, daß für jeden Typ die in seinen Bedingungen nicht explizite genannten $\alpha_{\mu\nu}$ verschwinden; im Typ a sind also nur α_{11}, α_{14}, α_{44} von null verschieden usw. Den Symmetrieeigenschaften nach entspricht Typ a einer Longitudinalwelle, die Typen b und c Transversalwellen, während die Typen d, e, f einem neuartigen Symmetriecharakter entsprechen. Die Typen b und c unterscheiden sich nicht im Wesen, sondern nur durch ihre Orientierung gegen die y- und z-Achse voneinander, ebenso die Typen d, e, f, so daß eigentlich drei wesentlich verschiedene Wellentypen existieren.

Uns interessiert in erster Linie die von diesen Wellen transportierte Energie, welche durch den Energiestrom $\mathfrak{f}_x = \frac{1}{i} t_{41}$ gemessen wird. Es ergibt sich aus (11) für die einzelnen Typen.

$$\text{a)}\quad \frac{1}{i} t_{41} = \frac{f'^2}{4\varkappa}(\alpha_{11}^2 + \alpha_{14}^2 + \alpha_{41}^2 + \alpha_{44}^2) = 0$$

$$\text{b)}\quad \frac{1}{i} t_{41} = \frac{f'^2}{4\varkappa}(\alpha_{12}^2 + \alpha_{24}^2) = 0$$

$$\text{c)}\quad \frac{1}{i} t_{41} = \frac{f'^2}{4\varkappa}(\alpha_{13}^2 + \alpha_{34}^2) = 0$$

$$\text{d)}\quad \frac{1}{i} t_{22} = \frac{f'^2}{4\varkappa}\alpha_{22}^2 = \frac{1}{4\varkappa}\left(\frac{\partial \gamma'_{22}}{\partial t}\right)^2$$

$$\text{e)}\quad \frac{1}{i} t_{23} = \frac{f'^2}{4\varkappa}\alpha_{23}^2 = \frac{1}{4\varkappa}\left(\frac{\partial \gamma'_{23}}{\partial t}\right)^2$$

$$\text{f)}\quad \frac{1}{i} t_{33} = \frac{f'^2}{4\varkappa}\alpha_{33}^2 = \frac{1}{4\varkappa}\left(\frac{\partial \gamma'_{33}}{\partial t}\right)^2$$

Es ergibt sich also, daß nur die Wellen des letzten Typs Energie transportieren, und zwar ist der Energietransport einer beliebigen ebenen Welle gegeben durch

$$\mathfrak{l}_x = \frac{1}{i} t_{41} = \frac{1}{4\varkappa}\left[\left(\frac{\partial \gamma'_{22}}{\partial t}\right)^2 + 2\left(\frac{\partial \gamma'_{23}}{\partial t}\right)^2 + \left(\frac{\partial \gamma'_{33}}{\partial t}\right)^2\right]. \qquad (18)$$

§ 3. Energieverlust körperlicher Systeme durch Emission von Gravitationswellen.

Das System, dessen Ausstrahlung untersucht werden soll, befinde sich dauernd in der Umgebung des Koordinatenursprungs. Wir betrachten das vom System erzeugte Gravitationsfeld lediglich für Aufpunkte, deren Abstand R vom Koordinatenursprung groß ist gegenüber den Abmessungen des Systems. Der Aufpunkt werde in die positive x-Achse verlegt, d. h. es sei

$$x_1 = R, \quad x_2 = x_3 = 0.$$

Die Frage ist dann, ob im Aufpunkt eine nach der positiven x-Achse gerichtete Wellenstrahlung vorhanden ist, welche Energie transportiert. Die Betrachtungen des § 2 zeigen, daß eine solche Strahlung im Aufpunkt nur den Komponenten γ'_{22}, γ'_{23}, γ'_{33} geliefert werden kann. Diese allein haben wir also zu berechnen. Aus (9) ergibt sich

$$\gamma'_{22} = -\frac{\varkappa}{2\pi}\int \frac{T_{22}(x_0, y_0, z_0, t-r)}{r} dV_0 .$$

Ist das System wenig ausgedehnt und sind seine Energiekomponenten nicht allzu rasch veränderlich, so kann ohne merklichen Fehler das Argument $t-r$ durch das bei der Integration konstante $t-R$ ersetzt werden. Ersetzt man außerdem $\frac{1}{r}$ durch $\frac{1}{R}$, so erhält man die in den meisten Fällen genügende Näherungsgleichung

$$\gamma'_{22} = -\frac{\varkappa}{2\pi R}\int T_{22} dV_0 , \tag{19}$$

wobei die Integration in gewöhnlicher Weise, d. h. bei konstantem Zeitargument zu nehmen ist. Dieser Ausdruck läßt sich vermittels (7) durch einen für die Berechnung bei materiellen Systemen bequemeren ersetzen. Aus

$$\frac{\partial T_{21}}{\partial x_1} + \frac{\partial T_{22}}{\partial x_2} + \frac{\partial T_{23}}{\partial x_3} + \frac{\partial T_{24}}{\partial x_4} = 0$$

folgt durch Multiplikation mit x_2 und Integration über das ganze System nach partieller Integration des zweiten Gliedes

$$-\int T_{22} dV + \frac{\partial}{\partial x_4}\left(\int T_{24} x_2 dV\right) = 0 . \tag{20}$$

Ferner folgt aus

$$\frac{\partial T_{41}}{\partial x_1} + \frac{\partial T_{42}}{\partial x_2} + \frac{\partial T_{43}}{\partial x_3} + \frac{\partial T_{44}}{\partial x_4} = 0$$

durch Multiplikation mit $\frac{x_2^2}{2}$ auf analogem Wege

$$-\int T_{24} x_2 dV + \frac{\partial}{\partial x_4}\left(\int T_{44}\frac{x_2^2}{2} dV\right) = 0 . \tag{21}$$

Aus (20) und (21) folgt

$$\int T_{22} dV = \frac{\partial^2}{\partial x_4^2}\left(\int T_{44}\frac{x_2^2}{2} dV\right)$$

oder, indem man reelle Koordinaten einführt, und indem man sich die Näherung gestattet, die Energiedichte ($-T_{44}$) auch für beliebig bewegte Massen der ponderabeln Dichte ρ gleichzusetzen

$$\int T_{22} dV = \frac{1}{2} \frac{\partial^2}{\partial t^2}\left(\int \rho y^2 dV\right). \tag{22}$$

Man hat also auch

$$\gamma'_{22} = -\frac{\varkappa}{4\pi R} \frac{\partial^2}{\partial t^2}\left(\int \rho y^2 dV\right). \tag{23}$$

Auf analoge Weise berechnet man

$$\gamma'_{33} = -\frac{\varkappa}{4\pi R} \frac{\partial^2}{\partial t^2}\left(\int \rho z^2 dV\right) \tag{23a}$$

$$\gamma'_{23} = -\frac{\varkappa}{4\pi R} \frac{\partial^2}{\partial t^2}\left(\int \rho y^2 dV\right). \tag{23b}$$

Die in (23), (23a) und (23b) auftretenden Integrale, welche nichts anderes sind als zeitlich variable Trägheitsmomente, nennen wir im folgenden zur Abkürzung J_{22}, J_{33}, J_{23}. Dann ergibt sich für die Intensität $\mathfrak{f}_x$ der Energiestrahlung aus (18)

$$\mathfrak{f}_x = \frac{\varkappa}{64\pi^2 R^2}\left[\left(\frac{\partial^3 J_{22}}{\partial t^3}\right)^2 + 2\left(\frac{\partial^3 J_{23}}{\partial t^3}\right)^2 + \left(\frac{\partial^3 J_{33}}{\partial t^3}\right)^2\right]. \tag{20}$$

Hieraus ergibt sich weiter, daß die mittlere Energiestrahlung nach allen Richtungen gegeben ist durch

$$\frac{\varkappa}{64\pi^2 R^2} \cdot \frac{2}{3} \sum_{\alpha\beta}\left(\frac{\partial^3 J_{\alpha\beta}}{\partial t^3}\right)^2,$$

wobei über alle 9 Kombinationen der Indizes 1—3 zu summieren ist. Denn dieser Ausdruck ist einerseits invariant gegenüber räumlichen Drehungen des Koordinatensystems, wie leicht aus dem (dreidimensionalen) Tensorcharakter von $J_{\alpha\beta}$ folgt; anderseits stimmt er im Falle radialer Symmetrie ($J_{11} = J_{22} = J_{33}$; $J_{23} = J_{31} = J_{12} = 0$) mit (20) überein. Man erhält aus ihm also die Ausstrahlung A des Systems pro Zeiteinheit durch Multiplikation mit $4\pi R^2$:

$$A = \frac{\varkappa}{24\pi} \sum_{\alpha\beta}\left(\frac{\partial^3 J_{\alpha\beta}}{\partial t^3}\right)^2. \tag{21}$$

Würde man die Zeit in Sekunden, die Energie in Erg messen, so würde zu diesem Ausdruck der Zahlenfaktor $\frac{1}{c^4}$ hinzutreten. Berücksichtigt man außerdem, daß $\varkappa = 1.87 \cdot 10^{-27}$, so sieht man, daß A in allen nur denkbaren Fällen einen praktisch verschwindenden Wert haben muß.

Gleichwohl müßten die Atome zufolge der inneratomischen Elektronenbewegung nicht nur elektromagnetische, sondern auch Gravitationsenergie ausstrahlen, wenn auch in winzigem Betrage. Da dies in Wahrheit in der Natur nicht zutreffen dürfte, so scheint es, daß die Quantentheorie nicht nur die MAXWELLsche Elektrodynamik, sondern auch die neue Gravitationstheorie wird modifizieren müssen.

Nachtrag. Das seltsame Ergebnis, daß Gravitationswellen existieren sollen, welche keine Energie transportieren (Typen a, b, c), klärt sich in einfacher Weise auf. Es handelt sich nämlich dabei nicht um »reale« Wellen, sondern um »scheinbare« Wellen, die darauf beruhen, daß als Bezugssystem ein wellenartig zitterndes Koordinatensystem benutzt wird. Dies sieht man bequem in folgender Weise ein. Wählt man das Koordinatensystem in gewohnter Weise von vornherein so, daß $\sqrt{g} = 1$ ist, so erhält man statt (2) als Feldgleichungen bei Abwesenheit von Materie

$$\sum_\alpha \frac{\partial^2 \gamma_{\mu\alpha}}{\partial x_\nu \partial x_\alpha} + \sum_\alpha \frac{\partial^2 \gamma_{\nu\alpha}}{\partial x_\mu \partial x_\alpha} - \sum_\alpha \frac{\partial^2 \gamma_{\mu\nu}}{\partial x_\alpha^2} = 0 .$$

Führt man in diese Gleichungen direkt den Ansatz

$$\gamma_{\mu\nu} = \alpha_{\mu\nu} f(x_1 + i x_4)$$

ein, so erhält man zwischen den Konstanten $\alpha_{\mu\nu}$ 10 Gleichungen, aus denen hervorgeht, daß nur α_{22}, α_{33} und α_{23} von null verschieden sein können (wobei $\alpha_{22} + \alpha_{33} = 0$). Bei dieser Wahl des Bezugssystems existieren also nur diejenigen Wellentypen (d, e, f), welche Energie transportieren. Die übrigen Wellentypen lassen sich also durch diese Koordinatenwahl wegschaffen; sie sind in dem angegebenen Sinne nicht »wirkliche« Wellen.

Wenn es also auch in dieser Untersuchung sich als bequem herausgestellt hat, die Wahl des Koordinatensystems von vornherein keiner Beschränkung zu unterwerfen, wenn es sich um die Berechnung der ersten Näherung handelt, so zeigt unser letztes Ergebnis doch, daß der Koordinatenwahl gemäß der Bedingung $\sqrt{-g} = 1$ eine tiefe physikalische Berechtigung zukommt.

Ausgegeben am 29. Juni.

Berlin, gedruckt in der Reichsdruckerei.

SITZUNGSBERICHTE 1916.

VII.

DER

KÖNIGLICH PREUSSISCHEN

AKADEMIE DER WISSENSCHAFTEN.

Gesamtsitzung vom 3. Februar.

Gedächtnisrede auf KARL SCHWARZSCHILD.

Von A. EINSTEIN.

[768, 769] 1

Gedächtnisrede auf KARL SCHWARZSCHILD.

Von A. EINSTEIN.

Im Alter von erst 42 Jahren ist unserm Kreise am 11. Mai d. J. KARL SCHWARZSCHILD durch den Tod entrissen worden. Das frühe Hinscheiden dieses hochbegabten und vielseitigen Forschers bedeutet nicht nur für unsere Körperschaft, sondern für alle Freunde der astronomischen und physikalischen Wissenschaft einen herben Verlust.

Was an SCHWARZSCHILDS theoretischen Werken besonders in Erstaunen setzt, ist die spielende Beherrschung der mathematischen Forschungsmethoden und die Leichtigkeit, mit der er das Wesentliche einer astronomischen oder physikalischen Frage durchschaute. Selten ist ein so bedeutendes mathematisches Können mit so viel Wirklichkeitssinn und solcher Anpassungsfähigkeit des Denkens vorhanden gewesen wie bei ihm. So kam es, daß er auf verschiedenen Gebieten da wertvolle theoretische Arbeit leistete, wo die mathematischen Schwierigkeiten andere abschreckten. Psychische Triebfeder seines rastlosen theoretischen Schaffens scheint weniger die Sehnsucht nach dem Erkennen der verborgenen Zusammenhänge in der Natur gewesen zu sein, als vielmehr die künstlerische Freude am Erfinden feiner mathematischen Gedankensysteme. So versteht man, daß seine ersten theoretischen Arbeiten auf dem Gebiete der Himmelsmechanik liegen, eines Wissenszweiges, dessen Grundlagen mehr als die aller andern Gebiete des exakten Wissens endgültig festzustehen schienen. Unter diesen Arbeiten erwähne ich hier diejenige über die periodischen Lösungen des Dreikörperproblems und diejenige zur POINCARÉschen Theorie des Gleichgewichts einer rotierenden Flüssigkeitsmasse.

Zu SCHWARZSCHILDS wichtigsten astronomischen Leistungen gehören seine Untersuchungen zur Stellarstatistik, d. h. jener Wissenschaft, welche durch statistisches Ordnen der Beobachtungen über Helligkeit, Geschwindigkeit, Spektraltypen der Fixsterne den Bau jenes gewaltigen Körpersystems zu entschleiern sucht, zu dem auch unsere Sonne gehört. Auf diesem Gebiete verdankt ihm die Astronomie eine Vertiefung und Weiterbildung der von KAPTEYN entdeckten Beziehungen.

Sein tiefes theoretisch-physikalisches Wissen stellte er in den Dienst der Sonnentheorie. Hier verdankt man ihm Untersuchungen über das mechanische Gleichgewicht in der Sonnenathmosphäre und über die bei der Lichterzeugung der Sonne maßgebenden Vorgänge.

Hier ist auch seiner schönen theoretischen Untersuchung über den Druck des Lichtes auf kleine Kugeln zu gedenken, durch welche er der Arrheniusschen Theorie der Kometenschweife die exakte Grundlage gab. Diese theoretisch-physikalische Untersuchung ist noch auf eine astronomische Fragestellung zurückzuführen, sie scheint aber Schwarzschilds Interessen auch auf rein physikalische Fragen gelenkt zu haben. Wir verdanken ihm interessante Untersuchungen über die Grundlagen der Elektrodynamik. Ferner förderte er in seinem letzten Lebensjahre die neue Gravitationstheorie; es gelang ihm als erstem die genaue Berechnung von Gravitationsfeldern nach dieser Theorie. In den letzten Monaten seines Lebens, als schon das tückische Leiden seinen Körper geschwächt hatte, gelang es ihm noch eine feinsinnige Untersuchung zur Quantentheorie durchzuführen.

Zu Schwarzschilds großen theoretischen Leistungen gehören ferner seine Untersuchungen über geometrische Optik, in denen er die Fehlertheorie der für die Astronomie wichtigen optischen Instrumente verbesserte. Durch diese Ergebnisse soll er sich um die Vervollkommnung des Rüstzeugs der Astronomie ein bleibendes Verdienst erworben haben.

Schwarzschilds theoretisches Wirken ging neben einer ständigen Tätigkeit als praktischer Astronom einher. Von seinem 24. Lebensjahre an war er ohne Unterbrechung an Sternwarten tätig, 1896—99 als Assistent in Wien, 1901—09 als Direktor der Göttinger Sternwarte, seit 1909 als Direktor des Potsdamer astrophysikalischen Instituts. Eine lange Reihe von Arbeiten legt Zeugnis ab von seiner Tätigkeit als Beobachter und als Leiter astronomischer Beobachtungen. Mehr noch als durch diese Tätigkeit nützte er seiner Wissenschaft durch die Erfindung neuer Beobachtungsmethoden, auf die sein lebhafter Geist dabei geführt wurde. Er fand das nach ihm benannte, auch für die Experimentalphysik wichtige Schwärzungsgesetz photographischer Platten, durch das er die photographische Methode photometrischen Zwecken dienstbar machte. Er verfiel ferner auf die geniale Idee, zum Zwecke der photographischen Helligkeitsmessung der Sterne extrafokale Aufnahmen zu verwenden; erst durch diesen Gedanken wurde die photographische Photometrie der Sterne neben der visuellen Methode lebensfähig.

Seit 1912 gehörte der schlichte Mann der Akademie an, deren Sitzungsberichte er in der kurzen Zeit, die ihm noch gegönnt war, durch wertvolle Beiträge bereicherte. Nun hat ihn das unerbittliche Schicksal hingerafft; seine Arbeit aber wird befruchtend und belebend weiter wirken in der Wissenschaft, der alle seine Kräfte gewidmet waren.

Ausgegeben am 6. Juli 1916.

Berlin, gedruckt in der Reichsdruckerei.

1916.
XLII.

SITZUNGSBERICHTE

DER

KÖNIGLICH PREUSSISCHEN

AKADEMIE DER WISSENSCHAFTEN.

Sitzung der physikalisch-mathematischen Klasse vom 26. Oktober.

Hamiltonsches Prinzip und allgemeine Relativitätstheorie.

Von A. Einstein.

HAMILTONsches Prinzip und allgemeine Relativitätstheorie.

Von A. EINSTEIN.

In letzter Zeit ist es H. A. LORENTZ und D. HILBERT gelungen[1], der allgemeinen Relativitätstheorie dadurch eine besonders übersichtliche Gestalt zu geben, daß sie deren Gleichungen aus einem einzigen Variationsprinzipe ableiteten. Dies soll auch in der nachfolgenden Abhandlung geschehen. Dabei ist es mein Ziel, die fundamentalen Zusammenhänge möglichst durchsichtig und so allgemein darzustellen, als es der Gesichtspunkt der allgemeinen Relativität zuläßt. Insbesondere sollen über die Konstitution der Materie möglichst wenig spezialisierende Annahmen gemacht werden, im Gegensatz besonders zur HILBERTschen Darstellung. Anderseits soll im Gegensatz zu meiner eigenen letzten Behandlung des Gegenstandes die Wahl des Koordinatensystems vollkommen freibleiben.

§ 1. Das Variationsprinzip und die Feldgleichungen der Gravitation und der Materie.

Das Gravitationsfeld werde wie üblich durch den Tensor[2] der $g_{\mu\nu}$ (bzw. $g^{\mu\nu}$) beschrieben, die Materie (inklusive elektromagnetisches Feld) durch eine beliebige Zahl von Raum-Zeitfunktionen $q_{(\varrho)}$, deren invariantentheoretischer Charakter für uns gleichgültig ist. Es sei ferner $\mathfrak{H}$ eine Funktion der

$$g^{\mu\nu}, g^{\mu\nu}_{\sigma}\left(=\frac{\partial g^{\mu\nu}}{\partial x_\sigma}\right) \text{ und } g^{\mu\nu}_{\sigma\tau}\left(=\frac{\partial^2 g^{\mu\nu}}{\partial x_\sigma \partial x_\tau}\right), \text{ der } q_{(\varrho)} \text{ und } q_{(\varrho)\alpha}\left(=\frac{\partial q_{(\varrho)}}{\partial x_\alpha}\right).$$

Dann liefert uns das Variationsprinzip

$$\delta\left\{\int \mathfrak{H}\, d\tau\right\} = 0 \qquad (1)$$

[1] Vier Abhandlungen von H. A. LORENTZ in den Jahrgängen 1915 und 1916 d. Publikationer d. Koninkl. Akad. van Wetensch. te Amsterdam; D. HILBERT, Gött. Nachr. 1915. Heft 3.

[2] Von dem Tensorcharakter der $g_{\mu\nu}$ wird vorläufig kein Gebrauch gemacht.

so viele Differentialgleichungen, wie zu bestimmende Funktionen $g_{\mu\nu}$ und $q_{(\sigma)}$ vorhanden sind, wenn wir festsetzen, daß die $g^{\mu\nu}$ und $q_{(\varrho)}$ abhängig voneinander zu variieren sind, und zwar derart, daß an den Integrationsgrenzen die $\delta q_{(\varrho)}$, $\delta g^{\mu\nu}$ und $\frac{\partial \delta g_{\mu\nu}}{\partial x_\sigma}$ alle verschwinden.

Wir wollen nun annehmen, daß $\mathfrak{H}$ in den $g^{\mu\nu}_{\sigma\tau}$ linear sei, und zwar derart, daß die Koeffizienten der $g^{\mu\nu}_{\sigma\tau}$ nur von den $g^{\mu\nu}$ abhängen. Dann kann man das Variationsprinzip (1) durch ein für uns bequemeres ersetzen. Durch geeignete partielle Integration erhält man nämlich

$$\int \mathfrak{H} d\tau = \int \mathfrak{H}^* d\tau + F, \tag{2}$$

wobei F ein Integral über die Begrenzung des betrachteten Gebietes bedeutet, die Größe $\mathfrak{H}^*$ aber nur mehr von den $g^{\mu\nu}$, $g^{\mu\nu}_\sigma$, $q_{(\varrho)}$, $q_{(\varrho)\alpha}$, aber nicht mehr von den $g^{\mu\nu}_{\sigma\tau}$ abhängt. Aus (2) ergibt sich für solche Variationen, wie sie uns interessieren

$$\delta\left\{\int \mathfrak{H} d\tau\right\} = \delta\left\{\int \mathfrak{H}^* d\tau\right\}, \tag{3}$$

so daß wir unser Variationsprinzip (1) ersetzen dürfen durch das bequemere

$$\delta\left\{\int \mathfrak{H}^* d\tau\right\} = 0. \tag{1a}$$

Durch Ausführung der Variation nach den $g^{\mu\nu}$ und nach den $q_{(\varrho)}$ erhält man als die Feldgleichungen der Gravitation und der Materie die Gleichungen[1]

$$\frac{\partial}{\partial x_\alpha}\left(\frac{\partial \mathfrak{H}^*}{\partial g^{\mu\nu}_\alpha}\right) - \frac{\partial \mathfrak{H}^*}{\partial g^{\mu\nu}} = 0 \tag{4}$$

$$\frac{\partial}{\partial x_\alpha}\left(\frac{\partial \mathfrak{H}^*}{\partial q_{(\varrho)\alpha}}\right) - \frac{\partial \mathfrak{H}^*}{\partial q_{(\varrho)}} = 0. \tag{5}$$

§ 2. Sonderexistenz des Gravitationsfeldes.

Wenn man über die Art und Weise, wie $\mathfrak{H}$ von den $g^{\mu\nu}$, $g^{\mu\nu}_\sigma$, $g^{\mu\nu}_{\sigma\tau}$, $q_{(\varrho)}$, $q_{(\varrho)\alpha}$ abhängt, keine spezialisierende Voraussetzung macht, können die Energiekomponenten nicht in zwei Teile gespalten werden, von denen der eine zum Gravitationsfelde, der andere zu der Materie gehört. Um diese Eigenschaft der Theorie herbeizuführen, machen wir folgende Annahme

$$\mathfrak{H} = \mathfrak{G} + \mathfrak{M}, \tag{6}$$

[1] Zur Abkürzung sind in den Formeln die Summenzeichen weggelassen. Es ist über diejenigen Indizes stets summiert zu denken, welche in einem Gliede zweimal vorkommen. In (4) bedeutet also z. B. $\frac{\partial}{\partial x_\alpha}\left(\frac{\partial \mathfrak{H}^*}{\partial g^{\mu\nu}_\alpha}\right)$ den Term $\sum_\alpha \frac{\partial}{\partial x_\alpha}\left(\frac{\partial \mathfrak{H}^*}{\partial g^{\mu\nu}_\alpha}\right)$.

wobei $\mathfrak{G}$ nur von den $g^{\mu\nu}, g^{\mu\nu}_{\sigma}, g^{\mu\nu}_{\sigma\tau}$, $\mathfrak{M}$ nur von $g^{\mu\nu}, q_{(\varrho)}, q_{(\varrho)\alpha}$ abhänge. Die Gleichungen (4), (4a) nehmen dann die Form an

$$\frac{\partial}{\partial x_\alpha}\left(\frac{\partial \mathfrak{G}^*}{\partial g^{\mu\nu}_\alpha}\right) - \frac{\partial \mathfrak{G}^*}{\partial g^{\mu\nu}} = \frac{\partial \mathfrak{M}}{\partial g^{\mu\nu}} \tag{7}$$

$$\frac{\partial}{\partial x_\alpha}\left(\frac{\partial \mathfrak{M}}{\partial q_{(\varrho)\alpha}}\right) - \frac{\partial \mathfrak{M}}{\partial q_{(\varrho)}} = 0. \tag{8}$$

Dabei steht $\mathfrak{G}^*$ zu $\mathfrak{G}$ in derselben Beziehung wie $\mathfrak{H}^*$ zu $\mathfrak{H}$.

Es ist wohl zu beachten, daß die Gleichungen (8) bzw. (5) durch andere zu ersetzen wären, wenn wir annehmen würden, daß $\mathfrak{M}$ bzw. $\mathfrak{H}$ noch von höheren als den ersten Ableitungen der $q_{(\varrho)}$ abhängig wären. Ebenso wäre es denkbar, daß die $q_{(\varrho)}$ nicht als voneinander unabhängig, sondern als durch Bedingungsgleichungen miteinander verknüpft aufzufassen wären. All dies ist für die folgenden Entwicklungen ohne Bedeutung, da letztere allein auf die Gleichungen (7) gegründet sind, welche durch Variieren unseres Integrals nach den $q^{\mu\nu}$ gewonnen sind.

§ 3. Invariantentheoretische bedingte Eigenschaften der Feldgleichungen der Gravitation.

Wir führen nun die Voraussetzung ein, daß

$$ds^2 = g_{\mu\nu} dx_\mu dx_\nu \tag{9}$$

eine Invariante sei. Damit ist der Transformationscharakter der $g_{\mu\nu}$ festgelegt. Über den Transformationscharakter der die Materie beschreibenden $q_{(\varrho)}$ machen wir keine Voraussetzung. Hingegen seien die Funktionen $H = \frac{\mathfrak{H}}{\sqrt{-g}}$ sowie $G = \frac{\mathfrak{G}}{\sqrt{-g}}$ und $M = \frac{\mathfrak{M}}{\sqrt{-g}}$ Invarianten bezüglich beliebiger Substitutionen der Raum-Zeitkoordinaten. Aus diesen Voraussetzungen folgt die allgemeine Kovarianz der aus (1) gefolgerten Gleichungen (7) und (8). Ferner folgt, daß G (bis auf einen konstanten Faktor) gleich dem Skalar des Riemannschen Tensors der Krümmung sein muß; denn es gibt keine andere Invariante von den für G geforderten Eigenschaften[1]. Damit ist auch $\mathfrak{G}^*$ und damit die linke Seite der Feldgleichung (7) vollkommen festgelegt[2].

Aus dem allgemeinen Relativitätspostulat folgen gewisse Eigenschaften der Funktion $\mathfrak{G}^*$, die wir nun ableiten wollen. Zu diesem

---

[1] Hierin liegt es begründet, daß die allgemeine Relativitätsforderung zu einer ganz bestimmten Gravitationstheorie führt.

[2] Man erhält durch Ausführung der partiellen Integration

$$\mathfrak{G}^* = \sqrt{-g}\, g^{\mu\nu} \left[\begin{Bmatrix} \mu\alpha \\ \beta \end{Bmatrix} \begin{Bmatrix} \nu\beta \\ \alpha \end{Bmatrix} - \begin{Bmatrix} \mu\nu \\ \alpha \end{Bmatrix} \begin{Bmatrix} \alpha\beta \\ \beta \end{Bmatrix} \right].$$

Zweck führen wir eine infinitesimale Transformation der Koordinaten durch, indem wir setzen

$$x'_\nu = x_\nu + \Delta x_\nu; \tag{10}$$

die Δx_ν sind beliebig wählbare, unendlich kleine Funktionen der Koordinaten. x'_ν sind die Koordinaten des Weltpunktes im neuen System, dessen Koordinaten im ursprünglichen System x_ν sind. Wie für die Koordinaten gilt für jede andere Größe ψ ein Transformationsgesetz vom Typus

$$\psi' = \psi + \Delta\psi,$$

wobei sich $\Delta\psi$ stets durch die Δx_ν ausdrücken lassen muß. Aus der Kovarianteneigenschaft der $g^{\mu\nu}$ leitet man leicht für die $g^{\mu\nu}$ und $g^{\mu\nu}_\sigma$ die Transformationsgesetze ab:

$$\Delta g^{\mu\nu} = g^{\mu\alpha}\frac{\partial \Delta x_\nu}{\partial x_\alpha} + g^{\nu\alpha}\frac{\partial \Delta x_\mu}{\partial x_\alpha} \tag{11}$$

$$\Delta g^{\mu\nu}_\sigma = \frac{\partial(\Delta g^{\mu\nu})}{\partial x_\sigma} - g^{\mu\nu}_\alpha \frac{\partial \Delta x_\alpha}{\partial x_\sigma}. \tag{12}$$

Da $\mathfrak{G}^*$ nur von den $g^{\mu\nu}$ und $g^{\mu\nu}_\sigma$ abhängt, ist es mit Hilfe von (13) und (14) möglich, $\Delta\mathfrak{G}^*$ zu berechnen. Man erhält so die Gleichung

$$\sqrt{-g}\,\Delta\left(\frac{\mathfrak{G}^*}{\sqrt{-g}}\right) = S^\nu_\sigma \frac{\partial \Delta x_\sigma}{\partial x_\nu} + 2\frac{\partial \mathfrak{G}^*}{\partial g^{\mu\sigma}_\alpha} g^{\mu\nu} \frac{\partial^2 \Delta x_\sigma}{\partial x_\nu \partial x_\alpha}, \tag{13}$$

wobei zur Abkürzung gesetzt ist

$$S^\nu_\sigma = 2\frac{\partial \mathfrak{G}^*}{\partial g^{\mu\sigma}} g^{\mu\nu} + 2\frac{\partial \mathfrak{G}^*}{\partial g^{\mu\sigma}_\alpha} g^{\mu\nu}_\alpha + \mathfrak{G}^*\delta^\nu_\sigma - \frac{\partial \mathfrak{G}^*}{\partial g^{\mu\alpha}_\nu} g^{\mu\alpha}_\sigma. \tag{14}$$

Aus diesen beiden Gleichungen ziehen wir zwei für das Folgende wichtige Folgerungen. Wir wissen, daß $\frac{\mathfrak{G}}{\sqrt{-g}}$ eine Invariante ist bezüglich beliebiger Substitutionen, nicht aber $\frac{\mathfrak{G}^*}{\sqrt{-g}}$. Wohl aber ist es leicht, von letzerer Größe zu beweisen, daß sie bezüglich linearer Substitutionen der Koordinaten eine Invariante ist. Hieraus folgt, daß die rechte Seite von (13) stets verschwinden muß, wenn sämtliche $\frac{\partial^2 \Delta x_\sigma}{\partial x_\nu \partial x_\alpha}$ verschwinden. Es folgt daraus, daß $\mathfrak{G}^*$ der Identität

$$S^\nu_\sigma \equiv 0 \tag{15}$$

genügen muß.

Wählen wir ferner die Δx_ν so, daß sie nur im Innern eines betrachteten Gebietes von null verschieden sind, in infinitesimaler Nähe der Begrenzung aber verschwinden, so ändert sich der Wert des in Gleichung (2) auftretenden, über die Begrenzung erstreckten Integrales nicht bei der ins Auge gefaßten Transformation; es ist also

$$\Delta(F) = 0$$

und somit[1]

$$\Delta\left\{\int \mathfrak{G} d\tau\right\} = \Delta\left\{\int \mathfrak{G}^* d\tau\right\}.$$

Die linke Seite der Gleichung muß aber verschwinden, da sowohl $\frac{\mathfrak{G}}{\sqrt{-g}}$ wie $\sqrt{-g}d\tau$ Invarianten sind. Folglich verschwindet auch die rechte Seite. Wir erhalten also mit Rücksicht auf (14), (15) und (16) zunächst die Gleichung

$$\int \frac{\partial \mathfrak{G}^*}{\partial g^{\mu\sigma}_{\alpha}} g^{\mu\nu} \frac{\partial^2 \Delta x_\sigma}{\partial x_\nu \partial x_\alpha} d\tau = 0. \tag{16}$$

Formt man diese durch zweimalige partielle Integration um, so erhält man mit Rücksicht auf die freie Wählbarkeit der Δx_σ die Identität

$$\frac{\partial^2}{\partial x_\nu \partial x_\alpha}\left(\frac{\partial \mathfrak{G}^*}{\partial g^{\mu\sigma}_{\alpha}} g^{\mu\nu}\right) \equiv 0. \tag{17}$$

Aus den beiden Identitäten (16) und (17), welche aus der Invarianz von $\frac{\mathfrak{G}}{\sqrt{-g}}$, also aus dem Postulat der allgemeinen Relativität hervorgehen, haben wir nun Folgerungen zu ziehen.

Die Feldgleichungen (7) der Gravitation formen wir zunächst durch gemischte Multiplikation mit $g^{\mu\sigma}$ um. Man erhält dann (unter Vertauschung der Indizes σ und ν) die den Feldgleichungen (7) äquivalenten Gleichungen

$$\frac{\partial}{\partial x_\alpha}\left(\frac{\partial \mathfrak{G}^*}{\partial g^{\mu\sigma}_{\alpha}} g^{\mu\nu}\right) = -(\mathfrak{T}_\sigma^\nu + \mathfrak{t}_\sigma^\nu), \tag{18}$$

wobei gesetzt ist

$$\mathfrak{T}_\sigma^\nu = -\frac{\partial \mathfrak{M}}{\partial g^{\mu\sigma}} g^{\mu\nu} \tag{19}$$

$$\mathfrak{t}_\sigma^\nu = -\left(\frac{\partial \mathfrak{G}^*}{\partial g^{\mu\sigma}_{\alpha}} g^{\mu\nu}_{\alpha} + \frac{\partial \mathfrak{G}^*}{\partial g^{\mu\sigma}} g^{\mu\nu}\right) = \frac{1}{2}\left(\mathfrak{G}^* \delta_\sigma^\nu - \frac{\partial \mathfrak{G}^*}{\partial g^{\mu\alpha}_{\nu}} g^{\mu\alpha}_{\sigma}\right). \tag{20}$$

Der letzte Ausdruck für $\mathfrak{t}_\sigma^\nu$ rechtfertigt sich aus (14) und (15). Durch Differenzieren von (18) nach x_ν und Summation über ν folgt mit Rücksicht auf (17)

$$\frac{\partial}{\partial x_\nu}(\mathfrak{T}_\sigma^\nu + \mathfrak{t}_\sigma^\nu) = 0. \tag{21}$$

[1] Indem wir statt $\mathfrak{H}$ und $\mathfrak{H}^*$ die Größen $\mathfrak{G}$ und $\mathfrak{G}^*$ einführen.

Die Gleichung (21) drückt die Erhaltung des Impulses und der Energie aus. Wir nennen $\mathfrak{T}_\sigma^\nu$ die Komponenten der Energie der Materie, $\mathfrak{t}_\sigma^\nu$ die Komponenten der Energie des Gravitationsfeldes.

Aus den Feldgleichungen (7) der Gravitation folgt durch Multiplizieren mit $g_\sigma^{\mu\nu}$ und Summieren über μ und ν mit Rücksicht auf (20)

$$\frac{\partial \mathfrak{t}_\sigma^\nu}{\partial x_\nu} + \frac{1}{2} g_\sigma^{\mu\nu} \frac{\partial \mathfrak{M}}{\partial g^{\mu\nu}} = 0$$

oder mit Rücksicht auf (19) und (21)

$$\frac{\partial \mathfrak{T}_\sigma^\nu}{\partial x_\nu} - \frac{1}{2} g_\sigma^{\mu\nu} \mathfrak{T}_{\mu\nu} = 0, \qquad (22)$$

wobei $\mathfrak{T}_{\mu\nu}$ die Größen $g_{\nu\sigma} \mathfrak{T}_\mu^\sigma$ bedeuten. Es sind dies 4 Gleichungen, welchen die Energie-Komponenten der Materie zu genügen haben.

Es ist hervorzuheben, daß die (allgemein kovarianten) Erhaltungssätze (21) und (22) aus den Feldgleichungen (7) der Gravitation in Verbindung mit dem Postulat der allgemeinen Kovarianz (Relativität) allein gefolgert sind, ohne Benutzung der Feldgleichungen (8) für die materiellen Vorgänge.

Ausgegeben am 2. November

Berlin, gedruckt in der Reichsdruckerei.

SITZUNGSBERICHTE 1917. VI.

DER

KÖNIGLICH PREUSSISCHEN

AKADEMIE DER WISSENSCHAFTEN.

Sitzung der physikalisch-mathematischen Klasse vom 8. Februar.

Kosmologische Betrachtungen zur allgemeinen Relativitätstheorie.

Von A. Einstein.

142

Kosmologische Betrachtungen zur allgemeinen Relativitätstheorie.

Von A. Einstein.

Es ist wohlbekannt, daß die Poissonsche Differentialgleichung

$$\Delta\phi = 4\pi K\rho \qquad (1)$$

in Verbindung mit der Bewegungsgleichung des materiellen Punktes die Newtonsche Fernwirkungstheorie noch nicht vollständig ersetzt. Es muß noch die Bedingung hinzutreten, daß im räumlich Unendlichen das Potential ϕ einem festen Grenzwerte zustrebt. Analog verhält es sich bei der Gravitationstheorie der allgemeinen Relativität; auch hier müssen zu den Differentialgleichungen Grenzbedingungen hinzutreten für das räumlich Unendliche, falls man die Welt wirklich als räumlich unendlich ausgedehnt anzusehen hat.

Bei der Behandlung des Planetenproblems habe ich diese Grenzbedingungen in Gestalt folgender Annahme gewählt: Es ist möglich, ein Bezugssystem so zu wählen, daß sämtliche Gravitationspotentiale $g_{\mu\nu}$ im räumlich Unendlichen konstant werden. Es ist aber a priori durchaus nicht evident, daß man dieselben Grenzbedingungen ansetzen darf, wenn man größere Partien der Körperwelt ins Auge fassen will. Im folgenden sollen die Überlegungen angegeben werden, welche ich bisher über diese prinzipiell wichtige Frage angestellt habe.

§ 1. Die Newtonsche Theorie.

Es ist wohlbekannt, daß die Newtonsche Grenzbedingung des konstanten Limes für ϕ im räumlich Unendlichen zu der Auffassung hinführt, daß die Dichte der Materie im Unendlichen zu null wird. Wir denken uns nämlich, es lasse sich ein Ort im Weltraum finden, um den herum das Gravitationsfeld der Materie, im großen betrachtet, Kugelsymmetrie besitzt (Mittelpunkt). Dann folgt aus der Poissonschen Gleichung, daß die mittlere Dichte ρ rascher als $\frac{1}{r^2}$ mit wachsender Entfernung r vom Mittelpunkt zu null herabsinken muß, damit ϕ im

Unendlichen einem Limes zustrebe[1]. In diesem Sinne ist also die Welt nach Newton endlich, wenn sie auch unendlich große Gesamtmasse besitzen kann.

Hieraus folgt zunächst, daß die von den Himmelskörpern emittierte Strahlung das Newtonsche Weltsystem auf dem Wege radial nach außen zum Teil verlassen wird, um sich dann wirkungslos im Unendlichen zu verlieren. Kann es nicht ganzen Himmelskörpern ebenso ergehen? Es ist kaum möglich, diese Frage zu verneinen. Denn aus der Voraussetzung eines endlichen Limes für ϕ im räumlich Unendlichen folgt, daß ein mit endlicher kinetischer Energie begabter Himmelskörper das räumlich Unendliche unter Überwindung der Newtonschen Anziehungskräfte erreichen kann. Dieser Fall muß nach der statistischen Mechanik solange immer wieder eintreten, als die gesamte Energie des Sternsystems genügend groß ist, um — auf einen einzigen Himmelskörper übertragen — diesem die Reise ins Unendliche zu gestatten, von welcher er nie wieder zurückkehren kann.

Man könnte dieser eigentümlichen Schwierigkeit durch die Annahme zu entrinnen versuchen, daß jenes Grenzpotential im Unendlichen einen sehr hohen Wert habe. Dies wäre ein gangbarer Weg, wenn nicht der Verlauf des Gravitationspotentials durch die Himmelskörper selbst bedingt sein müßte. In Wahrheit werden wir mit Notwendigkeit zu der Auffassung gedrängt, daß das Auftreten bedeutender Potentialdifferenzen des Gravitationsfeldes mit den Tatsachen im Widerspruch ist. Dieselben müssen vielmehr von so geringer Größenordnung sein, daß die durch sie erzeugbaren Sterngeschwindigkeiten die tatsächlich beobachteten nicht übersteigen.

Wendet man das Boltzmannsche Verteilungsgesetz für Gasmoleküle auf die Sterne an, indem man das Sternsystem mit einem Gase von stationärer Wärmebewegung vergleicht, so folgt, daß das Newtonsche Sternsystem überhaupt nicht existieren könne. Denn der endlichen Potentialdifferenz zwischen dem Mittelpunkt und dem räumlich Unendlichen entspricht ein endliches Verhältnis der Dichten. Ein Verschwinden der Dichte im Unendlichen zieht also ein Verschwinden der Dichte im Mittelpunkt nach sich.

Diese Schwierigkeiten lassen sich auf dem Boden der Newtonschen Theorie wohl kaum überwinden. Man kann sich die Frage vorlegen, ob sich dieselben durch eine Modifikation der Newtonschen Theorie beseitigen lassen. Wir geben hierfür zunächst einen Weg an,

---

[1] ρ ist die mittlere Dichte der Materie, gebildet für einen Raum, der groß ist gegenüber der Distanz benachbarter Fixsterne, aber klein gegenüber den Abmessungen des ganzen Sternsystems.

der an sich nicht beansprucht, ernst genommen zu werden; er dient nur dazu, das Folgende besser hervortreten zu lassen. An die Stelle der POISSONschen Gleichung setzen wir

$$\Delta\phi - \lambda\phi = 4\pi K\rho\,, \tag{2}$$

wobei λ eine universelle Konstante bedeutet. Ist ρ_0 die (gleichmäßige) Dichte einer Massenverteilung, so ist

$$\phi = -\frac{4\pi K}{\lambda}\rho_0 \tag{3}$$

eine Lösung der Gleichung (2). Diese Lösung entspräche dem Falle, daß die Materie der Fixsterne gleichmäßig über den Raum verteilt wäre, wobei die Dichte ρ_0 gleich der tatsächlichen mittleren Dichte der Materie des Weltraumes sein möge. Die Lösung entspricht einer unendlichen Ausdehnung des im Mittel gleichmäßig mit Materie erfüllten Raumes. Denkt man sich, ohne an der mittleren Verteilungsdichte etwas zu ändern, die Materie örtlich ungleichmäßig verteilt, so wird sich über den konstanten ϕ-Wert der Gleichung (3) ein zusätzliches ϕ überlagern, welches in der Nähe dichterer Massen einem NEWTONschen Felde um so ähnlicher ist, je kleiner λ_ϕ gegenüber $4\pi K\rho$ ist.

Eine so beschaffene Welt hätte bezüglich des Gravitationsfeldes keinen Mittelpunkt. Ein Abnehmen der Dichte im räumlich Unendlichen müßte nicht angenommen werden, sondern es wäre sowohl das mittlere Potential als auch die mittlere Dichte bis ins Unendliche konstant. Der bei der NEWTONschen Theorie konstatierte Konflikt mit der statistischen Mechanik ist hier nicht vorhanden. Die Materie ist bei einer bestimmten (äußerst kleinen) Dichte im Gleichgewicht, ohne daß für dies Gleichgewicht innere Kräfte der Materie (Druck) nötig wären.

§ 2. Die Grenzbedingungen gemäß der allgemeinen Relativitätstheorie.

Im folgenden führe ich den Leser auf dem von mir selbst zurückgelegten, etwas indirekten und holperigen Wege, weil ich nur so hoffen kann, daß er dem Endergebnis Interesse entgegenbringe. Ich komme nämlich zu der Meinung, daß die von mir bisher vertretenen Feldgleichungen der Gravitation noch einer kleinen Modifikation bedürfen, um auf der Basis der allgemeinen Relativitätstheorie jene prinzipiellen Schwierigkeiten zu vermeiden, die wir im vorigen Paragraphen für die NEWTONsche Theorie dargelegt haben. Diese Modifikation entspricht vollkommen dem Übergang von der POISSONschen Gleichung (1) zur Gleichung (2) des vorigen Paragraphen. Es ergibt sich dann schließlich, daß Grenzbedingungen im räumlich Unendlichen überhaupt entfallen, da das Weltkontinuum bezüglich seiner räumlichen Erstreckungen als ein in sich geschlossenes von endlichem, räumlichem (dreidimensionalem) Volumen aufzufassen ist.

Meine bis vor kurzem gehegte Meinung über die im räumlich Unendlichen zu setzenden Grenzbedingungen fußte auf folgenden Überlegungen. In einer konsequenten Relativitätstheorie kann es keine Trägheit gegenüber dem »Raume« geben, sondern nur eine Trägheit der Massen gegeneinander. Wenn ich daher eine Masse von allen anderen Massen der Welt räumlich genügend entferne, so muß ihre Trägheit zu Null herabsinken. Wir suchen diese Bedingung mathematisch zu formulieren.

Nach der allgemeinen Relativitätstheorie ist der (negative) Impuls durch die drei ersten Komponenten, die Energie durch die letzte Komponente des mit $\sqrt{-g}$ multiplizierten kovarianten Tensors

$$m\sqrt{-g}\, g_{\mu\alpha}\frac{dx_\alpha}{ds} \tag{4}$$

gegeben, wobei wie stets

$$ds^2 = g_{\mu\nu}dx_\mu dx_\nu \tag{5}$$

gesetzt ist. In dem besonders übersichtlichen Falle, daß das Koordinatensystem so gewählt werden kann, daß das Gravitationsfeld in jedem Punkte räumlich isotrop ist, hat man einfacher

$$ds^2 = -A(dx_1^2 + dx_2^2 + dx_3^2) + B\,dx_4^2 .$$

Ist gleichzeitig noch

$$\sqrt{-g} = 1 = \sqrt{A^3 B}\,,$$

so erhält man für kleine Geschwindigkeiten in erster Näherung aus (4) für die Impulskomponenten

$$m\frac{A}{\sqrt{B}}\frac{dx_1}{dx_4} \qquad m\frac{A}{\sqrt{B}}\frac{dx_2}{dx_4} \qquad m\frac{A}{\sqrt{B}}\frac{dx_3}{dx_4}$$

und für die Energie (im Fall der Ruhe)

$$m\sqrt{B}\,.$$

Aus den Ausdrücken des Impulses folgt, daß $m\frac{A}{\sqrt{B}}$ die Rolle der trägen Masse spielt. Da m eine dem Massenpunkt unabhängig von seiner Lage eigentümliche Konstante ist, so kann dieser Ausdruck unter Wahrung der Determinantenbedingung im räumlich Unendlichen nur dann verschwinden, wenn A zu null herabsinkt, während B ins

Unendliche anwächst. Ein solches Ausarten der Koeffizienten $g_{\mu\nu}$ scheint also durch das Postulat von der Relativität aller Trägheit gefordert zu werden. Diese Forderung bringt es auch mit sich, daß die potentielle Energie $m\sqrt{B}$ des Punktes im Unendlichen unendlich groß wird. Es kann also ein Massenpunkt niemals das System verlassen; eine eingehendere Untersuchung zeigt, daß gleiches auch von den Lichtstrahlen gelten würde. Ein Weltsystem mit solchem Verhalten der Gravitationspotentiale im Unendlichen wäre also nicht der Gefahr der Verödung ausgesetzt, wie sie vorhin für die NEWTONsche Theorie besprochen wurde.

Ich bemerke, daß die vereinfachenden Annahmen über die Gravitationspotentiale, welche wir dieser Betrachtung zugrunde legten, nur der Übersichtlichkeit wegen eingeführt sind. Man kann allgemeine Formulierungen für das Verhalten der $g_{\mu\nu}$ im Unendlichen finden, die das Wesentliche der Sache ohne weitere beschränkende Annahmen ausdrücken.

Nun untersuchte ich mit der freundlichen Hilfe des Mathematikers J. GROMMER zentrisch symmetrische, statische Gravitationsfelder, welche im Unendlichen in der angedeuteten Weise degenerierten. Die Gravitationspotentiale $g_{\mu\nu}$ wurden angesetzt und aus denselben auf Grund der Feldgleichungen der Gravitation der Energietensor $T_{\mu\nu}$ der Materie berechnet. Dabei zeigte sich aber, daß für das Fixsternsystem derartige Grenzbedingungen durchaus nicht in Betracht kommen können, wie neulich auch mit Recht von dem Astronomen DE SITTER hervorgehoben wurde.

Der kontravariante Energietensor $T^{\mu\nu}$ der ponderabeln Materie ist nämlich gegeben durch

$$T^{\mu\nu} = \rho \frac{dx_\mu}{ds} \frac{dx_\nu}{ds}, \tag{5}$$

wobei ρ die natürlich gemessene Dichte der Materie bedeutet. Bei geeignet gewähltem Koordinatensystem sind die Sterngeschwindigkeiten sehr klein gegenüber der Lichtgeschwindigkeit. Man kann daher ds durch $\sqrt{g_{44}}dx_4$ ersetzen. Daran erkennt man, daß alle Komponenten von $T^{\mu\nu}$ gegenüber der letzten Komponente T^{44} sehr klein sein müssen. Diese Bedingung aber ließ sich mit den gewählten Grenzbedingungen durchaus nicht vereinigen. Nachträglich erscheint dies Resultat nicht verwunderlich. Die Tatsache der geringen Sterngeschwindigkeiten läßt den Schluß zu, daß nirgends, wo es Fixsterne gibt, das Gravitationspotential (in unserem Falle $\sqrt{B}$) erheblich größer sein kann als bei uns; es folgt dies aus statistischen Überlegungen, genau wie im Falle der NEWTONschen Theorie. Jedenfalls haben mich unsere Rechnungen zu der Überzeugung geführt, daß derartige Degenerationsbedingungen für die $g_{\mu\nu}$ im Räumlich-Unendlichen nicht postuliert werden dürfen.

Nach dem Fehlschlagen dieses Versuches bieten sich zunächst zwei Möglichkeiten dar.

a) Man fordert, wie beim Planetenproblem, daß im räumlich Unendlichen die $g_{\mu\nu}$ sich bei passend gewähltem Bezugssystem den Werten

$$\begin{matrix} -1 & 0 & 0 & 0 \\ 0 & -1 & 0 & 0 \\ 0 & 0 & -1 & 0 \\ 0 & 0 & 0 & 1 \end{matrix}$$

nähern.

b) Man stellt überhaupt keine allgemeine Gültigkeit beanspruchenden Grenzbedingungen auf für das räumlich Unendliche; man hat die $g_{\mu\nu}$ an der räumlichen Begrenzung des betrachteten Gebietes in jedem einzelnen Falle besonders zu geben, wie man bisher die zeitlichen Anfangsbedingungen besonders zu geben gewohnt war.

Die Möglichkeit b entspricht keiner Lösung des Problems, sondern dem Verzicht auf die Lösung desselben. Dies ist ein unanfechtbarer Standpunkt, der gegenwärtig von de Sitter eingenommen wird[1]. Ich muß aber gestehen, daß es mir schwer fällt, so weit zu resignieren in dieser prinzipiellen Angelegenheit. Dazu würde ich mich erst entschließen, wenn alle Mühe, zur befriedigenden Auffassung vorzudringen, sich als nutzlos erweisen würde.

Die Möglichkeit a ist in mehrfacher Beziehung unbefriedigend. Erstens setzen diese Grenzbedingungen eine bestimmte Wahl des Bezugssystems voraus, was dem Geiste des Relativitätsprinzips widerstrebt. Zweitens verzichtet man bei dieser Auffassung darauf, der Forderung von der Relativität der Trägheit gerecht zu werden. Die Trägheit eines Massenpunktes von der natürlich gemessenen Masse m ist nämlich von den $g_{\mu\nu}$ abhängig; diese aber unterscheiden sich nur wenig von den angegebenen postulierten Werten für das räumlich Unendliche. Somit würde die Trägheit durch die (im Endlichen vorhandene) Materie zwar beeinflußt aber nicht bedingt. Wenn nur ein einziger Massenpunkt vorhanden wäre, so besäße er nach dieser Auffassungsweise Trägheit, und zwar eine beinahe gleich große wie in dem Falle, daß er von den übrigen Massen unserer tatsächlichen Welt umgeben ist. Endlich sind gegen diese Auffassung jene statisti-

---

[1] de Sitter. Akad. van Wetensch. Te Amsterdam. 8. November 1916.

schen Bedenken geltend zu machen, welche oben für die Newtonsche Theorie angegeben worden sind.

Es geht aus dem bisher Gesagten hervor, daß mir das Aufstellen von Grenzbedingungen für das räumlich Unendliche nicht gelungen ist. Trotzdem existiert noch eine Möglichkeit, ohne den unter b angegebenen Verzicht auszukommen. Wenn es nämlich möglich wäre, die Welt als ein nach seinen räumlichen Erstreckungen geschlossenes Kontinuum anzusehen, dann hätte man überhaupt keine derartigen Grenzbedingungen nötig. Im folgenden wird sich zeigen, daß sowohl die allgemeine Relativitätsforderung als auch die Tatsache der geringen Sterngeschwindigkeiten mit der Hypothese von der räumlichen Geschlossenheit des Weltganzen vereinbar ist; allerdings bedarf es für die Durchführung dieses Gedankens einer verallgemeinernden Modifikation der Feldgleichungen der Gravitation.

§ 3. Die räumlich geschlossene Welt mit gleichmäßig verteilter Materie.

Der metrische Charakter (Krümmung) des vierdimensionalen raumzeitlichen Kontinuums wird nach der allgemeinen Relativitätstheorie in jedem Punkte durch die daselbst befindliche Materie und deren Zustand bestimmt. Die metrische Struktur dieses Kontinuums muß daher wegen der Ungleichmäßigkeit der Verteilung der Materie notwendig eine äußerst verwickelte sein. Wenn es uns aber nur auf die Struktur im großen ankommt, dürfen wir uns die Materie als über ungeheure Räume gleichmäßig ausgebreitet vorstellen, so daß deren Verteilungsdichte eine ungeheuer langsam veränderliche Funktion wird. Wir gehen damit ähnlich vor wie etwa die Geodäten, welche die im kleinen äußerst kompliziert gestaltete Erdoberfläche durch ein Ellipsoid approximieren.

Das Wichtigste, was wir über die Verteilung der Materie aus der Erfahrung wissen, ist dies, daß die Relativgeschwindigkeiten der Sterne sehr klein sind gegenüber der Lichtgeschwindigkeit. Ich glaube deshalb, daß wir fürs erste folgende approximierende Annahme unserer Betrachtung zugrunde legen dürfen: Es gibt ein Koordinatensystem, relativ zu welchem die Materie als dauernd ruhend angesehen werden darf. Relativ zu diesem ist also der kontravariante Energietensor $T^{\mu\nu}$ der Materie gemäß (5) von der einfachen Form:

$$\left.\begin{matrix} 0 & 0 & 0 & 0 \\ 0 & 0 & 0 & 0 \\ 0 & 0 & 0 & 0 \\ 0 & 0 & 0 & \rho \end{matrix}\right\} \qquad (6)$$

Der Skalar ρ der (mittleren) Verteilungsdichte kann a priori eine Funktion der räumlichen Koordinaten sein. Wenn wir aber die Welt als räumlich in sich geschlossen annehmen, so liegt die Hypothese nahe, daß ρ unabhängig vom Orte sei; diese legen wir dem Folgenden zugrunde.

Was das Gravitationsfeld anlangt, so folgt aus der Bewegungsgleichung des materiellen Punktes

$$\frac{d^2 x_\nu}{ds^2} + \left\{ {\alpha\beta \atop \nu} \right\} \frac{dx_\alpha}{ds} \frac{dx_\beta}{ds} = 0,$$

daß ein materieller Punkt in einem statischen Gravitationsfelde nur dann in Ruhe verharren kann, wenn g_{44} vom Orte unabhängig ist. Da wir ferner Unabhängigkeit von der Zeitkoordinate x_4 für alle Größen voraussetzen, so können wir für die gesuchte Lösung verlangen, daß für alle x_ν

$$g_{44} = 1 \tag{7}$$

sei. Wie stets bei statischen Problemen wird ferner

$$g_{14} = g_{24} = g_{34} = 0 \tag{8}$$

zu setzen sein. Es handelt sich nun noch um die Festlegung derjenigen Komponenten des Gravitationspotentials, welche das rein räumlich-geometrische Verhalten unseres Kontinuums bestimmen ($g_{11}, g_{12} \ldots g_{33}$). Aus unserer Annahme über die Gleichmäßigkeit der Verteilung der das Feld erzeugenden Massen folgt, daß auch die Krümmung des gesuchten Meßraumes eine konstante sein muß. Für diese Massenverteilung wird also das gesuchte geschlossene Kontinuum der x_1, x_2, x_3 bei konstantem x_4 ein sphärischer Raum sein.

Zu einem solchen gelangen wir z. B. in folgender Weise. Wir gehen aus von einem Euklidischen Raume der ξ_1, ξ_2, ξ_3, ξ_4 von vier Dimensionen mit dem Linienelement $d\sigma$; es sei also

$$d\sigma^2 = d\xi_1^2 + d\xi_2^2 + d\xi_3^2 + d\xi_4^2. \tag{9}$$

In diesem Raume betrachten wir die Hyperfläche

$$R^2 = \xi_1^2 + \xi_2^2 + \xi_3^2 + \xi_4^2, \tag{10}$$

wobei R eine Konstante bedeutet. Diese Punkte dieser Hyperfläche bilden ein dreidimensionales Kontinuum, einen sphärischen Raum vom Krümmungsradius R.

Der vierdimensionale Euklidische Raum, von dem wir ausgingen, dient nur zur bequemen Definition unserer Hyperfläche. Uns interessieren nur die Punkte der letzteren, deren metrische Eigenschaften mit denen des physikalischen Raumes bei gleichmäßiger Verteilung der Materie übereinstimmen sollen. Für die Beschreibung dieses dreidimensionalen Kontinuums können wir uns der Koordinaten ξ_1, ξ_2, ξ_3 bedienen (Projektion auf die Hyperebene $\xi_4 = 0$), da sich vermöge (10) ξ_4 durch ξ_1, ξ_2, ξ_3 ausdrücken läßt. Eliminiert man ξ_4 aus (9), so erhält man für das Linienelement des sphärischen Raumes den Ausdruck

$$\left.\begin{aligned} d\sigma^2 &= \gamma_{\mu\nu} d\xi_\mu d\xi_\nu \\ \gamma_{\mu\nu} &= \delta_{\mu\nu} + \frac{\xi_\mu \xi_\nu}{R^2 - \rho^2} \end{aligned}\right\}, \tag{11}$$

wobei $\delta_{\mu\nu} = 1$, wenn $\mu = \nu$, $\delta_{\mu\nu} = 0$, wenn $\mu \neq \nu$, und $\rho^2 = \xi_1^2 + \xi_2^2 + \xi_3^2$ gesetzt wird. Die gewählten Koordinaten sind bequem, wenn es sich um die Untersuchung der Umgebung eines der beiden Punkte $\xi_1 = \xi_2 = \xi_3 = 0$ handelt.

Nun ist uns auch das Linsenelement der gesuchten raum-zeitlichen vierdimensionalen Welt gegeben. Wir haben offenbar für die Potentiale $g_{\mu\nu}$, deren beide Indizes von 4 abweichen, zu setzen

$$g_{\mu\nu} = -\left(\delta_{\mu\nu} + \frac{x_\mu x_\nu}{R^2 - (x_1^2 + x_2^2 + x_3^2)}\right), \tag{12}$$

welche Gleichung in Verbindung mit (7) und (8) das Verhalten von Maßstäben, Uhren und Lichtstrahlen in der betrachteten vierdimensionalen Welt vollständig bestimmt.

§ 4. Über ein an den Feldgleichungen der Gravitation anzubringendes Zusatzglied.

Die von mir vorgeschlagenen Feldgleichungen der Gravitation lauten für ein beliebig gewähltes Koordinatensystem

$$\left.\begin{aligned} G_{\mu\nu} &= -\varkappa\left(T_{\mu\nu} - \frac{1}{2} g_{\mu\nu} T\right) \\ G_{\mu\nu} &= -\frac{\partial}{\partial x_\alpha}\begin{Bmatrix}\mu\nu\\ \alpha\end{Bmatrix} + \begin{Bmatrix}\mu\alpha\\ \beta\end{Bmatrix}\begin{Bmatrix}\nu\beta\\ \alpha\end{Bmatrix} \\ &\quad + \frac{\partial^2 \lg\sqrt{-g}}{\partial x_\mu \partial x_\nu} - \begin{Bmatrix}\mu\nu\\ \alpha\end{Bmatrix}\frac{\partial \lg\sqrt{-g}}{\partial x_\alpha} \end{aligned}\right\}. \tag{13}$$

Das Gleichungssystem (13) ist keineswegs erfüllt, wenn man für die $g_{\mu\nu}$ die in (7), (8) und (12) gegebenen Werte und für den (kontravarianten) Tensor der Energie der Materie die in (6) angegebenen Werte einsetzt. Wie diese Rechnung bequem auszuführen ist, wird im nächsten Paragraphen gezeigt werden. Wenn es also sicher wäre, daß die von mir bisher benutzten Feldgleichungen (13) die einzigen mit dem Postulat der allgemeinen Relativität vereinbaren wären, so müßten wir wohl schließen, daß die Relativitätstheorie die Hypothese von einer räumlichen Geschlossenheit der Welt nicht zulasse.

Das Gleichungssystem (14) erlaubt jedoch eine naheliegende, mit dem Relativitätspostulat vereinbare Erweiterung, welche der durch Gleichung (2) gegebenen Erweiterung der Poissonschen Gleichung vollkommen analog ist. Wir können nämlich auf der linken Seite der Feldgleichung (13) den mit einer vorläufig unbekannten universellen Konstante $-\lambda$ multiplizierten Fundamentaltensor $g_{\mu\nu}$ hinzufügen, ohne daß dadurch die allgemeine Kovarianz zerstört wird; wir setzen an die Stelle der Feldgleichung (13)

$$G_{\mu\nu} - \lambda g_{\mu\nu} = -\varkappa\left(T_{\mu\nu} - \frac{1}{2} g_{\mu\nu} T\right). \qquad (13a)$$

Auch diese Feldgleichung ist bei genügend kleinem λ mit den am Sonnensystem erlangten Erfahrungstatsachen jedenfalls vereinbar. Sie befriedigt auch Erhaltungssätze des Impulses und der Energie, denn man gelangt zu (13a) an Stelle von (13), wenn man statt des Skalars des Riemannschen Tensors diesen Skalar, vermehrt um eine universelle Konstante, in das Hamiltonsche Prinzip einführt, welches Prinzip ja die Giltigkeit von Erhaltungssätzen gewährleistet. Daß die Feldgleichung (13a) mit unseren Ansätzen über Feld und Materie vereinbar ist, wird im folgenden gezeigt.

§ 5. Durchführung der Rechnung. Ergebnis.

Da alle Punkte unseres Kontinuums gleichwertig sind, genügt es, die Rechnung für *einen* Punkt durchzuführen, z. B. für einen der beiden Punkte mit den Koordinaten $x_1 = x_2 = x_3 = x_4 = 0$. Dann sind für die $g_{\mu\nu}$ in (13a) die Werte

$$\begin{matrix} -1 & 0 & 0 & 0 \\ 0 & -1 & 0 & 0 \\ 0 & 0 & -1 & 0 \\ 0 & 0 & 0 & 1 \end{matrix}$$

überall da einzusetzen, wo sie nur einmal oder gar nicht differenziert erscheinen. Man erhält also zunächst

$$G_{\mu\nu} = \frac{\partial}{\partial x_1}\begin{bmatrix}\mu\nu \\ 1\end{bmatrix} + \frac{\partial}{\partial x_2}\begin{bmatrix}\mu\nu \\ 2\end{bmatrix} + \frac{\partial}{\partial x_3}\begin{bmatrix}\mu\nu \\ 3\end{bmatrix} + \frac{\partial^2 \lg \sqrt{-g}}{\partial x_\mu \partial x_\nu}.$$

Mit Rücksicht auf (7), (8) und (13) findet man hieraus leicht, daß sämtlichen Gleichungen (13a) Genüge geleistet ist, wenn die beiden Relationen erfüllt sind

$$-\frac{2}{R^2}+\lambda=-\frac{\varkappa\rho}{2}$$

$$-\lambda=-\frac{\varkappa\rho}{2}$$

oder

$$\lambda=\frac{\varkappa\rho}{2}=\frac{1}{R^2} \tag{14}$$

Die neu eingeführte universelle Konstante λ bestimmt also sowohl die mittlere Verteilungsdichte ρ, welche im Gleichgewichte verharren kann, als auch den Radius R des sphärischen Raumes und dessen Volumen $2\pi^2 R^3$. Die Gesamtmasse M der Welt ist nach unserer Auffassung endlich. und zwar gleich

$$M=\rho\cdot 2\pi^2 R^3=4\pi^2\frac{R\cdot}{\varkappa\cdot}=\frac{\sqrt{32\pi^2}}{\sqrt{\varkappa^3\rho}}. \tag{15}$$

Die theoretische Auffassung der tatsächlichen Welt wäre also, falls dieselbe unserer Betrachtung entspricht, die folgende. Der Krümmungscharakter des Raumes ist nach Maßgabe der Verteilung der Materie zeitlich und örtlich variabel, läßt sich aber im großen durch einen sphärischen Raum approximieren. Jedenfalls ist diese Auffassung logisch widerspruchsfrei und vom Standpunkte der allgemeinen Relativitätstheorie die naheliegendste; ob sie, vom Standpunkt des heutigen astronomischen Wissens aus betrachtet, haltbar ist, soll hier nicht untersucht werden. Um zu dieser widerspruchsfreien Auffassung zu gelangen, mußten wir allerdings eine neue, durch unser tatsächliches Wissen von der Gravitation nicht gerechtfertigte Erweiterung der Feldgleichungen der Gravitation einführen. Es ist jedoch hervorzuheben, daß eine positive Krümmung des Raumes durch die in demselben befindliche Materie auch dann resultiert, wenn jenes Zusatzglied nicht eingeführt wird; das letztere haben wir nur nötig, um eine quasistatische Verteilung der Materie zu ermöglichen, wie es der Tatsache der kleinen Sterngeschwindigkeiten entspricht.

Ausgegeben am 15. Februar.

Berlin. gedruckt in der Reichsdruckerei.

SITZUNGSBERICHTE 1917. XLVI.

DER

KÖNIGLICH PREUSSISCHEN

AKADEMIE DER WISSENSCHAFTEN.

Sitzung der physikalisch-mathematischen Klasse vom 22. November.

Eine Ableitung des Theorems von Jacobi.

Von A. Einstein.

606

Eine Ableitung des Theorems von JACOBI.

Von A. EINSTEIN.

Bekanntlich lassen sich die kanonischen Gleichungen der Dynamik

$$\frac{dp_i}{dt} = -\frac{\partial H}{\partial q_i} \quad (1)$$

$$\frac{dq_i}{dt} = \frac{\partial H}{\partial p_i}, \quad (2)$$

wobei H im allgemeinsten Falle eine Funktion der Koordination q_i, der Impulse p_i und der Zeit t ist, nach HAMILTON-JACOBI dadurch integrieren, daß man eine Funktion J der q_i und der Zeit t als Lösung der partiellen Differentialgleichung

$$\frac{\partial J}{\partial t} + \overline{H} = 0 \quad (3)$$

bestimmt. Dabei entsteht $\overline{H}$ aus H, indem man in H die p_i durch die Ableitungen $\frac{\partial J}{\partial q_i}$ ersetzt. Ist J ein vollständiges Integral dieser Gleichungen mit den Integrationskonstanten α_i, so wird das System (1), (2) der kanonischen Gleichungen allgemein integriert durch die Gleichungen

$$\frac{\partial J}{\partial q_i} = p_i \quad (4)$$

$$\frac{\partial J}{\partial \alpha_i} = \beta_i. \quad (5)$$

Daß die Erfüllung von (3), (4) und (5) zur Folge hat, daß den kanonischen Gleichungen (1), (2) Genüge geleistet wird, wird in allen eingehenderen Lehrbüchern der Dynamik durch Rechnung verifiziert. Hingegen ist mir kein naturgemäßer, von überraschenden Kunstgriffen freier Weg bekannt, um von den kanonischen Gleichungen zu dem HAMILTON-JACOBIschen System (3), (4), (5) zu gelangen. Ein solcher ist im folgenden gegeben.

Gebe ich für eine bestimmte Zeit t_0 den Koordinaten q_i^0 und die zugehörigen Impulse p_i^0 des Systems, so ist dessen Bewegung durch

(1) und (2) bestimmt. Ich stelle diese Bewegung dar als Bewegung eines Punktes im n-dimensionalen Koordinatenraum der q_i. Denke ich mir zur Zeit t_0 für alle Punkte (q_i) des Koordinatenraums die Impulse p_i^0 von den Gleichungen (1) und (2) entsprechenden Systemen gegeben, derart, daß die p_i^0 stetige Funktionen der q_i sind, so ist durch diese Anfangsbedingung die Bewegung all dieser Punkte vermöge (1) und (2) bestimmt. Wir nennen den Inbegriff all dieser Bewegungen ein »Strömungsfeld«.

Statt nun dieses Strömungsfeld im Sinne von (1) und (2) so zu beschreiben, daß ich Koordinaten und Impulse jedes Systempunktes in Funktion der Zeit gegeben denke, kann ich auch den durch die p_i gemessenen Bewegungszustand an jeder Stelle (q_i) als Funktion der Zeit t gegeben denken, so daß die q_i und t als unabhängige Variable anzusehen sind. Beide Darstellungsweisen entsprechen genau denjenigen in der Hydrodynamik, welche den »Lagrangeschen« bzw. »Eulerschen« Bewegungsgleichungen der Flüssigkeiten zugrunde liegen.

Im Sinne der zweiten Darstellungsweise habe ich die linke Seite von (1) durch

$$\frac{\partial p_i}{\partial t} + \sum_\nu \frac{\partial p_i}{\partial q_\nu} \frac{d q_\nu}{d t}$$

zu ersetzen, wofür gemäß (2)

$$\frac{\partial p_i}{\partial t} + \sum_\nu \frac{\partial H}{\partial p_\nu} \frac{\partial p_i}{\partial q_\nu}$$

gesetzt werden kann. Es gilt also gemäß (1) das Gleichungssystem

$$\frac{\partial p_i}{\partial t} + \frac{\partial H}{\partial q_i} + \sum_\nu \frac{\partial H}{\partial p_\nu} \frac{\partial p_i}{\partial q_\nu} = 0 . \tag{6}$$

Die $\frac{\partial H}{\partial q_i}$ und $\frac{\partial H}{\partial p_i}$ sind bekannte Funktionen der q_i, der p_i und der Zeit t. Es ist also (6) das System von partiellen Differentialgleichungen, denn die Komponenten p_i des Impulsvektors des Strömungsfeldes genügen.

Es liegt nun die Frage nahe, ob es Strömungsfelder gibt, in welchen der Impulsvektor ein Potential besitzt, so daß den Bedingungen genügt ist

$$\frac{\partial p_i}{\partial q_k} - \frac{\partial p_k}{\partial q_i} = 0 \tag{7}$$

$$p_i = \frac{\partial J}{\partial q_i} . \tag{7a}$$

Ist (7) erfüllt, so nimmt (6) die Form an

$$\frac{\partial p_i}{\partial t} + \left(\frac{\partial H}{\partial q_i} + \sum_\nu \frac{\partial H}{\partial p_\nu} \frac{\partial p_\nu}{\partial q_i}\right) = 0 .$$

Das zweite Glied ist die vollständige Ableitung von H nach der Koordinate q_i. Bezeichnet man mit $\overline{H}$ diejenige Funktion der q_i und der Zeit t, welche aus H entsteht, wenn in H die p_i durch die q_i und t ausgedrückt werden, so hat man also

$$\frac{\partial p_i}{\partial t} + \frac{\partial \overline{H}}{\partial q_i} = 0 ,$$

oder, indem man gemäß (7a) die Potentialfunktion J einführt,

$$\frac{\partial}{\partial q_i}\left(\frac{\partial J}{\partial t} + \overline{H}\right) = 0 .$$

Man genügt diesen Gleichungen, indem man für J die Differentialgleichung

$$\frac{\partial J}{\partial t} + \overline{H} = 0$$

vorschreibt, welche nichts anderes ist als die HAMILTONsche Gleichung (3). Sie löst in Verbindung mit (7a) die Gleichungen (6) des Strömungsfeldes.

Zu den Gleichungen (5) aber gelangen wir auf folgende Art. Ist J ein vollständiges Integral mit den willkürlichen Konstanten α_i, so muß (3) gültig bleiben, wenn man in J α_i durch $\alpha_i + d\alpha_i$ ersetzt. Es muß also gelten

$$\frac{\partial^2 J}{\partial t \partial \alpha_i} + \sum_\nu \frac{\partial H}{\partial p_\nu} \frac{\partial^2 J}{\partial q_\nu \partial \alpha_i} = 0 .$$

Dafür kann man wegen (2) schreiben

$$\left(\frac{\partial}{\partial t} + \sum \frac{dq_\nu}{dt} \frac{\partial}{\partial q_\nu}\right)\left(\frac{\partial J}{\partial \alpha_i}\right) = 0 .$$

Der eingeklammerte Operator ist aber mit dem Operator $\left(\frac{d}{dt}\right)$ identisch, eine zeitliche Ableitung im Sinne der »LAGRANGEschen« Beschreibungsweise. Es bleibt also $\frac{\partial J}{\partial \alpha_i}$ für ein System während dessen Bewegung konstant, und es gilt daher für die Bewegung eines Systempunktes ein Gleichungssystem von der Form (5).

Ausgegeben am 29. November.

Berlin, gedruckt in der Reichsdruckerei.

SITZUNGSBERICHTE

1918.
VIII.

DER

KÖNIGLICH PREUSSISCHEN

AKADEMIE DER WISSENSCHAFTEN.

Gesamtsitzung vom 14. Februar.
Mitteilung vom 31. Januar.

Über Gravitationswellen.

Von A. Einstein.

Über Gravitationswellen.

Von A. Einstein.

Die wichtige Frage, wie die Ausbreitung der Gravitationsfelder erfolgt, ist schon vor anderthalb Jahren in einer Akademiearbeit von mir behandelt worden[1]. Da aber meine damalige Darstellung des Gegenstandes nicht genügend durchsichtig und außerdem durch einen bedauerlichen Rechenfehler verunstaltet ist, muß ich hier nochmals auf die Angelegenheit zurückkommen.

Wie damals beschränke ich mich auch hier auf den Fall, daß das betrachtete zeiträumliche Kontinuum sich von einem »galileischen« nur sehr wenig unterscheidet. Um für alle Indizes

$$g_{\mu\nu} = -\delta_{\mu\nu} + \gamma_{\mu\nu} \tag{1}$$

setzen zu können, wählen wir, wie es in der speziellen Relativitätstheorie üblich ist, die Zeitvariable x_4 rein imaginär, indem wir

$$x_4 = it$$

setzen, wobei t die »Lichtzeit« bedeutet. In (1) ist $\delta_{\mu\nu} = 1$ bzw. $\delta_{\mu\nu} = 0$, je nachdem $\mu = \nu$ oder $\mu \neq \nu$ ist. Die $\gamma_{\mu\nu}$ sind gegen 1 kleine Größen, welche die Abweichung des Kontinuums vom feldfreien darstellen; sie bilden einen Tensor vom zweiten Range gegenüber Lorentz-Transformationen.

§ 1. Lösung der Näherungsgleichungen des Gravitationsfeldes durch retardierte Potentiale.

Wir gehen aus von den für ein beliebiges Koordinatensystem gültigen[2] Feldgleichungen

$$\left.\begin{aligned} -\sum_\alpha \frac{\partial}{\partial x_\alpha}\begin{Bmatrix}\mu\nu\\ \alpha\end{Bmatrix} + \sum_\alpha \frac{\partial}{\partial x_\nu}\begin{Bmatrix}\mu\alpha\\ \alpha\end{Bmatrix} + \sum_{\alpha\beta}\begin{Bmatrix}\mu\alpha\\ \beta\end{Bmatrix}\begin{Bmatrix}\nu\beta\\ \alpha\end{Bmatrix} - \sum_{\alpha\beta}\begin{Bmatrix}\mu\nu\\ \alpha\end{Bmatrix}\begin{Bmatrix}\alpha\beta\\ \beta\end{Bmatrix} \\ = -\varkappa\left(T_{\mu\nu} - \frac{1}{2} g_{\mu\nu} T\right). \end{aligned}\right\} \tag{2}$$

[1] Diese Sitzungsber. 1916, S. 688ff.

[2] Von der Einführung des »λ-Gliedes« (vgl. diese Sitzungsber. 1917, S. 142) ist dabei Abstand genommen.

$T_{\mu\nu}$ ist der Energietensor der Materie, T der zugehörige Skalar $\sum_{\alpha\beta} g^{\alpha\beta} T_{\alpha\beta}$. Bezeichnet man als kleine Größen $n$ter Ordnung solche, welche in den $\gamma_{\mu\nu}$ vom $n$ten Grade sind, so erhält man, indem man sich bei der Berechnung beider Seiten der Gleichung (2) auf die Glieder der niedrigsten Ordnung beschränkt, das System von Näherungsgleichungen

$$\sum_\alpha \left(\frac{\partial^2 \gamma_{\mu\nu}}{\partial x_\alpha^2} + \frac{\partial^2 \gamma_{\alpha\alpha}}{\partial x_\mu \partial x_\nu} - \frac{\partial^2 \gamma_{\mu\alpha}}{\partial x_\nu \partial x_\alpha} - \frac{\partial^2 \gamma_{\nu\alpha}}{\partial x_\mu \partial x_\alpha} \right) = 2\varkappa \left(T_{\mu\nu} - \frac{1}{2} \delta_{\mu\nu} \sum_\alpha T_{\alpha\alpha} \right). \quad (2a)$$

Durch Multiplikation dieser Gleichung mit $-\frac{1}{2}\delta_{\mu\nu}$ und Summation über μ und ν erhält man nun zunächst (bei geänderter Bezeichnung der Indizes) die skalare Gleichung

$$\sum_{\alpha\beta} \left(-\frac{\partial^2 \gamma_{\alpha\alpha}}{\partial x_\beta^2} + \frac{\partial^2 \gamma_{\alpha\beta}}{\partial x_\alpha \partial x_\beta} \right) = \varkappa \sum_\alpha T_{\alpha\alpha}.$$

Addiert man die mit $\delta_{\mu\nu}$ multiplizierte Gleichung zu Gleichung (2a), so hebt sich zunächst das zweite Glied der rechten Seite der letzteren Gleichung weg. Die linke Seite läßt sich übersichtlich schreiben, wenn man statt $\gamma_{\mu\nu}$ die Funktionen

$$\gamma'_{\mu\nu} = \gamma_{\mu\nu} - \frac{1}{2} \delta_{\mu\nu} \sum_\alpha \gamma_{\alpha\alpha} \quad (3)$$

einführt. Die Gleichung nimmt dann die Form an:

$$\sum_\alpha \frac{\partial^2 \gamma'_{\mu\nu}}{\partial x_\alpha^2} - \sum_\alpha \frac{\partial^2 \gamma'_{\mu\alpha}}{\partial x_\nu \partial x_\alpha} - \sum_\alpha \frac{\partial^2 \gamma'_{\nu\alpha}}{\partial x_\mu \partial x_\alpha} + \delta_{\mu\nu} \sum_{\alpha\beta} \frac{\partial^2 \gamma'_{\alpha\beta}}{\partial x_\alpha \partial x_\beta} = 2\varkappa T_{\mu\nu}. \quad (4)$$

Diese Gleichungen aber kann man dadurch bedeutend vereinfachen, daß man von den $\gamma'_{\mu\nu}$ verlangt, daß sie außer den Gleichungen (4) den Relationen

$$\sum_\alpha \frac{\partial \gamma'_{\mu\alpha}}{\partial x_\alpha} = 0 \quad (5)$$

genügen sollen.

Es erscheint zunächst sonderbar, daß man den 10 Gleichungen (4) für die 10 Funktionen $\gamma'_{\mu\nu}$ willkürlich noch 4 weitere soll an die Seite stellen können, ohne daß eine Überbestimmung einträte. Die Berechtigung dieses Vorgehens erhellt aber aus folgendem. Die Gleichungen (2) sind bezüglich beliebiger Substitutionen kovariant, d. h. sie sind erfüllt für beliebige Wahl des Koordinatensystems. Führe ich ein neues Koordinatensystem ein, so hängen die $g_{\mu\nu}$ des neuen Systems von den 4 willkürlichen Funktionen ab, welche die Transformation der Koordinaten definieren. Diese 4 Funktionen können nun so gewählt werden, daß die $g_{\mu\nu}$ des neuen Systems vier willkürlich vorgeschriebenen Beziehungen genügen. Diese denken wir so gewählt, daß sie im Falle der uns interessierenden Näherung in die Gleichungen (5) übergehen. Die letzteren Gleichungen bedeuten also eine von uns gewählte Vorschrift, nach welcher das Koordinatensystem zu wählen ist. Vermöge (5) erhält man an Stelle von (4) die einfachen Gleichungen

$$\sum_\alpha \frac{\partial^2 \gamma'_{\mu\nu}}{\partial x_\alpha^2} = 2\varkappa T_{\mu\nu}. \tag{6}$$

Aus (6) erkennt man, daß sich die Gravitationsfelder mit Lichtgeschwindigkeit ausbreiten. Die $\gamma_{\mu\nu}$ lassen sich bei gegebenen $T_{\mu\nu}$ aus letzteren nach Art der retardierten Potentiale berechnen. Sind x, y, z, t die reellen Koordinaten $x_1, x_2, x_3, \frac{x_4}{i}$ des Aufpunktes, für welchen die $\gamma'_{\mu\nu}$ berechnet werden sollen, x_0, y_0, z_0 die räumlichen Koordinaten eines Raumelementes dV_0, r der räumliche Abstand zwischen letzterem und dem Aufpunkt, so hat man

$$\gamma'_{\mu\nu} = -\frac{\varkappa}{2\pi}\int \frac{T_{\mu\nu}(x_0, y_0, z_0, t-r)}{r} dV_0. \tag{7}$$

§ 2. Die Energiekomponenten des Gravitationsfeldes.

Ich habe früher[1] die Energiekomponenten des Gravitationsfeldes für den Fall explizite angegeben, daß die Koordinatenwahl gemäß der Bedingung

$$g = |g_{\mu\nu}| = 1$$

erfolgt, welche Bedingung im Falle der hier behandelten Näherung

$$\gamma = \sum_\alpha \gamma_{\alpha\alpha} = 0$$

lauten würde. Dieselbe ist aber bei unserer jetzigen Koordinatenwahl im allgemeinen nicht erfüllt. Es ist deswegen am einfachsten, die Energiekomponenten hier durch eine gesonderte Überlegung zu ermitteln.

Dabei ist jedoch folgende Schwierigkeit zu beachten. Unsere Feldgleichungen (6) sind nur in der ersten Größenordnung richtig, während die Energiegleichungen — wie leicht zu schließen ist — klein von der zweiten Größenordnung sind. Wir gelangen jedoch bequem durch folgende Überlegung zum Ziel. Die Energiekomponenten $\mathfrak{T}_\mu^\nu$ (der Materie) und $\mathfrak{t}_\mu^\nu$ (des Gravitationsfeldes erfüllen gemäß der allgemeinen Theorie die Relationen

[1] Ann. d. Phys. 49. 1916. Gleichung (50).

$$\sum_\tau \frac{\partial \mathfrak{T}_\mu^\tau}{\partial x_\tau} + \frac{1}{2}\sum_{\rho\sigma} \frac{\partial g^{\rho\sigma}}{\partial x_\mu}\mathfrak{T}_{\rho\sigma} = 0$$

$$\sum_\tau \frac{\partial (\mathfrak{T}_\mu^\tau + \mathfrak{t}_\mu^\tau)}{\partial x_\tau} = 0 .$$

Aus diesen folgt

$$\sum_\tau \frac{\partial \mathfrak{t}_\mu^\tau}{\partial x_\tau} = \frac{1}{2}\sum_{\rho\sigma} \frac{\partial g^{\rho\sigma}}{\partial x_\mu}\mathfrak{T}_{\rho\sigma} .$$

Bringen wir die rechte Seite, indem wir $\mathfrak{T}_{\rho\sigma}$ aus den Feldgleichungen entnehmen, in die Form der linken Seite, so werden wir die $\mathfrak{t}_\mu^\tau$ erfahren. Auf der rechten Seite dieser Gleichung sind im Falle der von uns betrachteten Näherung beide Faktoren kleine Größen von der ersten Ordnung. Um also die $\mathfrak{t}_\mu$ in Größen der zweiten Ordnung genau zu erhalten, braucht man beide Faktoren rechts nur in Größen erster Ordnung genau einzusetzen. Man darf also

$$\frac{\partial g^{\rho\sigma}}{\partial x_\mu} \text{ durch } -\frac{\partial \gamma_{\rho\sigma}}{\partial x_\mu}$$

$$\text{und } \mathfrak{T}_{\rho\sigma} \text{ durch } T_{\rho\sigma}$$

ersetzen. Statt $\mathfrak{t}_\mu^\tau$ führen wir ferner die zu den $T_{\rho\sigma}$ bezüglich des Charakters der Indizes analogen Größen $t_{\rho\sigma}$ ein, welche sich dem Werte nach bei dem hier erstrebten Grade der Annäherung von den $\mathfrak{t}_\rho^\tau$ nur durch das Vorzeichen unterscheiden. Wir haben dann die $t_{\mu\sigma}$ gemäß der Gleichung

$$\sum_\sigma \frac{\partial t_{\mu\sigma}}{\partial x_\sigma} = \frac{1}{2}\sum_{\rho\sigma} \frac{\partial \gamma_{\rho\sigma}}{\partial x_\mu} T_{\rho\sigma} \tag{8}$$

zu bestimmen. Die rechte Seite formen wir um, indem wir beachten, daß wegen (3)

$$\gamma_{\mu\nu} = \gamma'_{\mu\nu} - \frac{1}{2}\delta_{\mu\nu}\sum_\alpha \gamma'_{\alpha\alpha} = \gamma'_{\mu\nu} - \frac{1}{2}\delta_{\mu\nu}\gamma' \tag{3a}$$

zu setzen ist, und indem wir $T_{\rho\sigma}$ vermöge (6) durch die $\gamma'_{\rho\sigma}$ ausdrücken. Es ergibt sich nach einfacher Umformung[1]:

$$\sum_\tau \frac{\partial t_{\mu\tau}}{\partial x_\sigma} = \sum_\sigma \frac{\partial}{\partial x_\sigma}\left[\frac{1}{4\varkappa}\left(\sum_{\alpha\beta}\left(\frac{\partial \gamma'_{\alpha\beta}}{\partial x_\mu}\frac{\partial \gamma'_{\alpha\beta}}{\partial x_\sigma}\right) - \frac{1}{2}\frac{\partial \gamma'}{\partial x_\mu}\frac{\partial \gamma'}{\partial x_\sigma}\right)\right.$$
$$\left. - \frac{1}{8\varkappa}\delta_{\mu\sigma}\left(\sum_{\alpha\beta\lambda}\left(\frac{\partial \gamma'_{\alpha\beta}}{\partial x_\lambda}\right)^2 - \frac{1}{2}\left(\frac{\partial \gamma'}{\partial x_\lambda}\right)^2\right)\right].$$

[1] Der eingangs erwähnte Fehler in meiner früheren Abhandlung besteht darin, daß ich auf der rechten Seite von (8) $\frac{\partial \gamma'_{\rho\sigma}}{\partial x_\mu}$ statt $\frac{\partial \gamma_{\rho\sigma}}{\partial x_\mu}$ eingesetzt hatte. Dieser Fehler macht auch eine Neubearbeitung von § 2 und § 3 jener Arbeit nötig.

Hieraus folgt, daß wir dem Energiesatz gerecht werden, indem wir setzen

$$4\varkappa t_{\mu\sigma} = \left(\sum_{\alpha\beta}\left(\frac{\partial \gamma'_{\alpha\beta}}{\partial x_\mu}\frac{\partial \gamma'_{\alpha\beta}}{\partial x_\sigma}\right) - \frac{1}{2}\frac{\partial \gamma'}{\partial x_\mu}\frac{\partial \gamma'}{\partial x_\sigma}\right)$$
$$- \frac{1}{2}\delta_{\mu\sigma}\left(\sum_{\alpha\beta\lambda}\left(\frac{\partial \gamma'_{\alpha\beta}}{\partial x_\lambda}\right)^2 - \frac{1}{2}\sum_\lambda\left(\frac{\partial \gamma'}{\partial x_\lambda}\right)^2\right). \qquad (9)$$

Die physikalische Bedeutung der $t_{\mu\sigma}$ macht man sich am leichtesten durch folgende Überlegung klar. Die $t_{\mu\sigma}$ sind für das Gravitationsfeld, was die $T_{\mu\sigma}$ für die Materie sind. Für inkohärente ponderable Materie ist aber bei Beschränkung auf Größen erster Ordnung:

$$T_{\mu\sigma} = T^{\mu\sigma} = \rho\frac{dx_\mu}{ds}\frac{dx_\sigma}{ds}\left(ds^2 = -\sum_\nu dx_\nu^2\right). \qquad (10)$$

ρ ist dabei der Dichteskalar der Materie. Die $T_{11}, T_{12} \cdots T_{33}$ entsprechen also Druckkomponenten; T_{14}, T_{24}, T_{34} bzw. T_{41}, T_{42}, T_{43} ist der mit $\sqrt{-1}$ multiplizierte Vektor der Impulsdichte oder Dichte des Energiestromes, T_{44} die negativ genommene Energiedichte. Analog ist die Deutung der auf das Gravitationsfeld sich beziehenden $t_{\mu\sigma}$.

Als Beispiel sei zunächst das Feld der ruhenden, punktförmigen Masse M behandelt. Aus (7) und (10) folgt sogleich

$$\gamma'_{44} = \frac{\varkappa}{2\pi}\frac{M}{r}, \qquad (11)$$

während alle andern $\gamma'_{\mu\nu}$ verschwinden. Für die $g_{\mu\nu}$ erhält man nach (11), (3a) und (1) die zuerst von DE SITTER angegebenen Werte

$$\left.\begin{matrix} -1-\frac{\varkappa}{4\pi}\frac{M}{r} & 0 & 0 & 0 \\ 0 & -1-\frac{\varkappa}{4\pi}\frac{M}{r} & 0 & 0 \\ 0 & 0 & -1-\frac{\varkappa}{4\pi}\frac{M}{r} & 0 \\ 0 & 0 & 0 & -1+\frac{\varkappa}{4\pi}\frac{M}{r} \end{matrix}\right\}. \qquad (11a)$$

Die Lichtgeschwindigkeit c, welche allgemein durch die Gleichung

$$0 = ds^2 = \sum_{\mu\nu} g_{\mu\nu}\,dx_\mu\,dx_\nu$$

gegeben ist, ergibt sich hier aus der Relation

$$\left(1+\frac{\varkappa}{4\pi}\frac{M}{r}\right)(dx^2+dy^2+dz^2) - \left(1-\frac{\varkappa}{4\pi}\frac{M}{r}\right)dt^2 = 0.$$

Es ist also die Lichtgeschwindigkeit

$$c = \sqrt{\frac{dx^2 + dy^2 + dz^2}{dt^2}} = 1 - \frac{\varkappa M}{4\pi r} \tag{12}$$

bei der von uns bevorzugten Wahl der Koordinaten zwar vom Orte, nicht aber von der Richtung abhängig. Auch folgt aus (11a), daß kleine starre Körper bei Ortsänderung sich ähnlich bleiben, wobei deren in Koordinaten gemessene Linearausdehnung sich wie $\left(1 - \frac{\varkappa M}{8\pi r}\right)$ ändert.

Gleichung (9) ergibt für die $t_{\mu\sigma}$ in unserem Falle

$$\left.\begin{aligned} t_{\mu\sigma} &= \frac{\varkappa M^2}{32\pi^2}\left(\frac{x_\mu x_\sigma}{r^6} - \frac{1}{2}\delta_{\mu\sigma}\frac{1}{r^4}\right) \quad \text{(für die Indizes 1—3)} \\ t_{14} &= t_{24} = t_{34} = 0 \\ t_{44} &= -\frac{\varkappa M^2}{64\pi^2}\cdot\frac{1}{r^4} \end{aligned}\right\}. \tag{13}$$

Die Werte für die $t_{\mu\sigma}$ hängen durchaus von der Koordinatenwahl ab; worauf mich Hr. G. Nordström schon vor längerer Zeit brieflich aufmerksam machte[1]. Bei Koordinatenwahl gemäß der Bedingung $|g| = 1$, bei welcher ich für die $g_{\mu\sigma}$ für den Fall des Massenpunktes früher die Ausdrücke

$$\begin{aligned} g_{\mu\sigma} &= -\delta_{\varrho\sigma} - \frac{\varkappa M}{4\pi}\frac{x_\mu x_\sigma}{r^3} \quad \text{(Indizes 1—3)} \\ g_{14} &= g_{24} = g_{34} = 0 \\ g_{44} &= 1 - \frac{\varkappa M}{4\pi}\cdot\frac{1}{r} \end{aligned}$$

angegeben habe, verschwinden alle Energiekomponenten des Gravitationsfeldes, wenn man sie mittels der Formel

$$\varkappa t_\sigma^\alpha = \frac{1}{2}\delta_\sigma^\alpha \sum_{\mu\nu\lambda\beta} g^{\mu\nu}\begin{Bmatrix}\mu\lambda\\ \beta\end{Bmatrix}\begin{Bmatrix}\nu\beta\\ \lambda\end{Bmatrix} - \sum_{\mu\nu\lambda} g^{\mu\nu}\begin{Bmatrix}\mu\lambda\\ \alpha\end{Bmatrix}\begin{Bmatrix}\nu\sigma\\ \lambda\end{Bmatrix}$$

bis zu der zweiten Größenordnung genau ausrechnet.

Man könnte vermuten, daß es durch passende Wahl des Bezugsystems vielleicht stets erzielbar sei, die Energiekomponenten des Gravitationsfeldes alle zum Verschwinden zu bringen, was höchst bemerkenswert wäre. Es läßt sich aber leicht zeigen, daß dies im allgemeinen nicht zutrifft.

§ 3. Die ebene Gravitationswelle.

Um die ebenen Gravitationswellen aufzufinden, machen wir den die Feldgleichungen (6) befriedigenden Ansatz

$$\gamma'_{\mu\nu} = \alpha_{\mu\nu} f(x_1 + ix_4)\,. \tag{14}$$

[1] Vgl. auch E. Schrödinger, Phys. Zeitschr. 1918. 1. S. 4.

Hierbei bedeuten das $\alpha_{\mu\nu}$ reelle Konstanten, f, eine reelle Funktion von $(x_1 + ix_4)$. Die Gleichungen (5) liefern die Relationen

$$\left.\begin{aligned} \alpha_{11} + i\alpha_{14} &= 0 \\ \alpha_{21} + i\alpha_{24} &= 0 \\ \alpha_{31} + i\alpha_{34} &= 0 \\ \alpha_{41} + i\alpha_{44} &= 0 \end{aligned}\right\}. \tag{15}$$

Sind die Bedingungen (15) erfüllt, so stellt (14) eine mögliche Gravitationswelle dar. Um deren physikalische Natur genauer zu durchschauen, berechnen wir deren Dichte des Energiestromes $\frac{t_{41}}{i}$. Durch Einsetzen der in (15) gegebenen $\gamma'_{\mu\nu}$ in Gleichung (9) erhält man

$$\frac{t_{41}}{i} = \frac{1}{4\varkappa} f'^2 \left[\left(\frac{\alpha_{22} - \alpha_{33}}{2}\right)^2 + \alpha_{23}^2\right]. \tag{16}$$

Das Merkwürdige an diesem Resultat ist, daß von den sechs willkürlichen Konstanten, welche (bei Berücksichtigung von (15)) in (14) auftreten, in (16) nur zwei auftreten. Eine Welle, für welche $\alpha_{22} - \alpha_{33}$ und α_{23} verschwinden, transportiert keine Energie. Dieser Umstand läßt sich darauf zurückführen, daß eine derartige Welle in gewissem Sinne gar keine reale Existenz hat, wie am einfachsten aus folgender Betrachtung hervorgeht.

Zunächst bemerken wir, daß mit Rücksicht auf (15) das Koeffizientenschema der $\alpha_{\mu\nu}$ der energiefreien Welle folgendes ist:

$$(\alpha_{\mu\nu} =) \left.\begin{matrix} \alpha & \beta & \gamma & i\alpha \\ \beta & \delta & 0 & i\beta \\ \gamma & 0 & \delta & i\gamma \\ i\alpha & i\beta & i\gamma & -\alpha \end{matrix}\right\}. \tag{17}$$

wobei $\alpha, \beta, \gamma, \delta$ vier voneinander unabhängig wählbare Zahlen bedeuten.

Es sei nun ein feldfreier Raum betrachtet, dessen Linienelement ds in bezug auf geeignet gewählte Koordinaten (x'_1, x'_2, x'_3, x'_4) sich in der Form

$$-ds^2 = dx'^2_1 + dx'^2_2 + dx'^2_3 + dx'^2_4 \tag{18}$$

ausdrücken läßt. Wir führen nun neue Koordinaten x_1, x_2, x_3, x_4 ein auf Grund der Substitution

$$x'_\nu = x_\nu - \lambda_\nu \phi(x_1 + ix_4). \tag{19}$$

Die λ_ν bedeuten vier reelle, unendlich kleine Konstanten, ϕ eine reelle Funktion des Argumentes $(x_1 + ix_4)$. Aus (18) und (19) folgt, wenn man Größen zweiten Grades bezüglich der λ vernachlässigt,

$$ds^2 = -\sum dx'^2_\nu = -\sum_\nu dx^2_\nu + 2\phi'(dx_1 + idx_4)\sum_\nu \lambda_\nu dx_\nu.$$

Hieraus ergeben sich für die zugehörigen $\gamma_{\mu\nu}$ die Werte

$$\left(\frac{1}{\phi'}\gamma_{\mu\nu}=\right)\begin{matrix} 2\lambda_1 & \lambda_2 & \lambda_3 & i\lambda_1+\lambda_4 \\ \lambda_2 & 0 & 0 & i\lambda_2 \\ \lambda_3 & 0 & 0 & i\lambda_3 \\ i\lambda_1+\lambda_4 & i\lambda_2 & i\lambda_3 & 2i\lambda_4 \end{matrix}$$

und hieraus für die $\gamma'_{\mu\nu}$

$$\left(\frac{1}{\phi'}\gamma'_{\mu\nu}=\right)\left.\begin{matrix} \lambda_1-i\lambda_4 & \lambda_2 & \lambda_3 & i\lambda_1+\lambda_4 \\ \lambda_2 & -\lambda_1-i\lambda_4 & 0 & i\lambda_2 \\ \lambda_3 & 0 & -\lambda_1-i\lambda_4 & i\lambda_3 \\ i\lambda_2+\lambda_4 & i\lambda_2 & i\lambda_3 & -\lambda_1+i\lambda_4 \end{matrix}\right\}. \quad (20)$$

Setzen wir noch fest, daß die Funktion ϕ in (19) mit der Funktion f in (14) durch die Beziehung

$$\phi' = f \qquad (21)$$

verknüpft sei, so zeigt sich, daß abgesehen von der Bezeichung der Konstanten die $\gamma'_{\mu\nu}$ gemäß (20) mit den $\gamma'_{\mu\nu}$ gemäß (14) und (17) vollkommen übereinstimmen.

Diejenigen Gravitationswellen, welche keine Energie transportieren, lassen sich also aus einem feldfreien System durch bloße Koordinatentransformation erzeugen; ihre Existenz ist (in diesem Sinne) nur eine scheinbare. Im eigentlichen Sinne real sind daher nur solche längs der x-Achse sich fortpflanzende Wellen, welche einer Ausbreitung der Größen $\frac{\gamma'_{22}-\gamma'_{33}}{2}$ und γ'_{23} $\left(\text{bzw. der Größen } \frac{\gamma_{22}-\gamma_{33}}{2} \text{ und } \gamma_{23}\right)$ entsprechen. Diese beiden Typen unterscheiden sich nicht dem Wesen, sondern nur der Orientierung nach voneinander. Das Wellenfeld ist winkeldeformierend in der zur Fortpflanzungsrichtung senkrechten Ebene. Dichte des Energiestromes, des Impulses und der Energie sind durch (16) gegeben.

§ 4. Die Emission von Gravitationswellen durch mechanische Systeme.

Wir betrachten ein isoliertes mechanisches System, dessen Schwerpunkt dauernd mit dem Koordinatenursprung zusammenfalle. Die in demselben vor sich gehenden Veränderungen seien so langsam und dessen räumliche Ausdehnung sei so gering, daß die dem Abstand irgend zweier materieller Punkte des Systems entsprechende Lichtzeit als unendlich kurz betrachtet werden kann. Wir fragen nach den in Richtung der positiven x-Achse von dem System gesandten Gravitationswellen.

Die letztgenannte Beschränkung bringt es mit sich, daß wir für genügend großen Abstand R eines Aufpunktes vom Koordinatenursprung an die Stelle von (7) die Gleichung

$$\gamma'_{\mu\nu} = -\frac{\varkappa}{2\pi R}\int T_{\mu\nu}(x_0,\ y_0,\ z_0,\ t-R)\,dV_0 \qquad (7a)$$

setzen dürfen. Wir können uns auf die Betrachtung Energie transportierender Wellen beschränken; dann haben wir nach den Ergebnissen des § 3 nur die Komponenten γ'_{23} und $\frac{1}{2}(\gamma'_{22}-\gamma'_{33})$ zu bilden. Die auf der rechten Seite von (7a) auftretenden Raumintegrale lassen sich in einer von M. LAUE ersonnenen Weise umformen. Wir wollen hier nur die Berechnung des Integrals

$$\int T_{23}\,dV_0$$

ausführlich angeben. Multipliziert man die beiden Impulsgleichungen

$$\frac{\partial T_{21}}{\partial x_1}+\frac{\partial T_{22}}{\partial x_2}+\frac{\partial T_{23}}{\partial x_3}+\frac{\partial T_{24}}{\partial x_4}=\sigma,$$

$$\frac{\partial T_{31}}{\partial x_1}+\frac{\partial T_{32}}{\partial x_2}+\frac{\partial T_{33}}{\partial z_3}+\frac{\partial T_{34}}{\partial x_4}=\sigma$$

mit $\frac{1}{2}x_3$ bzw. $\frac{1}{2}x_2$, integriert beide über das ganze materielle System und addiert sie dann, so erhält man nach einfacher Umformung durch partielle Integration

$$-\int T_{23}\,dV_0+\frac{1}{2}\frac{d}{dx_4}\left\{\int(x_3T_{24}+x_2T_{34})\,dV_0\right\}=0\,.$$

Das letztere Integral formen wir wieder mittels der Energiegleichung

$$\frac{\partial T_{41}}{\partial x_1}+\frac{\partial T_{42}}{\partial x_2}+\frac{\partial T_{43}}{\partial x_3}+\frac{\partial T_{44}}{\partial x_4}=0$$

um, indem wir diese mit $\frac{1}{2}x_2x_3$ multiplizieren, abermals integrieren und durch partielle Integration umformen. Wir erhalten

$$-\frac{1}{2}\int(x_3T_{42}+x_2T_{43})\,dV_0+\frac{1}{2}\frac{d}{dx_4}\left\{\int x_2x_3T_{44}\,dV_0\right\}=0\,.$$

Setzt man dies in obige Gleichung ein, so erhält man

$$\int T_{23}\,dV_0=\frac{1}{2}\frac{d^2}{dx_4^2}\left\{\int x_2x_3T_{44}\,dV_0\right\},$$

oder da $\frac{d^2}{dx_4^2}$ durch $-\frac{d^2}{dt^2}$, T_{44} durch die negative Dichte $(-\rho)$ der Materie zu ersetzen ist:

$$\int T_{23}\,dV_0 = \frac{1}{2}\ddot{\mathfrak{J}}_{23}\,. \tag{22}$$

Dabei ist zur Abkürzung

$$\mathfrak{J}_{\mu\nu} = \int x_\mu x_\nu \rho\, dV_0 \tag{23}$$

gesetzt; $\mathfrak{J}_{\mu\nu}$ sind die Komponenten des (zeitlich variabeln) Trägheitsmomentes des materiellen Systems.

Auf analogem Wege erhält man

$$\int (T_{22}-T_{33})\,dV_0 = \frac{1}{2}(\ddot{\mathfrak{J}}_{22}-\ddot{\mathfrak{J}}_{33})\,. \tag{24}$$

Aus (7a) ergibt sich auf Grund von (22) und (24)

$$\gamma'_{23} = -\frac{\varkappa}{4\pi R}\ddot{\mathfrak{J}}_{23}\,. \tag{25}$$

$$\frac{\gamma'_{22}-\gamma'_{33}}{2} = -\frac{\varkappa}{4\pi R}\left(\frac{\ddot{\mathfrak{J}}_{22}-\ddot{\mathfrak{J}}_{33}}{2}\right). \tag{26}$$

Die $\mathfrak{J}_{\mu\nu}$ sind nach (7a), (22), (24) für die Zeit $t-R$ zu nehmen, also Funktionen von $t-R$, oder bei großem R in der Nähe der x-Achse auch Funktionen von $t-x$. (25), (26) stellen also Gravitationswellen dar, deren Energiefluß längs der x-Achse gemäß (16) die Dichte

$$\frac{t_{41}}{i} = \frac{\varkappa}{64\pi^2 R^2}\left[\left(\frac{\dddot{\mathfrak{J}}_{22}-\dddot{\mathfrak{J}}_{33}}{2}\right)^2 + \dddot{\mathfrak{J}}_{23}^{\,2}\right] \tag{27}$$

besitzt.

Wir stellen uns noch die Aufgabe, die gesamte Ausstrahlung des Systems durch Gravitationswellen zu berechnen. Um diese Aufgabe zu lösen, fragen wir zunächst nach der Energiestrahlung des betrachteten mechanischen Systems nach der durch die Richtungskosinus α_ν definierten Richtung. Diese kann man durch Transformation oder kürzer durch Zurückführung auf folgende formale Aufgabe lösen.

Es sei $A_{\mu\nu}$ ein symmetrischer Tensor (in drei Dimensionen), α_ν ein Vektor. Man sucht einen Skalar S, der Funktion der $A_{\mu\nu}$ und α_ν ist und in den $A_{\mu\nu}$ ganz und homogen vom zweiten Grade, welcher Skalar für $\alpha_1 = 1$, $\alpha_2 = \alpha_3 = 0$ in

$$\left(\frac{A_{22}-A_{33}}{2}\right)^2 + A_{23}^2$$

übergeht. — Der gesuchte Skalar wird eine Funktion der Skalare $\sum_{\mu} A_{\mu\mu}$, $\sum_{\mu\nu} A^2_{\mu\nu}$, $\sum_{\mu\nu} A_{\mu\nu}\alpha_\mu\alpha_\nu$, $\sum_{\mu\tau\tau} A_{\mu\tau}A_{\mu\tau}\alpha_\tau\alpha_\tau$ sein. Mit Rücksicht darauf, daß die beiden letzten Skalare für $\alpha_\nu = (1, 0, 0)$ in A_{11} bzw. $\sum_{\mu} A^2_{1\mu}$ übergehen, findet man nach einiger Überlegung, daß der gesuchte Skalar ist:

$$S = -\frac{1}{4}\left(\sum A_{\mu\mu}\right)^2 + \frac{1}{2}\sum_{\mu} A_{\mu\mu}\sum_{\varrho\tau} A_{\varrho\tau}\alpha_\varrho\alpha_\tau + \frac{1}{4}\left(\sum_{\varrho\tau} A_{\varrho\tau}\alpha_\varrho\alpha_\tau\right)^2 + \frac{1}{2}\sum_{\mu\nu} A^2_{\mu\nu} - \sum_{\mu\sigma\tau} A_{\mu\sigma}A_{\mu\tau}\alpha_\sigma\alpha_\tau . \qquad (28)$$

Es ist klar, daß S die Dichte der in der Richtung $(\alpha_1, \alpha_2, \alpha_3)$ von dem mechanischen System radial nach außen fließenden Gravitationsstrahlung ist, wenn

$$A_{\mu\nu} = \frac{\sqrt{\varkappa}}{8\pi R}\dddot{\mathfrak{J}}_{\mu\nu} \qquad (29)$$

gesetzt wird.

Mittelt man S bei Festhaltung der $A_{\mu\nu}$ über alle Richtungen des Raumes, so erhält man die mittlere Dichte $\bar{S}$ der Ausstrahlung. Das mit $4\pi R^2$ multiplizierte $\bar{S}$ endlich ist der Energieverlust pro Zeiteinheit des mechanischen Systems durch Gravitationswellen. Die Rechnung ergibt

$$4\pi R^2\bar{S} = \frac{\varkappa}{80\pi}\left[\sum_{\mu\nu}\dddot{\mathfrak{J}}^2_{\mu\nu} - \frac{1}{3}\left(\sum_{\mu}\dddot{\mathfrak{J}}_{\mu\mu}\right)^2\right]. \qquad (30)$$

Man sieht an diesem Ergebnis, daß ein mechanisches System, welches dauernd Kugelsymmetrie behält, nicht strahlen kann, im Gegensatz zu dem durch einen Rechenfehler entstellten Ergebnis der früheren Abhandlung.

Aus (27) ist ersichtlich, daß die Ausstrahlung in keiner Richtung negativ werden kann, also sicher auch nicht die totale Ausstrahlung. Bereits in der früheren Abhandlung ist betont geworden, daß das Endergebnis dieser Betrachtung, welches einen Energieverlust der Körper infolge der thermischen Agitation verlangen würde, Zweifel an der allgemeinen Gültigkeit der Theorie hervorrufen muß. Es scheint, daß eine vervollkommnete Quantentheorie eine Modifikation auch der Gravitationstheorie wird bringen müssen.

§ 5. Einwirkung von Gravitationswellen auf mechanische Systeme.

Der Vollständigkeit halber wollen wir auch kurz überlegen, inwiefern Energie von Gravitationswellen auf mechanische Systeme übergehen kann. Es liege wieder ein mechanisches System vor von der im § 4 untersuchten Art. Dasselbe unterliege der Einwirkung einer Gravitationswelle von — gegen die Ausdehnung des Systems — großer Wellenlänge. Um die Energieaufnahme des Systems kennen zu lernen, knüpfen wir an die Impuls-Energie-Gleichung der Materie an

$$\sum_\sigma \frac{\partial \mathfrak{T}_\mu^\sigma}{\partial x_\sigma} + \frac{1}{2}\sum_{\varrho\sigma} \frac{\partial g^{\varrho\sigma}}{\partial x_\mu} \mathfrak{T}_{\varrho\sigma} = 0 .$$

Diese integrieren wir bei konstantem x_4 über das ganze System und erhalten für $\mu = 4$ (Energiesatz)

$$\frac{d}{dx_4}\left\{\int \mathfrak{T}_4^4 \, dV\right\} = -\frac{1}{2}\int dV \sum_{\varrho\sigma} \frac{\partial g^{\varrho\sigma}}{\partial x_4} \mathfrak{T}_{\varrho\sigma} .$$

Das Integral der linken Seite ist die Energie E des ganzen materiellen Systems. Links steht also die zeitliche Zunahme dieser Energie. Führt man die Differentiationen nach der reellen Zeit aus und beschränkt sich rechter Hand auf die Beibehaltung der Glieder zweiter Größenordnung, so erhält man

$$\frac{dE}{dt} = \frac{1}{2}\int dV \sum_{\varrho\sigma}\left(\frac{\partial \gamma_{\varrho\sigma}}{\partial t} T_{\varrho\sigma}\right) . \tag{31}$$

Nun können wir die das Gravitationsfeld darstellenden $\gamma_{\varrho\sigma}$ in einen der einfallenden Welle entsprechenden Anteil $(\gamma_{\varrho\sigma})_w$ und in einen Bestandteil $(\gamma_{\varrho\sigma})_v$ spalten, gemäß der Gleichung

$$\gamma_{\varrho\sigma} = (\gamma_{\varrho\sigma})_w + (\gamma_{\varrho\sigma})_v . \tag{32}$$

Demgemäß spaltet sich das Integral der rechten Seite von (31) in eine Summe von zwei Integralen, von denen das erste den Energiezuwachs ausdrückt, der aus der Welle stammt. Dieser interessiert uns hier allein; wir wollen daher, um die Schreibweise nicht zu komplizieren, (31) dahin interpretieren, daß $\frac{dE}{dt}$ den aus der Welle allein stammenden Energiezuwachs und $\gamma_{\varrho\sigma}$ den oben mit $(\gamma_{\varrho\sigma})_w$ bezeichneten Anteil bedeuten soll. Dann ist $\gamma_{\varrho\sigma}$ eine örtlich langsam veränderliche Funktion, so daß wir setzen dürfen

$$\frac{dE}{dt} = \frac{1}{2}\sum_{\varrho\sigma} \frac{\partial \gamma_{\varrho\sigma}}{\partial t} \cdot \int T_{\varrho\sigma} \, dV . \tag{33}$$

Es sei die wirkende Welle eine Energie transportierende, in welcher nur die Komponente γ_{23} $(= \gamma'_{23})$ des Gravitationsfeldes von Null verschieden sei. Dann ist wegen (22)

$$\frac{dE}{dt} = \frac{1}{2} \frac{\partial \gamma_{23}}{\partial t} \frac{d^2 \mathfrak{J}_{23}}{dt^2} . \tag{34}$$

Bei gegebener Welle und gegebenem mechanischen Vorgang ist hiernach die der Welle entzogene Energie durch Integration ermittelbar.

§ 6. Antwort auf einen von Hrn. Levi-Civita herrührenden Einwand.

In einer Serie interessanter Untersuchungen hat Hr. Levi-Civita in letzter Zeit zur Klärung von Problemen der allgemeinen Relativitätstheorie beigetragen. In einer dieser Arbeiten[1] stellt er sich bezüglich der Erhaltungssätze auf einen von dem meinigen abweichenden Standpunkt und bestreitet auf Grund dieser seiner Auffassung die Berechtigung meiner Schlüsse in bezug auf die Ausstrahlung der Energie durch Gravitationswellen. Wenn wir auch unterdessen durch Briefwechsel die Frage in einer für uns beide genügenden Weise geklärt haben, halte ich es doch im Interesse der Sache für gut, einige allgemeine Bemerkungen über die Erhaltungssätze hier anzufügen.

Es ist allgemein zugegeben, daß gemäß den Grundlagen der allgemeinen Relativitätstheorie eine bei beliebiger Wahl des Bezugssystems gültige Vierergleichung von der Form

$$\sum_{\nu} \frac{\partial (\mathfrak{T}_{\sigma}^{\nu} + \mathfrak{t}_{\sigma}^{\nu})}{\partial x_{\nu}} = 0 \qquad (\sigma = 1, 2, 3, 4) \quad (35)$$

existiert, wobei die $\mathfrak{T}_{\sigma}^{\nu}$ die Energiekomponenten der Materie, die $\mathfrak{t}_{\sigma}^{\nu}$ Funktionen der $g_{\mu\nu}$ und ihrer ersten Ableitungen sind. Aber es bestehen Meinungsverschiedenheiten darüber, ob man die $\mathfrak{t}_{\sigma}^{\nu}$ als die Energiekomponenten des Gravitationsfeldes aufzufassen hat. Diese Meinungsverschiedenheit halte ich für unerheblich, für eine bloße Wortfrage. Ich behaupte aber, daß die angegebene, nicht bestrittene Gleichung diejenigen Erleichterungen der Übersicht mit sich bringt, welche den Wert der Erhaltungssätze ausmachen. Dies sei an der vierten Gleichung ($\sigma = 4$) erläutert, welche ich als Energiegleichung zu bezeichnen pflege.

Es liege ein räumlich begrenztes materielles System vor, außerhalb dessen materielle Dichten und elektromagnetische Feldstärken verschwinden. Wir denken uns eine ruhende Fläche S, welche das ganze materielle System umschließt. Dann erhält man durch Integration der vierten Gleichung über den von S umschlossenen Raum:

$$-\frac{d}{dx_4}\left\{\int (\mathfrak{T}_4^4 + \mathfrak{t}_4^4)\, dV\right\} = \int_S \left(\mathfrak{t}_4^1 \cos(nx_1) + \mathfrak{t}_4^2 \cos(nx_2) + \mathfrak{t}_{4}^{3} \cos(nx_3)\right) d\sigma \quad (36)$$

Niemand kann durch irgendwelche Gründe gezwungen werden, $\mathfrak{t}_4^4$ als Energiedichte des Gravitationsfeldes und $(\mathfrak{t}_4^1, \mathfrak{t}_4^2, \mathfrak{t}_4^3)$ als Komponenten des

[1] Accademia dei Lincei, Vol. XXVI, Seduta des 1.° aprile 1917.

Gravitations-Energieflusses zu bezeichnen. Aber man kann folgendes behaupten: Wenn das Raumintegral von t_4^4 klein ist gegenüber demjenigen von der »materiellen« Energiedichte $\mathfrak{T}_4^4$, stellt die rechte Seite sicherlich den Verlust an materieller Energie des Systems dar. Dies allein ist es, was in der vorstehenden und in meiner früheren Abhandlung über Gravitationswellen benutzt ist.

Hr. Levi-Civita (und vor ihm mit weniger Nachdruck schon H. A. Lorentz) hat eine von (35) abweichende Formulierung der Erhaltungssätze vorgeschlagen. Er (und mit ihm auch andere Fachgenossen) ist gegen eine Betonung der Gleichungen (35) und gegen die obige Interpretation, weil die t_σ^ν keinen Tensor bilden. Letzteres ist zuzugeben; aber ich sehe nicht ein, warum nur solchen Größen eine physikalische Bedeutung zugeschrieben werden soll, welche die Transformationseigenschaften von Tensorkomponenten haben. Nötig ist nur, daß die Gleichungssysteme für jede Wahl des Bezugssystems gelten, was für das Gleichungssystem (35) zutrifft. Levi-Civita schlägt folgende Formulierung des Energie-Impuls-Satzes vor. Er schreibt die Feldgleichungen der Gravitation in der Form

$$T_{im} + A_{im} = 0\,, \qquad (37)$$

wobei T_{im} der Energietensor der Materie und A_{im} ein kovarianter Tensor ist, der von den $g_{\mu\nu}$ und ihren beiden ersten Ableitungen nach den Koordinaten abhängt. Die A_{im} werden als die Energiekomponenten des Gravitationsfeldes bezeichnet.

Ein logischer Einwand gegen eine derartige Benennung kann natürlich nicht erhoben werden. Aber ich finde, daß aus Gleichung (37) nicht derartige Folgerungen gezogen werden können, wie wir sie aus den Erhaltungssätzen zu ziehen gewohnt sind. Es hängt dies damit zusammen, daß nach (37) die Gesamtenergiekomponenten überall verschwinden. Die Gleichungen (37) schließen es beispielsweise (im Gegensatz zu den Gleichungen (35)) nicht aus, daß ein materielles System sich vollständig in das Nichts auflöse, ohne eine Spur zu hinterlassen. Denn seine Gesamtenergie ist nach (37) (nicht aber nach (35)) von Anfang an gleich null; die Erhaltung dieses Energiewertes verlangt nicht die Fortexistenz des Systems in irgendeiner Form.

Ausgegeben am 21. Februar.

Berlin, gedruckt in der Reichsdruckerei.

SITZUNGSBERICHTE

1918.

XII.

DER

KÖNIGLICH PREUSSISCHEN

AKADEMIE DER WISSENSCHAFTEN.

7. März. Sitzung der physikalisch-mathematischen Klasse.

270 Sitzung der physikalisch-mathematischen Klasse vom 7. März 1918

Kritisches zu einer von Hrn. De Sitter gegebenen Lösung der Gravitationsgleichungen.

Von A. Einstein.

Hr. De Sitter, dem wir tiefgreifende Untersuchungen auf dem Gebiete der allgemeinen Relativitätstheorie verdanken, hat in letzter Zeit eine Lösung der Gravitationsgleichungen gegeben[1], welche nach seiner Meinung möglicherweise die metrische Struktur des Weltraumes darstellen könnte. Gegen die Zulässigkeit dieser Lösung scheint mir aber ein schwerwiegendes Argument zu sprechen, das im folgenden dargelegt werden soll.

Die De Sittersche Lösung der Feldgleichungen

$$G_{\mu\nu} - \lambda g_{\mu\nu} = -\varkappa T_{\mu\nu} + \frac{1}{2} g_{\mu\nu} \varkappa T \tag{1}$$

lautet

$$\left.\begin{aligned} &T_{\mu\nu} = 0 \text{ (für alle Indices)} \\ &ds^2 = -dr^2 - R^2 \sin^2 \frac{r}{R}\left[d\psi^2 + \sin^2\psi\, d\Theta^2\right] + \cos^2 \frac{r}{R}\, c^2 dt^2 \end{aligned}\right\} . \tag{2}$$

wobei r, ψ, ϑ, t als Koordinaten $(x_1 \cdots x_4)$ aufzufassen sind. —

Wir werden es als Forderung der Theorie zu bezeichnen haben, daß die Gleichungen (1) für alle Punkte im Endlichen gelten. Dies wird nur dann der Fall sein können, wenn sowohl die $g_{\mu\nu}$, wie die zugehörigen kontravarianten $g^{\mu\nu}$ (nebst ihren ersten Ableitungen) stetig und differenzierbar sind; im besonderen darf also die Determinante $g = |g_{\mu\nu}|$ nirgends im Endlichen verschwinden. Diese Aussage bedarf aber noch einer näheren Bestimmung und einer Einschränkung. Ein Punkt P heißt dann »ein im Endlichen gelegener Punkt«, wenn er mit einem ein für allemal gewählten Anfangspunkt P_0 durch eine Kurve verbunden werden kann, so daß das über diese erstreckte Abstandsintegral

[1] Proc. Acad. Amsterdam. Vol. XX. 30. Juni 1917. Monthly Notices of the Royal Astronomical Society Vol. LXXVIII. Nr. 1.

$$\int_{P_0}^{P} ds$$

einen endlichen Wert hat. Ferner ist die Stetigkeitsbedingung für die $g_{\mu\nu}$ und $g^{\mu\nu}$ nicht so aufzufassen, daß es eine Koordinatenwahl geben müsse, bei welcher ihr im ganzen Raume Genüge geleistet wird. Es muß offenbar nur gefordert werden, daß es für die Umgebung eines jeden Punktes eine Koordinatenwahl gibt, bei welcher für diese Umgebung der Stetigkeitsbedingung genügt wird; diese Einschränkung der Stetigkeitsforderung ergibt sich naturgemäß aus der allgemeinen Kovarianz der Gleichungen (1). —

Für die DE SITTERsche Lösung ist nun nach (2)

$$g = -R^4 \sin^4 \frac{r}{R} \sin^2 \psi \cos^2 \frac{r}{R} .$$

g verschwindet also zunächst für $r = 0$ und für $\psi = 0$. Dieses Verhalten bedeutet aber eine nur scheinbare Verletzung der Stetigkeitsbedingung, wie durch passende Änderung der Koordinatenwahl leicht bewiesen werden kann. g verschwindet aber auch für $r = \frac{\pi}{2} R$, und zwar scheint es sich hier um eine Unstetigkeit zu handeln, die durch keine Koordinatenwahl beseitigt werden kann. Ferner ist klar, daß die Punkte der Fläche $r = \frac{\pi}{2} R$ als im Endlichen gelegene Punkte aufzufassen sind, falls wir den Punkt $r = t = 0$ zum Punkt P_0 wählen; denn das bei konstantem ψ, Θ und t genommene Integral

$$\int_{0}^{\frac{\pi}{2}R} dr$$

ist endlich. Bis zum Beweise des Gegenteils ist also anzunehmen, daß die DE SITTERsche Lösung in der im Endlichen gelegenen Fläche $r = \frac{\pi}{2} R$ eine echte Singularität aufweist, d. h. den Feldgleichungen (1) bei keiner Wahl der Koordinaten entspricht.

Bestände die DE SITTERsche Lösung überall zu Recht, so würde damit gezeigt sein, daß der durch die Einführung des »λ-Gliedes« von mir beabsichtigte Zweck nicht erreicht wäre. Nach meiner Meinung bildet die allgemeine Relativitätstheorie nämlich nur dann ein befriedigendes System, wenn nach ihr die physikalischen Qualitäten des Raumes allein durch die Materie vollständig bestimmt werden. Es darf also kein $g_{\mu\nu}$-Feld, d. h. kein Raum — Zeit — Kontinuum, möglich sein ohne Materie, welche es erzeugt.

In Wahrheit löst das De Sittersche System (2) die Gleichungen (1) überall, nur nicht in der Fläche $r = \frac{\pi}{2} R$. Dort wird — wie in unmittelbarer Nähe eines gravitierenden Massenpunktes — die Komponente g_{44} des Gravitationspotentials zu null. Das De Sittersche System dürfte also keineswegs dem Falle einer materielosen Welt, sondern vielmehr dem Falle einer Welt entsprechen, deren Materie ganz in der Fläche $r = \frac{\pi}{2} R$ konzentriert ist: dies könnte wohl durch einen Grenzübergang von räumlicher zu flächenhafter Verteilung der Materie nachgewiesen werden.

Ausgegeben am 21. März.

SITZUNGSBERICHTE 1918. XXIV.

DER

KÖNIGLICH PREUSSISCHEN

AKADEMIE DER WISSENSCHAFTEN.

Sitzung der physikalisch-mathematischen Klasse vom 16. Mai.

Der Energiesatz in der allgemeinen Relativitätstheorie.

Von A. Einstein.

Der Energiesatz in der allgemeinen Relativitätstheorie.

Von A. Einstein.

Während die allgemeine Relativitätstheorie bei den meisten theoretischen Physikern und Mathematikern Zustimmung gefunden hat, erheben doch fast alle Fachgenossen gegen meine Formulierung des Impuls-Energiesatzes Einspruch[1]. Da ich der Überzeugung bin, mit dieser Formulierung das Richtige getroffen zu haben, will ich im folgenden meinen Standpunkt in dieser Frage mit der erforderlichen Ausführlichkeit vertreten[2].

§ 1. Formulierung des Satzes und gegen dieselbe erhobene Einwände.

Nach dem Energiesatze gibt es eine in bestimmter Weise definierte, über die Teile eines jeden (isolierten) Systems erstreckte Summe, die Energie, welche ihren Wert im Laufe der Zeit nicht ändert, welcher Art auch die Prozesse sein mögen, welche das System durchmacht. Der Satz ist also ursprünglich, ebenso wie der aus drei ähnlichen Erhaltungsgleichungen gebildete Impulssatz, ein Integralgesetz. Die spezielle Relativitätstheorie hat die vier Erhaltungssätze zu einem einheitlichen Differentialgesetze verschmolzen, welches das Verschwinden der Divergenz des »Energietensors« ausdrückt. Dies Differentialgesetz ist jenen aus der Erfahrung abstrahierten Integralsätzen gleichwertig; hierin allein liegt seine Bedeutung.

Die vom formalen Standpunkte aus sinngemäße Übertragung dieses Gesetzes auf die allgemeine Relativitätstheorie ist die Gleichung

[1] Vgl. z. B. E. Schrödinger, Phys. Zeitschr. 19, 1918, 4—7; H. Bauer, Phys. Zeitschr. 19, 1918, S. 163. Dagegen teilt G. Nordström meine Auffassung des Energiesatzes; vgl. dessen jüngst erschienene Abhandlung »Jets over de massa van een stoffelijkstelsel ....« Amsterdamer Akademie-Ber. Deel XXVI, 1917, S. 1093—1108.

[2] Um nicht Bekanntes wiederholen zu müssen, stütze ich mich auf die Ergebnisse meiner Darstellung der Grundlagen der Theorie, wie ich sie in der Arbeit »Hamiltonsches Prinzip und allgemeine Relativitätstheorie« (diese Berichte, XLII, 1916, S. 1111—1116) gegeben habe: Gleichungen jener Arbeit sind hier mit »l. c.« bezeichnet

$$\frac{\partial \mathfrak{T}_\sigma^\nu}{\partial x_\nu} + \frac{1}{2} g_\sigma^{\mu\nu} \mathfrak{T}_{\mu\nu} = 0,$$

deren linke Seite eine Divergenz im Sinne des absoluten Differentialkalküls ist. $\frac{1}{\sqrt{-g}} \mathfrak{T}_\sigma^\nu$ ist ein Tensor, der Energietensor der »Materie«. Vom physikalischen Standpunkt aus kann diese Gleichung nicht als vollwertiges Äquivalent für die Erhaltungssätze des Impulses und der Energie angesehen werden, weil ihr nicht Integralgleichungen entsprechen, die als Erhaltungssätze des Impulses und der Energie gedeutet werden können. Auf das Planetensystem angewendet, kann beispielsweise aus diesen Gleichungen niemals geschlossen werden, daß die Planeten sich nicht unbegrenzt von der Sonne entfernen können, und daß der Schwerpunkt des ganzen Systems relativ zu den Fixsternen in Ruhe (bzw. gleichförmiger Translationsbewegung) verharren müsse. Die Erfahrung nötigt uns offenbar, ein Differentialgesetz zu suchen, das Integralgesetzen der Erhaltung des Impulses und der Energie äquivalent ist. Dies leistet, wie im nachfolgenden ausführlicher gezeigt werden wird, die von mir bewiesene Gleichung (21 l. c.)

$$\frac{\partial \mathfrak{U}_\sigma^\nu}{\partial x_\nu} = 0, \tag{1}$$

wobei $\mathfrak{U}_\sigma^\nu$ aus der Hamiltonschen Gesamtfunktion gemäß der Formel (19 und 20 l. c.)

$$\mathfrak{U}_\sigma^\nu = \mathfrak{T}_\sigma^\nu + \mathfrak{t}_\sigma^\nu = -\left(\frac{\partial \mathfrak{H}^*}{\partial g_\alpha^{\mu\sigma}} g_\alpha^{\mu\nu} + \frac{\partial \mathfrak{H}^*}{\partial g^{\mu\sigma}} g^{\mu\nu}\right) \tag{2}$$

zu berechnen ist.

Diese Formulierung stößt bei den Fachgenossen deshalb auf Widerstand, weil $(\mathfrak{U}_\sigma^\nu)$ und $(\mathfrak{t}_\sigma^\nu)$ keine Tensoren sind, während sie erwarten, daß alle für die Physik bedeutsamen Größen sich als Skalare und Tensorkomponenten auffassen lassen müssen. Sie betonen ferner[1], daß man es in der Hand hat, die $\mathfrak{U}_\sigma^\nu$ in gewissen Fällen durch geeignete Koordinatenwahl sämtlich zum Verschwinden zu bringen oder ihnen von null verschiedene Werte zu erteilen. Es wird daher an der Bedeutung der Gleichung (1) ziemlich allgemein gezweifelt.

Demgegenüber will ich im folgenden dartun, daß durch Gleichung (1) der Begriff der Energie und des Impulses ebenso straff festgelegt wird, wie wir es von der klassischen Mechanik her zu fordern gewohnt sind. Energie und Impuls eines abgeschlossenen Systems sind, unabhängig von der Koordinatenwahl, vollkommen bestimmt, wenn nur der Be-

---

[1] Vgl. die oben zitierte Arbeit von H. Bauer.

wegungszustand des Systems (als Ganzes betrachtet) relativ zum Koordinatensystem gegeben ist; es ist also beispielsweise die »Ruheenergie« eines beliebigen abgeschlossenen Systems von der Koordinatenwahl unabhängig. Der im folgenden gegebene Beweis beruht im wesentlichen nur darauf, daß die Gleichung (1) für jede beliebige Wahl der Koordinaten gilt.

§ 2. Inwiefern sind Energie und Impuls von der Wahl der Koordinaten unabhängig?

Wir wählen im folgenden das Koordinatensystem so, daß alle Linienelemente $(0, 0, 0, dx_4)$ zeitartig, alle Linienelemente $(dx_1, dx_2, dx_3, 0)$ raumartig sind; dann können wir die vierte Koordinate in gewissem Sinne als »die Zeit« bezeichnen.

Damit wir von der Energie bzw. dem Impuls eines Systems reden können, muß außerhalb eines gewissen Bereiches B die Dichte der Energie und des Impulses verschwinden. Dies wird im allgemeinen nur dann der Fall sein, wenn außerhalb B die $g_{\mu\nu}$ konstant sind, d. h. wenn das betrachtete System in einen »Galileischen Raum« eingebettet ist, und wir zur Beschreibung der Umgebung des Systems uns »Galileischer Koordinaten« bedienen. Der Bereich B ist in der Zeitrichtung unendlich ausgedehnt, d. h. er schneidet jede Hyperfläche $x_4 =$ konst. Seine Schnittfigur mit einer Hyperfläche $x_4 =$ konst. ist stets allseitig begrenzt. Innerhalb des Bereiches B gibt es kein »Galileisches Koordinatensystem«; die Wahl der Koordinaten innerhalb B unterliegt vielmehr der einzigen Beschränkung; daß sich letztere stetig an die Koordinaten außerhalb B anschließen müssen. Wir werden im folgenden mehrere derartige Koordinatensysteme betrachten. die alle außerhalb B miteinander übereinstimmen.

Die Integralsätze der Erhaltung des Impulses und der Energie ergeben sich aus (1) durch Integration dieser Gleichung nach x_1, x_2, x_3 über den Bereich B. Da an den Grenzen dieses Bereiches alle $\mathfrak{U}_\sigma^\nu$ verschwinden, erhält man

$$\frac{d}{dx_4}\left[\int \mathfrak{U}_\sigma^4 \, dx_1 \, dx_2 \, dx_3\right] = 0. \qquad (3)$$

Diese 4 Gleichungen drücken nach meiner Ansicht den Impulssatz ($\sigma = 1$ bis 3) und den Energiesatz ($\sigma = 4$) aus. Wir wollen das in (3) auftretende Integral mit J_σ bezeichnen. Ich behaupte nun, daß die J_σ unabhängig sind von der Koordinatenwahl für alle Koordinatensysteme, welche außerhalb B mit einem und demselben galileischen System übereinstimmen.

Durch Integration von (3) zwischen $x_4 = t_1$ und $x_4 = t_2$ erhält man zunächst für ein Koordinatensystem K:

$$(J_\sigma)_1 = (J_\sigma)_2 . \qquad (4)$$

Führen wir außerdem ein zweites (gestrichenes) Koordinatensystem K' ein, das außerhalb B mit K übereinstimmt, so haben wir ebenso für die Schnitte $x'_4 = t'_1$ und $x'_4 = t'_2$

$$(J'_\sigma)_1 = (J'_\sigma)_2 .$$

Wir konstruieren nun ein drittes Koordinatensystem K'' von der betrachteten Art, welches ohne Verletzung der Stetigkeit in der Umgebung des Schnittes $x_4 = t_1$ mit K und in der Umgebung des Schnittes $x'_4 = t'_2$ mit K' zusammenfällt. Die Integration von (3) zwischen diesen Schnitten liefert dann

$$(J_\sigma)_1 = (J'_\sigma)_2 . \qquad (5)$$

Aus den drei Beziehungen folgt, daß J_σ von der Koordinatenwahl innerhalb B unabhängig ist. Die J_σ ändern sich also lediglich mit der Wahl des Galileischen Koordinatensystems außerhalb B. Wir erschöpfen also alle Möglichkeiten, wenn wir so vorgehen: wir setzen zunächst ein Koordinatensystem fest, welches außerhalb B galileisch, innerhalb B willkürlich gewählt ist, und bedienen uns dann nur aller derjenigen Koordinatensysteme, welche mit diesem durch Lorentz-Transformationen verknüpft sind. Bezüglich dieser Gruppe haben die $\mathfrak{U}_\sigma^\nu$ Tensorcharakter, und es läßt sich nach den Methoden der speziellen Relativitätstheorie dartun, daß (J_σ) ein Viervektor ist. Wie in der speziellen Relativitätstheorie läßt sich also setzen

$$J_\sigma = E_0 \frac{dx_\sigma}{ds} , \qquad (6)$$

wobei E_0 die »Ruheenergie«, $\frac{dx_\sigma}{ds}$ die Geschwindigkeit (Vierervektor) des Systems (als Ganzes) bezeichnet. E_0 ist gleich der Komponente J_4 bei solcher Koordinatenwahl, das $J_1 = J_2 = J_3 = 0$ ist.

Trotz der freien Koordinatenwahl innerhalb B ist also die Ruheenergie bzw. die Masse des Systems eine scharf definierte Größe, die von der Koordinatenwahl nicht abhängt. Dies ist um so bemerkenswerter, als wegen des mangelnden Tensorcharakters von $\mathfrak{U}_\sigma^\nu$ den Komponenten der Energiedichte keinerlei invariante Interpretation gegeben werden kann.

Denkt man sich beispielsweise das Innere von B ebenfalls leer, so hat das so definierte System zwar eine verschwindende Gesamtenergie; aber man hat es durch Wahl der Koordinaten im Innern von B in der Hand, die verschiedensten Energieverteilungen herbeizuführen, die allerdings alle das Integral 0 liefern. So kommen wir entgegen unseren heutigen Denkgewohnheiten dazu, einem Integral mehr Realitätswert zuzumessen als seinen Differentialen.

§ 3. Der Integralsatz für die geschlossene Welt.

Um überhaupt von einem isolierten System reden zu können, mußten wir im Vorigen annehmen, daß sich das metrische Kontinuum in hinreichender Entfernung vom System galileisch verhalte, eine Voraussetzung, die für Gebiete von der Größenordnung des Planetensystems sicherlich mit großer Annäherung erfüllt ist. In einer voriges Jahr publizierten Arbeit[1] konnte ich aber zeigen, daß der Auffassung, daß die Welt sich im Großen annähernd galileisch (bzw. euklidisch) verhalte, vom Standpunkt der allgemeinen Relativitätstheorie erhebliche Bedenken entgegenstehen; die Welt müßte nämlich in diesem Falle wesentlich leer sein, d. h. je größere Bereiche man ins Auge faßt, desto weniger könnte die mittlere Dichte der darin befindlichen ponderabeln Materie von Null abweichen. Es erweist sich als wahrscheinlich, daß die Welt in räumlicher Beziehung im Großen quasisphärisch (bzw. quasi-elliptisch) ist. Diese Auffassung verlangt die Zufügung eines Gliedes (des »λ-Gliedes«) in den Feldgleichungen der Gravitation. Nach den so ergänzten Gleichungen kann ein materiefreier Teil der Welt sich nicht »galileisch« verhalten. Es wird also dann nicht möglich sein, die Koordinaten so zu wählen, wie es der § 2 verlangt, und zwar um so weniger, je ausgedehnter das ins Auge gefaßte System ist[2].

In diesem Falle einer endlichen Welt ergibt sich aber dafür die interessante Frage, ob die Erhaltungssätze für die Welt als Ganzes zutreffen, die doch unbedingt als »isoliertes System« zu betrachten ist. Wir können uns dabei auf die Auffassung der Welt als einer quasi-sphärischen beschränken, da aus ihr die quasi-elliptische durch Hinzufügung einer Symmetriebedingung hervorgeht.

In der quasi-sphärischen Welt gilt ebenfalls der Erhaltungssatz (1), (2). Aber es gibt kein Koordinatensystem, das sich überall regulär verhält. In einer exakt sphärischen Welt hat das Quadrat des invarianten Sinnenelements bei Benutzung von Polarkoordinaten den Wert

$$ds^2 = dt^2 - R^2 [d\vartheta_1^2 + \sin^2\vartheta_1 \, d\vartheta_2^2 + \sin^2\vartheta_1 \sin^2\vartheta_2 \, d\vartheta_3^2]. \qquad (7)$$

[1] Diese Berichte 1917 VI, S. 142.

[2] Für die in der Astronomie sich darbietenden Räume dürfte die im § 2 vertretene Auffassung ausreichen, so daß das Folgende nur von rein spekulativem Interesse ist.

Dabei läuft

$$\left.\begin{array}{l} x_1 = \vartheta_1 \text{ zwischen } 0 \text{ und } \pi \\ x_2 = \vartheta_2 \text{ zwischen } 0 \text{ und } \pi \\ x_3 = \vartheta_3 \text{ zwischen } 0 \text{ und } 2\pi \\ x_4 = t \text{ zwischen } -\infty \text{ und } +\infty \end{array}\right\}. \qquad (8)$$

An den Grenzen für ϑ_1 und für ϑ_2 verhält sich das Koordinatensystem singulär; denn es schneiden sich in derartigen Punkten mehr als 4 (∞ viele) Koordinatenlinien, und es verschwindet dort die Determinante $|g_{\mu\nu}|$. Eine analoge Koordinatenwahl wird (bei entsprechend abgeändertem Ausdruck für ds^2) auch im Falle der quasi-sphärischen Welt möglich sein; auch hier werden wir auf die genannten singulären Orte des Koordinatensystems zu achten haben. In allen Punkten außerhalb der singulären Stellen des Koordinatensystems werden die Gleichungen (1) gelten. Es wird auch ein Übergang zu den Integralgesetzen (3) möglich sein, wenn das Integral über $\frac{\partial \mathfrak{U}_\sigma^1}{\partial x_1} + \frac{\partial \mathfrak{U}_\sigma^2}{\partial x_2} + \frac{\partial \mathfrak{U}_\sigma^3}{\partial x_3}$ verschwindet (»Randbedingung«). Dies wäre z. B. der Fall, wenn

$$\left.\begin{array}{l} \mathfrak{U}_1^1,\ \mathfrak{U}_2^1,\ \mathfrak{U}_3^1,\ \mathfrak{U}_4^1 \text{ für } \vartheta_1 = 0 \text{ und } \vartheta_1 = \pi \\ \mathfrak{U}_1^2,\ \mathfrak{U}_2^2,\ \mathfrak{U}_3^2,\ \mathfrak{U}_4^2 \text{ für } \vartheta_2 = 0 \text{ und } \vartheta_2 = \pi \end{array}\right\} \qquad (9)$$

verschwinden[1]. Denn es verschwinden bei der Integration von (1) über x_1, x_2, x_3 über den ganzen geschlossenen Raum in diesem Falle alle Anteile der linken Seite, außer denjenigen, welche von dem Gliede $\frac{\partial \mathfrak{U}_\sigma^4}{\partial x_4}$ herkommen.

Wie oben, läßt sich auch hier beweisen, daß die J_σ für alle Koordinatensysteme den gleichen Wert haben, welche durch stetige Deformation aus dem zuerst benutzten zu gewinnen sind. Der Beweis ist dem oben geführten analog, nur daß die Bedingung für die Koordinatenwahl außerhalb B hier kein Analogon hat. Für eine geschlossene Welt vom sphärischen Zusammenhangstypus sind die J_σ unabhängig von der besonderen Koordinatenwahl, wenn nur die »Randbedingung« gewahrt bleibt[2].

Es läßt sich dann beweisen, daß die »Impuls-Komponenten« J_1, J_2, J_3 für eine derartige geschlossene Welt notwendig verschwinden.

---

[1] Näheres hierüber folgt im § 4.

[2] Exakt liefert hier die Überlegung des § 2 folgendes Ergebnis. Sind K und K' zwei Koordinatensysteme, x_4 = konst. und x_4' = konst. zwei zu diesen gehörige räumliche Schnitte, J_σ und J_σ' die zu diesen gehörigen Werte von J_σ, so sind J_σ und J_σ' stets einander gleich, wenn es zwischen K und K' einen die »Randbedingung« wahrenden stetigen Übergang gibt.

Wir führen den Beweis zunächst für J_1 und J_2. Unten ist bewiesen, daß man durch stetige Änderung vom Koordinatensystem K aus zu einem neuen K' gelangen kann, das mit K durch die Substitution verbunden ist

$$\left.\begin{aligned} \vartheta_1' &= \pi - \vartheta_1 \\ \vartheta_2' &= \pi - \vartheta_2 \\ \vartheta_3' &= \vartheta_3 \\ t' &= t \end{aligned}\right\} . \qquad (10)$$

Dies ist eine lineare Transformation. Da die $\mathfrak{U}_\sigma^\nu$ für lineare Substitutionen Tensorcharakter haben, so folgt aus (10), daß überall gilt

$$\mathfrak{U}_1^{4\prime} = -\mathfrak{U}_1^4 ,$$
$$\mathfrak{U}_2^{4\prime} = -\mathfrak{U}_2^4 .$$

Hieraus folgt unmittelbar, daß auch

$$\left.\begin{aligned} J_1' &= -J_1 \\ J_2' &= -J_2 \end{aligned}\right\} . \qquad (11)$$

Anderseits muß aber, weil K in K' durch stetige Änderung übergeführt werden kann, auf Grund unseres allgemeinen Invarianzsatzes für die J_σ gelten

$$\left.\begin{aligned} J_1' &= J_1 \\ J_2' &= J_2 \end{aligned}\right\} . \qquad (12)$$

Aus (11) und (12) folgt das Verschwinden von J_1 und J_2.

Analog läßt sich das Verschwinden von J_1 und J_3 daraus beweisen, daß durch stetige Änderung der Koordinaten ein System K' eingeführt werden kann, welches mit K durch die Substitution

$$\left.\begin{aligned} \vartheta_1' &= \pi - \vartheta_1 \\ \vartheta_2' &= \vartheta_2 \\ \vartheta_3' &= 2\pi - \vartheta_3 \\ t' &= t \end{aligned}\right\} . \qquad (10a)$$

verbunden ist.

Wir haben nun nur noch den Beweis dafür zu erbringen, daß die Substitutionen (10) und (10a) durch stetige Änderung des Koordinatensystems erzeugt werden können. Dabei können wir uns auf die Betrachtung der dreidimensionalen Sphäre beschränken, die t-Koordinate beiseite lassend.

In einem vierdimensionalen euklidischen Raume der u_ν genüge die betrachtete Sphäre der Gleichung

$$u_1^2 + u_2^2 + u_3^2 + u_4^2 = R^2 .$$

Mit diesen kartesischen Koordinaten im vierdimensionalen euklidischen Raume verknüpfen wir sphärische Koordinaten nach den Formeln

$$\left.\begin{aligned} u_1 &= R\cos\vartheta_1 \\ u_2 &= R\sin\vartheta_1\cos\vartheta_2 \\ u_3 &= R\sin\vartheta_1\sin\vartheta_2\cos\vartheta_3 \\ u_4 &= R\sin\vartheta_1\sin\vartheta_2\sin\vartheta_3 \end{aligned}\right\}. \tag{13}$$

Drehen wir das u_ν-System um den Mittelpunkt der Sphäre, so dreht sich das ϑ_ν-System mit, und es gelten die Beziehungen (13) auch für die Systeme in der gedrehten Lage.

Es lassen sich in einem euklidischen Raume stets Drehungen des kartesischen Koordinatensystems ausführen, bei welchen sich nur zwei der Achsen bewegen, die übrigen aber fest bleiben. Unter diesen Drehungen sind solche um den Winkel π ausgezeichnet, welchen Substitutionen vom Typus

$$\left.\begin{aligned} u'_1 &= -u_1 \\ u'_2 &= -u_2 \\ u'_3 &= u_3 \\ u'_4 &= u_4 \end{aligned}\right\} \tag{14}$$

entsprechen. Eine solche ist auch die Substitution

$$\left.\begin{aligned} u'_1 &= -u_1 \\ u'_2 &= u_2 \\ u'_3 &= u_3 \\ u'_4 &= -u_4 \end{aligned}\right\}. \tag{15}$$

(14) bzw. (15) liefern mit Rücksicht auf (13) und die entsprechenden Gleichungen für das gestrichene System unmittelbar die Substitutionen (10) bzw. (10a), welche demnach durch stetige Änderungen des ϑ_ν-Systems erzeugt werden können.

Damit ist der verlangte Beweis geleistet (abgesehen vom Nachweis für die Erfüllung der »Randbedingung«). Für die geschlossene Welt als Ganzes verschwindet der Impuls; der Wert der Gesamtenergie ist von der Zeit und von der Koordinatenwahl unabhängig.

§ 4. Die Energie der sphärischen Welt.

Wir wollen nun die $\mathfrak{U}_\sigma^\nu$ für eine sphärische Welt mit gleichförmig verteilter, inkohärenter Materie berechnen, hauptsächlich um zu prüfen, ob wenigstens in diesem einfachsten Falle die Bedingung (9) erfüllt ist, an welche die Ergebnisse des vorigen Paragraphen geknüpft sind. Wir haben zu setzen

$$\mathfrak{U}_\sigma^\nu = \mathfrak{T}_\sigma^\nu + (\mathfrak{t}_\sigma^\nu)_1 + (\mathfrak{t}_\sigma^\nu)_2\,, \tag{16}$$

wobei die $(\mathfrak{t}_\sigma^\nu)_1$ dem λ-Gliede entsprechen, die $(\mathfrak{t}_\sigma^\nu)_2$ Funktionen der $g_\sigma^{\mu\nu}$ sind. Die Formel

$$\mathfrak{T}_\sigma^\nu = \sqrt{-g}\,g_{\sigma\alpha}\frac{dx_\alpha}{ds}\frac{dx_\nu}{ds}\rho_0$$

liefert in unserem Falle für die $\mathfrak{T}_\sigma^\nu$ die Komponenten

$$(\mathfrak{T}_\sigma^\nu =) \left.\begin{matrix} 0 & 0 & 0 & 0 \\ 0 & 0 & 0 & 0 \\ 0 & 0 & 0 & 0 \\ 0 & 0 & 0 & \rho_0\sqrt{-g} \end{matrix}\right\}. \qquad (17)$$

Aus den Feldgleichungen der Gravitation mit Berücksichtigung des λ-Gliedes erhält man ferner ohne Schwierigkeit für die $(t_{\sigma\nu})_1$

$$\varkappa(t_\sigma^\nu)_1 = \left.\begin{matrix} \lambda\sqrt{-g} & 0 & 0 & 0 \\ 0 & \lambda\sqrt{-g} & 0 & 0 \\ 0 & 0 & \lambda\sqrt{-g} & 0 \\ 0 & 0 & 0 & \lambda\sqrt{-g} \end{matrix}\right\}. \qquad (18)$$

Beträchtlich mühsamer ist die Berechnung der $(t_\sigma^\nu)_2$. Sie stützt sich am besten auf Gleichung (20 l. c.). Es erweist sich aber als praktisch, statt der $g^{\mu\nu}$ und $g_\sigma^{\mu\nu}$ die Größen $g^{\mu\nu}\sqrt{-g} = \mathfrak{g}^{\mu\nu}$ und $\frac{\partial}{\partial x_\sigma}(g^{\mu\nu}\sqrt{-g}) = \mathfrak{g}_\sigma^{\mu\nu}$ einzuführen, wie dies H. A. LORENTZ gelegentlich getan hat. Es gelten dann die Beziehungen

$$t_\sigma^\alpha = \frac{1}{2}\left(\mathfrak{G}^*\delta_\sigma^\alpha - \frac{\partial\mathfrak{G}^*}{\partial\mathfrak{g}_\alpha^{\mu\nu}}\mathfrak{g}_\sigma^{\mu\nu}\right) \qquad (19)$$

$$\frac{\partial\mathfrak{G}^*}{\partial\mathfrak{g}_\alpha^{\mu\nu}} = \frac{1}{2\varkappa}\left(\begin{Bmatrix}\mu\beta\\ \beta\end{Bmatrix}\delta_\nu^\alpha + \begin{Bmatrix}\nu\beta\\ \beta\end{Bmatrix}\delta_\mu^\alpha\right) - \frac{1}{\varkappa}\begin{Bmatrix}\mu\nu\\ \alpha\end{Bmatrix}, \qquad (19a)$$

deren letzte sich leicht aus einer Rechnung folgern läßt, die H. WEYL im § 28 seines demnächst bei J. Springer erscheinenden Buches »Raum. Zeit. Materie« gegeben hat. Aus (18), (18a) und (7) folgen die Ausdrücke für $(t_\sigma^\nu)_2$

$$\frac{\varkappa}{R}(t_\sigma^\nu)_2 =$$

$$\left.\begin{matrix} \cos^2\vartheta_1\sin\vartheta_2 & 0 & 0 & 0 \\ \sin\vartheta_1\cos\vartheta_1\cos\vartheta_2 & -\cos^2\vartheta_1\sin\vartheta_2 & 0 & 0 \\ 0 & 0 & -\cos^2\vartheta_1\sin\vartheta_2 & 0 \\ 0 & 0 & 0 & -\cos^2\vartheta_1\sin\vartheta_2 \end{matrix}\right\}, \qquad (20)$$

wobei jede Kolonne zu einem Wert von ν, jede Zeile zu einem Wert von σ gehört. Aus (17), (18) und (20) folgen mit Rücksicht auf (16) die Energiekomponenten $\mathfrak{U}_\sigma^\nu$.

Die Bedingungen (9) sind für alle Komponenten außer für die Komponente $\mathfrak{U}_1^1$ erfüllt; diese Ausnahme liegt darin, daß $(t_1^1)_2$ für $\vartheta_1 = 0$ und $\vartheta_1 = \pi$ nicht verschwindet. Trotzdem verschwindet, wie man sieht, das Integral

$$\int\limits_{\vartheta_1=0}^{\vartheta_1=\pi} \frac{\partial \mathfrak{U}_1^1}{\partial \vartheta_1} d\vartheta_1 ,$$

weil $\cos^2 \vartheta_1 \sin \vartheta_2$ für $\vartheta_1 = 0$ und $\vartheta_1 = \pi$ denselben Wert hat. In dem von uns betrachteten speziellen Falle verschwindet also in der Tat die Integrale

$$\int \left(\frac{\partial \mathfrak{U}_\sigma^1}{\partial x_1} + \frac{\partial \mathfrak{U}_\sigma^2}{\partial x_2} + \frac{\partial \mathfrak{U}_\sigma^3}{\partial x_3} \right) dx_1 dx_2 dx_3 ,$$

wie wir es im vorigen Paragraphen vorausgesetzt haben. Daß dies bei jeder geschlossenen Welt vom Zusammenhangstypus der sphärischen bei Verwendung von Polarkoordinaten der hier benutzten Art der Fall sei, ist wohl wahrscheinlich, bedürfte aber noch eines besonderen Beweises.

Die Gesamtenergie J_4 der von uns betrachteten statischen Welt ist

$$J_4 = \int \left(\rho_0 \sqrt{-g} + \frac{\lambda}{\varkappa} \sqrt{-g} - \frac{R}{\varkappa} \cos^2 \vartheta_1 \sin \vartheta_2 \right) d\vartheta_1 d\vartheta_2 d\vartheta_3 .$$

Dabei ist

$$\sqrt{-g} = R^3 \sin^2 \vartheta_1 \sin \vartheta_2$$

$$\text{und}^1 \; \frac{\lambda}{\varkappa} = \frac{\rho_0}{2} = \frac{1}{R^2 \varkappa} .$$

Ist $V = 2\pi^2 R^3$ das Volumen der sphärischen Welt, so ergibt sich also

$$J_4 = \rho_0 V . \qquad (21)$$

Die Gravitation liefert also in diesem Falle zu der Gesamtenergie keinen Beitrag.

§ 5. Die schwere Masse eines abgeschlossenen Systems.

Wir wenden uns nun noch einmal der Betrachtung des Falles zu, daß ein System in einen »galileischen Raum« eingebettet ist, vernachlässigen also das »λ-Glied« in den Feldgleichungen wieder. Wir haben in § 3 bewiesen, daß das Integral J_σ eines in einem Galileischen Raum frei schwebenden Systems sich wie ein Vierervektor transformiert. Dies bedeutet, daß die von uns als Energie gedeutete Größe auch die Rolle der trägen Masse spielt, in Übereinstimmung mit der speziellen Relativitätstheorie.

[1] Vgl. A. Einstein, Diese Sitzungsber. 1917, VI, S. 142—152. Gleichung (14).

Wir wollen aber nun auch zeigen, daß die schwere Masse des betrachteten Gesamtsystems mit derjenigen Größe übereinstimmt, die wir als die Energie des Systems aufgefaßt haben. In der Umgebung des Koordinatenursprungs befinde sich ein beliebiges physikalisches System, welches, als Ganzes betrachtet, relativ zum Koordinatensystem in Ruhe sei. Dieses System erzeugt dann ein Gravitationsfeld, welches im Räumlich-Unendlichen mit beliebiger Genauigkeit durch das eines Massenpunktes ersetzt werden kann. Man hat also im Unendlichen

$$g_{44} = 1 - \frac{\varkappa}{4\pi}\frac{M}{r}, \tag{22}$$

wobei M eine Konstante ist, die wir als die schwere Masse des Systems zu bezeichnen haben werden; diese Konstante haben wir zu bestimmen.

Im ganzen Raume gilt exakt die Feldgleichung

$$\frac{\partial}{\partial x_\alpha}\left(\frac{\partial \mathfrak{G}^*}{\partial g^{\mu 4}_\alpha} g^{\mu 4}\right) = -\mathfrak{U}^4_4. \tag{23}$$

Bezeichnen wir die Klammergröße auf der linken Seite mit $\mathfrak{J}_\alpha$, und integrieren wir über das Innere einer im Räumlich-Unendlichen gelegenen das System einschließenden Fläche S, so erhalten wir

$$\left.\begin{aligned}\int(\mathfrak{J}_1 \cos nx_1 + \mathfrak{J}_2 \cos nx_2 + \mathfrak{J}_3 \cos nx_3)\,dS + \frac{d}{dx_4}\int \mathfrak{J}_4\, dx_1\, dx_2\, dx_3 \\ = -\int \mathfrak{U}^4_4\, dx_1\, dx_2\, dx_3\end{aligned}\right\} . \tag{24}$$

Da das erste Integral der linken Seite sowie die die negative Energie des Gesamtsystems ausdrückende rechte Seite sich mit der Zeit nicht ändern, muß dies auch beim zweiten Gliede der linken Seite der Fall sein; es muß also verschwinden, da das Integral sich nicht beständig in dem gleichen Sinne ändern kann. Die Ausrechnung des Flächenintegrals auf der linken Seite bietet keine Schwierigkeit, weil man sich im Räumlich-Unendlichen auf die erste Näherung beschränken darf; sie liefert mit Rücksicht auf (22) den Wert $-M$. Es ist also

$$M = \int \mathfrak{U}^4_4\, dx_1\, dx_2\, dx_3 = J_4 = E_0. \tag{25}$$

Dies Ergebnis bedeutet deshalb eine Stütze für unsere Auffassung des Energiesatzes, weil die oben gegebene Definition von M von unserer Energiedefinition unabhängig ist. Die schwere Masse eines Systems ist gleich der Größe, welche wir oben als seine Energie bezeichnet haben.

Nachtrag zur Korrektur. Weitere Überlegungen über den Gegenstand haben mich zu der Auffassung geführt, daß für die Formulierung des Impuls-Energiesatzes einer quasi-sphärischen (aber nicht einer (quasi-elliptischen) Welt, Koordinaten vorzuziehen sind, welche man durch stereographische Projektion der Sphäre auf eine (dreidimensionale) Hyperebene erhält. Im Falle der gleichmäßigen Verteilung der Materie ist dann

$$ds^2 = dx_4^2 - \frac{dx_1^2 + dx_2^2 + dx_3^2}{\left[1 + \frac{1}{4R^2}(x_1^2 + x_2^2 + x_3^2)\right]^2}.$$

Die scheinbare, der Koordinatenwahl zuzuschreibende Singularität ist dann ins Räumlich-Unendliche verlegt[1]. Die Formulierung erscheint natürlicher wegen der Symmetrie in den drei räumlichen Koordinaten. Der Beweis für das Verschwinden des Gesamtimpulses ist noch einfacher als der im Text gegebene, da man unmittelbar sieht, daß die räumlichen Substitutionen

$$\begin{aligned} x_1' &= -x_1 & \qquad x_1' &= x_1 \\ x_2' &= -x_2 \quad \text{und} & x_2' &= -x_2 \\ x_3' &= x_3 & x_3' &= -x_3 \end{aligned}$$

durch stetige Koordinatenänderung (Drehung des Koordinatensystems) zu erzielen sind, woraus wie im Texte die Gleichungen

$$\begin{aligned} J_1' &= -J_1 \\ J_2' &= -J_2 \\ J_3' &= -J_3 \end{aligned}$$

folgen.

Durch Ausrechnung der $\mathfrak{U}_\sigma^\nu$ habe ich mich überzeugt, daß das Flächenintegral über eine den Koordinatenursprung einschließende »unendlich ferne« Kugel[2], welches bei der räumlichen Integration der ersten drei Glieder des Ausdruckes

$$\frac{\partial \mathfrak{U}_\sigma^1}{\partial x_1} + \frac{\partial \mathfrak{U}_\sigma^2}{\partial x_2} + \frac{\partial \mathfrak{U}_\sigma^3}{\partial x_3} + \frac{\partial \mathfrak{U}_\sigma^4}{\partial x_4}$$

auftritt, verschwindet (wenigstens in dem Spezialfall gleichmäßig verteilter Materie). Auch bei dieser Koordinatenwahl trägt das Gravitationsfeld in diesem Falle nichts zur Energie der Welt bei.

[1] Der Fall der quasi-sphärischen Welt, d. h. ungleichmäßig verteilter, irgendwie bewegter Materie wird insofern eine analoge Koordinatenwahl zulassen, als die der Koordinatenwahl entsprechende scheinbare Singularität des Feldes nach $x_1 = x_2 = x_3 = \pm\infty$ verlegt und von dem gleichen Charakter wird wie im Falle gleichmäßig verteilter ruhender Materie.

[2] D. h. über eine Fläche $x_1^2 + x_2^2 + x_3^2 = R^2$ mit unendlich großem R.

Ausgegeben am 30. Mai.

Berlin, gedruckt in der Reichsdruckerei.

1919.
XX.

SITZUNGSBERICHTE

DER PREUSSISCHEN

AKADEMIE DER WISSENSCHAFTEN.

Gesamtsitzung vom 10. April.

Spielen Gravitationsfelder im Aufbau der materiellen Elementarteilchen eine wesentliche Rolle?

Von A. Einstein.

349

Spielen Gravitationsfelder im Aufbau der materiellen Elementarteilchen eine wesentliche Rolle?

Von A. Einstein.

Weder die Newtonsche noch die relativistische Gravitationstheorie hat bisher der Theorie von der Konstitution der Materie einen Fortschritt gebracht. Demgegenüber soll im folgenden gezeigt werden, daß Anhaltspunkte für die Auffassung vorhanden sind, daß die die Bausteine der Atome bildenden elektrischen Elementargebilde durch Gravitationskräfte zusammengehalten werden.

§ 1. Mängel der gegenwärtigen Auffassung.

Die Theoretiker haben sich viel bemüht, eine Theorie zu ersinnen, welche von dem Gleichgewicht der das Elektron konstituierenden Elektrizität Rechenschaft gibt. Insbesondere G. Mie hat dieser Frage tiefgehende Unternehmungen gewidmet. Seine Theorie, welche bei den Fachgenossen vielfach Zustimmung gefunden hat, beruht im wesentlichen darauf, daß außer den Energietermen der Maxwell-Lorentzschen Theorie des elektromagnetischen Feldes von den Komponenten des elektrodynamischen Potentials abhängige Zusatzglieder in den Energie-Tensor eingeführt werden, welche sich im Vakuum nicht wesentlich bemerkbar machen, im Innern der elektrischen Elementarteilchen aber bewirken, daß den elektrischen Abstoßungskräften das Gleichgewicht geleistet wird. So schön diese Theorie, ihrem formalen Aufbau nach, von Mie, Hilbert und Weyl gestaltet worden ist, so wenig befriedigend sind ihre physikalischen Ergebnisse bisher gewesen. Einerseits ist die Mannigfaltigkeit der Möglichkeiten entmutigend, andererseits ließen sich bisher jene Zusatzglieder nicht so einfach gestalten, daß die Lösung hätte befriedigen können.

Die allgemeine Relativitätstheorie änderte an diesem Stande der Frage bisher nichts. Sehen wir zunächst von dem kosmologischen Zusatzgliede ab, so lauten deren Feldgleichungen

$$R_{i\varkappa} - \frac{1}{2} g_{i\varkappa} R = -\varkappa T_{i\varkappa}, \qquad (1)$$

wobei $(R_{i\varkappa})$ den einmal verjüngten RIEMANNschen Krümmungstensor, (R) den durch nochmalige Verjüngung gebildeten Skalar der Krümmung, $(T_{i\varkappa})$ den Energietensor der »Materie« bedeutet. Hierbei entspricht der historischen Entwicklung die Annahme, daß die $T_{i\varkappa}$ von den Ableitungen der $g_{\mu\nu}$ nicht abhängen. Denn diese Größen sind ja die Energiekomponenten im Sinne der speziellen Relativitätstheorie, in welcher variable $g_{\mu\nu}$ nicht auftreten. Das zweite Glied der linken Seite der Gleichung ist so gewählt, daß die Divergenz der linken Seite von (1) identisch verschwindet, so daß ans (1) durch Divergenz-Bildung die Gleichung

$$\frac{\partial \mathfrak{T}_i^\sigma}{\partial x_\sigma} + \frac{1}{2} g_i^{\sigma\tau} \mathfrak{T}_{\sigma\tau} = 0 \tag{2}$$

gewonnen wird, welche im Grenzfalle der speziellen Relativitätstheorie in die vollständigen Erhaltungsgleichungen

$$\frac{\partial T_{i\varkappa}}{\partial x_\varkappa} = 0$$

übergeht. Hierin liegt die physikalische Begründung für das zweite Glied auf der linken Seite von (1). Daß ein solcher Grenzübergang zu konstanten $g_{\mu\nu}$ sinnvoll möglich sei, ist a priori gar nicht ausgemacht. Wären nämlich Gravitationsfelder beim Aufbau der materiellen Teilchen wesentlich beteiligt, so verlöre für diese der Grenzübergang zu konstanten $g_{\mu\nu}$ seine Berechtigung; es gäbe dann eben bei konstanten $g_{\mu\nu}$ keine materielle Teilchen. Wenn wir daher die Möglichkeit ins Auge fassen wollen, daß die Gravitation am Aufbau der die Korpuskeln konstituierenden Felder beteiligt sei, so können wir die Gleichung (1) nicht als gesichert betrachten.

Setzen wir in (1) die MAXWELL-LORENTZschen Energiekomponenten des elektromagnetischen Feldes $\phi_{\mu\nu}$

$$T_{i\varkappa} = \frac{1}{4} g_{i\varkappa} \phi_{\alpha\beta} \phi^{\alpha\beta} - \phi_{i\alpha} \phi_{\varkappa\beta} g^{\alpha\beta}, \tag{3}$$

so erhält man durch Divergenzbildung nach einiger Rechnung[1] für (2)

$$\phi_{i\alpha} \mathfrak{J}^\alpha = 0, \tag{4}$$

wobei zur Abkürzung

$$\frac{\partial \sqrt{-g}\, \phi_{\sigma\tau} g^{\sigma\alpha} g^{\tau\beta}}{\partial x_\beta} = \frac{\partial \mathfrak{f}^{\alpha\beta}}{\partial x_\beta} = \mathfrak{J}^\alpha \tag{5}$$

gesetzt ist. Bei der Rechnung ist von dem zweiten MAXWELLschen Gleichungssystem

---

[1] Vgl. z. B. A. EINSTEIN, diese Sitz. Ber. 1916. VII S. 187, 188.

$$\frac{\partial \phi_{\mu\nu}}{\partial x_\varrho} + \frac{\partial \phi_{\nu\varrho}}{\partial x_\mu} + \frac{\partial \phi_{\varrho\mu}}{\partial x_\nu} = 0 \qquad (6)$$

Gebrauch gemacht. Aus (4) ersieht man, daß die Stromdichte ($\mathfrak{J}^\alpha$) überall verschwinden muß. Nach Gleichung (1) ist daher eine Theorie des Elektrons bei Beschränkung auf die elektromagnetischen Energiekomponenten der MAXWELL-LORENTZschen Theorie nicht zu erhalten, wie längst bekannt ist. Hält man an (1) fest, so wird man daher auf den Pfad der MIEschen Theorie gedrängt[1].

Aber nicht nur das Problem der Materie führt zu Zweifeln an Gleichung (1), sondern auch das kosmologische Problem. Wie ich in einer früheren Arbeit ausführte, verlangt die allgemeine Relativitätstheorie, daß die Welt räumlich geschlossen sei. Diese Auffassung machte aber eine Erweiterung der Gleichungen (1) nötig, wobei eine neue universelle Konstante λ eingeführt werden mußte, die zu der Gesamtmasse der Welt (bzw. zu der Gleichgewichtsdichte der Materie) in fester Beziehung steht. Hierin liegt ein besonders schwerwiegender Schönheitsfehler der Theorie.

§ 2. Die skalarfreien Feldgleichungen.

Die dargelegten Schwierigkeiten werden dadurch beseitigt, daß man an die Stelle der Feldgleichungen (1) die Feldgleichungen

$$R_{i\varkappa} - \frac{1}{4} g_{i\varkappa} R = -\varkappa T_{i\varkappa} \qquad (1a)$$

setzt, wobei ($T_{i\varkappa}$) den durch (3) gegebenen Energietensor des elektromagnetischen Feldes bedeutet.

Die formale Begründung des Faktors $\left(-\frac{1}{4}\right)$ im zweiten Gliede dieser Gleichung liegt darin, daß er bewirkt, daß der Skalar der linken Seite

$$g^{i\varkappa}\left(R_{i\varkappa} - \frac{1}{4} g_{i\varkappa} R\right)$$

identisch verschwindet, wie gemäß (3) der Skalar

$$g^{i\varkappa} T_{i\varkappa}$$

der rechten Seite. Hätte man statt (1a) die Gleichungen (1) zugrunde gelegt, so würde man dagegen die Bedingung $R = 0$ erhalten, welche unabhängig vom elektrischen Felde überall für die $g_{\mu\nu}$ gelten müßte. Es ist klar, daß das Gleichungssystem [(1), (3)] das Gleichungssystem [(1a), (3)] zur Folge hat, nicht aber umgekehrt.

---

[1] Vgl. D. HILBERT, Göttinger Ber. 20. Nov. 1915.

Man könnte nun zunächst bezweifeln, ob (1a) zusammen mit (6) das gesamte Feld hinreichend bestimmen. In einer allgemein relativistischen Theorie braucht man zur Bestimmung von n abhängigen Variabeln $n-4$ voneinander unabhängige Differenzialgleichungen, da ja in der Lösung wegen der freien Koordinatenwählbarkeit vier ganz willkürliche Funktionen aller Koordinaten auftreten müssen. Zur Bestimmung der 16 Abhängigen $g_{\mu\nu}$ und $\phi_{\mu\nu}$ braucht man also 12 voneinander unabhängige Gleichungen. In der Tat sind aber 9 von den Gleichungen (1a) und 3 von den Gleichungen (6) voneinander unabhängig.

Bildet man von (1a) die Divergenz, so erhält man mit Rücksicht darauf, daß die Divergenz von $R_{i\varkappa}-\frac{1}{2}g_{i\varkappa}R$ verschwindet

$$\phi_{\sigma\alpha}J^{\alpha}+\frac{1}{4\varkappa}\frac{\partial R}{\partial x_{\sigma}}=0. \tag{4a}$$

Hieraus erkennt man zunächst, daß der Krümmungsskalar R in den vierdimensionalen Gebieten, in denen die Elektrizitätsdichte verschwindet, konstant ist. Nimmt man an, daß alle diese Raumteile zusammenhängen, daß also die Elektrizitätsdichte nur in getrennten Weltfäden von null verschieden ist, so besitzt außerhalb dieser Weltfäden der Krümmungsskalar überall einen konstanten Wert R_0. Gleichung (4a) läßt aber auch einen wichtigen Schluß zu über das Verhalten von R innerhalb der Gebiete mit nicht verschwindender elektrischer Dichte. Fassen wir, wie üblich, die Elektrizität als bewegte Massendichte auf, indem wir setzen

$$J^{\sigma}=\frac{\mathfrak{J}^{\sigma}}{\sqrt{-g}}=\rho\frac{dx_{\sigma}}{ds}, \tag{7}$$

so erhalten wir aus (4a) durch innere Multiplikation mit J^{σ} wegen der Antisymmetrie von $\phi_{\mu\nu}$ die Beziehung

$$\frac{\partial R}{\partial x_{\sigma}}\frac{dx_{\sigma}}{ds}=0. \tag{8}$$

Der Krümmungsskalar ist also auf jeder Weltlinie der Elektrizitätsbewegung konstant. Die Gleichung (4a) kann anschaulich durch die Aussage interpretiert werden: Der Krümmungsskalar R spielt die Rolle eines negativen Druckes, der außerhalb der elektrischen Korpuskeln einen konstanten Wert R_0 hat. Innerhalb jeder Korpuskel besteht ein negativer Druck (positives $R-R_0$), dessen Gefälle der elektrodynamischen Kraft das Gleichgewicht leistet. Das Druckminimum bzw. das Maximum des Krümmungsskalars im Innern der Korpuskel ändert sich nicht mit der Zeit.

Wir schreiben nun die Feldgleichungen (1a) in der Form

$$\left(R_{i\varkappa}-\frac{1}{2}g_{i\varkappa}R\right)+\frac{1}{4}g_{i\varkappa}R_0=-\varkappa\left(T_{i\varkappa}+\frac{1}{4\varkappa}g_{i\varkappa}[R-R_0]\right). \quad (9)$$

Anderseits formen wir die früheren, mit kosmologischem Glied versehenen Feldgleichungen

$$R_{i\varkappa}-\lambda g_{i\varkappa}=-\varkappa\left(T_{i\varkappa}-\frac{1}{2}g_{i\varkappa}T\right)$$

um. Durch Subtraktion der mit $\frac{1}{2}$ multiplizierten Skalargleichung erhält man zunächst

$$\left(R_{i\varkappa}-\frac{1}{2}g_{i\varkappa}R\right)+g_{i\varkappa}\lambda=-\varkappa T_{i\varkappa}.$$

Nun verschwindet die rechte Seite dieser Gleichung in solchen Gebieten, wo nur elektrisches Feld und Gravitationsfeld vorhanden ist. Für solche Gebiete erhält man durch Skalarbildung

$$-R+4\lambda=0.$$

In solchen Gebieten ist also der Krümmungsskalar konstant, so daß man λ durch $\frac{R_0}{4}$ ersetzen kann. Wir können daher die frühere Feldgleichung (1) in der Form schreiben

$$\left(R_{i\varkappa}-\frac{1}{2}g_{i\varkappa}R\right)+\frac{1}{4}g_{i\varkappa}R_0=-\varkappa T_{i\varkappa}. \quad (10)$$

Vergleicht man (9) mit (10), so sieht man, daß sich die neuen Feldgleichungen von den früheren nur dadurch unterscheiden, daß als Tensor der »gravitierenden Masse« statt $T_{i\varkappa}$ der von dem Krümmungsskalar abhängige $T_{i\varkappa}+\frac{1}{4\varkappa}g_{i\varkappa}[R-R_0]$ auftritt. Die neue Formulierung hat aber den großen Vorzug vor der früheren, daß die Größe λ als Integrationskonstante, nicht mehr als dem Grundgesetz eigene universelle Konstante, in den Grundgleichungen der Theorie auftritt.

§ 3. Zur kosmologischen Frage.

Das letzte Resultat läßt schon vermuten, daß bei unserer neuen Formulierung die Welt sich als räumlich geschlossen betrachten lassen wird, ohne daß hierfür eine Zusatzhypothese nötig wäre. Wie in der früheren Arbeit zeigen wir wieder, daß bei gleichmäßiger Verteilung der Materie eine sphärische Welt mit den Gleichungen vereinbar ist.

Wir schreiben nun die Feldgleichungen (1a) in der Form

$$\left(R_{i\varkappa}-\frac{1}{2}g_{i\varkappa}R\right)+\frac{1}{4}g_{i\varkappa}R_0=-\varkappa\left(T_{i\varkappa}+\frac{1}{4\varkappa}g_{i\varkappa}[R-R_0]\right). \quad (9)$$

Anderseits formen wir die früheren, mit kosmologischem Glied versehenen Feldgleichungen

$$R_{i\varkappa}-\lambda g_{i\varkappa}=-\varkappa\left(T_{i\varkappa}-\frac{1}{2}g_{i\varkappa}T\right)$$

um. Durch Subtraktion der mit $\frac{1}{2}$ multiplizierten Skalargleichung erhält man zunächst

$$\left(R_{i\varkappa}-\frac{1}{2}g_{i\varkappa}R\right)+g_{i\varkappa}\lambda=-\varkappa T_{i\varkappa}.$$

Nun verschwindet die rechte Seite dieser Gleichung in solchen Gebieten, wo nur elektrisches Feld und Gravitationsfeld vorhanden ist. Für solche Gebiete erhält man durch Skalarbildung

$$-R+4\lambda=0.$$

In solchen Gebieten ist also der Krümmungsskalar konstant, so daß man λ durch $\frac{R_0}{4}$ ersetzen kann. Wir können daher die frühere Feldgleichung (1) in der Form schreiben

$$\left(R_{i\varkappa}-\frac{1}{2}g_{i\varkappa}R\right)+\frac{1}{4}g_{i\varkappa}R_0=-\varkappa T_{i\varkappa}. \quad (10)$$

Vergleicht man (9) mit (10), so sieht man, daß sich die neuen Feldgleichungen von den früheren nur dadurch unterscheiden, daß als Tensor der »gravitierenden Masse« statt $T_{i\varkappa}$ der von dem Krümmungsskalar abhängige $T_{i\varkappa}+\frac{1}{4\varkappa}g_{i\varkappa}[R-R_0]$ auftritt. Die neue Formulierung hat aber den großen Vorzug vor der früheren, daß die Größe λ als Integrationskonstante, nicht mehr als dem Grundgesetz eigene universelle Konstante, in den Grundgleichungen der Theorie auftritt.

§ 3. Zur kosmologischen Frage.

Das letzte Resultat läßt schon vermuten, daß bei unserer neuen Formulierung die Welt sich als räumlich geschlossen betrachten lassen wird, ohne daß hierfür eine Zusatzhypothese nötig wäre. Wie in der früheren Arbeit zeigen wir wieder, daß bei gleichmäßiger Verteilung der Materie eine sphärische Welt mit den Gleichungen vereinbar ist.

$$P_{i\varkappa} + \frac{4}{3}\frac{\varkappa \mathfrak{T}_4^4}{\sqrt{\gamma}}\gamma_{i\varkappa} = 0, \tag{15}$$

welches System bekanntlich[1] durch eine (dreidimensional) sphärische Welt aufgelöst wird.

Wir können unsere Überlegung aber auch auf die Gleichungen (9) gründen. Auf der rechten Seite von (9) stehen diejenigen Glieder, welche bei phänomenologischer Betrachtungsweise durch den Energietensor der Materie zu ersetzen sind; sie sind also zu ersetzen durch

$$\begin{array}{cccc} 0 & 0 & 0 & 0 \\ 0 & 0 & 0 & 0 \\ 0 & 0 & 0 & 0 \\ 0 & 0 & 0 & \rho, \end{array}$$

wobei ρ die mittlere Dichte der als ruhend angenommenen Materie bedeutet. Man erhält so die Gleichungen

$$P_{i\varkappa} - \frac{1}{2}\gamma_{i\varkappa}P - \frac{1}{4}\gamma_{i\varkappa}R_0 = 0 \tag{16}$$

$$\frac{1}{2}P + \frac{1}{4}R_0 = -\varkappa\rho. \tag{17}$$

Aus der skalaren Gleichung zu (16) und aus (17) erhält man

$$R_0 = -\frac{2}{3}P = 2\varkappa\rho \tag{18}$$

und somit aus (16)

$$P_{i\varkappa} - \varkappa\rho\gamma_{i\varkappa} = 0, \tag{19}$$

welche Gleichung mit (15) bis auf den Ausdruck des Koeffizienten übereinstimmt. Durch Vergleichung ergibt sich

$$\mathfrak{T}_4^4 = \frac{3}{4}\rho\sqrt{\gamma}. \tag{20}$$

Diese Gleichung besagt, daß von der die Materie konstituierenden Energie drei Viertel auf das elektromagnetische Feld, ein Viertel auf das Gravitationsfeld entfällt.

§ 4. Schlußbemerkungen.

Die vorstehenden Überlegungen zeigen die Möglichkeit einer theoretischen Konstruktion der Materie aus Gravitationsfeld und elektromagnetischem Felde allein ohne Einführung hypothetischer Zusatzglieder im Sinne der MIEschen Theorie. Besonders aussichtsvoll erscheint die ins Auge gefaßte Möglichkeit insofern, als sie uns von der Notwendigkeit

[1] Vgl. H. WEYL, Zeit. Raum. Materie. § 33.

der Einführung einer besonderen Konstante λ für die Lösung des kosmologischen Problems befreit. Anderseits besteht aber eine eigentümliche Schwierigkeit. Spezialisiert man nämlich (1) auf den kugelsymmetrischen, statischen Fall, so erhält man eine Gleichung zuwenig zur Bestimmung der $g_{\mu\nu}$ und $\phi_{\mu\nu}$, derart, daß jede kugelsymmetrische Verteilung der Elektrizität im Gleichgewicht verharren zu können scheint. Das Problem der Konstitution der Elementarquanta läßt sich also auf Grund der angegebenen Feldgleichungen noch nicht ohne weiteres lösen.

Ausgegeben am 24. April.

Berlin, gedruckt in der Reichsdruckerei.

1919.
XXII.

SITZUNGSBERICHTE

DER PREUSSISCHEN

AKADEMIE DER WISSENSCHAFTEN.

Sitzung der physikalisch-mathematischen Klasse vom 24. April.

Bemerkung über periodische Schwankungen der Mondlänge, welche bisher nach der Newtonschen Mechanik nicht erklärbar schienen.

Von A. Einstein.

Bemerkung über periodische Schwankungen der Mondlänge, welche bisher nach der NEWTONschen Mechanik nicht erklärbar schienen.

Von A. EINSTEIN.

Es gibt bekanntlich kleine systematische Abweichungen der beobachteten Mondlängen, welche noch nicht mit Sicherheit auf ihre Ursachen zurückgeführt sind. Aus diesen hat zunächst ein empirisches periodisches Glied von einer Periode von 273 Jahren ausgesondert werden können. Die übrigbleibenden Abweichungen scheinen ebenfalls mindestens annähernd periodischen Charakter zu haben, wobei die Periode knapp 20 Jahre und die Amplitude von der Größenordnung einer Bogensekunde ist. Um diese letzteren handelt es sich im folgenden.

C. F. BOTTLINGER hat in einer von der Münchener Universität gekrönten Preisschrift »Die Gravitationstheorie und die Bewegung des Mondes« (Freiburg i. Br. 1912. C. Troemers Universitätsbuchhandlung) eine Erklärung dieser Abweichungen zu geben versucht, indem er anschließend an eine wichtige kosmologische Überlegung SEELIGERS[1] die Hypothese einführte, daß Gravitationskraftlinien beim Durchgang durch ponderable Massen eine Absorption erleiden.

Es scheint mir aber, daß die Abweichungen ohne Einführung einer neuen Hypothese sehr einfach gedeutet werden können, wie ich im folgenden kurz ausführe. Nach meiner Ansicht handelt es sich nicht um periodische Schwankungen der Mondbewegung, sondern um solche der unser Zeitmaß bildenden Drehbewegung der Erde.

Die vom Monde erzeugte Flut erhöht nämlich das Trägheitsmoment der Erde bezüglich der Erdachse, und zwar um einen Betrag, der von dem Winkel abhängt, welchen die Linie Erde–Mond mit der Äquatorebene der Erde bildet. Demnach durchläuft das Träg-

[1] SEELIGER, Über die Anwendung der Naturgesetze auf das Universum (Ber. d. Bayer. Akademie 1909 p. 9). Diese Arbeit hätte ich auch in meiner Abhandlung »Kosmologische Betrachtungen zur allgemeinen Relativitätstheorie« (diese Berichte 1917, VI S. 142) zitieren müssen; was dort in § 1 dargelegt ist, ist SEELIGERS Gedanke, dessen Arbeit mir damals leider nicht bekannt war.

heitsmoment der Erde, und mithin auch deren Drehungsgeschwindigkeit, monatlich zwei Maxima und zwei Minima. Wäre die Neigung der Bahnebene des Mondes gegenüber dem Erdäquator konstant, so würde die über einen Monat gemittelte Drehgeschwindigkeit der Erde konstant sein. Dieser Winkel ändert sich aber periodisch wegen der durch die Anziehung der Sonne auf den Mond hervorgerufenen Präzessionsbewegung der Mondbahn (bezüglich der Ekliptik), wobei die Periode etwa 18.9 Jahre beträgt (Zeit eines Umlaufs des Mondknotens). Deshalb ändert sich die mittlere Drehgeschwindigkeit der Erde periodisch. Setzt man daher — wie es in der Astronomie geschieht — die Drehung der Erde als genau gleichförmig voraus, so resultiert eine scheinbare periodische Schwankung der Mondlänge mit der Periode 18.9 Jahre.

Wir wollen die soeben qualitativ gekennzeichnete Wirkung nun angenähert berechnen. Wir fassen die Flutwelle auf als rotationsellipsoidische Deformation der Wasserhülle der Erde, wobei die große Achse durch den Mond hindurchgeht. Dann erhält man durch einfache Rechnung für das Trägheitsmoment der Erde (J) in bezug auf ihre Rotationsachse den Ausdruck

$$J = J_0\left(1 + \frac{1}{3}\frac{h}{\rho R_0} - \frac{h}{\rho R_0}\sin^2\phi\right). \tag{1}$$

Dabei bedeutet J_0 das Trägheitsmoment ohne Flutwirkung, h den Niveauunterschied zwischen Flut und Ebbe, R_0 den Erdradius, ρ die (als konstant betrachtete) Dichte der Erde, ϕ den Winkel zwischen der Linie Erde-Mond und der Äquatorebene. Da es uns nur auf die Abhängigkeit von ϕ ankommt, können wir die Formel durch

$$J = J_0\left(1 - \frac{h}{\rho R_0}\sin^2\phi\right) \tag{2}$$

ersetzen. Bezeichnet daher ω die Rotationsgeschwindigkeit der Erde, ω_0 diejenige für $\phi = 0$, so haben wir nach dem Satz von der Erhaltung des Impulsmomentes zu setzen

$$\omega = \omega_0\left(1 + \frac{h}{\rho R_0}\sin^2\phi\right). \tag{3}$$

Für den Mittelwert der Rotationsgeschwindigkeit für einen Monat ergibt sich

$$\bar{\omega} = \omega_0\left(1 + \frac{h}{2\rho R_0}\sin^2 i\right), \tag{4}$$

wobei i die Neigung der Mondbahn zum Erdäquator bedeutet. In dem sphärischen Dreieck, welches durch Ekliptikpol, Nordpol und Mondbahnpol bestimmt ist, sind die Seiten gleich

dem Winkel i zwischen Mondbahn und Erdäquator,
der Neigung β der Mondbahn gegen die Ekliptik (etwa 5°),
der Neigung α des Äquators gegen die Ekliptik (etwa 20°).

Der in diesem Dreieck der Seite i gegenüberliegende Winkel ist die um 180° verminderte Länge l des aufsteigenden Knotens der Mondbahn. Es ist daher mit hinreichender Annäherung

$$i = \alpha + \beta \cos l, \tag{5}$$

wobei α und β als konstant anzusehen sind, während l proportional der Zeit zunimmt. Es ergibt sich hieraus mit hinreichender Annäherung

$$\sin^2 i = \sin^2 \alpha + \beta \sin 2\alpha \cos l.$$

Hieraus ergibt sich bei etwas geänderter Bedeutung von ω_0

$$\bar{\omega} - \omega_0 = \frac{\omega_0 h \beta}{2 \rho R_0} \sin 2\alpha \cos l. \tag{6}$$

Durch Integration dieses Ausdrucks nach der Zeit erhält man den Voreilungswinkel der Erde Δ gegenüber der Lage, welche sie bei gleichmäßiger Drehung einnehmen würde. Das Negative davon ist die scheinbare Voreilung des Mondes. Man erhält

$$(-\Delta) = -\frac{h}{2\rho R_0} \frac{T_m}{T_e} \beta \sin 2\alpha \sin l, \tag{7}$$

wobei T_m die Umlaufzeit des Mondknotens, T_e die Umlaufzeit der Erde bedeutet. Setzt man $h = 1.5$ m, welche Größe allerdings mit bedeutender Unsicherheit behaftet ist, so ergibt sich für die Amplitude der Wert 1", also von der richtigen Größenordnung. Wir haben noch die Phase des Effektes mit der Erfahrung zu vergleichen. Wir haben für die Länge des Mondknotens, von Neujahr 1900 ab gerechnet, genügend genau

$$l = 259° - 19.35° t.$$

Hieraus ergeben sich aus (7) die Jahre, in welche Maxima und Minima der Voreilung fallen sollen. Wir vergleichen sie mit den von Bottlinger als Ergebnis der Beobachtung angegebenen Jahren:

Maxima		Minima	
nach (7)	beob.	nach (7)	beob.
1843	1843	1834	1830
1862	1861	1853	1852
1880	1880	1871	1874
		1895	1892

Angesichts der Unsicherheit, welche die Kleinheit der behandelten Abweichungen mit sich bringt, ist diese Übereinstimmung eine völlig genügende. Eine genauere Untersuchung bezüglich der Übereinstimmung der Amplitude des Effekts in Abhängigkeit von den empirisch gegebenen Flutamplituden wäre zu wünschen; aber es ist nach diesen Ergebnissen bereits sehr wahrscheinlich, daß die Erscheinung sich auf dem angegebenen Wege vollständig erklären läßt.

P. S. Unsere Rechnung ergibt die Amplitude des Effektes zu klein. Dies dürfte damit zusammenhängen, daß wir mit einer räumlich konstanten Dichte des Erdkörpers gerechnet haben, d. h. mit einem zu großen Trägheitsmoment der Erde.

Ausgegeben am 8. Mai.

Berlin, gedruckt in der Reichsdruckerei.

SITZUNGSBERICHTE 1920. XVIII.

DER PREUSSISCHEN

AKADEMIE DER WISSENSCHAFTEN.

Sitzung der physikalisch-mathematischen Klasse vom 8. April.

Schallausbreitung in teilweise dissoziierten Gasen.

Von A. Einstein.

Schallausbreitung in teilweise dissoziierten Gasen.

Von A. Einstein.

Während unsere Kenntnis von dem chemischen Gleichgewicht von Gasen weit vorgeschritten ist, besitzen wir über die Reaktionsgeschwindigkeit von Gasreaktionen nur unzureichende Kenntnisse. Eine besonders große Schwierigkeit für die experimentelle Erforschung der Reaktionsgeschwindigkeiten liegt darin, daß letztere durch feste Wände katalytisch beeinflußt werden. Auch die hohe Temperatur, an welche die meisten Gasreaktionen gebunden sind, macht Schwierigkeiten, nicht minder die zu erwartenden hohen Werte der Reaktionsgeschwindigkeit. Es scheint mir nun, daß sich all diese Schwierigkeiten dadurch umgehen ließen, daß man die Reaktionsgeschwindigkeiten indirekt aus Untersuchungen über die Schallausbreitung in teilweise dissoziierten Gasen ermittelt.

Daß solche Untersuchungen zur Bestimmung der Reaktionsgeschwindigkeit dienen können, erkennt man aus folgender Überlegung. Ändert man das Volumen eines teilweise dissoziierten Gases adiabatisch so rasch, daß in der Zeit der Volumänderung praktisch keine merkliche chemische Umsetzung stattfinden kann, so verhält sich das Gas hierbei wie ein gewöhnliches Gemisch. Ändert man das Volumen dagegen so langsam, daß der Vorgang praktisch aus lauter chemischen Gleichgewichtszuständen besteht, so wird die Abhängigkeit des Druckes von der Dichte eine andere sein, derart, daß die Kompressibilität des Gemisches geringer ist als im ersten Falle. Die Schallgeschwindigkeit wird also mit der Frequenz von einem Anfangswerte bis zu einem Grenzwert zunehmen müssen. Bei Frequenzen, die zwischen jenen beiden Extremen liegen, wird die Reaktion hinter der Verdichtung zurückbleiben, derart, daß eine Art zeitliches Zurückbleiben der Druckkurve gegenüber der Kurve der Dichtigkeit unter Verwandlung von mechanischer Arbeit in Wärme stattfindet. Im folgenden soll vorläufig nur eine theoretische Untersuchung der Schallausbreitung in einem teilweise dissoziierten Gase gegeben werden, wobei eine Reaktion von denkbar einfachstem Typus ($J_2 \rightleftarrows J+J$) zugrunde gelegt wird[1].

Zuerst fassen wir den rein mechanischen Teil des Problems ins Auge. Die (Eulersche) Differentialgleichung der Bewegung für eine ebene Welle ist mit Rücksicht auf die bei Schallbetrachtungen üblichen Vernachlässigungen

$$-\frac{\partial \pi}{\partial x} = \rho \frac{\partial^2 u}{\partial t^2}. \tag{1}$$

Dabei bedeutet π die unendlich kleine Abweichung des Druckes vom Gleichgewichtswert p, ρ die (Gleichgewichts-) Dichte, u die Elongation eines Luftteilchens in Richtung der X-Achse bzw. der Wellennormale. Der Überdruck π steht in Beziehung zu der Verdichtung Δ, welche mit der Elongation u gemäß der Gleichung

$$\Delta = -\rho \frac{\partial u}{\partial x} \tag{2}$$

zusammenhängt. Wir suchen nach dem Fortpflanzungsgesetz einer gedämpften ebenen Sinuswelle, für welche wir ansetzen

$$\left.\begin{aligned} \pi &= \pi_0 \cos\left[\omega\left(t - \frac{x}{V}\right) + \phi\right] e^{-\beta x} \\ \Delta &= \Delta_0 \cos\left[\omega\left(t - \frac{x}{V}\right)\right] e^{-\beta x} \end{aligned}\right\}, \tag{3}$$

wobei π_0, Δ_0, ω, v, ϕ, β reelle Konstante sind. Die Phasendifferenz ϕ entspricht der Energiedissipation.

Statt des reellen Ansatzes (3) benutzen wir in der gewohnten Weise den komplexen Ansatz

$$\left.\begin{aligned} \pi &= \pi_0 e^{j(\omega t - ax + \phi)} \\ \Delta &= \Delta_0 e^{j(\omega t - ax)} \end{aligned}\right\}, \tag{4}$$

wobei zur Abkürzung

$$a = \frac{\omega}{V} - j\beta \tag{5}$$

gesetzt ist. Für u ist natürlich ein entsprechender Ansatz zu machen. Da (1) und (2) lineare Gleichungen mit reellen Koeffizienten sind, erfüllen nämlich die reellen Teile von π, Δ und u für sich allein ebenfalls diese Gleichungen. Die Vereinfachung der Untersuchung, die man durch diesen aus der Optik geläufigen Kunstgriff erzielt, liegt nicht

[1] Experimentelle Untersuchungen der hier in Betracht kommenden Art wurden bereits 1910 im Nernstschen Laboratorium an N_2O_4 durchgeführt (vgl. F. Keutel, Berliner Dissertation, 1910). Dort ist bereits auf die Abhängigkeit der Schallgeschwindigkeit von der Reaktionsgeschwindigkeit hingewiesen.

nur darin, daß (4) bequemer zu differenzieren ist als (3), sondern insbesondere darin, daß gemäß (4)

$$\frac{\pi}{\Delta} = \frac{\pi_0}{\Delta_0} e^{j\varphi} = \text{konst.} \qquad 6)$$

ist. Aus (1), (2) und (6) folgt

$$\frac{\pi}{\Delta} \frac{\partial^2 u}{\partial x^2} = \frac{\partial^2 u}{\partial t^2}, \qquad (7)$$

welche Gleichung sich von der gewöhnlichen Wellengleichung der linearen Schallwellen nur dadurch unterscheidet, daß auf der linken Seite statt der reellen Konstante $S^2 = \left(\frac{dp}{d\rho}\right)_{\text{adiab.}}$ die komplexe Konstante $\frac{\pi}{\Delta}$ steht.

Die Größe $\frac{\pi}{\Delta}$ ist aus der Untersuchung des cyklischen adiabatischen Prozesses zu ermitteln. Aus $\frac{\pi}{\Delta}$ läßt sich dann die Phasengeschwindigkeit V und die Dämpfungskonstante β ermitteln. Aus (7) erhält man nämlich mit Rücksicht auf (4) und (5)

$$a = \frac{\omega}{V} - j\beta = \omega \left(\frac{\pi}{\Delta}\right)^{-\frac{1}{2}} \qquad (8)$$

Wenn β^2 klein ist gegen $\frac{\omega^2}{V^2}$ erhält man hieraus die bequemere Näherungsgleichung

$$V + j\frac{\beta V^2}{\omega} = \left(\frac{\pi}{\Delta}\right)^{\frac{1}{2}}. \qquad (8a)$$

Wir gehen nun an die Berechnung von $\frac{\pi}{\Delta}$, indem wir cyklische adiabatische Volumänderungen eines teilweise dissoziierten Gases betrachten. Es sei V das Volumen, ρ die Dichte des teilweise dissoziierten Gases, welches wir kleinen, zeitlich variabeln Veränderungen (ΔV, $\Delta\rho$, Δp usw.) unterwerfen. Dann ist

$$V\rho = mn = \text{konst.} \qquad (9)$$

m das Atomgewicht von J, n die Gesamtzahl der assoziierten und nicht assoziierten J-Atome in Molen bezeichnet. Dann leitet man leicht die aus (9) folgende Beziehung ab:

$$\frac{\pi}{\Delta} = \frac{\Delta p}{\Delta\rho} = \frac{1}{\rho}\left(p - \frac{\Delta(pV)}{\Delta V}\right). \qquad (10)$$

Wir können die Zustandsgleichung unsres Gases in der Form schreiben

$$pV = RT(n_1 + n_2), \tag{11}$$

wobei n_1 die Zahl der Mole von J_2, n_2 die Zahl der Mole des dissoziierten J-Gases bedeutet, so daß man hat

$$n = 2n_1 + n_2. \tag{12}$$

Aus (11) und (12) folgt

$$\Delta(pV) = R(n_1 + n_2)\Delta T + RT(\Delta n_1 + \Delta n_2)$$

oder mit Rücksicht auf (12) und auf die Konstanz von n

$$\Delta(pV) = R(n_1 + n_2)\Delta T - RT\Delta n_1. \tag{13}$$

Wir haben nun noch zwei Relationen aufzusuchen, welche ΔT und Δn_1 durch ΔV auszudrücken gestatten; dann ist wegen (10) unsere Berechnung von $\frac{\pi}{\Delta}$ beendet. Da der Prozeß adiabatisch sein soll, so gilt für jedes Zeitelement

$$CdT - Ddn_1 = -pdV,$$

wobei C die Summe der Wärmekapazitäten des dissoziierten und des nicht dissoziierten Teiles, D die Dissoziationswärme pro Mol (bei konstantem Volumen) bedeutet. Es gilt also mit der von uns erstrebten Genauigkeit auch die Gleichung

$$0 = C\Delta T - D\Delta n_1 + p\Delta V. \tag{14}$$

Wir haben ferner die während des Zeitelementes dt stattfindende chemische Umsetzung ins Auge zu fassen. Dabei müssen wir über die Dynamik der Zerfallsreaktion eine Hypothese machen, welche dann umgekehrt durch die Schallbeobachtungen geprüft wird. Die vom formalen Standpunkt einfachste, aber vom kinetischen Standpunkte keineswegs naheliegendste Annahme ist die, daß die Zerfallsreaktion eine Reaktion von der ersten Ordnung sei, d. h. daß

$$\varkappa_1 \frac{n_1}{V}$$

Moleküle J_2 pro Zeiteinheit und Volumeinheit zerfallen. Diese Hypothese setzt nämlich voraus, daß die Zusammenstöße der Moleküle nicht unmittelbar den Zerfall bewirken. Es wäre ja möglich, daß Moleküle von bestimmter (innerer) Energie eine bestimmte Zerfallwahrscheinlichkeit hätten, etwa nach Art der radioaktiven Atome. Oder es wäre möglich, daß die Strahlung den Molekülzerfall bewirkte, welche Meinung in letzter Zeit von J. Perrin mit großem Nachdruck vertreten wurde. Würde der Zerfall durch Zusammenstoß von zwei Molekülen

J_2 oder eines Moleküls J_2 mit einem Atom J bewirkt, so würde an die Stelle des obigen Ausdruckes

$$\varkappa_1\left(\frac{n_1}{V}\right)^2 \text{ bzw. } \varkappa_1\left(\frac{n_1}{V}\right)\left(\frac{n_2}{V}\right)$$

treten müssen, wobei $\varkappa_1$ jeweilen von den Konzentrationen unabhängig zu denken ist. Wir können alle diese Möglichkeiten dadurch berücksichtigen, daß wir bei dem Ausdruck $\varkappa_1\frac{n_1}{V}$ bleiben, aber eine Abhängigkeit von $\varkappa_1$ von den Konzentrationen beider Molekülarten als möglich ins Auge fassen.

Für die Geschwindigkeit der Wiedervereinigung haben wir entsprechend

$$\varkappa_2\left(\frac{n_2}{V}\right)^2$$

zu setzen. Wir bekommen demnach für das Zeitelement dt die Relation:

$$V\left[\varkappa_1\frac{n_1}{V}-\varkappa_2\left(\frac{n_2}{V}\right)^2\right]dt=-dn_1$$

oder

$$\frac{\varkappa_1}{\varkappa_2}n_1-\frac{n_2^2}{V}=-\frac{1}{\varkappa_2}\frac{dn_1}{dt}. \tag{15}$$

Dabei ist $\frac{\varkappa^1}{\varkappa_2}=\varkappa$ die Konstante des Massenwirkungsgesetzes, für welche bekanntlich die Beziehung gilt

$$\frac{1}{\varkappa}\frac{d\varkappa}{dT}=\frac{D}{RT^2}. \tag{16}$$

Um aus Gleichung (15) Nutzen zu ziehen, wenden wir sie auf einen Zustand an, der sich von dem Gleichgewichtszustand unendlich wenig unterscheidet. Wir erhalten so mit Rücksicht auf (16) und (12), indem wir nun wieder die Zeichen $\varkappa_1$, $\varkappa_2$, $\varkappa$, n_1, n_2, V auf den Gleichgewichtszustand (Ruhezustand) beziehen:

$$0=\frac{\varkappa D n_1}{RT^2}\Delta T+\left(\varkappa+\frac{4n_2}{V}\right)\Delta n_1+\frac{1}{\varkappa_2}\frac{d\Delta n_1}{dt}+\left(\frac{n_2}{V}\right)^2\Delta V=0.$$

Indem wir voraussetzen, daß die Variabeln ΔT, Δn_1 und ΔV cyklische Veränderungen durchlaufen und sie zu komplexen Größen ergänzen, die alle den Faktor $e^{j\omega t}$ haben, können wir dafür nach Ausführung der Differentiation im vierten Gliede setzen

$$0=\frac{\varkappa D n_1}{RT^2}\Delta T+\left(\varkappa+\frac{4n_2}{V}+\frac{j\omega}{\varkappa_2}\right)\Delta n_1+\left(\frac{n_2}{V}\right)^2\Delta V. \tag{17}$$

Durch Auflösung des Gleichungssystems (13), (14), (17) ergeben sich ΔT, Δn_1 und ΔV in Funktion von $\Delta(pV)$. Für den Quotienten $\frac{\Delta(pV)}{\Delta V}$ erhält man so

$$-\frac{\Delta(pV)}{\Delta V} = \frac{p\left[+\frac{\varkappa D n_1}{T} + R(n_1+n_2)\left(\varkappa - \frac{4n_2}{V} + \frac{j\omega}{\varkappa_2}\right)\right] + \left(\frac{n_2}{V}\right)^2 [RD(n_1+n_2) - CRT]}{C\left(\varkappa - \frac{4n_2}{V} + \frac{j\omega}{\varkappa_2}\right) + \frac{\varkappa D^2 n_1}{RT^2}} \quad (18)$$

Aus (18) und (10) folgt zunächst mit Rücksicht auf die Gleichgewichtsbedingung $\varkappa_1 \frac{n_1}{V} = \varkappa_2 \left(\frac{n_2}{V}\right)^2$:

$$\frac{\pi}{\Delta} = \frac{p}{\rho}\left[1 + \frac{\varkappa_1 A + jR\omega}{\varkappa_1 B + j\bar{c}\omega}\right], \quad (19)$$

wobei gesetzt ist

$$\bar{c} = \frac{C}{n_1+n_2} = \frac{c_1 n_1 + c_2 n_2}{n_1 + n_2}. \quad (20)$$

$$A = \left(2\frac{D}{T} - \bar{c}\right)\frac{n_1}{n_1+n_2} + R\left(1 - 4\frac{n_1}{n_2}\right). \quad (21)$$

$$B = \frac{D^2}{RT^2}\,\frac{n_1}{n_1+n_2} + \bar{c}\left(1 - 4\frac{n_1}{n_2}\right). \quad (22)$$

Durch (19) und (8) ist unsere Aufgabe vollständig gelöst. Es folgt zunächst

$$V_{\omega=\infty} = \sqrt{\frac{p}{\rho}\left(1 + \frac{R}{\bar{c}}\right)} \quad (23)$$

Hieraus kann c experimentell bestimmt und bei bekannter Dissoziationsformel A und B berechnet werden. Es folgt ferner aus (19)

$$V_{\omega=0} = \sqrt{\frac{p}{\rho}\left(1 + \frac{A}{B}\right)} \quad (24)$$

Für solche Frequenzen, bei denen die Schallabsorption hinreichend klein ist. ergibt sich ferner die Näherungsgleichung

$$V = \sqrt{\frac{p}{\rho}\left(1 + \frac{\varkappa_1^2 AB + R\bar{c}\omega^2}{\varkappa_1^2 B^2 + \bar{c}^2\omega^2}\right)}, \quad (25)$$

welche (23) und (24) als Spezialfälle umfaßt. Sie kann zur Bestimmung von $\varkappa_1$ dienen. Durch Versuche bei verschiedenen Gasdichten ist endlich zu ermitteln, ob $\varkappa_1$ von der Dichte abhängig ist.

Ausgegeben am 29. April.

Berlin, gedruckt in der Reichsdruckerei

1921.
V.

SITZUNGSBERICHTE

DER PREUSSISCHEN

AKADEMIE DER WISSENSCHAFTEN.

27. Januar. Öffentliche Sitzung zur Feier des Jahrestages König Friedrichs II.

Geometrie und Erfahrung.

Von A. Einstein.

Geometrie und Erfahrung.

Von A. Einstein.

(Wissenschaftlicher Festvortrag, gehalten in der öffentlichen Sitzung am 27. Januar zur Feier des Jahrestages König Friedrichs II.)

Die Mathematik genießt vor allen anderen Wissenschaften aus einem Grunde ein besonderes Ansehen; ihre Sätze sind absolut sicher und unbestreitbar, während die aller andern Wissenschaften bis zu einem gewissen Grad umstritten und stets in Gefahr sind, durch neu entdeckte Tatsachen umgestoßen zu werden. Trotzdem brauchte der auf einem anderen Gebiete Forschende den Mathematiker noch nicht zu beneiden, wenn sich seine Sätze nicht auf Gegenstände der Wirklichkeit, sondern nur auf solche unserer bloßen Einbildung bezögen. Denn es kann nicht wundernehmen, daß man zu übereinstimmenden logischen Folgerungen kommt, wenn man sich über die fundamentalen Sätze (Axiome) sowie über die Methoden geeinigt hat, vermittels welcher aus diesen fundamentalen Sätzen andere Sätze abgeleitet werden sollen. Aber jenes große Ansehen der Mathematik ruht andererseits darauf, daß die Mathematik es auch ist, die den exakten Naturwissenschaften ein gewisses Maß von Sicherheit gibt, das sie ohne Mathematik nicht erreichen könnten.

An dieser Stelle nun taucht ein Rätsel auf, das Forscher aller Zeiten so viel beunruhigt hat. Wie ist es möglich, daß die Mathematik, die doch ein von aller Erfahrung unabhängiges Produkt des menschlichen Denkens ist, auf die Gegenstände der Wirklichkeit so vortrefflich paßt? Kann denn die menschliche Vernunft ohne Erfahrung durch bloßes Denken Eigenschaften der wirklichen Dinge ergründen?

Hierauf ist nach meiner Ansicht kurz zu antworten: Insofern sich die Sätze der Mathematik auf die Wirklichkeit beziehen, sind sie nicht sicher, und insofern sie sicher sind, beziehen sie sich nicht auf die Wirklichkeit. Die volle Klarheit über diese Sachlage scheint mir erst durch diejenige Richtung in der Mathematik Besitz der Allgemeinheit geworden zu sein, welche unter dem Namen »Axiomatik« bekannt ist. Der von der Axiomatik erzielte Fortschritt besteht nämlich darin, daß durch sie das Logisch-Formale vom sachlichen bzw. anschaulichen Gehalt sauber getrennt wurde; nur das Logisch-Formale bildet gemäß der Axiomatik den Gegenstand der Mathematik, nicht aber der mit dem Logisch-Formalen verknüpfte anschauliche oder sonstige Inhalt.

Betrachten wir einmal von diesem Gesichtspunkte aus irgendein Axiom der Geometrie, etwa das folgende: Durch zwei Punkte des Raumes geht stets eine und nur eine Gerade. Wie ist dies Axiom im älteren und im neueren Sinne zu interpretieren?

Ältere Interpretation. Jeder weiß, was eine Gerade ist und was ein Punkt ist. Ob dies Wissen aus einem Vermögen des menschlichen Geistes oder aus der Erfahrung, aus einem Zusammenwirken beider oder sonstwoher stammt, braucht der Mathematiker nicht zu entscheiden, sondern überläßt diese Entscheidung dem Philosophen. Gestützt auf diese vor aller Mathematik gegebene Kenntnis ist das genannte Axiom (sowie alle anderen Axiome) evident, d. h. es ist der Ausdruck für einen Teil dieser Kenntnis a priori.

Neuere Interpretation. Die Geometrie handelt von Gegenständen, die mit den Worten Gerade, Punkt usw. bezeichnet werden. Irgendeine Kenntnis oder Anschauung wird von diesen Gegenständen nicht vorausgesetzt, sondern nur die Gültigkeit jener ebenfalls rein formal, d. h. losgelöst von jedem Anschauungs- und Erlebnisinhalte, aufzufassenden Axiome, von denen das genannte ein Beispiel ist. Diese Axiome sind freie Schöpfungen des menschlichen Geistes. Alle anderen geometrischen Sätze sind logische Folgerungen aus den (nur nominalistisch aufzufassenden) Axiomen. Die Axiome definieren erst die Gegenstände, von denen die Geometrie handelt. Schlick hat die Axiome deshalb in seinem Buche über Erkenntnistheorie sehr treffend als »implizite Definitionen« bezeichnet.

Diese von der modernen Axiomatik vertretene Auffassung der Axiome säubert die Mathematik von allen nicht zu ihr gehörigen Elementen und beseitigt so das mystische Dunkel, welches der Grundlage der Mathematik vorher anhaftete. Eine solche gereinigte Darstellung macht es aber auch evident, daß die Mathematik als solche weder über Gegenstände der anschaulichen Vorstellung noch über Gegenstände der Wirklichkeit etwas auszusagen vermag. Unter »Punkt«, »Gerade« usw. sind in der axiomatischen Geometrie nur inhaltsleere Begriffsschemata zu verstehen. Was ihnen Inhalt gibt, gehört nicht zur Mathematik.

Andererseits ist es aber doch sicher, daß die Mathematik überhaupt und im speziellen auch die Geometrie ihre Entstehung dem Bedürfnis verdankt, etwas zu erfahren über das Verhalten wirklicher Dinge. Das Wort Geometrie, welches ja »Erdmessung« bedeutet, beweist dies schon. Denn die Erdmessung handelt von den Möglichkeiten der relativen Lagerung gewisser Naturkörper zueinander, nämlich von Teilen des Erdkörpers, Meßschnüren, Meßlatten usw. Es ist klar, daß das Begriffssystem der axiomatischen Geometrie allein über das Verhalten derartiger Gegenstände der Wirklichkeit, die wir als praktisch starre Körper bezeichnen wollen, keine Aussagen liefern kann. Um derartige Aussagen liefern zu können, muß die Geometrie dadurch ihres nur logisch-formalen Charakters entkleidet werden, daß den leeren Begriffsschemen der axiomatischen Geometrie erlebbare Gegenstände der Wirklichkeit zugeordnet werden. Um dies zu bewerkstelligen, braucht man nur den Satz zuzufügen:

Feste Körper verhalten sich bezüglich ihrer Lagerungsmöglichkeiten wie Körper der euklidischen Geometrie von drei Dimensionen: dann enthalten die Sätze der euklidischen Geometrie Aussagen über das Verhalten praktisch starrer Körper.

Die so ergänzte Geometrie ist offenbar eine Naturwissenschaft; wir können sie geradezu als den ältesten Zweig der Physik betrachten. Ihre Aussagen beruhen im wesentlichen auf Induktion aus der Erfahrung, nicht aber nur auf logischen Schlüssen. Wir wollen die so ergänzte Geometrie »praktische Geometrie« nennen und sie im folgenden von der »rein axiomatischen Geometrie« unterscheiden. Die Frage, ob die praktische Geometrie der Welt eine euklidische sei oder nicht, hat einen deutlichen Sinn, und ihre Beantwortung kann nur durch die Erfahrung geliefert werden. Alle Längenmessung in der Physik ist praktische Geometrie in diesem Sinne, die geodätische und astronomische Längenmessung ebenfalls, wenn man den Erfahrungssatz zu Hilfe nimmt, daß sich das Licht in gerader Linie fortpflanzt, und zwar in gerader Linie im Sinne der praktischen Geometrie.

Dieser geschilderten Auffassung der Geometrie lege ich deshalb besondere Bedeutung bei, weil es mir ohne sie unmöglich gewesen wäre, die Relativitätstheorie aufzustellen. Ohne sie wäre nämlich folgende Erwägung unmöglich gewesen: In einem relativ zu einem Inertialsystem rotierenden Bezugssystem entsprechen die Lagerungsgesetze starrer Körper wegen der LORENTZ-Kontraktion nicht den Regeln der euklidischen Geometrie; also muß bei der Zulassung von Nicht-Inertialsystemen als gleichberechtigten Systemen die euklidische Geometrie verlassen werden. Der entscheidende Schritt des Überganges zu allgemein kovarianten Gleichungen wäre gewiß unterblieben, wenn die obige Interpretation nicht zugrunde gelegen hätte. Lehnt man die Beziehung zwischen dem Körper der axiomatischen euklidischen Geometrie und dem praktisch-starren Körper der Wirklichkeit ab, so gelangt man leicht zu der folgenden Auffassung, welcher insbesondere der scharfsinnige und tiefe H. Poincare gehuldigt hat: Von allen anderen denkbaren axiomatischen Geometrien ist die euklidische Geometrie durch Einfachheit ausgezeichnet. Da nun die axiomatische Geometrie allein keine Aussagen über die erlebbare Wirklichkeit enthält, sondern nur die axiomatische Geometrie in Verbindung mit physikalischen Sätzen, so dürfte es — wie auch die Wirklichkeit beschaffen sein mag — möglich und vernünftig sein, an der euklidischen Geometrie festzuhalten. Denn man wird sich lieber zu einer Änderung der physikalischen Gesetze als zu einer Änderung der axiomatischen euklidischen Geometrie entschließen, falls sich Widersprüche zwischen Theorie und Erfahrung zeigen. Lehnt man die Beziehung zwischen dem praktisch-starren Körper und der Geometrie ab, so wird man sich in der Tat nicht leicht von der Konvention freimachen, daß an der euklidischen Geometrie als der einfachsten festzuhalten sei.

Warum wird von Poincaré und anderen Forschern die naheliegende Äquivalenz des praktisch starren Körpers der Erfahrung und des Körpers der Geometrie abgelehnt? Einfach deshalb, weil die wirklichen festen Körper der Natur bei genauerer Betrachtung nicht starr sind, weil ihr geometrisches Verhalten, d. h. ihre relativen Lagerungsmöglichkeiten von Temperatur, äußeren Kräften usw. abhängen. Damit scheint die ursprüngliche, unmittelbare Beziehung zwischen Geometrie und physikalischer Wirklichkeit zerstört, und man fühlt sich zu folgender allgemeinerer Auffassung hingedrängt, welche Poincarés Standpunkt charakterisiert. Die Geometrie (G) sagt nichts über das Verhalten der wirklichen Dinge aus, sondern nur die Geometrie zusammen mit dem Inbegriff (P) der physikalischen Gesetze. Symbolisch können wir sagen, daß nur die Summe $(G) + (P)$ der Kontrolle der Erfahrung unterliegt. Es kann also (G) willkürlich gewählt werden, ebenso Teile von (P); all diese Gesetze sind Konventionen. Es ist zur Vermeidung von Widersprüchen nur nötig, den Rest von (P) so zu wählen, daß (G) und das totale (P) zusammen den Erfahrungen gerecht wird. Bei dieser Auffassung erscheinen die axiomatische Geometrie und der zu Konventionen erhobene Teil der Naturgesetze als erkenntnistheoretisch gleichwertig.

Sub specie aeterni hat Poincaré mit dieser Auffassung nach meiner Meinung Recht: Der Begriff des Meßkörpers sowie auch der ihm in der Relativitätstheorie koordinierte Begriff der Meßuhr findet in der wirklichen Welt kein ihm exakt entsprechendes Objekt. Auch ist klar, daß der feste Körper und die Uhr nicht die Rolle von irreduzibeln Elementen im Begriffsgebäude der Physik spielen, sondern die Rolle von zusammengesetzten Gebilden, die im Aufbau der theoretischen Physik keine selbständige Rolle spielen dürfen. Aber es ist meine Überzeugung, daß diese Begriffe beim heutigen Entwicklungsstadium der theoretischen Physik noch als selbständige Begriffe herangezogen werden müssen; denn wir sind noch weit von einer so gesicherten Kenntnis der theoretischen Grundlagen der Atomistik entfernt, daß wir exakte theoretische Konstruktionen jener Gebilde geben könnten.

Was ferner den Einwand angeht, daß es wirklich starre Körper in der Natur nicht gibt, und daß also die von solchen behaupteten Eigenschaften gar nicht die physische Wirklichkeit betreffen, so ist er keineswegs so tiefgehend, wie man bei flüchtiger Betrachtung meinen möchte. Denn es fällt nicht schwer, den physikalischen Zustand eines Meßkörpers so genau festzulegen, daß sein Verhalten bezüglich der relativen Lagerung zu anderen Meßkörpern hinreichend eindeutig wird, so daß man ihn für den »starren« Körper substituieren darf. Auf solche Meßkörper sollen die Aussagen über starre Körper bezogen werden.

Alle praktische Geometrie ruht auf einem der Erfahrung zugänglichen Grundsatze, den wir uns nun vergegenwärtigen wollen. Wir wollen den Inbegriff zweier auf einem praktisch starren Körper angebrachten Marken eine Strecke nennen. Wir denken uns zwei praktisch starre Körper und auf jedem eine Strecke markiert. Diese beiden Strecken sollen »einander gleich« heißen, wenn die Marken der einen dauernd mit den Marken der anderen zur Koinzidenz gebracht werden können. Es wird nun vorausgesetzt:

Wenn zwei Strecken einmal und irgendwo als gleich befunden sind, so sind sie stets und überall gleich.

Nicht nur die praktische euklidische Geometrie, sondern auch ihre nächste Verallgemeinerung, die praktische Riemannsche Geometrie und damit die allgemeine Relativitätstheorie, beruhen auf diesen Voraussetzungen. Von den Erfahrungsgründen, welche für das Zutreffen dieser Voraussetzung sprechen, will ich nur einen anführen. Das Phänomen der Lichtausbreitung im leeren Raum ordnet jedem Lokal-Zeit-Intervall eine Strecke, nämlich den zugehörigen Lichtweg zu und umgekehrt. Damit hängt es zusammen, daß die oben für Strecken angegebene Voraussetzung in der Relativitätstheorie auch für Uhr-Zeit-Intervalle gelten muß. Sie kann dann so formuliert werden: Gehen zwei ideale Uhren irgendwann und irgendwo gleich rasch (wobei sie unmittelbar benachbart sind), so gehen sie stets gleich rasch, unabhängig davon, wo und wann sie am gleichen Orte miteinander verglichen werden. Wäre dieser Satz für die natürlichen Uhren nicht gültig, so würden die Eigenfrequenzen der einzelnen Atome desselben chemischen Elementes nicht so genau miteinander übereinstimmen, wie es die Erfahrung zeigt. Die Existenz scharfer Spektrallinien bildet einen überzeugenden Erfahrungsbeweis für den genannten Grundsatz der praktischen Geometrie. Hierauf beruht es in letzter Linie, daß wir in sinnvoller Weise von einer Metrik im Sinne RIEMANNS des vierdimensionalen Raum-Zeit-Kontinuums sprechen können.

Die Frage, ob dieses Kontinuum euklidisch oder gemäß dem allgemeinen RIEMANNschen Schema oder noch anders strukturiert sei, ist nach der hier vertretenen Auffassung eine eigentlich physikalische Frage, die durch die Erfahrung beantwortet werden muß, keine Frage bloßer nach Zweckmäßigkeitsgründen zu wählender Konvention. Die RIEMANNsche Geometrie wird dann gelten, wenn die Lagerungsgesetze praktisch starrer Körper desto genauer in diejenigen der Körper der euklidischen Geometrie übergehen, je kleiner die Abmessungen des ins Auge gefaßten raum-zeitlichen Gebietes sind.

Die hier vertretene physikalische Interpretation der Geometrie versagt zwar bei ihrer unmittelbaren Anwendung auf Räume von submolekularer Größenordnung. Einen Teil ihrer Bedeutung behält sie indessen auch noch den Fragen der Konstitution der Elementarteilchen gegenüber. Denn man kann versuchen, denjenigen Feldbegriffen, welche man zur Beschreibung des geometrischen Verhaltens von gegen das Molekül großen Körpern physikalisch definiert hat, auch dann physikalische Bedeutung zuzuschreiben, wenn es sich um die Beschreibung der elektrischen Elementarteilchen handelt, die die Materie konstituieren. Nur der Erfolg kann über die Berechtigung eines solchen Versuches entscheiden, der den Grundbegriffen der RIEMANNschen Geometrie über ihren physikalischen Definitionsbereich hinaus physikalische Realität zuspricht. Möglicherweise könnte es sich zeigen, daß diese Extrapolation ebensowenig angezeigt ist wie diejenige des Temperaturbegriffes auf Teile eines Körpers von molekularer Größenordnung.

Weniger problematisch erscheint die Ausdehnung der Begriffe der praktischen Geometrie auf Räume von kosmischer Größenordnung. Man könnte zwar einwenden, daß eine aus festen Stäben gebildete Konstruktion sich von dem Starrheitsideal desto mehr entfernt, je größer ihre räumliche Erstreckung ist. Aber man wird diesem Einwand wohl schwerlich prinzipielle Bedeutung zuschreiben dürfen. Deshalb erscheint mir auch die Frage, ob die Welt räumlich endlich sei oder nicht, eine im Sinne der praktischen Geometrie durchaus sinnvolle Frage zu sein. Ich halte es nicht einmal für ausgeschlossen, daß diese Frage in absehbarer Zeit von der Astronomie beantwortet werden wird. Vergegenwärtigen wir uns, was die allgemeine Relativitätstheorie in dieser Beziehung lehrt. Nach dieser gibt es zwei Möglichkeiten.

1. Die Welt ist räumlich unendlich. Dies ist nur möglich, wenn die durchschnittliche räumliche Dichte der in Sternen konzentrierten

Materie im Weltraume verschwindet, d. h. wenn das Verhältnis der Gesamtmasse der Sterne zur Größe des Raumes, über welchen sie verstreut sind, sich unbegrenzt dem Werte Null nähert, wenn man die in Betracht gezogenen Räume immer größer werden läßt.

2. Die Welt ist räumlich endlich. Dies muß der Fall sein, wenn es eine von Null verschiedene mittlere Dichte der ponderabeln Materie im Weltraume gibt. Das Volumen des Weltraumes ist desto größer, je kleiner jene mittlere Dichte ist.

Ich will nicht unerwähnt lassen, daß ein theoretischer Grund für die Hypothese von der Endlichkeit der Welt geltend gemacht werden kann. Die allgemeine Relativitätstheorie lehrt, daß die Trägheit eines bestimmten Körpers desto größer ist, je mehr ponderable Massen sich in seiner Nähe befinden; es erscheint demnach überhaupt naheliegend, die gesamte Trägheitswirkung eines Körpers auf Wechselwirkung zwischen ihm und den übrigen Körpern der Welt zurückzuführen, wie ja auch die Schwere seit Newton vollständig auf Wechselwirkung zwischen den Körpern zurückgeführt ist. Es läßt sich aus den Gleichungen der allgemeinen Relativitätstheorie ableiten, daß diese restlose Zurückführung der Trägheit auf Wechselwirkung zwischen den Massen — wie sie z. B. E. Mach gefordert hat — nur dann möglich ist, wenn die Welt räumlich endlich ist.

Auf viele Physiker und Astronomen macht dieses Argument keinen Eindruck. Letzten Endes kann in der Tat nur die Erfahrung darüber entscheiden, welche der beiden Möglichkeiten in der Natur realisiert ist; wie kann die Erfahrung eine Antwort liefern? Zunächst könnte man meinen, daß sich die mittlere Dichte der Materie durch Beobachtung des unserer Wahrnehmung zugänglichen Teils des Weltalls bestimmen lasse. Diese Hoffnung ist trügerisch. Die Verteilung der sichtbaren Sterne ist eine ungeheuer unregelmäßige, so daß wir keineswegs wagen dürfen, die mittlere Dichte der Sternmaterie in der Welt etwa der mittleren Dichte in der Milchstraße gleichzusetzen. Überhaupt könnte man — wie groß auch der durchforschte Raum sein mag — immer argwöhnen, daß außerhalb dieses Raumes keine Sterne mehr seien. Eine Abschätzung der mittleren Dichte erscheint also ausgeschlossen.

Es gibt aber noch einen zweiten Weg, der mir eher gangbar scheint, wenngleich auch dieser große Schwierigkeiten bietet. Fragen wir nämlich nach den Abweichungen, welche die der astronomischen Erfahrung zugänglichen Konsequenzen der allgemeinen Relativitätstheorie gegenüber denen der Newtonschen Theorie bieten, so ergibt sich zunächst eine in großer Nähe der gravitierenden Masse sich geltend machende Abweichung, welche sich am Merkur hat bestätigen lassen.

Für den Fall, daß die Welt räumlich endlich ist, gibt es aber noch eine zweite Abweichung von der Newtonschen Theorie, die sich in der Sprache der Newtonschen Theorie so ausdrücken läßt: Das Gravitationsfeld ist so beschaffen, wie wenn es außer von den ponderabeln Massen noch von einer Massendichte negativen Vorzeichens hervorgerufen wäre, die gleichmäßig über den Raum verteilt ist. Da diese fingierte Massendichte ungeheuer klein sein müßte, so könnte sie sich nur in gravitierenden Systemen von sehr großer Ausdehnung bemerkbar machen.

Angenommen, wir kennen etwa die statistische Verteilung der Sterne in der Milchstraße sowie deren Massen. Dann können wir das Gravitationsfeld nach Newtons Gesetz berechnen sowie die mittleren Geschwindigkeiten, welche die Sterne haben müssen, damit die Milchstraße durch die gegenseitigen Wirkungen ihrer Sterne nicht in sich zusammenstürze, sondern ihre Ausdehnung aufrechterhalte. Wenn nun die wirklichen mittleren Geschwindigkeiten der Sterne, welche sich ja messen lassen, kleiner wären als die berechneten, so wäre der Nachweis geführt, daß die wirklichen Anziehungen auf große Entfernungen kleiner seien als nach Newtons Gesetz. Aus einer solchen Abweichung könnte man die Endlichkeit der Welt indirekt beweisen und sogar ihre räumliche Größe abschätzen.

Ausgegeben am 3. Februar.

Berlin, gedruckt in der Reichsdruckerei.

1921 **XII. XIII. XIV**

SITZUNGSBERICHTE

DER PREUSSISCHEN

AKADEMIE DER WISSENSCHAFTEN

Über eine naheliegende Ergänzung des Fundamentes der allgemeinen Relativitätstheorie.

Von A. Einstein.

H. Weyl hat bekanntlich die allgemeine Relativiätstheorie durch Hinzufügung einer weiteren Invarianzbedingung zu ergänzen versucht und ist dabei zu einer Theorie gelangt, die schon ihres folgerichtigen und kühnen mathematischen Aufbaues wegen ein hohes Interesse verdient. Diese Theorie ruht im wesentlichen auf zwei Gedanken:

a) In der allgemeinen Relativitätstheorie kommt dem Verhältnis der Gravitations-Potentialkomponenten $g_{\mu\nu}$ eine erheblich ursprünglichere physikalische Bedeutung zu als den Komponenten $g_{\mu\nu}$ selbst. Denn der Inbegriff der von einem Weltpunkte ausgehenden Weltrichtungen, in denen Lichtsignale von ihm ausgehen können, der Lichtkegel, scheint mit dem Raum-Zeit-Kontinuum unmittelbar gegeben zu sein; dieser Lichtkegel ist aber durch die Gleichung

$$ds^2 = g_{\mu\nu} dx_\mu dx_\nu = 0$$

bestimmt, in welche nur die Verhältnisse der $g_{\mu\nu}$ eingehen. Überhaupt gehen in die elektromagnetischen Gleichungen des Vakuums nur die Verhältnisse der $g_{\mu\nu}$ ein. Dagegen drückt die durch die $g_{\mu\nu}$ selbst erst bestimmte Größe ds keine bloße Eigenschaft des raum-zeitlichen Kontinuums aus; denn es bedarf zur Messung dieser Größen eines materiellen Gebildes (Uhr). Deshalb liegt die Frage nahe: Läßt sich die Relativitätstheorie nicht abändern auf Grund der Annahme, daß nicht der Größe ds an sich, sondern nur der Gleichung $ds^2 = 0$ eine invariante Bedeutung zukomme?

b) Der zweite Gedanke Weyls bezieht sich auf eine Methode der Verallgemeinerung der Riemannschen Metrik sowie auf die physikalische Deutung der in ihr neu auftretenden Größen ϕ_ν. Der Gedanke läßt sich etwa so skizzieren: Metrik setzt Übertragung von Strecken (Maßstäben) voraus. Die Riemannsche Geometrie setzt ferner voraus, daß das Verhalten (Länge) eines Maßstabes an einem Orte unabhängig davon sei, auf welchem Wege er an diesen Ort gelangt sei; sie enthält also die beiden Voraussetzungen

I. Existenz übertragbarer Maßstäbe,

II. Unabhängigkeit von deren Länge vom Übertragungswege.

Weyls Verallgemeinerung der Riemannschen Metrik behält I bei, läßt hingegen II fallen. Er läßt die Meßlänge eines Maßstabes von einem über den Übertragungsweg erstreckten und von diesem im allgemeinen abhängigen Integral

$$\int \phi_\nu dx_\nu$$

abhängen, wobei die ϕ_ν Raumfunktionen sind, welche demgemäß die Metrik mitbestimmen. Bei der physikalischen Deutung der Theorie werden dann die ϕ_ν mit den elektromagnetischen Potentialen identifiziert.

Bei aller Bewunderung der Einheitlichkeit und Schönheit des Weylschen Gedankengebäudes scheint mir dasselbe der physikalischen Wirklichkeit gegenüber nicht standzuhalten. Wir kennen keine zum Messen benutzbaren Naturdinge, deren relative Ausdehnung von der Vorgeschichte abhinge. Auch scheint der von Weyl eingeführten geradesten Linie sowie den in dieser und den übrigen Gleichungen der Weylschen Theorie explizite auftretenden elektrischen Potentialen keine unmittelbare physikalische Bedeutung zuzukommen.

Andererseits aber scheint mir der unter a dargelegte Weylsche Gedanke ein glücklicher und natürlicher zu sein, wenn man auch nicht a priori wissen kann, ob er zu einer brauchbaren physikalischen Theorie zu führen vermag. Bei dieser Sachlage kann man sich fragen, ob man nicht zu einer klaren Theorie gelangt, indem man nicht nur mit Weyl auf die Voraussetzung II, sondern auch auf die Voraussetzung I von der Existenz übertragbarer Maßstäbe (bzw. Uhren) von vornherein verzichtet. Im folgenden soll nun gezeigt werden, daß man zwanglos zu einer Theorie gelangt, indem man lediglich von der invarianten Bedeutung der Gleichung

$$ds^2 = g_{\mu\nu} dx_\mu dx_\nu = 0$$

ausgeht, ohne von dem Begriff des Abstandes ds oder — physikalisch ausgedrückt — von den Begriffen Maßstab und Meßuhr Gebrauch zu machen.

Bei der Bemühung, eine solche Theorie aufzustellen, wurde ich von Kollegen Wirtinger in Wien wirksam unterstützt. Ich fragte ihn, ob es eine Verallgemeinerung der Gleichung der geodätischen Linie gebe in welcher nur die Verhältnisse der $g_{\mu\nu}$ eine Rolle spielen. Er antwortete mir im folgenden Sinne.

Wir verstehen unter »Riemann-Tensor« bzw. »Riemann-Invariante« einen Tensor bzw. eine Invariante bezüglich beliebiger Punkttransformationen, deren Invarianzcharakter unter der Voraussetzung der Invarianz von $ds^2 = g_{\mu\nu} dx_\mu dx_\nu$ gilt. Wir verstehen ferner unter »Weyl-Tensor« bzw. »Weyl-Invariante« vom Gewicht n einen Riemann-Tensor bzw. eine Riemann-Invariante mit folgender zusätzlicher Eigenschaft: der Wert der Tensorkomponente bzw. Invariante multipliziert sich mit λ^n, wenn man die $g_{\mu\nu}$ durch $\lambda g_{\mu\nu}$ ersetzt, wobei λ eine beliebige Funktion der Koordinaten ist. Diese Bedingung läßt sich symbolisch durch die Gleichung

$$T(\lambda g) = \lambda^n T(g)$$

ausdrücken. Ist nun J eine nur von den $g_{\mu\nu}$ und ihren Ableitungen abhängige Weyl-Invariante vom Gewichte -1, so ist

$$d\sigma^2 = J g_{\mu\nu} dx_\mu dx_\nu \qquad (1)$$

eine Invariante vom Gewichte 0, d. h. eine Invariante, die nur vom Verhältnis der $g_{\mu\nu}$ abhängt. Die gesuchte Verallgemeinerung der geodätischen Linie ist dann gegeben durch die Gleichung

$$\delta\left\{\int d\sigma\right\} = 0. \qquad (2)$$

Diese Lösung setzt natürlich die Existenz einer Weyl-Invariante von der genannten Art voraus. Weyls Untersuchungen weisen den Weg zu einer solchen. Er hat nämlich gezeigt, daß der Tensor

$$\begin{aligned} H_{iklm} = R_{iklm} - \frac{1}{d-2} & (g_{il} R_{km} + g_{km} R_{il} - g_{im} R_{kl} - g_{kl} R_{im}) \\ & + \frac{1}{(d-1)(d-2)} (g_{il} g_{km} - g_{im} g_{kl}) R \end{aligned} \qquad (3)$$

ein Weyl-Tensor vom Gewicht 1 ist. Dabei ist R_{iklm} der Riemannsche Krümmungstensor $R_{km} = g^{il} R_{iklm}$ der durch einmalige Verjüngung aus demselben hervorgehende Tensor zweiten Ranges, R der durch nochmalige Verjüngung entstehende Skalar, d die Dimensionszahl. Hieraus geht sogleich hervor, daß

$$H = H_{iklm} H^{iklm} \qquad (4)$$

ein Weylscher Skalar vom Gewichte -2 ist. Es ist also

$$J = \sqrt{H} \qquad (5)$$

eine Weylsche Invariante vom Gewichte -1. Dies Ergebnis in Verbindung mit (1) und (2) liefert eine Verallgemeinerung der geodätischen Linie nach der von Wirtinger angegebenen Methode. Natürlich ist für die Beurteilung der Bedeutung dieses Resultates und der folgenden die Frage von großer Wichtigkeit, ob J die einzige Weyl-Invariante vom Gewichte -1 ist, in welcher keine höheren als die zweiten Ableitungen der $g_{\mu\nu}$ vorkommen.

Auf Grund des bisher Entwickelten ist es nun ein leichtes, jedem RIEMANN-Tensor einen WEYL-Tensor zuzuordnen und damit auch Naturgesetze in Form von Differentialgleichungen aufzustellen, die nur mehr von den Verhältnissen der $g_{\mu\nu}$ abhängen. Setzen wir

$$g'_{\mu\nu} = J g_{\mu\nu},$$

so ist

$$d\sigma^2 = g'_{\mu\nu} dx_\mu dx_\nu$$

eine Invariante, die nur mehr von den Verhältnissen der $g_{\mu\nu}$ abhängt. Alle RIEMANN-Tensoren, die aus $d\sigma$ als Fundamentalinvariante in üblicher Weise gebildet werden, sind — als Funktionen der $g_{\mu\nu}$ und Ableitungen aufgefaßt — WEYL-Tensoren vom Gewichte 0. Symbolisch können wir dies so ausdrücken. Ist $T(g)$ ein RIEMANN-Tensor, der außer von den $g_{\mu\nu}$ und deren Ableitungen auch von anderen Größen, etwa den Komponenten $\phi_{\mu\nu}$ des elektromagnetischen Feldes abhängen kann, so ist $T(g')$, als Funktion der $g_{\mu\nu}$ und ihrer Ableitungen betrachtet, ein WEYL-Tensor vom Gewicht 0. Es entspricht also jedem Naturgesetz $T(g) = 0$ der allgemeinen Relativitätstheorie ein Gesetz $T(g') = 0$, in welches nur die Verhältnisse der $g_{\mu\nu}$ eingehen.

Noch deutlicher wird dies Ergebnis durch folgende Überlegung. Da in den $g_{\mu\nu}$ ein Faktor willkürlich bleibt, wird es möglich sein, diesen so zu wählen, daß überall

$$J = J_0 \qquad (6)$$

wird, wobei J_0 eine Konstante bedeutet. Dann ist $g'_{\mu\nu}$ bis auf einen konstanten Faktor gleich $g_{\mu\nu}$, und die Naturgesetze nehmen in der neuen Theorie wieder die Form

$$T(g) = 0$$

an. Die ganze Neuerung gegenüber der ursprünglichen Form der allgemeinen Relativitätstheorie besteht dann in dem Hinzutreten der Differenzialgleichung (6), welcher die $g_{\mu\nu}$ genügen müssen.

Es sollte hier nur eine logische Möglichkeit dargelegt werden, die der Veröffentlichung wert ist, mag sie für die Physik brauchbar sein oder nicht. Ob das eine oder das andere der Fall ist, müssen weitere Untersuchungen lehren, ebenso, ob außer der WEYL-Invariante $J = \sqrt{K}$ noch andere in Betracht kommen.

Ausgegeben am 17. März.

SITZUNGSBERICHTE

DER PREUSSISCHEN

AKADEMIE DER WISSENSCHAFTEN.

1921

LI. Gesamtsitzung. **8. Dezember.**

Über ein den Elementarprozeß der Lichtemission betreffendes Experiment.

Von A. Einstein.

Daß die bei einem Elementarprozesse (im Sinne der Quantentheorie) von einem ruhenden Atom emittierte Strahlung monochromatisch sei, darüber besteht kein Zweifel. Für den Fall, daß das emittierende Teilchen eine Geschwindigkeit gegen das Koordinatensystem besitzt, soll die bei dem Elementarprozeß nach verschiedenen Richtungen emittierte Strahlung verschiedene Frequenz besitzen. Ist v die Bewegungsgeschwindigkeit des Teilchens, ν_0 die Emissionsfrequenz des Elementarprozesses vom Teilchen aus betrachtet, so soll in erster Näherung sein

$$\nu = \nu_0 \left(1 + \frac{v}{c} \cos \vartheta\right), \qquad (1)$$

wobei ϑ der Winkel zwischen Bewegungsrichtung des Teilchens und der ins Auge gefaßten Emissionsrichtung ist.

Betrachtet man andererseits die für die Quantentheorie fundamentale Bohrsche Emissionsbedingung

$$E_2 - E_1 = h\nu_1, \qquad (2)$$

welche die Energieänderung des Atoms mit der emittierten Frequenz verknüpft, so wird man geneigt, jedem elementaren Emissionsakt eine einheitliche Frequenz zuzuschreiben, auch dem Emissionsakt eines **bewegten** Atoms.

Die Frage, ob jene Konsequenz aus der Undulationstheorie oder jene durch die Quantentheorie nahegelegte, wenn auch nicht geforderte Auffassung das Richtige trifft, kann durch folgenden Versuch entschieden werden (vgl. nebenstehende Skizze).

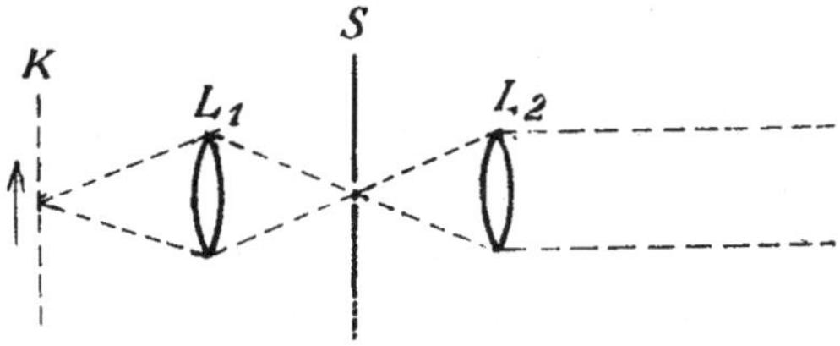

Das die Lichtquelle bildende schmale Kanalstrahlbündel K wird durch die Linse L_1 in der Ebene des Spaltes S abgebildet, welch letzterer ein kurzes Stück dieses Bildes ausblendet. Das von dem Bilde eines jeden Elementarteilchens ausgehende Licht wird durch die Linse L_2 parallel gemacht; genauer gesagt, die Flächen gleicher Phase werden in Ebenen verwandelt.

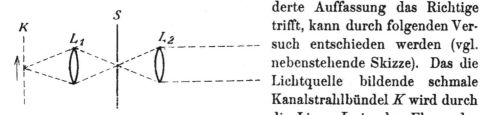

Nach der Undulationstheorie wird das von einem Elementarakt herrührende, nach dem unteren Linsenrand gelangende Licht gemäß dem DOPPLERschen Prinzip kurzwelliger sein als das nach dem oberen Linsenrand gelangende Licht. Die hinter L_2 auftretenden Ebenen gleicher Phase werden nicht genau parallel, sondern fächerartig etwas gegeneinander geneigt sein. Stellt man hinter L_2 ein auf unendlich eingestelltes Fernrohr auf, so wird man in diesem ein Bild des Spaltes sehen, und zwar genau an dem gleichen Orte, wie wenn ein Licht von ruhenden Teilchen emittiert wäre. Die den einzelnen Phasenflächen eines Elementarprozesses entsprechenden Abbildungspunkte werden zwar nicht zusammenfallen, aber alle in das optische Bild des Spaltes hineinfallen.

Die Sachlage ändert sich aber, wenn man zwischen L_2 und das Fernrohr eine Schicht aus dispergierender Substanz, z. B. Schwefelkohlenstoff, einschaltet. Infolge der Dispersion und der Abhängigkeit der Frequenz vom Orte werden sich die Flächen gleicher Phase unten langsamer fortpflanzen als oben, so daß eine Ablenkung des von den bewegten Kanalstrahlteilchen emittierten Lichtes zu erwarten ist. Diese Ablenkung muß, wenn sie existiert, leicht beobachtbar sein. Sind die Distanzen KL_1 und L_1S gleich groß, nennt man Δ die Distanz SL_2, l die Schichtdicke des dispergierenden Mediums, so ist der Ablenkungswinkel α durch die Formel

$$\alpha = \frac{l}{\Delta}\frac{v}{c}\frac{dn}{\left(\frac{d\nu}{\nu}\right)} \qquad (3)$$

gegeben, wobei $\frac{v}{c}$ das Verhältnis der Geschwindigkeit des Kanalstrahlteilchens zu der des Lichtes, n den Brechungsexponenten der dispergierenden Substanz, ν die Frequenz, dn und $d\nu$ zusammengehörige Zuwächse dieser Größen bezeichnen. Für eine CS_2-Schicht von 50 cm Länge ist, bei $\Delta = 1$ cm, eine Winkelablenkung von über 2° zu erwarten.

Wenn dagegen der Elementarakt eine einheitliche Frequenz hat, dann wird die Frequenz des einzelnen Elementarprozesses von der Richtung unabhängig sein; die nach der Undulationstheorie geforderte Ablenkung wird dann nicht bestehen. Ich will hier nicht genauer auf diese Möglichkeit eingehen, sondern nur bemerken, daß sie sich mit der von J. STARK konstatierten Existenz des DOPPLER-Effektes sehr wohl in Einklang bringen ließe.

Die experimentelle Entscheidung der hier gestellten Frage habe ich mit Hrn. GEIGER in Angriff genommen.

1922
III.

SITZUNGSBERICHTE

DER PREUSSISCHEN

AKADEMIE DER WISSENSCHAFTEN.

Sitzung der physikalisch-mathematischen Klasse vom 2. Februar

Zur Theorie der Lichtfortpflanzung in dispergierenden Medien.

Von A. Einstein.

18

Zur Theorie der Lichtfortpflanzung in dispergierenden Medien.

Von A. Einstein.

In einer jüngst in diesen Berichten erschienenen Notiz habe ich ein optisches Experiment vorgeschlagen, für welches nach meinen Überlegungen die Undulationstheorie ein anderes Ergebnis erwarten ließ als die Quantentheorie. Die Überlegung war folgende. Ein in der Brennebene einer Linse bewegtes Kanalstrahlteilchen erzeugt Licht mit exzentrischen Flächen gleicher Phase, welche durch die Brechung der Linse in nicht parallele Ebenen (»gefächertes« Ebenensystem) verwandelt werden. In solchem Lichte ist die Frequenz, also auch die Ausbreitungsgeschwindigkeit eine Funktion des Ortes. Läßt man eine solche Welle ein dispergierendes Medium passieren, so ist in diesem die Fortpflanzungsgeschwindigkeit der Flächen gleicher Phase eine Funktion des Ortes; die Flächen gleicher Phase erfahren also im Verlauf ihrer Fortpflanzung im dispergierenden Medium eine Drehung, welche sich optisch als Lichtablenkung geltend machen muß.

Da die HH. Ehrenfest und Laue an der Beweiskraft dieser Überlegung zweifelten, habe ich die Lichtfortpflanzung in dispergierenden Medien genauer undulationstheoretisch untersucht und in der Tat gefunden, daß jene Überlegung zu einem unrichtigen Ergebnis führt. Der Grund liegt — wie auch Hr. Ehrenfest richtig urteilte — darin, daß man bei Verfolgung eines Wellenberges in dispergierenden Medien an Stellen gelangen kann, die außerhalb der betrachteten Wellengruppe liegen, die Wellenbergebene ist dann zwar gedreht, aber sie existiert physikalisch nicht mehr; an ihrer Stelle entstehen an anderem Orte neue von verschiedener Orientierung.

Unser Ziel ist es, für den im dispergierenden Medium stattfindenden Vorgang eine exakte mathematische Darstellung vom Standpunkt der Undulationstheorie zu finden. Dabei können wir uns von vornherein auf die Betrachtung von zweidimensionalen Vorgängen beschränken, d. h. von solchen, bei welchen die Feldkomponenten von der z-Koordinate unabhängig sind. Wir gehen davon aus, daß dispergierende Medien sich bezüglich rein sinnesartiger Vorgänge genau so verhalten wie nicht dispergierende. Bedeutet daher ϕ eine der die Wellengleichung erfüllenden Funktionen, z. B. die z-Komponente der elektrischen Feldstärke, so ist

$$\phi = \frac{A}{\sqrt{r}} e^{j\left[\omega\left(t - \frac{r}{V}\right) + \alpha\right]} \tag{1}$$

eine Lösung der Wellengleichung für alle r, die groß sind gegen die Wellenlänge $\frac{2\pi V}{\omega} = \lambda$, ϕ bedeutet die Erregung zur Zeit t in einem Aufpunkt (x, y), dessen Entfernung von einem Fixpunkt (ξ, η) gleich r ist. A, ω, V und α bedeuten reelle Konstante, wobei ω und V vermöge der optischen Eigenschaften des Mediums durch eine Relation verknüpft sind. Jede additive Verbindung von Lösungen vom Typus (1) ist wegen der Linearität der Differentialgleichungen wieder eine Lösung.

Wir denken uns nun eine kontinuierliche Folge von Erregern, welche Wellen vom Typus (1) liefert, kontinuierlich über eine in der x-y-Ebene gelegene gegebene Kurve verteilt. Die Fixpunkte (ξ, η) sind in Funktion der auf der Kurve gemessenen Bogenlänge s als gegeben zu betrachten. In genügendem Abstand von der Kurve ist dann das über die Kurve erstreckte Integral

$$\left.\begin{aligned} \phi &= \int \frac{A}{\sqrt{r}} e^{jH} ds \\ H &= \omega\left(t - \frac{r}{V}\right) + \alpha \end{aligned}\right\} \qquad (2)$$

ebenfalls eine Lösung der Gleichungen. A, ω, α und V sind als langsam veränderlich auf der Kurve anzusehen, derart, daß ihre Änderungen beim Fortschreiten auf der Kurve um λ als unendlich klein anzusehen sind. Die Wellenlänge sei sehr klein gegen die Kurvenlänge und diese wieder klein gegen die Entfernungen r des Aufpunktes von den Kurvenpunkten. Die Berechnung des Integrals (2) liefert eine Theorie der Lichtausbreitung inklusive der Fraunhoferschen und Fresnelschen Beugungserscheinungen in dem hier betrachteten zylindrischen Falle, wenn man ω konstant setzt. In dem Falle, daß ω von s abhängt, erhält man nichtstationäre Lösungen, d. h. solche, bei welchen der Strahlengang von der Zeit abhängt.

Uns interessiert hier nicht das Beugungsproblem, sondern das optische Problem mit Vernachlässigung der Beugung. Wir fragen: Welche Punkte sind zur Zeit t beleuchtet und welche nicht, und zwar unter Vernachlässigung der Beugungserscheinungen. Diese Frage ist bei Lösungen von der Form (2) leicht zu beantworten. H hängt von der Wahl des Aufpunktes und des Kurvenpunktes ab und ändert sich im allgemeinen rasch, wenn der Kurvenpunkt auf der Kurve wandert; dann ist e^{jH} eine rasch alternierende Funktion. Deshalb können nur solche Kurvenstellen zum Integral wesentlich beitragen, für welche $\frac{\partial H}{\partial s}$ verschwindet. Existieren solche für den Aufpunkt und den ins Auge gefaßten Zeitpunkt, so ist er »beleuchtet«, andernfalls ist er »dunkel«.

Wir wählen nun als Kurve das Stück der x-Achse zwischen $\xi = -b$ und $\xi = +b$ und betrachten die Lösung nur für Aufpunkte mit positivem y. Interessieren wir uns nur für die Achse des Strahlenbündels, indem wir dieses als unendlich dünn ansehen, so genügt es offenbar, die Beleuchtungsbedingung für den Mittelpunkt $\xi = 0$ der Strecke anzusetzen. Wir erhalten also für den Strahlengang die Bedingung

$$\left(\frac{\partial H}{\partial \xi}\right)_{\xi=0} = 0. \qquad (3)$$

Unter den ins Auge gefaßten geometrischen Bedingungen hat die Wellennormale offenbar die Richtung des vom Koordinatenursprung nach dem Aufpunkt gezogenen Radiusvektor.

Der uns interessierende Fall ist ein Bündel in einem dispergierenden Medium, welches seine Strahlrichtung mit konstanter Winkelgeschwindigkeit ändert. Wir nähern uns diesem Fall schrittweise durch Betrachtung einfacherer Fälle.

I. Wellenzug konstanter Richtung. Wir spezialisieren (2) durch die Bedingungen

$$\frac{\partial \omega}{\partial \xi} = 0$$
$$\frac{\partial \alpha}{\partial \xi} = 0.$$

Ferner setzen wir hier wie im folgenden hinreichend genau

$$r = r_0 - \frac{x}{r_0}\xi, \qquad (4)$$

wobei $r_0 = \sqrt{x^2 + y^2}$ gesetzt ist. Die Bedingung (3) liefert

$$x = 0.$$

Die Lichtfortpflanzung geschieht also längs der y-Achse.

II. Wellenzug variabler Richtung im nicht dispergierenden Medium. Wir setzen

$$\frac{\partial \omega}{\partial \xi} = \gamma$$
$$\frac{\partial \alpha}{\partial \xi} = 0.$$

Es ist dann

$$H = (\omega_0 + \gamma\xi)\left(t - \frac{r_0}{V} + \frac{1}{V}\frac{x}{r_0}\xi\right) + \alpha.$$

Die Geschwindigkeit V ist in diesem Falle unabhängig von der Frequenz $\frac{\omega}{2\pi}$. Die Gleichung (3) liefert

$$\gamma\left(t - \frac{r_0}{V}\right) + \frac{\omega_0}{V}\frac{x}{r_0} = 0. \qquad (5)$$

Daß es sich wirklich um einen Strahl veränderlicher Richtung handelt, erkennt man wie folgt. Das Licht, welches zur Zeit t den Aufpunkt beleuchtet, passiert den Koordinatenursprung zur Zeit $t' = t - \frac{r_0}{V}$. Die erleuchteten Aufpunkte liegen in der Richtung

$$\frac{x}{r_0} = -\gamma \frac{V}{\omega_0} t'.$$

Diese Richtung ändert sich also mit der Zeit t'. Das zu einer bestimmten Zeit t' den Koordinatenursprung passierende Licht pflanzt sich geradlinig fort.

III. Wellenzug variabler Richtung im dispergierenden Medium. Wir setzen wieder

$$\frac{\partial \omega}{\partial \xi} = \gamma$$

$$\frac{\partial \alpha}{\partial \xi} = 0$$

Hier ist aber zu berücksichtigen, daß V von ω abhängig ist. Setzen wir $n = \frac{c}{V}$, so ist

$$n = n_0 + \frac{dn}{d\omega} d\omega = n_0 + \frac{dn}{d\omega} \gamma \xi,$$

also

$$\frac{1}{V} = \frac{1}{c}\left(n_0 + \frac{dn}{d\omega} \gamma \xi\right)$$

zu setzen, also

$$H = (\omega_0 + \gamma \xi)\left[t - \frac{1}{c}\left(r_0 - \frac{x}{r_0}\xi\right)\right]\left(n_0 + \frac{dn}{d\omega}\gamma\xi\right) + \alpha.$$

Die Bedingung (3) liefert hier

$$\gamma\left[t - \frac{r_0}{c}\left(n_0 + \omega \frac{dn}{d\omega}\right)\right] + \frac{\omega_0}{c} n_0 \frac{x}{r_0} = 0. \tag{6}$$

Wir fragen uns nun: Was wird aus einer Wellengruppe, die in einem kurzen Zeitintervall um $t = 0$ die Fläche $y = 0$ passiert? Bekanntlich pflanzt sich eine solche Gruppe nicht mit der Geschwindigkeit $V = \frac{c}{n}$, sondern mit der Gruppengeschwindigkeit $V_g = \frac{c}{n + \omega \frac{dn}{d\omega}}$ fort. Für die von dieser Gruppe beleuchteten Aufpunkte muß die Beziehung

$$t - \frac{r_0}{V_g} = t - \frac{r_0}{c}\left(n + \omega \frac{dn}{d\omega}\right) = 0$$

erfüllt sein. Gleichung (6) liefert also auch in diesem Falle

$$x = 0. \tag{7}$$

Die Wellengruppe pflanzt sich also geradlinig längs der y-Achse fort und die Wellennormale hat dieselbe Richtung.

Damit ist gezeigt, daß das von bewegten Kanalstrahlteilchen erzeugte Licht in dispergierenden Medien keine Ablenkung erfährt — im Widerspruch zu obiger elementarer Überlegung. Dies hat auch der Versuch ergeben, welcher nach E. Warburgs freundlicher Vermittlung durch die HH. Geiger und Bothe in der Physikalisch-Technischen Reichsanstalt ausgeführt worden ist. Tiefere Schlüsse über die Natur des elementaren Emissionsvorganges lassen sich nach diesem Ergebnisse der theoretischen Betrachtung aus dem Experiment nicht ziehen.

Es sei noch bemerkt, daß eine Ablenkung des Lichtes in dispergierenden Medien in Abhängigkeit vom Bewegungszustande der emittierenden Moleküle zu einem Widerspruch mit dem zweiten Hauptsatze der Thermodynamik führen würde, worauf mich Hr. Laue aufmerksam gemacht hat. Weil aber eine solche Krümmung auch nach der Undulationstheorie nicht zu erwarten ist, dürfte es nicht nötig sein, diesen Punkt genauer auszuführen.

Es ist mir eine angenehme Pflicht, den HH. Warburg, Geiger und Bothe auch an dieser Stelle meinen herzlichen Dank auszusprechen.

Ausgegeben am 27. Februar.

Berlin, gedruckt in der Reichsdruckerei.

1922 **XXV—XXXI**

SITZUNGSBERICHTE

DER PREUSSISCHEN

AKADEMIE DER WISSENSCHAFTEN

Bemerkung zu der Abhandlung von E. Trefftz: »Das statische Gravitationsfeld zweier Massenpunkte in der Einsteinschen Theorie«[1].

Von A. Einstein.

Der Verfasser legt seiner Untersuchung die Vakuum-Feldgleichungen

$$R_{ik} - \frac{1}{4} g_{ik} R = 0 , \qquad (1)$$

welche den Gleichungen

$$\left(R_{ik} - \frac{1}{2} g_{ik} R \right) - \lambda g_{ik} = 0 \qquad (1\,a)$$

äquivalent sind, zugrunde, wie durch Verjüngung von (1 a) leicht zu beweisen ist. Der Verfasser glaubt, eine statische Lösung gefunden zu haben, welche sphärischen räumlichen Zusammenhang und außer den beiden Massen keine Singularität besitzen und auch keine weiteren Massen enthält.

Bei der Wichtigkeit des Problems für die kosmologische Frage, d. h. für die Frage nach der geometrischen Struktur der Welt im Großen, interessierte es mich, ob die Gleichungen wirklich eine statische Welt als physikalisch möglich ergäben, deren materielle Masse in nur zwei Himmelskörpern konzentriert wäre. Dabei zeigte sich aber, daß die Trefftzsche Lösung jene physikalische Interpretation überhaupt nicht zuläßt. Dies soll im folgenden gezeigt werden.

Hr. Trefftz geht aus von dem Ansatz für das (vierdimensionale) Linienelement

$$ds^2 = f_4(x) dt^2 - \left[dx^2 + f_2(x) (d\vartheta^2 + \sin^2\vartheta d\phi^2) \right] . \qquad (2)$$

Dieser Ansatz entspricht einem Raume von Kugelsymmetrie um den Ursprung. Der Spezialfall $f_4 =$ konst; $f_2 = x^2$ würde dem Euklidisch-Galileischen isotropen und homogenen Raum entsprechen.

In (2) bedeutet x die radiale, natürlich gemessene Distanz von einem der beiden Massenpunkte (bis auf eine additive Konstante, $\sqrt{f_2(x)}$), den natürlich gemessenen, durch 2π dividierten Umfang einer zu einem konstanten Wert x gehörigen Kugel, welche jede der beiden Massen trennt und zentrisch umgibt. Die Oberflächen der beiden kugelförmigen Massen wären durch zwei Gleichungen $x = X_1$ und $x = X_2$ ausgedrückt, zwischen welchen ($X_1 < x < X_2$) sich leerer Raum befindet.

[1] Mathem. Ann. 86, 317, 1922.

Hr. Trefftz gibt als allgemeine Lösung des Problems

$$\left.\begin{aligned} x &= \int \frac{dw}{\sqrt{1+\frac{A}{w}+Bw^2}} \\ f_2 &= w^2 \\ f_4 &= C^2\left(1+\frac{A}{w}+Bw^2\right), \end{aligned}\right\} \quad (3)$$

wobei zunächst C ohne Beschränkung der Allgemeinheit gleich 1 gesetzt werden kann. Zufolge (2) kann also gesetzt werden

$$ds^2 = \left(1+\frac{A}{w}+Bw^2\right)dt^2 - \frac{dw^2}{1+\frac{A}{w}+Bw^2} - w^2(d\vartheta^2+\sin^2\vartheta d\phi^2)\,.$$

Bei negativem A und verschwindendem B geht dies in die wohlbekannte Schwarzschildsche Lösung für das Feld eines materiellen Punktes über. Die Konstante A wird also auch hier negativ gewählt werden müssen, entsprechend der Tatsache, daß es nur positive gravitierende Massen gibt. Die Konstante B entspricht dem λ-Glied der Gleichung (1 a). Positivem λ entspricht negatives B und umgekehrt.

Wenn Gleichungssystem (3) wirklich das Feld zweier Massenkugeln darstellt, so muß sich diese Welt offenbar metrisch wie folgt verhalten. Von der ersten Kugel $x = X_1$ aus muß der durch 2π dividierte Umfang konzentrischer Kugeln $x =$ konst, welcher durch $w\,(=\sqrt{f_2})$ ausgedrückt wird, mit wachsendem x zuerst wachsen, dann wieder bei Annäherung gegen die zweite Kugel abnehmen, wenn es sich um eine geschlossene Welt vom Zusammenhangscharakter einer sphärischen Welt handeln soll. Es muß also irgendwo im leeren Raume zwischen den beiden materiellen Kugeln

$$\frac{dw}{dx} = \sqrt{1+\frac{A}{w}+Bw^2} = 0$$

sein. Dort würde aber nach (3) f_4 verschwinden. Nach (1) ist $\sqrt{f_4}$ die Ganggeschwindigkeit einer Einheitsuhr, welche an jenem Orte ruhend angeordnet wird. Das Verschwinden von f_4 bedeutet also eine wahre Singularität des Feldes. Daß die Größen f_4 nicht verschwinden dürfen, zeigt sich auch daran, daß in den Differenzialgleichungen die logarithmischen Ableitungen f_4'/f_4 auftreten. Damit ist gezeigt, daß die Lösung (3) nicht bis zu jener Stelle fortgesetzt werden darf. Sie setzt in Wahrheit das Vorhandensein weiterer kugelsymmetrisch verteilter ausgedehnter Massen voraus, wie H. Weyl schon gezeigt hat.

Ausgegeben am 21. Dezember.

1923.
V.

SITZUNGSBERICHTE

DER PREUSSISCHEN

AKADEMIE DER WISSENSCHAFTEN.

Sitzung der physikalisch-mathematischen Klasse vom 15. Februar.

Zur allgemeinen Relativitätstheorie.

Von A. Einstein.

32

Zur allgemeinen Relativitätstheorie.

Von A. Einstein.

§ 1. Allgemeines. Aufstellung der Feldgleichungen.

Die allgemeine Relativitätstheorie war in ihrem mathematischen Aufbau ursprünglich ganz auf die Metrik, d. h. auf die Invariante

$$ds^2 = g_{\mu\nu} dx_\mu dx_\nu \qquad (1)$$

gegründet. Die Größen $g_{\mu\nu}$ und ihre Ableitungen stellten das metrische und das Gravitationsfeld dar. Ihnen gegenüber waren die Komponenten $\phi_{\mu\nu}$ des elektrischen Feldes wesensfremde Gebilde. Der Wunsch, das Gravitationsfeld und das elektromagnetische Feld als Wesenseinheit zu begreifen, beherrscht in den letzten Jahren das Streben der Theoretiker.

Diesen Bestrebungen kam eine mathematische Erkenntnis entgegen, welche wir Levi-Civita und Weyl verdanken: Die Ableitung des für die allgemeine Relativitätstheorie fundamentalen Riemannschen Krümmungstensors gründet man am natürlichsten auf das Gesetz der Parallelverschiebung der Vektoren (»affiner Zusammenhang«)

$$\delta A^\mu = -\Gamma^\mu_{\alpha\beta} A^\alpha dx_\beta . \qquad (2)$$

Dieses läßt sich zwar auf (1) zurückführen mittels des Postulates, daß sich der Betrag eines Vektors bei seiner Parallelverschiebung nicht ändere; aber logisch nötig ist eine solche Zurückführung nicht. Dies hat H. Weyl zuerst klar erkannt und auf diese Erkenntnis eine Verallgemeinerung der Riemannschen Geometrie gegründet, welche nach seiner Meinung die Theorie des elektromagnetischen Feldes liefert. Weyl erteilt nicht dem Betrag eines Linienelementes bzw. Vektors eine invariante Bedeutung, sondern nur dem Verhältnis der Beträge zweier Linienelemente bzw. Vektoren mit demselben Angriffspunkt. Die Parallelverschiebung (2) soll so beschaffen sein, daß sie jenes Verhältnis ungeändert läßt. Man kann die Basis dieser Theorie als eine halb-metrische bezeichnen. Nach meiner Überzeugung kommt man so nicht zu einer physikalisch brauchbaren Theorie. Auch vom rein logischen Standpunkt muß es befriedigender erscheinen, die Theorie auf (2) allein zu gründen, wenn man sich dazu bewogen fühlt, die Invariante (1) als Basis der Theorie fallen zu lassen.

Dies that Eddington und bemerkte, daß umgekehrt eine metrische Invariante vom Typus (1), deren physikalische Existenz nicht bezweifelt werden kann, auf (2) gegründet werden kann. Aus (2) folgt nämlich die Existenz des RIEMANNschen Tensors vierten Ranges

$$R^i_{k,lm} = -\frac{\partial \Gamma^i_{kl}}{\partial x_m} + \Gamma^i_{\tau l}\Gamma^\tau_{km} + \frac{\partial \Gamma^i_{km}}{\partial x_l} - \Gamma^i_{\tau m}\Gamma^\tau_{kl}$$

und aus diesem durch Verjüngung nach den Indizes i und m die Existenz des RIEMANNschen Tensors zweiten Ranges

$$R_{kl} = -\frac{\partial \Gamma^\alpha_{kl}}{\partial x_\alpha} + \Gamma^\alpha_{k\beta}\Gamma^\beta_{l\alpha} + \frac{\partial \Gamma^\alpha_{k\alpha}}{\partial x_l} - \Gamma^\alpha_{kl}\Gamma^\beta_{\alpha\beta}, \qquad (3)$$

dessen fundamentale Bedeutung in der Gravitationstheorie wohlbekannt ist.

$$R_{kl}\, dx_k\, dx_l$$

ist also eine Invariante des Linienelementes, welche EDDINGTON als metrische Invariante ansieht.

Die R_{kl} bilden bei beliebig gewählten $\Gamma^\alpha_{\mu\nu}$, die nur der Symmetriebedingung

$$\Gamma^\alpha_{\mu\nu} = \Gamma^\alpha_{\nu\mu} \qquad (4)$$

unterworfen werden, keinen symmetrischen Tensor. Zerlegt man den Tensor (R_{kl}) in einen symmetrischen und antisymmetrischen gemäß der Gleichung

$$R_{kl} = g_{kl} + \phi_{kl}, \qquad (5)$$

wobei

$$\phi_{kl} = \frac{1}{2}\left(\frac{\partial \Gamma^\alpha_{k\alpha}}{\partial x_l} - \frac{\partial \Gamma^\alpha_{l\alpha}}{\partial x_k}\right), \qquad (6)$$

so liegt es nahe, den Tensor (g_{kl}) dem metrischen Tensor g_{kl} gleich zu setzen, den Tensor (ϕ_{kl}) aber, welcher der Relation

$$\frac{\partial \phi_{kl}}{\partial x_m} + \frac{\partial \phi_{lm}}{\partial x_k} + \frac{\partial \phi_{mk}}{\partial x_l} = 0 \qquad (7)$$

genügt, als elektromagnetischen Feldtensor anzusehen.

Zunächst eine Bemerkung zugunsten der beschränkenden Symmetriebedingung (4). Aus (2) folgt das Verschiebungsgesetz des kovarianten Vektors durch die natürliche Festsetzung, daß das skalare Produkt aus einem kontravarianten und kovarianten Vektor sich bei der Parallelverschiebung nicht ändere Hieraus folgt das Gesetz

$$\delta B_\mu = \Gamma^\alpha_{\mu\beta} B_\alpha dx_\beta\,.$$

Hieraus folgt in bekannter Weise der Tensorcharakter von

$$\frac{\partial B_\mu}{\partial x_\nu} - \Gamma^\alpha_{\mu\nu} B_\alpha\,.$$

Hieraus und aus dem Tensorcharakter von $\frac{\partial B_\mu}{\partial x_\nu} - \frac{\partial B_\nu}{\partial x_\mu}$ kann dann der Tensorcharakter von $\Gamma^\alpha_{\mu\nu} - \Gamma^\alpha_{\nu\mu}$ geschlossen werden. Hieraus und aus dem Vorigen folgt dann, daß auch

$$\frac{\partial B_\mu}{\partial x_\nu} - \Gamma^\alpha_{\nu\mu} B_\alpha$$

Tensorcharakter besitzt. Die Symmetriebedingung (4) ist also nötig, wenn der eindeutige Charakter der kovarianten Erweiterung des Vektors gewahrt bleiben soll.

In der EDDINGTONschen Theorie treten die 40 Größen $\Gamma^\alpha_{\mu\nu}$ als unbekannte Funktionen der x_ν auf, wie in der ursprünglichen Relativitätstheorie die 14 Größen $g_{\mu\nu}$ und ϕ_μ. Das bei EDDINGTON nicht gelöste Problem besteht nun darin, die zur Bestimmung dieser Größen notwendigen Gleichungen zu finden. Als bequemste Methode hierfür bietet sich das HAMILTONsche Prinzip dar. Sei $\mathfrak{H}$ eine nur von den Γ und ihren ersten Ableitungen abhängige skalare Dichte, so soll für jede am Rande des Integrationsgebietes verschwindende stetige Variation der $\Gamma^\alpha_{\mu\nu}$ gelten

$$\delta\left\{\int \mathfrak{H} d\tau\right\} = 0 \qquad (8)$$

Die Feldgleichungen, welche wegen des Tensorcharakters von $\delta\Gamma^\alpha_{\mu\nu}$ ebenfalls Tensorcharakter besitzen, lauten dann

$$0 = \mathfrak{H}^{\mu\nu}_\alpha = \frac{\partial \mathfrak{H}}{\partial \Gamma^\alpha_{\mu\nu}} - \frac{\partial}{\partial x_\sigma}\left(\frac{\partial \mathfrak{H}}{\partial \Gamma^\alpha_{\mu\nu,\sigma}}\right), \qquad (9)$$

wobei

$$\frac{\partial \Gamma^\alpha_{\mu\nu}}{\partial x_\sigma} = \Gamma^\alpha_{\mu\nu,\sigma}$$

gesetzt ist. Dabei ist angenommen, daß $\mathfrak{H}$ eine (algebraische) Funktion der $R^i_{k,lm}$ sei. Unsere Hauptaufgabe liegt in der Wahl dieser Funktion.

Es gibt solche Tensordichten, welche r a t i o n a l e Funktionen zweiten Grades aus den $R^i_{k,lm}$ sind; sie können mittels der Tensordichte δ^{iklm} gewonnen werden, deren Komponenten gleich 1 oder -1 sind, je nachdem $iklm$ eine gerade oder ungerade Permutation von 1, 2, 3, 4 ist. Eine solche Tensordichte ist z. B.

$$R^i_{k,lm} R^k_{i,\sigma\tau} \delta^{lm\sigma\tau}.$$

Ich halte es aber für richtig, sich auf diejenigen Tensordichten zu beschränken, welche aus dem verjüngten Tensor R_{kl} gebildet sind bzw. aus S_{kl} und ϕ_{kl}, da wir nur diesen Größen physikalische Bedeutung zuzuschreiben geneigt sind. Dann müssen wir irrationale Funktionen zulassen, wie wir dies aus der bisherigen Entwicklung der allgemeinen Relativitätstheorie bereits gewöhnt sind (z. B. $\sqrt{-g}$). Auch dann gibt es noch verschiedene Möglichkeiten, von denen mir die folgende als die interessanteste erscheint:

$$\mathfrak{H} = 2\sqrt{-|R_{kl}|}, \qquad (10)$$

welche ein Analogon der Tensordichte des Volumens darstellt und aus R_{kl} ohne Zerspaltung in den symmetrischen und antisymmetrischen Teil gebildet ist. Erweist sich diese HAMILTONsche Funktion als brauchbar, so leistet die Theorie die Vereinigung von Gravitation und Elektrizität unter einen Begriff in idealer Weise, indem nicht nur dieselben Γ die Felder beider Art bestimmen, sondern auch die Hamiltonsche Funktion eine durchaus einheitliche ist, während sie bisher aus logisch voneinander unabhängigen Summanden bestand.

Im folgenden soll die Brauchbarkeit der Theorie wahrscheinlich gemacht werden.

§ 2. Beziehung der neuen Theorie zu den früheren Ergebnissen der allgemeinen Relativitätstheorie.

Zunächst eine Bemerkung zu Gleichung (5). $g_{kl}dx_k dx_l$ stellt die metrische Invariante für einen »kosmischen« Maßstab dar. Soll $g_{kl}dx_k dx_l$ für einen Maßstab von menschlichen Dimensionen das Längenquadrat darstellen, so hat man zu setzen

$$\lambda^2 R_{kl} = g_{kl} + \phi_{kl}, \tag{5a}$$

wobei λ eine sehr große Zahl ist. Man hat daher gemäß (3)

$$\frac{1}{\lambda^2} g_{kl} = -\frac{\partial \Gamma^\alpha_{kl}}{\partial x_\alpha} + \frac{1}{2}\left(\frac{\partial \Gamma^\alpha_{k\alpha}}{\partial x_l} + \frac{\partial \Gamma^\alpha_{l\alpha}}{\partial x_k}\right) + \Gamma^\alpha_{k\beta}\Gamma^\beta_{l\alpha} - \Gamma^\alpha_{kl}\Gamma^\beta_{\alpha\beta} \tag{11}$$

$$\frac{1}{\lambda^2} \phi_k = \frac{1}{2}\left(\frac{\partial \Gamma^\alpha_{k\alpha}}{\partial x_l} - \frac{\partial \Gamma^\alpha_{l\alpha}}{\partial x_k}\right). \tag{12}$$

Wir führen nun die in (8) angedeutete Variation durch unter der allgemeineren Annahme, daß $\mathfrak{H}$ eine vorläufig unbestimmt gelassene Funktion von g_{kl} und ϕ_{kl} sei. Dann ist

$$\delta\mathfrak{H} = \frac{\partial \mathfrak{H}}{\partial g_{kl}}\delta g_{kl} + \frac{\partial \mathfrak{H}}{\partial \phi_{kl}}\delta\phi_{kl} = \mathfrak{s}^{kl}\delta g_{kl} + \mathfrak{f}^{kl}\delta\phi_{kl}, \tag{13}$$

wobei $\mathfrak{s}^{kl}$ eine symmetrische, $\mathfrak{f}^{kl}$ eine antisymmetrische Tensordichte bedeutet. Mit Rücksicht auf (11), (12) und (13) nimmt (8) die Form an

$$0 = \int d\tau\,\delta\Gamma^\alpha_{kl}\left\{\mathfrak{s}^{kl};_\alpha - \frac{1}{2}\delta^k_\alpha \mathfrak{s}^{l\sigma};_\sigma - \frac{1}{2}\delta^l_\alpha \mathfrak{s}^{k\sigma};_\sigma - \frac{1}{2}\delta^k_\alpha \frac{\partial \mathfrak{f}^{l\sigma}}{\partial x_\sigma} - \frac{1}{2}\delta^l_\alpha \frac{\partial \mathfrak{f}^{k\sigma}}{\partial x_\sigma}\right\}. \tag{14}$$

Da wir ϕ_{kl} als den kovarianten Tensor des elektromagnetischen Feldes auffassen, werden wir $\mathfrak{f}^{kl}$ als die kontravariante Tensordichte des elektromagnetischen Feldes und

$$i^l = \frac{\partial \mathfrak{f}^{l\sigma}}{\partial x_\sigma} \tag{15}$$

als die Stromdichte anzusehen haben. In (14) bedeutet $\mathfrak{s}^{kl};_\alpha$ die kovariante Erweiterung von $\mathfrak{s}^{kl}$ gemäß der Formel

$$\mathfrak{s}^{kl};_\alpha = \frac{\partial \mathfrak{s}^{kl}}{\partial x_\alpha} + \mathfrak{s}^{\sigma l}\Gamma^k_{\sigma\alpha} + \mathfrak{s}^{k\sigma}\Gamma^l_{\sigma\alpha} - \mathfrak{s}^{kl}\Gamma^\tau_{\alpha\tau}. \tag{16}$$

Aus (14) folgt

$$0 = \mathfrak{s}^{kl};_\alpha - \frac{1}{2}\delta^k_\alpha \mathfrak{s}^{l\sigma};_\sigma - \frac{1}{2}\delta^l_\alpha \mathfrak{s}^{k\sigma};_\sigma - \frac{1}{2}\delta^k_\alpha i^l - \frac{1}{2}\delta^l_\alpha i^k \tag{17}$$

Durch Kombination dieser Gleichung mit der durch Verjüngung nach den Indizes α und l zu gewinnenden

$$0 = 3\mathfrak{s}^{l\sigma}{}_{;\sigma} + 5\mathfrak{i}^{l} \tag{18}$$

folgt endlich als allgemeines Ergebnis unserer Variationsbetrachtung

$$0 = \mathfrak{s}^{kl}{}_{;\alpha} + \frac{1}{3}\delta^{k}_{\alpha}\mathfrak{i}^{l} + \frac{1}{3}\delta^{l}_{\alpha}\mathfrak{i}^{k} \tag{19}$$

Dies sind 40 Gleichungen, aus welchen man die Größen Γ berechnen kann. Zu diesem Zweck führen wir die zu der Tensordichte $\mathfrak{s}^{kl}$ gehörigen Tensoren s_{kl} bzw. s^{kl} ein, wobei diese Tensoren zueinander in der nämlichen Beziehung stehen wie der kovariante und kontravariante Fundamentaltensor ($g_{\mu\nu}$ und $g^{\mu\nu}$) der allgemeinen Relativitätstheorie. Es mögen also die Gleichungen bestehen

$$\mathfrak{s}^{kl} = s^{kl}\sqrt{-|s_{ik}|} \tag{20}$$

$$s_{\alpha i}s^{\beta i} = \delta^{\beta}_{\alpha}. \tag{21}$$

Ferner setzen wir

$$\mathfrak{i}^{l} = \sqrt{-|s_{ik}|}\; i^{l} = \sqrt{-s}\; i^{l} \tag{22}$$

$$i_{l} = s_{l\sigma}i^{\sigma}. \tag{23}$$

Dann erhalten wir durch Rechnungen, welche aus der allgemeinen Relativitätstheorie wohlbekannt sind

$$\Gamma^{\alpha}_{kl} = \frac{1}{2}s^{\alpha\beta}\left(\frac{\partial s_{k\beta}}{\partial x_{l}} + \frac{\partial s_{l\beta}}{\partial x_{k}} - \frac{\partial s_{kl}}{\partial x_{\beta}}\right) - \frac{1}{2}s_{kl}i^{\alpha} + \frac{1}{6}\delta^{\alpha}_{k}i_{l} + \frac{1}{6}\delta^{\alpha}_{l}i_{k}. \tag{24}$$

Diese Werte der Γ hat man in (11) und (12) eingesetzt zu denken. Da die $\mathfrak{s}$ und $\mathfrak{f}$ vermöge (13) durch die Wahl der Hamiltonschen Funktion durch die g und ϕ ausdrückbar sind, so genügen nach Substitution die Gleichungen (11) und (12) zur Bestimmung der unbekannten Funktionen. Um nun die physikalische Berechtigung der in (10) getroffenen Wahl der Hamiltonschen Funktion zu erkennen, betrachten wir zunächst den Fall des Fehlens eines elektromagnetischen Feldes. Nach (10) und (13) wird dann

$$\mathfrak{s}^{kl} = g^{kl}\sqrt{-g}$$

$$\mathfrak{f}^{kl} = 0,$$

wobei g^{kl} und g zu g_{kl} in der aus der allgemeinen Relativitätstheorie geläufigen Relation stehen. Die Gleichung (24) nimmt dann die wohlbekannte Form an

$$\Gamma^{\alpha}_{kl} = \frac{1}{2}g^{\alpha\beta}\left(\frac{\partial g_{k\beta}}{\partial x_{l}} + \frac{\partial g_{l\beta}}{\partial x_{k}} - \frac{\partial g_{kl}}{\partial x_{\beta}}\right), \tag{24a}$$

welche Gleichung zusammen mit (11) genau die Vakuumgleichung des Gravitationsfeldes der allgemeinen Relativitätstheorie beim Verschwinden des elektromagnetischen Feldes mit Berücksichtigung des kosmologischen Gliedes liefert. Dies ist ein starkes Argument für unsere Wahl der Hamiltonschen Funktion sowie für die Brauchbarkeit der Theorie überhaupt.

Wir gehen nun zu dem Falle über, daß das elektromagnetische Feld nicht verschwindet. Aus (12) und (24) folgt zunächst allgemein

$$\frac{1}{\lambda^2}\phi_{kl} = \frac{1}{6}\left(\frac{\partial i_k}{\partial x_l} - \frac{\partial i_l}{\partial x_k}\right). \tag{25}$$

Hieraus erhellt zwar, daß bei absolut verschwindender Stromdichte kein elektrisches Feld möglich ist. Aber die außerordentliche Kleinheit von $\frac{1}{\lambda^2}$ bringt es mit sich, daß endliche ϕ_{kl} nur bei winzigen, praktisch verschwindenden kovarianten Stromdichten möglich sind. Singuläre Stellen ausgenommen, verschwindet praktisch also die Stromdichte. Es gelten also dort sehr angenähert die Gleichungen

$$\frac{\partial \mathfrak{f}^{kl}}{\partial x_l} = 0 \cdots \tag{26}$$

$$\frac{\partial \phi_{kl}}{\partial x_\sigma} + \frac{\partial \phi_{l\sigma}}{\partial x_k} + \frac{\partial \phi_{\sigma k}}{\partial x_l} = 0\,, \tag{27}$$

welch letztere Gleichung mit Rücksicht auf (12) strenge gilt. Die Beziehung zwischen den ϕ und den $\mathfrak{f}$ wird bei unserer Wahl der Hamiltonschen Funktion dadurch bestimmt, daß die Größen

$$\mathfrak{r}^{kl} = \mathfrak{f}^{kl} + \mathfrak{f}^{kl}$$

die mit der Wurzel aus der negativ genommenen Determinante r der

$$r_{kl} = g_{kl} + \phi_{kl}$$

multiplizierten Unterdeterminanten der r_{kl} sind. Bezeichnet man nämlich jene normierten Unterdeterminanten mit r^{kl}, so hat man

$$\delta r = r\, r^{kl}\, \delta r_{kl}$$

und folglich

$$\delta \mathfrak{H} = \delta(2\sqrt{-r}) = \frac{1}{\sqrt{-r}}\,\delta(-r) = \sqrt{-r}\, r^{kl}\, \delta r_{kl} = \sqrt{-r}\, r^{kl}(\delta g_{kl} + \delta \phi_{kl})\,,$$

woraus die Behauptung folgt.

Die approximative Berechnung der $\mathfrak{f}^{kl}$ ist somit einfach in dem wichtigen Falle, daß sich die r_{kl} nur unendlich wenig von den konstanten Werten δ_{kl} ($= 1$ bzw. $= 0$) unterscheiden. In diesem Falle ist in erster Näherung — wobei in üblicher Weise die Zeitkoordinate imaginär gewählt ist —

$$\mathfrak{f}^{kl} = \phi_{kl}\,.$$

Durch dies Ergebnis in Verbindung mit (26) und (27) ist damit gezeigt, daß in erster Näherung (für genügend schwache Felder) die Maxwellschen Gleichungen des leeren Raumes gelten.

Ob unsere Theorie auch die elektrischen Elementargebilde umfaßt, kann nur durch strenge Berechnung des zentralsymmetrischen statischen Feldes entschieden werden. Jedenfalls zeigt die Gleichung (25), daß endliche Werte der Stromdichte i^s nur möglich sind, wenn gleichzeitig die i_l von der Größenordnung $\frac{1}{\lambda^2}$ klein werden; so wären singularitätsfreie Elektronen denkbar. Bemerkenswert ist, daß nach dieser Theorie die positive und die negative Elektrizität keineswegs bloß dem Vorzeichen nach verschieden sein können. —

Die vorstehende Untersuchung zeigt, daß EDDINGTONS allgemeiner Gedanke in Verbindung mit dem HAMILTONschen Prinzip zu einer von Willkür fast freien Theorie führt, welche unserem bisherigen Wissen über Gravitation und Elektrizität gerecht wird und beide Feldarten in wahrhaft vollendeter Weise vereinigt.

Haruna Maru, Januar 1923.

Ausgegeben am 12. März.

Berlin, gedruckt in der Reichsdruckerei.

1923 XII. XIII. XIV

SITZUNGSBERICHTE

DER PREUSSISCHEN

AKADEMIE DER WISSENSCHAFTEN

76

Bemerkung zu meiner Arbeit »Zur allgemeinen Relativitätstheorie«[1].

Von A. Einstein.

Im folgenden soll das formal Wesentliche der in der zitierten Arbeit aufgestellten Theorie noch einmal übersichtlich zusammengestellt werden, bereichert um eine neue Hamiltonsche Ausdrucksform der Theorie, welche die Beziehung zu der allgemeinen Relativitätstheorie in ihrer ursprünglichen Gestalt besonders klar hervortreten läßt.

Es wird ein affiner Zusammenhang in dem Raum-Zeit-Kontinuum gemäß der Formel

$$\delta A^{\mu} = -\Gamma^{\mu}_{\alpha\beta} A^{\alpha} dx_{\beta} \tag{1}$$

zugrunde gelegt, welcher nur durch die Symmetriebedingung

$$\Gamma^{\mu}_{\alpha\beta} = \Gamma^{\mu}_{\beta\alpha}$$

a priori eingeschränkt ist. Aus ihm folgt die Existenz des Riemann-Tensors zweiten Ranges

$$r_{kl} = -\frac{\partial \Gamma^{\alpha}_{kl}}{\partial x_{\alpha}} + \Gamma^{\alpha}_{k\beta} \Gamma^{\beta}_{l\alpha} + \frac{\partial \Gamma^{\alpha}_{k\alpha}}{\partial x_l} - \Gamma^{\alpha}_{kl} \Gamma^{\beta}_{\alpha\beta} \tag{2}$$

sowie der Umstand, daß die Determinante $r = |r_{kl}|$ den Charakter des Quadrates einer skularen Dichte hat. Hieraus folgt die Invarianz des Fundamentalgesetzes der Theorie

$$\delta\left\{\int \sqrt{-r}\, d\tau\right\} = 0 . \tag{3}$$

Hierbei sind die r_{kl} durch die Γ ausgedrückt zu denken, und es ist nach den Größen Γ zu variieren. Man erhält so 40 Gleichungen, welche sich nach den Größen Γ auflösen lassen. Dies liefert

$$\Gamma^{\alpha}_{kl} = \frac{1}{2} s^{\alpha\beta} \left(\frac{\partial s_{k\beta}}{\partial x_l} + \frac{\partial s_{l\beta}}{\partial x_k} - \frac{\partial s_{kl}}{\partial x_{\beta}} \right) - \frac{1}{2} s_{kl} i^{\alpha} + \frac{1}{6} \delta^{\alpha}_{k} i_l + \frac{1}{6} \delta^{\alpha}_{l} i_k . \tag{4}$$

Die Größen s und i hängen dabei mit den Größen r wie folgt zusammen: Es seien r^{kl} die normierten Unterdeterminanten zu den r_{kl}, ferner sei $\mathfrak{r}^{kl}$ die zugehörige Tensordichte

$$\mathfrak{r}^{kl} = r^{kl} \sqrt{-r} , \tag{5}$$

[1] Sitzungsber. 1923, S. 32.

$\mathfrak{r}^{kl}$ werde in den symmetrischen und antisymmetrischen Bestandteil zerlegt gemäß der Formel

$$\mathfrak{r}^{kl} = \mathfrak{s}^{kl} + \mathfrak{f}^{kl}. \tag{6}$$

Die Größen s leiten sich aus den Größen $\mathfrak{s}$ gemäß den Relationen ab:

$$s_{\alpha\lambda} s^{\beta\lambda} = \delta_\alpha^\beta \tag{7}$$

$$s = |s_{kl}| \tag{8}$$

$$\mathfrak{s}^{kl} = s^{kl}\sqrt{-s}, \tag{9}$$

die Größen i aus den Größen $\mathfrak{s}$ und $\mathfrak{f}$ gemäß den Relationen

$$\mathfrak{i}^k = \frac{\partial \mathfrak{f}^{k\alpha}}{\partial x_\alpha} \tag{10}$$

$$\mathfrak{i}^k = i^k\sqrt{-s} \tag{11}$$

$$i_k = s_{k\alpha} i^\alpha. \tag{12}$$

Durch Einsetzen von (4) in (2) erhält man die Feldgleichungen

$$r_{kl} = R_{kl} + \frac{1}{6}\left[\left(\frac{\partial i_k}{\partial x_l} - \frac{\partial i_l}{\partial x_k}\right) + i_k i_l\right], \tag{13}$$

welche — in ihren symmetrischen und antisymmetrischen Bestandteil zerlegt — die Feldgleichungen der Gravitation und des Elektromagnetismus ergeben. R_{kl} bedeutet den RIEMANNschen Krümmungstensor, gebildet aus den s_{kl} als metrischem Fundamentaltensor.

Die Gleichungen (13) lassen sich in die Form des HAMILTONschen Prinzips bringen

$$\delta\left\{\int\left[-2\sqrt{-r} + \mathfrak{R} - \frac{1}{6}\mathfrak{s}^{\alpha\beta} i_\alpha i_\beta\right] d\tau\right\} = 0, \tag{14}$$

wobei $\mathfrak{R}$ die skalare Dichte der zum Fundamentaltensor s_{ik} gehörigen RIEMANN-Krümmung ist und die Variation nach den $\mathfrak{s}^{kl}$ und $\mathfrak{f}^{kl}$ vorzunehmen ist. Die Gleichung (14) zeigt, daß — im Gegensatz zu der in der ersten Arbeit geäußerten Ansicht — zu jeder Lösung eine zweite gehört, welche sich von der ersteren nur durch das Vorzeichen der Komponenten des elektromagnetischen Feldes unterscheidet; denn r bzw. $|\mathfrak{r}^{k\lambda}|$ ist eine gerade Funktion des antisymmetrischen Bestandteils $\mathfrak{f}^{kl}$ der $\mathfrak{r}^{kl}$ und das dritte Glied in (14) quadratisch in den Stromdichten. Die Theorie vermag also jedenfalls von der Verschiedenheit der Masse der positiven und negativen Elektronen keine Rechenschaft zu geben.

Ich habe im vorstehenden alle Beweise und Rechnungen fortgelassen, um den Bau der Theorie klar hervortreten zu lassen.

Ausgegeben am 15. Mai.

1923.
XVII.

SITZUNGSBERICHTE

DER PREUSSISCHEN

AKADEMIE DER WISSENSCHAFTEN.

Sitzung der physikalisch-mathematischen Klasse vom 31. Mai.

Zur affinen Feldtheorie.

Von A. EINSTEIN.

137

Zur affinen Feldtheorie.

Von A. Einstein.

Weiteres Nachdenken führte mich zu einer Vervollkommnung der in zwei früheren Mitteilungen behandelten Theorie des Feldes der Gravitation und Elektrizität. Ich will die Theorie in ihrer neuen Form im folgenden kurz darstellen.

Der affine Zusammenhang sei durch die 40 Funktionen $\Gamma^{\alpha}_{\mu\nu}$ dargestellt. Der Riemannsche Krümmungstensor zweiten Ranges $R_{\mu\nu}$ sei in einen symmetrischen Teil $\gamma_{\mu\nu}$ und einen antisymmetrischen Teil $\phi_{\mu\nu}$ gespalten, so daß man hat

$$\gamma_{\mu\nu} = -\frac{\partial \Gamma^{\alpha}_{\mu\nu}}{\partial x_{\alpha}} + \Gamma^{\alpha}_{\mu\beta}\Gamma^{\beta}_{\nu\alpha} + \frac{1}{2}\left(\frac{\partial \Gamma^{\alpha}_{\mu\alpha}}{\partial x_{\nu}} + \frac{\partial \Gamma^{\alpha}_{\nu\alpha}}{\partial x_{\mu}}\right) - \Gamma^{\alpha}_{\mu\nu}\Gamma^{\beta}_{\alpha\beta}, \tag{1}$$

$$\phi_{\mu\nu} = \frac{1}{2}\left(\frac{\partial \Gamma^{\alpha}_{\mu\alpha}}{\partial x_{\nu}} - \frac{\partial \Gamma^{\alpha}_{\nu\alpha}}{\partial x_{\mu}}\right). \tag{2}$$

Die Hamiltonsche Funktion $\mathfrak{H}$ (skalare Dichte) sei eine vorläufig unbekannte Funktion[1] der $\gamma_{\mu\nu}$ und $\phi_{\mu\nu}$. Das Hamiltonsche Integral ist zu variieren nach den $\Gamma^{\alpha}_{\mu\nu} (= \Gamma^{\alpha}_{\nu\mu})$. Man erhält zunächst

$$\int (\mathfrak{g}^{\mu\nu}\delta\gamma_{\mu\nu} + \mathfrak{f}^{\mu\nu}\delta\phi_{\mu\nu})d\tau = 0, \tag{3}$$

wobei zur Abkürzung gesetzt ist

$$\left.\begin{aligned} \frac{\partial \mathfrak{H}}{\partial \gamma_{\mu\nu}} &= \mathfrak{g}^{\mu\nu} \\ \frac{\partial \mathfrak{H}}{\partial \phi_{\mu\nu}} &= \mathfrak{f}^{\mu\nu}. \end{aligned}\right\} \tag{3a}$$

$\mathfrak{g}^{\mu\nu}$ und $\mathfrak{f}^{\mu\nu}$ seien als Tensordichten des metrischen und elektrischen Feldes aufgefaßt. Setzt man die durch (1) und (2) gegebenen Ausdrücke von $\gamma_{\mu\nu}$ und $\phi_{\mu\nu}$ in (3) ein, so erhält man durch Variation die Gleichungen

$$\mathfrak{g}^{\mu\nu};_{\alpha} - \frac{1}{2}\mathfrak{g}^{\mu\sigma};_{\sigma}\delta^{\nu}_{\alpha} - \frac{1}{2}\mathfrak{g}^{\nu\sigma};_{\sigma}\delta^{\mu}_{\alpha} - \frac{1}{2}\mathfrak{i}^{\mu}\delta^{\nu}_{\alpha} - \frac{1}{2}\mathfrak{i}^{\nu}\delta^{\mu}_{\alpha} = 0, \tag{4}$$

[1] Die Voraussetzung, daß $\mathfrak{H}$ nur von $\gamma_{\mu\nu} + \phi_{\mu\nu}$ abhänge, wird aufgegeben. Ich möchte ferner bemerken, daß Hr. Droste in Leiden schon vor zwei Jahren ähnliche Überlegungen angestellt aber nicht publiziert hat.

wobei $\mathfrak{g}^{\mu\nu}{}_{;\alpha}$ die kovariante Erweiterung der Tensordichte $\mathfrak{g}^{\mu\nu}$ gemäß der Gleichung

$$\mathfrak{g}^{\mu\nu}{}_{;\alpha} = \frac{\partial \mathfrak{g}^{\mu\nu}}{\partial x_\alpha} + \mathfrak{g}^{\sigma\nu}\Gamma^{\mu}_{\sigma\alpha} + \mathfrak{g}^{\mu\sigma}\Gamma^{\nu}_{\sigma\alpha} - \mathfrak{g}^{\mu\nu}\Gamma^{\sigma}_{\alpha\sigma} \tag{5}$$

und $\mathfrak{i}^\mu$ die als Stromdichte zu deutende Tensordichte

$$\mathfrak{i}^\mu = \frac{\partial \mathfrak{f}^{\mu\sigma}}{\partial x_\sigma} \tag{6}$$

ist. Wir führen als metrischen Tensor $g_{\mu\nu}$ bzw. $g^{\mu\nu}$ den Tensor ein, welcher zur symmetrischen Tensordichte $\mathfrak{g}^{\mu\nu}$ gehört, gemäß den Gleichungen

$$\left.\begin{aligned} \mathfrak{g}^{\mu\nu} &= g^{\mu\nu}\sqrt{-g} \qquad (g = |g_{\sigma\tau}|)\,. \\ g_{\mu\sigma}g^{\nu\sigma} &= \delta^\nu_\mu \end{aligned}\right\} \tag{7}$$

Dieser Tensor wird wie in der Riemannschen Geometrie verwendet, um von kovarianten Tensorcharakteren zu kontravarianten überzugehen und umgekehrt. In diesem Sinne gehören zur Stromdichte $\mathfrak{i}^\mu$ der kontravariante Tensor i^μ und der kovariante i_μ; zur Felddichte $\mathfrak{f}^{\mu\nu}$ der kontravariante Feldtensor $f^{\mu\nu}$ bzw. der kovariante $f_{\mu\nu}$.

Vermittels solcher Operationen gelingt es in bekannter Weise, die Gleichungen (4) nach den $\Gamma^\alpha_{\mu\nu}$ aufzulösen, wobei man erhält:

$$\Gamma^\alpha_{\mu\nu} = \frac{1}{2} g^{\alpha\beta}\left(\frac{\partial g_{\mu\beta}}{\partial x_\nu} + \frac{\partial g_{\nu\beta}}{\partial x_\mu} - \frac{\partial g_{\mu\nu}}{\partial x_\beta}\right) - \frac{1}{2} g_{\mu\nu} i^\alpha + \frac{1}{6}\delta^\alpha_\mu i_\nu + \frac{1}{6}\delta^\alpha_\nu i_\mu\,. \tag{8}$$

Ferner bemerken wir, daß gemäß (3a) $\mathfrak{g}^{\mu\nu}$ und $\mathfrak{f}^{\mu\nu}$ Funktionen der $\gamma_{\mu\nu}$ und $\phi_{\mu\nu}$ sind, derart, daß

$$\mathfrak{g}^{\mu\nu} d\gamma_{\mu\nu} + \mathfrak{f}^{\mu\nu} d\phi_{\mu\nu}$$

ein vollständiges Differential ist. Daraus folgt, daß auch

$$\gamma_{\mu\nu} d\mathfrak{g}^{\mu\nu} + \phi_{\mu\nu} d\mathfrak{f}^{\mu\nu}$$

ein vollständiges Differential sein muß einer Größe $\mathfrak{H}^*$ (skalare Dichte), welche wir als Funktion der $\mathfrak{g}^{\mu\nu}$ und $\mathfrak{f}^{\mu\nu}$ dargestellt denken wollen.

Es ist also zu setzen

$$\left.\begin{aligned} \gamma_{\mu\nu} &= \frac{\partial \mathfrak{H}^*}{\partial \mathfrak{g}^{\mu\nu}} \\ \phi_{\mu\nu} &= \frac{\partial \mathfrak{H}^*}{\partial \mathfrak{f}^{\mu\nu}}, \end{aligned}\right\} \tag{9}$$

wobei die Gleichungen (9) die Gleichungen (3a) vollkommen zu ersetzen vermögen. Wir haben nun nur noch die skalare Dichte $\mathfrak{H}^*$ in Funktion der $\mathfrak{f}^{\mu\nu}$ und $\mathfrak{g}^{\mu\nu}$ so zu wählen. Der allgemeinste mögliche Ansatz lautet

$$\mathfrak{H}^* = \sqrt{-g}\,\Phi(J_1, J_2), \tag{10}$$

wobei Φ eine beliebige Funktion der beiden bekannten Invarianten des elektromagnetischen Feldes bedeutet. Der im Sinne unserer bisherigen Kenntnisse natürlichste Ansatz lautet

$$\mathfrak{H}^* = 2\alpha\sqrt{-g} - \frac{\beta}{2} f_{\mu\nu}\mathfrak{f}^{\mu\nu}. \qquad (10a)$$

Ersetzt man die linken Seiten der Gleichungen (1), (2) auf Grund der Gleichungen (9) und (10a), die rechten Seiten auf Grund der Gleichungen (8) durch Ausdrücke in den Feldgrößen, so erhält man die Gleichungen

$$R_{\mu\nu} - \alpha g_{\mu\nu} = -\left[\beta\left(-f_{\mu\tau}f_\nu^\tau + \frac{1}{4} g_{\mu\nu} f_{\tau\tau} f^{\tau\tau}\right) + \frac{1}{6} i_\mu i_\nu\right] \qquad (11)$$

$$-\beta f_{\mu\nu} = \frac{1}{6}\left(\frac{\partial i_\mu}{\partial x_\nu} - \frac{\partial i_\nu}{\partial x_\mu}\right). \qquad (12)$$

Die Gleichungen (6), (11) und (12) sind die Feldgleichungen der hier entwickelten Theorie.

Bisher haben wir für die Feldstärken des metrischen und elektrischen Feldes Einheiten unbekannter Größe verwendet. Beim Übergang zum Gramm-Zentimeter-System nehmen die Feldgleichungen die Form an

$$R_{\mu\nu} - \alpha g_{\mu\nu} = -\varkappa\left[\left(-f_{\mu\tau}f_\nu^\tau + \frac{1}{4} g_{\mu\nu} f_{\tau\tau} f^{\tau\tau}\right) + \frac{1}{\beta} i_\mu i_\nu\right] \qquad (11a)$$

$$-f_{\mu\nu} = \frac{1}{\beta}\left(\frac{\partial i_\mu}{\partial x_\nu} - \frac{\partial i_\nu}{\partial x_\mu}\right), \qquad (12a)$$

wobei α und β andere Konstante bedeuten; $\varkappa$ ist die Gravitationskonstante.

Diese Feldgleichungen lassen sich in die Form eines Hamiltonschen Prinzipes bringen, in welchem nach dem metrischen Tensor und der elektrischen Feldstärke variiert wird. Seine Hamiltonsche Funktion $\mathfrak{H}$ ist gegeben durch

$$\mathfrak{H} = \sqrt{-g}\left[R - 2\alpha + \varkappa\left(\frac{1}{2} f_{\tau\tau} f^{\tau\tau} - \frac{1}{\beta} i_\tau i^\tau\right)\right]. \qquad (13)$$

R bedeutet hierbei den aus den $g_{\mu\nu}$ gebildeten Riemannschen Krümmungsskalar. Zum Beweise drückt man $\mathfrak{H}$ am bequemsten durch die Tensordichten $\mathfrak{f}^{\mu\nu}$ und $\mathfrak{g}^{\mu\nu}$ und die zu letzteren Größen gehörigen normierten Unterdeterminanten aus und variiert nach den $\mathfrak{f}^{\mu\nu}$ und $\mathfrak{g}^{\mu\nu}$.

Für die physikalische Interpretation der Feldgleichungen (11a), (12a) ist es wohl am dienlichsten, das elektromagnetische Potential

$$-f_\mu = \frac{1}{\beta} i_\mu \qquad (14)$$

einzuführen, welches gemäß (12a) mit der Stromdichte durch die Gleichung

$$\mathfrak{i}^\mu = -\beta\mathfrak{g}^{\mu\sigma} f_\sigma \qquad (15)$$

zusammenhängt. (11a) nimmt dann die Form an

$$R_{\mu\nu} - \alpha g_{\mu\nu} = -\varkappa\left[\left(-f_{\mu\tau}f_\nu^\tau + \frac{1}{4} g_{\mu\nu} f_{\tau\tau} f^{\tau\tau}\right) + \beta f_\mu f_\nu\right]. \qquad (16)$$

Man erhält die bisherige Theorie der Gravitation und des elektromagnetischen Feldes bei Abwesenheit elektrischer Dichten, indem man den Faktor β verschwinden läßt. Jedenfalls muß man, um mit der Erfahrung nicht in Widerspruch zu geraten, β sehr klein setzen, da ja sonst gemäß (15) elektrizitätsfreie elektrische Felder nicht existieren könnten. Dann müssen bei endlichen elektrischen und metrischen Feldern die i^{μ} stets verschwindend klein sein. Die Gleichungen (15), (16) stimmen bis auf das Vorzeichen der Konstante β überein mit Feldgleichungen, welche H. Weyl auf Grund seiner Theorie aus einem speziellen Wirkungsprinzip abgeleitet hat. Ein singularitätsfreies Elektron liefern diese Gleichungen nicht.

Ausgegeben am 28. Juni.

Berlin, gedruckt in der Reichsdruckerei.

1923.
XXXIII.

SITZUNGSBERICHTE

DER PREUSSISCHEN

AKADEMIE DER WISSENSCHAFTEN.

Sitzung der physikalisch-mathematischen Klasse vom 13. Dezember.

Bietet die Feldtheorie Möglichkeiten für die Lösung des Quantenproblems?

Von A. Einstein.

Bietet die Feldtheorie Möglichkeiten für die Lösung des Quantenproblems?

Von A. Einstein.

§ 1. Allgemeines.

Die großen Erfolge, welche die Quantentheorie nach einer Entwicklung von noch nicht einem viertel Jahrhundert aufzuweisen hat, dürfen uns nicht darüber hinwegtäuschen, daß es an einer logischen Grundlage dieser Theorie noch fehlt. Wir wissen ferner, daß jene gesuchten Grundlagen nicht einfach in einer Ergänzung der klassischen Mechanik und Elektrodynamik bestehen können; denn der aus der klassischen Mechanik folgende Äquipartitionssatz der Energie sowie die aus der klassischen Elektrodynamik folgenden Gesetze über die energetischen Eigenschaften der Strahlung stehen in unauflösbarem Widerspruch zu den Tatsachen. Es braucht nur an das Degenerieren der spezifischen Wärme bei tiefen Temperaturen und an die sekundären Prozesse erinnert zu werden, die bei der Absorption und Zerstreuung (Komptoneffekt) kurzwelliger Strahlung auftreten.

Angesichts der durch die Quantenregeln zusammengefaßten Tatsachen könnte man daran verzweifeln, durch eine konsequente Weiterentwicklung der bisherigen Theorien der Schwierigkeiten Herr zu werden. Das Wesentliche der bisherigen theoretischen Entwicklung, welche durch die Stichworte Mechanik, Maxwell-Lorentzsche Elektrodynamik, Relativitätstheorie gekennzeichnet ist, liegt darin, daß sie mit Differentialgleichungen arbeitet, welche in einem raumzeitlichen vierdimensionalen Kontinuum das Geschehen eindeutig bestimmen, wenn es für einen raumartigen Schnitt bekannt ist. In der eindeutigen Bestimmung der zeitlichen Fortsetzung des Geschehens durch partielle Differentialgleichungen liegt die Methode, durch welche wir dem Kausalgesetz gerecht werden. Angesichts der bestehenden Schwierigkeiten hat man an der Beschreibbarkeit der tatsächlichen Vorgänge durch Differentialgleichungen gezweifelt. Darüber hinaus bezweifelt man die Möglichkeit der lückenlosen Durchführung des Kausalgesetzes unter Zugrundelegung des vierdimensionalen Kontinuums von Raum und Zeit. Alle diese Zweifel sind erkenntnistheoretisch erlaubt und angesichts der bestehenden tiefen Schwierigkeiten wohl verständlich. Bevor wir aber ernsthaft so fernliegende Möglichkeiten in den Kreis der Betrachtung ziehen, müssen wir prüfen, ob wirklich aus den bisherigen Bemühungen und Tatsachen gefolgert werden muß, daß es unmöglich sei, mit partiellen Differentialgleichungen auszukommen. Jedem, der die wunderbare Sicherheit auf sich wirken läßt, mit der die Undulationstheorie die geometrisch so verwickelten Phänomene der Interferenz und Beugung des Lichtes deutet, wird es schwer zu glauben, daß die partielle Differentialgleichung in letzter Instanz ungeeignet sei, den Tatsachen gerecht zu werden.

Betrachtet man die Maxwell-Lorentzsche Theorie kritisch, so erkennt man, daß ihr Fundament aus zwei formal nur lose miteinander zusammenhängenden Teilen besteht, nämlich aus den Differentialgleichungen des elektromagnetischen Feldes und aus den Bewegungsgleichungen des (positiven und negativen) Elektrons. Die durch die Erfahrung so trefflich bestätigten Beugungs- und Interferenzphänomene sind im wesentlichen durch die Feldgleichungen allein formal beherrscht, die Vorgänge der Absorption, welche die Theorie nicht erfahrungstreu wiederzugeben vermag, dagegen sind hauptsächlich durch das Bewegungsgesetz des Elektrons bestimmt. Es ist also ein naheliegender (oft geäußerter) Gedanke, daß man an den Feldgleichungen festzuhalten habe, die Bewegungsgleichungen für Elektronen aber aufzugeben hätte[1]. Dies würde freilich wohl auch mit sich bringen, daß man an der gewohnten Theorie der Lokalisierung der Energie im Felde nicht würde festhalten können. Diese theoretische Möglichkeit ist aus dem einfachen Grunde nicht weiter verfolgt worden, weil man bisher keinen gangbaren Weg sah, zu anderen Bewegungsgesetzen für das Elektron zu gelangen. Der Miesche Versuch, die Feldgleichungen so zu ergänzen, daß sie auch im Inneren der Elektronen gelten, hat bisher zu keinem brauchbaren Ergebnis geführt. Diese Methode hätte zu einer Vereinheitlichung der Grundlagen an sich führen können, indem sie besondere Bewegungsgleichungen für die Elektronen überflüssig gemacht hätte. Warum aber auch dieser Weg zu einer Lösung des Quantenproblems nicht entscheidend beitragen kann, wird sich aus der folgenden Überlegung ergeben, die uns zu dem nach meiner Ansicht wesentlichsten Punkt des ganzen Problems führt.

Nach den bisherigen Theorien kann der Anfangszustand eines Systems frei gewählt werden; die Differentialgleichungen liefern dann die zeitliche Fortsetzung. Nach unserem Wissen über die Quantenzustände, wie es sich insbesondere im Anschluß an die Bohrsche Theorie im letzten Jahrzehnt entwickelt hat, entspricht dieser Zug der Theorie nicht der Wirklichkeit. Der Anfangszustand eines um einen Wasserstoffkern bewegten Elektrons kann nicht frei gewählt werden, sondern diese Wahl muß den Quantenbedingungen entsprechen. Allgemein: nicht nur die zeitliche Fortsetzung, sondern auch der Anfangszustand unterliegt Gesetzen.

Kann man dieser Erkenntnis über die Naturprozesse, der wir wohl allgemeine Bedeutung zusprechen müssen, in einer auf partielle Differentialgleichungen gegründeten Theorie gerecht werden? Ganz gewiß; wir müssen nur die Feldvariabeln durch Gleichungen »überbestimmen«. Das heißt, die Zahl der Differentialgleichungen muß größer sein als die Zahl der durch sie bestimmten Feldvariabeln. (Im Falle der allgemeinen Relativitätstheorie muß

[1] Die Grundlage der Mechanik widerspricht für sich allein schon den Quantentatsachen (Versagen des Äquipartitionssatzes). Die Bewegungsgleichungen des materiellen Punktes müssen daher aufgegeben werden, ganz abgesehen von der Frage, ob man an der Feldtheorie festhalten darf oder nicht.

die Zahl der unabhängigen Gleichungen nur größer sein als die um 4 verminderte Zahl der Feldvariabeln, da gemäß dieser wegen der freien Wahl der Koordinaten die Feldvariabeln durch die Gleichungen nur bis auf 4 von ihnen bestimmt sind.) Die RIEMANNsche Geometrie zeigt uns ein schönes Beispiel von Überbestimmung, welches auch in sachlicher Beziehung zu unserem Problem zu stehen scheint. Verlangt man, daß alle Komponenten $R_{ik,lm}$ des RIEMANNschen Krümmungstensors verschwinden, so ist die Mannigfaltigkeit euklidisch, also vollkommen bestimmt und verträgt überhaupt keine »Anfangsbedingungen«. Im Kontinuum von 4 Dimensionen handelt es sich dabei um 20 algebraisch voneinander unabhängige Gleichungen, welchen die 10 Koeffizienten $g_{\mu\nu}$ der quadratischen metrischen Form genügen.

Analog versuchen wir das Geschehen im elektromagnetischen und Gravitationsfelde durch Gleichungen überzubestimmen, wobei die Möglichkeit durch folgende Bedingungen eingeschränkt werden:

1. Die Gleichungen müssen allgemein kovariant sein, und es sollen in denselben nur die Komponenten $g_{\mu\nu}$ des metrischen Feldes und $\phi_{\mu\nu}$ des elektrischen Feldes auftreten.
2. Das gesuchte Gleichungssystem muß jedenfalls dasjenige enthalten, welchem gemäß der Gravitationstheorie und MAXWELLschen Theorie Genüge geleistet wird, nämlich das Gleichungssystem

$$R_{il} = -\varkappa T_{il}$$

$$T_{il} = -\phi_{i\alpha}\phi_l^\alpha + \frac{1}{4} g_{il}\phi_{\alpha\beta}\phi^{\alpha\beta},$$

wobei R_{il} den Krümmungstensor vom zweiten Range bedeutet.
3. Das gesuchte Gleichungssystem, welches das Feld überbestimmt, muß jedenfalls jene statische, kugelsymmetrische Lösung zulassen, welche gemäß obigen Gleichungen das positive bzw. negative Elektron beschreibt.

Wenn es gelingt, das Gesamtfeld unter Erfüllung dieser drei Bedingungen durch Differentialgleichungen hinreichend überzubestimmen, so dürfen wir hoffen, daß durch diese Gleichungen auch das mechanische Verhalten der singulären Punkte (Elektronen) mitbestimmt wird, derart, daß auch die Anfangszustände des Feldes und der singulären Punkte einschränkenden Bedingungen unterworfen sind.

Wenn es überhaupt möglich ist, durch Differentialgleichungen das Quantenproblem zu lösen, so dürfen wir hoffen, auf diesem Wege zum Ziele zu kommen. Im folgenden will ich darlegen, was ich bis jetzt in dieser Richtung versucht habe, ohne behaupten zu können, daß die von mir aufgestellten Gleichungen wirklich physikalische Bedeutung besitzen. Meine Ausführungen haben ihren Zweck schon dann erreicht, wenn sie Mathematiker zur Mitarbeit veranlaßt und sie überzeugt, daß der hier eingeschlagene Weg verfolgbar ist und unbedingt zu Ende gedacht werden muß. Wie stets in der allgemeinen Relativitätstheorie ist es auch in diesem Falle schwierig, aus den Gleichungen Aufschlüsse über ihre Lösungen zu erhalten, die mit den gesicherten Ergebnissen der Erfahrung, hier speziell der Quantentheorie, verglichen werden können.

§ 2. Ableitung eines Systems von überbestimmten Gleichungen.

Wir gehen aus von dem überbestimmten Gleichungssystem

$$R_{ik,lm} = \Psi_{ik,lm}\,. \tag{1}$$

In diesem System bedeutet

$$R_{ik,lm} = g_{ij} R^j{}_{k,lm} = g_{ij}\left(\frac{\partial \Gamma^j_{kl}}{\partial x_m} - \frac{\partial \Gamma^j_{km}}{\partial x_l} - \Gamma^j_{\sigma l}\Gamma^\sigma_{km} + \Gamma^j_{\sigma m}\Gamma^\sigma_{kl}\right)$$

den Riemannschen Krümmungstensor (mit umgekehrten Vorzeichen als üblich, $\Psi_{ik,lm}$ einen Tensor, der homogen und vom zweiten Grade in den elektrischen Feldkomponenten $\phi_{\mu\nu}\left(= \frac{\partial \phi_\mu}{\partial x_\nu} - \frac{\partial \phi_\nu}{\partial x_\mu}\right)$ ist und dieselben Symmetrieeigenschaften hat wie $R_{ik,lm}$. Dies erreichen wir, indem wir $\Psi_{ik,lm}$ gleich einer linearen Kombination der Tensoren:

$$\Phi'_{ik,lm} = \phi_{ik}\phi_{lm} + \frac{1}{2}(\phi_{il}\phi_{km} - \phi_{im}\phi_{kl})$$

$$\Phi''_{ik,lm} = g_{il}\Phi'_{km} + g_{km}\Phi'_{il} - g_{im}\Phi'_{kl} - g_{kl}\Phi'_{im} \tag{3}$$

$$\Phi'''_{ik,lm} = (g_{il}g_{km} - g_{im}g_{kl})\,\Phi' \tag{4}$$

setzen, wobei zur Abkürzung in (3)

$$g^{km}\Phi'_{ik,lm} = \Phi'_{il} \tag{5}$$

und in (4)

$$g_{il}\Phi'_{il} = \Phi' \tag{6}$$

gesetzt ist. Es soll also sein

$$\Psi_{ik,lm} = A'\Phi'_{ik,lm} + A''\Phi''_{ik,lm} + A'''\Phi'''_{ik,lm}\,. \tag{7}$$

Aus Gründen, die bald erkennbar sein werden, geben wir den Konstanten A', A'', A''' die Werte

$$\left.\begin{aligned} A' &= -2 \\ A'' &= +\frac{2}{3} \\ A''' &= -\frac{1}{6} \end{aligned}\right\} \tag{7a}$$

Wir bemerken über die Eigenschaften des Systems (1) das Folgende. Multipliziert man mit g^{il} und summiert über die Indizes i und l, so erhält man die Gleichungen

$$R_{km} = -\left(\frac{1}{4}g_{km}\phi_{\alpha\beta}\phi^{\alpha\beta} - \phi_{k\alpha}\phi_m{}^\alpha\right). \tag{8}$$

Dies sind die bekannten, die Maxwellschen Gleichungen mit — enthaltenden Feldgleichungen der allgemeinen Relativitätstheorie, wenn außer dem Gravitationsfeld nur das elektromagnetische Feld existiert. Das System (8) hat bekanntlich die zentralsymmetrische statische Lösung[1]

[1] Vgl. H. Weyl, »Raum, Zeit, Materie« § 32.

$$\left.\begin{aligned} ds^2 &= f^2 dt^2 - [h^2 dr^2 + r^2 (d\vartheta^2 + \cos^2\vartheta\, d\psi^2)] \\ f^2 &= \frac{1}{h^2} = 1 - \frac{2m}{r} + \frac{\varepsilon^2}{2r^2} \\ \phi_{4\alpha} &= \frac{\partial}{\partial x_\alpha}\left(\frac{\pm\varepsilon}{r}\right) \\ \phi_{23} &= \phi_{31} = \phi_{12} = 0\,. \end{aligned}\right\} \tag{9}$$

Diese einen singulären Punkt (bzw. eine singuläre Weltlinie) aufweisende, das negative bzw. positive Elektron darstellende Lösung wollen wir gemäß den in ihr auftretenden Konstanten m (ponderable Masse) und ε (elektrische Masse) symbolisch mit

$$L(m\,,\,\varepsilon) \tag{10}$$

bezeichnen. Das von uns gesuchte System von überbestimmten Feldgleichungen muß ebenfalls die Lösung $L(m\,,\,\varepsilon)$ besitzen.

Die Gleichungen (1) selbst können das von uns gesuchte Gleichungssystem noch nicht sein. Denn gemäß ihnen ist das metrische Feld bei verschwindendem elektrischem Feld notwendig ein euklidisches. Dem entspricht es, daß bereits die SCHWARZSCHILDsche Lösung $L(m\,,\,0)$ dem Gleichungssystem (1) nicht entspricht. Dagegen habe ich mich durch Ausrechnung davon überzeugt, daß das »masse-freie« Elektron eine Lösung von (1) darstellt, d. h. $L(0\,,\,\varepsilon)$ befriedigt das System (1). Aus diesem Grunde scheint es mir, daß die gesuchten, die Überbestimmung des Feldes leistenden Gleichungen aus (1) durch Verallgemeinerung abzuleiten seien. Es bietet sich hierfür ein naheliegender Weg. Durch Einführung eines lokalen »geodätischen« Koordinatensystems beweist man nämlich leicht, daß die kovarianten Ableitungen des RIEMANNschen Tensors $R_{ik,lm;n}$ die (von BIANCHI gefundene) Identität

$$0 \equiv R_{ik,\,lm;\,n} + R_{ik,\,mn;\,l} + R_{ik,\,nl;\,m} \tag{11}$$

erfüllen. Hieraus folgt, daß in (1) die allgemeineren Gleichungen

$$\Psi_{ik,\,lmn} \equiv \Psi_{ik,\,lm;\,n} + \Psi_{ik,\,mn;\,l} + \Psi_{ik,\,nl;\,m} = 0 \tag{12}$$

enthalten sind.

Ich halte es nun für nicht unwahrscheinlich, daß die Gleichungen (12) in Verbindung mit den ebenfalls aus (1) folgenden Gleichungen (8) der bisherigen allgemeinen Relativitätstheorie das gesuchte Gleichungssystem zur Überbestimmung des gesamten Feldes seien.

Der rechnerische Nachweis, daß $L(m\,,\,\varepsilon)$ das Gleichungssystem (12) befriedige, ist mir zwar wegen zu großer Kompliziertheit nicht möglich gewesen. Aber dies erscheint durchaus plausibel, da sowohl $L(0\,,\,\varepsilon)$ als auch $L(m\,,\,0)$ das System (12) befriedigen. Denn letzteres ist der Fall wegen Verschwindens der elektrischen Feldstärken, ersteres, weil $L(0\,,\,\varepsilon)$ eine Lösung von (1) ist. Durch Multiplikation von (12) mit $g^{il}g^{km}$ und Summation über die Indizes $iklm$ erhält man die MAXWELLschen Gleichungen.

Es besteht also eine gewisse Wahrscheinlichkeit dafür, daß die Verbindung der Systeme (12) und (8) die gesuchte Überbestimmung des Gesamtfeldes leistet. Es ergeben sich folgende Fragen:

Genügt $L(m, \varepsilon)$ dem Gleichungssystem (12)?

Bestimmt das Doppelsystem (12), (8) das mechanische Verhalten der Singularitäten?

Entsprechen die Vorgänge gemäß (12), (8) dem, was wir aus der Quantentheorie wissen?

Die letzten beiden Fragen stellen große Anforderungen an den Mathematiker, der sie lösen will; Näherungsmethoden zur Bewältigung der Bewegungsprobleme sind zu erfinden. Aber der Umstand, daß hier eine Möglichkeit zu einer wirklich wissenschaftlichen Fundierung der Quantentheorie vorzuliegen scheint, rechtfertigt große Anstrengungen. Es sei zum Schluß noch einmal betont, daß mir an dieser Mitteilung die Idee der Überbestimmung die Hauptsache ist; ich gebe gerne zu, daß die Ableitung der Gleichungen (12) keine so zwingende ist, als man wünschen möchte.

Nachtrag zur Korrektur. Die erste der oben gestellten Fragen hat unterdessen ihre Beantwortung gefunden. Hr. Dr. Grommer hat durch direkte Ausrechnung festgestellt, daß die Lösung $L(m, \varepsilon)$ dem Gleichungssystem (12) Genüge leistet.

Ausgegeben am 15. Januar 1924.

Berlin, gedruckt in der Reichsdruckerei.

1924.
XXII.

SITZUNGSBERICHTE

DER PREUSSISCHEN

AKADEMIE DER WISSENSCHAFTEN.

Gesamtsitzung vom 10. Juli.

Quantentheorie des einatomigen idealen Gases.

Von A. Einstein.

261

Quantentheorie des einatomigen idealen Gases.

Von A. Einstein.

Eine von willkürlichen Ansätzen freie Quantentheorie des einatomigen idealen Gases existiert bis heute noch nicht. Diese Lücke soll im folgenden ausgefüllt werden auf Grund einer neuen, von Hrn. D. Bose erdachten Betrachtungsweise, auf welche dieser Autor eine höchst beachtenswerte Ableitung der Planckschen Strahlungsformel gegründet hat[1].

Der im folgenden im Anschluß an Bose einzuschlagende Weg läßt sich so charakterisieren. Der Phasenraum eines Elementargebildes (hier eines einatomigen Moleküls) in bezug auf ein gegebenes (dreidimensionales) Volumen wird in »Zellen« von der Ausdehnung h^3 eingeteilt. Sind viele Elementargebilde vorhanden, so ist deren für die Thermodynamik in Betracht kommende (mikroskopische) Verteilung durch die Art und Weise charakterisiert, wie die Elementargebilde über diese Zellen verteilt sind. Die »Wahrscheinlichkeit« eines makroskopisch definierten Zustandes (im Planckschen Sinne) ist gleich der Anzahl der verschiedenen mikroskopischen Zustände, durch welche der makroskopische Zustand realisiert gedacht werden kann. Die Entropie des makroskopischen Zustandes und damit das statistische und thermodynamische Verhalten des Systems wird dann durch den Boltzmannschen Satz bestimmt.

§ 1. Die Zellen.

Das Phasenvolum, welches zu einem gewissen Bereich der Koordinaten x, y, z und zugehörigen Momente p_x, p_y, p_z eines einatomigen Moleküls gehört, wird durch das Integral

$$\Phi = \int dx\,dy\,dz\,dp_x dp_y dp_z \qquad (1)$$

ausgedrückt. Ist V das dem Molekül zur Verfügung stehende Volumen, so ist das Phasenvolumen aller Zustände, deren Energie $E = \frac{1}{2m}(p_x^2 + p_y^2 + p_z^2)$ kleiner ist als ein bestimmter Wert E, gegeben durch

$$\Phi = V \cdot \frac{4}{3}\pi (2mE)^{\frac{3}{2}}. \qquad (1\,a)$$

[1] Erscheint nächstens in der »Zeitschr. für Physik«.

Die Zahl Δs der Zellen, welche zu einem bestimmten Elementargebiet ΔE der Energie gehört, ist folglich

$$\Delta s = 2\pi \frac{V}{h^3} (2m)^{\frac{3}{2}} E^{\frac{1}{2}} \Delta E\,. \tag{2}$$

Bei beliebig klein gegebenen $\frac{\Delta E}{E}$ kann man V stets so groß wählen, daß Δs eine sehr große Zahl ist.

§ 2. Zustands-Wahrscheinlichkeit und Entropie.

Wir definieren nun den makroskopischen Zustand des Gases.

Es seien nun im Volumen Vn Moleküle von der Masse m vorhanden. Δn derselben mögen Energiewerte zwischen E und $E + \Delta E$ besitzen. Dieselben verteilen sich unter die Δs Zellen. Unter den Δs Zellen sollen enthalten

$p_0 \Delta s$ kein Molekül,
$p_1 \Delta s$ 1 Molekül,
$p_2 \Delta s$ 2 Moleküle
usw.

Die zur $s$ten Zelle gehörigen Wahrscheinlichkeiten p_r sind dann offenbar Funktionen der Zellenzahl s und des ganzzahligen Index r, und sie sollen daher im folgenden ausführlicher mit p_r^s bezeichnet werden. Es ist offenbar für alle s

$$\sum_r p_r^s = 1\,. \tag{3}$$

Bei gegebenen p_r^s und gegebenem Δn ist die Anzahl der möglichen Verteilungen der Δn Moleküle über das betrachtete Energiegebiet gleich

$$\frac{\Delta s!}{\prod\limits_{r=0}^{r=\infty} (p_r^s \Delta s)!}\,,$$

was nach dem Stierlingschen Satze und der Gleichung (3) durch

$$\frac{1}{\prod\limits_r p_r^{s\Delta s p}}$$

ersetzt werden kann, wofür man auch das über alle r und s laufende Produkt

$$\frac{1}{\prod\limits_{rs} p_r^{s p_r^s}} \tag{4}$$

setzen kann. Erstreckt man die Produktbildung über alle Werte von s von 1 bis ∞, so stellt (4) offenbar die Gesamtzahl der Komplexionen bzw. die Wahrscheinlichkeit im Planckschen Sinne eines durch die p_r^s definierten (makroskopischen) Zustandes des Gases dar. Für die Entropie S dieses Zustandes liefert der Boltzmannsche Satz den Ausdruck

$$S = -\varkappa \lg \sum_{sr} (p_r^s \lg p_r^s)\,. \tag{5}$$

§ 3. Thermodynamisches Gleichgewicht.

Beim thermodynamischen Gleichgewicht ist S ein Maximum, wobei außer (3) den Nebenbedingungen zu genügen ist, daß die Gesamtzahl n der Atome sowie deren Gesamtenergie $\bar{E}$ gegebene Werte besitzen. Diese Bedingungen drücken sich offenbar in den beiden Gleichungen aus[1]

$$n = \sum_{sr} r p_r^s \tag{6}$$

$$\bar{E} = \sum_{sr} E^s r p_r^s, \tag{7}$$

wobei E^s die Energie eines Moleküls bedeutet, welches zur $s$ten Phasenzelle gehört. Aus (1a) folgert man leicht, daß

$$\left.\begin{aligned} E^s &= c s^{\frac{2}{3}} \\ c &= (2m)^{-1} h^2 \left(\frac{4}{3}\pi V\right)^{-\frac{2}{3}} \end{aligned}\right\}. \tag{8}$$

Durch Ausführung der Variation nach den p_r^s als Variabeln findet man, daß bei passender Wahl der Konstanten β^s, A und B

$$\left.\begin{aligned} p_r^s &= \beta^s e^{-\alpha^s r} \\ \alpha^s &= A + B s^{\frac{2}{3}} \end{aligned}\right\} \tag{9}$$

sein muß. Gemäß (3) muß hierbei sein

$$\beta^s = 1 - e^{-\alpha^s}. \tag{10}$$

Hieraus ergibt sich zunächst für die mittlere Zahl der Moleküle pro Zelle

$$n^s = \sum_r r p_r^s = \beta^s \sum_r r e^{-\alpha^s r} = -\beta^s \frac{d}{d\alpha^s}\left(\sum e^{-\alpha^s}\right) = -\beta^s \frac{d}{d\alpha^s}\left(\frac{1}{1-e^{-\alpha^s}}\right) = \frac{1}{e^{\alpha^s}-1}. \tag{11}$$

Die Gleichungen (6) und (7) nehmen also die Form an

$$n = \sum_s \frac{1}{e^{\alpha^s}-1} \tag{6a}$$

$$\bar{E} = c \sum \frac{s^{\frac{2}{3}}}{e^{\alpha^s}-1}, \tag{7a}$$

welche Gleichungen zusammen mit

$$\alpha^s = A + B s^{\frac{2}{3}}$$

die Konstanten A und B bestimmen. Damit ist das Gesetz der makroskopischen Zustandsverteilung für das thermodynamische Gleichgewicht vollständig bestimmt.

---

[1] $n^s = \sum_r r p_r^s$ ist nämlich die im Mittel auf die $s$te Zelle entfallende Zahl von Molekülen.

Durch Einsetzen der Ergebnisse dieses Paragraphen in (5) ergibt sich für die Gleichgewichtsentropie der Ausdruck

$$S = -\varkappa\left\{\sum_s [\lg(1-e^{-\alpha^s})] - An - \frac{B}{c}\bar{E}\right\}. \tag{12}$$

Wir haben nun die Temperatur des Systems zu berechnen. Zu dem Zweck wenden wir die Definitionsgleichung der Entropie auf eine unendlich kleine isopyknische Erwärmung an und erhalten

$$d\bar{E} = TdS = -\varkappa T\left\{\sum_s \frac{d\alpha^s}{1-e^{\alpha^s}} - ndA - \frac{\bar{E}}{c}dB - Bd\left(\frac{\bar{E}}{c}\right)\right\},$$

was mit Rücksicht auf (9), (6) und (7) ergibt

$$d\bar{E} = \varkappa TBd\left(\frac{\bar{E}}{c}\right) = \varkappa T\frac{B}{c}d\bar{E}$$

oder

$$\frac{1}{\varkappa T} = \frac{B}{c}. \tag{13}$$

Damit ist auch die Temperatur indirekt durch die Energie und die übrigen gegebenen Größen ausgedrückt. Aus (12) und (13) folgt noch, daß die freie Energie F des Systems gegeben ist durch

$$F = \bar{E} - TS = \varkappa T\left\{\lg\sum_s(1-e^{-\alpha^s}) - An\right\}. \tag{14}$$

Für den Druck p des Gases ergibt sich hieraus

$$p = -\frac{\partial F}{\partial V} = -\varkappa T\frac{\bar{E}}{c}\frac{\partial B}{\partial V} = -\bar{E}\frac{\partial \lg c}{\partial V} = \frac{2}{3}\frac{\bar{E}}{V}. \tag{15}$$

Es ergibt sich also das merkwürdige Resultat, daß die Beziehung zwischen der kinetischen Energie und dem Druck genau gleich herauskommt wie in der klassischen Theorie, wo sie aus dem Virialsatz abgeleitet wird.

§ 4. Die klassische Theorie als Grenzfall.

Vernachlässigt man die Einheit gegenüber e^{α^s}, so erhält man die Ergebnisse der klassischen Theorie; aus dem folgenden wird sich bald ergeben, unter was für Bedingungen diese Vernachlässigung berechtigt ist. Gemäß (11), (9), (13) ist dann die mittlere Zahl n^s der Moleküle pro Zelle gegeben durch

$$n^s = e^{-\alpha^s} = e^{-A}\cdot e^{-\frac{E^s}{\varkappa T}}. \tag{11a}$$

Die Zahl der Moleküle, deren Energie in dem Elementarbereich dE^s liegt, ist also gemäß (8) gegeben durch

$$\frac{3}{2}c^{-\frac{3}{2}}e^{-A}e^{-\frac{E}{\varkappa T}}E^{\frac{1}{2}}dE, \tag{11b}$$

im Einklang mit der klassischen Theorie. Gleichung (6) liefert demnach bei Anwendung derselben Vernachlässigung

$$e^A = \pi^{\frac{3}{2}} h^{-3} \frac{V}{n} (2 m \varkappa T)^{\frac{3}{2}} \tag{16}$$

Für Wasserstoffgas von Atmosphärendruck ist diese Größe etwa gleich $6 \cdot 10^4$, also sehr groß gegen 1. Hier liefert also die klassische Theorie noch eine recht gute Näherung. Der Fehler nimmt aber mit wachsender Dichte und mit sinkender Temperatur erheblich zu und ist für Helium in der Gegend des kritischen Zustandes recht beträchtlich; allerdings kann dann von einem idealen Gase durchaus nicht mehr die Rede sein.

Wir berechnen nun aus (12) die Entropie für unseren Grenzfall. Indem man in (12) $\lg (1 - e^{-\alpha^s})$ durch $-e^{-\alpha^s}$ und dies durch $-\frac{1}{e^{\alpha^s} - 1}$ ersetzt, erhält man unter Berücksichtigung von (6a)

$$S = \nu R \lg \left[e^{\frac{5}{2}} \frac{V}{h^3 n} (2 \pi m \varkappa T)^{\frac{3}{2}} \right], \tag{17}$$

wobei ν die Anzahl der Mole, R die Konstante der Zustandsgleichung der idealen Gase bedeutet. Dies Ergebnis über den Absolutwert der Entropie steht im Einklang mit wohlbekannten Ergebnissen der Quantenstatistik.

Nach der hier gegebenen Theorie ist das NERNSTsche Theorem für ideale Gase erfüllt. Zwar lassen sich unsere Formeln auf extrem tiefe Temperaturen nicht unmittelbar anwenden, weil wir bei ihrer Ableitung vorausgesetzt haben, daß die p_r^s sich nur relativ unendlich wenig ändern, wenn s sich um 1 ändert. Indessen erkennt man unmittelbar, daß die Entropie beim absoluten Nullpunkt verschwinden muß. Denn dann befinden sich alle Moleküle in der ersten Zelle; für diesen Zustand gibt es aber nur eine einzige Verteilung der Moleküle im Sinne unserer Zählung. Hieraus folgt unmittelbar die Richtigkeit der Behauptung.

§ 5. Die Abweichung von der Gasgleichung der klassischen Theorie.

Unsere Ergebnisse bezüglich der Zustandsgleichung sind in folgenden Gleichungen enthalten:

$$n = \sum_\sigma \frac{1}{e^{\alpha^s} - 1} \tag{18}$$ (vgl. (6a))

$$\bar{E} = \frac{3}{2} p V = c \sum_\sigma \frac{s^{\frac{2}{3}}}{e^{\alpha^s} - 1} \tag{19}$$ (vgl. (7a) und (15))

$$\alpha^s = A + \frac{c s^{\frac{2}{3}}}{\varkappa T} \tag{20}$$ (vgl. (9) und (13))

$$c = \frac{E^s}{s^{\frac{2}{3}}} = \frac{h^2}{2m} \left(\frac{4}{3} \pi V \right)^{-\frac{2}{3}}. \tag{21}$$ (vgl. (8))

Diese Ergebnisse wollen wir nun umformen und diskutieren. Aus den Überlegungen des § 4 geht hervor, daß die Größe e^{-A}, welche wir mit λ bezeichnen wollen, kleiner als 1 ist. Sie ist ein Maß für die »Entartung« des Gases. Wir können nun (18) und (19) in Form von Doppelsummen so schreiben

$$n = \sum_{s\tau} \lambda^\tau e^{-\frac{c s^{\frac{2}{3}} \tau}{\varkappa T}} \qquad (18a)$$

$$\overline{E} = c \sum_{s\tau} s^{\frac{2}{3}} \lambda^\tau e^{-\frac{c s^{\frac{2}{3}} \tau}{\varkappa T}}, \qquad (19a)$$

wobei über τ für alle σ von 1 bis ∞ zu summieren ist.

Wir können die Summation über s ausführen, indem wir sie durch eine Integration von 0 bis ∞ ersetzen. Dies ist gestattet wegen der langsamen Veränderlichkeit der Exponentialfunktion mit σ. Wir erhalten so:

$$n = \frac{3\sqrt{\pi}}{4} \left(\frac{\varkappa T}{c}\right)^{\frac{3}{2}} \sum_\tau \tau^{-\frac{3}{2}} \lambda^\tau \qquad (18b)$$

$$\overline{E} = c \frac{9\sqrt{\pi}}{8} \left(\frac{\varkappa T}{c}\right)^{\frac{5}{2}} \sum_\tau \tau^{-\frac{5}{2}} \lambda^\tau. \qquad (19b)$$

(18b) bestimmt den Entartungsparameter λ als Funktion von V, T und n, (19b) hieraus die Energie und damit auch den Druck des Gases.

Die allgemeine Diskussion dieser Gleichungen kann so geschehen, daß man die Funktion aufsucht, welche die Summe in (19b) durch die Summe in (18b) ausdrückt. Allgemein erhält man durch Division

$$\frac{\overline{E}}{n} = \frac{3}{2} \varkappa T \frac{\sum_\tau \tau^{-\frac{5}{2}} \lambda^\tau}{\sum_\tau \tau^{-\frac{3}{2}} \lambda^\tau}. \qquad (22)$$

Die mittlere Energie des Gasmoleküls bei der Temperatur (sowie der Druck) ist also stets geringer als der klassische Wert, und zwar ist der die Reduktion ausdrückende Faktor desto kleiner, je größer der Entartungsparameter λ ist. Dieser selbst ist gemäß (18b) und (21) eine bestimmte Funktion von $\left(\frac{V}{n}\right)^{\frac{2}{3}} mT$.

Ist λ so klein, daß λ^2 gegen 1 vernachlässigt werden darf, so erhält man

$$\frac{E}{n} = \frac{3}{2} \varkappa T \left[1 - 0.0318 h^3 \frac{n}{V} (2\pi m \varkappa T)^{-\frac{3}{2}}\right]. \qquad (22a)$$

Wir überlegen nun noch, in welcher Weise die Maxwellsche Zustandsverteilung durch die Quanten beeinflußt wird. Entwickelt man (11) unter Berücksichtigung von (20) nach Potenzen von λ, so erhält man

$$n^s = \text{konst}\, e^{-\frac{E^s}{\varkappa T}} \left(1 + \lambda e^{-\frac{E^s}{\varkappa T}} + \cdots\right). \qquad (23)$$

Die Klammer drückt den Quanteneinfluß auf das MAXWELLsche Verteilungsgesetz aus. Man sieht, daß die langsamen Moleküle gegenüber den raschen häufiger sind, als es gemäß MAXWELLS Gesetz der Fall wäre.

Zum Schluß möchte ich auf ein Paradoxon aufmerksam machen, dessen Auflösung mir nicht gelingen will. Es hat keine Schwierigkeit, nach der hier angegebenen Methode auch den Fall der Mischung zweier verschiedener Gase zu behandeln. In diesem Falle hat jede Molekülsorte ihre besonderen »Zellen«. Daraus ergibt sich dann die Additivität der Entropien der Komponenten des Gemisches. Jede Komponente verhält sich also bezüglich Molekülenergie, Druck und statistischer Verteilung, wie wenn sie allein vorhanden wäre. Ein Gemisch von den Molekülzahlen n_1, n_2, dessen Moleküle erster und zweiter Art sich beliebig wenig (im besonderen bezüglich der Molekülmasse m_1, m_2) voneinander unterscheiden, liefert also bei gegebener Temperatur einen anderen Druck und eine andere Zustandsverteilung als ein einheitliches Gas von der Molekülzahl $n_1 + n_2$ von praktisch derselben Molekülmasse und demselben Volumen. Dies erscheint aber so gut wie unmöglich.

Ausgegeben am 20. September.

Berlin, gedruckt in der Reichsdruckerei.

1925.
I.

SITZUNGSBERICHTE

DER PREUSSISCHEN

AKADEMIE DER WISSENSCHAFTEN.

Sitzung der physikalisch-mathematischen Klasse vom 8. Januar.

Quantentheorie des einatomigen idealen Gases.

Zweite Abhandlung.

Von A. Einstein.

3

Quantentheorie des einatomigen idealen Gases.

Zweite Abhandlung.

Von A. Einstein.

In einer neulich in diesen Berichten (XXII 1924, S. 261) erschienenen Abhandlung wurde unter Anwendung einer von Hrn. D. Bose zur Ableitung der Planckschen Strahlungsformel erdachten Methode eine Theorie der »Entartung« idealer Gase angegeben. Das Interesse dieser Theorie liegt darin, daß sie auf die Hypothese einer weitgehenden formalen Verwandtschaft zwischen Strahlung und Gas gegründet ist. Nach dieser Theorie weicht das entartete Gas von dem Gas der mechanischen Statistik in analoger Weise ab wie die Strahlung gemäß dem Planckschen Gesetze von der Strahlung gemäß dem Wienschen Gesetze. Wenn die Bosesche Ableitung der Planckschen Strahlungsformel ernst genommen wird, so wird man auch an dieser Theorie des idealen Gases nicht vorbeigehen dürfen; denn wenn es gerechtfertigt ist, die Strahlung als Quantengas aufzufassen, so muß die Analogie zwischen Quantengas und Molekülgas eine vollständige sein. Im folgenden sollen die früheren Überlegungen durch einige neue ergänzt werden, die mir das Interesse an dem Gegenstande zu steigern scheinen. Der Bequemlichkeit halber schreibe ich das Folgende formal als Fortsetzung der zitierten Abhandlung.

§ 6. Das gesättigte ideale Gas.

Bei der Theorie des idealen Gases scheint es eine selbstverständliche Forderung, daß Volumen und Temperatur einer Gasmenge willkürlich gegeben werden können. Die Theorie bestimmt dann die Energie bzw. den Druck des Gases. Das Studium der in den Gleichungen (18), (19), (20), (21) enthaltenen Zustandsgleichung zeigt aber, daß bei gegebener Molekülzahl n und gegebener Temperatur T das Volumen nicht beliebig klein gemacht werden kann. Gleichung (18) verlangt nämlich, daß für alle s $\alpha^s \geqq 0$ sei, was gemäß (20) bedeutet, daß $A \geqq 0$ sein muß. Dies bedeutet, daß in der in diesem Falle gültigen Gleichung (18b) λ $(= e^{-A})$ zwischen 0 und 1 liegen muß. Aus (18b) folgt demnach, daß die Zahl der Moleküle in einem solchen Gas bei gegebenem Volumen V nicht größer sein kann als

$$n = \frac{(2\pi m \varkappa T)^{\frac{3}{2}} V}{h^3} \sum_s \tau^{-\frac{3}{2}}. \qquad (24)$$

Was geschieht nun aber, wenn ich bei dieser Temperatur $\frac{n}{V}$ (z. B. durch isothermische Kompression) die Dichte der Substanz noch mehr wachsen lasse?

Ich behaupte, daß in diesem Falle eine mit der Gesamtdichte stets wachsende Zahl von Molekülen in den 1. Quantenzustand (Zustand ohne kinetische Energie) übergeht, während die übrigen Moleküle sich gemäß dem Parameterwert $\lambda = 1$ verteilen. Die Behauptung geht also dahin, daß etwas Ähnliches eintritt wie beim isothermen Komprimieren eines Dampfes über das Sättigungsvolumen. Es tritt eine Scheidung ein; ein Teil »kondensiert«, der Rest bleibt ein »gesättigtes ideales Gas« ($A = 0$ $\lambda = 1$).

Daß die beiden Teile in der Tat ein thermodynamisches Gleichgewicht bilden, sieht man ein, indem man zeigt, daß die »kondensierte« Substanz und das gesättigte ideale Gas pro Mol dieselbe Plancksche Funktion $\Phi = S - \frac{\bar{E}+pV}{T}$ haben. Für die »kondensierte« Substanz verschwindet Φ, weil S, E und V einzeln verschwinden[1]. Für das »gesättigte Gas« hat man nach (12) und (13) für $A = 0$ zunächst

$$S = -\varkappa \sum_s \lg(1 - e^{-\alpha^s}) + \frac{\bar{E}}{T}. \qquad (25)$$

Die Summe kann man als Integral schreiben und durch partielle Integration umformen. Man erhält so zunächst

$$\sum_s = -\int_0^\infty s \cdot \frac{e^{-\frac{cs^{\frac{2}{3}}}{\varkappa T}}}{1 - e^{-\frac{cs^{\frac{2}{3}}}{\varkappa T}}} \cdot \frac{2}{3} \frac{cs^{-\frac{1}{3}}}{\varkappa T} ds,$$

oder gemäß (8) und (11) und (15)

$$\sum_s = -\frac{2}{3} \int_0^\infty n_s E^s ds = -\frac{2}{3} \frac{\bar{E}}{\varkappa T} = -\frac{pV}{\varkappa T}. \qquad (26)$$

Aus (25) und (26) folgt also für das »gesättigte ideale Gas«

$$S = \frac{\bar{E}+pV}{T}$$

oder — wie es für die Koexistenz des gesättigten idealen Gases mit der kondensierten Substanz erforderlich ist —

$$\Phi = 0. \qquad (27)$$

Wir gewinnen also den Satz:

Nach der entwickelten Zustandsgleichung des idealen Gases gibt es bei jeder Temperatur eine maximale Dichte in Agitation befindlicher Moleküle.

[1] Der »kondensierte« Teil der Substanz beansprucht kein besonderes Volumen, da er zum Druck nichts beiträgt.

Bei Überschreitung dieser Dichte fallen die überzähligen Moleküle als unbewegt aus (»kondensieren« ohne Anziehungskräfte). Das Merkwürdige liegt darin, daß das »gesättigte ideale Gas« sowohl den Zustand maximaler möglicher Dichte bewegter Gasmoleküle als auch diejenige Dichte repräsentiert, bei welcher das Gas mit dem »Kondensat« im thermodynamischen Gleichgewicht ist. Ein Analogon zum »übersättigten Dampf« existiert also beim idealen Gas nicht.

§ 7. Vergleich der entwickelten Gastheorie mit derjenigen, welche aus der Hypothese von der gegenseitigen statistischen Unabhängigkeit der Gasmoleküle folgt.

Von Hrn. Ehrenfest und anderen Kollegen ist an Boses Theorie der Strahlung und an meiner analogen der idealen Gase gerügt worden, daß in diesen Theorien die Quanten bzw. Moleküle nicht als voneinander statistisch unabhängige Gebilde behandelt werden, ohne daß in unseren Abhandlungen auf diesen Umstand besonders hingewiesen worden sei. Dies ist völlig richtig. Wenn man die Quanten als voneinander statistisch unabhängig in ihrer Lokalisierung behandelt, gelangt man zum Wienschen Strahlungsgesetz; wenn man die Gasmoleküle analog behandelt, gelangt man zur klassischen Zustandsgleichung der idealen Gase, auch wenn man im übrigen genau so vorgeht, wie Bose und ich es getan haben. Ich will die beiden Betrachtungen für Gase einander hier gegenüberstellen, um den Unterschied recht deutlich zu machen, und um unsere Resultate mit denen der Theorie von unabhängigen Molekülen bequem vergleichen zu können.

Gemäß beiden Theorien ist die Zahl z_ν der »Zellen«, welche zu dem infinitesimalen Gebiet ΔE der Molekülenergie (im folgenden »Elementargebiet« genannt) gehören, gegeben durch

$$z_\nu = 2\pi \frac{V}{h^3}(2m)^{\frac{3}{2}} E^{\frac{1}{2}} \Delta E . \qquad (2a)$$

Der Zustand des Gases sei (makroskopisch) dadurch definiert, daß angegeben wird, wie viele Moleküle n_ν in einem jeden solchen infinitesimalen Bereich liegen. Man soll die Zahl W der Realisierungsmöglichkeiten (Plancksche Wahrscheinlichkeit) des so definierten Zustandes berechnen,

a) nach Bose:

Ein Zustand ist mikroskopisch dadurch definiert, daß angegeben wird, wie viele Moleküle in jeder Zelle sitzen (Komplexion). Die Zahl der Komplexionen für das ν-te infinitesimale Gebiet ist dann

$$\frac{(n_\nu + z_\nu - 1)!}{n_\nu!\,(z_\nu - 1)!} . \qquad (28)$$

Durch Produktbildung über alle infinitesimalen Gebiete erhält man die Gesamtzahl der Komplexionen eines Zustandes und daraus nach dem Boltzmannschen Satze die Entropie

$$S = \varkappa \sum_\nu \left\{ (n_\nu + z_\nu) \lg (n_\nu + z_\nu) - n_\nu \lg n_\nu - z_\nu \lg z_\nu \right\} . \qquad (29a)$$

Daß bei dieser Rechnungsweise die Verteilung der Moleküle unter die Zellen nicht als eine statistisch unabhängige behandelt ist, ist leicht einzusehen. Es hängt dies damit zusammen, daß die Fälle, welche hier »Komplexionen« heißen, nach der Hypothese der unabhängigen Verteilung der einzelnen Moleküle unter die Zellen, nicht als Fälle gleicher Wahrscheinlichkeit anzusehen wären. Die Abzählung dieser »Komplexionen« verschiedener Wahrscheinlichkeit würde dann bei tatsächlicher statistischer Unabhängigkeit der Moleküle die Entropie nicht richtig ergeben. Die Formel drückt also indirekt eine gewisse Hypothese über eine gegenseitige Beeinflussung der Moleküle von vorläufig ganz rätselhafter Art aus, welche eben die gleiche statistische Wahrscheinlichkeit der hier als »Komplexionen« definierten Fälle bedingt.

b) nach der Hypothese der statistischen Unabhängigkeit der Moleküle:

Ein Zustand ist mikroskopisch dadurch definiert, daß von jedem Molekül angegeben wird, in welcher Zelle es sitzt (Komplexion). Wie viele Komplexionen gehören zu einem makroskopisch definierten Zustand? Ich kann n_ν bestimmte Moleküle auf

$$z_\nu^{n_\nu}$$

verschiedene Weisen auf die z_ν Zellen des ν-ten Elementargebietes verteilen. Ist die Zuteilung der Moleküle auf die Elementargebiete schon in bestimmter Weise vorgenommen, so gibt es also im ganzen

$$\prod (z_\nu^{n_\nu})$$

verschiedene Verteilungen der Moleküle über alle Zellen. Um die Zahl der Komplexionen im definierten Sinne zu erhalten, muß nun dieser Betrag noch multipliziert werden mit der Anzahl

$$\frac{n!}{\prod n_\nu!}$$

der möglichen Zuordnungen aller Moleküle an die Elementargebiete bei gegebenen n_ν. Das Boltzmannsche Prinzip ergibt dann für die Entropie den Ausdruck

$$S = \varkappa \left\{ n \lg n + \sum_\nu (n_\nu \lg z_\nu - n_\nu \lg n_\nu) \right\}. \qquad (29\text{b})$$

Das erste Glied dieses Ausdruckes hängt nicht von der Wahl der makroskopischen Verteilung ab, sondern nur von der Gesamtzahl der Moleküle. Bei der Vergleichung der Entropien verschiedener makroskopischer Zustände desselben Gases spielt dies Glied die Rolle einer belanglosen Konstante, welche wir weglassen können. Wir m ü s s e n sie weglassen, wenn wir — wie es in der Thermodynamik üblich ist — erreichen wollen, daß die Entropie bei gegebenem innerem Zustand des Gases der Anzahl der Moleküle proportional sei. Wir haben also

$$S = \varkappa \sum_\nu n_\nu (\lg z_\nu - \lg n_\nu) \qquad (29\text{c})$$

zu setzen. Man pflegt dies Weglassen des Faktors $n!$ in W bei Gasen gewöhnlich dadurch zu begründen, daß man Komplexionen, die aus einander durch bloßes Vertauschen gleichartigen Molekülen entstehen, nicht als verschieden betrachtet und deshalb nur einmal rechnet.

Nun haben wir für beide Fälle das Maximum von S aufzusuchen unter den Nebenbedingungen

$$\bar{E} = \sum E_\nu n_\nu = \text{konst.}$$
$$n = \sum n_\nu \quad = \text{konst.}$$

Im Falle a) ergibt sich:

$$n_\nu = \frac{z_\nu}{e^{\alpha+\beta E} - 1}, \tag{30a}$$

was abgesehen von der Bezeichnungsweise mit (13) übereinstimmt. Im Falle b) ergibt sich

$$n_\nu = z_\nu e^{-\alpha-\beta E}. \tag{30b}$$

In beiden Fällen ist hierbei $\beta \varkappa T = 1$.

Man sieht ferner, daß im Falle b) das MAXWELLsche Verteilungsgesetz herauskommt. Die Quantenstruktur macht sich hier nicht bemerkbar (wenigstens nicht bei unendlich großem Gesamtvolumen des Gases). Man sieht nun leicht, daß Fall b) mit dem NERNSTschen Theorem unvereinbar ist. Um nämlich den Wert der Entropie beim absoluten Nullpunkt der Temperatur für diesen Fall zu berechnen, hat man (29c) für den absoluten Nullpunkt zu berechnen. Bei diesem werden sich alle Moleküle im ersten Quantenzustand befinden. Wir haben also

$$n_\nu = 0 \text{ für } \nu \neq 1$$
$$n_1 = n$$
$$z_1 = 1$$

zu setzen. (29c) liefert also für $T = 0$

$$S = -n \lg n. \tag{31}$$

Es ist also bei der Berechnungsweise b) ein Widerspruch gegen die Aussage des NERNSTschen Theorems vorhanden. Dagegen steht die Berechnungsweise a) mit dem NERNSTschen Theorem im Einklang, wie man sofort sieht, wenn man bedenkt, daß beim absoluten Nullpunkt im Sinne der Berechnungsweise a) nur eine einzige Komplexion vorhanden ist ($W = 1$). Die Betrachtungsweise b) führt nach dem Dargelegten entweder zu einem Verstoß gegen das NERNSTsche Theorem oder zu einem Verstoß gegen die Forderung, daß die Entropie bei gegebenem innerem Zustand der Molekülzahl proportional sein muß. Aus diesen Gründen glaube ich, daß der Berechnungsweise a) (d. h. BOSES statistischem Ansatz) der Vorzug gegeben werden muß, wenn sich die Bevorzugung dieser Berechnungsweise anderen gegenüber auch nicht a priori erweisen läßt. Dies Ergebnis bildet seinerseits eine Stütze für die Auffassung von der tiefen Wesensverwandtschaft zwischen Strahlung und Gas, indem dieselbe statistische Betrachtungsweise, welche zur PLANCKschen Formel führt, in ihrer Anwendung auf ideale Gase die Übereinstimmung der Gastheorie mit dem NERNSTschen Theorem herstellt.

§ 8. Die Schwankungseigenschaften des idealen Gases.

Ein Gas vom Volumen V kommuniziere mit einem solchen gleicher Natur von unendlich großem Volumen. Beide Volumina seien durch eine Wand getrennt, welche nur Moleküle vom infinitesimalen Energiegebiet ΔE durchlassen, Moleküle von anderer kinetischer Energie aber reflektiert. Die Fiktion einer solchen Wand ist der der quasi-monochromatisch durchlässigen Wand auf dem Gebiete der Strahlungstheorie analog. Es wird nach der Schwankung Δ_ν der Molekülzahl n_ν gefragt, welche zu dem Energiegebiet ΔE gehört. Dabei wird angenommen, daß ein Energieaustausch zwischen Molekülen verschiedener Energiegebiete innerhalb V nicht stattfinde, so daß Schwankungen von Molekülzahlen, die zu Energien außerhalb ΔE gehören, nicht stattfinden mögen.

Sei n_ν der Mittelwert der zu ΔE gehörigen Moleküle, $n_\nu + \Delta_\nu$ der Momentanwert. Dann liefert (29a) den Wert der Entropie in Funktion von Δ_ν, indem man in diese Gleichung $n_\nu + \Delta_\nu$ statt n_ν einsetzt. Geht man bis zu quadratischen Gliedern, so erhält man

$$S = \overline{S} + \overline{\frac{\partial S}{\partial \Delta_\nu}} \Delta_\nu + \frac{1}{2} \overline{\frac{\partial^2 S}{\partial \Delta_\nu^2}} \Delta_\nu^2 .$$

Eine ähnliche Relation gilt für das unendlich große Restsystem, nämlich

$$S^\circ = \overline{S^\circ} - \frac{\overline{\partial S^{x}}}{\partial \Delta_\nu} \Delta_\nu .$$

Das quadratische Glied ist hier relativ unendlich klein wegen der relativ unendlichen Größe des Restsystems. Bezeichnet man die Gesamtentropie mit $\sum (= S + S^\circ)$, so ist $\overline{\frac{\partial \sum}{\partial \Delta_\nu}} = 0$, weil im Mittel Gleichgewicht besteht. Man erhält also für die Gesamtentropie durch Addition dieser Gleichungen die Relation

$$\sum = \overline{\sum} + \frac{1}{2} \overline{\frac{\partial^2 S}{\partial \Delta_\nu^2}} \Delta_\nu^2 . \tag{32}$$

Nach dem Boltzmannschen Prinzip erhält man hieraus für die Wahrscheinlichkeit der Δ_ν das Gesetz

$$d W = \text{konst}\, e^{\frac{S}{\varkappa}} d\Delta_\nu = \text{konst}\, e^{\frac{1}{2\varkappa} \overline{\frac{\partial^2 S}{\partial \Delta_\nu^2}} \Delta_\nu^2} d\Delta_\nu .$$

Hieraus folgt für das mittlere Schwankungsquadrat

$$\overline{\Delta_\nu^2} = \frac{\varkappa}{\left(-\overline{\frac{\partial^2 S}{\partial \Delta_\nu^2}}\right)} . \tag{33}$$

Hieraus ergibt sich mit Rücksicht auf (29a)

$$\overline{\Delta_\nu^2} = n_\nu + \frac{n_\nu^2}{z_\nu} . \tag{34}$$

Dies Schwankungsgesetz ist dem der quasi-monochromatischen PLANCKschen Strahlung vollkommen analog. Wir schreiben es in der Form

$$\overline{\left(\frac{\Delta_\nu}{n_\nu}\right)^2} = \frac{1}{n_\nu} + \frac{1}{z_\nu}. \tag{34a}$$

Das Quadrat der mittleren relativen Schwankung der Moleküle der hervorgehobenen Art setzt sich aus zwei Summanden zusammen. Der erste wäre allein vorhanden, wenn die Moleküle voneinander unabhängig wären. Dazu kommt ein Anteil des mittleren Schwankungsquadrates, der von der mittleren Moleküldichte gänzlich unabhängig ist und nur durch das Elementargebiet ΔE und das Volumen bestimmt ist. Er entspricht bei der Strahlung den Interferenzschwankungen. Man kann ihn auch beim Gase in entsprechender Weise deuten, indem man dem Gase in passender Weise einen Strahlungsvorgang zuordnet und dessen Interferenz-Schwankungen berechnet. Ich gehe näher auf diese Deutung ein, weil ich glaube, daß es sich dabei um mehr als um eine bloße Analogie handelt.

Wie einem materiellen Teilchen bzw. einem System von materiellen Teilchen ein (skalares) Wellenfeld zugeordnet werden kann, hat Hr. E. DE BROGLIE in einer sehr beachtenswerten Schrift[1] dargetan. Einem materiellen Teilchen von der Masse m wird zunächst eine Frequenz ν_0 zugeordnet gemäß der Gleichung

$$mc^2 = h\nu_0. \tag{35}$$

Das Teilchen ruhe nun in bezug ein galileisches System K', in welchem wir eine überall synchrone Schwingung von der Frequenz ν_0 denken. Relativ zu einem System K, in bezug auf welches K' mit der Masse m mit der Geschwindigkeit v längs der (positiven) X-Achse bewegt ist, existiert dann ein wellenartiger Vorgang von der Art

$$\sin\left(2\pi\nu_0 \frac{t - \frac{v}{c^2}x}{\sqrt{1-\frac{v^2}{c^2}}}\right).$$

Frequenz ν und Phasengeschwindigkeit V dieses Vorgangs sind also gegeben durch

$$\nu = \frac{\nu_0}{\sqrt{1-\frac{v^2}{c^2}}} \tag{36}$$

$$V = \frac{c^2}{v} \tag{37}$$

[1] LOUIS DE BROGLIE. Thèses. Paris. (Edit. Musson & Co.), 1924. In dieser Dissertation findet sich auch eine sehr bemerkenswerte geometrische Interpretation der BOHR-SOMMERFELDschen Quantenregel.

v ist dann — wie Hr. de Broglie gezeigt hat — zugleich die Gruppengeschwindigkeit dieser Welle. Es ist ferner interessant, daß die Energie $\frac{mc^2}{\sqrt{1-\frac{v^2}{c^2}}}$ des Teilchens gemäß (35) und (36) gerade gleich $h\nu$ ist, im Einklang mit der Grundrelation der Quantentheorie.

Man sieht nun, daß so einem Gase ein skalares Wellenfeld zugeordnet werden kann, und ich habe mich durch Rechnung davon überzeugt, daß $\frac{1}{Z_\nu}$ das mittlere Schwankungsquadrat dieses Wellenfeldes ist, soweit es dem von uns oben untersuchten Energiebereich ΔE entspricht.

Diese Überlegungen werfen Licht auf das Paradoxon, auf welches am Ende meiner ersten Abhandlung hingewiesen ist. Damit zwei Wellenzüge merkbar interferieren können, müssen sie bezüglich V und ν nahezu übereinstimmen. Dazu ist gemäß (35), (36), (37) nötig, daß v sowie m für beide Gase nahezu übereinstimmen. Die zwei Gasen von merklich verschiedener Molekülmasse zugeordneten Wellenfelder können daher nicht merklich miteinander interferieren. Daraus kann man folgern, daß sich gemäß der hier vorliegenden Theorie die Entropie eines Gasgemisches genau so additiv aus derjenigen der Gemischbestandteile zusammensetzt wie gemäß der klassischen Theorie, wenigstens solange die Molekulargewichte der Komponenten einigermaßen voneinander abweichen.

§ 9. Bemerkung über die Viskosität der Gase bei tiefen Temperaturen.

Nach den Betrachtungen des vorigen Paragraphen scheint es, daß mit jedem Bewegungsvorgang ein undulatorisches Feld verknüpft sei, ebenso wie mit der Bewegung der Lichtquanten das optische undulatorische Feld verknüpft ist. Dies undulatorische Feld — dessen physikalische Natur einstweilen noch dunkel ist, muß sich im Prinzip nachweisen lassen durch die ihm entsprechenden Bewegungserscheinungen. So müßte ein Strahl von Gasmolekülen, der durch eine Öffnung hindurchgeht, eine Beugung erfahren, die der eines Lichtstrahles analog ist. Damit ein derartiges Phänomen beobachtbar sei, muß die Wellenlänge λ einigermaßen vergleichbar sein mit den Dimensionen der Öffnung. Aus (35), (36) und (37) folgt nun für gegen c kleine Geschwindigkeiten

$$\lambda = \frac{V}{\nu} = \frac{h}{mv}. \tag{38}$$

Dies λ ist für Gasmoleküle, die sich mit thermischen Geschwindigkeiten bewegen, stets außerordentlich klein, sogar meist erheblich kleiner als der Moleküldurchmesser σ. Daraus folgt zunächst, daß an die Beobachtung dieser Beugung an herstellbaren Öffnungen bzw. Schirmen gar nicht zu denken ist.

Es zeigt sich aber, daß bei tiefen Temperaturen für die Gase Wasserstoff und Helium λ von der Größenordnung von σ wird, und es scheint in der Tat, daß sich beim Reibungskoeffizienten der Einfluß geltend mache, den wir nach der Theorie erwarten müssen.

Trifft nämlich ein Schwarm mit der Geschwindigkeit v bewegter Moleküle ein anderes Molekül, das wir uns der Bequemlichkeit halber als unbewegt vorstellen, so ist dies vergleichbar mit dem Fall, daß ein Wellenzug von gewisser Wellenlänge λ ein Blättchen von dem Durchmesser 2σ trifft. Es tritt dabei eine (Fraunhofersche) Beugungserscheinung ein, welche gleich ist jener, die von einer gleich großen Öffnung geliefert würde. Große Beugungswinkel treten dann auf, wenn λ von der Größenordnung σ oder größer ist. Es werden also außer der nach der Mechanik auftretenden Stoßablenkung dann auch noch mechanisch nicht begreifbare Ablenkungen der Moleküle von ähnlicher Häufigkeit wie erstere auftreten, welche die freie Weglänge verkleinern. Es wird also in der Nähe jener Temperatur ziemlich plötzlich ein beschleunigtes Sinken der Viskosität mit sinkender Temperatur einsetzen. Eine Abschätzung jener Temperatur gemäß der Beziehung $\lambda = \sigma$ liefert für H_2 56°, für He 40°. Natürlich sind dies ganz rohe Schätzungen; dieselben können aber durch exaktere Rechnungen ersetzt werden. Es handelt sich hier um eine neue Deutung der von P. Günther auf Nernsts Veranlassung bei Wasserstoff gewonnenen experimentellen Ergebnisse über die Abhängigkeit des Viskositätskoeffizienten von der Temperatur, zu deren Erklärung Nernst bereits eine quantentheoretische Betrachtung ersonnen hat[1].

§ 10. Zustandsgleichung des gesättigten idealen Gases. Bemerkungen zur Theorie der Zustandsgleichung der Gase und zur Elektronentheorie der Metalle.

Im § 6 wurde gezeigt, daß für ein mit »kondensierter Substanz« im Gleichgewicht befindliches ideales Gas der Entartungsparameter λ gleich 1 ist. Konzentration, Energie und Druck des mit Bewegung ausgestatteten Teiles der Moleküle sind dann gemäß (18b), (22) und (15) durch T allein bestimmt. Es gelten also die Gleichungen

$$\eta = \frac{n}{NV} = \frac{2.615}{Nh^3}(2\pi m \varkappa T)^{\frac{3}{2}} = 1.12 \cdot 10^{-15}(MRT)^{\frac{3}{2}} \qquad (39)$$

$$\frac{\bar{E}}{n} = \frac{1.348}{2.615} \cdot \varkappa T \qquad (40)$$

$$p = \frac{1.348}{2.615} RT\eta\,. \qquad (41)$$

Dabei bedeutet: η die Konzentration in Molen,
N die Zahl der Moleküle im Mol,
M die Molmasse (Molekulargewicht).

Man findet mit Hilfe von (39), daß die wirklichen Gase keine solchen Werte der Dichte erreichen, daß das entsprechende ideale Gas gesättigt wäre. Jedoch ist die kritische Dichte des Heliums nur etwa fünfmal kleiner als die Sättigungsdichte η des idealen Gases von gleicher Temperatur und gleichem Molekulargewicht. Bei Wasserstoff ist das entsprechende Verhältnis etwa 26. Da die

[1] Vgl. W. Nernst, Sitzungsber. 1919, VIII, S. 118. — P. Günther, Sitzungsber. 1920, XXXVI, S. 720.

wirklichen Gase also bei Dichten existieren, welche der Größenordnung nach der Sättigungsdichte nahekommen und gemäß (41) die Entartung den Druck erheblich beeinflußt, so wird sich, wenn die vorliegende Theorie richtig ist, ein nicht unerheblicher Quanteneinfluß auf die Zustandsgleichung bemerkbar machen; insbesondere wird man untersuchen müssen, ob so die Abweichungen von dem Van der Vaalschen Gesetz der übereinstimmenden Zustände erklärt werden können[1].

Übrigens wird man auch erwarten müssen, daß das im vorigen Paragraphen genannte Beugungsphänomen, welches ja bei tiefen Temperaturen eine scheinbare Vergrößerung des wahren Molekülvolumens erzeugt, die Zustandsgleichung beeinflusse.

Es gibt einen Fall, in welchem die Natur das gesättigte ideale Gas möglicherweise im wesentlichen realisiert hat, nämlich bei den Leitungselektronen im Innern der Metalle. Die Elektronentheorie der Metalle hat bekanntlich das Verhältnis zwischen elektrischer und thermischer Leitfähigkeit mit bemerkenswerter Näherung quantitativ erklärt (Drude-Lorentzsche Formel) unter der Annahme, daß im Innern der Metalle freie Elektronen vorhanden seien, welche sowohl die Elektrizität als die Wärme leiten. Trotz dieses großen Erfolges wird aber jene Theorie gegenwärtig nicht für zutreffend gehalten, unter anderem deshalb, weil sie der Tatsache nicht gerecht werden konnte, daß die freien Elektronen zur spezifischen Wärme des Metalles keinen merklichen Beitrag liefern. Diese Schwierigkeit verschwindet aber, wenn man die vorliegende Theorie der Gase zugrunde legt. Aus (39) folgt nämlich, daß die Sättigungskonzentration der (bewegten) Elektronen bei gewöhnlicher Temperatur etwa gleich $5.5 \cdot 10^{-5}$ ist, so daß nur ein verschwindend kleiner Teil der Elektronen zur thermischen Energie einen Beitrag liefern könnte. Die mittlere thermische Energie pro an der thermischen Bewegung teilnehmendem Elektron ist dabei etwa halb so groß wie gemäß der klassischen Molekulartheorie. Wenn nur sehr kleine Kräfte vorhanden sind, welche die nicht bewegten Elektronen in ihrer Ruhelage festhalten, so ist auch begreiflich, daß diese an der elektrischen Leitung sich nicht beteiligen. Möglicherweise könnte sogar Wegfall dieser schwachen Bindungskräfte bei ganz tiefen Temperaturen die Supraleitfähigkeit bedingen. Die Thermokräfte würden auf Grund dieser Theorie überhaupt nicht begreiflich sein, solange man das Elektronengas als ideales Gas behandelt. Natürlich wäre einer solchen Elektronentheorie der Metalle nicht die Maxwellsche Geschwindigkeitsverteilung zugrunde zu legen, sondern diejenige des gesättigten idealen Gases nach vorliegender Theorie; aus (8), (9), (11) ergibt sich für diesen speziellen Fall:

$$dW = \text{konst} \frac{E^{\frac{1}{2}}\, dE}{e^{\frac{E}{\varkappa T}} - 1}. \qquad (42)$$

[1] Dies ist nicht der Fall, wie ich nachträglich durch Vergleich mit der Erfahrung gefunden habe. Der gesuchte Einfluß wird durch molekulare Wechselwirkungen anderer Art verdeckt.

Beim Durchdenken dieser theoretischen Möglichkeit kommt man zu der Schwierigkeit, daß man zur Erklärung des gemessenen Leitvermögens der Metalle für Wärme und Elektrizität wegen der sehr geringen Volumdichte der Elektronen, die sich nach unseren Ergebnissen an der thermischen Agitation beteiligen, sehr große freie Weglängen annehmen muß (Größenordnung 10^{-3} cm). Auch scheint es nicht möglich zu sein, auf Grund dieser Theorie das Verhalten der Metalle gegenüber ultraroter Strahlung (Reflexion, Emission) zu begreifen.

§ 11. Zustandsgleichung des ungesättigten Gases.

Wir wollen nun die Abweichung der Zustandsgleichung des idealen Gases von der klassischen Zustandsgleichung im ungesättigten Gebiet genauer betrachten. Wir knüpfen hierfür wieder an die Gleichungen (15), (18b) und (19b) an.

Wir setzen zur Abkürzung

$$\sum_{\tau=1}^{\tau=\infty} \tau^{-\frac{3}{2}} \lambda^{\tau} = y(\lambda)$$

$$\sum_{\tau=1}^{\tau=\infty} \tau^{-\frac{5}{2}} \lambda^{\tau} = z(\lambda)$$

und stellen uns die Aufgabe, z als Funktion von y auszudrücken ($z = \Phi(y)$). Die Lösung dieser Aufgabe, welche ich Hrn. J. Grommer verdanke, beruht auf folgendem allgemeinen Satz (Lagrange):

Unter der in unserem Falle erfüllten Bedingung, daß y und z für $\lambda = 0$ verschwinden, und daß y und z in einem gewissen Bereich um den Nullpunkt reguläre Funktionen von λ sind, besteht für hinreichend kleine y die Taylorsche Entwicklung

$$z = \sum_{\nu=1}^{\nu=\infty} \left(\frac{d^{\nu} z}{dy^{\nu}}\right)_{\lambda=0} \frac{y^{\nu}}{\nu!}, \tag{43}$$

wobei die Koeffizienten aus den Funktionen $y(\lambda)$ und $z(\lambda)$ vermöge der Rekursionsformel dargestellt werden können

$$\frac{d^{\nu}(z)}{dy^{\nu}} = \frac{\dfrac{d}{d\lambda}\left(\dfrac{d^{\nu-1} z}{dy^{\nu-1}}\right)}{\dfrac{dy}{d\lambda}}. \tag{44}$$

Man erhält so in unserem Falle die bis $\lambda = 1$ konvergente und zur Ausrechnung bequeme Entwicklung

$$z = y - 0.1768\, y^2 - 0.0034\, y^3 - 0.0005\, y^4 .$$

Wir führen nun die Bezeichnungen ein

$$\frac{z}{y} = F(y) .$$

Dann gelten für das ungesättigte ideale Gas, d. h. zwischen $y = 0$ und $y = 2.615$ die Beziehungen

$$\frac{\bar{E}}{n} = \frac{3}{2} \varkappa T F(y) \qquad (19\mathrm{c})$$

$$p = R T \eta F(y) ; \qquad (22\mathrm{c})$$

wobei gesetzt ist

$$y = \frac{h^3}{(2\pi m \varkappa T)^{\frac{3}{2}}} \frac{n}{V} = \frac{h^3 N \eta}{(2\pi M R T)^{\frac{3}{2}}} . \qquad (18\mathrm{c})$$

Aus (19b) erhält man für die auf das Mol bezogene spezifische Wärme bei konstantem Volumen c_v:

$$c_v = \frac{3}{2} R \left(F(y) - \frac{3}{2} y F'(y) \right) = \frac{3}{2} R\, G(y) .$$

Wir geben zur leichteren Übersicht eine graphische Darstellung der Funktionen $F(y)$ und $G(y)$

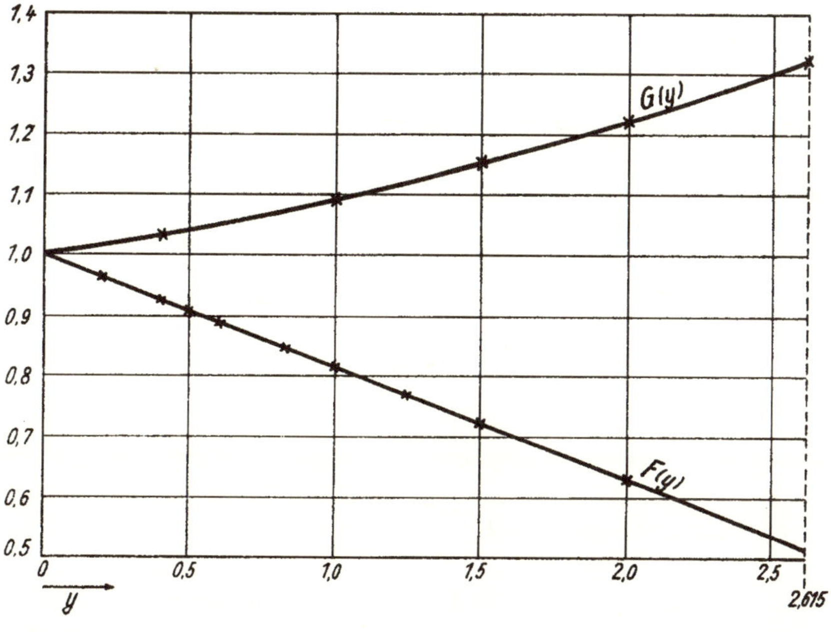

Berücksichtigt man den annähernd linearen Verlauf von $F(y)$, so ergibt sich für p die gute Näherungsgleichung

$$p = R T \eta \left[1 - 0.186 \frac{h^3 N^4 \eta}{(2\pi M R T)^{\frac{3}{2}}} \right] . \qquad (22\mathrm{d})$$

Dezember 1924.

Ausgegeben am 9. Februar.

Berlin, gedruckt in der Reichsdruckerei.

1925.
III.

SITZUNGSBERICHTE

DER PREUSSISCHEN

AKADEMIE DER WISSENSCHAFTEN.

Sitzung der physikalisch-mathematischen Klasse vom 29. Januar.

Zur Quantentheorie des idealen Gases.

Von A. Einstein.

18

Zur Quantentheorie des idealen Gases.

Von A. Einstein.

Angeregt durch eine von Bose herrührende Ableitung der Planckschen Strahlungsformel, welche sich konsequent auf die Lichtquantenhypothese stützt, habe ich neulich eine Quantentheorie des idealen Gases aufgestellt[1]. Diese Theorie erscheint dann als berechtigt, wenn man von der Überzeugung ausgeht, daß ein Lichtquant (abgesehen von seiner Polarisationseigenschaft) sich von einem einatomigen Molekül im wesentlichen nur dadurch unterscheide, daß die Ruhemasse des Quants verschwindend klein ist. Da aber die Voraussetzung dieser Analogie keineswegs von allen Forschern gebilligt wird, da ferner die von Hrn. Bose und mir angewandte statistische Methode keineswegs zweifelsfrei ist, sondern nur durch den Erfolg im Falle der Strahlung a posteriori gerechtfertigt erscheint, habe ich noch nach anderen, von willkürlichen Hypothesen möglichst freien Überlegungen über die Quantentheorie des idealen Gases gesucht. Diese Überlegungen sollen im folgenden mitgeteilt werden. Sie bilden eine wirksame Stütze der früher aufgestellten Theorie, wenn die erlangten Ergebnisse auch keinen vollen Ersatz für jene Theorie bieten. Es handelt sich hier darum, auf dem Gebiete der Gastheorie Betrachtungen anzustellen, welche in Methode und Ergebnis weitgehend analog sind denjenigen, welche auf dem Gebiet der Strahlungstheorie zum Wienschen Verschiebungsgesetz führen.

§ 1. Problemstellung.

Von einem idealen Gase sei gegeben das Volumen V eines Mols, die Temperatur T, die Masse m des Moleküls. Gefragt wird nach dem statistischen Gesetz der Geschwindigkeitsverteilung, also nach dem Analogon des Maxwellschen Verteilungsgesetzes. Gesucht ist also eine Gleichung vom Typus

$$dn = \rho\,(L,\, \varkappa T,\, V,\, m)\,\frac{V\,dp_1\,dp_2\,dp_3}{h^3}\,. \qquad (1)$$

Dabei bedeutet dn die Zahl der Moleküle, deren rechtwinklige Impulskomponenten p_1, p_2, p_3 in den durch dp_1, dp_2, dp_3 angedeuteten Grenzen liegen. L bedeutet die kinetische Energie des Moleküls $\left(\frac{1}{2m}(p_1^2 + p_2^2 + p_3^2)\right)$; wegen der selbstverständlichen Isotropiebedingung können nämlich p_1, p_2, p_3 nur in der Verbindung L in ρ auftreten. ρ ist eine vorläufig unbekannte Funktion der angegebenen vier Variabeln. Ist die Dichtefunktion ρ bekannt, so ist natürlich

[1] Diese Ber. XXII S. 261. 1924.

auch die Zustandsgleichung bekannt, weil nicht daran zu zweifeln ist, daß für den Druck die mechanische Berechnung aus den Zusammenstößen der Moleküle mit der Wand maßgebend ist. Dagegen dürfen wir nicht voraussetzen, daß die Zusammenstöße der Moleküle untereinander nach den Regeln der Mechanik erfolgen; sonst würden wir natürlich zum MAXWELLschen Verteilungsgesetz und zur klassischen Gasgleichung gelangen.

§ 2. Warum paßt die klassische Zustandsgleichung nicht in die Quantentheorie?

Seit den ersten PLANCKschen Arbeiten über Quantentheorie faßt man in dem BOLTZMANNschen Prinzip

$$S = \varkappa \lg W$$

die Größe W als eine ganze Zahl auf. Sie gibt an, auf wie viele diskrete Weisen (im Sinne der Quantentheorie) der ins Auge gefaßte Zustand von der Entropie S realisiert werden kann. Wenn es nun auch in den meisten Fällen nicht möglich ist, W ohne Willkür theoretisch zu berechnen, so bringt doch diese Auffassungsweise die Überzeugung mit sich, daß S keine willkürliche additive Konstante enthalte, sondern im Sinne der Quantentheorie völlig bestimmt und stets positiv sei. Diese PLANCKsche Auffassung wird durch das NERNSTsche Theorem beinahe zur Notwendigkeit. Bei dem absoluten Nullpunkt hört nämlich jede durch thermische Agitation erzeugte Unordnung auf, und der ins Auge gefaßte Zustand kann nur auf eine Weise ($W = 1$) realisiert werden, was eben bedeutet, daß das NERNSTsche Theorem ($S = 0$ für $T = 0$) gilt.

Diese einfache Deutbarkeit des NERNSTschen Theorems durch die PLANCKsche Auffassung des BOLTZMANNschen Prinzips überzeugt von der allgemeinen Richtigkeit dieser Auffassung. Sie führt uns im Speziellen zu der Überzeugung, daß die Entropie nicht negativ werden kann.

Nach der klassischen Zustandsgleichung idealer Gase enthält die Entropie des Mols das additive Glied $R \lg V$, welches die Abhängigkeit dieser vom Volumen bei konstanter Temperatur ausdrückt. Dies Glied kann durch Verkleinerung von V beliebig stark negativ gemacht werden, derart, daß die Entropie selbst negativ wird. Nun liegen zwar diese Werte von V bei den wirklichen Gasen weit unterhalb des kritischen Volumens dieser Gase, so daß ein Erreichen negativer Entropiewerte bei wirklichen Gasen aus dem angegebenen Grunde nicht erschlossen zu werden braucht. Aber wir dürfen doch wohl davon überzeugt sein, daß die Fiktion von Gasen, die sich dem idealen Gase stärker nähern als die in der Natur wirklich vorhandenen Gase, nicht zu einer Verletzung allgemeiner thermischer Sätze führen darf. Nach der klassischen Zustandsgleichung würden aber, wie gesagt, negative Entropiewerte auftreten müssen bei prinzipiell realisierbaren Zuständen. Deshalb müssen wir die klassische Zustandsgleichung prinzipiell verwerfen und sie in ähnlicher Weise als ein Grenzgesetz ansehen wie etwa die WIENsche Strahlungsgleichung.

§ 3. Dimensionalbetrachtung. Im folgenden benutzte Methode.

Aus (1) folgt, daß ρ dimensionsfrei ist. Wir können hieraus über den Bau der Funktion ρ Schlüsse ziehen, wenn wir annehmen, daß ρ keine andere dimensionierte Konstante enthält als die PLANCKsche Konstante h. In bekannter Weise leitet man dann ab, daß ρ von der Form sein muß

$$\rho = \psi\left(\frac{L}{\varkappa T}, \frac{m\left(\frac{V}{N}\right)^{\frac{2}{3}}\varkappa T}{h^2}\right), \tag{2}$$

wobei ψ eine unbekannte universelle Funktion zweier dimensionsloser Variabeln ist. Die Funktion ψ unterliegt hierbei der Bedingung

$$\frac{V}{h^3}\int \rho\, d\Phi = N, \tag{3}$$

wobei gesetzt ist

$$d\Phi = \int_L^{L+dL} dp_1 dp_2 dp_3 = 2\pi (2m)^{\frac{3}{2}} L^{\frac{1}{2}} dL. \tag{4}$$

Mehr kann aus Dimensionalbetrachtungen nicht geschlossen werden. Die Funktion ψ zweier Variabeln läßt sich aber ohne Setzung irgendwie zweifelhafter Hypothesen soweit bestimmen, daß nur mehr eine Funktion einer Variabeln unbestimmt bleibt. Dies läßt sich erreichen auf zwei voneinander unabhängigen Weisen, indem man aus den beiden Aussagen die Folgerungen zieht:

1. Die Entropie eines Gases ändert sich nicht bei unendlich langsamer adiabatischer Kompression.

2. In einem idealen Gase gibt es auch bei Anwesenheit eines konservativen statischen äußeren Kraftfeldes einen stationären Zustand, bei welchem überall die gesuchte Geschwindigkeitsverteilung herrscht.

Diese beiden Behauptungen sollen gültig sein unter Vernachlässigung der Wirkung der Zusammenstöße der Moleküle untereinander. Es handelt sich hierbei, wegen der prinzipiellen Vernachlässigung der Zusammenstöße, allerdings um zwei nicht beweisbare Voraussetzungen; dieselben sind aber sehr natürlich, und ihre Richtigkeit wird außerdem noch dadurch wahrscheinlich gemacht, daß sie beide zu demselben Ergebnis führen, und daß sie in dem Grenzfalle verschwindenden Quanteneinflusses zur MAXWELLschen Verteilung führen.

§ 4. Adiabatische Kompression.

Das Gas sei eingeschlossen in ein parallepipedisches Gefäß von den Seitenlängen l_1, l_2, l_3. Die Geschwindigkeitsverteilung sei isotrop, doch sonst beliebig. Die Zusammenstöße mit der Wand seien elastisch. Dann ändert sich die Zustandsverteilung mit der Zeit nicht. Sie sei gegeben durch

$$dn = \frac{V}{h^3}\rho\, d\Phi, \tag{5}$$

wobei ρ eine beliebig gegebene Funktion von L sei.

Wenn wir die Wände unendlich langsam adiabatisch verschieben, derart, daß

$$\frac{\Delta l_1}{l_1} = \frac{\Delta l_2}{l_2} = \frac{\Delta l_3}{l_3} = \frac{1}{3}\frac{\Delta V}{V}, \tag{6}$$

so bleibt die Verteilung isotrop, also von der Form (5). Wie ändert sich dabei die Verteilung?

Bedeutet $|p_1|$ den absoluten Betrag von p_1 eines Moleküls, so erhält man leicht unter Anwendung der Gesetze des elastischen Stoßes

$$\Delta|p_1| = -|p_1|\frac{\Delta l_1}{l}. \qquad (7)$$

Analoge Gleichungen gelten für $\Delta|p_2|$ und $\Delta|p_3|$. Hieraus erhält man mit Rücksicht auf (7)

$$\Delta L = \frac{1}{m}(|p_1|\delta|p_1| + \cdot + \cdot) = -\frac{2}{3}L\frac{\Delta V}{V}. \qquad (8)$$

Aus (4) folgt ferner

$$\Delta d\Phi = 2\pi(2m)^{\frac{3}{2}}\left(L^{\frac{1}{2}}\Delta dL + \frac{1}{2}L^{-\frac{1}{2}}\Delta L dL\right),$$

oder zufolge (8)

$$\Delta d\Phi = -d\Phi\frac{\Delta V}{V}, \qquad (9)$$

also auch

$$\Delta(V d\Phi) = 0. \qquad (10)$$

In all diesen Formeln bedeutet Δ die Veränderung, welche die ins Auge gefaßte Größe durch die adiabatische Volumänderung erleidet.

Nun erleidet bei der adiabatischen Volumänderung die Zahl dN der in (5) betrachteten Moleküle keine Änderung. Es ist daher

$$0 = \Delta dn = \Delta(V\rho d\Phi)$$

oder wegen (10)

$$\Delta\rho = 0. \qquad (11)$$

Wir betrachten nun die Entropie des Gases, dessen Zustandsverteilung durch (5) gegeben sei. Wir nehmen dabei an, daß sich diese Entropie additiv zusammensetze aus Teilen, welche den einzelnen Energiebereichen dL entsprechen. Diese Hypothese ist in der Strahlungstheorie jener analog, daß die Entropie einer Strahlung sich aus der der quasi-monochromatischen Bestandteile additiv zusammensetze. Sie ist äquivalent der Annahme, daß man für Moleküle verschiedener Geschwindigkeitsbereiche semi-permeable Wände einführen dürfe[1]. Nach dieser Hypothese haben wir einem Gas, dessen Moleküle isotrop verteilt sind und dem Impulsbereich $d\Phi$ angehören, die Entropie

$$\frac{dS}{\varkappa} = \frac{V}{h^3}s(\rho, L)d\Phi \qquad (12)$$

zuzuschreiben, wobei s eine vorläufig unbekannte Funktion zweier Variablen bedeutet.

---

[1] Derartige semi-permeable Wände kann man sich durch konservative Kraftfelder realisiert denken.

Bei der vorhin betrachteten adiabatischen Kompression muß diese Entropie ungeändert bleiben; es ist also

$$\Delta dS = 0$$

oder wegen (7) und (10)

$$0 = \Delta s = \frac{\partial s}{\partial \rho} \Delta \rho + \frac{\partial s}{\partial L} \Delta L .$$

Hieraus folgt wegen (11)

$$\frac{\partial s}{\partial L} = 0, \tag{13}$$

s ist also eine Funktion von ρ allein.

Nun stellen wir die Bedingung dafür auf, daß ein Gas im thermodynamischen Gleichgewicht ist bezüglich der Geschwindigkeitsverteilung. Dafür muß die Entropie

$$\frac{S}{\varkappa} = \frac{V}{h^3} \int s \, d\Phi$$

ein Maximum sein bezüglich aller Variationen von ρ, welche den beiden Bedingungen

$$\delta \left\{ \frac{V}{h^3} \int \rho \, d\Phi \right\} = 0$$

und

$$\delta \left\{ \frac{V}{h^3} \int L \rho \, d\Phi \right\} = 0$$

genügen. Die Ausführung der Variation liefert die Bedingung

$$\frac{\partial s}{\partial \rho} = AL + B, \tag{14}$$

wobei A und B von L unabhängig sind. Da aber s, also auch $\frac{\partial s}{\partial \rho}$ eine Funktion von ρ allein ist, so kann man diese Gleichung nach ρ auflösen und erhält

$$\rho = \Psi(AL + B), \tag{15}$$

wobei Ψ eine unbekannte Funktion ist. A und B können natürlich von $\varkappa T$, $\frac{V}{N}$, m und h abhängen.

Die Größe A läßt sich bestimmen, indem man auf eine infinitesimale isopyknische Erwärmung des Gases den Entropiesatz anwendet. Bezeichnet man mit E die Energie des Gases, und bezeichnet man mit D die Änderungen, welche bei diesem Vorgang auftreten, so hat man zunächst

$$DE = TdS = \frac{V}{h^3} \int L D\rho \, d\Phi = \frac{V \varkappa T}{h^3} \int Ds \, d\Phi .$$

Da wegen (14)

$$Ds = D\rho(AL + B)$$

und wegen des Konstantbleibens der Molekülzahl

$$\int D\rho \, d\Phi = 0,$$

so erhält man

$$\int L D\rho \, d\Phi (1 - \varkappa T A) = 0$$

oder

$$A = \frac{1}{\varkappa T}.$$

Statt (15) ergibt sich also

$$\rho = \Psi\left(\frac{L}{\varkappa T} + B\right). \qquad (15a)$$

§ 5. Gas im konservativen Kraftfelde.

Ein Gas befinde sich im dynamischen Gleichgewicht unter der Wirkung eines konservativen Kraftfeldes. Die potentielle Energie Π eines Moleküls sei eine Funktion des Ortes. ρ sei wieder die auf den sechsdimensionalen reduzierten Phasenraum bezogene Moleküldichte. Zusammenstöße der Moleküle vernachlässigen wir wieder und nehmen an, daß die Bewegung des einzelnen Moleküls unter dem Einfluß des äußeren Kraftfeldes gemäß der klassischen Mechanik erfolge. Die Bedingung, daß die Bewegung eine stationäre sein soll, liefert dann die Bedingung

$$\sum_i \left(\frac{\partial(\rho \dot{x}_i)}{\partial x_i} + \frac{\partial(\rho \dot{p}_i)}{\partial p_i}\right) = 0. \qquad (16)$$

Hieraus folgt mit Rücksicht auf die Bewegungsgleichungen

$$\dot{x}_i = \frac{1}{m} p_i$$

$$\dot{p}_i = -\frac{\partial \Pi}{\partial x_i}$$

des Moleküls in bekannter Weise

$$\frac{\partial \rho}{\partial x_i} \dot{x}_i + \frac{\partial \rho}{\partial p_i} \dot{p}_i = 0. \qquad (16a)$$

ρ ist also längs der Bahnkurve konstant. Da ferner wegen der Isotropie der Gleichgewichtsverteilung ρ die p_i nur in der Kombination L enthalten kann, so muß ρ in der Form darstellbar sein

$$\rho = \Psi^*(L + \Pi). \qquad (17)$$

Da an den verschiedenen Stellen unseres Gases Gleichgewichtsverteilungen herrschen, die verschiedenen Werten von V bei derselben Temperatur entsprechen, so drückt Gleichung (17) zugleich die Form der Abhängigkeit der Phasendichte ρ von V aus, indem Π eine Funktion von V ist.

§ 6. Folgerungen über die Zustandsgleichung des idealen Gases.

Schreiben wir die Resultate der Untersuchungen der beiden letzten Paragraphen ausführlich mit Bezug auf das Problem der Zustandsgleichung, so müssen wir statt (15a) und (17) schreiben

$$p = \Psi\left(h, m, \frac{L}{\varkappa T} + B\right), \tag{15b}$$

$$p = \Psi^*(h, m, \varkappa T, L + \Pi). \tag{17b}$$

A, B und Π sind hierbei noch unbekannte universelle Funktionen von h, m, $\varkappa T$, V. Ψ und Ψ^* sind bei dieser Schreibweise dimensionslose universelle Funktionen. Jedes dieser Ergebnisse zeigt nun, daß die aus der Dimensionalbetrachtung gewonnene Gleichung (2) in folgender Weise spezialisiert werden muß:

$$p = \psi\left(\frac{L}{\varkappa T} + \chi\left(\frac{m\left(\frac{V}{N}\right)^{\frac{2}{3}}\varkappa T}{h^2}\right)\right). \tag{18}$$

Hierbei sind ψ und χ zwei universelle Funktionen je einer dimensionslosen Variablen. Die beiden Funktionen ψ und χ sind durch (3) verknüpft, so daß das Resultat in Wahrheit nur die unbekannte Funktion ψ enthält. Aus (2), (3) und (4) erhält man nämlich die Beziehung

$$\int_{x=0}^{x=\infty} \psi(x+\chi)\, x^{\frac{1}{2}}\, dx = \frac{Nh^3}{2\pi(2m\varkappa T)^{\frac{3}{2}} V}. \tag{19}$$

Ist die Funktion ψ gegeben, so läßt sich zu jedem Werte von χ die rechte Seite der Gleichung berechnen; durch Umkehrung erhält man also auch χ als Funktion der rechten Seite. Damit ist das Problem also tatsächlich auf die Frage nach der Funktion ψ reduziert.

§ 7. Beziehung dieser Resultate zur klassischen Theorie sowie zu der von mir gegebenen Quantentheorie des idealen Gases.

Wir untersuchen den Fall, daß die Konstante h sich aus dem Verteilungsgesetz heraushebt. Wir setzen zur Abkürzung

$$u = \frac{h^3 N}{(m\varkappa T)^{\frac{3}{2}} V}, \qquad v = \frac{L}{\varkappa T}.$$

Aus (1) und (18) erkennt man, daß sich h dann und nur dann aus dem Ausdruck für dn heraushebt, wenn $\frac{1}{u}\psi$ von u unabhängig ist. Wir wollen in diesem Falle diese Funktion $\overline{\psi}(v)$ nennen. Es muß dann bei passender Wahl der Funktion ϕ eine Gleichung von der Form gelten

$$\psi(v + \phi(u)) = u\overline{\psi}(v). \tag{20}$$

Logarithmiert man diese Gleichung und differenziert sie zweimal (nach u und v), so erkennt man leicht, daß $\lg\psi$ eine lineare Funktion sein muß. Auch ϕ ergibt sich dann leicht. Es zeigt sich, daß ψ tatsächlich die Exponentialfunktion sein muß (MAXWELLsche Geschwindigkeitsverteilung). —

Der klassischen Theorie entspricht der Ansatz

$$\psi(v) = e^{-v}, \qquad (21)$$

der von mir entwickelten statistischen Theorie der Ansatz

$$\psi(v) = \frac{1}{e^{v} - 1}. \qquad (22)$$

An die Stelle der Exponentialfunktion mit negativem Exponenten tritt also die PLANCKsche Funktion[1]. Daß der Ansatz (22) zum Unterschied von (21) dem NERNSTschen Theorem Genüge leistet, habe ich in einer jüngst erschienenen Arbeit gezeigt.

Zwei Ziele sind durch die vorliegende Untersuchung erreicht worden. Erstens ist eine allgemeine Bedingung (Gleichung (18)) gefunden worden, der jede Theorie des idealen Gases genügen muß. Zweitens geht aus dem Obigen hervor, daß die von mir abgeleitete Zustandsgleichung durch adiabatische Kompression sowie durch konservative Kraftfelder nicht gestört wird.

---

[1] Dies folgt leicht aus (18), (20) und (21) der oben zitierten Abhandlung.

Ausgegeben am 5. März.

Berlin, gedruckt in der Reichsdruckerei.

1925.
XXII.

SITZUNGSBERICHTE

DER PREUSSISCHEN

AKADEMIE DER WISSENSCHAFTEN.

Gesamtsitzung vom 9. Juli.

Einheitliche Feldtheorie von Gravitation und Elektrizität.

Von A. Einstein.

414

Einheitliche Feldtheorie von Gravitation und Elektrizität.

Von A. EINSTEIN.

Die Überzeugung von der Wesenseinheit des Gravitationsfeldes und des elektromagnetischen Feldes dürfte heute bei den theoretischen Physikern, die auf dem Gebiete der allgemeinen Relativitätstheorie arbeiten, feststehen. Eine überzeugende Formulierung dieses Zusammenhanges scheint mir aber bis heute nicht gelungen zu sein. Auch von meiner in diesen Sitzungsberichten (XVII, S. 137, 1923) erschienenen Abhandlung, welche ganz auf EDDINGTONS Grundgedanken basiert war, bin ich der Ansicht, daß sie die wahre Lösung des Problems nicht gibt. Nach unablässigem Suchen in den letzten zwei Jahren glaube ich nun die wahre Lösung gefunden zu haben. Ich teile sie im folgenden mit.

Die benutzte Methode läßt sich wie folgt kennzeichnen. Ich suchte zuerst den formal einfachsten Ausdruck für das Gesetz des Gravitationsfeldes beim Fehlen eines elektromagnetischen Feldes, sodann die natürlichste Verallgemeinerung dieses Gesetzes. Von dieser zeigte es sich, daß sie in erster Approximation die MAXWELLsche Theorie enthält. Im folgenden gebe ich gleich das Schema der allgemeinen Theorie (§ 1) und zeige darauf, in welchem Sinne in dieser das Gesetz des reinen Gravitationsfeldes (§ 2) und die MAXWELLsche Theorie (§ 3) enthalten sind.

§ 1. Die allgemeine Theorie.

Es sei in dem vierdimensionalen Kontinuum ein affiner Zusammenhang gegeben, d. h. ein $\Gamma^{\mu}_{\alpha\beta}$-Feld, welches infinitesimale Vektorverschiebungen gemäß der Relation

$$dA^{\mu} = -\Gamma^{\mu}_{\alpha\beta} A^{\alpha} dx^{\beta} \tag{1}$$

definiert. Symmetrie der $\Gamma^{\mu}_{\alpha\beta}$ bezüglich der Indizes α und β wird nicht vorausgesetzt. Aus diesen Größen Γ lassen sich dann in bekannter Weise die (RIEMANNschen) Tensoren bilden

$$R^{\alpha}_{\mu,\nu\beta} = -\frac{\partial \Gamma^{\alpha}_{\mu\nu}}{\partial x_{\beta}} + \Gamma^{\alpha}_{\sigma\nu}\Gamma^{\sigma}_{\mu\beta} + \frac{\partial \Gamma^{\alpha}_{\mu\beta}}{\partial x_{\nu}} - \Gamma^{\sigma}_{\mu\nu}\Gamma^{\alpha}_{\sigma\beta}$$

und

$$R_{\mu\nu} = R^{\alpha}_{\mu,\nu\alpha} = -\frac{\partial \Gamma^{\alpha}_{\mu\nu}}{\partial x_{\alpha}} + \Gamma^{\alpha}_{\mu\beta}\Gamma^{\beta}_{\alpha\nu} + \frac{\partial \Gamma^{\alpha}_{\mu\alpha}}{\partial x_{\nu}} - \Gamma^{\alpha}_{\mu\nu}\Gamma^{\beta}_{\alpha\beta}. \tag{2}$$

Unabhängig von diesem affinen Zusammenhang führen wir eine kontravariante Tensordichte $\mathfrak{g}^{\mu\nu}$ ein, deren Symmetrieeigenschaften wir ebenfalls offen lassen. Aus beiden bilden wir die skalare Dichte

$$\mathfrak{H} = \mathfrak{g}^{\mu\nu} R_{\mu\nu} \tag{3}$$

und postulieren, daß sämtliche Variationen des Integrals

$$\mathfrak{J} = \int \mathfrak{H} dx_1 dx_2 dx_3 dx_4$$

nach den $\mathfrak{g}^{\mu\nu}$ und $\Gamma^\alpha_{\mu\nu}$ als unabhängigen (an den Grenzen nicht variierten) Variabeln verschwinden.

Die Variation nach den $\mathfrak{g}^{\mu\nu}$ liefert die 16 Gleichen

$$R_{\mu\nu} = 0\,, \tag{4}$$

die Variation nach den $\Gamma^\alpha_{\mu\nu}$ zunächst die 64 Gleichungen

$$\frac{\partial \mathfrak{g}^{\mu\nu}}{\partial x_\alpha} + \mathfrak{g}^{\beta\nu}\Gamma^\mu_{\beta\alpha} + \mathfrak{g}^{\mu\beta}\Gamma^\nu_{\alpha\beta} - \delta^\nu_\alpha\left(\frac{\partial \mathfrak{g}^{\mu\beta}}{\partial x_\beta} + \mathfrak{g}^{\sigma\beta}\Gamma^\mu_{\sigma\beta}\right) - \mathfrak{g}^{\mu\nu}\Gamma^\beta_{\alpha\beta} = 0\,. \tag{5}$$

Wir wollen nun einige Betrachtungen anstellen, die uns die Gleichungen (5) durch einfachere zu ersetzen gestatten. Verjüngen wir die linke Seite von (5) nach den Indizes ν, α bzw. μ, α, so erhalten wir die Gleichungen

$$3\left(\frac{\partial \mathfrak{g}^{\mu\alpha}}{\partial x_\alpha} + \mathfrak{g}^{\alpha\beta}\Gamma^\mu_{\alpha\beta}\right) + \mathfrak{g}^{\mu\alpha}(\Gamma^\beta_{\alpha\beta} - \Gamma^\beta_{\alpha\beta}) = 0 \tag{6}$$

$$\frac{\partial \mathfrak{g}^{\nu\alpha}}{\partial x_\alpha} - \frac{\partial \mathfrak{g}^{\alpha\nu}}{\partial x_\alpha} = 0\,. \tag{7}$$

Führen wir ferner Größen $\mathfrak{g}_{\mu\nu}$ ein, welche die normierten Unterdeterminanten zu den $\mathfrak{g}^{\mu\nu}$ sind, also die Gleichungen

$$\mathfrak{g}_{\mu\alpha}\mathfrak{g}^{\nu\alpha} = \mathfrak{g}_{\alpha\mu}\mathfrak{g}^{\alpha\nu} = \delta^\nu_\mu$$

erfüllen, und multiplizieren (5) mit $\mathfrak{g}_{\mu\nu}$, so erhalten wir eine Gleichung, die wir nach Heraufziehen eines Index wie folgt schreiben können

$$2\mathfrak{g}^{\mu\alpha}\left(\frac{\partial \lg \sqrt{\mathfrak{g}}}{\partial x_\alpha} + \Gamma^\beta_{\alpha\beta}\right) + (\Gamma^\beta_{\alpha\beta} - \Gamma^\beta_{\beta\alpha}) + \delta^\mu_\beta\left(\frac{\partial \mathfrak{g}^{\beta\alpha}}{\partial x_\alpha} + \mathfrak{g}^{\sigma\beta}\Gamma^\beta_{\sigma\beta}\right) = 0\,, \tag{8}$$

wenn man mit $\mathfrak{g}$ die Determinante aus den $\mathfrak{g}_{\mu\nu}$ bezeichnet. Die Gleichungen (6) und (8) schreiben wir in der Form

$$\mathfrak{f}^\mu = \tfrac{1}{3}\mathfrak{g}^{\mu\alpha}(\Gamma^\beta_{\alpha\beta} - \Gamma^\beta_{\beta\alpha}) = -\left(\frac{\partial \mathfrak{g}^{\mu\alpha}}{\partial x_\alpha} + \mathfrak{g}^{\alpha\beta}\Gamma^\mu_{\alpha\beta}\right) = -\mathfrak{g}^{\mu\alpha}\left(\frac{\partial \lg \sqrt{\mathfrak{g}}}{\partial x_\alpha} + \Gamma^\beta_{\alpha\beta}\right), \tag{9}$$

wobei $\mathfrak{f}^\mu$ eine gewisse Tensordichte bedeutet. Es ist leicht zu beweisen, daß das Gleichungssystem (5) äquivalent ist dem Gleichungssystem

$$\frac{\partial \mathfrak{g}^{\mu\nu}}{\partial x_\alpha} + \mathfrak{g}^{\beta\nu}\Gamma^\mu_{\beta\alpha} + \mathfrak{g}^{\mu\beta}\Gamma^\nu_{\alpha\beta} - \mathfrak{g}^{\mu\nu}\Gamma^\beta_{\alpha\beta} + \delta^\nu_\alpha\mathfrak{f}^\mu = 0 \tag{10}$$

in Verbindung mit (7). Durch Herunterziehen der oberen Indizes erhält man mit Rücksicht auf die Beziehungen

$$\mathfrak{g}_{\mu\nu} = \frac{g_{\mu\nu}}{\sqrt{-g}} = g_{\mu\nu}\sqrt{-\mathfrak{g}}\,,$$

wobei $\mathfrak{g}_{\mu\nu}$ einen kovarianten Tensor bedeutet

$$-\frac{\partial g_{\mu\nu}}{\partial x_\alpha} + g_{\sigma\nu}\Gamma^{\sigma}_{\mu\alpha} + g_{\mu\sigma}\Gamma^{\sigma}_{\alpha\nu} + g_{\mu\nu}\phi_\alpha + g_{\mu\alpha}\phi_\nu = 0\,, \qquad (10a)$$

wobei ϕ_τ ein kovarianter Vektor ist. Dies System in Verbindung mit den beiden oben angegebenen

$$\frac{\partial \mathfrak{g}^{\nu\alpha}}{\partial x_\alpha} - \frac{\partial \mathfrak{g}^{\alpha\nu}}{\partial x_\alpha} = 0 \qquad (7)$$

und

$$0 = R_{\mu\nu} = -\frac{\partial \Gamma^{\alpha}_{\mu\nu}}{\partial x_\alpha} + \Gamma^{\alpha}_{\mu\beta}\Gamma^{\beta}_{\alpha\nu} + \frac{\partial \Gamma^{\alpha}_{\mu\alpha}}{\partial x_\nu} - \Gamma^{\alpha}_{\mu\nu}\Gamma^{\beta}_{\alpha\beta} \qquad (4)$$

sind das Ergebnis des Variationsverfahrens in der einfachsten Form. Auffallend an diesem Ergebnis ist das Auftreten eines Vektors ϕ_τ neben dem Tensor $(\mathfrak{g}_{\mu\nu})$ und den Größen $\Gamma^{\alpha}_{\mu\nu}$. Um Übereinstimmung mit den bisher bekannten Gesetzen der Gravitation und Elektrizität zu erhalten, wobei der symmetrische Bestandteil der $\mathfrak{g}_{\mu\nu}$ als metrischer Tensor, der antisymmetrische als elektromagnetisches Feld aufzufassen ist, muß man das Verschwinden von ϕ_τ voraussetzen, was wir im folgenden tun werden. Man wird jedoch für spätere Untersuchungen (z. B. Problem des Elektrons) im Sinne behalten müssen, daß das HAMILTONsche Prinzip für das Verschwinden der ϕ_τ keinen Anhaltspunkt liefert. Dies Nullsetzen der ϕ_τ führt zu einer Überbestimmung des Feldes, indem wir für $16+64$ Variable $16+64+4$ voneinander algebraisch unabhängige Differentialgleichungen haben.

§ 2. Das reine Gravitationsfeld als Spezialfall.

Die $g_{\mu\nu}$ seien symmetrisch. Die Gleichungen (7) sind identisch erfüllt. Durch Vertauschen von μ und ν in (10a) und Subtrahieren erhält man dann in leichtverständlicher Schreibweise

$$\Gamma_{\nu,\mu\alpha} + \Gamma_{\mu,\alpha\nu} - \Gamma_{\mu,\nu\alpha} - \Gamma_{\nu,\alpha\mu} = 0\,. \qquad (11)$$

Nennt man Δ den in den beiden letzten Indizes antisymmetrischen Bestandteil der Γ, so nimmt (11) die Form an

$$\Delta_{\nu,\mu\alpha} + \Delta_{\mu,\alpha\nu} = 0$$

oder

$$\Delta_{\nu,\mu\alpha} = \Delta_{\mu,\nu\alpha}\,. \qquad (11a)$$

Diese Symmetrieeigenschaft in den beiden ersten Indizes ist aber mit der Antisymmetrie in den beiden letzten unvereinbar, wie folgende Serie von Gleichungen lehrt

$$\Delta_{\mu,\nu\alpha} = -\Delta_{\mu,\alpha\nu} = -\Delta_{\alpha,\mu\nu} = \Delta_{\alpha,\nu\mu} = \Delta_{\nu,\alpha\mu} = -\Delta_{\nu,\mu\alpha}\,.$$

Dies in Verbindung mit (11a) verlangt das Verschwinden aller Δ. Die Γ sind also symmetrisch in den beiden letzten Indizes wie in der RIEMANNschen Geometrie.

Die Gleichungen (10a) lassen sich dann in bekannter Weise auflösen, und man erhält

$$\Gamma^{\alpha}_{\mu\nu} = \frac{1}{2} g^{\alpha\beta}\left(\frac{\partial g_{\mu\beta}}{\partial x_{\nu}} + \frac{\partial g_{\nu\beta}}{\partial x_{\mu}} - \frac{\partial g_{\mu\nu}}{\partial x_{\beta}}\right). \tag{12}$$

Gleichung (12) in Verbindung mit (4) ist das bekannte Gravitationsgesetz. Hätten wir in § 1 von Anfang an die Symmetrie der $g_{\mu\nu}$ vorausgesetzt, so wären wir direkt zu (12) und (4) gelangt. Es scheint mir dies die einfachste und geschlossenste Ableitung der Gravitationsgleichungen für das Vakuum zu sein. Der Versuch, durch Verallgemeinerung gerade dieser Betrachtung das Gesetz der Elektromagnetik mit zu umfassen, muß daher wohl als ein natürlicher angesehen werden.

Hätten wir das Verschwinden der ϕ_{τ} nicht vorausgesetzt, so hätten wir aus der Voraussetzung der Symmetrie der $g_{\mu\nu}$ das bekannte Gesetz des reinen Gravitationsfeldes auf dem angegebenen Wege nicht folgern können. Hätten wir dagegen die Symmetrie der $g_{\mu\nu}$ und der $\Gamma^{\alpha}_{\mu\nu}$ vorausgesetzt, so wäre das Verschwinden der ϕ_{α} eine Folge von (9) bzw. von (10a) und (7) gewesen; man wäre dann ebenfalls zum Gesetz des reinen Gravitationsfeldes gelangt.

§ 3. Beziehung zur MAXWELLschen Theorie.

Falls ein elektromagnetisches Feld vorhanden ist, d. h. die $\mathfrak{g}^{\mu\nu}$ bzw. die $g_{\mu\nu}$ einen antisymmetrischen Bestandteil enthalten, gelingt eine Auflösung der Gleichungen (10a) nach den Größen $\Gamma^{\alpha}_{\mu\nu}$ nicht, was die Übersichtlichkeit des ganzen Systems bedeutend erschwert. Die Auflösung gelingt jedoch, wenn wir uns auf die Untersuchung der ersten Approximation beschränken. Dies wollen wir tun und wieder das Verschwinden der ϕ_{μ} voraussetzen.

Wir machen also den Ansatz

$$g_{\mu\nu} = -\delta_{\mu\nu} + \gamma_{\mu\nu} + \phi_{\mu\nu}, \tag{13}$$

wobei die $\gamma_{\mu\nu}$ symmetrisch, die $\phi_{\mu\nu}$ antisymmetrisch seien. Die $\gamma_{\mu\nu}$ und $\phi_{\mu\nu}$ seien unendlich klein erster Ordnung. Größen zweiter und höherer Ordnung werden vernachlässigt. Die $\Gamma^{\alpha}_{\mu\nu}$ sind dann ebenfalls unendlich klein erster Ordnung.

Unter diesen Umständen nimmt das Gleichungssystem (10a) die einfachere Form an

$$+\frac{\partial g_{\mu\nu}}{\partial x_{\alpha}} + \Gamma^{\nu}_{\mu\alpha} + \Gamma^{\mu}_{\alpha\nu} = 0. \tag{10b}$$

Durch zweimalige zyklische Vertauschung der Indizes μ, ν, α entstehen zwei weitere Gleichungen. Aus den drei Gleichungen lassen sich die Γ ähnlich wie im symmetrischen Falle berechnen. Man erhält

$$-\Gamma^{\alpha}_{\mu\nu} = \frac{1}{2}\left(\frac{\partial g_{\alpha\nu}}{\partial x_{\mu}} + \frac{\partial g_{\mu\alpha}}{\partial x_{\nu}} - \frac{\partial g_{\nu\mu}}{\partial x_{\alpha}}\right). \tag{14}$$

Die Gleichung (4) reduziert sich auf das erste und dritte Glied. Setzt man hierin den Ausdruck für $\Gamma^\alpha_{\mu\nu}$ aus (14) ein, so erhält man

$$-\frac{\partial^2 g_{\nu\mu}}{\partial x_\alpha^2} + \frac{\partial^2 g_{\alpha\mu}}{\partial x_\nu \partial x_\alpha} + \frac{\partial^2 g_{\alpha\nu}}{\partial x_\mu \partial x_\alpha} - \frac{\partial^2 g_{\alpha\alpha}}{\partial x_\mu \partial x_\nu} = 0. \tag{15}$$

Bevor wir (15) weiter betrachten, entwickeln wir Gleichung (7). Aus (13) folgt zunächst, daß mit der uns hier interessierenden Näherung gilt

$$\mathfrak{g}^{\mu\nu} = -\delta_{\mu\nu} - \gamma_{\mu\nu} - \phi_{\mu\nu}. \tag{16}$$

Mit Rücksicht hierauf geht (7) über in

$$\frac{\partial \phi_{\mu\nu}}{\partial x_\nu} = 0. \tag{17}$$

Nun setzen wir die in (13) gegebenen Ausdrücke in (15) ein und erhalten mit Rücksicht auf (17)

$$-\frac{\partial^2 \gamma_{\mu\nu}}{\partial x_\alpha^2} + \frac{\partial^2 \gamma_{\mu\alpha}}{\partial x_\nu \partial x_\alpha} + \frac{\partial^2 \gamma_{\nu\alpha}}{\partial x_\mu \partial x_\alpha} - \frac{\partial^2 \gamma_{\alpha\alpha}}{\partial x_\mu \partial x_\nu} = 0 \tag{18}$$

$$\frac{\partial^2 \phi_{\mu\nu}}{\partial x_\alpha^2} = 0 \tag{19}$$

Die Gleichungen (18), welche bekanntlich durch geeignete Koordinatenwahl vereinfacht werden können, sind dieselben wie beim Fehlen eines elektromagnetischen Feldes. Ebenso enthalten die Gleichungen (17), (19) für das elektromagnetische Feld die auf das Gravitationsfeld bezüglichen Größen $\gamma_{\mu\nu}$ nicht. Beide Felder sind also — im Einklang mit der Erfahrung — in erster Approximation voneinander unabhängig.

Die Gleichungen (17), (19) sind den MAXWELLschen Gleichungen für den leeren Raum fast völlig äquivalent. (17) ist das eine MAXWELLsche System. Die Ausdrücke

$$\frac{\partial \phi_{\mu\nu}}{\partial x_\alpha^2} + \frac{\partial \phi_{\nu\alpha}}{\partial x_\mu} + \frac{\partial \phi_{\alpha\mu}}{\partial x_\nu},$$

welche nach MAXWELL verschwinden sollen, verschwinden zwar nach (17) und (19) nicht notwendig, wohl aber ihre Divergenzen vom Typus

$$\frac{\partial}{\partial x_\alpha}\left(\frac{\partial \phi_{\mu\nu}}{\partial x_\alpha} + \frac{\partial \phi_{\nu\alpha}}{\partial x_\mu} + \frac{\partial \phi_{\alpha\mu}}{\partial x_\nu}\right).$$

(17) und (19) sind daher mit den MAXWELLschen Gleichungen des leeren Raumes im wesentlichen identisch.

Bezüglich der Zuordnung der $\phi_{\mu\nu}$ zu den elektrischen und magnetischen Vektoren ($\mathfrak{a}$ bzw. $\mathfrak{h}$) möchte ich eine Bemerkung machen, die eine von der hier vertretenen Theorie unabhängige Gültigkeit beansprucht. Gemäß der klassischen Mechanik, die mit Zentralkräften arbeitet, gibt es zu jedem Bewegungsvorgang V den inversen $\overline{V}$, bei dem dieselben Konfigurationen in entgegengesetzter Reihenfolge durchlaufen werden. Dieser inverse Begwegungsvorgang $\overline{V}$ wird aus dem ursprünglichen V formal auch dadurch erhalten, daß man auf letzteren die Substitution

$$\begin{aligned} x' &= x \\ y' &= y \\ z' &= z \\ t' &= -t \end{aligned}$$

anwendet.

Ähnlich verhält es sich auch gemäß der allgemeinen Relativitätstheorie im Falle eines reinen Gravitationsfeldes. Um aus einer Lösung V die zugehörige Lösung $\overline{V}$ einzuführen, hat man in alle Feldfunktionen $t' = -t$ einzusetzen und außerdem das Vorzeichen der Feldkomponenten $g_{14} g_{24} g_{34}$ und der Energiekomponenten T_{14}, T_{24}, T_{34} umzukehren. Dies kommt wieder auf dasselbe hinaus, wie wenn man auf den ursprünglichen Vorgang V die obige Transformation anwendet. Die Vorzeichenänderung von $g_{14} g_{24} g_{34}$ und sowie T_{14} T_{24} T_{34} ergibt sich von selbst aus dem Transformationsgesetz für Tensoren.

Diese Erzeugbarkeit des inversen Vorganges durch Transformation der Zeitkoordinate ($t' = -t$) wird man als ein allgemeines Gesetz anzusehen haben, das auch für elektromagnetische Vorgänge Gültigkeit beanspruchen kann. Dort ändert sich bei Inversion des Bewegungsvorganges der Elektronen das Zeichen der magnetischen Komponenten, nicht aber das der elektrischen. Man wird deshalb die elektrische Feldstärke den Komponenten ϕ_{23}, ϕ_{31}, ϕ_{12} zuzuordnen haben, die Komponenten ϕ_{14}, ϕ_{24}, ϕ_{34} den magnetischen. Die bisher übliche umgekehrte Zuordnung muß verlassen werden. Sie wurde bisher offenbar deshalb bevorzugt, weil es bequemer scheint, die Stromdichte durch einen Vektor (Tensor ersten Ranges) statt durch einen antisymmetrischen Tensor dritten Ranges auszudrücken.

In der hier dargestellten Theorie ist also (7) bzw. (17) der Ausdruck des magnetelektrischen Induktionsgesetzes. Dem entspricht es auch, daß auf der rechten Seite dieser Gleichung kein Ausdruck steht, der als elektrische Stromdichte interpretiert werden könnte.

Die nächste Frage ist nun die, ob die hier entwickelte Theorie die Existenz singularitätsfreier zentralsymmetrischer elektrischer Massen begreiflich erscheinen läßt. Dies Problem habe ich zusammen mit Hrn. Dr. J. Grommer in Angriff genommen, der mir bei allen rechnerischen Untersuchungen auf dem Gebiete der allgemeinen Relativitätstheorie in den letzten Jahren treu zur Seite gestanden ist. Ihm und dem »International Education Board«, der mir die dauernde Zusammenarbeit mit Hrn. Grommer ermöglicht hat, sei an dieser Stelle freundlich gedankt.

Ausgegeben am 4. September.

Berlin, gedruckt in der Reichsdruckerei.

1926.
XXV.

SITZUNGSBERICHTE
DER PREUSSISCHEN
AKADEMIE DER WISSENSCHAFTEN.

Sitzung der physikalisch-mathematischen Klasse vom 21. Oktober.

Über die Interferenzeigenschaften des durch Kanalstrahlen emittierten Lichtes.

Von A. Einstein.

334

Über die Interferenzeigenschaften des durch Kanalstrahlen emittierten Lichtes.

Von A. Einstein.

Bisher bin ich der Meinung gewesen, daß Experimente an Kanalstrahllicht Ergebnisse liefern könnten, die mit Ergebnissen der klassischen Undulationstheorie nicht im Einklange sind[1]. Im nachfolgenden will ich eine einfache Überlegung mitteilen, gemäß welcher ein Versagen der klassischen Undulationstheorie auf dem ins Auge gefaßten Gebiete nahezu ausgeschlossen erscheint. Diese Überlegung ist auch darum von einem gewissen Interesse, als sie zu einer bequemen Voraussage der zu erwartenden Interferenzerscheinungen führt. Wesentlich für die mitzuteilende Überlegung ist es, daß sie von der Undulationstheorie nur soweit Gebrauch macht, als ihre Ergebnisse durch Versuche als gesichert erkannt sind.

Ich gehe aus von folgendem Satze, dessen Zutreffen sich kaum bezweifeln lassen dürfte: Eine ausgedehnte, homogene ruhende Lichtquelle läßt sich optisch stets ersetzen durch eine ihr gleiche, parallel verschobene ruhende Lichtquelle. Dieser Satz beansprucht Gültigkeit natürlich nur insoweit, als sich die Grenzen der Lichtquelle nicht bemerkbar machen. Seine Gültigkeit äußert sich z. B. darin, daß die »Interferenzerscheinungen an dünnen Blättchen« von der Entfernung der Lichtquelle vom Interferenzapparat völlig unabhängig sind.

Wir betrachten nun einen homogenen Kanalstrahl im Vakuum. Dieser ist — von einem mit den Teilchen bewegten Koordinatensystem K' aus betrachtet — eine ruhende Lichtquelle. Bei der zuerst von Wien eingeführten Versuchsanordnung zur Untersuchung des Abklingens des Kanalstrahlleuchtens ist (wegen des Abklingens längs des Kanalstrahles) diese Lichtquelle allerdings keine homogene; aber dies ist für die Interferenzeigenschaften des emittierten Lichtes ohne Belang. Nach dem obigen Satze können wir diese in bezug auf K' ruhende Lichtquelle durch eine parallel verschobene, in bezug auf K' ruhende ersetzen. Vom »ruhenden« Koordinatensystem K aus betrachtet, bedeutet dies, daß wir einen Kanalstrahl zu sich selbst parallel ver-

[1] Vgl. z. B. meine Notiz »Vorschlag zu einem die Natur des elementaren Strahlungsemissionsprozesses betreffenden Experiment«. Naturwissenschaften 1926, Heft 14.

schieben können, ohne daß dies an dem von ihm emittierten Lichte nachgewiesen werden könnte. Daraus folgt aber weiter: Ein Kanalstrahl kann in seinen optischen Wirkungen ersetzt gedacht werden durch einen unendlich fernen von gleicher Natur und gleicher Geschwindigkeit.

Dieser Satz setzt uns in den Stand, die Interferenzerscheinungen des von einem Kanalstrahl emittierten Lichtes einfach vorauszusagen, da sich ein unendlich ferner Kanalstrahl bezüglich des nach dem im Endlichen befindlichen optischen System gesendeten Lichtes offenbar durch ein System kontinuierlich verteilter ruhender Lichtquellen von passender Farbe ersetzen läßt.

Der betrachtete Kanalstrahl K sei parallel der Y-Achse eines Koordinatensystems. Wir denken ihn uns durch einen die negative X-Achse im Unendlichen schneidenden ersetzt und beschränken uns auf Fortpflanzungsrichtungen, die nahezu der X-Y-Ebene parallel sind. Ist ν_0 die Eigenfrequenz der Kanalstrahlteilchen, so hat das gegen die X-Achse unter dem Winkel α gesandte Licht in erster Näherung die Frequenz $\nu = \nu_0 \left(1 + \frac{v}{c} \sin \alpha\right)$. Wir dürfen so rechnen, wie wenn die zu α gehörigen Lichtquellen im Unendlichen ruhten und die Frequenz ν hätten. Wir dürfen ferner die Intensität der Strahlung als von α unabhängig betrachten, wenn wir uns noch auf kleine Winkel α beschränken, was wir tun wollen.

Damit ist jegliches Beugungsproblem auf ein solches mit ruhenden Lichtquellen reduziert. Im folgenden sollen einige solche Probleme schematisch besprochen werden. Der Interferenzapparat sei durch zwei halbspiegelnde parallele Ebenen gebildet, deren Abstand $\frac{d}{2}$ sei. Beobachtet werde durch das Auge oder dieses in Kombination mit einem auf unendlich eingestellten Fernrohr. Formal kommt dies darauf hinaus, daß wir ohne optische Apparate hinter dem Interferenzapparat die Erregung in einer im Unendlichen ($x = \infty$) senkrecht zur x-Achse stehenden Ebene untersuchen.

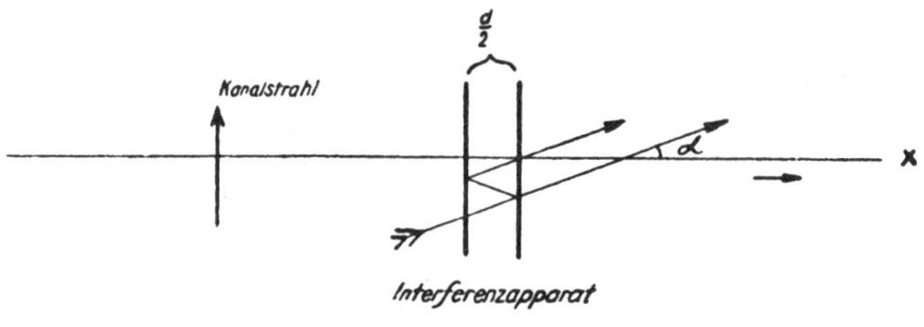

1. Fall. Zwischen Kanalstrahl und Interferenzapparat ist nichts geschaltet, was die Lichtstrahlen ablenkt.

Die Phasendifferenz zwischen den beiden Strahlen höchster Intensität ist für den $\measuredangle\ \alpha$

$$\frac{d \cos \alpha}{\lambda_0 \left(1 - \frac{v}{c} \sin \alpha\right)},$$

falls Kanalstrahlen und reflektierende Ebenen genau senkrecht zur x-Achse stehen. Für hinreichend kleine α ist dies gleich

$$\frac{d}{\lambda_0}\left[1 - \frac{1}{2}\left(\alpha - \frac{v}{c}\right)^2\right].$$

Die Bewegung der Kanalstrahlteilchen hat also einfach eine Verschiebung der Interferenzfigur um den Winkel $+\frac{v}{c}$ zur Folge. Dies gibt eine bequeme Methode zur Messung der Kanalstrahlgeschwindigkeit an die Hand.

Ebenso einfach erledigt sich der Fall, daß zwischen Kanalstrahl und Interferenzapparat ein optisches System eingeschaltet ist, das einem auf ∞ eingestellten Fernrohr äquivalent ist und den Winkel $z$mal vergrößert. In diesem Falle ist die Winkelverschiebung der Interferenzfigur $\frac{1}{z}$ mal größer als in dem soeben betrachteten Fall.

2. Fall. Zwischen Kanalstrahl und Interferenzapparat ist eine Linse oder ein Linsensystem mit der Brennweite f geschaltet.

Die Linse bzw. das Linsensystem erzeugt von dem im Unendlichen gedachten Ersatzkanalstrahl ein durch ruhende Lichtquellen ersetzbares Bild, welches senkrecht zur X-Achse steht. Zur Ordinate y dieses Bildes gehört die Wellenlänge $\lambda_0\left(1-\frac{v}{c}\,\alpha\right)$, wobei $\alpha=\frac{y}{f}$, also die Wellenlänge $\lambda_0\left(1-\frac{v}{c}\,\frac{y}{f}\right)$. Der Wirksamkeit der beiden Spiegel kann dadurch Rechnung getragen werden, daß man sich diese Lichtquelle durch Spiegelung verdoppelt denkt; das so gebildete zweite Bild wäre im Abszissenabstand $-d$ von der ersten zu denken, derart, daß je zwei Punkte der Lichtquellen mit gleichem y kohärent sind. Beide Bilder wirken als kohärente Lichtquellen.

Wären diese beiden Lichtquellen monochromatisch, so würden alle ihre zusammengehörigen Punktepaare dieselbe Interferenzfigur im Unendlichen liefern. Hierzu wäre nämlich nötig, daß die Punkte aller Paare in Wellenlängen gemessen den gleichen Abstand hätten. Da dies nicht der Fall ist, kann im Unendlichen keine deutliche Interferenz entstehen.

Vollständige Interferenz ist dadurch herbeizuführen, daß dem durch Spiegelung an den Interferenzspiegeln entstehenden Bilde gegenüber dem andern eine Neigung β gegeben wird gemäß dem Schema

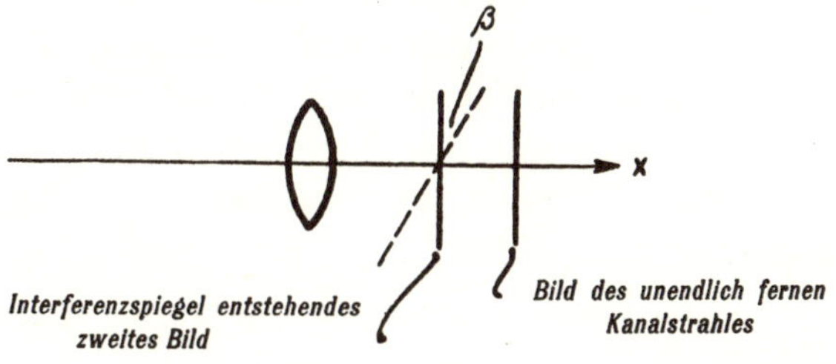

Der $\measuredangle\,\beta$ wäre durch die Bedingung bestimmt, daß $\frac{d-\beta y}{\lambda_0\left(1-\frac{v}{c}\,\frac{y}{f}\right)}$ von y unabhängig wäre. Es müßte also sein $\beta=\frac{v}{c}\,\frac{d}{f}$. Eine solche Drehung der gespiegelten virtuellen Lichtquelle um den Schnittpunkt mit der X-Achse läßt sich dadurch herbeiführen, daß man die spiegelnden Flächen um den Winkel

$\frac{\beta}{2}$ gegeneinander neigt. Damit die Drehung des gespiegelten Bildes um dessen Schnitt mit der X-Achse erfolgt, ist allerdings notwendig, daß dieser Punkt auf der spiegelnden Fläche liege, welche um den $\measuredangle\ \frac{\beta}{2}$ gedreht wird.

Am besten dürfte sich dies Ergebnis mit Hilfe des Michelsonschen Interferometers prüfen lassen. Die Anordnung wäre die folgende:

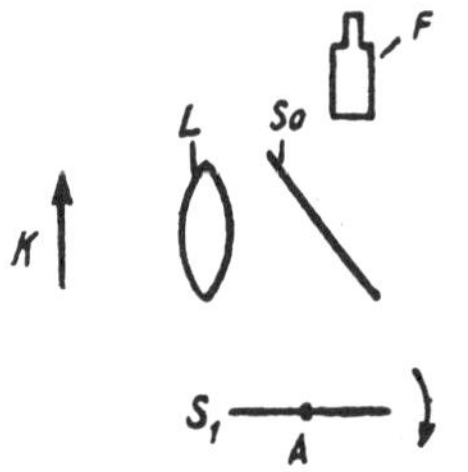

Die Linse L ist so aufgestellt, daß sie (über S_0) einen unendlich fernen Gegenstand in der Reflexionsebene von S_1 darstellt. Die Spiegel S_1 und S^2 werden so aufgestellt, daß in dem auf ∞ eingestellten Fernrohr F Interferenzkreise sichtbar sind, falls eine ruhende Lichtquelle verwendet wird. Die optische Wegdifferenz[1] sei l. Nun verwendet man als Lichtquelle den Kanalstrahl K. Dann verschwinden die Interferenzringe. Sie müssen aber wieder auftreten, wenn der Spiegel S_1 um A in der Pfeilrichtung um den Winkel $\frac{\beta}{2}$ gedreht wird.

Dies Resultat bedarf natürlich noch der experimentellen Nachprüfung, wenn auch seine Gültigkeit aus der obigen Betrachtung schon sehr wahrscheinlich gemacht ist. Die theoretische Bedeutung dieses Ergebnisses für die Lichttheorie erhellt aus folgender Überlegung. Das Resultat gilt auch für den Fall, daß die Entfernung des Kanalstrahles K von der Linse L gleich der Brennweite der letzteren ist; in diesem Falle läßt es aber eine besonders anschauliche Deutung zu. Im Fernrohr F können nur solche Teile eines Wellenzuges zur Interferenz kommen, welche gleichzeitig und in derselben Richtung eintreffen. Diese sind aber von K (wegen der Neigung von S_1) von zwei Orten ausgegangen, welche die Distanz $f \cdot \beta$ oder $\frac{v}{c}\,d$ haben. Es dürfte deshalb kaum zu bezweifeln sein, daß sie zu verschiedenen Zeiten von einem mit der Geschwindigkeit v bewegten Teilchen ausgehen. Daraus würde zu schließen sein, daß das die Interferenz bestimmte Feld nicht durch einen Momentanprozeß erzeugt sein kann, wie dies durch die Quantentheorie nahegelegt wird; für die Erzeugung des Interferenzfeldes scheint vielmehr die Undulationstheorie volle Gültigkeit zu behalten, wie dies der Auffassung von Bohr und Heisenberg entspricht[2].

3. Fall. Zwischen Kanalstrahl und Interferenzapparat ist ein Spalt bzw. Gitter eingeschaltet.

Der Fall, daß die Kanalstrahlen hinter einem Spalt von der Breite b vorbeigehen, hat zuerst meine Aufmerksamkeit auf das hier behandelte Problem

[1] l sei positiv gerechnet, wenn der Spiegel S_1 entfernter ist als der Spiegel S_2.

[2] Insbesondere darf man nicht annehmen, daß der Quantenprozeß der Emission, der energetisch durch Ort, Zeit, Richtung und Energie bestimmt ist, auch in seinen geometrischen Eigenschaften durch diese Größen bestimmt sei. Das Zutreffende in der Auffassung von Bohr, Cramers und Slater scheint also nur darin zu bestehen, daß diese Autoren die strenge Gültigkeit der Erhaltungssätze aufgeben wollten.

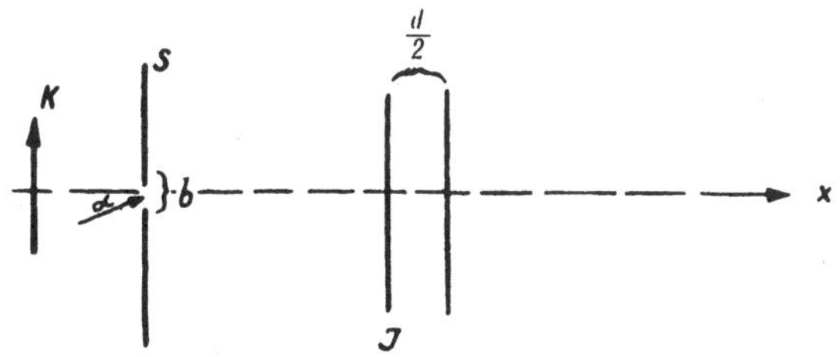

gelenkt. Man denke sich nämlich ein Kanalstrahlteilchen, welches unmittelbar hinter dem Schirme S an dem Spalt b vorbeigehe. Die Zeit des Vorbeiganges ist $\frac{b}{v}$, die Länge des nach der Undulationstheorie durch den Schirm gesandten Wellenzuges gleich $b\frac{c}{v}$. Erzeugt der Interferenzapparat eine Gangdifferenz d, welche gleich oder größer als $b\,\frac{c}{v}$ ist, so sollte also keinerlei Interferenz wahrnehmbar sein. An dem Zutreffen dieser Konsequenz zweifelte ich aber, weil ich wegen der Tatsachen der Quantentheorie vermutete, daß das von den Kanalstrahlen durch elementare Emissionen in bestimmter Richtung ausgesandte Licht streng monochromatisch sei. Ich glaubte, daß die Tatsache, daß der Elementarakt der Emission in dem Spalte b stattfindet, für die Beschaffenheit des emittierten Lichtes nicht maßgebend sein könne, weil ich die Erzeugung auch des Wellenfeldes auf einen Momentanakt zurückführen zu müssen glaubte. Daß dies nicht mit der Grundannahme dieser Arbeit vereinbar ist, wurde vorhin am 2. Fall gezeigt. Es wird sich hier mit noch größerer Deutlichkeit erweisen.

Wir fragen nach der Beschaffenheit der Strahlung, welche nach einem unendlich fernen Punkte der Achse gelangt, in Abhängigkeit von dem Gangunterschied d. Zu diesem Zweck denken wir wieder den Kanalstrahl ins Unendliche gerückt und durch ruhende Lichtquellen von der Frequenz $\nu_0\left(1+\frac{v}{c}\,\alpha\right)$ ersetzt, wobei die Beugung an dem Spalt zu berücksichtigen ist. Der Spalt sei breit, aber nicht unendlich breit gegen die Wellenlänge λ_0. Nach der Beugungstheorie ist die Intensität des aus der durch α charakterisierten Einfallsrichtung in die Richtung der positiven X-Achse gebeugten Lichtes der Größe

$$\left[\frac{\sin\left(\frac{\pi b}{\lambda}\,\alpha\right)}{\left(\frac{\pi b}{\lambda}\,\alpha\right)}\right]^2$$

proportional. In diesem Ausdruck kann ohne Fehler von Belang λ durch λ_0 ersetzt werden. Dagegen muß berücksichtigt werden, daß die Abweichung des λ von λ_0 von erheblichem Einfluß ist auf das Ergebnis des Interferenzvorganges mit dem Gangunterschied d. Eine den Interferenzapparat senkrecht passierende monochromatische Strahlung besitzt hinter dem Apparat eine Intensität, welche der Größe

$$\cos^2\left(\pi\frac{d}{\lambda}\right)$$

proportional ist. In diesem Ausdruck ist die Abhängigkeit der Größe λ von α wesentlich. Die Intensität der nach $x=\infty$ gelangenden Strahlung ist bezüglich ihrer Abhängigkeit von d nach dem Gesagten bestimmt durch das Integral

$$\int_{-\infty}^{+\infty} \frac{\sin^2\left(\frac{\pi b}{\lambda_0}\alpha\right)}{\left(\frac{\pi b}{\lambda_0}\alpha\right)^2} \cos^2\left(\pi\frac{d}{\lambda}\right) d\alpha ,$$

wobei

$$\lambda = \lambda_0\left(1 - \frac{v}{c}\alpha\right).$$

Die Ausführung des Integrals liefert, abgesehen von einer belanglosen multiplikativen Konstante, den Wert

$$1 + \left(1 - \frac{d}{b}\frac{v}{c}\right)\cos\left(\pi\frac{d}{\lambda_0}\right),$$

bzw. den Wert 1, je nachdem $d < \frac{2bc}{v}$ oder $d > \frac{2bc}{v}$.

Im letzteren Falle sind also keine Interferenzen sichtbar. Im ersteren wird die relative Stärke der Interferenzen zum nicht interferierenden Anteil durch die lineare Funktion

$$1 - \frac{v}{bc}d$$

gegeben. Die relative Interferenzstärke sinkt also mit wachsendem Gangunterschied linear zu 0 ab. Dies Resultat beruht wesentlich auf der Beugung am Spalte.

Wenn unser Satz von der Einflußlosigkeit einer Parallelverschiebung der Lichtquelle auf die Interferenzerscheinung richtig ist, so gilt dies Resultat auch für die Emission von Kanalstrahlteilchen, die unmittelbar hinter dem Spalt vorbeigehen. entgegengesetzt zu meiner ursprünglichen Erwartung.

Ich will nun zeigen, daß dieses Resultat genau den Erwartungen der Undulationstheorie entspricht, nach welcher das Kanalstrahlteilchen wie ein Herzscher Oszillator emittiert. Nach dieser sendet das einzelne Kanalstrahlteilchen, während es am Spalte vorbeigeht, einen Wellengang mit der Frequenz ν_0 nach der positiven x-Richtung durch den Spalt. $\frac{b}{v}$ ist die Dauer dieser Emission. Der Interferenzapparat macht aus diesem einen Wellenzuge zwei von gleicher Amplitude, welche zeitlich um $\frac{d}{c}$ gegeneinander versetzt sind. Die beiden Wellenzüge interferieren also nur während einer Zeit $\frac{b}{v} - \frac{d}{c}$ an einer ins Auge gefaßten Stelle miteinander, und die auch nur für so kleine

d, daß diese Größe positiv ist. In diesem Falle ist das Zeitintegral des Quadrates der Erregung in einem Punkte der x-Achse proportional zu

$$2\int\limits_0^{\frac{d}{c}} \cos^2(2\pi\nu_0 t)\,dt + \int\limits_0^{\frac{b}{v}-\frac{d}{c}} \left[\cos(2\pi\nu_0 t) + \cos\left(2\pi\nu_0\left(t-\frac{d}{c}\right)\right)\right]^2 dt\,.$$

Da dies der Gesamtintensität in dem ins Auge gefaßten Punkte proportional ist, so erhält man für diese durch Ausrechnung bis auf einen belanglosen Proportionalitätsfaktor wieder den Wert

$$1 + \left(1 - \frac{d}{b}\frac{v}{c}\right)\cos\left(\pi\frac{d}{\lambda_0}\right),$$

was mit dem obigen Ergebnis völlig übereinstimmt.

Die analoge Untersuchung eines regelmäßigen Gitters würde ein periodisches lineares Absinken und Anwachsen der Interferenzstärke mit d statt eines einmaligen linearen Absinkens ergeben haben. Bedeutet $\frac{b}{d}$ die Dicke der Gitterstäbe sowie der Gitterlücken, so wären die Gangdifferenzen größter und kleinster Interferenzfähigkeit durch die Gleichungen

$$d_{\max} = 2n\frac{bc}{v}\,, \quad d_{\min} = (2n+1)\frac{bc}{v}$$

charakterisiert, wobei n eine ganze positive Zahl (einschl. 0) bedeutet.

Ergebnis. Wenn der Satz von der Einflußlosigkeit der Parallelverschiebung der Lichtquelle auf die Interferenzerscheinungen ausgedehnter Lichtquellen richtig ist, so müssen die an homogenen Kanalstrahlen beobachtbaren Interferenzerscheinungen gemäß der klassischen Emissionstheorie des Lichtes verlaufen, d. h. so, wie wenn die Kanalstrahlteilchen bewegte Herzsche Oszillatoren wären. Ein Einfluß der Quantenstruktur der Strahlung ist nicht zu erwarten.

Nachtrag.

Die vorliegende Arbeit ist im Mai 1926 geschrieben und diente Hrn. Rupp als Wegleitung für Versuche, welche in der nachfolgenden Arbeit beschrieben sind. Dieselben haben die Theorie vollkommen bestätigt.

1927. I.

SITZUNGSBERICHTE

DER PREUSSISCHEN

AKADEMIE DER WISSENSCHAFTEN.

Gesamtsitzung vom 6. Januar.

Allgemeine Relativitätstheorie und Bewegungsgesetz.

Von A. Einstein und J. Grommer.

2

Allgemeine Relativitätstheorie und Bewegungsgesetz.

Von A. Einstein und J. Grommer.

Einleitung.

Betrachtet man die Newtonsche Theorie der Gravitation als Feldtheorie, so kann man den Gesamtgehalt der Theorie in zwei logisch unabhängige Teile zerlegen: sie enthält nämlich erstens die (eventuell um ein Zeitglied erweiterte) Poissonsche Feldgleichung, zweitens das Bewegungsgesetz des materiellen Punktes. Poissons Gesetz liefert das Feld bei gegebener Bewegung der Materie, Newtons Bewegungsgleichung die Bewegung der Materie unter dem Einfluß eines gegebenen Feldes.

Auch die Maxwell-Lorentzsche Elektrodynamik ruht in analoger Weise auf zwei logisch voneinander unabhängigen Grundgesetzen, nämlich erstens auf den Maxwell-Lorentzschen Feldgleichungen, welche das Feld aus der Bewegung der elektrisch geladenen Materie bestimmen, zweitens auf dem Bewegungsgesetz für die Elektronen unter dem Einflusse der Lorentz-Kräfte des elektromagnetischen Feldes.

Daß beide Gesetze der Maxwell-Lorentzschen Theorie wirklich voneinander unabhängig sind, macht man sich leicht an dem Spezialfall zweier ruhender Elektronen klar. Das Feld mit dem elektrostatischen Potential

$$\phi = \frac{\varepsilon_1}{r_1} + \frac{\varepsilon_2}{r_2}$$

genügt den Feldgleichungen. Diese allein erlauben uns daher nicht den Schluß, daß beide Elektronen nicht in Ruhe verharren können (sondern unter dem Einfluß ihrer Wechselwirkung in Bewegung geraten müssen).

Daß die Maxwell-Lorentzschen Feldgleichungen des elektromagnetischen Feldes nichts über die Bewegung der Elektronen aussagt, folgt sehr einfach aus ihrer Linearität. Zu einem beliebig bewegten Elektron E_1 gehört nämlich ein von diesem erzeugtes, durch die Feldgleichungen bestimmtes Feld (f_1). Zu einem irgendwie anders bewegten, ebenfalls allein vorhandenen Elektron E_2 von beliebig gegebener Bewegung bestimmen die Gleichungen entsprechend das Feld (f_2). Sind beide von uns ins Auge gefaßte Elektronen *gleichzeitig und in endlicher Entfernung voneinander* vorhanden und vollführen sie die vorhin ins Auge gefaßten Bewegungen, so bestimmen sie das Feld $(f_1 + f_2)$, welches ebenfalls den Feldgleichungen genügt. Letzteres folgt eben aus der

Linearität der Feldgleichungen. Hieraus folgt aber, daß das Bewegungsgesetz logisch unabhängig ist von den Feldgleichungen.

Dieser Tatbestand der heterogenen Grundlage der Elektrodynamik ist darum besonders störend, weil die Bewegung der elektrischen Teilchen durch totale Differentialgleichungen, das Verhalten des Feldes aber durch partielle Differentialgleichungen bestimmt sind. MIE hat diesen Schönheitsfehler dadurch gut zu machen gesucht, daß er eine Kontinuumstheorie der elektrischen Teilchen aufzustellen versuchte. In dieser Theorie werden die Komponenten der Stromdichte als kontinuierliche Funktionen betrachtet, die ebenso zum »Felde« gehören wie die elektromagnetischen Feldkomponenten, und es sollte durch zusätzliche Feldgleichungen auch das Verhalten der Stromdichte vollkommen kausal gebunden werden. Dieser Versuch hat zwar bisher zu keinem Erfolge geführt, er ist aber über das rein elektrodynamische Gebiet hinaus als Programm herrschend geblieben (WEYL, EDDINGTON). Der zugrunde liegende Gedanke ist allgemein so zu fassen. Die ganze physikalische Realität wird durch ein singularitätsfreies Feld beschrieben, das nicht nur den »leeren Raum«, sondern auch die materiellen Teilchen beschreibt, und dessen Gesetzmäßigkeit durch partielle Differentialgleichungen vollständig beherrscht wird. In dieser Weise suchte MIE den oben dargestellten, jeden systematischen Geist störenden Dualismus zu überwinden.

Wie sieht die allgemeine Relativitätstheorie aus, wenn man sie von diesem Gesichtspunkt betrachtet? Ist auch hier der Dualismus Feldgesetz — Bewegungsgesetz vorhanden? Der Tatbestand ist hier nicht so einfach. Wir wollen verschiedene Betrachtungsarten unterscheiden.

Die erste Betrachtungsweise ist der NEWTONschen Lehre nachgebildet. Sie kennt in der Gravitationslehre ebenfalls

1. das Feldgesetz des leeren Raumes ($\mathfrak{R}_i^k = 0$),
2. das Bewegungsgesetz des materiellen Punktes (Gesetz der geodätischen Linie).

Die zweite Betrachtungsweise ergänzt das Feldgesetz durch Einführung des Energietensors $\mathfrak{T}_i^k$ der Materie (und des elektromagnetischen Feldes):

$$\left(\mathfrak{R}_i^k - \frac{1}{2}\delta_i^k \mathfrak{R}\right) + \mathfrak{T}_i^k = 0.$$

Nimmt man an, daß keine Singularitäten existieren sollen, so liegt in dieser Gleichung eine Theorie, welche der MIEschen analog ist. Die Theorie verlangt eine Ergänzung, welche durch das Relativitätsprinzip allein nicht gewonnen werden kann: die $\mathfrak{T}_i^k$ müssen durch irgendwelche (kontinuierliche) Feldgrößen ausgedrückt und die das Verhalten der letzteren bestimmenden Differentialgleichungen aufgestellt werden. Dann erst läge eine fertige Theorie vor.

Aber auch ohne jene Ergänzung ist $\mathfrak{T}_i^k$ nicht frei wählbar. Es kommt dies daher, daß die (kovariante) Divergenz von $\mathfrak{R}_i^k - \frac{1}{2}\delta_i^k \mathfrak{R}$ identisch verschwindet. ($\mathfrak{T}_i^k$) muß also die Bedingung erfüllen, daß die Divergenz dieses

Tensors verschwindet. Nimmt man an, daß die Materie längs enger »Weltröhren« angeordnet ist, so erhält man hieraus durch eine elementare Betrachtung den Satz, daß die Achsen jener »Weltröhren« geodätische Linien sind (bei Fehlen elektromagnetischer Felder). Das heißt: Das Bewegungsgesetz ergibt sich als Folge des Feldgesetzes.

Es sieht daher so aus, wie wenn die allgemeine Relativitätstheorie jenen ärgerlichen Dualismus bereits siegreich überwunden hätte. Dies wäre auch der Fall, wenn uns die Darstellung der Materie durch kontinuierliche Felder bereits gelungen wäre, oder wenn wir wenigstens überzeugt sein dürften, daß dies eines Tages gelingen werde. Davon aber kann gar keine Rede sein. Alle Versuche der letzten Jahre, die Elementarteilchen der Materie durch kontinuierliche Felder zu erklären, sind fehlgeschlagen. Der Verdacht, daß dies überhaupt nicht der richtige Weg zur Auffassung der materiellen Teilchen sei, ist sehr stark in uns geworden nach sehr vielen vergeblichen Versuchen, von denen wir hier nicht sprechen wollen.

Man wird so zu dem Wege gedrängt, die Elementarteilchen als singuläre Punkte bzw. singuläre Weltlinien aufzufassen. Dies wird auch dadurch nahegelegt, daß sowohl die Gleichungen des reinen Gravitationsfeldes als auch die durch das Maxwellsche elektromagnetische Feld ergänzten Gleichungen ($\mathfrak{T}_i^k$ = Maxwellscher Energietensor) einfache zentralsymmetrische Lösungen besitzen, welche eine Singularität aufweisen.

Wir werden so zu einer dritten Betrachtungsweise geführt, welche außer dem Gravitationsfelde und elektromagnetischen Felde keine weiteren Feldvariabeln zuläßt (abgesehen vielleicht vom »kosmologischen Gliede«), dafür aber singuläre Weltlinien annimmt. Würde man bei dieser Betrachtungsweise besondere, von den Feldgleichungen logisch unabhängige Bewegungsgleichungen für die Singularitäten aufstellen müssen — wie dies bei der Maxwell-Lorentzschen Theorie der Fall ist —, so würde dieser Weg wenig Reiz bieten.

Es hat sich aber als wahrscheinlich herausgestellt, daß das Bewegungsgesetz der Singularitäten durch die Feldgleichungen und den Charakter der Singularitäten völlig bestimmt ist, ohne daß zusätzliche Annahmen nötig wären. Dies zu zeigen, ist das Ziel der vorliegenden Untersuchung.

An die Möglichkeit dafür, daß das Bewegungsgesetz der Singularitäten in den Feldgleichungen der Gravitation enthalten sein könnte, hatten wir schon viel früher gedacht. Aber folgendes Argument schien dagegen zu sprechen und schreckte ab. Das Feldgesetz der Gravitation läßt sich für die in der Wirklichkeit vorkommenden Fälle mit sehr großer Näherung durch ein lineares Gesetz approximieren. Das lineare Feldgesetz läßt aber, ähnlich wie das elektrodynamische, beliebig bewegte Singularitäten zu. Es scheint nun selbstverständlich, daß man von einer solchen Näherungslösung durch sukzessive Approximation zu einer von ihr sehr wenig verschiedenen strengen Lösung vorschreiten könne. Wäre dies der Fall, so wäre ein den strengen Gleichungen entsprechendes Feld bei beliebig gegebener Bewegung der Singularitäten möglich, das Bewegungsgesetz der Singularitäten in den Feldgleichungen also nicht enthalten. Daß dem aber nicht so sein könne, folgt aus Untersuchungen über axialsymmetrische statische Gravitationsfelder, welche wir WEYL, LEVI-CIVITA und BACH verdanken[1]. Dies soll zunächst gezeigt werden; erst nachher soll das Problem allgemeiner behandelt werden. In dieser Arbeit wollen wir uns auf die Betrachtung des reinen Gravitationsfeldes beschränken, trotzdem das Hinzutreten elektromagnetischer Felder keine besonderen Schwierigkeiten bietet.

§ 1. Singularität in einem Felde (axialsymmetrischer statischer Fall).

Nach WEYL und LEVI-CIVITA läßt sich im axialsymmetrischen statischen Falle durch Einführung der »kanonischen Zylinderkoordinaten« ds^2 in die Form bringen

$$ds^2 = f^2 dt^2 - d\sigma^2 \quad f^2 d\sigma^2 = r^2 d\vartheta^2 + e^{2\gamma}(dr^2 + dz^2), \tag{1}$$

wobei f und γ nur von r und z abhängen, ebenso die Größe ψ, welche mit f durch die Gleichung

$$f = e^{\psi} \tag{2}$$

zusammenhängt. ψ genügt der (POISSONschen) Potentialgleichung für Zylinderkoordinaten

$$\Delta\psi = \frac{1}{r}\left(\frac{\partial(r\psi_z)}{\partial z} + \frac{\partial(r\psi_r)}{\partial r}\right) = 0, \tag{3}$$

wobei die Indizes Ableitungen nach z bzw. r bedeuten. Ist ψ bekannt, so bestimmt sich daraus γ durch die Gleichung

$$d\gamma = 2r\psi_z\psi_r dz + r(\psi_r^2 - \psi_z^2)dr, \tag{4}$$

wobei $d\gamma$ wegen (3) stets ein vollständiges Differenzial ist.

Damit das Feld in einem Punkte außerhalb der z-Achse regulär sei, genügt die Regularität von ψ. Damit das metrische Feld auch in der z-Achse regulär sei, muß in der z-Achse außerdem $\gamma = 0$ sein; denn wenn dies nicht der Fall wäre, dann wäre das Verhältnis des maßstäblichen Umfanges zum maßstäblichen Durchmesser eines den Punkt der z-Achse umgebenden, zur z-Achse senkrechten, unendlich kleinen Kreises von π verschieden, was eine Singularität der Metrik bedeuten würde. Dies ist leicht aus (1) zu schließen.

Wir betrachten nun zunächst die Lösung

$$\psi = -\frac{m}{\sqrt{r^2 + z^2}}, \tag{5}$$

welche (3) befriedigt. Diese Lösung ist zwar nicht streng zentralsymmetrisch, wie WEYL gezeigt hat; aber sie kommt der zentralsymmetrischen um so näher, je kleiner m ist. Die Anwendung von (4) liefert

$$\gamma = -\frac{m^2}{2}\frac{r^2}{(r^2 + z^2)^2}. \tag{6}$$

[1] H. WEYL, Ann. d. Physik 54 (1918), S. 117—145; Ann. d. Physik 59 (1919), S. 185—188. LEVI-CIVITA, ds^2 einsteiniani in campi newtoniani VIII. Note, Red. Acc. dei Lincei, 1919. R. BACH, Math. Zeitschr. Band 13, Heft 1—2, 1922.

γ verschwindet also auf der positiven wie auf der negativen z-Achse, wie es sein muß. Im Unendlichen ist die Metrik euklidisch.

Wir betrachten nun den Fall, daß außer dem Felde, welches von der eben betrachteten Singularität herrührt, noch ein »äußeres« Feld vorhanden sei. Wir drücken dies aus, indem wir setzen

$$\psi = -\frac{m}{\sqrt{r^2+z^2}} + \bar{\psi}. \tag{5a}$$

$\bar{\psi}$ sei ebenfalls Funktion von r und z allein, genüge der Gleichung (3) und sei in der Umgebung von $r = z = 0$ regulär. Dann können wir wegen der Axialsymmetrie setzen

$$\bar{\psi} = \alpha_0 + \alpha_1 z + G, \tag{7}$$

wobei G die Glieder vom zweiten und höheren Graden in r und z formal vereinigt. Gleichung (4) bestimmt γ.

Aus (4) ergibt sich, daß γ in der z-Achse längs dieser konstant ist, solange man sich auf einer Seite der bei $z = 0$ befindlichen Singularität befindet. Wir können daher auf der negativen z-Achse $\gamma = 0$ setzen, wie es nach dem Obigen erforderlich ist. Damit die Lösung außer im Punkte $r = z = 0$ regulär sei, muß aber γ auch längs der positiven z-Achse verschwinden. Dies wird dann und nur dann der Fall sein, wenn das Integral $\int d\gamma$ erstreckt über den in nebenstehender Skizze angedeuteten unendlich kleinen Halbkreis K ($r^2 + z^2 =$ konst) verschwindet. Die Ausrechnung liefert die Bedingung[1]:

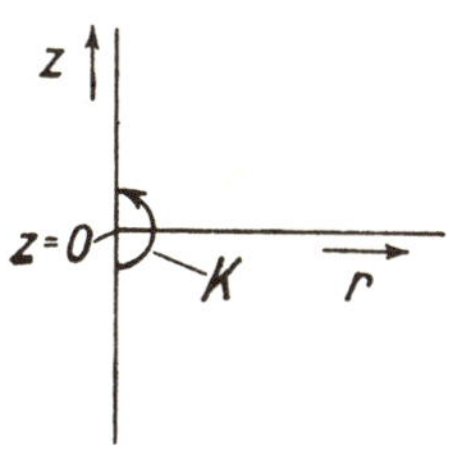

$$\alpha_1 = 0, \tag{8}$$

während sich für G keine Einschränkung ergibt.

Damit bei Anwesenheit eines äußeren Feldes die Metrik in der Umgebung eines singulären Punktes regulär bleibe, muß also im singulären Punkte selbst die Feldstärke des äußeren Feldes verschwinden. In diesem Sinne ist die Gleichgewichtsbedingung in den Feldgleichungen enthalten. Man wird schon auf Grund dieses Ergebnisses zu der Überzeugung kommen, daß ganz allgemein das Bewegungsgesetz der Singularitäten in den Feldgleichungen enthalten sei. Dies wird im folgenden allgemeiner gezeigt werden.

§ 2. Ein den Feldgleichungen äquivalenter Oberflächensatz.

Der allgemeine Gedanke, welcher den folgenden Überlegungen und Rechnungen zugrunde liegt, ist folgender. Es ist wohlbekannt, daß den Gravitationsgleichungen lineare Differentialgleichungen entsprechen, deren Lösungen von den Lösungen der strengen Gleichungen in den tatsächlich in Betracht kommenden Fällen nur sehr wenig verschieden sind. Andererseits haben wir

[1] Der Wert von γ auf der Oberseite ergibt sich $4\alpha_1 m$. In allen Fällen sind m und α_1 sehr klein gegen 1. Nennt man sie Größen erster »Ordnung«, so ist die Größe, welche die im allgemeinen Falle auftretende Verletzung der Regularität der Metrik durch eine Größe von der zweiten Ordnung bestimmt.

aber gesehen, daß nicht allen Lösungen der approximativen Gleichungen strenge Lösungen entsprechen. Nach den approximativen Gleichungen gibt es zum Beispiel eine Lösung, welche einem ruhenden Massenpunkte in einem homogenen Gravitationsfelde entspricht; nach den strengen Gleichungen gibt es eine solche strenge Lösung nicht, wie wir gesehen haben — wenigstens wenn wir die Singularitätsfreiheit des metrischen Feldes außerhalb des Massenpunktes fordern. Wir müssen deshalb nach zusätzlichen Bedingungen suchen, welchen Lösungen der approximativen Gleichungen entsprechen müssen, damit sie Annäherungen von strengen Lösungen seien. Diese aus den strengen Feldgleichungen zu folgernden Bedingungen müssen sich auf das Feld in der unmittelbaren Umgebung einer singulären Weltlinie beziehen. Hierfür bedürfen wir eines Oberflächensatzes, wie er ähnlich schon von Hilbert und Klein aufgestellt wurde.

Wir gehen aus von der Hamiltonschen Funktion

$$\mathfrak{H} = \mathfrak{g}^{\mu\nu}\left(-\frac{\partial\Gamma^{\alpha}_{\mu\nu}}{\partial x_{\alpha}} + \frac{\partial\Gamma^{\alpha}_{\mu\alpha}}{\partial x_{\nu}} + \Gamma^{\alpha}_{\mu\beta}\Gamma^{\beta}_{\nu\alpha} - \Gamma^{\alpha}_{\mu\nu}\Gamma^{\beta}_{\alpha\beta}\right) = \mathfrak{g}^{\mu\nu}R_{\mu\nu} \tag{9}$$

und leiten aus ihr die Feldgleichungen ab, indem wir nach den $\mathfrak{g}^{\mu\nu}$ und $\Gamma^{\alpha}_{\mu\nu}$ unabhängig variieren. Die Feldgleichungen lauten dann

$$\frac{\partial\mathfrak{H}}{\partial\mathfrak{g}^{\mu\nu}} = 0, \tag{10}$$

$$\frac{\partial\mathfrak{H}}{\partial\Gamma^{\alpha}_{\mu\nu}} - \frac{\partial}{\partial x_{\tau}}\left(\frac{\partial\mathfrak{H}}{\partial\Gamma^{\alpha}_{\mu\nu,\tau}}\right) = 0, \tag{11}$$

wobei $\Gamma^{\alpha}_{\mu\nu,\tau}$ die Ableitung $\frac{\partial\Gamma^{\alpha}_{\mu\nu}}{\partial x_{\tau}}$ bedeutet. Multipliziert man (10) mit $\delta\mathfrak{g}^{\mu\nu}$, (11) mit $\delta\Gamma^{\alpha}_{\mu\nu}$, so erhält man nach einfacher Umformung die Gleichung

$$\delta\mathfrak{H} - \frac{\partial}{\partial x_{\tau}}\left(\frac{\partial\mathfrak{H}}{\partial\Gamma^{\alpha}_{\mu\nu,\tau}}\,\delta\Gamma^{\alpha}_{\mu\nu}\right) = 0. \tag{12}$$

Diese Gleichung gilt für eine beliebige Variation der $\mathfrak{g}^{\mu\nu}$ und $\Gamma^{\alpha}_{\mu\nu}$, also auch für eine solche, wie sie durch bloße infinitesimale Transformation des Koordinatensystems erhalten werden kann (Transformationsvariation). Für eine solche verschwindet $\delta\mathfrak{H}$, weil $\frac{\mathfrak{H}}{\sqrt{-g}}$ eine Invariante ist, und weil nach den Feldgleichungen $\mathfrak{H}$ überall verschwindet. Ferner ist zu setzen

$$\delta\Gamma^{\alpha}_{\mu\nu} = -\Gamma^{\alpha}_{\sigma\nu}\xi^{\sigma}_{,\mu} - \Gamma^{\alpha}_{\mu\sigma}\xi^{\sigma}_{,\nu} + \Gamma^{\sigma}_{\mu\nu}\xi^{\alpha}_{,\sigma} - \Gamma^{\alpha}_{\mu\nu,\sigma}\xi^{\sigma} - \xi^{\alpha}_{,\mu\nu}, \tag{13}$$

wobei ξ^{σ} ein infinitesimaler Vektor (mit den Ableitungen $\xi^{\sigma}_{,\alpha}$ usw.) ist. Nach (9) hat man

$$\frac{\partial\mathfrak{H}}{\partial\Gamma^{\alpha}_{\mu\nu,\tau}} = -\mathfrak{g}^{\mu\nu}\delta^{\tau}_{\alpha} + \frac{1}{2}\left(\mathfrak{g}^{\mu\tau}\delta^{\nu}_{\alpha} + \mathfrak{g}^{\nu\tau}\delta^{\mu}_{\alpha}\right). \tag{14}$$

Mit Rücksicht auf (13) und (14) erhält man aus (12) die Gleichung

$$0 = \frac{\partial}{\partial x_\alpha}\left[\begin{array}{l}(g^{\mu\nu}\Gamma^\alpha_{\mu\nu,\tau} - g^{\mu\alpha}\Gamma^\nu_{\mu\nu,\tau})\xi^\tau \\ -g^{\mu\nu}(-\Gamma^\alpha_{\tau\nu}\xi^\tau_{,\mu} - \Gamma^\alpha_{\mu\tau}\xi^\tau_{,\nu} + \Gamma^\tau_{\mu\nu}\xi^\alpha_{,\tau} - \xi^\alpha_{,\mu\nu}) \\ +g^{\mu\alpha}(-\Gamma^\nu_{\tau\nu}\xi^\tau_{,\mu} - \Gamma^\nu_{\mu\tau}\xi^\tau_{,\nu} + \Gamma^\tau_{\mu\nu}\xi^\nu_{,\tau} - \xi^\nu_{,\mu\nu})\end{array}\right]. \tag{15}$$

Diese Gleichung, welche mit den Feldgleichungen äquivalent ist und die Basis unserer folgenden Überlegungen bildet, wollen wir noch etwas umformen aus einem Grunde, der erst später ersichtlich wird. Der von dem ersten der drei Gliede der Klammer in (15) herrührende Teil wird zuerst durch Herausziehen der Differentiation nach x_τ so umgeformt, daß $\Gamma^\alpha_{\mu\nu,\alpha}$ und $\Gamma^\nu_{\mu\nu,\alpha}$ auftreten. Hierauf werden diese Ableitungen der Γ mittels der nach (9) und (10) gültigen Beziehung $\mathfrak{H} = 0$ durch die Größen Γ selbst ausgedrückt. Der erste der drei Teile von (15) geht dann nach einfachere Umformung über in

$$\frac{\partial}{\partial x_\alpha}\left[\begin{array}{l}\xi^\sigma\{(-\Gamma^\alpha_{\mu\nu}g^{\mu\nu}_{,\sigma} + \Gamma^\nu_{\mu\nu}g^{\mu\alpha}_{,\sigma}) - \delta^\alpha_\sigma(g^{\mu\nu}\Gamma^\tau_{\mu\varrho}\Gamma^\varrho_{\nu\tau} - g^{\mu\nu}\Gamma^\varrho_{\mu\nu}\Gamma^\tau_{\varrho\tau})\} \\ +\xi^\alpha_{,\tau}(g^{\mu\nu}\Gamma^\sigma_{\mu\nu} - g^{\mu\sigma}\Gamma^\nu_{\mu\nu}) - \xi^\sigma_{,\sigma}(g^{\mu\nu}\Gamma^\alpha_{\mu\nu} - g^{\mu\alpha}\Gamma^\nu_{\mu\nu})\end{array}\right]. \tag{16}$$

Der Grund für diese Umformung wird erst später deutlich werden.

Wir fassen unser Ergebnis in folgender Form zusammen

$$\frac{\partial \mathfrak{A}^\alpha}{\partial x_\alpha} = 0, \tag{15a}$$

$$\mathfrak{A}^\alpha = \mathfrak{t}^\alpha_\sigma \xi^\sigma + \mathfrak{B}^\alpha, \tag{15b}$$

wobei $$\mathfrak{t}^\alpha_\sigma = (-\Gamma^\alpha_{\mu\nu}g^{\mu\nu}_\sigma + \Gamma^\nu_{\mu\nu}g^{\mu\alpha}_\sigma) - \delta^\alpha_\sigma(g^{\mu\nu}\Gamma^\tau_{\mu\varrho}\Gamma^\varrho_{\nu\tau} - g^{\mu\nu}\Gamma^\varrho_{\mu\nu}\Gamma^\tau_{\varrho\tau}) \tag{15c}$$

und $\mathfrak{B}^\alpha$ eine aus (15) und (16) folgende lineare, homogene Funktion der ersten und zweiten Ableitungen der ξ^α nach den Koordinaten ist. ($\mathfrak{t}^\alpha_\sigma$) ist als »Energie-Pseudotensor« des Gravitationsfeldes bekannt; der Energiesatz des Gravitationsfeldes ergibt sich aus (15a), wenn man die ξ^α konstant setzt.

Die Integration von (15a) über ein singularitätsfreies Gebiet liefert einen Oberflächensatz. Das Oberflächenintegral von $\mathfrak{A}^\alpha$ über eine derartige (dreidimensionale) Hyperfläche verschwindet stets, wie auch der Hilfsvektor (ξ^α) gewählt werden mag (abgesehen von den aus der Ableitung ersichtlichen Stetigkeitsbedingungen). Man kann also bewirken, daß $\mathfrak{A}^\alpha$ nur auf einem frei wählbaren Teil der Oberfläche von 0 verschieden ist; hierauf beruht in erster Linie die Bedeutung des Satzes für die Erforschung des Feldes in unmittelbarer Nähe einer singulären Linie.

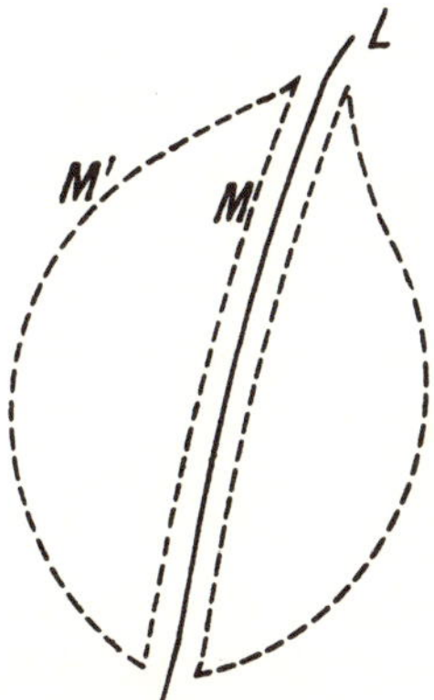

Es sei nämlich L eine singuläre Linie. Diese denken wir eine endliche Strecke weit durch einen unendlich engen »Mantel« M und durch einen endlich weiten Mantel M' eingehüllt, welche derart an den Enden miteinander verbunden sind, daß sie zusammen die Umhüllung eines zweifach zusammenhängenden Raumes bilden, über den wir (15a) integrieren. Die ξ^σ wählen wir so, daß sie nebst ihren

Ableitungen an der Oberfläche überall verschwinden außer in einem sehr kleinen Abstande von L. Dann verschwindet das über M' erstreckte Integral von $\mathfrak{A}^\alpha$, abgesehen von den Beiträgen, die die an M heranreichenden Enden liefern. Für jede solche Wahl der ξ^τ ergibt sich so eine Aussage über das L unmittelbar umgebende Feld, d. h. eine Aussage über die Bewegung des materiellen Punktes.

§ 3. Folgerungen aus dem Integralsatz.

Die einfachste Folgerung, welche wir aus (15a) ziehen können, betrifft das Gleichgewicht des singulären Punktes in einem stationären Gravitationsfelde. Wir wählen zunächst dessen singuläre Linie als x_4-Achse, den ξ-Vektor derart, daß dessen erste und zweite Ableitung an dem inneren Mantel verschwinden. Dann läßt es sich leicht so einrichten, daß die Integration über die Endstücke des äußeren Mantels verschwindet, indem beide Enden den entgegengesetzt gleichen Betrag liefern. Das Integral über den inneren Mantel verschwindet für sich allein und damit das Integral über einen raumartigen Querschnitt x_4 = konst. Nennen wir $\mathfrak{t}_\sigma^\alpha$ die geschweifte Klammer in (16), so verschwindet also das dreidimensionale Integral

$$\int (\mathfrak{t}_\sigma^1\, ds^{23} + \mathfrak{t}_\sigma^2\, ds^{31} + \mathfrak{t}_\sigma^3\, ds^{12}) \qquad (17)$$

für jedes σ, erstreckt über einen Querschnitt des Mantels M. Es ist dies dieselbe Gleichgewichtsbedingung, welche man auch erhielte, indem man den singulären Punkt durch ein Gebiet von kontinuierlichem Materie-Energiefluß ersetzte, wie man in der allgemeinen Relativitätstheorie die Untersuchung bisher anstellte. Die gewohnte Bedingung für das Gleichgewicht eines materiellen Punktes in einem Gravitationsfelde bleibt also erhalten, wenn man den materiellen Punkt durch eine Singularität ersetzt. Durch Hinzufügen der elektromagnetischen Glieder könnte leicht gezeigt werden, daß dies auch noch gilt für einen Massenpunkt, der eine elektrische Ladung besitzt und sich unter der Wirkung eines Gravitationsfeldes und eines elektromagnetischen Feldes befindet. Man hat dann in (17) zu den $\mathfrak{t}_\sigma^\nu$ nur die Komponenten des elektromagnetischen Energietensors hinzuzunehmen.

Um die Kraftwirkung auf den singulären Punkt durch Masse und äußere Feldstärke ausgedrückt zu erhalten, müssen wir eine Überlegung anstellen, welche für das ganze Problem von Bedeutung ist. Strenge Lösungen der Gravitationsgleichungen lassen sich nur ganz wenige mit unseren heutigen Hilfsmitteln erreichen, leicht dagegen Lösungen für die erste Approximation, da die zugehörigen Differentialgleichungen linear sind. Diese Approximation ist dadurch charakterisiert, daß man setzt

$$g_{\mu\nu} = -\delta_{\mu\nu} + \gamma_{\mu\nu}\,, \qquad (18)$$

wobei die $\gamma_{\mu\nu}$ klein sind gegen 1 und die Quadrate und Produkte der γ (und ihrer Ableitungen) vernachlässigt werden; die $\gamma_{\mu\nu}$ nennen wir kleine Größen von der ersten Ordnung. Wir haben nun gesehen, daß bei weitem nicht allen Lösungen jener linearen Differentialgleichungen strenge Lösungen entsprechen. Beispielsweise existiert eine Lösung der linearen Gleichungen, welche einer ruhenden punktförmigen Singularität in einem homogenen Gravitationsfelde entspricht, während es eine strenge Lösung dieses Charakters nicht gibt, weil die soeben aus den strengen Gleichungen abgeleiteten Gleichgewichtsbedingungen in diesem Falle verletzt sind. Bei dieser Sachlage erhebt sich die Frage: welchen zusätzlichen Bedingungen muß eine approximative Lösung genügen, damit ihr eine strenge Lösung entspricht?

Jedenfalls muß an eine solche Bedingung die Anforderung gestellt werden, daß in sie die zweite und höhere Approximationen für die Größen $\gamma_{\mu\nu}$ nicht oder doch nicht von gleicher Ordnung eingehen wie die erste Approximation der $\gamma_{\mu\nu}$. Hierin liegt der Grund, warum die Umformung (16) ausgeführt wurde bzw. ausgeführt werden mußte, um zu einer brauchbaren Gleichgewichtsbedingung zu gelangen. Es sind nämlich sowohl die $\Gamma^{\alpha}_{\mu\nu}$ als auch die $\mathfrak{g}^{\mu\nu}_{\sigma}$ klein von der ersten Ordnung, also die $\mathfrak{t}^{\alpha}_{\sigma}$ klein von der zweiten Ordnung. Denkt man sich zu den $g_{\mu\nu}$ Glieder zweiter Ordnung zugefügt, so würde dies die $\mathfrak{t}^{\nu}_{\sigma}$ um Glieder dritter Ordnung modifizieren, welche wir vernachlässigen dürfen. Trotzdem sich (15)—(16) auf Größen zweiter Ordnung bezieht, ist es daher im Spezialfalle des Gleichgewichtes gestattet, die Größen zweiter Ordnung in den $g_{\mu\nu}$ zu vernachlässigen. Dann können wir für die $\gamma_{\mu\nu}$ in (18) Lösungen der linearen Approximationsgleichungen der Feldgleichungen (10) einsetzen. Im Bereiche dieser Approximation ist es erlaubt, das Feld ($\gamma_{\mu\nu}$) der Umgebung einer Singularität aus einem »inneren« Teil $\overline{\gamma_{\mu\nu}}$ und einem »äußeren« Teil $\overline{\overline{\gamma_{\mu\nu}}}$ additiv zusammenzusetzen. $\overline{\overline{\gamma_{\mu\nu}}}$ ist im singulären Punkte regulär. Für $\overline{\gamma_{\mu\nu}}$ läßt sich die statische Lösung einsetzen, welche wir in der Form schreiben:

$$\left.\begin{array}{l} \overline{\gamma_{11}} = \overline{\gamma_{22}} = \overline{\gamma_{33}} = -\overline{\gamma_{44}} = -\dfrac{2m}{r}\left(= -\dfrac{2m}{\sqrt{x_1^2+x_2^2+x_3^2}}\right) \\ \overline{\gamma_{\sigma\tau}} = 0 \ (\text{für } \sigma \neq \tau) \end{array}\right\}. \tag{19}$$

Bei der Berechnung von (17) hat man ferner zu beachten, daß nur die Produkte von Größen des inneren Feldes mit Größen des äußeren Feldes zum Resultat beitragen können. Die auf das innere Feld allein bezüglichen Glieder zweiten Grades müssen sich nämlich aus Symmetriegründen wegheben; die auf das äußere Feld allein bezüglichen Glieder liefern keinen Beitrag zum Integral wegen Kleinheit der Integrationsfläche.

Da wir nun schon quasi-euklidische Koordinaten gewählt haben, ist es zweckmäßig, als Integrationsfläche eine Kugel ($r =$ konst) zu wählen, so daß (17) die Form

$$\int\left(\mathfrak{t}^{1}_{\sigma}\frac{x_1}{r} + \mathfrak{t}^{2}_{\sigma}\frac{x_2}{r} + \mathfrak{t}^{3}_{\sigma}\frac{x_3}{r}\right) dS \tag{17a}$$

annimmt. Die Rechnung ergibt $-8\pi m \dfrac{\partial \overline{\overline{\gamma_{44}}}}{\partial x_\sigma}$. Es ergibt sich also als Gleichgewichtsbedingung des singulären Punktes

$$\frac{\partial \overline{\overline{\gamma_{44}}}}{\partial x_\sigma} = 0. \tag{20}$$

Es läßt sich leicht zeigen, daß die Gleichung der geodätischen Linie in dem Falle des Gleichgewichtes im stationären Felde bei der von uns betrachteten Approximation dieselbe Bedingung liefert.

Wir gehen nun zu dem Falle über, daß der singuläre Punkt sich in einem nicht stationären Felde befindet. Auch hier gilt die Gleichung (15a) sowie der zugehörige Integralsatz. Wir transformieren den singulären Punkt auf Ruhe, so daß die x_4-Achse wieder die Singularität im Vierdimensionalen ist. Wir wählen ferner die ξ^α so, daß sie nur längs eines Stückes des Mantels M von Null verschieden sind, auf M' aber überall verschwinden. Ferner seien die ξ^α in der Umgebung der x_4-Achse stetig.

Da die ξ^α an den zeitlichen Integrationsgrenzen verschwinden müssen, können wir sie nicht mehr konstant wählen. $\mathfrak{B}^\alpha$ in (15b) verschwindet also nicht. Hieraus ergibt sich eine eigentümliche Schwierigkeit. Während nämlich auf die $\mathfrak{t}_\tau^\alpha$ die zweite Approximation in den $g_{\mu\nu}$ — wie wir gesehen haben — nicht von Einfluß ist, wenn man sich für die $\mathfrak{t}_\tau^\nu$ auf die Glieder zweiter Ordnung beschränkt, ist dies bei den $\mathfrak{B}^\alpha$ nicht der Fall. Um beispielsweise das Glied $\mathfrak{g}^{\mu\nu}\Gamma^\alpha_{\tau\nu}\xi^\tau_{,\mu}$ in Größen zweiter Ordnung genau zu erhalten, müßte — weil $\mathfrak{g}^{\mu\nu}$ einen Bestandteil nullter Ordnung ($\delta_{\mu\tau}$) enthält — $\Gamma^\alpha_{\tau\nu}$ in Gliedern zweiter Ordnung genau bekannt sein, also die $g_{\mu\nu}$ selbst in Gliedern zweiter Ordnung genau. Man könnte sich also nicht mit Lösungen der linearen Approximations-Feldgleichungen begnügen.

Diese Schwierigkeit scheint sich jedoch auf folgende Weise lösen zu lassen. Man setze

$$g_{\mu\nu} = -\delta_{\mu\nu} + \overline{\gamma_{\mu\nu}} + \overline{\overline{\gamma_{\mu\nu}}} + \varepsilon_{\mu\nu}\,. \tag{18a}$$

Dabei soll $\overline{\gamma_{\mu\nu}}$ wieder durch (19) gegeben sein, $\overline{\overline{\gamma_{\mu\nu}}}$ sich auf das äußere Feld beziehen und in der Umgebung der Singularität stetig sein. $\varepsilon_{\mu\nu}$ sei eine Größe zweiter Ordnung, welche der »Masse« m und dem äußeren Felde proportional sei. Es scheint nun, daß man mit einem solchen Ansatz den Gravitationsgleichungen bei Vernachlässigung von Gliedern, die m^2 proportional sind und bei Vernachlässigung von quadratischen Gliedern der äußeren Feldstärke ($\overline{\overline{\gamma_{\mu\nu}}}$) in zweiter Näherung gerecht werden kann, wobei die Abhängigkeit des $\varepsilon_{\mu\nu}$ von r nicht vom Charakter r^{-1} (wie dies bei $\overline{\gamma_{\mu\nu}}$ der Fall ist), sondern vom Charakter r^0 ist. Hieraus folgt dann, daß das Glied zweiter Ordnung $\varepsilon_{\mu\nu}$ keinen Einfluß hat auf das über den unendlich engen Mantel M erstreckte Integral von $\mathfrak{B}^\alpha$.

Weiter ist dann leicht zu beweisen, daß das über M erstreckte Integral von $\mathfrak{B}^\alpha$ bei passender Koordinatenwahl verschwindet. Letztere kann nämlich offenbar so getroffen werden, daß die $\overline{\overline{\gamma_{\mu\nu}}}$ in der singulären Linie (x_4-Achse) verschwinden (x_1, x_2, x_3-Achsen senkrecht auf singulärer Linie und Koordinateneinheit gleich Maßeinheit auf allen vier Achsen). Es sei ferner angenommen, daß gerade für ein solches (unverzerrtes) Koordinatensystem die Singularität zentralsymmetrisch sei, d. h. daß das Feld $\overline{\gamma}$ aus (19) zu berechnen sei. Dies ist eigentlich keine der Sache nach nötige Hypothese. Aber wir vereinfachen so sehr die Rechnung, und die Hypothese bestätigt sich dadurch, daß sie zum Verschwinden des über M erstreckten Integrals von $\mathfrak{B}^\alpha$ bei jeder Wahl der ξ^α führt.

Der Gang der Rechnung soll an dem ersten Gliede von $\mathfrak{B}^\alpha$

$$\mathfrak{g}^{\mu\nu}\Gamma^\alpha_{\tau\nu}\xi^\tau_{,\mu}$$

gezeigt werden. Die $g_{\mu\nu}$ und $\mathfrak{g}^{\mu\nu}$ verhalten sich in der Umgebung der Singularität, abgesehen von endlich bleibenden Gliedern, wie r^{-1}, die Γ wie r^{-2}. Nur die r^{-2} proportionalen Teile von Γ können zu unserem Integral etwas beitragen. Da ferner die mit m^2 proportionalen sowie die in den $\overline{\overline{\gamma}}$ quadratischen Glieder uns nicht interessieren, kann das obige Glied von $\mathfrak{B}^\alpha$ ersetzt werden durch

$$\overline{\overline{\mathfrak{g}^{\mu\nu}}}\,\overline{\overline{g^{\alpha\beta}}}\overline{\begin{bmatrix}\tau\nu\\ \beta\end{bmatrix}}\xi^\tau_{,\mu}\,.$$

Es sind dabei nur diejenigen Glieder beibehalten, welche zum Integral über eine unendlich kleine Kugel etwas Endliches beitragen können.

Wegen obiger Koordinatenwahl hat man dies durch

$$\overline{\begin{bmatrix}\tau\mu\\ \alpha\end{bmatrix}}\xi^\tau_{,\mu}$$

zu ersetzen oder ausführlicher durch

$$\frac{1}{2}\left(\frac{\partial\overline{\gamma_{\tau\alpha}}}{\partial x_\mu}+\frac{\partial\overline{\gamma_{\mu\alpha}}}{\partial x_\tau}-\frac{\partial\overline{\gamma_{\tau\mu}}}{\partial x_\alpha}\right)\xi^\tau_{,\mu}\,.$$

Dies ist mit $\frac{x_\alpha}{r}$ zu multiplizieren und über die Kugelfläche zu integrieren. Das erste Glied liefert hierbei etwas Endliches nur für $\alpha=\tau$, $\mu=\alpha$; das zweite für $\mu=\alpha$, $\tau=\alpha$; das dritte für $\tau=\mu$. Das Ergebnis dieser Integration ist

$$\frac{8\pi m}{3}\xi^\alpha_{,\alpha}-4\pi m(\xi^\alpha_{,\alpha}-\xi^4_{,4})\,,$$

wobei über α von 1 bis 3 zu summieren ist.

Führt man diese Rechnung für alle Glieder von $\mathfrak{B}^\alpha$ durch, so ergibt sich

$$\int\mathfrak{B}^\alpha\frac{x_\alpha}{r}dS=16\pi m\xi^4_{,4}\,.$$

Integriert man diesen Ausdruck noch über x_4 zwischen zwei Grenzen, an denen ξ^α verschwindet, so verschwindet das Integral völlig[1]. Das Integral über den inneren Mantel M reduziert sich daher wie im Falle des stationären Feldes auf das Integral über $\mathfrak{t}^\sigma_\tau\xi^\tau$. Hieraus schließt man genau wie oben, daß die Bewegung des singulären Punktes durch die mit Bezug auf das »äußere« Feld der $\overline{\overline{\gamma_{\mu\nu}}}$ bestimmte geodätische Linie charakterisiert ist.

[1] Zur Rechnung ist nur noch zu bemerken, daß das letzte Glied von Zeile 2 und Zeile 3 der Klammer von (15) deshalb verschwindet, weil diese zum Integranden überhaupt keinen Beitrag vom Charakter r^{-2} liefern.

Zusammenfassung.

Faßt man im Gravitationsfelde die Massen als Singularitäten auf, so ist das Bewegungsgesetz durch die Feldgleichungen völlig bestimmt[1]. Approximiert man das Gesamtfeld durch die Lösungen linearer Gleichungen bildende Näherung, so ist das Bewegungsgesetz das der geodätischen Linie. In einer späteren Arbeit soll das Bewegungsgesetz von als singuläre Punkte aufgefaßten Elektronen aus den Feldgleichungen erschlossen werden.

Es ist zwar wohlbekannt, daß in der Natur elektrisch neutrale atomistische Massen nicht vorkommen, daß also dem Gegenstand dieser Arbeit nicht unmittelbar ein Gegenstand in der Natur entspricht. Der hier erzielte Fortschritt liegt aber darin, daß zum ersten Male gezeigt ist, daß eine Feldtheorie eine Theorie des mechanischen Verhaltens von Diskontinuitäten in sich enthalten kann. Dies kann für die Theorie der Materie, bzw. die Quantentheorie, von Bedeutung werden.

---

[1] Völlig bewiesen ist dies in der vorliegenden Arbeit allerdings nur für den Fall des Gleichgewichtes.

Ausgegeben am 24. Februar.

Berlin, gedruckt in der Reichsdruckerei.

1927.
VI.

SITZUNGSBERICHTE

DER PREUSSISCHEN

AKADEMIE DER WISSENSCHAFTEN.

Sitzung der physikalisch-mathematischen Klasse vom 17. Februar.

Zu KALUZAS Theorie des Zusammenhanges von Gravitation und Elektrizität.

Erste Mitteilung.

Von A. EINSTEIN.

Zu KALUZAS Theorie des Zusammenhanges von Gravitation und Elektrizität.

Zweite Mitteilung.

Von A. EINSTEIN.

23

Zu KALUZAS Theorie des Zusammenhanges von Gravitation und Elektrizität.

Erste Mitteilung.

Von A. EINSTEIN.

Seit der Aufstellung der allgemeinen Relativitätstheorie waren die Theoretiker unablässig bemüht, die Gesetze der Gravitation und Elektrizität unter einen einheitlichen Gesichtspunkt zu bringen. WEYL und EDDINGTON haben dies Ziel durch eine Verallgemeinerung der RIEMANNschen Geometrie unter Benutzung eines allgemeinen Ansatzes für die Parallelverschiebung der Vektoren zu erreichen gesucht. KALUZA dagegen ist grundsätzlich anders vorgegangen[1]. Er bleibt bei der RIEMANNschen Metrik, bedient sich aber eines Kontinuums von fünf Dimensionen, das er durch die »Zylinderbedingung« gewissermaßen zu einem Kontinuum von vier Dimensionen reduziert. Ich will hier einen noch nicht beachteten Gesichtspunkt darlegen, der für die Theorie von KALUZA wesentlich ist.

Wir gehen aus von einem fünfdimensionalen Kontinuum der x^1, x^2, x^3, x^4, x^0. In diesem existiere eine RIEMANNsche Metrik mit dem Linienelement

$$d\sigma^2 = \gamma_{\mu\nu} dx^\mu dx^\nu . \qquad (1)$$

Dies Kontinuum sei »zylindrisch«, d. h. es existiere ein infinitesimaler Verschiebungsvektor (ξ^α), welcher die Metrik in folgendem Sinne in sich selbst überführt:

Verschiebt man den Anfangspunkt eines Linienelementes (dx^μ) um (ξ^μ), den Endpunkt um $(\xi^\mu)_{x+dx}$, so soll das verschobene Linienelement gemäß (1) denselben Betrag haben wie das unverschobene. Dies bedeutet, daß sich die Gleichungen

$$\frac{\partial \gamma_{\mu\nu}}{\partial x_\beta} \xi^\beta + \gamma_{\beta\nu} \frac{\partial \xi^\beta}{\partial x_\mu} + \gamma_{\beta\mu} \frac{\partial \xi^\beta}{\partial x_\nu} = 0 \qquad (2)$$

bei passender Wahl von ξ^β erfüllen lassen.

---

[1] Zum Unitätsproblem der Physik. Berl. Berichte 1921, S. 966.

Es wird möglich sein, das Koordinatensystem so zu wählen, daß nur die °-Komponente von ξ^β von Null verschieden ist, und daß ξ^0 überall denselben Wert hat. Dann geht (2) in

$$\frac{\partial \gamma_{\mu\nu}}{\partial x^0} = 0 \qquad (2\,a)$$

über[1].

Wir wollen ferner annehmen, das fünfdimensionale Kontinuum sei so beschaffen, daß der infinitesimale Verschiebungsvektor überall denselben Betrag habe, d. h. daß $\gamma_{\mu\nu}\xi^\mu\xi^\nu$ von allen Variabeln unabhängig sei (»verschärfte Zylinderbedingung«). Bei der Benutzung des von uns bevorzugten Koordinatensystems bedeutet dies, daß $\gamma_{00}\xi^0\xi^0$, und damit auch das γ_{00} konstant sei. Wir dürfen daher ohne Beschränkung der Allgemeinheit $\gamma_{00} = \pm 1$ setzen. Der Einfachheit halber wollen wir die folgenden Entwicklungen für das positive Zeichen machen, die Setzung des negativen Zeichens führt zu demselben Ergebnis.

Unter Benutzung des »angepaßten« Koordinatensystems können wir setzen

$$\left.\begin{aligned} d\sigma^2 &= d\tau^2 + 2d\phi dx^0 + dx^{0\,2} \\ d\tau^2 &= \gamma_{mn} dx^m dx^n \\ d\phi &= \gamma_{0m} dx^m, \end{aligned}\right\} \qquad (3)$$

wobei die Summationen bezüglich der Indizes m und n von 1 bis 4 zu erstrecken sind.

Man sieht leicht ein, daß $d\tau^2$ und $d\phi$ bezüglich Transformationen der x^1, x^2, x^3, x^4 Invariante sind. Kaluza hat sie als metrische bzw. elektrische Invariante im vierdimensionalen Kontinuum (R_4) gedeutet, was infolge (2 a) möglich ist. So faßte er die beiden Fundamentalinvarianten durch Einführung eines fünfdimensionalen, zylindrischen Kontinuums (R_5) zu einer formalen Einheit zusammen.

Damit ist allerdings noch keine Beschränkung für die Naturgesetze gewonnen gegenüber der üblichen Methode der allgemeinen Relativitätstheorie, welche $d\tau$ und $d\phi$ als selbständige Invarianten einführt. Kaluza erzielt eine solche Beschränkung dadurch, daß er nur solche Gleichungen zuläßt, welche bezüglich beliebiger Punkttransformationen im R_5 kovariant sind und von den $\gamma_{\mu\nu}$ allein abhängen. Kaluza gelangt zu in erster Näherung richtigen Feldgleichungen für Gravitation und Elektrizität, indem er den einmal verjüngten Riemann-Tensor der Krümmung im R_5 null setzt. Wir wollen hier diese weitergehende Hypothese nicht einführen, sondern uns zunächst darauf beschränken, eine Konsequenz aus der Existenz der Metrik im R_5 und aus der verschärften Zylinderbedingung zu ziehen.

Das »angepaßte Koordinatensystem« läßt, abgesehen von einer beliebigen Punkttransformation im R_4 der x^1, x^2, x^3, x^4, noch die Transformation (»x^0-Transformation«)

[1] Der Umweg über Gleichung (2) wurde nur gewählt, um den invarianten Charakter der »Zylinderbedingung« hervortreten zu lassen.

$$\left.\begin{aligned} x^m &= \overline{x^m} \\ x^0 &= \overline{x^0} + \psi(\overline{x^1}, \overline{x^2}, \overline{x^3}, \overline{x^4}) \end{aligned}\right\} \quad (4)$$

zu, wobei m die Zahlen 1, 2, 3, 4 bedeutet; d. h., man kann bei gegebenem R_5 eine Hyperfläche $x^0 =$ konst. noch beliebig wählen und dabei die verschärfte Zylinderbedingung ((2a) und (3)) erfüllen.

Aus (4) erhält man

$$\left.\begin{aligned} \gamma_{mn} &= \overline{\gamma_{mn}} + \frac{\partial\psi}{\partial\overline{x_m}}\overline{\gamma_{0n}} + \frac{\partial\psi}{\partial\overline{x_n}}\overline{\gamma_{0m}} + \frac{\partial\psi}{\partial\overline{x_m}}\frac{\partial\psi}{\partial\overline{x_n}}\overline{\gamma_{00}} \\ \gamma_{0n} &= \overline{\gamma_{0n}} + \frac{\partial\psi}{\partial\overline{x_n}}\overline{\gamma_{00}} \\ \gamma_{00} &= \overline{\gamma_{00}}\,. \end{aligned}\right\} \quad (5)$$

Ersetzt man hierin γ_{00} durch 1, und führt man den R_4-Tensor

$$g_{mn} = \gamma_{mn} - \gamma_{0m}\gamma_{0n} \quad (6)$$

ein, so erhält man an Stelle von (5)

$$\left.\begin{aligned} g_{mn} &= \overline{g_{mn}} \\ \gamma_{0m} &= \overline{\gamma_{0m}} + \frac{\partial\psi}{\partial x_m}\,. \end{aligned}\right\} \quad (5a)$$

Soll eine HAMILTON-Invariante in R_4 (x_1, x_2, x_3, x_4), welche aus den »metrischen Koeffizienten« g_{mn}, den »elektrischen Potentialen« γ_{0m} sowie den Ableitungen dieser Größen gebildet ist, auch bezüglich x^0-Transformationen invariant sein — was bei KALUZAS Interpretation des formalen Zusammenhanges zwischen Gravitation und Elektrizität nötig ist —, so darf diese Invariante die γ_{0m} nur in der Kombination

$$\phi_{mn} = \frac{\partial\gamma_{0m}}{\partial x_n} - \frac{\partial\gamma_{0n}}{\partial x_m} \quad (7)$$

enthalten. Dies geht aus der zweiten der Gleichungen (5a) hervor.

KALUZAS Idee liefert also das tiefere Verständnis für die Tatsache, daß neben dem symmetrischen Tensor (g_{mn}) der Metrik lediglich der (von einem Potential ableitbare) antisymmetrische Tensor (ϕ_{mn}) des elektromagnetischen Feldes eine Rolle spielt[1].

[1] Es sei noch erwähnt, wie sich unser Resultat modifiziert, wenn man mit der nicht verschärften Zylinderbedingung operiert. In diesem Falle geht in die HAMILTON-Funktion (im Vierdimensionalen) außer einem symmetrischen und einem antisymmetrischen Tensor noch ein Skalar (γ_{00}) ein.

Zu KALUZAS Theorie des Zusammenhanges von Gravitation und Elektrizität.

Zweite Mitteilung.

Von A. EINSTEIN.

Es sollen hier die Resultate weiterer Überlegungen gegeben werden, deren Ergebnisse mir sehr für KALUZAS Ideen zu sprechen scheinen. Die Abweichung von KALUZAS Betrachtungen ist hierbei eine rein formale. Sie rührt daher, daß KALUZA die γ_{mn} statt der g_{mn} als Komponenten des metrischen Tensors im R_4 behandelte; dies erklärt sich daraus, daß er nicht auf die Invarianzeigenschaften achtete, die aus der Zylinderbedingung hervorgehen[1].

§ 1. Eine Interpretation der »Verschärfung« der Zylinderbedingung.

Auch dann. wenn man die nicht verschärfte Zylinderbedingung im metrischen R_5 zugrunde legt, hat man außer der Invarianz bezüglich beliebiger Substitutionen der (x_1, x_2, x_3, x_4) bei festgehaltenem x_0 nur noch die Invarianz der x_0-Transformationen (4) zu fordern. Es muß also Kovarianz der Gleichungen mit Bezug auf (5) gefordert werden, wobei jedoch γ_{00} als Funktion von $x_1 \cdots x_4$ anzusehen ist. Aus (5) geht die Invarianz folgender Größen hervor

$$\frac{\gamma_{mn}}{\gamma_{00}} - \frac{\gamma_{0m}}{\gamma_{00}}\frac{\gamma_{0n}}{\gamma_{00}}\,;\quad \frac{\partial}{\partial x_n}\left(\frac{\gamma_{0m}}{\gamma_{00}}\right) - \frac{\partial}{\partial x_m}\left(\frac{\gamma_{0n}}{\gamma_{00}}\right);\quad \gamma_{00}\,.$$

Die Zylinderbedingung verlangt aber, daß die HAMILTONsche Funktion die $\gamma_{\mu\nu}$ nur in diesen drei Kombinationen enthalte.

Nimmt man nun an, daß nicht die $\gamma_{\mu\nu}$ selbst, sondern nur die Verhältnisse der $\gamma_{\mu\nu}$ objektive Bedeutung besitzen, oder — anders ausgedrückt — ist im Raume R_5 nicht die Metrik $(d\sigma^2)$, sondern nur die Gesamtheit der »Nullkegel« $(d\sigma^2 = 0)$ gegeben, so wird die HAMILTON-Funktion nur von den ersten

[1] Zur Erleichterung der Darstellung wird das Folgende als Fortsetzung direkt an die erste Mitteilung angeschlossen (Bezeichnung, Numerierung der Gleichungen).

beiden der obigen Kombinationen abhängen dürfen. Es bedeutet dann keine Spezialisierung der theoretischen Grundlage, wenn $\gamma_{00} = 1$ gesetzt wird, und man kommt zu der »verschärften Zylinderbedingung«.

§ 2. Die geodätische Linie im R_5.

Wir führen die Bezeichnungen ein

$$\left.\begin{aligned} g_{mn} &= \gamma_{mn} - \gamma_{om}\gamma_{on} \\ \phi_m &= \gamma_{om} \end{aligned}\right\}. \tag{8}$$

Dann wissen wir, daß in kovarianten Beziehungen nur die g_{mn} und die antisymmetrischen Ableitungen der ϕ_m auftreten dürfen. Die Matrix der $\gamma_{\mu\nu}$ drückt sich in den g_{mn} und ϕ_m so aus:

$$\left.\begin{matrix} g_{11} + \phi_1\phi_1 & g_{12} + \phi_1\phi_2 & \cdot & \cdot & \phi_1 \\ g_{21} + \phi_2\phi_1 & g_{22} + \phi_2\phi_2 & \cdot & \cdot & \phi_2 \\ \cdot & \cdot & \cdot & \cdot & \cdot \\ \cdot & \cdot & \cdot & \cdot & \cdot \\ \phi_1 & \phi_2 & \cdot & \cdot & 1 \end{matrix}\right\}. \tag{9}$$

Hieraus folgt, daß $d\sigma^2$ die Form annimmt

$$(g_{mn} + \phi_m\phi_n)\,dx^m dx^n + 2\phi_m dx^m dx^0 + dx^0$$

oder

$$d\sigma^2 = g_{mn}dx^m dx^n + (dx^0 + \phi_m dx^m)^2. \tag{10}$$

Es sei nun τ ein beliebiger Parameter im R_5 und

$$W^2 = g_{mn}\frac{dx^m}{d\tau}\frac{dx^n}{d\tau} + \left(\frac{dx^0}{d\tau} + \phi_m\frac{dx^m}{d\tau}\right)^2, \tag{10a}$$

so ist die geodätische Linie in bekannter Weise durch die Gleichung

$$\delta\left\{\int W d\tau\right\} = 0 \tag{11}$$

charakterisiert, d. h. durch die Gleichungen

$$\frac{\partial W}{\partial x^\alpha} - \frac{d}{d\tau}\left(\frac{\partial W}{\partial \dot{x}^\alpha}\right) = 0. \tag{11a}$$

Für $\alpha = 0$ erhält man

$$\frac{d}{d\tau}\left[\frac{1}{2W}\cdot 2(\dot{x}^0 + \phi_m\dot{x}^m)\right] = 0.$$

Wählt man nun τ so, daß $W =$ konst. wird, dann liefert diese Gleichung

$$\dot{x}^0 + \phi_m\dot{x}^m = A. \tag{12}$$

Wegen (10a) ist dann auf der geodätischen Linie

$$g_{mn}\frac{dx_m}{d\tau}\frac{dx^n}{d\tau} = W^2 - A^2 = \text{konst.} \tag{13}$$

Wir können und wollen diese Konstante gleich 1 setzen, was keine Einschränkung bedeutet; dann hat $d\tau$ die Bedeutung der Bogenlänge im R_4.

Die Variation nach der Koordinate x^s ($s \neq 0$) liefert, wenn man nach der Variation (12) und (13) berücksichtigt:

$$g_{ms}\ddot{x}^m + \begin{bmatrix} mn \\ s \end{bmatrix} \dot{x}^m \dot{x}^n + 2A\phi_{sn}\dot{x}^n = 0, \tag{14}$$

wobei

$$\phi_{sn} = \frac{1}{2}\left(\frac{\partial \phi_s}{\partial x^n} - \frac{\partial \phi_n}{\partial x^s}\right) \tag{15}$$

gesetzt ist. Es ist dies genau die Gleichung, welche bisher in der allgemeinen Relativitätstheorie als die Bewegungsgleichung eines elektrisierten Massenpunktes angesehen wurde, dessen Verhältnis $\frac{\xi}{\mu}$ durch $-2A$ gegeben ist. Es sei bemerkt, daß A eine Invariante bezüglich der x_0-Transformationen ist.

§ (3). Die Hamiltonsche Funktion der Feldgleichungen.

Kaluza hat die Feldgleichungen

$$R_{ik} = 0 \tag{16}$$

auf den R_5 übertragen und gezeigt, daß man auf diesem Wege zu Feldgleichungen der Gravitation und des elektromagnetischen Feldes gelangt, welche in erster Näherung mit denen übereinstimmen, welche die allgemeine Relativitätstheorie in Anlehnung an die halb-empirisch gewonnene Maxwellsche Theorie bisher aufgestellt hat. Wir werden zeigen, daß Kaluzas Gedanke genau, nicht nur in erster Näherung, zu jenen Gleichungen führt.

Um dies zu zeigen, braucht man nur die Hamiltonsche Funktion (im R_5)

$$\mathfrak{H} = \sqrt{\gamma}\,\gamma^{\mu\nu}\left(\overline{\Gamma^{\alpha}_{\mu\nu}}\,\overline{\Gamma^{\beta}_{\alpha\beta}} - \overline{\Gamma^{\beta}_{\mu\alpha}}\,\overline{\Gamma^{\alpha}_{\nu\beta}}\right) \tag{16a}$$

durch die g_{mn} und ϕ_m auszudrücken. Die $\overline{\Gamma^{\alpha}_{\mu\nu}}$ sind dabei im R_5 zu bilden; γ bedeutet die aus den $\gamma_{\mu\nu}$ gebildete Determinante.

Aus (9) folgt zunächst

$$\gamma = g. \tag{17}$$

Dies ergibt sich sofort, wenn man die mit ϕ_a multiplizierte letzte Kolonne von (9) von der a-ten Kolonne subtrahiert. Ferner ist leicht zu verifizieren, daß die $\gamma^{\mu\nu}$ sich in der Form

$$\gamma^{\mu\nu} = \left|\begin{matrix} g^{11} & g^{12} & \cdot & \cdot & -\phi^1 \\ g^{21} & g^{22} & \cdot & \cdot & -\phi^2 \\ \cdot & \cdot & \cdot & \cdot & \cdot \\ \cdot & \cdot & \cdot & \cdot & \cdot \\ -\phi^1 & -\phi^2 & \cdot & \cdot & 1 + \phi_a\phi^a \end{matrix}\right. \tag{9a}$$

darstellen lassen, wobei das Heraufziehen der Indizes mit Bezug auf die Metrik $g_{mn}dx^m dx^n$ im R_4 zu verstehen ist.

Für die Berechnung von $\mathfrak{H}$ sind ferner folgende Formeln nötig (, in denen mit lateinischen Buchstaben stets die Indizes 1 bis 4 zu verstehen sind:

$$\left.\begin{array}{l} \overline{\begin{bmatrix} mn \\ s \end{bmatrix}} = \begin{bmatrix} mn \\ s \end{bmatrix} + \phi_s \psi_{mn} + \phi_m \phi_{sn} + \phi_n \phi_{sm} \\ \overline{\begin{bmatrix} 0n \\ s \end{bmatrix}} = \phi_{sn}\,; \quad \overline{\begin{bmatrix} mn \\ 0 \end{bmatrix}} = \psi_{mn} \\ \overline{\begin{bmatrix} 00 \\ s \end{bmatrix}} = \overline{\begin{bmatrix} 0n \\ 0 \end{bmatrix}} = \overline{\begin{bmatrix} 00 \\ 0 \end{bmatrix}} = 0 \end{array}\right\}. \tag{18}$$

Dabei ist gesetzt

$$\left.\begin{array}{l} \psi_{mn} = \frac{1}{2}\left(\frac{\partial \phi_m}{\partial x_n} + \frac{\partial \phi_n}{\partial x_m}\right) \\ \phi_{mn} = \frac{1}{2}\left(\frac{\partial \phi_m}{\partial x_n} - \frac{\partial \phi_n}{\partial x_m}\right) \end{array}\right\}. \tag{19}$$

Aus (18) und (9a) erhält man die $\overline{\Gamma}$ in der Form

$$\left.\begin{array}{l} \overline{\Gamma^s_{mn}} = \Gamma^s_{mn} + \phi_m \phi^s_n + \phi_n \phi^s_m \\ \overline{\Gamma^0_{mn}} = -\phi_s \Gamma^s_{mn} - \phi^s(\phi_m \phi_{sn} + \phi_n \phi_{sm}) \\ \overline{\Gamma^s_{0n}} = \phi^s_n \\ \overline{\Gamma^0_{0n}} = -\phi^s \phi_{sn} \\ \overline{\Gamma^s_{00}} = \overline{\Gamma^0_{00}} = 0 \end{array}\right\}. \tag{20}$$

Nun separiere man in den Summationen von (16a) den Index 0 von den übrigen Indizes. Dies liefert zunächst

$$\left.\begin{array}{l} \frac{\mathfrak{H}}{\sqrt{\gamma}} = \gamma^{mn}(\overline{\Gamma^a_{mb}}\,\overline{\Gamma^b_{na}} + 2\overline{\Gamma^0_{mb}}\,\overline{\Gamma^b_{n0}} + \overline{\Gamma^0_{m0}}\,\overline{\Gamma^0_{n0}}) \\ \quad + 2\gamma^{m0}(\overline{\Gamma^a_{mb}}\,\overline{\Gamma^b_{0a}} + \overline{\Gamma^0_{mb}}\,\overline{\Gamma^b_{00}} + \overline{\Gamma^a_{m0}}\,\overline{\Gamma^0_{0a}}) \\ \quad + \gamma^{00}(\overline{\Gamma^a_{0b}}\,\overline{\Gamma^b_{0a}} + 2\overline{\Gamma^0_{0b}}\,\overline{\Gamma^b_{00}}) \\ \quad - \overline{\Gamma^b_{ab}}(\gamma^{mn}\overline{\Gamma^a_{mn}} + 2\gamma^{m0}\overline{\Gamma^a_{m0}} + \gamma^{00}\overline{\Gamma^a_{00}}) \end{array}\right\}. \tag{21}$$

Dies liefert in Verbindung mit (20) und (17)

$$\mathfrak{H} = \sqrt{g}\,[g^{mn}(\Gamma^a_{mb}\Gamma^b_{na} - \Gamma^a_{mn}\Gamma^b_{ab}) - \phi^a_b \phi^b_a]\,. \tag{22}$$

Dies ist bis auf das Vorzeichen des zweiten Gliedes der gewohnte Ausdruck der HAMILTONschen Funktion des Gravitationsfeldes und elektromagnetischen Feldes. Zum Vorzeichen des zweiten Gliedes ist zu bemerken, daß es dadurch bestimmt ist, daß man willkürlich $\gamma_{00} = +1$ gesetzt hat, während man ebensogut $\gamma_{00} = -1$ hätte setzen können; dann wäre das Vorzeichen des zweiten Gliedes positiv herausgekommen. Dasselbe erreicht man, wenn man das Vorzeichen der g_{mn} umkehrt, was bedeutet, daß man das Vorzeichen zeitartiger Abstandquadrate negativ statt positiv ansetzt. Beide Aussagen werden vereinigt durch den Satz: Damit die Feldgleichungen des Gesamtfeldes in gewohnter Form erscheinen, hat man die o-Richtung als raumartig vorauszusetzen. —

Zusammenfassend kann man sagen, daß Kaluzas Gedanke im Rahmen der allgemeinen Relativitätstheorie eine rationelle Begründung der Maxwellschen elektromagnetischen Gleichungen liefert und diese mit den Gravitationsgleichungen zu einem formalen Ganzen vereinigt.

Nachträgliche Bemerkung zu den vorstehenden beiden Mitteilungen.

Hr. H. Mandel macht mich darauf aufmerksam, daß die von mir hier mitgeteilten Ergebnisse nicht neu sind. Der ganze Inhalt findet sich in der Arbeit von O. Klein (Zeitschr. f. Physik 37, 12, 1926, S. 895). Man vergleiche ferner Fochs Arbeit (Zeitschr. f. Physik 39, 226, 1926).

Ausgegeben am 14. März.

Berlin, gedruckt in der Reichsdruckerei.

1927.
XXXII.

SITZUNGSBERICHTE
DER PREUSSISCHEN
AKADEMIE DER WISSENSCHAFTEN.

Sitzung der physikalisch-mathematischen Klasse vom 8. Dezember.
Mitteilung vom 24. November.

Allgemeine Relativitätstheorie und Bewegungsgesetz.

Von A. Einstein.

Allgemeine Relativitätstheorie und Bewegungsgesetz.

Von A. Einstein.

In einer jüngst erschienenen Arbeit[1] habe ich mit Hrn. Grommer die Frage untersucht, ob das Bewegungsgesetz von Singularitäten durch die Feldgleichungen der allgemeinen Relativitätstheorie bestimmt sei[2]. Dabei zeigte es sich, daß das bisher allgemein vorausgesetzte Gesetz der geodätischen Linie (evtl. ergänzt durch die elektromagnetischen bewegenden Kräfte) im statischen bzw. stationären Falle aus den Feldgleichungen gefolgert werden kann. Es zeigte sich aber auch, daß diese Schlußweise sich nicht hypothesenfrei auf den Fall übertragen läßt, daß das die Singularität umgebende Feld kein stationäres ist. Hier mußte eine zusätzliche Hypothese über den Charakter der in einem äußeren Felde befindlichen Singularität gemacht werden, deren Berechtigung nicht erwiesen werden konnte. Dies Ergebnis ist von Interesse vom Gesichtspunkt der allgemeinen Frage, ob die Feldtheorie mit den Postulaten der Quantentheorie im Widerspruch steht oder nicht. Die meisten Physiker sind zwar heute der Überzeugung, daß die Tatsachen der Quanten die Gültigkeit einer Feldtheorie im geläufigen Sinne des Wortes ausschließe. Aber diese Überzeugung gründet sich nicht auf eine hinreichende Kenntnis der Konsequenzen der Feldtheorie. Deshalb erscheint mir die weitere Verfolgung der Konsequenzen der Feldtheorie bezüglich der Bewegung der Singularitäten einstweilen noch geboten, trotzdem auf anderem Wege eine weitgehende Beherrschung der numerischen Verhältnisse durch die Quantenmechanik erzielt worden ist.

Im folgenden wird gezeigt, daß die Feldtheorie das Bewegungsgesetz bestimmt, wenn der Charakter der Singularität für die erste Näherung angenommen wird. Bei Annahme des statischen und zentralsymmetrischen Charakters der Singularität ergibt sich das durch die elektromagnetischen Kräfte erweiterte Gesetz der geodätischen Linie.

Allerdings sind die Resultate unter Vernachlässigung von Größen der dritten Ordnung abgeleitet, so daß man nicht sicher sein kann, ob jeder der nach unseren Ergebnissen möglichen Lösungen eine exakte Lösung entspricht. Dafür aber ist die verwandte Methode einfach und durchsichtig.

---

[1] Sitzungsber. 1927. I.

[2] H. Weyl hat in den späteren Auflagen seiner Bücher »Raum, Zeit, Materie« schon früher die Meinung vertreten, daß die Elementarkörper als Singularitäten des Feldes aufzufassen seien. Auch hat er dort bereits die Bewegungsgleichungen aus diesem Gesichtspunkte abzuleiten versucht. Vgl. auch K. Lanczos, Z. f. Phys. 44, S. 773.

§ 1. Grundlage und Methode.

Es werden die Feldgleichungen der allgemeinen Relativitätstheorie in der Form

$$R_{i\varkappa} - \frac{1}{2} g_{i\varkappa} R + T_{i\varkappa} = 0 \tag{1}$$

zugrunde gelegt, wobei $R_{i\varkappa}$ den Riemann-Tensor zweiten Ranges

$$R_{i\varkappa} = -\frac{\partial \Gamma^{\alpha}_{i\varkappa}}{\partial x_{\alpha}} + \frac{\partial \Gamma^{\alpha}_{i\alpha}}{\partial x_{\varkappa}} + \Gamma^{\alpha}_{i\beta}\Gamma^{\beta}_{\varkappa\alpha} - \Gamma^{\alpha}_{i\varkappa}\Gamma^{\beta}_{\alpha\beta}, \tag{2}$$

R dessen Skalar, $T_{i\varkappa}$ den Maxwellschen Energietensor des elektromagnetischen Feldes

$$T_{i\varkappa} = \frac{1}{4} g_{i\varkappa} \phi_{\alpha\beta} \phi^{\alpha\beta} - \phi_{i\alpha} \phi^{\varkappa\alpha} \tag{3}$$

bedeutet. Zu diesen Gleichungen kommen noch die Maxwellschen Feldgleichungen

$$\frac{\partial f^{i\varkappa}}{\partial x_{\varkappa}} = 0, \tag{4}$$

welche bekanntlich eine Folge von (1) sind. Da gemäß (3) der Skalar T bekanntlich verschwindet, kann (1) durch

$$R_{i\varkappa} + T_{i\varkappa} = 0 \tag{1a}$$

ersetzt werden.

Gesucht wird eine Lösung dieser Gleichungen, welche einer zentralsymmetrischen, statischen Lösung mit einer punktartigen Singularität unendlich nahe ist, und welche dem Fall eines Elektrons in einem schwachen äußeren Felde entsprechen soll. Die gesuchte Lösung soll von der Form sein

$$\left.\begin{aligned} g_{i\varkappa} &= -\delta_{i\varkappa} + \lambda \bar{g}_{i\varkappa} + \lambda^2 \bar{\bar{g}}_{i\varkappa} + \cdots \\ \phi_i &= \qquad\quad \lambda \bar{\phi}_i + \lambda^2 \bar{\bar{\phi}}_i + \cdots . \end{aligned}\right\} \tag{5}$$

Wir wollen die Konvergenz einer solchen Entwicklung[1] annehmen und uns auf die Untersuchung von Größen erster und zweiter Ordnung beschränken, wobei $\delta_{i\varkappa}$ ($= 1$ bzw. $= 0$, je nachdem $i = \varkappa$ oder $i \neq \varkappa$) als Größe nullter Ordnung anzusehen ist. ϕ_i sind die elektromagnetischen Potentiale, also

$$\phi_{i\varkappa} = \frac{\partial \phi_i}{\partial x_{\varkappa}} - \frac{\partial \phi_{\varkappa}}{\partial x_i}.$$

Substituiert man (5) in (1) und (4), so erhält man für jede Größenordnung (d. h. für jede Potenz der Konstanten λ) ein System von Differentialgleichungen. Uns interessieren nur diejenigen Systeme, welche der ersten und zweiten Größenordnung entsprechen. Um sie in übersichtlicher Form

[1] Diese Form der Entwicklung involviert die Wahl einer imaginären x_4-Koordinate.

zu erhalten, bemerken wir zunächst, daß in Größen zweiter Ordnung genau gilt

$$\Gamma^{\alpha}_{i\varkappa} = g^{\alpha\beta}\left[{i\varkappa \atop \beta}\right] = (-\delta_{\alpha\beta} - \lambda\,\overline{g_{\alpha\beta}}) \cdot \left\{\lambda \overline{\left[{i\varkappa \atop \beta}\right]} + \lambda^2 \overline{\overline{\left[{i\varkappa \atop \beta}\right]}}\right\},$$

was mit derselben Approximation durch

$$-\lambda \overline{\left[{i\varkappa \atop \alpha}\right]} - \lambda^2 \left(\overline{g_{\alpha\beta}}\,\overline{\left[{i\varkappa \atop \beta}\right]} + \overline{\overline{\left[{i\varkappa \atop \alpha}\right]}}\right)$$

zu ersetzen ist, wobei $\overline{[\;]}$ das aus den $\overline{g_{i\varkappa}}$, $\overline{\overline{[\;]}}$ das aus den $\overline{\overline{g_{i\varkappa}}}$ gebildete CHRISTOFFEL-Symbol bedeutet.

Berücksichtigt man dies, so geht (2) über in

$$\left.\begin{aligned} R_{i\varkappa} = \lambda\left\{\overline{\left[{i\varkappa \atop \alpha}\right]}_{\alpha} - \overline{\left[{i\alpha \atop \alpha}\right]}_{\varkappa}\right\} \\ + \lambda^2\left\{\frac{\partial}{\partial x_\alpha}\left(\overline{g_{\alpha\beta}}\,\overline{\left[{i\varkappa \atop \beta}\right]} + \overline{\overline{\left[{i\varkappa \atop \alpha}\right]}}\right) - \frac{\partial}{\partial x_\varkappa}\left(\overline{g_{\alpha\beta}}\,\overline{\left[{i\alpha \atop \beta}\right]} + \overline{\overline{\left[{i\alpha \atop \alpha}\right]}}\right)\right. \\ \left. + \overline{\left[{i\alpha \atop \beta}\right]}\,\overline{\left[{\varkappa\beta \atop \alpha}\right]} - \overline{\left[{i\varkappa \atop \alpha}\right]}\,\overline{\left[{\alpha\beta \atop \beta}\right]}\right\}, \end{aligned}\right\} \qquad (2\,a)$$

wobei die Indizes neben den eckigen Klammern die gewöhnliche Differention nach x_α bzw. $x_\varkappa$ andeuten. Wesentlich ist, daß in diesem Ausdruck die $\overline{\overline{g_{i\varkappa}}}$ nur linear vorkommen. Wir können ferner mit der von uns angestrebten Genauigkeit die $T_{i\varkappa}$ in der Form schreiben

$$T_{i\varkappa} = \lambda^2\left(-\frac{1}{4}\delta_{i\varkappa}\overline{\varphi_{\alpha\beta}}^2 + \overline{\varphi_{i\alpha}}\,\overline{\varphi_{\varkappa\alpha}}\right). \qquad (3\,a)$$

Aus (2a) ersieht man, daß bei der Bildung (1) der lineare Operator

$$L_{i\varkappa} = \left[{i\varkappa \atop \alpha}\right]_{\alpha} - \left[{i\alpha \atop \alpha}\right] \qquad (6)$$

eine zweifache Rolle spielt. Mit Rücksicht auf (2a), (3a) und (6) erhält man an Stelle von (1) die beiden Systeme

$$\overline{L_{i\varkappa}} = 0 \qquad (7)$$

$$\overline{\overline{L_{i\varkappa}}} + \overline{Q_{i\varkappa}} = 0. \qquad (8)$$

$\overline{L_{i\varkappa}}$ bzw. $\overline{\overline{L_{i\varkappa}}}$ bedeuten den linearen Operator (6), ausgeführt an $\overline{g_{i\varkappa}}$ bzw. $\overline{\overline{g_{i\varkappa}}}$. Für $\overline{Q_{i\varkappa}}$ ergibt sich mit Rücksicht auf (2a), (3a) und (7) der Ausdruck

$$\left.\begin{aligned} \overline{Q_{i\varkappa}} = \frac{\partial}{\partial x_\alpha}\left(\overline{g_{\alpha\beta}}\,\overline{\left[{i\varkappa \atop \beta}\right]}\right) - \frac{\partial}{\partial x_\varkappa}\left(\overline{g_{\alpha\beta}}\,\overline{\left[{i\alpha \atop \beta}\right]}\right) + \overline{\left[{i\alpha \atop \beta}\right]}\,\overline{\left[{\varkappa\beta \atop \alpha}\right]} - \overline{\left[{i\varkappa \atop \alpha}\right]}\,\overline{\left[{\alpha\beta \atop \beta}\right]} \\ + \left(-\frac{1}{4}\delta_{i\varkappa}\overline{\varphi_{\alpha\beta}}^2 + \overline{\varphi_{i\alpha}}\,\overline{\varphi_{\varkappa\alpha}}\right). \end{aligned}\right\} \qquad (9)$$

Die MAXWELLschen Gleichungen (4) brauchen wir im folgenden nur in erster Näherung, da in (8), (9) nur die $\overline{\varphi}$, nicht aber die $\overline{\overline{\varphi}}$ auftreten, und da — wie ich mich überzeugt habe — die Gleichungen (4) in zweiter Näherung sich stets erfüllen lassen, ohne daß sich dabei eine für das Bewegungsproblem maßgebende Bedingung ergäbe. Wir haben also an Stelle von (4) zu setzen

$$\left.\begin{aligned} \Box\overline{\varphi}_i &= 0 \\ \frac{\partial\overline{\varphi}_i}{\partial x} &= 0. \end{aligned}\right\} \qquad (10)$$

Das bisher Ausgeführte ist nur eine Umformung der Feldgleichungen der Gravitation. Die weitere Untersuchung stützt sich auf (7) und (8) und charakterisiert sich so: Man bestimmt $\overline{g_{i\kappa}}$ und $\overline{\varphi_i}$ gemäß den Gleichungen (7) und (10), indem man eine Lösung mit einer punktartigen, zentralsymmetrischen Singularität und einem äußeren Gravitations- und elektromagnetischen Felde aufsucht. Durch diese Lösung sind auch die $\overline{Q_{i\kappa}}$ in (8) bestimmt. Die Hauptaufgabe besteht nun in der Lösung der folgenden Frage: Was für eine Bedingung muß die Lösung $\overline{g_{i\kappa}}$, $\overline{\varphi_i}$ der ersten Approximation erfüllen, damit Größen $\overline{\overline{g_{i\kappa}}}$ existieren, welche keine neuen singulären Stellen besitzen, also im besonderen in der Umgebung des singulären Punktes regulär sind?

Bevor wir diese Frage beantworten, wollen wir die Lösung in erster Approximation aufstellen und für unsere Betrachtung ein geeignetes Koordinatensystem wählen.

§ 2. Erste Approximation.

In erster Approximation wird das gesuchte Feld mit Singularität durch die Gleichungssysteme (7) und (10) bestimmt. Für ihre Lösungen gilt das Superpositionsprinzip. Außerdem erkennt man, daß in dieser Approximation sich eine Wechselwirkung zwischen gravitationellen bzw. Trägheitswirkungen einerseits und elektromagnetischen Wirkungen andererseits noch nicht geltend macht. Diese Eigenschaften erlauben zunächst, das Gravitationsfeld sowie das elektromagnetische Feld additiv aus einem »inneren« Feld des Elektrons mit Singularität und aus einem »äußeren« ohne Singularität zusammenzusetzen. Dabei würde das innere Feld nach Voraussetzung zentralsymmetrisch sein (für ein mitbewegtes Koordinatensystem), wenn das äußere Feld nicht existierte. Für den Fall der Existenz eines äußeren Feldes wird zwar eine Abweichung des inneren Feldes von der Zentralsymmetrie zu erwarten sein. Aber diese Abweichung wird in erster Näherung als von der zweiten Größenordnung unberücksichtigt bleiben dürfen.

Das Koordinatensystem wählen wir zunächst so, daß seine x_4-Achse dauernd mit der Singularität zusammenfällt, und daß bei Weglassung des inneren Gravitationsfeldes für diese Achse

$$dx_4 = j\,ds\,, \qquad (j = \sqrt{-1}) \qquad (11)$$

wobei ds die metrische Länge bei Vernachlässigung des inneren Feldes ist.

Über das Koordinatensystem setzen wir ferner fest, daß in der x_4-Achse alle räumlichen Ableitungen außer denen von g_{44} verschwinden sollen und daß die $g_{\mu\nu}$ dort alle gleich $-\delta_{\mu\nu}$ sein sollen[1]. Endlich möge das Koordinatensystem so gewählt werden, daß in einem endlichen Gebiete die $g_{\mu\nu}$ von den $-\delta_{\mu\nu}$ nur unendlich wenig abweichen.

Unter diesen Umständen können wir das äußere Gravitationsfeld, d. h. die ihm entsprechenden Anteile der $\overline{g_{i\kappa}}$ in der Form schreiben

$$\left.\begin{matrix} 0 & 0 & 0 & 0 \\ 0 & 0 & 0 & 0 \\ 0 & 0 & 0 & 0 \\ 0 & 0 & 0 & a_l x_l\,. \end{matrix}\right\} \qquad (12)$$

Die a_l ($l = 1, 2, 3$) sollen von den räumlichen Koordinaten unabhängig sein, können aber in beliebiger Weise von der Zeit abhängen. Durch diesen Ansatz wird den Gleichungen (7) Genüge geleistet. Er kann sich von der Darstellung des wirklich herrschenden äußeren Gravitationsfeldes höchstens in Gliedern unterscheiden, die der Inhomogeneität des äußeren Gravitationsfeldes entsprechen. Von der Untersuchung des Einflusses dieser Inhomogeneität auf die Bewegung der Singularität wollen wir absehen.

Von dem inneren Gravitationsfeld wollen wir Zentralsymmetrie annehmen, was sicher in erster Näherung erlaubt ist. Den Gleichungen (7) wird bekanntlich[2] durch den Ansatz

$$\left.\begin{matrix} -\dfrac{m}{4\pi\nu} & 0 & 0 & 0 \\ 0 & -\dfrac{m}{4\pi\nu} & 0 & 0 \\ 0 & 0 & -\dfrac{m}{4\pi\nu} & 0 \\ 0 & 0 & 0 & +\dfrac{m}{4\pi\nu} \end{matrix}\right\} \qquad (13)$$

für die $\overline{g_{\mu\nu}}$ entsprochen. Die Summe der Ansätze (12) und (13) stellen die $\overline{g_{\mu\nu}}$ des gesamten Gravitationsfeldes in der Nähe des singulären Punktes, d. h. für kleine x_1, x_2, x_3, hinreichend genau dar.

---

[1] Dies läßt sich tatsächlich erzielen. Sei nämlich die Bedingung für ein System der x' nicht erfüllt (wohl aber (11)), so benutzen wir eine Substitution

$$x'_\mu = c_{\mu a} x_a + c_{\mu a b} x_a x_b + \cdots; \quad x'_4 = x_4 + c_{4a} x_a + c_{4ab} x_a x_b + \cdots,$$

wobei a und b nur raumartige Indizes seien (1—3). Bei der Berechnung der $g_{\mu\nu}$ und $\dfrac{\partial g_{\mu\nu}}{\partial x_\sigma}$ in der x_4-Achse den entsprechenden gestrichenen Größen treten dann nur die explizite angeschriebenen (von x_4 abhängigen) Koeffizienten c (nebst zeitlichen Ableitungen derselben) auf, also 36 Funktionen der Zeit, über die wir verfügen dürfen. Die oben angegebene Koordinatenbedingung enthält aber $9 + 27 = 36$ Forderungen, welche also durch geeignete Wahl der Funktionen c zu befriedigen sein werden

[2] Die Einheiten für m und ε sind so gewählt, daß die Gravitationskonstante sowie der Koeffizient der Stromdichte in den MAXWELLschen Gleichungen gleich 1 gesetzt sind.

Das elektrische Feld können wir in erster Näherung im Einklang mit (10) in der Umgebung der Singularität durch den Ansatz darstellen

$\overline{\varphi_{23}}$	$\overline{\varphi_{31}}$	$\overline{\varphi_{12}}$	$\overline{\varphi_{14}}$	$\overline{\varphi_{24}}$	$\overline{\varphi_{34}}$
$\mathfrak{h}_x$	$\mathfrak{h}_y$	$\mathfrak{h}_z$	$-j\mathfrak{e}_x$	$-j\mathfrak{e}_y$	$-j\mathfrak{e}_z$
0	0	0	$-j\dfrac{\varepsilon x_1}{4\pi r^3}$	$-j\dfrac{\varepsilon x_2}{4\pi r^3}$	$-j\dfrac{\varepsilon x_3}{4\pi r^3}$,

$(j = \sqrt{-1})$ (14)

wobei sich die erste Zeile auf das äußere, die zweite auf das innere Feld bezieht. Damit das äußere Feld den Gleichungen (10) genüge, müssen die Komponenten in passender Weise von x_1, x_2, x_3 abhängen, wenn die Abhängigkeit von x_4 als gegeben gedacht wird. Auch hier sehen wir jedoch von dem Einfluß der räumlichen Inhomogeneität des äußeren Feldes auf die Bewegung der Singularität ab.

Nachdem so das gesamte Feld in erster Approximation in der Umgebung der Singularität hinreichend genau ausgedrückt ist, können die in (8) auftretenden $\overline{Q_{i\varkappa}}$ aus (9) berechnet werden. Dabei werden dreierlei Terme auftreten:

1. Quadratische bezüglich des äußeren Feldes;
2. Quadratische bezüglich des inneren Feldes;
3. Produktglieder aus den Komponenten des inneren und des äußeren Feldes.

Dementsprechend zerfällt $\overline{Q_{i\varkappa}}$ in drei Summanden. Da die $\overline{\overline{L_{i\varkappa}}}$ in den $\overline{\overline{g_{i\varkappa}}}$ linear ist, werden sich auch die $\overline{\overline{g_{i\varkappa}}}$ aus drei Systemen additiv zusammensetzen. Das erste dieser Systeme entspricht dem Falle, daß kein äußeres Feld, das zweite dem Falle, daß keine Singularität vorhanden ist. Nur das dritte entspricht der Koexistenz des äußeren und inneren Feldes. Nur dieses wird also für die Lösung des Bewegungsproblems in Betracht kommen. Wir brauchen daher in $Q_{i\varkappa}$ nur die »gemischten« Glieder zu berücksichtigen. Mit Rücksicht hierauf liefern die Gleichungen (9) zusammen mit (12), (13), (14)

$$\left.\begin{aligned}
8\pi\overline{Q_{st}} &= \frac{3}{2}\delta_{st}\frac{m a_l x_l}{r^3} - 3\frac{m x_s x_t a_l x_l}{r^5}\\
&\quad + \frac{2\varepsilon}{r^3}(\delta_{st}\,\mathfrak{e}_l x_l - \mathfrak{e}_s x_t - \mathfrak{e}_t x_s)\\
8\pi\overline{Q_{14}} &= j\frac{\varepsilon}{r^3}(x_2\mathfrak{h}_3 - x_3\mathfrak{h}_2)\\
8\pi\overline{Q_{44}} &= \frac{3}{2}\frac{m a_l x_l}{r^3} - \frac{2\varepsilon}{r^3}\mathfrak{e}_l x_l\,.
\end{aligned}\right\} \qquad (15)$$

Hierbei bezeichnen l, s, t nur räumliche Indizes. Nach diesen vorbereitenden Betrachtungen können wir aus Gleichung (8) Folgerungen ziehen.

§ 3. Zweite Approximation.

Führt man die Abkürzungen

$$\overline{\overline{g_{i\varkappa}}} - \frac{1}{2}\delta_{i\varkappa}\overline{\overline{g_{\alpha\alpha}}} \equiv \overline{\overline{\gamma_{i\varkappa}}} \tag{16}$$

ein, so nimmt (8) die Form an

$$-\Box\overline{\overline{g_{i\varkappa}}} + \frac{\partial}{\partial x_\varkappa}\left(\frac{\partial\overline{\overline{\gamma_{i\alpha}}}}{\partial x_\alpha}\right) + \frac{\partial}{\partial x_i}\left(\frac{\partial\overline{\overline{\gamma_{\varkappa\alpha}}}}{\partial x_\alpha}\right) = -2\overline{Q_{i\varkappa}}, \tag{17}$$

wobei $\Box$ den Operator $\left(\frac{\partial^2}{\partial x_\alpha^2}\right)$ bedeutet. Ferner bemerken wir: Sind die Gleichungen (17) erfüllt, so bleiben sie erfüllt, wenn man zu den $\overline{\overline{g_{i\varkappa}}}$ die Ausdrücke $\frac{\partial \xi_i}{\partial x_\varkappa} + \frac{\partial \xi_\varkappa}{\partial x_i}$ hinzufügt, wobei die vier Funktionen ξ_i beliebig gewählt sind. Hieraus folgert man leicht, daß die $\overline{\overline{g_{i\varkappa}}}$ so normiert werden können, daß die Beziehungen

$$\frac{\partial\overline{\overline{\gamma_{i\alpha}}}}{\partial x_\alpha} = 0 \tag{18}$$

erfüllt sind. Statt (17) erhält man dann

$$\Box\overline{\overline{g_{i\varkappa}}} = 2\overline{Q_{i\varkappa}}. \tag{19}$$

Diese »Spaltbarkeit« von (17) in (18) und (19), welche mit der bekannten Divergenzeigenschaft des Tensors $R_{i\varkappa} - \frac{1}{2}g_{i\varkappa}R$ aufs engste zusammenhängt, ist für unsere Untersuchung von ausschlaggebender Bedeutung. (18) und (19) enthalten nämlich eine Art »Überbestimmung« der $\overline{\overline{g_{i\varkappa}}}$, derart, daß die Erfüllung von (19) die Erfüllung von (18) noch nicht nach sich zieht, so daß die Gleichungen (18) noch eine zusätzliche Bedingung enthalten, deren Erfüllbarkeit nicht selbstverständlich ist.

Wir führen die Abkürzung

$$\overline{S_{i\varkappa}} = \overline{Q_{i\varkappa}} - \frac{1}{2}\delta_{i\varkappa}\overline{Q_{\alpha\alpha}} \tag{20}$$

ein. Dann nimmt (19) die Form an

$$\Box\overline{\overline{\gamma_{i\varkappa}}} = 2\overline{S_{i\varkappa}}. \tag{21}$$

Das ganze Problem ist nun auf die Frage reduziert: Wie müssen die $\overline{S_{i\varkappa}}$ beschaffen sein, damit $\overline{\overline{\gamma_{i\varkappa}}}$ existieren, die den Gleichungen (21) und (18) genügen und überall in der Umgebung des singulären Punktes regulär sind?

Aus (18) und (21) folgt zunächst

$$\frac{\partial\overline{S_{i\varkappa}}}{\partial x_\varkappa} = 0. \tag{22}$$

Daß diese Gleichung in der Umgebung der Singularität erfüllt ist, kann aus (15) verifiziert werden. Es läßt sich überdies zeigen, daß (22) immer erfüllt ist, wenn die Feldgleichungen in erster Näherung erfüllt sind. Ersetzt man nämlich zur Abkürzung

$$\overline{L_{i\varkappa}} - \frac{1}{2}\delta_{i\varkappa}\overline{L} \quad \text{durch} \quad \overline{M_{i\varkappa}}\,, \quad \overline{\overline{L_{i\varkappa}}} - \frac{1}{2}\delta_{i\varkappa}\overline{\overline{L}} \quad \text{durch} \quad \overline{\overline{M_{i\varkappa}}}\,,$$

so ist in Größen zweiter Ordnung genau[1]

$$R_{i\varkappa} - \frac{1}{2}g_{i\varkappa}R + T_{i\varkappa} = \overline{M_{i\varkappa}} + \overline{\overline{M_{i\varkappa}}} + \overline{S_{i\varkappa}}\,.$$

Die Feldgleichungen der Gravitation lauten in erster Näherung

$$\overline{M_{i\varkappa}} = 0\,.$$

Sie sollen erfüllt sein. Ferner sind die elektromagnetischen Gleichungen in erster Näherung erfüllt; daraus folgt das Verschwinden der Divergenz von $T_{i\varkappa}$ in zweiter Näherung genau. Da ferner die Divergenz von $R_{i\varkappa} - \frac{1}{2}g_{i\varkappa}R$ identisch verschwindet, so folgt das Verschwinden der (allgemein kovarianten) Divergenz der Größe zweiter Ordnung $\overline{\overline{M_{i\varkappa}}} + \overline{S_{i\varkappa}}$. In Größen zweiter Ordnung genau kann diese Divergenz durch $\frac{\partial\left(\overline{\overline{M_{i\varkappa}}} + \overline{S_{i\varkappa}}\right)}{\partial x_\varkappa}$, oder wegen des identischen Verschwindens von $\frac{\partial \overline{\overline{M_{i\varkappa}}}}{\partial x_\varkappa}$ durch $\frac{\partial \overline{S_{i\varkappa}}}{\partial x_\varkappa}$ ersetzt werden. Das Gelten der Feldgleichungen in erster Näherung hat also das Verschwinden von $\frac{\partial \overline{S_{i\varkappa}}}{\partial x_\varkappa}$ zur Folge.

Bevor wir die zweite Approximation untersuchen, müssen wir einer prinzipiellen Schwierigkeit Rechnung tragen. Die Annäherungsmethode gemäß Gleichungen (5) setzt jedenfalls die Endlichkeit der $g_{i\varkappa}$, $\overline{g_{i\varkappa}}$ usw. voraus. Diese Bedingung ist aber bei unserem Problem verletzt, da bei $x_1 = x_2 = x_3 = 0$ eine Singularität ist. Man könnte also denken, daß eine Entwicklung gemäß (5) bei der Behandlung unseres Problems überhaupt unzulässig sei.

Damit hängt folgender Umstand zusammen. Angenommen, es sei die zweite Approximation gemäß (18) und (21) berechnet, so ist diese ebenso wie $\overline{g_{i\varkappa}}$, $\overline{\phi_{i\varkappa}}$ und $\overline{S_{i\varkappa}}$ in der x_4-Achse singulär. Sie ist also durch (18) und (21) nicht eindeutig bestimmt. Denn es kann dieser zweiten Approximation eine solche additiv zugefügt werden, welche den Gleichungen

$$\frac{\partial \overline{\overline{\gamma_{i\varkappa}}}}{\partial x_\varkappa} = 0$$

$$\frac{\partial^2 \overline{\overline{\gamma_{i\varkappa}}}}{\partial x_\alpha^2} = 0$$

genügt. Solche Lösungen existieren, da wir nicht ausschließen dürfen, daß auch sie in der x_4-Achse singulär werden. Analoges gilt auch für die höheren

[1] λ ist der Kürze halber gleich 1 gesetzt.

Approximationen. Es sind also bei solcher Rechnungsweise die höheren Approximationen durch die niedrigeren gar nicht eindeutig bestimmt, was absurd erscheint.

Diese Schwierigkeit läßt sich jedoch auf folgendem Wege umgehen. Angenommen, die $\overline{g_{i\kappa}}$ und $\overline{\phi_i}$ wären überall regulär, so könnte man die Regularität auch von den höheren Approximationen fordern; speziell die $\overline{\overline{\gamma_{i\kappa}}}$ könnte man aus (21) als retardierte Potentiale berechnen. Überhaupt ließen sich jeweilen die nächst höheren Approximationen als retardierte Potentiale ausdrücken, würden also regulär werden. In diesem Falle bestünde kein Grund, an der Konvergenz der Entwicklung (5) zu zweifeln[1].

Wir berechnen nun die zweite Approximation, indem wir statt von $\overline{g_{i\kappa}}$ und $\overline{\phi_i}$ von überall regulären Funktionen $\overline{g^*_{i\kappa}}$, $\overline{\phi^*_i}$ ausgehen, die folgendermaßen beschaffen seien:

1. sie stimmen außerhalb einer um $x_1 = x_2 = x_3 = 0$ gelegten Kugelfläche vom sehr kleinen Radius r_0 mit $\overline{g_{i\kappa}}$, $\overline{\phi_i}$ überein,
2. sie schließen sich in dieser Kugelfläche stetig an $\overline{g_{i\kappa}}$ und $\overline{\phi_i}$ an und sind im Innern der Kugel regulär.

Diese Ersetzung denken wir uns bei allen singulären Punkten des betrachteten Systems ausgeführt. Von den $\overline{\overline{\gamma_{i\kappa}}}$ verlangen wir

1. Gültigkeit der Gleichungen

$$\Box \overline{\overline{\gamma^*_{i\kappa}}} = 2\overline{S^*_{i\kappa}} \tag{21a}$$

im ganzen Raume,

2. Gültigkeit der Gleichungen

$$\frac{\partial \overline{\overline{\gamma^*_{i\kappa}}}}{\partial x_\kappa} = 0 \tag{18a}$$

außerhalb der Kugelfläche.

Bilden wir dann den Limes für $r_0 = 0$, so gehen die $\overline{\overline{\gamma^*_{i\kappa}}}$ in die gesuchten $\overline{\overline{\gamma_{i\kappa}}}$ über. Zunächst erhalten wir so

$$\overline{\overline{\gamma^*_{i\kappa}}} = -\frac{1}{2\pi}\int \frac{\overline{S^*_{i\kappa}}(t-\rho)}{\rho}\,dV, \tag{22}$$

wobei dV das räumliche Integrationselement, ρ dessen räumlichen Abstand vom Aufpunkt bedeutet. Für jede der vier Koordinaten x_α folgt aus (22)

$$\frac{\partial}{\partial x_\alpha}\left\{\int \frac{\overline{S^*_{i\kappa}}(t-\rho)}{\rho}\,dV\right\} = \int \frac{\frac{\partial \overline{S^*_{i\kappa}}}{\partial x_\alpha}(t-\rho)}{\rho}\,dV.$$

[1] In der Wahl der retardierten Potentiale für die Auflösung der Wellengleichung liegt allerdings eine Willkür, durch welche ein Vorzeichen der Zeit bevorzugt wird. Hierauf hat früher schon RITZ hingewiesen. Ohne diese Willkür kann aber auch die MAXWELLsche Theorie nicht auskommen.

Also

$$\frac{\partial \overline{\overline{\gamma_{i\varkappa}^*}}}{\partial x_\varkappa} = -\frac{1}{2\pi}\int \frac{\left|\frac{\partial \overline{S_{i\varkappa}^*}}{\partial x_\varkappa}\right|}{\rho} dV, \qquad (23)$$

wobei die senkrechten Striche andeuten, daß in $\frac{\partial \overline{S_{i\varkappa}^*}}{\partial x_\varkappa}$ statt t das Argument $t-\rho$ einzusetzen ist. Wir haben nun auszudrücken, daß die rechte Seite von (23) außerhalb der Kugel vom Radius r_0 verschwindet. Da außerhalb der Kugel $\overline{S_{i\varkappa}^*}$ mit $\overline{S_{i\varkappa}}$ zusammenfällt, so verschwindet dort der Integrand, und wir haben nur über das Kugelinnere zu integrieren. Da wir ferner den Limes für $r_0 = 0$ zu bilden haben, dürfen wir ρ durch den Abstand r des Aufpunktes von der Singularität ersetzen[1]. Das Integral geht daher über in

$$\frac{1}{r}\int \left|\frac{\partial \overline{S_{i\varkappa}^*}}{\partial x_\varkappa}\right| dV.$$

Ferner machen wir nur einen vernachlässigbaren Fehler, wenn wir die Retardierung statt auf das Integrationselement auf den Kugelmittelpunkt beziehen, so daß man erhält

$$\frac{1}{r}\left|\int \frac{\partial \overline{S_{i\varkappa}^*}}{\partial x_\varkappa} dV\right|.$$

Dies geht aber nach dem Gaussschen Satze[2] durch Integration über das Kugelvolum und mit Rücksicht darauf, daß an der Kugelfläche $\overline{S_{i\varkappa}^*}$ gleich $\overline{S_{i\varkappa}}$ ist, über in

$$\frac{1}{r}\left|\int \overline{S_{i\varkappa}}\frac{x_\varkappa}{r} dS\right| = -\frac{|A_i|}{r}, \qquad (24)$$

wobei die A_i nur Funktionen e i n e s Argumentes $(t-r)$ sind. Man erhält also endlich für die Umgebung des betrachteten singulären Punktes

$$\frac{\partial \overline{\overline{\gamma_{i\varkappa}}}}{\partial x_\varkappa} = -\frac{|A_i|}{2\pi r}. \qquad (25)$$

Gleichung (18) liefert also

$$A_i = -\int S_{i\varkappa}\frac{x_\varkappa}{r} dS = 0. \qquad (26)$$

Zufolge (24), (20) und (15) bedeutet dies

$$A_i = a_i m + \mathfrak{e}_i \varepsilon = 0. \qquad (26a)$$

Diese Formel besagt, daß — von dem singulären Punkte aus beurteilt — die Summe der pondero-motorischen Kräfte der Schwere und des elektro-magne-

[1] Die Integration über die übrigen Singularitäten liefert für die unmittelbare Umgebung von $x_1 = x_2 = x_3 = 0$ offenbar nur Vernachlässigbares.

[2] Die Integration über $\frac{\partial \overline{S_{i4}^*}}{\partial x_4}$ liefert gemäß (15), (20) keinen Beitrag.

tischen Feldes verschwinden müssen. Es ist klar, daß (26a) den bekannten Bewegungsgleichungen des Elektrons äquivalent ist, die in allgemein kovarianter Schreibweise lauten

$$A_i = m\left(g_{i\alpha}\frac{d^2 x_\alpha}{ds^2} + \begin{bmatrix}\alpha\beta\\ i\end{bmatrix}\frac{dx_\alpha}{ds}\frac{dx_\beta}{ds}\right) + \varepsilon\phi_{i\alpha}\frac{dx_\alpha}{ds} = 0. \qquad (26\text{b})$$

Damit ist gezeigt, daß das bisher hypothetisch angenommene Bewegungsgesetz eine Folge der Feldgleichungen ist, wenn man eine punktförmige Singularität von statischem Charakter der Betrachtung zugrunde legt. Aber es ist damit noch nicht erwiesen, daß derartige Singularitäten gemäß den Feldgleichungen alle Bewegungen ausführen können, welche der Bedingung (26b) genügen. Es wäre nämlich denkbar, daß bei Durchführung der Betrachtung für höhere Approximationen weitere beschränkende Bedingungen hinzukämen.

Zum Verständnis der Quanten-Tatsachen trägt diese Untersuchung nicht bei. Wichtig aber bleibt das Ergebnis, daß Bewegungsgesetz für Singularitäten und Feldgleichungen nicht voneinander unabhängig sind.

Ausgegeben am 14. Februar 1928.

Berlin, gedruckt in der Reichsdruckerei.

RIEMANN-GEOMETRIE MIT AUFRECHTERHALTUNG DES BEGRIFFES DES FERNPARALLELISMUS

VON

A. EINSTEIN

SONDERABDRUCK AUS DEN SITZUNGSBERICHTEN
DER PREUSSISCHEN AKADEMIE DER WISSENSCHAFTEN
PHYS.-MATH. KLASSE. 1928. XVII

RIEMANN-GEOMETRIE MIT AUFRECHTERHALTUNG DES BEGRIFFES DES FERNPARALLELISMUS

VON

A. EINSTEIN

Die RIEMANNsche Geometrie hat in der allgemeinen Relativitätstheorie zu einer physikalischen Beschreibung des Gravitationsfeldes geführt, sie liefert aber keine Begriffe, die dem elektromagnetischen Felde zugeordnet werden können. Deshalb ist das Bestreben der Theoretiker darauf gerichtet, natürliche Verallgemeinerungen oder Ergänzungen der RIEMANNschen Geometrie aufzufinden, welche begriffsreicher sind als diese, in der Hoffnung, zu einem logischen Gebäude zu gelangen, das alle physikalischen Feldbegriffe unter einem einzigen Gesichtspunkte vereinigt. Solche Bestrebungen haben mich zu einer Theorie geführt, welche ohne jeden Versuch einer physikalischen Deutung mitgeteilt werden möge, weil sie schon wegen der Natürlichkeit der eingeführten Begriffe ein gewisses Interesse beanspruchen kann.

Die RIEMANNsche Geometrie ist dadurch charakterisiert, daß die infinitesimale Umgebung jedes Punktes P eine euklidische Metrik aufweist, sowie dadurch, daß die Beträge zweier Linienelemente, welche den infinitesimalen Umgebungen zweier endlich voneinander entfernter Punkte P und Q angehören, miteinander vergleichbar sind. Dagegen fehlt der Begriff der Parallelität solcher zwei Linienelemente; der Richtungsbegriff existiert nicht für das Endliche. Die im folgenden dargelegte Theorie ist dadurch charakterisiert, daß sie neben der RIEMANNschen Metrik den der »Richtung« bzw. Richtungsgleichheit oder des »Parallelismus« für das Endliche einführt. Dem entspricht es, daß neben den Invarianten und Tensoren der RIEMANNschen Geometrie neue Invarianten und Tensoren auftreten.

§ 1. n-Bein-Feld und Metrik.

Wir denken uns in dem beliebigen Punkte P des n-dimensionalen Kontinuums ein orthogonales n-Bein aus n Einheitsvektoren errichtet, welches ein lokales Koordinatensystem repräsentiert. A_a seien die Komponenten eines Linienelementes oder eines sonstigen Vektors, bezogen auf dies lokale System (n-Bein). Für die Beschreibung eines endlichen Bereiches sei außerdem das GAUSSsche Koordinatensystem der x^ν eingeführt. A^ν seien die ν-Komponenten des Vektors (A), bezogen auf letzteres, ferner h^ν_a die ν-Komponenten der das n-Bein bildenden Einheitsvektoren, dann ist[1]

$$A^\nu = h^\nu_a A_a \quad \cdots \qquad (1)$$

[1] Wir bezeichnen die Koordinaten-Indizes mit griechischen, die Bein-Indizes mit lateinischen Buchstaben.

Durch Umkehrung von (1) erhält man, wenn man mit $h_{\nu a}$ die normierten Unterdeterminanten der h^{ν}_{a} bezeichnet,

$$A_a = h_{\mu a} A^{\mu} \cdots . \qquad (1\,a)$$

Für den Betrag A des Vektors (A) gilt dann wegen der Euklidizität der infinitesimalen Gebiete die Formel

$$A^2 = \Sigma A_a^2 = h_{\mu a} h_{\nu a} A^{\mu} A^{\nu} \cdots . \qquad (2)$$

Die Komponenten des metrischen Tensors $g_{\mu\nu}$ stellen sich also in der Form dar

$$g_{\mu\nu} = h_{\mu a} h_{\nu a}, \cdots \qquad (3)$$

wobei natürlich über a zu summieren ist. Bei festem a sind die h^{μ}_{a} die Komponenten eines kontravarianten Vektors. Es gelten ferner die Relationen

$$h_{\mu a} h^{\nu}_{a} = \delta^{\nu}_{\mu} \cdots \qquad (4)$$

$$h_{\mu a} h^{\mu}_{b} = \delta_{ab}, \cdots \qquad (5)$$

wobei $\delta = 1$ bzw. $\delta = 0$ ist, je nachdem die beiden Indizes gleich oder verschieden sind. Die Richtigkeit von (4) und (5) folgt aus obiger Definition der $h_{\mu a}$ als normierte Unterdeterminanten zu den h^{μ}_{a}. Der Vektorcharakter der $h_{\mu a}$ folgt am bequemsten daraus, daß die linke, also auch die rechte Seite von (1 a) bezüglich beliebiger Koordinaten-Transformationen für jede Wahl des Vektors (A) invariant ist.

Das n-Bein-Feld wird durch n^2 Funktionen h^{μ}_{a} bestimmt, während die Riemann-Metrik durch die nur $\frac{n(n+1)}{2}$ Größen $g_{\mu\nu}$ bestimmt wird. Die Metrik ist gemäß (3) durch das n-Bein-Feld, aber nicht umgekehrt letzteres durch erstere bestimmt.

§ 2. Fernparallelismus und Drehungsinvarianz.

Durch die Setzung des n-Bein-Feldes wird gleichzeitig die Existenz einer Riemann-Metrik und des Fernparallelismus zum Ausdruck gebracht. Seien nämlich (A) und (B) zwei Vektoren in den Punkten P bzw. Q, welche, bezogen auf die entsprechenden lokalen n-Beine, gleiche entsprechende Lokalkoordinaten haben (d. h. $A_a = B_a$), so sind sie als gleich (wegen (2)) und als »parallel« zu betrachten.

Sehen wir als das Wesentliche, d. h. objektiv Bedeutungsvolle nur die Metrik und den Fernparallelismus an, so erkennen wir, daß das n-Bein-Feld durch diese Setzungen noch nicht völlig bestimmt ist. Metrik und Parallelismus bleiben nämlich intakt, wenn man die n-Beine aller Punkte des Kontinuums ersetzt durch solche, die aus den ursprünglichen n-Beinen durch die nämliche Drehung hervorgehen. Wir bezeichnen diese Ersetzbarkeit des n-Bein-Feldes als Drehungsinvarianz und bestimmen: Nur solche mathematische Relationen beanspruchen reale Bedeutung, welche drehungsinvariant sind.

Bei festgehaltenem Koordinatensystem sind also die h^{μ}_{a} bei gegebener Metrik und gegebenem Parallelzusammenhang noch nicht völlig bestimmt; es ist noch die Substitution der h^μ_a möglich, welche der Drehungsinvarianz, d. h. der Gleichung

$$A^*_a = d_{am} A_m \cdots \tag{6}$$

entspricht, wobei d_{am} orthogonal und unabhängig von den Koordinaten gewählt ist. (A_a) ist ein beliebiger, auf das Lokalsystem bezogener Vektor (A^*_a), derselbe auf das gedrehte Lokalsystem bezogen. Gemäß (1a) folgt aus (6)

$$h^*_{\mu a} A^\mu = d_{am} h_{\mu m} A^\mu$$

oder

$$h^*_{\mu a} = d_{am} h_{\mu m}, \cdots \tag{6a}$$

wobei

$$d_{am} d_{bm} = d_{ma} d_{mb} = \delta_{ab}, \cdots \tag{6b}$$

$$\frac{\partial d_{am}}{\partial x^\nu} = 0. \cdots \tag{6c}$$

Das Postulat der Drehungsinvarianz besagt dann, daß nur solche Relationen, in welchen die Größen h auftreten, als sinnvoll anzusehen sind, welche in gleichgestaltete in den h^* übergehen, wenn man die h^* auf Grund der Gleichungen (6) usw. einführt. Oder: Durch örtlich gleichförmige Drehung auseinander hervorgehende n-Bein-Felder sind äquivalent.

Das Gesetz der infinitesimalen Parallelverschiebung eines Vektors bei Übergang von einem Punkt (x^ν) zu einem benachbarten $(x^\nu + dx^\nu)$ ist offenbar durch die Gleichung

$$dA_a = 0 \cdots \tag{7}$$

charakterisiert, d. h. durch die Gleichung

$$0 = d(h_{\mu a} A^\nu) = \frac{\partial h_{\mu a}}{\partial x^\sigma} A^\mu dx^\sigma + h_{\mu a} dA^\mu = 0.$$

Durch Multiplikation mit h^ν_a geht diese Gleichung mit Rücksicht auf (5) über in

$$\left.\begin{aligned} dA^\nu &= -\Delta^\nu_{\mu\sigma} A^\mu dx^\sigma \\ \text{wobei} \qquad \Delta^\nu_{\mu\sigma} &= h^{\nu a} \frac{\partial h_{\mu a}}{\partial x^\sigma} \end{aligned}\right\} \tag{7a}$$

Dies Parallelverschiebungsgesetz ist drehungsinvariant und ist unsymmetrisch mit Bezug auf die unteren Indizes der Größen $\Delta^\nu_{\mu\sigma}$. Verschiebt man den Vektor (A) gemäß diesem Verschiebungsgesetz auf einem geschlossenen Wege, so geht er in sich selbst über; das bedeutet, daß der aus den Verschiebungskoeffizienten $\Delta^\nu_{\mu\sigma}$ gebildete RIEMANN-Tensor

$$R^i_{k,lm} = -\frac{\partial \Delta^i_{kl}}{\partial x^m} + \frac{\partial \Delta^i_{km}}{\partial x^l} + \Delta^i_{\alpha l}\Delta^\alpha_{km} - \Delta^i_{\alpha m}\Delta_{kl}$$

vermöge (7a) identisch verschwindet, was man auch leicht verifiziert.

Außer diesem Parallelverschiebungsgesetz existiert aber auch noch jenes (nicht integrable) symmetrische Verschiebungsgesetz, das zu der RIEMANNschen

Metrik gemäß (2) und (3) gehört. Es ist bekanntlich durch die Gleichungen gegeben

$$\left.\begin{aligned} \bar{d}A^\nu &= -\Gamma^\nu_{\mu\tau} A^\mu dx^\tau \\ \Gamma^\nu_{\mu\tau} &= \frac{1}{2} g^{\nu\alpha}\left(\frac{\partial g_{\mu\alpha}}{\partial x^\tau} + \frac{\partial g_{\tau\alpha}}{\partial x^\mu} - \frac{\partial g_{\mu\tau}}{\partial x^\alpha}\right). \end{aligned}\right\} \quad (8)$$

Die $\Gamma^\nu_{\mu\tau}$ drücken sich vermöge (3) durch die Größen h des n-Bein-Feldes aus. Dabei ist zu beachten, daß

$$g^{\mu\nu} = h^\mu_a h^\nu_a \,. \cdots \quad (9)$$

Denn bei dieser Setzung sind wegen (4) und (5) die Gleichungen

$$g^{\mu\lambda} g_{\nu\lambda} = \delta^\mu_\nu$$

erfüllt, welche die $g^{\mu\nu}$ aus den $g_{\mu\nu}$ definieren. Auch dies auf die Metrik allein gegründete Verschiebungsgesetz ist natürlich drehungsinvariant im obigen Sinne.

§ 3. Invarianten und Kovarianten.

In der von uns betrachteten Mannigfaltigkeit existieren außer den Tensoren und Invarianten der Riemann-Geometrie, welche die Größen h nur in der durch (3) gegebenen Kombination enthalten, noch weitere Tensoren und Invarianten, von welchen wir nur die einfachsten ins Auge fassen wollen.

Geht man aus von einem Vektor (A^ν) im Punkte (x^ν), so entstehen durch die beiden Verschiebungen d und $\bar{d}$ im Nachbarpunkte $(x^\nu + dx^\nu)$ die beiden Vektoren

$$A^\nu + dA^\nu$$

und

$$A^\nu + \bar{d}A^\nu .$$

Die Differenz

$$dA^\nu - \bar{d}A^\nu = (\Gamma^\nu_{\alpha\beta} - \Delta^\nu_{\alpha\beta})\, A^\alpha dx^\beta$$

hat also ebenfalls Vektorcharakter. Also ist auch

$$\Gamma^\nu_{\alpha\beta} - \Delta^\nu_{\alpha\beta}$$

ein Tensor, und ebenso dessen antisymmetrischer Bestandteil

$$\frac{1}{2}(\Delta^\nu_{\alpha\beta} - \Delta^\nu_{\beta\alpha}) = \Lambda^\nu_{\alpha\beta} \,. \cdots \quad (10)$$

Die fundamentale Bedeutung dieses Tensors in der hier entwickelten Theorie ergibt sich aus Folgendem: Wenn dieser Tensor verschwindet, ist das Kontinuum euklidisch. Wenn nämlich

$$0 = 2\,\Lambda^\nu_{\alpha\beta} = h^{\nu}_{a}\left(\frac{\partial h_{a\alpha}}{\partial x^\beta} - \frac{\partial h_{a\beta}}{\partial x^\alpha}\right),$$

so folgt durch Multiplikation mit $h_{\nu b}$

$$0 = \frac{\partial h_{ab}}{\partial x^\beta} - \frac{\partial h_{\beta b}}{\partial x^\alpha}$$

Es läßt sich daher setzen

$$h_{ab} = \frac{\partial \Psi_b}{\partial x^a}.$$

Das Feld ist also aus n Skalaren Ψ_b ableitbar. Wir wählen nun die Koordinaten gemäß der Gleichung

$$\Psi_b = x^b.$$

Dann verschwinden gemäß (7a) sämtliche $\Delta^{\nu}_{\alpha\beta}$ und die $h_{\mu a}$ sowie die $g_{\mu\nu}$ sind konstant. —

Da dieser Tensor $\Lambda^{\nu}_{\alpha\beta}$ zudem offenbar der formal einfachste ist, welchen unsere Theorie zuläßt, so wird an ihn die einfachste Charakterisierung eines solchen Kontinuums anzuknüpfen haben, nicht aber an den komplizierteren Riemannschen Krümmungstensor. Die einfachsten hier in Betracht kommenden Bildungen sind der Vektor

$$\Lambda^{\alpha}_{\mu\alpha}$$

sowie die Invarianten

$$g^{\mu\nu}\Lambda^{\alpha}_{\mu\beta}\Lambda^{\beta}_{\nu\alpha} \quad \text{und} \quad g_{\mu\nu}g^{\alpha\sigma}g^{\beta\tau}\Lambda^{\mu}_{\alpha\beta}\Lambda^{\nu}_{\sigma\tau}.$$

Aus einer der letzteren (bzw. aus einer aus ihnen gebildeten linearen Kombination) kann durch Multiplikation mit dem invarianten Volumelement

$$h d\tau,$$

wobei h die Determinante $|h_{\mu a}|$, $d\tau$ das Produkt $dx_1 \cdots dx_4$ bedeutet, ein invariantes Integral J gebildet werden. Die Setzung

$$\delta J = 0$$

liefert dann 16 Differentialgleichungen für die 16 Größen $h_{\mu a}$.

Ob man auf diese Weise Gesetze von physikalischer Bedeutung erhält, soll später untersucht werden. —

Es ist klärend, die Weylsche Modifikation der Riemannschen Theorie der hier entwickelten gegenüberzustellen:

Weyl: Fernvergleichung weder von Vektorbeträgen noch von Richtungen;
Riemann: Fernvergleichung von Vektorbeträgen, aber nicht von Richtungen;
Vorstehende Theorie: Fernvergleichung von Vektorbeträgen und von Richtungen.

Ausgegeben am 10. Juli.

Berlin, gedruckt in der Reichsdruckerei.

NEUE MÖGLICHKEIT FÜR EINE EINHEITLICHE FELDTHEORIE VON GRAVITATION UND ELEKTRIZITÄT

VON

A. EINSTEIN

SONDERABDRUCK AUS DEN SITZUNGSBERICHTEN
DER PREUSSISCHEN AKADEMIE DER WISSENSCHAFTEN
PHYS.-MATH. KLASSE. 1928. XVIII

NEUE MÖGLICHKEIT FÜR EINE EINHEITLICHE FELDTHEORIE VON GRAVITATION UND ELEKTRIZITÄT

VON

A. EINSTEIN

Vor einigen Tagen habe ich in einer kurzen Abhandlung in diesen Berichten dargelegt, wie sich unter Verwendung eines n-Bein-Feldes eine geometrische Theorie aufstellen läßt, welche auf den Grundbegriffen Riemann-Metrik und Fernparallelismus ruht. Ich ließ zunächst die Frage offen, ob diese Theorie zur Darstellung physikalischer Zusammenhänge dienen könne. Seitdem entdeckte ich, daß diese Theorie — wenigstens in erster Näherung — die Feldgesetze der Gravitation und des Elektromagnetismus ganz einfach und natürlich ergibt. Es ist daher denkbar, daß diese Theorie die ursprüngliche Fassung der allgemeinen Relativitätstheorie verdrängen wird.

Die Einführung des Fernparallelismus bringt es mit sich, daß es gemäß dieser Theorie etwas wie eine gerade Linie gibt, d. h. eine Linie, deren Elemente alle einander parallel sind; eine solche Linie ist natürlich mit einer geodätischen keineswegs identisch. Ferner gibt es im Gegensatz zur bisherigen allgemeinen Relativitätstheorie den Begriff der relativen Ruhe zweier Massenpunkte (Parallelismus zweier Linienelemente, welche zu zwei verschiedenen Weltlinien gehören).

Damit die allgemeine Theorie in der benutzten Form unmittelbar auf die Feldtheorie anwendbar sei, hat man nur folgendes festzusetzen:

1. Die Dimensionszahl ist 4 ($n = 4$).
2. Die vierte Lokalkomponente A_a ($a = 4$) eines Vektors ist rein imaginär, ebenso infolgedessen die Komponenten des vierten Beines des Vier-Beins, also die Größen h^{ν}_{4} und $h_{\nu 4}$[1]. Die Koeffizienten $g_{\mu\nu}$ ($= h_{\mu a} h_{\nu a}$) werden dann natürlich alle reell. Das Quadrat des Betrages eines zeitartigen Vektors wählen wir also negativ.

[1] Statt dessen könnte man auch als Quadrat des Betrages des Lokalvektors $A_1^2 + A_2^2 + A_3^2 - A_4$ definieren und statt Drehungen des lokalen n-Beins Lorentz-Transformationen einführen. Dann würden die h alle reell, aber es ginge der unmittelbare Anschluß an die Formulierung der allgemeinen Theorie verloren.

§ 1. Das zugrunde gelegte Feldgesetz.

Für aus der Begrenzung eines Gebietes verschwindende Variationen der Feldpotentiale $h_{\mu a}$ (bzw. h_a^μ) verschwinde die Variation eines Hamilton-Integrals:

$$\delta\left\{\int \mathfrak{H} d\tau\right\} = 0 \cdot \cdot \cdot \tag{1}$$

$$\mathfrak{H} = h g^{\mu\nu},\ \Lambda_{\mu\beta}^{\alpha},\ \Lambda_{\nu\alpha}^{\beta},\ \cdot \cdot \cdot \tag{1a}$$

wobei die Größen h $(=|h_{\mu a}|)$, $g^{\mu\nu}$, $\Lambda_{\mu\nu}^{\alpha}$ durch die Gleichungen (9), (10) loc cit definiert seien.

Das h-Feld möge gleichzeitig elektrisches und Gravitationsfeld beschreiben. Ein »reines Gravitationsfeld« liege dann vor, wenn außer der Erfüllung der Gleichung (1) auch die Größen

$$\phi_\mu = \Lambda_{\mu\alpha}^{\alpha} \cdot \cdot \cdot \tag{2}$$

verschwinden, was eine kovariante und drehungsinvariante Einschränkung bedeutet[1].

§ 2. Das Feldgesetz in erster Näherung.

Ist die Mannigfaltigkeit die Minkowski-Welt der speziellen Relativitätstheorie, so kann man das Koordinatsystem so wählen, daß $h_{11} = h_{22} = h_{33} = 1$, $h_{44} = j$ $(= \sqrt{-1})$, und daß die übrigen $h_{\mu a}$ verschwinden. Dieses Wertsystem der $h_{\mu a}$ ist für die Rechnung etwas unbequem. Deshalb ziehen wir es vor, bei den Rechnungen dieses § die x_4-Koordinate rein imaginär zu wählen; dann kann nämlich die Minkowski-Welt (Fehlen jeglichen Feldes bei passender Koordinatenwahl) durch

$$h_{\mu a} = \delta_{\mu a} \cdot \cdot \cdot \tag{3}$$

beschrieben werden. Der Fall unendlich schwacher Felder kann zweckmäßig durch

$$h_{\mu a} = \delta_{\mu a} + k_{\mu a} \cdot \cdot \cdot \tag{4}$$

dargestellt werden, wobei die $k_{\mu a}$ kleine Größen erster Ordnung sind. Bei Vernachlässigung von Größen dritter und höherer Ordnung hat man dann (1a) mit Rücksicht auf (10) und (7a) loc cit zu ersetzen durch

$$\mathfrak{H} = \frac{1}{4}\left(\frac{\partial k_{\mu\alpha}}{\partial x_\beta} - \frac{\partial k_{\beta\alpha}}{\partial x_\mu}\right)\left(\frac{\partial k_{\mu\beta}}{\partial x_\alpha} - \frac{\partial k_{\alpha\beta}}{\partial x_\mu}\right) \cdot \cdot \cdot \cdot \tag{1b}$$

Durch Ausführung der Variation erhält man die in erster Näherung gültigen Feldgleichungen

$$\frac{\partial^2 k_{\beta\alpha}}{\partial x_\mu^2} - \frac{\partial^2 k_{\mu\alpha}}{\partial x_\mu \partial x_\beta} + \frac{\partial^2 k_{\alpha\mu}}{\partial x_\mu \partial x_\beta} - \frac{\partial^2 k_{\beta\mu}}{\partial x_\mu \partial x_\alpha} = 0 \cdot \cdot \cdot \cdot \tag{5}$$

[1] Hier liegt noch eine gewisse Unbestimmtheit der Deutung vor, da man das reine Gravitationsfeld auch durch das Verschwinden der $\frac{\partial \phi_\mu}{\partial x_\nu} - \frac{\partial \phi_\nu}{\partial x_\mu}$ charakterisieren könnte.

Es sind dies 16 Gleichungen[1] für die 16 Größen $k_{\alpha\beta}$. Unsere Aufgabe ist nun nachzusehen, ob dies Gleichungssystem die bekannten Gesetze des Gravitationsfeldes und des elektromagnetischen Feldes enthält. Zu diesem Zweck müssen wir in (5) statt der $k_{\alpha\beta}$ die $g_{\alpha\beta}$ und ϕ_α einführen. Wir haben zu setzen

$$g_{\alpha\beta} = h_{\alpha a} h_{\beta a} = (\delta_{\alpha a} + k_{\alpha a})(\delta_{\beta a} + k_{\beta a})$$

oder in Größen erster Ordnung genau

$$g_{\alpha\beta} - \delta_{\alpha\beta} = \overline{g_{\alpha\beta}} = k_{\alpha\beta} + k_{\beta\alpha}. \cdots \quad (6)$$

Aus (2) erhält man ferner die Größen erster Ordnung genau

$$2\phi_\alpha = \frac{\partial k_{\alpha\mu}}{\partial x_\mu} - \frac{\partial k_{\mu\mu}}{\partial x_\alpha}. \cdots \quad (2\,a)$$

Durch Vertauschen von α und β in (5) und addieren der so erhaltenen Gliederung zu (5) erhält man nun zunächst

$$\frac{\partial^2 \overline{g_{\alpha\beta}}}{\partial x_\mu^2} - \frac{\partial^2 k_{\mu\alpha}}{\partial x_\mu \partial x_\beta} - \frac{\partial^2 k_{\mu\beta}}{\partial x_\mu \partial x_\alpha} = 0.$$

Addiert man zu dieser Gleichung die beiden aus (2a) folgenden Gleichungen

$$-\frac{\partial^2 k_{\alpha\mu}}{\partial x_\mu \partial x_\beta} + \frac{\partial^2 k_{\mu\mu}}{\partial x_\alpha \partial x_\beta} = -2\frac{\partial \phi_\alpha}{\partial x_\beta}$$

$$-\frac{\partial^2 k_{\beta\mu}}{\partial x_\mu \partial x_\alpha} + \frac{\partial^2 k_{\mu\mu}}{\partial x_\alpha \partial x_\beta} = -2\frac{\partial \phi_\beta}{\partial x_\alpha},$$

so erhält man mit Rücksicht auf (6)

$$\frac{1}{2}\left(-\frac{\partial^2 \overline{g_{\alpha\beta}}}{\partial x_\mu^2} + \frac{\partial^2 \overline{g_{\mu\alpha}}}{\partial x_\mu \partial x_\beta} + \frac{\partial^2 \overline{g_{\mu\beta}}}{\partial x_\mu \partial x_\alpha} - \frac{\partial^2 \overline{g_{\mu\mu}}}{\partial x_\alpha \partial x_\beta}\right) = \frac{\partial \phi_\alpha}{\partial x_\beta} + \frac{\partial \phi_\beta}{\partial x_\alpha}. \cdots \quad (7)$$

Der Fall des Fehlens eines elektromagnetischen Feldes sei durch das Verschwinden der ϕ_μ charakterisiert. In diesem Falle stimmt (7) mit der in der allgemeinen Relativitätstheorie bisher gesetzten Gleichung

$$R_{\alpha\beta} = 0$$

in den Größen erster Ordnung überein ($R_{\alpha\beta}$ = einmal verjüngter RIEMANN-Tensor). Dadurch ist bewiesen, daß unsere neue Theorie das Gesetz des reinen Gravitationsfeldes in erster Näherung richtig ergibt.

Durch Differenzieren von (2a) nach x_α erhält man mit Rücksicht auf die durch Verjüngen nach α und β aus (5) resultierende Gleichung

$$\frac{\partial \phi_\alpha}{\partial x_\alpha} = 0. \cdots \quad (8)$$

[1] Zwischen den Feldgleichungen bestehen natürlich wegen der allgemeinen Kovarianz vier Identitäten. In der hier betrachteten ersten Näherung drückt sich dies dadurch aus, daß die nach dem Index α genommene Divergenz der linken Seite von (5) identisch verschwindet.

Mit Rücksicht darauf, daß die linke Seite $L_{\alpha\beta}$ von (7) die Identität

$$\frac{\partial}{\partial x_\beta}\left(L_{\alpha\beta} - \frac{1}{2}\delta_{\alpha\beta} L_{\tau\tau}\right) = 0$$

erfüllt, folgt aus (7)

$$\frac{\partial^2 \phi_\alpha}{\partial x_\beta^2} + \frac{\partial^2 \phi_\beta}{\partial x_\alpha \partial x_\beta} - \frac{\partial}{\partial x_\alpha}\left(\frac{\partial \phi_\sigma}{\partial x_\sigma}\right) = 0$$

oder

$$\frac{\partial^2 \phi_\alpha}{\partial x_\beta^2} = 0. \cdots \qquad (9)$$

Die Gleichungen (8) und (9) zusammen sind bekanntlich den Maxwellschen Gleichungen für den leeren Raum äquivalent. Die neue Theorie liefert also in erster Näherung auch die Maxwellschen Gleichungen.

Die Trennung des Gravitationsfeldes und des elektromagnetischen Feldes erscheint aber nach dieser Theorie als künstlich. Auch ist klar, daß die Gleichungen (5) mehr aussagen als die Gleichungen (7), (8) und (9) zusammen. Bemerkenswert ist ferner, daß nach dieser Theorie das elektrische Feld nicht quadratisch in die Feldgleichungen eingeht.

Anmerkung zur Korrektur. Ganz ähnliche Ergebnisse erhält man, wenn man von der Hamilton-Funktion

$$\mathfrak{H} = h g_{\mu\nu} g^{\alpha\tau} g^{\beta\tau} \Lambda^{\mu}_{\alpha\beta} \Lambda^{\nu}_{\sigma\tau}$$

ausgeht. Es besteht also bezüglich der Wahl von $\mathfrak{H}$ einstweilen eine gewisse Unsicherheit.

Ausgegeben am 10. Juli.

Berlin, gedruckt in der Reichsdruckerei.

ZUR EINHEITLICHEN FELDTHEORIE

VON

A. EINSTEIN

SONDERABDRUCK AUS DEN SITZUNGSBERICHTEN
DER PREUSSISCHEN AKADEMIE DER WISSENSCHAFTEN
PHYS.-MATH. KLASSE 1929. I

ZUR EINHEITLICHEN FELDTHEORIE

VON

A. EINSTEIN

In zwei jüngst erschienenen Abhandlungen[1] habe ich zu zeigen versucht, daß man zu einer einheitlichen Theorie der Gravitation und Elektrizität dadurch gelangen könne, daß man dem vierdimensionalen Kontinuum außer einer RIEMANN-Metrik noch den »Fernparallelismus« als Eigenschaft zuschreibt. In der Tat gelang es auch, dem Gravitationsfelde und dem elektromagnetischen Felde eine einheitliche Deutung zu geben. Dagegen führte die Ableitung der Feldgleichung aus dem HAMILTONschen Prinzip auf keinen einfachen und völlig eindeutigen Weg. Diese Schwierigkeiten verdichteten sich bei genauerer Überlegung. Es gelang mir aber seitdem, einen befriedigenden Weg zur Ableitung der Feldgleichungen zu finden, den ich im folgenden mitteile.

§ 1. Formale Vorbereitungen.

Ich benutze die Bezeichnungen, welche neulich Hr. WEITZENBÖCK in seiner Arbeit über den Gegenstand vorgeschlagen hat[2]. Die ν-Komponente des s-ten Beins des n-Beins wird also mit $_s h^\nu$ bezeichnet, mit $^s h_\nu$ die zugehörigen normierten Unterdeterminanten. Die lokalen n-Beine sind alle »parallel« gestellt. Parallele und gleiche Vektoren sind solche, welche — auf ihr lokales n-Bein bezogen — gleiche Koordinaten haben. Die Parallelverschiebung eines Vektors wird durch die Formel

$$\delta A^\mu = -\Delta^\mu_{\alpha\beta} A^\alpha \delta x^\beta = -{}_s h^\mu\, {}^s h_{\alpha,\beta} A^\alpha \delta x^\beta$$

gegeben, wobei in $^s h_{\alpha,\beta}$ das Komma andeuten soll, das nach x^β im gewöhnlichen Sinne differenziert werden soll. Der aus den (in α und β nicht symmetrischen) $\Delta^\mu_{\alpha\beta}$ gebildete »RIEMANNsche Krümmungstensor« verschwindet identisch.

Als »kovariante Differentation« verwenden wir nur jene, welche mittels der Δ gebildet ist. Sie sei nach der Gepflogenheit der italienischen Mathematiker durch ein Semikolon bezeichnet, also

$$A_{\mu;\sigma} \equiv A_{\mu,\sigma} - A_\alpha \Delta^\alpha_{\mu\sigma}$$
$$A^\mu_{;\sigma} \equiv A^\mu_{,\sigma} + A^\alpha \Delta^\mu_{\alpha\sigma}$$

Da die $^s h_\nu$ sowie die $g_{\mu\nu}$ ($\equiv {}^s h_\mu {}^s h_\nu$) und die $g^{\mu\nu}$ verschwindende kovariante Ableitungen haben, können diese Größen als Faktoren mit dem kovarianten Differentiationszeichen beliebig vertauscht werden.

---

[1] Diese Berichte VIII. 28 und XVII. 28.
[2] Diese Berichte XXVI. 28.

Von der bisherigen Bezeichnungsweise weiche ich dadurch ab, daß ich den Tensor Λ $\left(\text{unter Weglassung des Faktors } \frac{1}{2}\right)$ durch die Gleichung

$$\Lambda^{\alpha}_{\mu\nu} \equiv \Delta^{\alpha}_{\mu\nu} - \Delta^{\alpha}_{\nu\mu}$$

definiere.

Der Hauptunterschied gegen die geläufigen Formeln des absoluten Differentialkalküls, welchen die Einführung eines unsymmetrischen Verschiebungsgesetzes mit sich bringt, liegt in der Divergenzbildung. Es sei $T^{\cdot\cdot\sigma}_{\cdot\cdot}$ ein beliebiger Tensor mit dem oberen Index σ. Seine kovariante Ableitung lautet, wenn wir nur das auf den Index σ bezügliche Ergänzungsglied hinschreiben,

$$T^{\cdot\cdot\sigma}_{\cdot\cdot\,;\tau} \equiv \frac{\partial \mathfrak{T}^{\cdot\cdot\sigma}_{\cdot\cdot}}{\partial x_\tau} + \cdots + T^{\cdot\cdot\alpha}_{\cdot\cdot}\Delta^{\sigma}_{\alpha\tau}.$$

Multipliziert man die Gleichung mit der Determinante h, nachdem man sie nach σ und τ verjüngt hat, so erhält man nach Einführung der Tensordichte $\mathfrak{T}$ auf der rechten Seite

$$h\,T^{\cdot\cdot\sigma}_{\cdot\cdot\,;\sigma} \equiv \frac{\partial T^{\cdot\cdot\sigma}_{\cdot\cdot}}{\partial x^\sigma} + \cdots + \mathfrak{T}^{\cdot\cdot\alpha}_{\cdot\cdot}\Lambda^{\sigma}_{\alpha\sigma}.$$

Das letzte Glied der rechten Seite fehlt, wenn das Verschiebungsgesetz symmetrisch ist. Es ist selbst eine Tensordichte, ebenso daher auch die übrigen Glieder der rechten Seite zusammen, welche wir in Übereinstimmung mit der üblichen Bezeichnungsweise als die Divergenz der Tensordichte $\mathfrak{T}$ bezeichnen und

$$\mathfrak{T}^{\cdot\cdot\sigma}_{\cdot\cdot\,/\sigma}$$

schreiben wollen. Man erhält dann

$$h\,T^{\cdot\cdot\sigma}_{\cdot\cdot\,;\sigma} \equiv \mathfrak{T}^{\cdot\cdot\sigma}_{\cdot\cdot\,/\sigma} + \mathfrak{T}^{\cdot\cdot\alpha}_{\cdot\cdot}\Lambda^{\sigma}_{\alpha\sigma}. \qquad (1)$$

Endlich wollen wir noch eine Bezeichnung einführen, die — wie mir scheint — die Übersichtlichkeit erhöht. Ich will manchmal das Heraufziehen bzw. Hinunterziehen eines Index dadurch andeuten, daß ich den betreffenden Index unterstreiche. Ich bezeichne also z. B. mit $(\Lambda^{\sigma}_{\underline{\mu\nu}})$ dem zu $(\Lambda^{\sigma}_{\mu\nu})$ gehörigen rein kontravarianten, mit $(\Lambda^{\underline{\sigma}}_{\mu\nu})$ den zu $(\Lambda^{\sigma}_{\mu\nu})$ gehörigen rein kovarianten Tensor.

§ 2. Ableitung einiger Identitäten.

Das Verschwinden der »Krümmung« wird durch die Identität

$$0 \equiv -\Delta^{i}_{kl,m} + \Delta^{i}_{km,l} + \Delta^{i}_{\sigma l}\Delta^{\sigma}_{km} - \Delta^{i}_{\sigma m}\Delta^{\sigma}_{kl} \qquad (2)$$

ausgedrückt. Diese Identität benutzen wir, um eine solche abzuleiten, welcher der Tensor Λ genügt. Man bilde die beiden Gleichungen, welche aus (1) durch zyklische Verschiebung der Indizes klm entstehen und addiere die drei Gleichungen. Dann erhält man durch passende Zusammenfassung unmittelbar die Identität

$$0 \equiv (\Lambda^{i}_{kl,m} + \Lambda^{i}_{lm,k} + \Lambda^{i}_{mk,l}) + (\Delta^{i}_{\sigma k}\Lambda^{\sigma}_{lm} + \Delta^{i}_{\sigma l}\Lambda^{\sigma}_{mk} + \Delta^{i}_{\sigma m}\Lambda^{\sigma}_{kl}).$$

Diese Gleichung formen wir dadurch um, daß wir statt der gewöhnlichen Ableitungen des Λ die kovarianten Ableitungen einführen. So ergibt sich nach passender Zusammenfassung der Glieder mühelos die Identität

$$0 \equiv (\Lambda^{i}_{kl;m} + \Lambda^{i}_{lm;k} + \Lambda^{i}_{mk;l}) + (\Lambda^{i}_{k\alpha}\Lambda^{\alpha}_{lm} + \Lambda^{i}_{l\alpha}\Lambda^{\alpha}_{mk} + \Lambda^{i}_{m\alpha}\Lambda^{\alpha}_{kl}) \tag{3}$$

Dies ist eben die Bedingung dafür, daß sich die Λ in der angegebenen Weise durch die h ausdrücken lassen.

Durch einmaliges Verjüngen von (3) erhält man, indem man für $\Lambda^{\alpha}_{\mu\alpha}$ der Kürze halber ϕ_μ setzt, die für das Folgende wichtige Identität

$$0 \equiv \Lambda^{\alpha}_{kl;\alpha} + \phi_{l;k} - \phi_{k;l} - \phi_\alpha \Lambda^{\alpha}_{kl}. \tag{3a}$$

Diese formen wir noch um, indem wir die in k und l antisymmetrische Tensordichte

$$\mathfrak{V}^{\alpha}_{kl} = h(\Lambda^{\alpha}_{kl} + \phi_l \delta^{\alpha}_{k} - \phi_k \delta^{\alpha}_{l}) \tag{4}$$

einführen. (3a) geht dann in die einfache Form über

$$(\mathfrak{V}^{\alpha}_{kl})_{/\alpha} \equiv 0 \tag{3b}$$

Die Tensordichte $\mathfrak{V}^{\alpha}_{kl}$ erfüllt noch eine zweite Identität, welche für das Folgende von Bedeutung ist. Wir stützen uns zu deren Ableitung auf folgendes Vertauschungsgesetz der Divergenzbildungen bei Tensordichten von beliebigem Range:

$$\mathfrak{A}^{\cdot\, ik}_{\cdot\ \ /i/k} - \mathfrak{A}^{\cdot\, ik}_{\cdot\ \ /k/i} \equiv -(\mathfrak{A}^{\cdot\, ik}_{\cdot}\Lambda^{\sigma}_{ik})_{/\sigma}. \tag{5}$$

Die Punkte bei $\mathfrak{A}$ bedeuten beliebige Indizes, die in allen drei Gliedern der Gleichung dieselben sind, nämlich diejenigen, welche bei den Divergenzbildungen nicht betroffen werden.

Der Beweis von (5) stützt sich außer auf die Definitionsformel

$$\mathfrak{A}^{\sigma\cdot\cdot i}_{\tau\cdot\cdot\ /i} = \mathfrak{A}^{\sigma\cdot\cdot i}_{\tau\cdot\cdot\ ,i} + \mathfrak{A}^{\alpha\cdot\cdot i}_{\tau\cdot\cdot}\Delta^{\sigma}_{\alpha i}\cdots - \mathfrak{A}^{\sigma\cdot\cdot i}_{\alpha\cdot\cdot}\Delta^{\alpha}_{\tau i}\cdots \tag{6}$$

insbesondere auf die Identität (2). Gleichung (5) hängt eng zusammen mit dem Vertauschungsgesetz der kovarianten Differentiation, das ich der Vollständigkeit halber ebenfalls angeben will. Sei T ein beliebiger Tensor, dessen Indizes ich der Bequemlichkeit halber weglasse, so gilt

$$T_{;i;k} - T_{;k;i} \equiv -T_{;\sigma}\Lambda^{\sigma}_{ik}. \tag{7}$$

Von der Identität (5) machen wir nun Anwendung auf die Tensordichte $\mathfrak{V}^{\alpha}_{\underline{kl}}$, deren untere Indizes wir heraufgezogen denken. Wir finden so als einzige nicht triviale Identität

$$\mathfrak{V}^{\alpha}_{\underline{kl}/l/\alpha} - \mathfrak{V}^{\alpha}_{\underline{kl}/\alpha/l} \equiv -(\mathfrak{V}^{\alpha}_{\underline{kl}}\Lambda^{\tau}_{l\alpha})_{/\tau},$$

welche man mit Rücksicht auf (3b) auf die Form bringen kann

$$(\mathfrak{V}^{\alpha}_{\underline{kl}/l} - \mathfrak{V}^{\sigma}_{\underline{k\tau}}\Lambda^{\alpha}_{\sigma\tau})_{/\alpha} \equiv 0. \tag{8}$$

§ 3. Die Feldgleichungen.

Nachdem ich die Identität (3b) entdeckt hatte, war es mir klar, daß bei einer natürlichen einschränkenden Charakterisierung einer Mannigfaltigkeit von der ins Auge gefaßten Art die Tensordichte $\mathfrak{V}^{\alpha}_{kl}$ eine wichtige Rolle spielen müsse. Da deren Divergenz $\mathfrak{V}^{\alpha}_{kl/\alpha}$ identisch verschwindet, war es der nächstliegende Gedanke, die Forderung aufzustellen (Feldgleichungen), daß auch die andere Divergenz $\mathfrak{V}^{\alpha}_{\underline{k}\underline{l}/l}$ verschwinden solle. So gelangt man in der Tat zu Gleichungen, die **in erster Näherung** das bekannte Vakuumfeldgesetz der Gravitation liefern, wie es aus der bisherigen allgemeinen Relativitätstheorie bekannt ist.

Dagegen ergab sich so keine Vektorbedingung für die ϕ_{α}, derart, daß alle ϕ_{α} mit verschwindender Divergenz mit jenen Feldgleichungen vereinbar waren. Dies beruht darauf, daß in erster Näherung (wegen Vertauschbarkeit des gewöhnlichen Differenzierens) die Identität

$$\mathfrak{V}^{\alpha}_{\underline{k}\underline{l}/l/\alpha} \equiv \mathfrak{V}^{\alpha}_{\underline{k}\underline{l}/\alpha/l}$$

besteht, die Größe auf der rechten Seite aber wegen (3b) identisch verschwindet. Dadurch entfallen nämlich 4 Gleichungen des Systems $\mathfrak{V}^{\alpha}_{kl/l} = 0$.

Ich erkannte aber, daß diesem Mangel leicht abgeholfen werden konnte, indem man statt des Verschwindens von $\mathfrak{V}^{\alpha}_{kl/\alpha}$ die Gleichung

$$\overline{\mathfrak{V}}^{\alpha}_{kl/l} = 0$$

postuliert, in welcher $\overline{\mathfrak{V}}^{\alpha}_{kl}$ den von $\mathfrak{V}^{\alpha}_{kl}$ beliebig wenig abweichenden Tensor

$$\overline{\mathfrak{V}}^{\alpha}_{kl} = \mathfrak{V}^{\alpha}_{kl} - \varepsilon h(\phi_l \delta^{\alpha}_k - \phi_k \delta^{\alpha}_l) \qquad (9)$$

bedeutet[1]. Dann erhält man nämlich gerade die Maxwellschen Gleichungen (alles in erster Näherung), wenn man die Divergenz der Feldgleichungen (nach dem Index α) bildet. Daneben erhält man — indem man zur Grenze $\varepsilon = 0$ übergeht — nach wie vor die Gleichungen $\mathfrak{V}^{\alpha}_{kl/l} = 0$, welche eben in erster Näherung das richtige Gravitationsgesetz liefern.

Die Feldgleichungen der Elektrizität und Gravitation werden also in erster Näherung durch den Ansatz

$$\overline{\mathfrak{V}}^{\alpha}_{kl/l} = 0$$

richtig geliefert mit der zuzüglichen Bedingung, daß zum Limes $\varepsilon = 0$ überzugehen ist. Dabei bringt es das Bestehen der (in erster Näherung gültigen) Identität

$$\mathfrak{V}^{\alpha}_{kl/l/\alpha} \equiv 0 \qquad (8a)$$

mit sich, daß in den Feldgleichungen der ersten Näherung eine Scheidung der Gesetze für Gravitation einerseits, Elektrizität anderseits auftritt, welche Trennung ja einen so charakteristischen Zug der Natur darstellt.

---

[1] Es ist dies ja die Methode, die immer angewendet wird, um in singulären Fällen auftretende Degenerationen aufzuheben.

Es galt nun, jene an der ersten Näherung gewonnene Erkenntnis für die strenge Betrachtung nutzbar zu machen. Es ist klar, daß wir auch hier von einer Identität auszugehen haben, welche (8a) entspricht. Dies ist offenbar die Identität (8), zumal beide Identitäten außer auf (3b) auf einem Vertauschungssatz der Differentiationsoperationen beruhen.

Wir haben also als Feldgleichungen

$$\overline{\mathfrak{B}}^{\alpha}_{\underline{k}l/l} - \overline{\mathfrak{B}}^{\sigma}_{\underline{k}\tau}\Lambda^{\tau}_{\sigma\tau} = 0 \qquad (10)$$

anzusetzen, mit der Vorschrift, nachträglich (d. h. nach Vornahme der Operation »$/\alpha$«) zu $\varepsilon = 0$ überzugehen. Man erhält so, wenn man die linke Seite von (10) mit $\mathfrak{G}^{k\alpha}$ bezeichnet, die Feldgleichungen

$$\mathfrak{G}^{k\alpha} = 0, \qquad (10a)$$

$$\frac{1}{\varepsilon}\overline{\mathfrak{G}}^{kl}{}_{/l} = 0. \qquad (10b)$$

(10b) liefert mit Rücksicht auf (8) und (9) zunächst

$$\{[h(\phi_k\delta^{\alpha}_l - \phi_l\delta^{\alpha}_k)]_{/l} - h(\phi_k\delta^{\sigma}_{\tau} - \phi_{\tau}\delta^{\sigma}_k)\Lambda^{\alpha}_{\sigma\tau}\}_{/\alpha} = 0 .$$

Wir führen nun vorübergehend zur Abkürzung die Tensordichte

$$\mathfrak{W}^{\alpha}_{kl} = h(\phi_k\delta^{\alpha}_l - \phi_l\delta^{\alpha}_k)$$

ein. Gemäß (5) ist

$$\mathfrak{W}^{\alpha}_{\underline{k}l/l/\alpha} = \mathfrak{W}^{\alpha}_{\underline{k}l/\alpha/l} - (\mathfrak{W}^{\alpha}_{\underline{k}l}\Lambda^{\sigma}_{l\alpha})_{/\sigma},$$

so daß die auszurechnende Gleichung auch in der Form

$$(\mathfrak{W}^{l}_{\underline{k}\alpha/l} - \mathfrak{W}^{\sigma}_{\underline{k}l}\Lambda^{\alpha}_{l\tau} - \mathfrak{W}^{\sigma}_{\underline{k}\tau}\Lambda^{\alpha}_{\tau\tau})_{/\alpha} = 0$$

geschrieben werden kann, in welcher Gleichung sich die beiden letzten Glieder wegheben. Durch unmittelbare Ausrechnung ergibt sich

$$\mathfrak{W}^{l}_{\underline{k}\alpha/l} \equiv h(\phi_{\underline{k};\underline{\alpha}} - \phi_{\underline{\alpha};\underline{k}}) .$$

Die umgeformten Gleichungen (10b) lauten also

$$[h(\phi_{\underline{k};\underline{\alpha}} - \phi_{\underline{\alpha};\underline{k}})]_{/\alpha} = 0, \qquad (11)$$

welches Gleichungssystem zusammen mit

$$\mathfrak{B}^{\alpha}_{\underline{k}l/l} - \mathfrak{B}^{\sigma}_{\underline{k}\tau}\Lambda^{\alpha}_{\sigma\tau} = 0 \qquad (10a)$$

das vollständige System der Feldgleichungen bildet.

Wären wir statt von (10) direkt von (10a) ausgegangen, so hätten wir die »elektromagnetischen« Gleichungen (11) nicht erhalten. Auch würden wir keinen Anhaltspunkt dafür haben, daß die Systeme (11) und (10a) miteinander vereinbar sind. So aber scheint es sicher zu sein, daß diese Gleichungen miteinander verträglich sind, da die ursprünglichen Gleichungen (10) sechzehn Bedingungen für die sechzehn Größen $^{s}h_{\mu}$ sind. Zwischen diesen sechzehn Gleichungen (10) bestehen notwendig 4 Identitäten wegen der allgemeinen Kovarianz dieser Gleichungen. Zwischen den 20 Feldgleichungen (11), (10a) bestehen also im ganzen 8 identische Relationen, von denen im Text allerdings nur 4 explizite angegeben sind.

Daß die Gleichungen (10a) in erster Näherung die Gravitationsgleichungen enthalten, die Gleichungen (11) (in Verbindung mit der Existenz eines Potentialvektors) die Maxwellschen Gleichungen für das Vakuum, ist schon gesagt worden. Ich habe auch zeigen können, daß umgekehrt zu jeder Lösung dieser Gleichungen ein den Gleichungen (10a) genügendes h-Feld existiert[1]. Durch Verjüngung der Gleichungen (10a) erhält man eine Divergenzbedingung für das elektrische Potential

$$\left.\begin{array}{l} \mathfrak{f}^{l}{}_{/l} - \frac{1}{2}\mathfrak{B}^{\tau}_{\underline{k}\underline{\tau}}\Lambda^{k}_{\sigma\tau} = 0 \\ (2\mathfrak{f}^{l} = \mathfrak{B}^{\alpha}_{\alpha\underline{l}} = 2h\phi^{l}) \end{array}\right\}. \tag{12}$$

Eine tiefere Untersuchung der Konsequenzen der Feldgleichungen (11) (10a) wird zu zeigen haben, ob die Riemann-Metrik in Verbindung mit dem Fernparallelismus wirklich eine adäquate Auffassung der physikalischen Qualitäten des Raumes liefert. Nach dieser Untersuchung ist es nicht unwahrscheinlich.

Es ist mir eine angenehme Pflicht, Hrn. Dr. H. Müntz für die mühsame strenge Berechnung des zentralsymmetrischen Problems auf Grund des Hamiltonschen Prinzips zu danken; durch die Ergebnisse jener Untersuchung wurde mir die Auffindung des hier beschrittenen Weges nahegebracht. Ebenso danke ich an dieser Stelle dem »Physikalischen Fond«, welcher mir es während der letzten Jahre ermöglicht hat, einen Forschungsassistenten in der Person des Hrn. Dr. Grommer anzustellen.

Nachtrag zur Korrektur. Die in dieser Arbeit vorgeschlagenen Feldgleichungen sind formal gegenüber sonst denkbaren so zu kennzeichnen. Es ist durch Anlehnung an die Identität (8) erreicht worden, daß die (16) Größen ${}^{s}h_{\nu}$ nicht nur 16, sondern 20 selbständigen Differentialgleichungen unterworfen werden können. Unter »selbständig« ist dabei verstanden, daß keine dieser Gleichungen aus den übrigen gefolgert werden kann, wenn auch zwischen ihnen 8 identische (Differentiations-) Relationen bestehen.

[1] Dies alles nur, soweit es sich um die linearen Gleichungen der ersten Approximation handelt.

Ausgegeben am 30. Januar.

Berlin, gedruckt in der Reichsdruckerei.

EINHEITLICHE FELDTHEORIE UND HAMILTONSCHES PRINZIP

VON

A. EINSTEIN

SONDERAUSGABE AUS DEN SITZUNGSBERICHTEN
DER PREUSSISCHEN AKADEMIE DER WISSENSCHAFTEN
PHYS.-MATH. KLASSE 1929. X

EINHEITLICHE FELDTHEORIE UND HAMILTONSCHES PRINZIP

VON

A. EINSTEIN

In einer vor kurzem erschienenen Abhandlung (diese Berichte 1929, I) habe ich ohne Zugrundelegung eines Variationsprinzips Feldgleichungen für eine einheitliche Feldtheorie aufgestellt. Die Berechtigung dieser Feldgleichungen ruht auf der Voraussetzung der Kompatibilität der 16 Feldgleichungen (10) a. a. O. Da es nicht gelang, zwischen diesen Gleichungen vier identische Relationen herzustellen, haben die HH. Lanczos und Müntz begründete Zweifel an der Zulässigkeit der dort gegebenen Feldgleichungen geäußert, ohne daß hierüber bisher eine klare Entscheidung vorläge. Unterdessen fand ich, daß es möglich ist, das Problem in völlig befriedigender Weise unter Zugrundelegung eines Hamilton-Prinzips zu lösen, wobei die Vereinbarkeit der Gleichungen miteinander von vornherein feststeht. Die in der früheren Arbeit abgeleiteten Identitäten sowie die dort gebrauchten Bezeichnungen werden hier benutzt bzw. übernommen.

§ 1. Allgemeines über das Hamiltonsche Prinzip,
angewandt auf ein Kontinuum mit Riemann-Metrik und Fernparallelismus.

Es sei $\mathfrak{H}$ eine skalare Dichte, welche sich aus den $g_{\mu\nu}$ und $\Lambda^{\alpha}_{\mu\nu}$ algebraisch ausdrückt. Dann gehören zu dem Hamiltonschen Prinzip

$$\delta\left\{\int \mathfrak{H}\, d\tau\right\} = 0, \tag{1}$$

in welchem nach den ${}^{s}h_{\nu}$ variiert wird, die Feldgleichungen

$$\mathfrak{G}^{\mu\alpha} = \mathfrak{H}^{\mu\alpha} - (\mathfrak{H}^{\mu\nu}_{\underline{\alpha}})_{/\nu} = 0, \tag{2}$$

wobei die Größen $\mathfrak{H}^{\mu\alpha}$ und $\mathfrak{H}^{\mu\nu}_{\alpha}$ durch die Gleichungen

$$\left.\begin{aligned} \mathfrak{H}^{\mu\nu} &= \frac{\partial \mathfrak{H}}{\partial g_{\mu\nu}} \\ \mathfrak{H}^{\mu\nu}_{\alpha} &= \frac{\partial \mathfrak{H}}{\partial \Lambda^{\alpha}_{\mu\nu}} \end{aligned}\right\} \tag{3}$$

definiert sind. Dies folgt unmittelbar aus (1) mit Rücksicht auf die Definitionsgleichung

$$\Lambda^{\alpha}_{\mu\nu} = {}_{s}h^{\alpha}({}^{s}h_{\mu,\nu} - {}^{s}h_{\nu,\mu}), \tag{4}$$

wobei das Komma gewöhnliche Differentiation bedeutet.

Der Umstand, daß (1) von selbst erfüllt ist für solche (an den Grenzen verschwindende) Variationen der ${}^sh_\nu$, welche durch bloße infinitesimale Koordinaten-Transformation erzeugt werden können, führt wie in der bisherigen Relativitätstheorie zu einer Vireridentität:

$$D_\mu(\mathfrak{G}^{\mu\alpha}) = \mathfrak{H}^{\mu\alpha}{}_{/\mu} + \mathfrak{H}^{\mu\beta}\Lambda^{\beta}_{\sigma\mu} \equiv 0. \qquad (5)$$

D_μ ist dabei der in (5) angegebene divergenzartige Differentialoperator. Eine Identität vom Typus (5) gilt stets für eine Tensordichte $\mathfrak{G}^{\mu\alpha}$, welche Hamilton-Derivierte aus einer skularen Dichte $\mathfrak{H}$ ist, die nur von den ${}^sh_\nu$ und deren Ableitungen abhängt.

§ 2. Besondere Wahl der Hamilton-Funktion.

Die einfachste Wahl der Hamilton-Funktion ist gekennzeichnet durch die Eigenschaft: $\mathfrak{H}$ ist vom zweiten Grade in den $\Lambda^{\alpha}_{\mu\nu}$. Dies kommt darauf hinaus, daß $\mathfrak{H}$ eine lineare Kombination der Größen

$$\left.\begin{aligned} \mathfrak{J}_1 &= h\Lambda^{\alpha}_{\mu\beta}\Lambda^{\beta}_{\underline{\mu}\underline{\alpha}} \\ \mathfrak{J}_2 &= h\Lambda^{\alpha}_{\mu\beta}\Lambda^{\underline{\alpha}}_{\underline{\mu}\underline{\beta}} \\ \mathfrak{J}_3 &= h\Lambda^{\alpha}_{\mu\alpha}\Lambda^{\underline{\beta}}_{\underline{\mu}\beta} \end{aligned}\right\} \qquad (6)$$

ist. Von allen möglichen linearen Kombinationen ist nun eine dadurch ausgezeichnet, daß die zugehörigen $\mathfrak{G}^{\mu\alpha}$ symmetrisch werden:

$$\mathfrak{H} = \tfrac{1}{2}\mathfrak{J}_1 + \tfrac{1}{4}\mathfrak{J}_2 - \mathfrak{J}_3. \qquad (7)$$

Der Beweis stützt sich auf die Symmetrie von $\mathfrak{H}^{\mu\alpha}$ sowie auf die in der früheren Arbeit abgeleitete Indentität

$$\mathfrak{B}^{\alpha}_{\mu\nu/\alpha} = [h(\Lambda^{\alpha}_{\mu\nu} + \phi_\nu\delta^{\alpha}_{\mu} - \phi_\mu\delta^{\alpha}_{\nu})]_{/\alpha} \equiv 0. \qquad (8)$$

Durch Variation ergeben sich 10 Gleichungen

$$\mathfrak{G}^{\mu\alpha} = 0, \qquad (9)$$

welche in erster Näherung mit den auf die Riemannsche Geometrie gegründeten Gleichungen des Gravitationsfeldes übereinstimmen.

Die fehlenden Feldgleichungen erhält man, indem man statt der in (7) gewählten Hamiltonschen Funktion eine von ihr nur unendlich wenig verschiedene lineare Kombination $\overline{\mathfrak{H}}$ der $\mathfrak{J}$ wählt. Der Übersichtlichkeit halber drücken wir diese so aus:

$$\overline{\mathfrak{H}} = \mathfrak{H} + \varepsilon_1\mathfrak{H}^* + \varepsilon_2\mathfrak{H}^{**}, \qquad (10)$$

wobei

$$\mathfrak{H}^* = \tfrac{1}{2}\mathfrak{J}_1 - \tfrac{1}{4}\mathfrak{J}_2 \qquad (11)$$

$$\mathfrak{H}^{**} = \mathfrak{J}_3. \qquad (12)$$

Durch Ausrechnen ergibt sich

$$\mathfrak{H}^* = -\frac{1}{12}hS^{\alpha}_{\mu\nu}S^{\underline{\alpha}}_{\underline{\mu}\underline{\nu}}, \qquad (11a)$$

wobei gesetzt ist

$$S^{\alpha}_{\underline{\mu}\underline{\nu}} = \Lambda^{\alpha}_{\underline{\mu}\underline{\nu}} + \Lambda^{\nu}_{\underline{\alpha}\underline{\mu}} + \Lambda^{\mu}_{\underline{\nu}\underline{\alpha}}, \qquad (13)$$

welche Größe in allen drei Indices antisymmetrisch ist. Durch Ausführung der Variation von $\mathfrak{H}$ und Spaltung der so erlangten Tensorgleichung in den symmetrischen und antisymmetrischen Bestandteil erhält man neben (9) die Gleichungen

$$(\mathfrak{G}^{*\mu\alpha} - \mathfrak{G}^{*\alpha\mu}) + \sigma(\mathfrak{G}^{**\mu\alpha} - \mathfrak{G}^{**\alpha\mu}) = 0, \qquad (14)$$

wobei σ das Verhältnis der unendlich kleinen Größen ε_2 und ε_1 bedeutet. Diese Gleichungen können auch in der Form geschrieben werden

$$(\mathfrak{H}^{*\mu\nu}_{\underline{\alpha}} - \mathfrak{H}^{*\alpha\nu}_{\underline{\mu}})_{/\nu} + \sigma(\mathfrak{H}^{**\mu\nu}_{\underline{\alpha}} - \mathfrak{H}^{**\alpha\nu}_{\underline{\mu}})_{/\nu} = 0. \qquad (14a)$$

Man erhält durch Ausrechnung

$$\mathfrak{H}^{*\mu\nu}_{\underline{\alpha}} - \mathfrak{H}^{*\alpha\nu}_{\underline{\mu}} = -hS^{\alpha}_{\underline{\mu}\underline{\nu}} = -\mathfrak{S}^{\alpha}_{\underline{\mu}\underline{\nu}} \qquad (15)$$

$$\mathfrak{H}^{**\mu\nu}_{\underline{\alpha}} - \mathfrak{H}^{**\alpha\nu}_{\underline{\mu}} = h(\phi^{\mu}g^{\alpha\nu} - \phi^{\alpha}g^{\mu\nu}) \qquad (16)$$

und nach Ausführung der Operation $_{/\nu}$ aus (14a)

$$\mathfrak{S}^{\alpha}_{\underline{\mu}\underline{\nu}/\nu} - \sigma[h(\phi_{\underline{\mu};\underline{\alpha}} - \phi_{\underline{\alpha};\underline{\mu}})] = 0 \qquad (17)$$

oder nach Einführung der kontravarianten Tensordichte $\mathfrak{f}^{\mu\alpha}$

$$\mathfrak{S}^{\alpha}_{\underline{\mu}\underline{\nu}/\nu} - \sigma\mathfrak{f}^{\mu\alpha} = 0. \qquad (17a)$$

Man sieht sogleich, daß diese Gleichungen in erster Näherung die MAXWELLsche Theorie enthalten. Denn erstens ist die Abhängigkeit der »Feldstärken« $\mathfrak{f}^{\mu\nu}$ von den »Potentialen« ϕ_{μ} in erster Näherung dieselbe wie bei MAXWELL. Zweitens ergibt — da das Symbol $_{/\nu}$ in erster Näherung gewöhnlicher Differentiation bedeutet — die Differentiation nach α wegen der Antisymmetrie von $\mathfrak{S}$ das Verschwinden von $\mathfrak{f}^{\mu\alpha}{}_{/\alpha}$.

Um jedoch der Existenz elektrischer Ladungen gerecht zu werden, ist es nötig, zu dem Grenzfalle $\sigma = 0$ überzugehen

§ 3. Der Grenzfall $\sigma = 0$.

Für die Durchführung des ins Auge gefaßten Grenzüberganges bedarf es noch einer Vorbereitung. Es läßt sich $\mathfrak{G}^{*\mu\alpha}$ in der Form schreiben

$$\mathfrak{G}^{*\mu\alpha} = \tfrac{1}{2}\mathfrak{S}^{\alpha}_{\underline{\mu}\underline{\nu}/\nu} + \mathfrak{H}^{*\mu\alpha}. \qquad (18)$$

Aus (3) und (11a) geht hervor, daß $\mathfrak{H}^{*\mu\alpha}$ quadratisch und homogen von den $S^{\alpha}_{\underline{\mu}\underline{\nu}}$ abhängt. Ferner erfüllt $\mathfrak{G}^{*\mu\alpha}$ die Identität

$$D_{\mu}(\mathfrak{G}^{*\mu\alpha}) \equiv 0. \qquad (5a)$$

Nun liefert der Grenzübergang zu $\sigma = 0$ gemäß (17a) unmittelbar die Relation

$$\mathfrak{S}^{\alpha}_{\underline{\mu}\underline{\nu}/\nu} = 0. \qquad (19)$$

Diese 6 Gleichungen haben — abgesehen von besonderen Fällen — das Verschwinden der 4 Größen $\mathfrak{S}^{\alpha}_{\underline{\mu\nu}}$ zur Folge. Ich nehme im folgenden überdies an, daß bei dem Übergang zu $\sigma = 0$ die Größen $\mathfrak{S}^{\alpha}_{\mu\nu}$ proportional mit σ zu Null herabsinken, wofür ich einen Beweis bisher nicht habe erbringen können.

Wenn man $\mathfrak{S}^{\alpha}_{\underline{\mu\nu}/\nu}$ aus (18) und (17a) eliminiert, so erhält man die Gleichung

$$2\,[\mathfrak{G}^{*\mu\alpha} - \mathfrak{H}^{*\mu\alpha}] - \sigma\,\mathfrak{f}^{\mu\alpha} = 0,$$

oder nach Ausführung der Operation D_μ wegen (5a)

$$D_\mu\left(\mathfrak{f}^{\mu\alpha} + 2\,\frac{\mathfrak{H}^{*\mu\alpha}}{\sigma}\right) = 0\,. \tag{20}$$

Bei dem Grenzübergang zu $\sigma = 0$ verschwindet das zweite Glied, dessen Zähler wie $(\mathfrak{S}^{\alpha}_{\mu\nu})^2$, d. h. nach unserer obigen Annahme wie σ^2 zu Null herabsinkt, so daß man erhält

$$D_\mu\,(\mathfrak{f}^{\mu\alpha}) = 0, \tag{21}$$

welche Gleichung neben

$$S^{\alpha}_{\underline{\mu\nu}} = 0 \tag{22}$$

das Ergebnis des Grenzüberganges bildet.

Als Endergebnis dieser Untersuchung ist also die Kombination der Gleichungssysteme (9), (21) und (22) anzusehen, wobei die Ableitung für (21) nicht völlig streng ist.

Es sei noch bemerkt, daß die Gleichungen (22) es mit sich bringen, daß an die Stelle der Hamiltonschen Funktion (7) für die Gleichungen (9) ebensogut die Hamilton-Funktion

$$\mathfrak{H} = \mathfrak{J}_1 - \mathfrak{J}_3 \tag{7a}$$

treten kann.

Ausgegeben am 23. April.

Berlin, gedruckt in der Reichsdruckerei.

DIE KOMPATIBILITÄT DER FELDGLEICHUNGEN IN DER EINHEITLICHEN FELDTHEORIE

VON

A. EINSTEIN

SONDERAUSGABE AUS DEN SITZUNGSBERICHTEN
DER PREUSSISCHEN AKADEMIE DER WISSENSCHAFTEN
PHYS.-MATH. KLASSE. 1930. I

DIE KOMPATIBILITÄT DER FELDGLEICHUNGEN IN DER EINHEITLICHEN FELDTHEORIE

VON

A. EINSTEIN

Vor einigen Monaten habe ich in einer in den Mathematischen Annalen erscheinenden zusammenfassenden Arbeit die mathematischen Grundlagen der einheitlichen Feldtheorie dargelegt. In dieser Abhandlung will ich das Wesentliche kurz zusammenfassen und gleichzeitig dartun, in welchen Punkten die in meinen früheren Arbeiten (diese Berichte »Zur einheitlichen Feldtheorie« 1929 I und »Einheitliche Feldtheorie und Hamiltonsches Prinzip« 1929 X) gegebenen Ausführungen verbesserungsbedürftig waren. Der Kompatibilitätsbeweis ist auf Grund einer brieflichen Mitteilung, welche ich Hrn. Cartan verdanke (vgl. § 3, [16]), gegenüber der in den Mathematischen Annalen gegebenen Darstellung etwas vereinfacht.

§ 1. Kritisches zu meinen früheren Arbeiten.

Die in § 1 der erstzitierten Arbeit eingeführter Divergenzoperation an einer Tensordichte ist nicht zweckmäßig. Es ist besser, bei demjenigen Divergenzbegriff zu bleiben, der als Verjüngung der Erweiterung eines Tensors definiert ist. Denn nur bei der letztgenannten Definition verschwindet die Divergenz des Fundamentaltensors identisch.

Die Identität (3a) bzw. (3b) loc. cit. nimmt dann die Form an

$$\Lambda^{\alpha}_{\varkappa l;\alpha} - (\phi_{\varkappa,l} - \phi_{l,\varkappa}) \equiv 0 \,, \tag{1}$$

wobei gesetzt ist

$$\phi_{\varkappa} = \Lambda^{\sigma}_{\varkappa\sigma} \,. \tag{1a}$$

Wie schon früher auseinandergesetzt ist, beruht der dortige Kompatibilitätsbeweis für die Feldgleichungen auf der unzutreffenden Voraussetzung, daß zwischen den dortigen Gleichungen (10) vier Identitäten bestehen.

Die zweite der zitierten Arbeiten enthält einen verhängnisvollen Irrtum. Es ist nämlich nicht zutreffend, daß die $G^{*\mu\alpha}$ homogen quadratisch von den $S^{\alpha}_{\underline{\mu}\nu}$ abhängen. Dadurch wird aber die Ableitung der dortigen, als elektromagnetische Feldgleichung gedeuteten Gleichung (21) hinfällig.

§ 2. Übersicht über den mathematischen Apparat der Theorie.

Die Raumstruktur bzw. das Feld wird beschrieben durch die GAUSS-Komponenten $h_s{}^\nu$ des lokalen orthogonalen 4-Beins (ν-te Komponente des s-ten Beines). Transformationsgesetz bei Änderung des GAUSSschen Koordinatensystems und gleicher Drehung aller lokalen 4-Beine

$$h_s{}^{\nu'} = \alpha_{st} \frac{\partial x^{\nu'}}{\partial x^\sigma} h_t{}^\sigma, \tag{2}$$

wobei die Konstanten α_{st} ein orthogonales System bilden.

Die normierten Unterdeterminanten $h_{s\nu}$ der $h_s{}^\nu$ folgen dem Transformationsgesetz

$$h'_{s\nu} = \alpha_{st} \frac{\partial x^\sigma}{\partial x^{\nu'}} h_{t\sigma}. \tag{3}$$

Größensysteme, die in ihren Transformationseigenschaften sich von den h nur durch die Anzahl der Indizes unterscheiden, heißen Tensoren. Die Größen $(h_{s\nu})$ bzw. $(h_s{}^\nu)$ bilden den Fundamentaltensor.

Addition, Subtraktion und Multiplikation wie bei üblicher Tensortheorie. Kontraktion (Verjüngung) möglich bezüglich zweier lokaler (lateinischer) oder bezüglich zweier Koordinatenindizes (griechisch) von verschiedenem Charakter.

Verwandlung des Indexcharakters eines Tensors mittels des Fundamentaltensors durch Multiplikation und Verjüngung ist stets möglich, z. B.

$$A_s = h_{s\nu} A^\nu.$$

Da $A_s A_s$ der Betrag des Vektors (A_s) sein soll, so folgt, daß die $g_{\mu\nu}$ Koeffizienten der RIEMAMN-Metrik gegeben sind durch die quadratische Bildung

$$g_{\mu\nu} = h_{s\mu}\; h_{s\nu}. \tag{4}$$

Aus der Festsetzung der Parallelität der lokalen 4-Beine folgt als Gesetz der (integrabeln) elementaren Parallelverschiebung

$$\left.\begin{aligned} \delta A^\mu &= -\Delta^\mu_{\alpha\beta} A^\alpha \delta x^\beta \\ \Delta^\mu_{\alpha\beta} &= h_s^\mu h_{s\alpha,\beta} \end{aligned}\right\}, \tag{5}$$

wobei das Komma gewöhnliche Differentiation bedeutet. Hieraus folgt das Gesetz der (absoluten) Differentiation

$$A^\mu{}_{;\sigma} = A^\mu{}_{,\sigma} + A^\alpha \Delta^\mu_{\alpha\sigma} \tag{6}$$

$$A_{\mu;\sigma} = A_{\mu,\sigma} - A_\alpha \Delta^\alpha_{\mu\sigma}. \tag{7}$$

Bei Tensoren mit mehreren griechischen und lateinischen Indizes tritt für jeden griechischen Index ein entsprechendes Glied auf.

Aus dem durch zweimalige Differentiation aus dem Skalar Φ gebildeten Tensor $\Phi_{;\sigma;\tau}$ bzw. aus dem Tensorcharakter von $(\Phi_{;\sigma;\tau} - \Phi_{;\tau;\sigma})$ folgt leicht der Tensorcharakter von

$$\Lambda^\alpha_{\mu\nu} = \Delta^\alpha_{\mu\nu} - \Delta^\alpha_{\nu\mu}. \tag{8}$$

Das Verschwinden aller $\Lambda^{\alpha}_{\mu\nu}$ ist die Bedingung für die Euklidizität des Kontinuums.

Der Tensor (Λ) erfüllt wegen seiner Ausdrückbarkeit durch die h-Größen bzw. wegen der Integrabilität des Δ-Parallelverschiebungsgesetzes die Identiät

$$(\Lambda^{\iota}_{\varkappa\lambda;\mu} + \Lambda^{\iota}_{\lambda\mu;\varkappa} + \Lambda^{\iota}_{\mu\varkappa;\lambda}) + (\Lambda^{\iota}_{\varkappa\alpha}\Lambda^{\alpha}_{\lambda\mu} + \Lambda^{\iota}_{\lambda\alpha}\Lambda^{\alpha}_{\mu\varkappa} + \Lambda^{\iota}_{\mu\alpha}\Lambda^{\alpha}_{\varkappa\lambda}) \equiv 0\,, \qquad (9)$$

woraus durch Verjüngung die Identität (1) folgt.

Für die absolute Differentiation gilt die Produktregel. Die absoluten Differentialquotienten der h, ebenso wie der $g_{\mu\nu}$ (bzw. $g^{\mu\nu}$) verschwinden identisch. Der Fundamentaltensor als Faktor ist also mit dem Differentiationszeichen (;) vertauschbar.

Für die zweimalige absolute Differentiation eines beliebigen Tensors $T^{\cdot}_{\cdot}$ (die Punkte bedeuten beliebige Indizes) gilt das Differentiationsvertauschungsgesetz

$$T^{\cdot}_{\cdot;\sigma;\tau} - T^{\cdot}_{\cdot;\tau;\sigma} \equiv - T^{\cdot}_{\cdot;\alpha}\Lambda^{\alpha}_{\sigma\tau}\,. \qquad (10)$$

Wenn T keinen griechischen Index hat (Skalarcharakter), ist der Beweis leicht direkt zu führen; der Beweis für beliebige Tensoren ergibt sich dadurch, daß man diese durch Multiplikation mit Parallelvektoren (Vektoren mit überall verschwindender absoluter Ableitung) in solche mit Skalarcharakter überführt.

Hat der betrachtete Tensor $T^{\cdot}_{\cdot}$ zwei kontravariante Indizes, so kann man bezüglich dieser und σ bzw. τ verjüngen; man erhält dann aus (10) einen Divergenzvertauschungssatz.

Dem besonderen Charakter des vierdimensionalen Kontinuums der Physik wird man durch die Festsetzungen gerecht: die Koordinate x^4 ist rein imaginär (auch die vierte Lokalkoordinate), die übrigen sind reell. Tensorkomponenten sind rein imaginär, wenn sie eine ungerade Zahl von Indizes (4) haben, sonst reell.

Endlich eine formale Festsetzung: Die Änderung der Stellung eines griechischen Index (»Heraufziehen« bzw. »Herunterziehen«) soll auch durch Unterstreichen des betreffenden Index ausgedrückt werden können.

§ 3. Die Feldgleichungen und ihre Kompatibilität.

Die Feldgleichungen müssen natürlich kovariant sein, auch wird man voraussetzen dürfen, daß sie zweiter Ordnung und in den zweimal nach den Koordinaten differenzierten Feldvariabeln linear seien. Während in der bisherigen allgemeinen Relativitätstheorie diese Forderungen für die Bestimmung wenigstens der Feldgleichungen der Gravitation hinreichen, ist dies gemäß der vorliegenden Theorie nicht der Fall. Wegen des Tensorcharakters der Λ hat man nämlich eine viel größere Mannigfalt der Tensoren als innerhalb des RIEMANNschen Schemas.

Die allgemeine Kovarianz bringt es mit sich, daß vier Feldvariable beliebig bleiben müssen. Die 16 Größen h dürfen also nur 12 voneinander unabhängigen Bedingungen unterworfen werden. Ist also die Anzahl N der Feldgleichungen größer als 12, so müssen zwischen denselben mindestens $N - 12$ Identitäten bestehen.

Eine einfache Möglichkeit für die Aufstellung eines kovarianten Systems von nur 12 Gleichungen bietet sich nicht dar. Es müssen also Gleichungen aufgestellt werden, zwischen denen identische Relationen bestehen. Je höher die Zahl der Gleichungen ist (und folglich auch der zwischen ihnen bestehenden Identitäten), desto bestimmtere, über die Forderung des bloßen Determinismus hinausgehende Aussagen macht die Theorie; desto wertvoller ist also die Theorie, falls sie mit den Erfahrungstatsachen verträglich ist[1]. Die Forderung der Existenz eines »überbestimmten« Gleichungssystems mit der erforderlichen Zahl von Identitäten gibt uns das Mittel zur Auffindung der Feldgleichungen an die Hand.

Als Feldgleichungen schlage ich die beiden Gleichungssysteme vor

$$G^{\mu\alpha} = \Lambda^{\alpha}_{\underline{\mu\nu};\nu} - \Lambda^{\tau}_{\underline{\mu\tau}}\Lambda^{\alpha}_{\sigma\tau} = 0 \qquad (11)$$

$$F_{\mu\alpha} = \Lambda^{\sigma}_{\underline{\mu\alpha};\sigma} = 0; \qquad (12)$$

es sind dies 16 + 6 Gleichungen für die 16 Feldvariabeln $h_{s\nu}$. Auf sie kam ich durch Anwendung der Divergenzvertauschungsregel auf den Tensor $\Lambda^{\alpha}_{\mu\nu}$. Es ist nämlich

$$\Lambda^{\alpha}_{\underline{\mu\nu};\nu;\alpha} - \Lambda^{\alpha}_{\underline{\mu\nu};\alpha;\nu} \equiv -\Lambda^{\alpha}_{\underline{\mu\nu};\sigma}\Lambda^{\sigma}_{\nu\alpha}.$$

Die rechte Seite kann man schreiben

$$-(\Lambda^{\alpha}_{\underline{\mu\nu}}\Lambda^{\sigma}_{\nu\alpha})_{;\sigma} + \Lambda^{\alpha}_{\underline{\mu\nu}}\Lambda^{\sigma}_{\nu\alpha;\sigma}.$$

Mit Rücksicht hierauf kann man durch passende Benennung der Summationsindizes die Identität in die Form bringen

$$G^{\mu\alpha}{}_{;\alpha} - F^{\mu\alpha}{}_{;\alpha} + \Lambda^{\sigma}_{\underline{\mu\tau}}F_{\sigma\tau} \equiv 0. \qquad (13)$$

Dies sind 4 identische Relationen zwischen den Gleichungen (11) und (12), welche zu deren Setzung Anlaß gegeben haben.

Die Gleichungen (12) in Verbindung mit Identität (1) führt ferner unmittelbar zu der Identität

$$F_{\mu\nu,\rho} + F_{\nu\rho,\mu} + F_{\rho\mu,\nu} \equiv 0. \qquad (14)$$

Wir merken an, daß die Gleichungen (12) auch durch

$$F_{\mu\nu} = \phi_{\mu,\alpha} - \phi_{\alpha,\mu} = 0 \qquad (12a)$$

oder durch

$$F_{\mu} = \phi_{\mu} - \frac{\partial \lg \psi}{\partial x^{\mu}} = 0 \qquad (12b)$$

ersetzt werden können, wobei ψ ein Skalar ist. Es läßt sich ferner $F_{\mu\nu}$ durch F_{μ} vermöge der Relation ausdrücken

$$F_{\mu\nu} \equiv F_{\mu,\nu} - F_{\nu,\mu}. \qquad (15)$$

[1] In der bisherigen Theorie der Gravitation gibt es z. B. 10 Gleichungen für die 10 Feldvariabeln, zwischen denen vier Identitäten bestehen.

Ein drittes identisches System erhalten wir durch die Bildung von $G^{\mu\alpha}{}_{;\mu}$. Es ergibt sich zunächst aus (11)

$$G^{\mu\alpha}{}_{;\mu} \equiv \Lambda^{\alpha}_{\underline{\mu\nu};\nu;\mu} - \Lambda^{\tau}_{\underline{\sigma\mu};\mu}\Lambda^{\alpha}_{\sigma\tau} - \Lambda^{\sigma}_{\underline{\mu\tau}}\Lambda^{\alpha}_{\sigma\tau;\mu} .$$

Wendet man die Divergenzvertauschungsrelation auf $\Lambda^{\alpha}_{\underline{\mu\nu}}$ bezüglich der Indizes ν und μ an, so erhält man

$$\Lambda^{\alpha}_{\underline{\mu\nu};\nu;\mu} \equiv -\frac{1}{2}\Lambda^{\alpha}_{\underline{\mu\nu};\sigma}\Lambda^{\sigma}_{\underline{\nu\mu}} .$$

Ersetzt man vermöge dieser Relation das erste Glied der rechten Seite obiger Identität, so kann man das erste und dritte Glied zusammen ersetzen durch

$$-\Lambda^{\sigma}_{\underline{\mu\tau}}(\Lambda^{\alpha}_{\sigma\tau;\mu} + \frac{1}{2}\Lambda^{\alpha}_{\tau\mu;\sigma})$$

oder durch

$$-\frac{1}{2}\Lambda^{\sigma}_{\underline{\mu\tau}}(\Lambda^{\alpha}_{\sigma\tau;\mu} + \Lambda^{\alpha}_{\tau\mu;\sigma} + \Lambda^{\alpha}_{\mu\sigma;\tau}) .$$

Die Klammer läßt sich aber mit Rücksicht auf (9) durch die Λ selbst ausdrücken, so daß man hierfür erhält

$$+\frac{1}{2}\Lambda^{\sigma}_{\underline{\mu\tau}}(\Lambda^{\alpha}_{\sigma\lambda}\Lambda^{\lambda}_{\tau\mu} + \Lambda^{\alpha}_{\tau\lambda}\Lambda^{\lambda}_{\mu\sigma} + \Lambda^{\alpha}_{\mu\lambda}\Lambda^{\lambda}_{\sigma\tau})$$

oder, da sich das erste Glied der Klammer weghebt und die beiden andern sich vereinigen,

$$\Lambda^{\sigma}_{\underline{\mu\tau}}\Lambda^{\lambda}_{\sigma\tau}\Lambda^{\alpha}_{\mu\lambda} .$$

Es ergibt sich daher

$$G^{\mu\alpha}{}_{;\mu} \equiv -\Lambda^{\alpha}_{\sigma\tau}(\Lambda^{\tau}_{\underline{\sigma\mu};\mu} - \Lambda^{\varrho}_{\underline{\sigma\lambda}}\Lambda^{\tau}_{\varrho\lambda})$$

oder endlich

$$G^{\mu\alpha}{}_{;\mu} + \Lambda^{\alpha}_{\sigma\tau}G^{\sigma\tau} \equiv 0 . \qquad (16)$$

(13), (14) und (16) sind die zwischen den Feldgleichungen (11), (12) bestehenden Identitäten.

Daß diese Identitäten die Kompatibilität der Gleichungen (11), (12) wirklich bedingen, erhellt aus folgender Überlegung. Es wird möglich sein, die Gleichungen (11), (12) für einen Schnitt $x^4 = a$ alle zu erfüllen. Ebenso wird es möglich sein, im ganzen Raum diejenigen 12 Gleichungen zu erfüllen, welche durch Nullsetzen von

$$\begin{matrix} G^{11} & G^{12} & G^{13} \\ G^{21} & G^{22} & G^{23} \\ G^{31} & G^{32} & G^{33} \\ F_{14} & F_{24} & F_{34} \end{matrix}$$

charakterisiert sind. Man wird ferner diese letztere Lösung so wählen können, daß sie eine stetige Fortsetzung der für den Schnitt $x^4 = a$ gegebenen Lösung ist. Dann behaupten wir, daß durch diese Lösung auch diejenigen Gleichungen überall erfüllt sind, welche durch Nullsetzen von

$$G^{14}\; G^{24}\; G^{34}\; G^{41}\; G^{42}\; G^{43}\; G^{44}\; F_{23}\; F_{31}\; F_{12}$$

charakterisiert sind.

Zunächst folgt nämlich daraus, daß F_{14}, F_{24}, F_{34} überall verschwinden, mit Rücksicht auf (14), daß $\frac{\partial F_{23}}{\partial x^4}$ $\frac{\partial F_{31}}{\partial x^4}$ $\frac{\partial F_{12}}{\partial x^4}$ überall verschwinden. Da F_{23}, F_{31}, F_{12} aber im Schnitt $x^4 = a$ verschwinden, so verschwinden sie überall. Ferner folgt aus (13) und (16), daß im Schnitte $x^4 = a$ die Ableitungen nach x^4 von G^{14}, $G^{41} \cdots G^{44}$ verschwinden; also verschwinden diese Größen und damit alle $G^{\mu\alpha}$ auch in dem infinitesimal benachbarten Schnitte $x^4 = a + da$. Durch Wiederholung dieser Schlußweise folgt schließlich, daß auch alle $G^{\mu\alpha}$ überall verschwinden. Damit ist der Kompatibilitätsbeweis der Feldgleichungen (11), (12) erbracht.

Erste Approximation. Wir untersuchen Felder, die sich nur unendlich wenig vom euklidischen Spezialfalle unterscheiden:

$$h_{s\nu} = \delta_{s\nu} + \bar{h}_{s\nu}. \tag{17}$$

$\delta_{s\nu}$ bedeutet 1 bzw. 0 je nachdem $s = \nu$ oder $s \neq \nu$; die $\bar{h}_{s\nu}$ sind unendlich klein gegen 1. Vernachlässigt man quadratische Glieder in den $\bar{h}$ (Glieder zweiter Ordnung), so können die Feldgleichungen durch

$$\bar{h}_{\alpha\mu,\nu,\nu} - \bar{h}_{\alpha\nu,\nu,\mu} = 0 \tag{11a}$$

$$\bar{h}_{\alpha\mu,\alpha,\nu} - \bar{h}_{\alpha\nu,\alpha,\mu} = 0 \tag{12a}$$

ersetzt werden.

Der Ansatz (17) erlaubt immer noch eine infinitesimale Transformation der Gaussschen Koordinaten. Es läßt sich nun zeigen, daß vermöge der Gleichungen (12a) eine solche Koordinatenwahl möglich ist, daß

$$\bar{h}_{\mu\alpha,\alpha} = \bar{h}_{\alpha\mu,\alpha} = 0 \tag{18}$$

erfüllt ist, wobei von den Feldgleichungen nur

$$\bar{h}_{\alpha\mu,\nu,\nu} = 0 \tag{11b}$$

übrigbleibt. Nennt man $\bar{g}_{\alpha\mu}$ den doppelten symmetrischen, $a_{\alpha\mu}$ den doppelten antisymmetrischen Anteil von $\bar{h}_{\alpha\mu}$, so lassen sich die Feldgleichungen in die beiden Systeme spalten

$$\left.\begin{aligned} \bar{g}_{\alpha\mu,\nu,\nu} &= 0 \\ \bar{g}_{\alpha\mu,\mu} &= 0 \end{aligned}\right\} \tag{19}$$

$$\left.\begin{aligned} a_{\alpha\mu,\nu,\nu} &= 0 \\ a_{\alpha\mu,\mu} &= 0 \end{aligned}\right\} \tag{20}$$

Nach meiner Ansicht drückt (19) die Gesetzlichkeit des Gravitationsfeldes, (20) diejenige des elektromagnetischen Feldes aus, wobei die $a_{\alpha\mu}$ die Rolle der elektromagnetischen Feldstärke spielen. Bei strenger Betrachtung ist eine Spaltung des Feldes in Gravitationsfeld und elektromagnetisches Feld nicht möglich. Genaueres findet man in meiner Arbeit in den Mathematischen Annalen.

Die wichtigste an die (strengen) Feldgleichungen sich knüpfende Frage ist die nach der Existenz singularitätsfreier Lösungen, welche die Elektronen und Protonen darstellen könnten.

Ausgegeben am 6. Februar.

Berlin, gedruckt in der Reichsdruckerei.

ZWEI STRENGE STATISCHE LÖSUNGEN DER FELDGLEICHUNGEN DER EINHEITLICHEN FELDTHEORIE

VON

A. EINSTEIN UND W. MAYER

SONDERAUSGABE AUS DEN SITZUNGSBERICHTEN
DER PREUSSISCHEN AKADEMIE DER WISSENSCHAFTEN
PHYS.-MATH. KLASSE. 1930. VI

ZWEI STRENGE STATISCHE LÖSUNGEN DER FELDGLEICHUNGEN DER EINHEITLICHEN FELDTHEORIE

VON

A. EINSTEIN UND W. MAYER

Im folgenden sind die beiden Spezialfälle behandelt:

a) Der räumlich zentralsymmetrische (rotationssymmetrische) Fall, der zugleich spiegelsymmetrisch ist.
Physikalisch betrachtet handelt es sich dabei um das Außenfeld einer elektrisch geladenen Kugel von nicht verschwindender Masse.

b) Die statische Lösung, welche einer beliebigen Zahl ruhender nicht elektrisch geladener Massenpunkte entspricht.

Anmerkung: Die Entwicklungen des § 1 bis zur Gleichung (27) enthalten nur den strengen mathematischen Nachweis dafür, daß im Falle der Zentralsymmetrie und räumlicher Spiegelsymmetrie bei passender Wahl der Koordinaten die $h_s{}^\alpha$ die in (27) angegebene Form annehmen.

§ 1. Der räumlich zentralsymmetrische Fall.

Wir suchen das allgemeinste dreidimensionale Kontinuum

$$x_1, x_2, x_3, h_s{}^\alpha(x_1, x_2, x_3), \qquad s, \alpha = 1, 2, 3,$$

das die Eigenschaft der Rotationssymmetrie zeigt, d. h. Invarianz besitzt in bezug auf die Gruppe

$$(1) \qquad \bar{x}_\alpha = a_{\alpha\beta}\, x_\beta, \qquad \alpha, \beta = 1, 2, 3,$$

wo $\| a_{\alpha\beta} \|$ eine orthogonale Matrix ist.

Durch (1) wird der Punkt $P(x_1, x_2, x_3)$ in den Punkt $\bar{P}(\bar{x}_1, \bar{x}_2, \bar{x}_3)$ transformiert und das normierte Dreibein $h_s{}^\alpha(x)$ des Punktes P in das Dreibein

$$(2) \qquad \bar{h}_s{}^\alpha(\bar{x}) = a_{\alpha\beta} h_s{}^\beta(x), \qquad s, \alpha, \beta = 1, 2, 3$$

des Punktes $\bar{P}$.

Notwendig und hinreichend für die Rotationssymmetrie ist nun die Existenz einer für alle Punkte des R_3 gleichen »lokalen Drehung« (Drehung der lokalen 3-Beine), durch die das Dreibein $\bar{h}_s{}^\alpha(\bar{x})$ in das ursprüngliche Dreibein $h_s{}^\alpha(\bar{x})$ übergeht:

$$(3) \qquad \bar{h}_s{}^\alpha(\bar{x}) = A_{st} h_t{}^\alpha(\bar{x}), \qquad s, t, \alpha = 1, 2, 3.$$

Im Unendlichen verhalte sich der R_3 euklidisch, d. h. strebt x_1, x_2, x_3 (also wenigstens eine der drei Koordinaten) gegen unendlich, so möge $h_s{}^\alpha(x)$ dabei gegen $\delta_{s\alpha}$ konvergieren. Wir schreiben kurz $h_s{}^\alpha(\infty) = \delta_{s\alpha}$.

Für das Unendliche folgt nach (2) $\bar{h}_s{}^\alpha(\bar{x}) = a_{\alpha s}$ und damit nach (3) $a_{\alpha s} = A_{s\alpha}$. Statt (3) gilt dann

$$\bar{h}_s{}^\alpha(\bar{x}) = a_{ts} h_t{}^\alpha(\bar{x}), \quad s, t, \alpha = 1, 2, 3 \tag{3'}$$

was mit (2) verglichen

$$a_{\alpha\beta} h_s{}^\beta(x_1, x_2, x_3) = a_{ts} h_t{}^\alpha(a_{1j} x_j, a_{2j} x_j, a_{3j} x_j), \quad \alpha, \beta, t, s = 1, 2, 3 \tag{4}$$

als Funktionalgleichung für die gesuchten Beinkomponenten ergibt. Die Relationen (4) sind Identitäten in den Größen $x_1, x_2, x_3, a_{\alpha\beta}$, sobald die Matrix $\| a_{\alpha\beta} \|$ orthogonal ist.

Wir fassen nun den Punkt $P(x_1, x_2, x_3)$ ins Auge und wählen für $a_{\alpha\beta}$ das Dreibein

$$a_{\alpha\beta} = {}_{(\alpha)}\xi_\beta, \quad \alpha, \beta = 1, 2, 3 \tag{5}$$

das wegen $a_{\alpha\beta} a_{\alpha\gamma} = {}_{(\alpha)}\xi_\beta\, {}_{(\alpha)}\xi_\gamma = \delta_{\beta\gamma}$ euklidisch normiert ist, wobei wir noch

$${}_{(1)}\xi_\alpha = \frac{x_\alpha}{s}, \qquad s^2 = x_\alpha x_\alpha, \quad \alpha = 1, 2, 3 \tag{5'}$$

setzen. Für diese Wahl der Matrix $\| a_{\alpha\beta} \|$ ergibt (4)

$${}_{(\alpha)}\xi_\beta\, h_s{}^\beta(x_1, x_2, x_3) = {}_{(t)}\xi_s\, h_t{}^\alpha(s, 0, 0), \quad s, t, \alpha = 1, 2, 3 \tag{6}$$

Wir überschieben (6) mit ${}_{(\alpha)}\xi_\gamma$ und erhalten

$$\begin{aligned} h_s{}^\gamma(x_1, x_2, x_3) &= {}_{(t)}\xi_s\, {}_{(\alpha)}\xi_\gamma\, h_t{}^\alpha(s) \\ &= {}_{(1)}\xi_s\, {}_{(1)}\xi_\gamma\, h_1{}^1(s) + {}_{(1)}\xi_s\, {}_{(\alpha)}\xi_\gamma\, h_1{}^\alpha(s) + {}_{(1)}\xi_\gamma\, {}_{(t)}\xi_s\, h_t{}^1(s) + {}_{(t)}\xi_s\, {}_{(\alpha)}\xi_\gamma\, h_t{}^\alpha(s), \end{aligned} \tag{7}$$

wo die Summation in der zweiten Zeile nur mehr die Indizes 2 und 3 betrifft.

Statt $h_t^\alpha(s, 0, 0)$ setzten wir $h_t^\alpha(s)$. Wegen (5) können wir (7) auch

$$h_s{}^\gamma(x_1, x_2, x_3) = \frac{x_s x_\gamma}{s^2} h_1{}^1(s) + \frac{x_s}{s}\, {}_{(\alpha)}\xi_\gamma\, h_1{}^\alpha(s) + \frac{x_\gamma}{s}\, {}_{(t)}\xi_s\, h_t{}^1(s) + {}_{(t)}\xi_s\, {}_{(\alpha)}\xi_\gamma\, h_t{}^\alpha(s) \tag{8}$$

schreiben.

Nun benutzen wir die Unbestimmtheit in der Festlegung der Vektoren ${}_{(2)}\xi_\alpha$, ${}_{(3)}\xi_\alpha$, die mit ${}_{(1)}\xi_\alpha$ ein euklidisch normiertes Dreibein zu bilden haben.

Wenn wir in (8) statt des gewählten Zweibeins ${}_{(2)}\xi_\alpha$, ${}_{(3)}\xi_\alpha$ durch

$$\left\{ \begin{aligned} {}_{(2)}\xi_\alpha &= \cos\phi\, {}_{(2)}\eta_\alpha + \sin\phi\, {}_{(3)}\eta_\alpha \\ {}_{(3)}\xi_\alpha &= -\sin\phi\, {}_{(2)}\eta_\alpha + \cos\phi\, {}_{(3)}\eta_\alpha \end{aligned} \right. \tag{9}$$

das um $\measuredangle \phi$ gedrehte Zweibein ${}_{(2)}\eta_\alpha$, ${}_{(3)}\eta_\alpha$ einführen, so erhalten wir eine neue Darstellung des Dreibeins $h_s{}^\gamma(x_1, x_2, x_3)$ in der der willkürliche Drehwinkel ϕ eintritt. Diese Darstellung hat die Form

$$\begin{aligned} h_s{}^\gamma(x_1, x_2, x_3) &= P_{(s\gamma)} + Q_{(s\gamma)} \sin\phi + R_{(s\gamma)} \cos\phi \\ &\quad + S_{(s\gamma)} \cos^2\phi + T_{(s\gamma)} \sin\phi \cos\phi . \end{aligned} \tag{10}$$

Da (10) für beliebiges ϕ gilt, folgt

$$(11)\qquad h_s^{\gamma}(x_1, x_2, x_3) = P_{(s\gamma)}, \qquad Q_{(s\gamma)} = R_{(s\gamma)} = S_{(s\gamma)} = T_{(s\gamma)} = 0 .$$

Führt man diese einfache Rechnung durch, so ergibt $Q_{(s\gamma)} = 0$, $R_{(s\gamma)} = 0$

$$(12)\qquad h_2^{1}(s) = h_3^{1}(s) = h_1^{2}(s) = h_1^{3}(s) = 0 .$$

Aus $S_{(s\gamma)} = 0$, $T_{(s\gamma)} = 0$ wieder folgt

$$(13)\qquad h_2^{2}(s) = h_3^{3}(s), \qquad h_2^{3}(s) = -h_3^{2}(s) .$$

Wegen (12) und (13) wird (8)

$$(14)\qquad h_s^{\gamma}(x_1, x_2, x_3) = \frac{x_s x_\gamma}{s^2} h_1^{1}(s) + h_2^{2}(s)\left[{}_{(2)}\xi_s\,{}_{(2)}\xi_\gamma + {}_{(3)}\xi_s\,{}_{(3)}\xi_\gamma\right]$$
$$+ h_2^{3}(s)\left[{}_{(2)}\xi_s\,{}_{(3)}\xi_\gamma - {}_{(3)}\xi_s\,{}_{(2)}\xi_\gamma\right].$$

Nun ist ${}_{(2)}\xi_s\,{}_{(2)}\xi_\gamma + {}_{(3)}\xi_s\,{}_{(3)}\xi_\gamma = \delta_{(s\gamma)} - {}_{(1)}\xi_s\,{}_{(1)}\xi_\gamma$ unabhängig von der speziellen Wahl des normierten Zweibeins ${}_{(2)}\xi_s$, ${}_{(3)}\xi_s$. Dagegen ändert bei Vertauschung der Vektoren ${}_{(2)}\xi_s$, ${}_{(3)}\xi_s$ die Größe ${}_{(2)}\xi_s\,{}_{(3)}\xi_\gamma - {}_{(3)}\xi_s\,{}_{(2)}\xi_\gamma$ das Vorzeichen.

Lassen wir aber nur Transformationen (1) zu, für die die Determinante der Matrix $\| a_{ik} \|$ den Wert plus eins hat, so ist auch ${}_{(2)}\xi_s\,{}_{(3)}\xi_\gamma - {}_{(3)}\xi_s\,{}_{(2)}\xi_\gamma$ von der speziellen Wahl des Zweibeins unabhängig. (Es muß ja dann $| {}_{(\alpha)}\xi_\beta | = 1$ sein, $\alpha, \beta = 1, 2, 3$, wodurch gegeben ist, welcher der beiden Vektoren ${}_{(2)}\xi_\alpha$, ${}_{(3)}\xi_\alpha$ als zweiter bzw. dritter zählt.) Solche Transformationen nennen wir eigentliche Drehungen.

Führen wir den alternierenden Tensor $\varepsilon_{\alpha\beta\gamma}$ mit $\varepsilon_{123} = 1$ ein, so ist dann ${}_{(2)}\xi_s\,{}_{(3)}\xi_\gamma - {}_{(3)}\xi_s\,{}_{(2)}\xi_\gamma = \varepsilon_{s\gamma\tau}\,{}_{(1)}\xi_\tau$, und wir können statt (14)

$$(15)\qquad h_s^{\gamma}(x_1, x_2, x_3) = x_s x_\gamma A(s) + \delta_{s\gamma} B(s) + \varepsilon_{s\gamma\tau} x_\tau C(s)$$

schreiben, wobei

$$(15)\qquad A(s) = \frac{1}{s^2}\left(h_1^{1}(s) - h_2^{2}(s)\right), \qquad B(s) = h_2^{2}(s), \qquad C(s) = h_2^{3}(s)\cdot\frac{1}{s}$$

willkürliche Funktionen von s sind, die nur der Bedingung $h_s^{\gamma}(\infty) = \delta_{s\gamma}$ zu entsprechen haben.

Diese notwendige Form (15) der Beinkomponenten ist, wie einfache Rechnung zeigt, auch hinreichend für die Rotationssymmetrie des R_3.

Allerdings muß $C(s) = 0$ gesetzt werden, sobald auch uneigentliche Drehungen (1) ($| a_{\alpha\beta} | = -1$, »Spiegelungen«) zugelassen werden.

Dieser Fall soll uns in der Folge allein beschäftigen, weshalb dann (15) mit $C(s) = 0$ die allgemeinste Form der Beinkomponenten darstellt.

Wir ergänzen unser Kontinuum $x_1, x_2, x_3, h_s^{\alpha}(x_1, x_2, x_3)$ zu einem vierdimensionalen, indem wir dem Punkte x_1, x_2, x_3, x_4 ein Vierbein $h_s^{\alpha}(x_1, x_2, x_3, x_4)$, $s, \alpha = 1, \cdots 4$ so zuordnen, daß

$$(16)\qquad h_s^{\alpha}(x_1, x_2, x_3, x_4) = h_s^{\alpha}(x_1, x_2, x_3), \qquad s, \alpha = 1, 2, 3$$

ist, und die ebenfalls nur von x_1, x_2, x_3 abhängigen übrigen Vektorkomponenten so zu bestimmen sind, daß der R_4 in bezug auf die Gruppe

(17) $$\bar{x}_\alpha = a_{\alpha\beta} x_\beta, \quad \alpha, \beta = 1, 2, 3, \qquad \bar{x}_4 = x_4$$

invariant ist. Dieser R_4 habe dabei Pseudo-RIEMANNsche Struktur, d. h. der Maßtensor $g^{\alpha\beta}$ im normierten Vierbein $h_s^\alpha(x_1, \cdots x_4)$ die Darstellung[1]:

(18) $$g^{\alpha\beta} = h_1^\alpha h_1^\beta + h_2^\alpha h_2^\beta + h_3^\alpha h_3^\beta - h_4^\alpha h_4^\beta, \quad \alpha, \beta = 1, \cdots 4.$$

Im Unendlichen gelte wieder $h_s^\alpha(\infty) = \delta_{s\alpha}$.

Die Transformation (17) führt das Vierbein $h_s^\alpha(x)$ des Punktes $P(x_1, \cdots x_4)$ über in das Vierbein

(19) $$\bar{h}_s^\alpha(\bar{x}) = a_{\alpha\beta} h_s^\beta(x), \quad \alpha, \beta = 1, 2, 3, \qquad \bar{h}_s^4(\bar{x}) = h_s^4(x), \quad s = 1, \cdots 4,$$

und nun soll es eine lokale Rückdrehung geben, daß

(20) $$\bar{h}_s^\alpha(\bar{x}) = B_{st} h_t^\alpha(\bar{x}), \quad s, t, \alpha = 1, 2, 3, 4,$$

besteht, wobei die B_{st} konstante Größen sind.

Aus dem Verhalten im Unendlichen folgt (19) $\bar{h}_s^\alpha(\infty) = a_{\alpha s}$, $\alpha, s = 1, 2, 3$, $\bar{h}_4^\alpha(\infty) = 0$, $\alpha = 1, 2, 3$, weiter $\bar{h}_s^4(\infty) = h_s^4(\infty) = \delta_{s4}$. Dies in (20) eingesetzt gibt

$$a_{\alpha s} = B_{s\alpha}, \quad s, \alpha = 1, 2, 3, \qquad B_{4\alpha} = 0, \quad \alpha = 1, 2, 3, \quad \text{und} \quad \delta_{s4} = B_{s4}.$$

Wegen der Wahl des Vierbeins (16) sind die Relationen (19) und (20) erfüllt bis auf

(21) $$\bar{h}_s^4(\bar{x}) = h_s^4(x) = a_{ts} h_t^4(\bar{x}), \quad s, t = 1, 2, 3,$$

(21′) $$\bar{h}_4^4(\bar{x}) = h_4^4(x) = h_4^4(\bar{x}),$$

(21″) $$\bar{h}_4^\alpha(\bar{x}) = a_{\alpha\beta} h_4^\beta(x) = h_4^\alpha(\bar{x}), \quad \alpha = 1, 2, 3,$$

die die Funktionalgleichungen der noch restlichen Beinkomponenten sind.

Man erledigt diese Funktionalgleichungen nach der auf (6) angewendeten Methode und erhält

(22) $$h_s^4(x_1, x_2, x_3) = D(s) x_s, \quad s = 1, 2, 3,$$

(22′) $$h_4^\alpha(x_1, x_2, x_3) = E(s) x_\alpha, \quad \alpha = 1, 2, 3,$$

(22″) $$h_4^4(x_1, x_2, x_3) = F(s).$$

Da im Unendlichen $h_s^\alpha(\infty) = \delta_{\alpha s}$ sein soll, gelten für die in (15) und (22) auftretenden Funktionen für $s = \infty$ die Entwicklungen:

(23) $$\begin{cases} A(s) = \dfrac{K}{s^a}(1 + (\cdot)), \quad a > 2, \qquad B = 1 + (\cdot), \qquad F = 1 + (\cdot), \\ C, D, E = \dfrac{K}{s^b}(1 + (\cdot)), \quad b > 1, \end{cases}$$

wo die Klammern $(\cdot)$ den Faktor $\dfrac{1}{s}$ enthalten.

---

[1] Es ist hier auf die Einführung des Imaginären zur Herbeiführung eines definiten Maßtensors verzichtet.

Im Koordinatensystem

(24) $$\bar{x}_i = \phi(s) x_i, \quad i = 1, 2, 3, \qquad \bar{x}_4 = x_4,$$

in dem das Dreibein $x_1, x_2, x_3, h_s^{\alpha}(x_1, x_2, x_3)$ $\alpha = 1, 2, 3$, ebenfalls Rotationssymmetrie zeigt, erreicht man bei entsprechender Wahl der Funktion ϕ,

(25) $$\phi = e^{-\int \frac{A s\, ds}{B + A s^2}},$$

das Verschwinden des in (15) der Funktion A entsprechenden Termes. Da im Unendlichen ϕ gegen einen endlichen Wert strebt, so gelten für die neuen Werte $\bar{B}(\bar{s}), \bar{F}(\bar{s}), \bar{C}(\bar{s}), \bar{D}(\bar{s}), \bar{E}(s)$ — wie einfache Rechnung zeigt — die Bedingungen (23).

Durch die weitere Koordinatenänderung

(26) $$\bar{x}_4 = x_4 + \psi(s)$$

erreicht man wieder das Verschwinden der in (22) auftretenden Funktion $D(s)$, wobei im neuen Koordinatensystem nach wie vor die Relationen (23) gelten.

Wir können somit ohne Beeinträchtigung der Allgemeinheit annehmen, daß $A(s) = D(s) = 0$ ist.

Weiters nahmen wir an, daß unser Dreibein $x_1, x_2, x_3, h_s^{\alpha}(x_1, x_2, x_3)$ sich auch gegen Spiegelung invariant verhalte, durch diese Annahme ist in (15) das Verschwinden der Funktion $C(s)$ bedingt. Das Vierbein (15), (22) erhält somit die allgemeinste Form

(27) $$\begin{cases} h_s^{\alpha} = \lambda(s)\delta_{s\alpha}, & \alpha, s = 1, 2, 3, \qquad h_s^{4} = 0, \quad s = 1, 2, 3 \\ h_4^{\alpha} = \tau(s) x_\alpha, & \alpha = 1, 2, 3, \qquad h_4^{4} = \mu(s), \end{cases}$$

wobei wir eine Umbenennung der noch auftretenden Funktionen vornahmen.

Wir suchen nun die Lösungen der Feldgleichungen $G^{\mu\alpha} = 0$, $F^{\mu\alpha} = 0$ der einheitlichen Feldtheorie der Form (27).

Bezeichnen wir mit $k_{s\beta}$, $s, \beta = 1, \cdots 4$ das h_s^{α} adjungierte kovariante Vierbein, das durch das System

(28) $$h_s^{\alpha} k_{s\beta} = \delta_\beta^{\alpha}, \quad s, \alpha, \beta = 1, \cdots 4$$

definiert ist, (es ist $k_{s\alpha} = h_{s\alpha}$, $s = 1, 2, 3$, $k_{4\alpha} = -h_{4\alpha}$), so hat nach (27) dieses die Komponenten:

(29) $$\begin{cases} k_{s\alpha} = \dfrac{1}{\lambda}\delta_{s\alpha}, & \alpha, s = 1, 2, 3, \qquad k_{s4} = -\dfrac{\tau}{\mu\lambda} x_s, \quad s = 1, 2, 3 \\ k_{4\alpha} = 0, & \alpha = 1, 2, 3, \qquad k_{44} = \dfrac{1}{\mu}. \end{cases}$$

Die im folgenden zu benutzenden Formeln seien nun angeschrieben:

Die $\Delta^l_{ik} = -\sum_{s=1}^{3} \frac{\partial h^l_s}{\partial x_k} k_{si} - \frac{\partial h^l_4}{\partial x_k} k_{4i}$ berechnet man wie folgt

$$
(30)\quad
\begin{cases}
\Delta^l_{i4} = 0, & i, l = 1, \cdots 4, \\
\Delta^l_{ik} = -\dfrac{\partial\, ln\, \lambda}{\partial x_k}\delta_{il}, \quad i, k, l = 1, \cdots 3, & \Delta^4_{ik} = 0, \quad i, k = 1, \cdots 3, \\
\Delta^l_{4k} = -\dfrac{\lambda}{\mu}\dfrac{\partial}{\partial x_k}\left(\dfrac{\tau}{\lambda} x_l\right) = -\dfrac{\lambda}{\mu}\dfrac{\partial}{\partial x_l}\left(\dfrac{\tau}{\lambda} x_k\right), & k, l = 1, \cdots 3, \\
\Delta^4_{4k} = -\dfrac{\partial\, ln\, \mu}{\partial x_k}, & k = 1, \cdots 3.
\end{cases}
$$

Daraus folgt für die Größen $\Lambda^l_{ik} = \Delta^l_{ik} - \Delta^l_{ki}$, $i, k, l = 1, \cdots 4$:

$$
(31)\quad
\begin{cases}
\Lambda^l_{ik} = \dfrac{\partial\, ln\, \lambda}{\partial x_i}\delta_{kl} - \dfrac{\partial\, ln\, \lambda}{\partial x_k}\delta_{il}, & i, k, l = 1, \cdots 3, \\
\Lambda^l_{i4} = \dfrac{\lambda}{\mu}\dfrac{\partial}{\partial x_i}\left(\dfrac{\tau}{\lambda} x_l\right), & i, l = 1, \cdots 3, \\
\Lambda^4_{ik} = 0, & i, k = 1, 2, 3, \\
\Lambda^4_{4k} = -\dfrac{\partial\, ln\, \mu}{\partial x_k}, & k = 1, \cdots 3.
\end{cases}
$$

Ferner benötigen wir den kontravarianten Maßtensor, dessen Komponentensystem die Form hat

$$
(32)\quad
\begin{cases}
g^{\alpha\beta} = \lambda^2 \delta_{\alpha\beta} - \tau^2 x_\alpha x_\beta, & \alpha, \beta = 1, \cdots 3, \\
g^{4\alpha} = -\mu\tau x_\alpha, \\
g^{44} = -\mu^2.
\end{cases}
$$

Wir erledigen zuerst das System der Feldgleichungen $F^{\mu\nu} \equiv \Lambda^{\alpha}_{\underline{\mu\nu};\alpha} = 0$ bzw. $\phi_{\mu,\nu} - \phi_{\nu,\mu} = 0$, wo $\phi_\mu = \Lambda^\alpha_{\mu\alpha}$ bedeutet.

Wegen (31) ist

$$
(33)\quad \phi_i = \Lambda^\alpha_{i\alpha} = \xi_i\left(\frac{\mu'}{\mu} + 2\frac{\lambda'}{\lambda}\right), \quad \xi_i = \frac{x_i}{s}, \quad i = 1, 2, 3,
$$

$$
(33')\quad \phi_4 = \Lambda^\alpha_{4\alpha} = -\frac{\lambda}{\mu}\frac{\partial}{\partial x_\alpha}\left(\frac{\tau}{\lambda} x_\alpha\right), \quad \alpha = 1, 2, 3.
$$

Das System $\phi_{i,k} - \phi_{k,i} = 0$, $i, k = 1, 2, 3$ ist identisch erfüllt, es verbleibt nur $\phi_{4,i} - \phi_{i,4} = 0$ oder, da $\phi_{i,4} = 0$ ist, $\phi_{4,i} = 0$, d. h.

$$
(34)\quad \phi_4 = \text{konstant}.
$$

Nach (33') gibt dies die Gleichung

$$
(35)\quad \frac{\lambda}{\mu}\left[\left(\frac{\tau}{\lambda}\right)' s + 3\frac{\tau}{\lambda}\right] = k, \quad k = \text{konst.},
$$

was auch

(36) $$\left(\frac{\tau}{\lambda} s^3\right)' = k \frac{\mu}{\lambda} s^2$$

geschrieben werden kann und integriert

(36′) $$\frac{\tau}{\lambda} s^3 = k \int \frac{\mu}{\lambda} s^2 ds + k_1, \quad k_1 = \text{konst.},$$

liefert.

Im Unendlichen haben λ, μ, τ die Entwicklungen $\lambda = 1 + (\cdot)$, $\mu = 1 + (\cdot)$, $\tau = \frac{c}{s^b}(1 + (\cdot))$, $b > 1$, woraus nach (36′) $k = 0$, d. h.

(37) $$\tau = e \frac{\lambda}{s^3}, \quad e = \text{konst.}$$

folgt. (Für k_1 wurde e gesetzt.)

Damit ist das System $F^{\mu\nu} = 0$ erschöpft.

Wir behandeln nun das andere System der Feldgleichungen

(38) $$G^{\mu\alpha} \equiv \Lambda^{\alpha}_{\underline{\mu\nu};\nu} - \Lambda^{\sigma}_{\underline{\mu\tau}} \Lambda^{\alpha}_{\sigma\tau} = 0,$$

das wir nach einfacher Umformung in die Gestalt:

(39) $$G_{\sigma}{}^{\alpha} \equiv g^{\nu\varrho}\left[\frac{\partial \Lambda^{\alpha}_{\sigma\varrho}}{\partial x_{\nu}} - \Delta^{j}_{\sigma\nu} \Lambda^{\alpha}_{j\varrho} - \Delta^{j}_{\varrho\nu} \Lambda^{\alpha}_{\sigma j} + \Delta^{\alpha}_{\nu j} \Lambda^{j}_{\sigma\varrho}\right], \quad \alpha, \mu = 1, \cdots 4$$

bringen.

Wir behandeln zuerst das Teilsystem $\alpha = 4$, $\sigma \neq 4$.

Für dieses erhalten wir aus (39)

(40) $$0 = g^{4\varrho}\left[\frac{\partial \Lambda^{4}_{\sigma 4}}{\partial x_{\varrho}} - \Delta^{j}_{\sigma\varrho} \Lambda^{4}_{j4} - \Lambda^{4}_{\sigma 4} \Lambda^{4}_{\varrho 4} + \Delta^{4}_{4j} \Lambda^{j}_{\sigma\varrho}\right] + g^{44} \Delta^{4}_{4j} \Lambda^{j}_{\sigma 4}.$$

Die Durchführung der Rechnung ergibt nach (31), (32), ξ_{σ} mal dem Faktor:

(41) $$\tau\left(\frac{\mu'}{\mu}\right)' s + s \frac{\lambda'\mu'}{\lambda\mu} \tau - \frac{\mu'\lambda}{\mu}\left[\left(\frac{\tau}{\lambda}\right)' s + \frac{\tau}{\lambda}\right] + \left(\frac{\mu'}{\mu}\right)^2 s\tau = 0.$$

Wegen (35) ist ($k = 0$!) $\left(\frac{\tau}{\lambda}\right)' s + \frac{\tau}{\lambda} = -\frac{2\tau}{\lambda}$.

Für $\tau = 0$ ist (41) erfüllt, setzen wir also $\tau \neq 0$ voraus, so können wir (41) durch τ kürzen und erhalten

(41′) $$\left(\frac{\mu'}{\mu}\right)' s + s \frac{\lambda'\mu'}{\lambda\mu} + 2 \frac{\mu'}{\mu} + s\left(\frac{\mu'}{\mu}\right)^2 = 0,$$

was unmittelbar auf

(42) $$\mu' \lambda s^2 = \text{konstant}$$

führt, und weiter auf

$$\mu = k \int \frac{ds}{\lambda s^2} + k_1 . \tag{43}$$

Da im Unendlichen λ und μ gegen eins streben, gilt $k_1 = 1$, also

$$\mu = 1 + m \int \frac{ds}{\lambda s^2}, \quad m = \text{konst.} \tag{44}$$

Nun erledigen wir das Teilsystem $\alpha \neq 4$, $\sigma = 4$ von (39). Für dieses gilt

$$g^{\nu\varrho}\left[\frac{\partial \Lambda^{\alpha}_{4\varrho}}{\partial x_\nu} - \Delta^{j}_{4\nu}\Lambda^{\alpha}_{j\varrho} - \Delta^{j}_{\varrho\nu}\Lambda^{\alpha}_{4j} + \Delta^{\alpha}_{\nu j}\Lambda^{j}_{4\varrho}\right] + g^{4\varrho}[\Delta^{\alpha}_{4j}\Lambda^{j}_{4\varrho}] = 0 . \tag{45}$$

Die Durchführung der Rechnung ergibt ξ_α mal

$$\left(1 - \frac{e^2}{s^4}\right)\left[2\lambda^2 e\left(\frac{\lambda}{\mu s^3}\right)' + 2\frac{\mu'\lambda^3 e}{\mu^2 s^3}\right] + \frac{6\lambda^3 e}{\mu s^4} - \frac{4 e^3 \lambda^3}{\mu s^8} = 0 . \tag{46}$$

Wegen

$$\frac{6\lambda^3 e}{\mu s^4} - \frac{4 e^3\lambda^3}{\mu s^8} = \frac{2\lambda^3 e}{\mu s^4} + \frac{4\lambda^3 e}{\mu s^4}\left(1 - \frac{e^2}{s^4}\right)$$

folgt aus (46)

$$\left(1 - \frac{e^2}{s^4}\right)\left[\lambda^2\left(\frac{\lambda}{\mu s^3}\right)' + \frac{\mu'\lambda^3}{\mu^2 s^3} + \frac{2\lambda^3}{\mu s^4}\right] + \frac{\lambda^3}{\mu s^4} = 0 . \tag{47}$$

Hier wurde durch $2e$ gekürzt; $e = 0$ erfüllt bereits (46). Eine elementare Umrechnung ergibt aus (47)

$$\left(1 - \frac{e^2}{s^4}\right)\left(ln\frac{\lambda}{s}\right)' + \frac{1}{s} = 0 , \quad \text{also} \tag{48}$$

$$ln\frac{\lambda}{s} = -\int \frac{ds}{s\left(1 - \frac{e^2}{s^4}\right)} + k = -ln\sqrt[4]{s^4 - e^2} + k ,$$

oder schließlich

$$\lambda = c\frac{s}{\sqrt[4]{s^4 - e^2}} . \tag{49}$$

Da λ im Unendlichen eins ist, ist $c = 1$ zu setzen, und wir erhalten endgültig:

$$\lambda = \frac{1}{\sqrt[4]{1 - \frac{e^2}{s^4}}} . \tag{50}$$

Nach (37), (44) und (50) kennen wir bereits die den rotationssymmetrischen Fall charakterisierenden Funktionen λ, μ und τ.

Die noch nicht verwendeten Relationen (39), das sind jene, für die $\alpha = \sigma = 4$ und $\alpha, \sigma \neq 4$ ist, müssen durch die Funktionen (37), (44) und (50) identisch befriedigt werden.

Für $\alpha = \sigma = 4$ wird (39)

$$g^{\nu\varrho}\left[\frac{\partial \Lambda^4_{4\varrho}}{\partial x_\nu} - \Delta^4_{4\nu}\Lambda^4_{4\varrho} - \Delta^j_{\varrho\nu}\Lambda^4_{4j}\right] + g^{4\varrho}\Delta^4_{4j}\Lambda^j_{4\varrho} = 0 \tag{51}$$

bzw.

$$(\lambda^2\delta_{\nu\varrho} - \tau^2 x_\nu x_\varrho)\left[-\frac{\partial}{\partial x_\nu}\left(\frac{\mu'}{\mu}\xi_\varrho\right) - \left(\frac{\mu'}{\mu}\right)^2 \xi_\nu\xi_\varrho - \frac{\lambda'\mu'}{\lambda\mu}\xi_\nu\xi_\varrho\right] \tag{51'}$$
$$-\tau\mu x_\varrho \frac{\mu'\lambda}{\mu^2}\xi_j \frac{\partial}{\partial x_\varrho}\left(\frac{\tau}{\lambda}x_j\right) = 0.$$

Diese Gleichung wird in der Tat durch (37), (44) und (50) befriedigt. Für $\alpha, \sigma \neq 4$ lautet (39)

$$\left\{\begin{aligned}
&(\lambda^2\delta_{\nu\varrho} - \tau^2 x_\nu x_\varrho)\Bigg[\frac{\partial}{\partial x_\nu}\left(\frac{\lambda'}{\lambda}(\xi_\sigma\delta_{\varrho\alpha} - \xi_\varrho\delta_{\sigma\alpha})\right) + \left(\frac{\lambda'}{\lambda}\right)^2 \xi_\nu\delta_{j\sigma}(\xi_j\delta_{\varrho\alpha} - \xi_\varrho\delta_{j\alpha}) \\
&\qquad + \left(\frac{\lambda'}{\lambda}\right)^2 \xi_\nu\delta_{j\varrho}(\xi_\sigma\delta_{j\alpha} - \xi_j\delta_{\sigma\alpha}) - \left(\frac{\lambda'}{\lambda}\right)^2 \xi_j\delta_{\nu\alpha}(\xi_\sigma\delta_{j\varrho} - \xi_\varrho\delta_{j\sigma})\Bigg] \\
&+ \lambda'\tau x_\varrho \frac{\partial}{\partial x_j}\left(\frac{\tau}{\lambda}x_\alpha\right)(\xi_\sigma\delta_{j\varrho} - \xi_\varrho\delta_{j\sigma}) \\
&- \mu\tau x_\nu\Bigg[\frac{\partial}{\partial x_\nu}\left(\frac{\lambda}{\mu}\cdot\frac{\partial}{\partial x_\sigma}\left(\frac{\tau}{\lambda}x_\alpha\right)\right) + \frac{\lambda'}{\mu}\xi_\nu\delta_{j\sigma}\frac{\partial}{\partial x_j}\left(\frac{\tau}{\lambda}x_\alpha\right) + \frac{\lambda'}{\mu}\frac{\partial}{\partial x_\nu}\left(\frac{\tau}{\lambda}x_j\right)(\xi_\sigma\delta_{j\alpha} - \xi_j\delta_{\sigma\alpha}) \\
&\qquad + \frac{\mu'}{\mu}\xi_\nu\frac{\lambda}{\mu}\frac{\partial}{\partial x_\sigma}\left(\frac{\tau}{\lambda}x_\alpha\right) - \frac{\lambda'}{\mu}\xi_j\delta_{\nu\alpha}\frac{\partial}{\partial x_\sigma}\left(\frac{\tau}{\lambda}x_j\right)\Bigg] \\
&+ \lambda^2\frac{\partial}{\partial x_j}\left(\frac{\tau}{\lambda}x_\alpha\right)\frac{\partial}{\partial x_j}\left(\frac{\tau}{\lambda}x_\sigma\right) = 0.
\end{aligned}\right. \tag{52}$$

Auch dieses System wird durch die Funktionen (37), (44) und (50) befriedigt. Die Durchführung dieser Rechnung, die nur einige Aufmerksamkeit erfordert, sei dem Leser überlassen.

Wir notieren das Ergebnis: Das Vierbein

$$\left\{\begin{aligned}
&h_s^{\,\alpha} = \frac{\delta_{s\alpha}}{\sqrt[4]{1 - \frac{e^2}{s^4}}}, \quad \alpha, s = 1, 2, 3, \qquad h_s^{\,4} = 0, \\
&h_4^{\,\alpha} = \frac{e}{\sqrt[4]{1 - \frac{e^2}{s^4}}}\frac{x_\alpha}{s^3}, \quad \alpha = 1, 2, 3, \qquad h_4^{\,4} = 1 + m\int\sqrt[4]{1 - \frac{e^2}{s^4}}\frac{ds}{s^2}
\end{aligned}\right. \tag{53}$$

ist die allgemeinste Lösung des zentralsymmetrischen (spiegelsymmetrischen) Falles. Was die physikalische Interpretation anbelangt, so wäre nach unserer

Der Umstand, daß (1) von selbst erfüllt ist für solche (an den Grenzen verschwindende) Variationen der ${}^{s}h_{\nu}$, welche durch bloße infinitesimale Koordinaten-Transformation erzeugt werden können, führt wie in der bisherigen Relativitätstheorie zu einer Viereridentität:

$$D_{\mu}(\mathfrak{G}^{\mu\alpha}) = \mathfrak{H}^{\mu\alpha}{}_{/\mu} + \mathfrak{H}^{\mu\beta}\Lambda^{\beta}_{\underline{\sigma}\mu} \equiv 0\,. \tag{5}$$

D_{μ} ist dabei der in (5) angegebene divergenzartige Differentialoperator. Eine Identität vom Typus (5) gilt stets für eine Tensordichte $\mathfrak{G}^{\mu\alpha}$, welche Hamilton-Derivierte aus einer skularen Dichte $\mathfrak{H}$ ist, die nur von den ${}^{s}h_{\nu}$ und deren Ableitungen abhängt.

§ 2. Besondere Wahl der Hamilton-Funktion.

Die einfachste Wahl der Hamilton-Funktion ist gekennzeichnet durch die Eigenschaft: $\mathfrak{H}$ ist vom zweiten Grade in den $\Lambda^{\alpha}_{\mu\nu}$. Dies kommt darauf hinaus, daß $\mathfrak{H}$ eine lineare Kombination der Größen

$$\left.\begin{aligned} \mathfrak{J}_1 &= h\Lambda^{\alpha}_{\mu\beta}\Lambda^{\beta}_{\underline{\mu}\alpha} \\ \mathfrak{J}_2 &= h\Lambda^{\alpha}_{\mu\beta}\Lambda^{\underline{\alpha}}_{\underline{\mu}\underline{\beta}} \\ \mathfrak{J}_3 &= h\Lambda^{\alpha}_{\mu\alpha}\Lambda^{\underline{\beta}}_{\underline{\mu}\beta} \end{aligned}\right\} \tag{6}$$

ist. Von allen möglichen linearen Kombinationen ist nun eine dadurch ausgezeichnet, daß die zugehörigen $\mathfrak{G}^{\mu\alpha}$ symmetrisch werden:

$$\mathfrak{H} = \tfrac{1}{2}\mathfrak{J}_1 + \tfrac{1}{4}\mathfrak{J}_2 - \mathfrak{J}_3\,. \tag{7}$$

Der Beweis stützt sich auf die Symmetrie von $\mathfrak{H}^{\mu\alpha}$ sowie auf die in der früheren Arbeit abgeleitete Indentität

$$\mathfrak{B}^{\alpha}_{\mu\nu/\alpha} = [h(\Lambda^{\alpha}_{\mu\nu} + \phi_{\nu}\delta^{\alpha}_{\mu} - \phi_{\mu}\delta^{\alpha}_{\nu})]_{/\alpha} \equiv 0\,. \tag{8}$$

Durch Variation ergeben sich 10 Gleichungen

$$\mathfrak{G}^{\mu\alpha} = 0\,, \tag{9}$$

welche in erster Näherung mit den auf die Riemannsche Geometrie gegründeten Gleichungen des Gravitationsfeldes übereinstimmen.

Die fehlenden Feldgleichungen erhält man, indem man statt der in (7) gewählten Hamiltonschen Funktion eine von ihr nur unendlich wenig verschiedene lineare Kombination $\overline{\mathfrak{H}}$ der $\mathfrak{J}$ wählt. Der Übersichtlichkeit halber drücken wir diese so aus:

$$\overline{\mathfrak{H}} = \mathfrak{H} + \varepsilon_1\mathfrak{H}^{*} + \varepsilon_2\mathfrak{H}^{**}\,, \tag{10}$$

wobei

$$\mathfrak{H}^{*} = \tfrac{1}{2}\mathfrak{J}_1 - \tfrac{1}{4}\mathfrak{J}_2 \tag{11}$$

$$\mathfrak{H}^{**} = \mathfrak{J}_3\,. \tag{12}$$

Durch Ausrechnen ergibt sich

$$\mathfrak{H}^{*} = -\frac{1}{12}hS^{\underline{\alpha}}_{\underline{\mu}\underline{\nu}}S^{\alpha}_{\mu\nu}\,, \tag{11a}$$

ließe, wie es in der ursprünglichen Fassung der Theorie der Fall war. Das scheint aber bei der vorliegenden Theorie nicht der Fall zu sein[1].

Es kann also aus der Existenz der betrachteten statischen Lösung kein Argument gegen die Brauchbarkeit der Theorie abgeleitet werden. Wohl aber erkennt man, daß in der neuen Theorie die Singularitätsfreiheit derjenigen Lösungen verlangt werden muß, die die Elementarpartikeln der Materie darstellen sollen.

Ohne die Auffindung solcher Lösungen scheint es nicht möglich zu sein, aus den Feldgleichungen auf das Bewegungsgesetz für Partikeln zu schließen.

[1] Die Ableitbarkeit des Bewegungsgesetzes in der früheren Fassung der Theorie beruht darauf, daß es eine Feldgleichung in Form einer symmetrischen Tensorgleichuug gab, deren Divergenz identisch verschwindet.

Diese Bedingung ist aber in der vorliegenden Theorie nicht erfüllt.

Ausgegeben am 11. März.

Berlin, gedruckt in der Reichsdruckerei.

Zur Theorie der Räume mit Riemann-Metrik und Fernparallelismus.

Von A. Einstein.

SONDERAUSGABE AUS DEN SITZUNGSBERICHTEN
DER PREUSSISCHEN AKADEMIE DER WISSENSCHAFTEN
PHYS.-MATH. KLASSE. 1930. VI

Zur Theorie der Räume mit RIEMANN-Metrik und Fernparallelismus.

Von A. EINSTEIN.

Im nachstehenden wird eine allgemeine Eigenschaft solcher Räume dargelegt, wobei die Frage nach deren physikalischer Bedeutung einstweilen beiseite gelassen ist[1].

Es sei ($T^{\mu\nu}$) ein Tensor, der außer den kontravarianten Indizes μ und ν noch andere Indizes haben kann. Dann gilt stets die Vertauschungsregel der Differentiation

$$T^{\mu\nu}{}_{;\sigma;\tau} - T^{\mu\nu}{}_{;\tau;\sigma} \equiv - T^{\mu\nu}{}_{;\alpha} \Lambda^{\alpha}_{\sigma\tau} . \qquad (1)$$

Durch Verjüngung entsteht hieraus

$$T^{\mu\nu}{}_{;\nu;\mu} - T^{\mu\nu}{}_{;\mu;\nu} \equiv T^{\mu\nu}{}_{;\alpha} \Lambda^{\alpha}_{\mu\nu} . \qquad (1a)$$

Hieraus entsteht durch einfache Umformung

$$[(T^{\mu\nu} - T^{\nu\mu})_{;\nu} - T^{\sigma\tau} \Lambda^{\mu}_{\sigma\tau}]_{;\mu} + T^{\sigma\tau} \Lambda^{\alpha}_{\sigma\tau;\alpha} \equiv 0 . \qquad (2)$$

In (2) geht nur der antisymmetrische Teil des Tensors T ein. Wir dürfen daher ohne Beschränkung annehmen, der Tensor T sei bezüglich der ins Auge gefaßten Indizes antisymmetrisch. Hierdurch nimmt (2) die Form an

$$[T^{\mu\nu}{}_{;\nu} - \tfrac{1}{2} T^{\sigma\tau} \Lambda^{\mu}_{\sigma\tau}]_{;\mu} + \tfrac{1}{2} T^{\sigma\tau} \Lambda^{\mu}_{\sigma\tau;\mu} \equiv 0 . \qquad (2a)$$

Diese Beziehung läßt sich weiter umformen vermöge der aus der Integrabilität der Parallelverschiebung folgenden Identität

$$\Lambda^{\mu}_{\sigma\tau;\mu} \equiv \phi_{\sigma,\tau} - \phi_{\tau,\sigma} \qquad (\phi_\sigma = \Lambda^{\alpha}_{\sigma\alpha}) \qquad (3)$$

oder

$$\Lambda^{\mu}_{\sigma\tau;\mu} \equiv \phi_{\sigma;\tau} - \phi_{\tau;\sigma} + \phi_\mu \Lambda^{\mu}_{\sigma\tau} . \qquad (3a)$$

Es ist nämlich wegen (3a)

$$\tfrac{1}{2} T^{\sigma\tau} \Lambda^{\mu}_{\sigma\tau;\mu} \equiv (T^{\sigma\tau} \phi_\sigma)_{;\tau} - \phi_\sigma T^{\sigma\tau}{}_{;\tau} + \tfrac{1}{2} \phi_\mu T^{\sigma\tau} \Lambda^{\mu}_{\sigma\tau} .$$

Setzt man die rechte Seite in (2a) ein, indem man gleichzeitig das Divergenzsymbol

$$A^{\nu}{}_{/\nu} = A^{\nu}{}_{;\nu} - \phi_\nu A^{\nu} \qquad (4)$$

[1] Der Inhalt der Arbeit »Die Kompatibilität . . .«. diese Berichte 1930 I, wird hier als bekannt vorausgesetzt.

(Preis ℛℳ 0.50)

einführt, wobei A^ν ein Tensor beliebigen Ranges mit dem kontravarianten Index ν ist, so erhält man

$$\left.\begin{aligned} U^\mu{}_{/\mu} &\equiv 0 \\ U^\mu &= T^{\mu\nu}{}_{/\nu} - \tfrac{1}{2} T^{\sigma\tau} \Lambda^{\mu}_{\sigma\tau} \end{aligned}\right\}. \qquad (5)$$

Es läßt sich also aus jedem Tensor T mit antisymmetrischem Indexpaare $\mu\nu$ ein Tensor U^μ von um 1 niedrigerem Range durch eine lineare Differentialoperation ableiten, dessen Divergenz identisch verschwindet.

So läßt sich beispielsweise aus dem Tensor

$$L^{\alpha}_{\underline{\mu\nu}} = \Lambda^{\alpha}_{\underline{\mu\nu}} + a(\phi_{\underline{\mu}} g^{\nu\alpha} - \phi_{\underline{\nu}} g^{\mu\alpha}) + b S^{\alpha}_{\underline{\mu\nu}}, \qquad (6)$$

wobei a, b beliebige Konstante sind, und

$$S^{\alpha}_{\underline{\mu\nu}} = \Lambda^{\alpha}_{\underline{\mu\nu}} + \Lambda^{\mu}_{\underline{\nu\alpha}} + \Lambda^{\nu}_{\underline{\alpha\mu}} \qquad (7)$$

gesetzt ist, der Tensor

$$G^{\mu\alpha} = L^{\alpha}_{\underline{\mu\nu}/\nu} - \tfrac{1}{2} L^{\alpha}_{\underline{\sigma\tau}} \Lambda^{\mu}_{\sigma\tau} \qquad (8)$$

ableiten, dessen nach μ genommene /-Divergenz identisch verschwindet:

$$G^{\mu\alpha}{}_{/\mu} \equiv 0. \qquad (8a)$$

Hieraus folgt, daß das Gleichungssystem

$$G^{\mu\alpha} = 0 \qquad (9)$$

ein kompatibles Gleichungssystem für die h^ν_s ist, welches auch die Konstanten a und b sein mögen.

Ausgegeben am 12. September 1930.

Berlin, gedruckt in der Reichsdruckerei.

ZUM KOSMOLOGISCHEN PROBLEM DER ALLGEMEINEN RELATIVITÄTSTHEORIE

VON

A. EINSTEIN

SONDERAUSGABE AUS DEN SITZUNGSBERICHTEN
DER PREUSSISCHEN AKADEMIE DER WISSENSCHAFTEN
PHYS.-MATH. KLASSE. 1931. XII

ZUM KOSMOLOGISCHEN PROBLEM DER ALLGEMEINEN RELATIVITÄTSTHEORIE

VON

A. EINSTEIN

Unter dem kosmologischen Problem wird die Frage über die Beschaffenheit des Raumes im großen und über die Art der Verteilung der Materie im großen verstanden, wobei die Materie der Sterne und Sternsysteme zur Erleichterung der Übersicht durch kontinuierliche Verteilung der Materie ersetzt gedacht wird. Seitdem ich kurz nach Aufstellung der allgemeinen Relativitätstheorie dieses Problem in Angriff nahm, sind nicht nur zahlreiche theoretische Arbeiten über diesen Gegenstand erschienen, sondern es sind durch HUBBELS Untersuchungen über den Dopplereffekt und die Verteilung der extra-galaktischen Nebel Tatsachen ans Licht getreten, welche der Theorie neue Wege weisen.

In meiner ursprünglichen Untersuchung ging ich von folgenden Annahmen aus:

1. Alle Stellen des Universums sind gleichwertig; im speziellen soll also auch die örtlich gemittelte Dichte der Sternmaterie überall gleich sein.
2. Räumliche Struktur und Dichte sollen zeitlich konstant sein.

Damals zeigte ich, daß man beiden Annahmen mit einer von Null verschiedenen mittleren Dichte ρ gerecht werden kann, wenn man das sogenannte kosmologische Glied an die Feldgleichungen der allgemeinen Relativitätstheorie einführt, so daß diese lauten:

$$(R_{i\kappa} - \tfrac{1}{2} g_{i\kappa} R) + \lambda g_{i\kappa} = - k T_{i\kappa} \ldots . \qquad (1)$$

Diesen Gleichungen wird durch eine räumlich sphärische statische Welt vom Radius $P = \sqrt{\frac{2}{\varkappa\rho}}$ Genüge geleistet, wenn ρ die (druckfreie) mittlere Dichte der Materie bedeutet.

Nachdem nun aber durch HUBBELS Resultate klar geworden ist, daß die außer-galaktischen Nebel gleichmäßig über den Raum verteilt und in einer Dilatationsbewegung begriffen sind (wenigstens sofern man deren systematische Rotverschiebungen als Dopplereffekte zu deuten hat), hat die Annahme (2) von der statischen Natur des Raumes keine Berechtigung mehr, und es entsteht die Frage, ob die allgemeine Relativitätstheorie von diesen Befunden Rechenschaft zu geben vermag.

Es ist von verschiedenen Forschern versucht worden, den neuen Tatsachen durch einen sphärischen Raum gerecht zu werden, dessen Radius P zeitlich veränderlich ist. Als Erster und unbeeinflußt durch Beobachtungstatsachen hat A. FRIEDMAN[1] diesen Weg eingeschlagen, auf dessen rechnerische Resultate ich die folgenden Bemerkungen stütze. Dieser geht demgemäß von einem Linienelement von der Form

$$ds^2 = -P^2 (dx_1^2 + \sin^2 x_1\, dx_2^2 + \sin^2 x_1 \sin^2 x_2\, dx_3^2) + c^2 dx_4^2 \ldots \qquad (2)$$

aus, wobei P als Funktion der reellen Zeitvariabeln x_4 allein aufgefaßt wird. Für die Bestimmung von P und den Zusammenhang dieser Größe mit der (variabeln) Dichte ρ erhält er aus (1) die beiden Differentialgleichungen

$$\frac{P'^2}{P^2} + \frac{2P''}{P} + \frac{c^2}{P^2} - \lambda = 0 \ldots, \qquad (2)$$

$$\frac{3P'^2}{P^2} + \frac{3c^2}{P^2} - \lambda = \varkappa c^2 \rho \ldots . \qquad (3)$$

Aus diesen Gleichungen erhält man meine frühere Lösung, indem man P als zeitlich konstant voraussetzt. Mit Hilfe dieser Gleichungen läßt sich aber auch zeigen, daß diese Lösung nicht stabil ist, d. h. eine Lösung, welche sich von jener statischen Lösung zu einer gewissen Zeit nur wenig unterscheidet, weicht im Laufe der Zeit immer stärker von jener Lösung ab. Schon aus diesem Grunde bin ich nicht mehr geneigt, meiner damaligen Lösung eine physikalische Bedeutung zuzuschreiben, schon abgesehen von HUBBELS Beobachtungsresultaten.

Unter diesen Umständen muß man sich die Frage vorlegen, ob man den Tatsachen ohne die Einführung des theoretisch ohnedies unbefriedigenden λ-Gliedes gerecht werden kann. Hier soll überlegt werden, inwieweit dies der Fall ist, wobei wir wie FRIEDMAN die Wirkung der Strahlung vernachlässigen. Wie FRIEDMAN gezeigt hat, folgt aus (2) durch Integration (für $\lambda = 0$)

$$\left(\frac{dP}{dt}\right)^2 = c^2 \frac{P_0 - P}{P}, \ldots, \qquad (2a)$$

wobei P_0 eine Integrationskonstante angibt, welche für den Weltradius eine im Laufe der Zeit nicht übersteigbare obere Grenze bedeutet. Hier muß ein Vorzeichenwechsel von $\frac{dP}{dt}$ stattfinden[2]. Aus (3) folgt, daß ρ (für $\lambda = 0$) jedenfalls positiv wird, wie es sein muß.

Aus HUBBELS Resultaten folgt, daß für die Gegenwart $\frac{dP}{dt} > 0$ zu setzen ist, und daß der durch den Abstand dividierte Dopplereffekt eine vom Abstand unabhängige Größe ist, welche mit der hier hinreichenden Genauigkeit

[1] Zeitschr. f. Physik. 10. S. 377. 1922.

[2] Gemäß (2a) kann P nicht über P_0 hinauswachsen, und gemäß (2) kann P nicht auf dem Wert P_0 verharren.

durch die Größe $D = \frac{1}{P}\frac{dP}{dt}\cdot\frac{1}{c}$ ausdrückbar ist. Statt (2a) kann gesetzt werden

$$D^2 = \frac{1}{P^2}\frac{P_0 - P}{P}\ldots \quad (2b)$$

und statt (3)

$$D^2 = \frac{1}{3}\varkappa\rho\frac{P_0 - P}{P_0}\ldots. \quad (3a)$$

Der durch (2a) beschriebene Vorgang ist folgender. Bei kleinem P (für den strikten Grenzfall $P = 0$ versagt unsere Idealisierung) wächst P sehr rasch. Hierauf sinkt mit steigendem P die Änderungsgeschwindigkeit $\frac{dP}{dt}$ immer mehr und verschwindet, wenn der Grenzwert $P = P_0$ erreicht wird, worauf der ganze Vorgang in umgekehrtem Sinne durchlaufen wird (d. h. bei immer rascher sinkendem P).

Wenn wir unsere Formeln mit den Tatsachen vergleichen wollen, so müssen wir annehmen, daß wir uns irgendwo in der Phase des steigenden ρ befinden. Für eine rohe Orientierung ist es dann wohl vernünftig anzunehmen, daß $P - P_0$ von derselben Größenordnung sei wie P_0, so daß wir der bloßen Größenordnung nach die Gleichung

$$D^2 \backsim \varkappa\rho$$

erhalten, welche für ρ die Größenordnung 10^{-26} ergibt, was zu den Abschätzungen der Astronomen einigermassen zu passen scheint. Analog ist der gegenwärtige Weltradius der Größenordnung nach gemäß (2b) durch

$$P \backsim \frac{1}{D}$$

bestimmt, was allerdings nur etwa 10^8 Lichtjahre ergibt.

Die größte Schwierigkeit der ganzen Auffassung liegt aber bekanntlich darin, daß der vergangene Zeitpunkt, für welchen nach (2a) $P = 0$ herauskommt, nur etwa 10^{10} Jahre zurückliegt. Hier kann man der Schwierigkeit durch den Hinweis darauf zu entgehen suchen, daß die Inhomogeneität der Verteilung der Sternmaterie unsere approximative Behandlung illusorisch macht. Außerdem ist darauf hinzuweisen, daß wohl kaum eine Theorie, welche HUBBELS gewaltige Verschiebungen der Spektrallinien als Dopplereffekte deutet, diese Schwierigkeit in bequemer Weise wird vermeiden können. —

Jedenfalls ist diese Theorie einfach genug, um bequem mit den astronomischen Tatsachen verglichen werden zu können. Sie zeigt ferner, wie vorsichtig man bei großen zeitlichen Extrapolationen in der Astronomie sein muß. Bemerkenswert ist vor allem, daß die allgemeine Relativitätstheorie HUBBELS neuen Tatsachen ungezwungener (nämlich ohne λ-Glied) gerecht werden zu können scheint als dem nun empirisch in die Ferne gerückten Postulat von der quasi-statischen Natur des Raumes.

Ausgegeben am 9. Mai.

Berlin, gedruckt in der Reichsdruckerei

SYSTEMATISCHE UNTERSUCHUNG ÜBER KOMPATIBLE FELDGLEICHUNGEN, WELCHE IN EINEM RIEMANNSCHEN RAUME MIT FERNPARALLELISMUS GESETZT WERDEN KÖNNEN

VON

A. EINSTEIN UND W. MAYER

SONDERAUSGABE AUS DEN SITZUNGSBERICHTEN
DER PREUSSISCHEN AKADEMIE DER WISSENSCHAFTEN
PHYS.-MATH. KLASSE. 1931. XIII

SYSTEMATISCHE UNTERSUCHUNG ÜBER KOMPATIBLE FELDGLEICHUNGEN, WELCHE IN EINEM RIEMANNSCHEN RAUME MIT FERNPARALLELISMUS GESETZT WERDEN KÖNNEN

VON

A. EINSTEIN UND W. MAYER

In den früheren Untersuchungen über mögliche Feldgleichungen in einem Raume mit RIEMANN-Metrik und Fernparallelismus war stets die Kompatibilität das Postulat, welches für die Ableitung der Gleichungen bestimmend war. Bisher war jedoch das Aufsuchen der Gleichungen nicht auf eine systematische Methode gegründet, so daß man nicht sicher sein konnte, in Betracht kommende Möglichkeiten außer acht zu lassen. Diese Lücke wollen wir in der folgenden Untersuchung ausfüllen; es zeigte sich z. B. in der Tat, daß es eine bisher nicht in Betracht gezogene mögliche Form der Gleichungen gibt, welche eine nicht triviale Verallgemeinerung der ursprünglichen Feldgleichungen der Gravitation bildet.

Durch eine besondere Untersuchung, welche der im folgenden geschilderten weitgehend analog ist, haben wir jene Gleichungssysteme untersucht, welche zwei Vereridentitäten genügen. Da wir jedoch überzeugende physikalische Gründe dafür gefunden haben, daß jene Gleichungssysteme für die physikalische Beschreibung des Raumes nicht in Betracht kommen, haben wir uns im folgenden auf die Untersuchung solcher Gleichungssysteme beschränkt, welche einer Vereridentität genügen. Dies ist um so berechtigter, als jene in diesen als Spezialfälle enthalten sind.

Die gesuchten Gleichungen sollen wie stets in den zweiten Ableitungen der Feldvariabeln $h_{s\nu}$ linear, in deren ersten Ableitungen quadratisch sein. Die Identitäten, welchen die linken Seiten $G^{\mu\alpha}$ der Feldgleichungen genügen, sollen in diesen Größen linear sowie von der ersten Ordnung sein und die Größen $\Lambda^{\alpha}_{\mu\nu}$ explizite nur linear enthalten. Die in den früheren Abhandlungen des einen von uns gebrauchten Bezeichnungen sollen unverändert benutzt werden.

§ 1. Die Methode der Untersuchung.

Wir setzen die Feldgleichungen in der Form an

$$0 = G^{\mu\alpha} = p\Lambda^{\alpha}_{\underline{\mu}\underline{\nu};\nu} + q\Lambda^{\mu}_{\underline{\alpha}\underline{\nu};\nu} + a_1\phi_{\underline{\mu};\underline{\alpha}} + a_2\phi_{\underline{\alpha};\underline{\mu}} + a_3 g^{\mu\alpha}\phi_{\underline{\nu};\nu} + R^{\mu\alpha}, \qquad (1)$$

wo $R^{\mu\alpha}$ ein Aggregat von in den Λ quadratischen Restgliedern bedeutet. Die Konstanten p, q, a_1, a_2, a_3 sowie $R^{\mu\alpha}$ sind so zu bestimmen, daß $G^{\mu\alpha}$ der Divergenzidentität genügt:

$$0 \equiv G^{\mu\alpha}{}_{;\mu} + A\,G^{\alpha\mu}{}_{;\mu} + G^{\sigma\tau}(c_1\Lambda^{\alpha}_{\sigma\tau} + c_2\Lambda^{\tau}_{\sigma\underline{\alpha}} + c_3\Lambda^{\sigma}_{\tau\underline{\alpha}}) + c_4\,G^{\alpha\sigma}\phi_\sigma + c_5\,G^{\sigma\alpha}\phi_\sigma$$
$$+ c_6\,G^{\underline{\sigma}\sigma}\phi_{\underline{\alpha}} + B\,G^{\underline{\sigma}\sigma}{}_{;\underline{\alpha}} \quad . \quad . \quad (2)$$

Die Konstanten A, B, $c_1 \cdots c_6$ sind ebenfalls so zu bestimmen, daß der Identität (2) durch (1) Genüge geleistet wird.

Indem man als linke Seite von (1) statt $G^{\mu\alpha}$ die Ausdrücke $\widetilde{G^{\mu\alpha}} = G^{\mu\alpha} + s\,G^{\alpha\mu} + t g^{\alpha\mu} G^{\underline{\sigma}\sigma}$ einführt (wobei s und t passend zu bestimmende Konstante sind), kann man im allgemeinen zu einem Ansatze von gleicher Form gelangen, in welchem aber A und B verschwinden. Für B ist dies nur dann nicht möglich, wenn $B = -\frac{1 + A}{4}$, welcher Spezialfall nicht weiter untersucht werden soll, weil er keine für uns interessanten Ergebnisse liefert. Die Konstante A kann durch obige Umformung nur dann nicht zu Null gemacht werden, wenn $A = \pm 1$. Auch von diesem Sonderfall soll zunächst nicht die Rede sein, so daß wir zunächst

$$A = B = 0 \quad . \quad . \quad . \quad . \quad . \quad . \quad . \quad . \quad (2\text{a})$$

zu setzen haben.

Der Ansatz (1), (2) ist — wenn man von gewissen, gerade bei der Dimensionszahl 4 möglichen, wenig natürlich gebildeten Gliedern absieht — der allgemeinste, welchen unser Problem mit Rücksicht auf die von uns gewählten einschränkenden Bedingungen zuläßt.

Wir haben nun (1) in (2) einzusetzen und die verfügbaren Konstanten sowie das quadratische Aggregat $R^{\mu\alpha}$ so zu bestimmen, daß die Identität tatsächlich besteht.

Der logisch gegebene Weg wäre nun der, auch das quadratische Glied $R^{\mu\alpha}$ mit unbestimmten Koeffizienten anzusetzen, alles in den $h_{s\nu}$ und den Differentialquotienten dieser Größen auszudrücken und hierauf die Koeffizienten aller algebraisch voneinander unabhängigen Glieder Null zu setzen. Dieser wegen seiner Kompliziertheit praktisch unausführbare Weg kann aber durch einen einfacheren ersetzt werden.

Die Identität muß nämlich auch in den Λ bestehen, wenn man nur jene Differentialidentitäten berücksichtigt, welche vermöge der Ausdrückbarkeit der Λ durch die h bestehen müssen sowie vermöge der Vertauschungsregel der Differentiation (da in der Identität zweite Differentialquotienten der Λ vorkommen). Es ist also bei der Umformung von folgenden aus früheren Untersuchungen bekannten Identitäten Gebrauch zu machen

$$T^{\cdot}_{\cdot;\sigma;\tau} - T^{\cdot}_{\cdot;\tau;\sigma} \equiv -\Lambda^{\rho}_{\sigma\tau}T^{\cdot}_{\cdot;\rho} \quad . \quad . \quad . \quad . \quad . \quad . \quad (3)$$

$$0 \equiv \Lambda^{\iota}_{\kappa\lambda;\mu} + \Lambda^{\iota}_{\lambda\mu;\kappa} + \Lambda^{\iota}_{\mu\kappa;\lambda} + \Lambda^{\iota}_{\kappa\rho}\Lambda^{\rho}_{\lambda\mu} + \Lambda^{\iota}_{\lambda\rho}\Lambda^{\rho}_{\mu\kappa} + \Lambda^{\iota}_{\mu\rho}\Lambda^{\rho}_{\kappa\lambda} \quad . \quad . \quad (4)$$

$$\Lambda^{\sigma}_{\kappa\lambda;\sigma} (\equiv F_{\kappa\lambda}) \equiv \phi_{\kappa,\lambda} - \phi_{\lambda,\kappa}, \quad . \quad . \quad . \quad . \quad . \quad . \quad (5)$$

wobei (5) eine unmittelbare Folge von (4) ist.

Die zweite Vereinfachung der Methode besteht in folgendem. Statt $R^{\mu\alpha}$ mit unbestimmten Koeffizienten anzusetzen, setzt man dies Symbol zunächst selbst in die Identität ein, wobei es auch in der Form $R^{\mu\alpha}{}_{;\mu}$ auftritt. Die Umformung der übrigen Terme richtet man so ein, daß möglichst wenig Terme auftreten, die nicht die Form $U^{\mu\alpha}{}_{;\mu}$ besitzen, wobei $U^{\mu\alpha}$ in den Λ quadratisch ist. Bezeichnet man mit $U^{\mu\alpha}{}_{;\mu}$ den Inbegriff aller solchen Terme, dann muß $U^{\mu\alpha} + R^{\mu\alpha}$ verschwinden, wodurch sich $R^{\mu\alpha}$ durch die Λ ausdrückt. Dies ist allerdings nur statthaft, wenn in der umgeformten Identität nur linear unabhängige Terme auftreten. So bestimmt man $R^{\mu\alpha}$ und in gleicher Art die eingeführten numerischen Koeffizienten.

§ 2. Die Umformung der Identität.

Durch Einsetzen von (1) nimmt (2) zunächst die Form an

$$\left.\begin{aligned} 0 \equiv\; & p\Lambda^{\alpha}_{\underline{\mu}\underline{\nu};\nu;\mu} + q\Lambda^{\mu}_{\underline{\alpha}\underline{\nu};\nu;\mu} + a_1\phi_{\underline{\mu};\underline{\alpha};\mu} + a_2\phi_{\underline{\alpha};\underline{\mu};\mu} + a_3\phi_{\underline{\nu};\nu;\alpha} + R^{\mu\alpha}{}_{;\mu} \\ & + (p\Lambda^{\tau}_{\underline{\sigma}\underline{\nu};\nu} + q\Lambda^{\sigma}_{\underline{\tau}\underline{\nu};\nu} + a_1\phi_{\underline{\sigma};\underline{\tau}} + a_2\phi_{\underline{\tau};\underline{\sigma}} + a_3 g^{\sigma\tau}\phi_{\underline{\nu};\nu})(c_1\Lambda^{\alpha}_{\sigma\tau} + c_2\Lambda^{\underline{\tau}}_{\sigma\underline{\alpha}} + c_3\Lambda^{\underline{\sigma}}_{\tau\underline{\alpha}}) \\ & + c_4(p\Lambda^{\sigma}_{\underline{\alpha}\underline{\nu};\nu}\phi_\sigma + q\Lambda^{\alpha}_{\underline{\sigma}\underline{\nu}}\phi_\sigma + a_1\phi_{\underline{\alpha};\underline{\sigma}}\phi_\sigma + a_2\phi_{\underline{\sigma};\underline{\alpha}}\phi_\sigma + a_3\phi_{\underline{\nu};\nu}\phi_{\underline{\alpha}}) \\ & + c_5(p\Lambda^{\alpha}_{\underline{\sigma}\underline{\nu};\nu}\phi_\sigma + q\Lambda^{\sigma}_{\underline{\alpha}\underline{\nu};\nu}\phi_\sigma + a_1\phi_{\underline{\sigma};\underline{\alpha}}\phi_\sigma + a_2\phi_{\underline{\alpha};\underline{\sigma}}\phi_\sigma + a_3\phi_{\underline{\nu};\nu}\phi_\alpha) \\ & + c_6[-(p+q) + a_1 + a_2 + 4a_3]\phi_{\underline{\nu};\nu}\phi_{\underline{\alpha}} \\ & + D^\alpha, \end{aligned}\right\} \qquad (6)$$

wobei D^α die Zusammenfassung solcher Glieder bedeutet, welche in den Λ vom dritten Grade sind und welche erst später berücksichtigt werden sollen. Die lineare Unabhängigkeit der in (6) auftretenden Terme wird durch folgende, auf Grund von (3), (4), (5) ohne besondere Schwierigkeit ableitbare Umformungsgleichungen erzielt:

$$\Lambda^{\alpha}_{\underline{\mu}\underline{\nu};\nu;\mu} \equiv \tfrac{1}{2}(\Lambda^{\alpha}_{\underline{\sigma}\underline{\nu}}\Lambda^{\mu}_{\sigma\nu})_{;\mu} - \tfrac{1}{2}\Lambda^{\alpha}_{\underline{\mu}\underline{\nu}}F_{\mu\nu} \quad \ldots \quad (7\text{a})$$

$$\Lambda^{\mu}_{\underline{\alpha}\underline{\nu};\nu;\mu} \equiv -(\Lambda^{\mu}_{\nu\sigma}\Lambda^{\sigma}_{\underline{\alpha}\underline{\nu}})_{;\mu} + F_{\underline{\alpha}\underline{\nu};\nu} + F_{\nu\mu}\Lambda^{\mu}_{\underline{\alpha}\underline{\nu}} \quad \ldots \quad (7\text{b})$$

$$\phi_{\underline{\mu};\underline{\alpha};\mu} \equiv -(\phi_\sigma\Lambda^{\mu}_{\underline{\alpha}\underline{\sigma}})_{;\sigma} + \phi_{\underline{\mu};\mu;\underline{\alpha}} + F_{\underline{\alpha}\underline{\mu}}\phi_\mu \quad \ldots \quad (7\text{c})$$

$$\phi_{\underline{\alpha};\underline{\mu};\mu} \equiv -(\Lambda^{\sigma}_{\underline{\alpha}\underline{\mu}}\phi_\sigma + \Lambda^{\mu}_{\underline{\alpha}\underline{\sigma}}\phi_\sigma)_{;\mu} + \phi_{\underline{\mu};\mu;\underline{\alpha}} + F_{\underline{\alpha}\underline{\mu}}\phi_\mu + F_{\underline{\alpha}\underline{\mu};\mu} \quad \ldots \quad (7\text{d})$$

$$\begin{aligned} 2\Lambda^{\tau}_{\underline{\sigma}\underline{\nu};\nu}\Lambda^{\alpha}_{\sigma\tau} \equiv\; & [(\Lambda^{\tau}_{\underline{\sigma}\underline{\mu}} + \Lambda^{\sigma}_{\underline{\mu}\underline{\tau}} + \Lambda^{\mu}_{\underline{\tau}\underline{\sigma}}).\Lambda^{\alpha}_{\sigma\tau}]_{;\mu} + F_{\underline{\sigma}\underline{\nu}}\Lambda^{\alpha}_{\sigma\nu} + \Lambda^{\tau}_{\underline{\sigma}\underline{\nu}}(\Lambda^{\alpha}_{\sigma\rho}\Lambda^{\rho}_{\tau\nu} \\ & + \Lambda^{\alpha}_{\tau\rho}\Lambda^{\rho}_{\nu\sigma} + \Lambda^{\alpha}_{\nu\rho}\Lambda^{\rho}_{\sigma\tau}) \quad \ldots \quad (7\text{e}) \end{aligned}$$

$$\Lambda^{\tau}_{\underline{\sigma}\underline{\nu};\nu}\Lambda^{\underline{\tau}}_{\sigma\underline{\alpha}} \equiv [\Lambda^{\tau}_{\underline{\sigma}\underline{\mu}}\Lambda^{\underline{\tau}}_{\sigma\underline{\alpha}} - \tfrac{1}{4}g^{\alpha\mu}\Lambda^{\tau}_{\underline{\sigma}\underline{\nu}}\Lambda^{\underline{\tau}}_{\sigma\nu}]_{;\mu} + \tfrac{1}{2}\Lambda^{\tau}_{\underline{\sigma}\underline{\nu}}(\Lambda^{\underline{\tau}}_{\sigma\rho}\Lambda^{\rho}_{\underline{\alpha}\nu} + \Lambda^{\underline{\tau}}_{\underline{\alpha}\rho}\Lambda^{\rho}_{\nu\sigma} + \Lambda^{\underline{\tau}}_{\nu\rho}\Lambda^{\rho}_{\sigma\underline{\alpha}}) \quad (7\text{f})$$

$$\begin{aligned} \Lambda^{\tau}_{\sigma\underline{\nu};\nu}\Lambda^{\sigma}_{\tau\underline{\alpha}} \equiv\; & (\Lambda^{\nu}_{\sigma\underline{\mu}}\Lambda^{\sigma}_{\nu\underline{\alpha}} + \Lambda^{\mu}_{\underline{\nu}\sigma}\Lambda^{\sigma}_{\nu\underline{\alpha}} - \tfrac{1}{2}g^{\mu\alpha}\Lambda^{\tau}_{\nu\sigma}\Lambda^{\sigma}_{\underline{\nu}\tau})_{;\mu} - F_{\sigma\nu}\Lambda^{\sigma}_{\underline{\alpha}\underline{\nu}} \\ & + \Lambda^{\tau}_{\sigma\underline{\nu}}(\Lambda^{\sigma}_{\tau\rho}\Lambda^{\rho}_{\underline{\alpha}\nu} + \Lambda^{\sigma}_{\underline{\alpha}\rho}\Lambda^{\rho}_{\nu\tau} + \Lambda^{\sigma}_{\nu\rho}\Lambda^{\rho}_{\tau\underline{\alpha}}) \quad \ldots \quad (7\text{g}) \end{aligned}$$

$$\phi_{\underline{\sigma};\underline{\tau}}\Lambda^{\alpha}_{\sigma\tau} \equiv \tfrac{1}{2}F_{\sigma\tau}\Lambda^{\alpha}_{\underline{\sigma}\underline{\tau}} - \tfrac{1}{2}\Lambda^{\alpha}_{\underline{\sigma}\underline{\tau}}\Lambda^{\rho}_{\sigma\tau}\phi_\rho \quad \ldots \quad (7\text{h})$$

$$\phi_{\underline{\sigma};\tau}\Lambda^{\tau}_{\sigma\underline{\alpha}} \equiv (\phi_\sigma\Lambda^{\mu}_{\underline{\sigma}\underline{\alpha}})_{;\mu} - \phi_\sigma F_{\underline{\sigma}\underline{\alpha}} \quad \ldots \quad (7\text{i})$$

$$\phi_{\sigma;\tau}\Lambda^{\sigma}_{\underline{\tau}\underline{\alpha}} \equiv (\phi_\sigma\Lambda^{\mu}_{\underline{\sigma}\underline{\alpha}})_{;\mu} - F_{\underline{\sigma}\underline{\alpha}}\phi_\sigma + F_{\sigma\tau}\Lambda^{\sigma}_{\underline{\tau}\underline{\alpha}} - \Lambda^{\sigma}_{\underline{\tau}\underline{\alpha}}\Lambda^{\rho}_{\sigma\tau}\phi_\rho \quad \ldots \quad (7\text{k})$$

$$g^{\sigma\tau}\Lambda^{\underline{\tau}}_{\sigma\underline{\alpha}}\phi_{\underline{\nu};\nu}(\equiv -\phi_{\underline{\alpha}}\phi_{\underline{\nu};\nu}) \equiv F_{\underline{\alpha}\underline{\sigma}}\phi_\sigma - (\phi_{\underline{\alpha}}\phi_{\underline{\mu}} - \tfrac{1}{2}g^{\alpha\mu}\phi_{\underline{\sigma}}\phi_\sigma)_{;\mu} - \Lambda^{\rho}_{\underline{\alpha}\underline{\sigma}}\phi_\rho\phi_\sigma \quad (7\text{l})$$

$$\Lambda^{\alpha}_{\underline{\sigma}\underline{\nu};\nu}\phi_\sigma \equiv (\Lambda^{\alpha}_{\underline{\sigma}\underline{\mu}}\phi_\sigma)_{;\mu} - \tfrac{1}{2}\Lambda^{\alpha}_{\underline{\sigma}\underline{\nu}}F_{\sigma\nu} + \tfrac{1}{2}\Lambda^{\alpha}_{\underline{\sigma}\underline{\nu}}\Lambda^{\rho}_{\sigma\nu}\phi_\rho \quad \ldots \quad (7\text{m})$$

$$\phi_{\underline{\alpha};\underline{\sigma}}\phi_\sigma \equiv F_{\underline{\alpha}\underline{\sigma}}\phi_\sigma + \tfrac{1}{2}(g^{\alpha\mu}\phi_{\underline{\sigma}}\phi_\sigma)_{;\mu} - \Lambda^{\rho}_{\underline{\alpha}\underline{\sigma}}\phi_\rho\phi_\sigma \quad \ldots \quad (7\text{n})$$

$$\phi_{\underline{\sigma};\underline{\alpha}}\phi_\sigma \equiv \tfrac{1}{2}(g^{\alpha\mu}\phi_{\underline{\sigma}}\phi_\sigma)_{;\mu} \quad \ldots \quad (7\text{o})$$

$$\Lambda^{\sigma}_{\underline{\alpha}\underline{\nu};\nu}\phi_\sigma \equiv (\phi_\sigma\Lambda^{\mu}_{\underline{\sigma}\underline{\alpha}} + \phi_\upsilon\Lambda^{\sigma}_{\underline{\alpha}\underline{\mu}})_{;\mu} + F_{\sigma\tau}\Lambda^{\sigma}_{\underline{\tau}\underline{\alpha}} + F_{\underline{\alpha}\underline{\sigma}}\phi_\sigma - \Lambda^{\sigma}_{\underline{\tau}\underline{\alpha}}\Lambda^{\rho}_{\sigma\tau}\phi_\rho \quad \ldots \quad (7\text{p})$$

Nachdem in (6) die den linken Seiten der Gleichungen (7) entsprechenden Terme gemäß den Gleichungen (7) ersetzt sind, enthält (6) nur mehr Terme, die linear unabhängig sind; dies scheint sicher zu sein, wenn wir dafür auch keinen eigentlichen Beweis aufgestellt haben. Es zeigt sich eben, daß die Gleichungen 3—5 eine weitere Reduktion der in der Identität auftretenden Terme nicht mehr zulassen. Alle Koeffizienten der nunmehr auftretenden Terme müssen also verschwinden:

Bezeichnung des Terms	Zugehörige Gleichung	
$\phi_{\underline{\nu};\nu;\alpha}$	$a_1 + a_2 + a_3 = 0$	[1]
$F_{\underline{\alpha}\underline{\nu};\nu}$	$a_2 + q = 0$	[2]
$F_{\sigma\nu}\Lambda^{\alpha}_{\underline{\sigma}\underline{\nu}}$	$-p + pc_1 + a_1 c_1 + a_2 c_4 - c_5 p = 0$	[3]
$F_{\nu\sigma}\Lambda^{\sigma}_{\underline{\alpha}\underline{\nu}}$	$q(1 + c_5) + p(c_3 + c_4) + a_1 c_3 = 0$	[4]
$F_{\underline{\alpha}\underline{\mu}}\phi_{\mu}$	$-a_3 + c_4(p + a_1 - a_3) - a_3 c_5 + c_6(p + q - 3a_3) = 0$.	[5]

Ferner erhalten wir für $R^{\mu\alpha}$

$$\left.\begin{aligned} -R^{\mu\alpha} \equiv {} & \tfrac{1}{2}(p - pc_1 + qc_1)\Lambda^{\alpha}_{\underline{\sigma}\underline{\nu}}\Lambda^{\mu}_{\sigma\nu} + (p-q)c_1\Lambda^{\alpha}_{\nu\sigma}\Lambda^{\sigma}_{\underline{\nu}\underline{\mu}} + (pc_3 + qc_2 + q)\Lambda^{\mu}_{\nu\sigma}\Lambda^{\sigma}_{\nu\underline{\alpha}} \\ & + (pc_3 + qc_2)\Lambda^{\nu}_{\sigma\underline{\mu}}\Lambda^{\sigma}_{\nu\underline{\alpha}} + (pc_2 + qc_3)(\Lambda^{\tau}_{\underline{\sigma}\underline{\mu}}\Lambda^{\tau}_{\sigma\underline{\alpha}} - \tfrac{1}{4}g^{\mu\alpha}\Lambda^{\tau}_{\sigma\nu}\Lambda^{\tau}_{\underline{\sigma}\underline{\nu}}) \\ & - \tfrac{1}{2}(pc_3 + qc_2)g^{\alpha\mu}\Lambda^{\tau}_{\sigma\nu}\Lambda^{\sigma}_{\tau\underline{\nu}} + [(a_1 + a_2)(1 + c_2 + c_3) + c_4 p + c_5 q]\Lambda^{\mu}_{\underline{\sigma}\underline{\alpha}}\phi_{\sigma} \\ & + [-a_2 + c_4 p + c_5 q]\Lambda^{\sigma}_{\underline{\alpha}\underline{\mu}}\phi_{\sigma} + (c_4 q + c_5 p)\Lambda^{\alpha}_{\underline{\sigma}\underline{\mu}}\phi_{\sigma} + \mathrm{M}\,\phi_{\underline{\alpha}}\phi_{\underline{\mu}} + \mathrm{N}\,g^{\alpha\mu}\phi_{\underline{\sigma}}\phi_{\sigma}, \end{aligned}\right\} \quad (8)$$

wobei gesetzt ist

$$\mathrm{M} = -a_3(c_2 + c_3) + a_3(c_4 + c_5) + c_6(-p - q + 3a_3) \quad . \quad . \quad (8\,a)$$

$$2\mathrm{N} = -\mathrm{M} - a_3(c_4 + c_5) \; . \; . \; . \; . \; . \; . \; . \; . \; . \; . \; . \; . \quad (8\,b)$$

Weitere Bedingungen für die in (1) und (2) eingeführten Koeffizienten ergeben sich durch Nullsetzung der Glieder dritten Grades in den Λ. Man erhält auf diese Weise die Identität

$$\left.\begin{aligned} 0 \equiv {} & R^{\sigma\tau}(c_1\Lambda^{\alpha}_{\sigma\tau} + c_2\Lambda^{\underline{\tau}}_{\sigma\underline{\alpha}} + c_3\Lambda^{\underline{\sigma}}_{\tau\underline{\alpha}}) + c_4 R^{\alpha\sigma}\phi_{\sigma} + c_5 R^{\sigma\alpha}\phi_{\sigma} + c_6\phi_{\underline{\alpha}}R^{\underline{\sigma}\sigma} \\ & + \frac{p-q}{2}c_1\Lambda^{\tau}_{\sigma\nu}(2\Lambda^{\alpha}_{\sigma\rho}\Lambda^{\rho}_{\tau\nu} + \Lambda^{\alpha}_{\tau\rho}\Lambda^{\rho}_{\nu\sigma}) \\ & + \frac{pc_2 + qc_3}{2}\Lambda^{\tau}_{\underline{\sigma}\underline{\nu}}(2\Lambda^{\underline{\tau}}_{\sigma\rho}\Lambda^{\rho}_{\underline{\alpha}\nu} + \Lambda^{\underline{\tau}}_{\underline{\alpha}\rho}\Lambda^{\rho}_{\nu\sigma}) \\ & + (pc_3 + qc_2)\Lambda^{\tau}_{\sigma\underline{\nu}}(\Lambda^{\sigma}_{\tau\rho}\Lambda^{\rho}_{\underline{\alpha}\nu} + \Lambda^{\sigma}_{\underline{\alpha}\rho}\Lambda^{\rho}_{\nu\tau} + \Lambda^{\sigma}_{\nu\rho}\Lambda^{\rho}_{\tau\underline{\alpha}}) \\ & - \frac{(a_1 - a_2)c_1}{2}\Lambda^{\alpha}_{\underline{\sigma}\underline{\tau}}\Lambda^{\rho}_{\sigma\tau}\phi_{\rho} - (a_1 c_3 + a_2 c_2)\Lambda^{\sigma}_{\underline{\alpha}\underline{\tau}}\Lambda^{\rho}_{\sigma\tau}\phi_{\rho} - a_3(c_2 + c_3)\Lambda^{\rho}_{\underline{\alpha}\underline{\sigma}}\phi_{\rho}\phi_{\sigma} \\ & - (pc_4 + qc_5)\Lambda^{\sigma}_{\underline{\alpha}\underline{\tau}}\Lambda^{\rho}_{\tau\sigma}\phi_{\rho} + \frac{c_4 q + c_5 p}{2}\Lambda^{\alpha}_{\underline{\sigma}\underline{\nu}}\Lambda^{\rho}_{\sigma\nu}\phi_{\rho} - (c_4 a_1 + c_5 a_2)\Lambda^{\rho}_{\underline{\alpha}\underline{\sigma}}\phi_{\rho}\phi_{\sigma} \\ & + (c_4 + c_5)a_3\Lambda^{\rho}_{\underline{\alpha}\underline{\sigma}}\phi_{\rho}\phi_{\sigma} + c_6(-p - q + 3a_3)c_6\Lambda^{\rho}_{\underline{\alpha}\underline{\sigma}}\phi_{\rho}\phi_{\sigma}. \end{aligned}\right\} \quad (9)$$

(9) liefert in Verbindung mit (8) zur Bestimmung der Koeffizienten die weiteren algebraischen Gleichungen:

Bezeichnung des Terms	Zugehörige Gleichung	
$\Lambda^{\alpha}_{\sigma\tau}(\Lambda^{\tau}_{\nu\rho}\Lambda^{\rho}_{\underline{\nu}\underline{\sigma}} - \Lambda^{\sigma}_{\nu\rho}\Lambda^{\rho}_{\underline{\nu}\underline{\tau}})$	$[(p-q)(c_1-1)-pc_3-q(c_2+1)]c_1 = 0$	[6]
$\Lambda^{\alpha}_{\sigma\tau}(\Lambda^{\sigma}_{\underline{\nu}\underline{\tau}} - \Lambda^{\tau}_{\underline{\nu}\underline{\sigma}})\phi_{\nu}$	$c_1a_3(1+c_2+c_3)-c_4(pc_3+qc_2+q)-c_1c_4(p-q) = 0$.	[7]
$\Lambda^{\alpha}_{\sigma\tau}\Lambda^{\nu}_{\underline{\tau}\underline{\sigma}}\phi_{\nu}$	$(a_1+a_2)c_1+c_1c_4(-3p+q)-c_1c_5(p+q)+c_4(p-q) = 0$	[8]
$\Lambda^{\underline{\tau}}_{\sigma\underline{\alpha}}\Lambda^{\rho}_{\underline{\sigma}\nu}\Lambda^{\underline{\rho}}_{\underline{\nu}\underline{\tau}}$	$(pc_2+qc_3)(1+c_2+c_3) = 0$	[9]
$\Lambda^{\underline{\tau}}_{\sigma\underline{\alpha}}\Lambda^{\tau}_{\rho\nu}\Lambda^{\sigma}_{\underline{\rho}\underline{\nu}}$	$(p-q)[c_3-c_1(c_2+c_3)] = 0$	[10]
$\Lambda^{\underline{\tau}}_{\sigma\underline{\alpha}}\Lambda^{\rho}_{\nu\underline{\sigma}}\Lambda^{\nu}_{\rho\underline{\tau}}$	$(pc_3+qc_2)(1+c_2+c_3) = 0$	[11]
$\Lambda^{\underline{\tau}}_{\sigma\underline{\alpha}}\Lambda^{\tau}_{\nu\rho}\Lambda^{\rho}_{\underline{\nu}\underline{\sigma}}$	$c_1c_2(p-q)+c_3(pc_3+qc_2+q) = 0$	[12]
$\Lambda^{\underline{\tau}}_{\sigma\underline{\alpha}}\Lambda^{\sigma}_{\nu\rho}\Lambda^{\rho}_{\underline{\nu}\underline{\tau}}$	$c_1c_3(p-q)+c_2(pc_3+qc_2+q) = 0$	[13]
$\Lambda^{\underline{\tau}}_{\sigma\underline{\alpha}}\Lambda^{\rho}_{\sigma\tau}\phi_{\rho}$	$p[c_4(1+c_2-c_3-c_1)-c_3c_5]+q(c_1c_4-c_3c_5)+(a_1+a_2)c_3 = 0$	[14]
$\Lambda^{\underline{\tau}}_{\sigma\underline{\alpha}}\Lambda^{\sigma}_{\underline{\tau}\underline{\rho}}\phi_{\rho}$	$c_2(a_1+a_2)(1+c_2+c_3)+c_4(p-q)(c_2-c_3) = 0$ . . .	[15]
$\Lambda^{\underline{\tau}}_{\sigma\underline{\alpha}}\Lambda^{\tau}_{\underline{\sigma}\underline{\rho}}\phi_{\rho}$	$c_3(a_1+a_2)(1+c_2+c_3)-c_4(p-q)(c_2-c_3) = 0$ . . .	[16]
$\Lambda^{\underline{\tau}}_{\sigma\underline{\alpha}}\phi_{\underline{\sigma}}\phi_{\underline{\tau}}$	$M(1+c_2+c_3) = c_4[a_1+a_2-(c_4+c_5)(p+q)]$ $-c_5(a_1+a_2)(1+c_2+c_3) = 0$.	[17]
$\phi_{\underline{\alpha}}\Lambda^{\underline{\rho}}_{\underline{\mu}\underline{\nu}}\Lambda^{\rho}_{\mu\nu}$	$(pc_2+qc_3)(c_4+c_5-c_2-c_3)-2c_6(p-pc_1+qc_1) = 0$.	[18]
$\phi_{\underline{\alpha}}\Lambda^{\rho}_{\mu\nu}\Lambda^{\mu}_{\rho\underline{\nu}}$	$(pc_3+qc_2)(c_4+c_5-c_2-c_3)-2c_6(q-qc_1+pc_1) = 0$.	[19]
$\phi_{\underline{\alpha}}\phi_{\underline{\nu}}\phi_{\nu}$	$(c_2+c_3)N-(c_4+c_5)(M+N)-c_6[(a_1+a_2)(1+c_2+c_3)$ $+(c_4+c_5)(p+q)+M+4N] = 0$ . .	[20]

§ 3. Auflösung der algebraischen Gleichungen.

Wir haben das Problem der Aufsuchung der Differentialgleichungen mit einer Identität reduziert auf die Bestimmung der 11 Konstanten p, q, a_1, a_2, a_3, c_1, c_2, c_3, c_4, c_5, c_6, von denen — wie aus dem Ansatz (1) unmittelbar hervorgeht — eine willkürlich wählbar ist, da in den Konstanten p, q, a_1, a_2, a_3 ein gemeinsamer Zahlfaktor willkürlich bleibt. Wir haben also die 20 Gleichungen [1] · · · [20] für die Bestimmung von 10 Konstanten.

Die Auflösung dieses Gleichungssystems wird dadurch sehr erleichtert, daß es sich wiederholt aufspaltet durch das Auftreten von Gleichungen vom Typus $P \cdot Q = 0$. Statt den ganzen Auflösungsprozeß hier zu beschreiben, geben wir ein Schema dieser Aufspaltungen, da dies für jeden genügen dürfte, der die Untersuchung kontrollieren will.

Zunächst ersieht man aus [9] und [11], daß es zwei Hauptfälle (I und II) gibt, je nachdem $1 + c_2 + c_3$ verschwindet oder von Null verschieden ist. Für diese beiden Hauptfälle verläuft die Ausrechnung nach folgenden Schemen der Aufspaltung:

8 Sitzung der physikalisch-mathematischen Klasse vom 23. April 1931 [262]

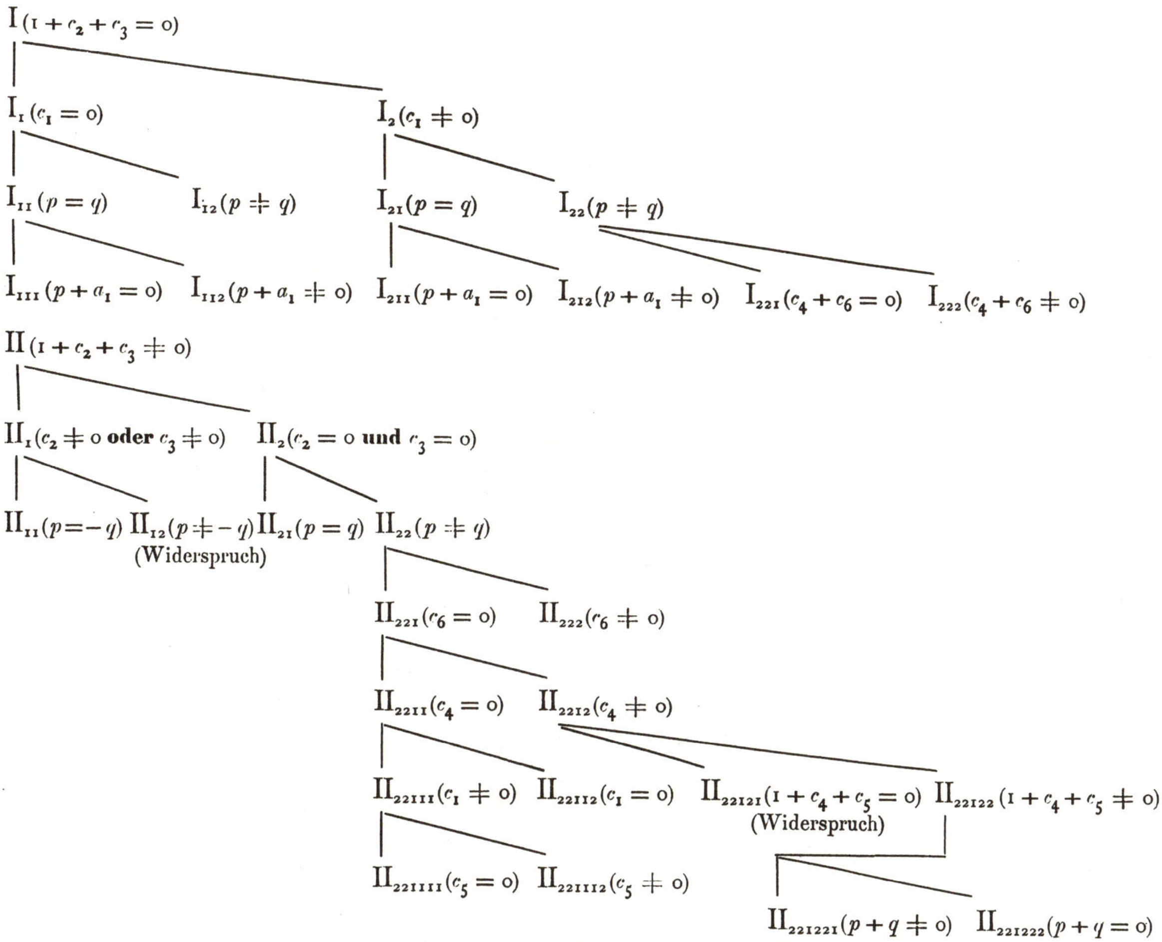

Aus den beiden so schematisch angedeuteten Auflösungsprozessen gehen folgende Koeffizientensysteme hervor (wobei $p=1$ gesetzt ist).

Lösungen von I:

Bezeichnung der Lösung	c_1	c_2	c_3	c_4	c_5	c_6	a_1	a_2	a_3	q	Bemerkungen
I_{111}	0	c_2	$-1-c_2$	c_4	$-1-c_4$	0	-1	-1	2	1	Symmetr. Gleichung enthält nur die $g_{\mu\nu}$
I_{112}	0	-1	0	0	-1	0	a_1	-1	$1-a_1$	1	Spezialfall von I_{12}
I_{12}	0	-1	0	0	-1	0	a_1	$-q$	$q-a_1$	q	Allgemeiner Fall des Hamilton-Prinzips
I_{211}	c_1	c_2	$-1-c_2$	c_4	$-1-c_4$	0	-1	-1	2	1	Enthält I_{111}
I_{212}	$\frac{1}{2}$	$-\frac{1}{2}$	$-\frac{1}{2}$	$\frac{a_1+1}{4}$	$\frac{a_1-3}{4}$	$-\frac{a_1+1}{4}$	a_1	-1	$-a_1+1$	1	
I_{221}	$\frac{1}{2}$	$-\frac{1}{2}$	$-\frac{1}{2}$	$\frac{a_1+1}{2(1+q)}$	$\frac{a_1-1-2q}{2(1+q)}$	$-\frac{a_1+1}{2(1+q)}$	a_1	$-q$	$-a_1+q$	q	
I_{222}	$\frac{1}{2}$	$-\frac{1}{2}$	$-\frac{1}{2}$	c_4	c_4-1	c_6	-1	1	0	-1	Symmetr. Gleichung fehlt

Lösungen von II:

Bezeichnung der Lösung	c_1	c_2	c_3	c_4	c_5	c_6	a_1	a_2	a_3	q	Bemerkungen
II_{11}	$\frac{1}{2}$	c_2	c_2	1	0	c_6	-1	1	0	-1	Symmetr. Gleichung fehlt
II_{21}	0	0	0	0	-1	0	a_1	-1	$-a_1+1$	1	Spezialfall von II_{22112}
II_{221111}	1	0	0	0	0	0	0	0	0	0	Spezialfall von II_{221221}
II_{221112}	$\frac{1}{2}$	0	0	0	-1	0	-1	1	0	-1	Symmetr. Gleichung fehlt
II_{22112}	0	0	0	0	-1	0	a_1	$-q$	$-a_1+q$	q	
II_{221221}	$\frac{1}{1-q}$	0	0	$\frac{q}{(2q-1)(1-q)}$	$\frac{q(2q-3)}{(2q-1)(1-q)}$	0	$\frac{q(q-2)}{2q-1}$	$-q$	$\frac{q(1+q)}{2q-1}$	q	
II_{221222}	$\frac{1}{2}$	0	0	c_4	c_4-1	0	-1	1	0	-1	Symmetr. Gleichung fehlt
II_{222}	$\frac{1}{2}$	0	0	c_4	c_4-1	c_6	-1	1	0	-1	Symmetr. Gleichung fehlt

Buchstaben in den Tabellen bedeuten (willkürliche) Zahlenparameter.

Zu dem Hauptfall I ist folgendes zu bemerken: Die symmetrische Gleichung von I_{111} und I_{211} läßt sich durch die $g_{\mu\nu}$ allein ausdrücken und stimmt überein mit den reinen Gravitationsgleichungen der auf die RIEMANN-Metrik allein gegründeten Theorie. Da hier die symmetrische Gleichung allein einer Vireridentität genügt, bleibt die antisymmetrische Gleichung frei wählbar. Dieser Fall kommt offenbar nicht für die physikalische Anwendung in Betracht. Wir lassen ihn daher beiseite.

I_{222} kommt wegen des Fehlens einer symmetrischen Gleichung nicht in Betracht. I_{112} ist in I_{12} als Spezialfall enthalten. Ferner ist I_{212} ein Spezialfall von I_{221}. Es bleiben also von Hauptfall I nur die beiden Fälle I_{12} und I_{221} übrig, die je zwei willkürliche Zahlenparameter enthalten.

I_{12} ist der allgemeinste aus dem HAMILTONschen Prinzip ableitbare Fall. Man kann ihn z. B. so charakterisieren:

Sei

$$J = J_1 + \alpha J_2 + \beta J_3,$$

wobei J_1 den (mittelbar durch die h ausgedrückten) Skalar der RIEMANNschen Krümmung,

$$J_2 = \phi_a \phi^a$$

und

$$J_3 = S^{\alpha}_{\underline{\mu\nu}} S^{\alpha}_{\mu\nu} \quad (S^{\alpha}_{\mu\nu} = \Lambda^{\underline{\alpha}}_{\mu\nu} + \Lambda^{\underline{\mu}}_{\nu\alpha} + \Lambda^{\underline{\nu}}_{\alpha\mu})$$

bedeutet, so gehen die Gleichungen I_{12} aus dem Variationsprinzip

$$\delta\left\{\int h J d\tau\right\} = 0 \quad . \quad . \quad . \quad . \quad . \quad . \quad . \quad . \quad (10)$$

hervor.

Der Fall I_{221} war bisher nicht bekannt. Seine symmetrische Gleichung stimmt für $a_1 = -1$ mit den Feldgleichungen des Gravitationsfeldes der allgemeinen Relativitätstheorie überein. Der Fall bildet also ebenso wie I_{12} eine Verallgemeinerung, nicht eine gänzliche Änderung der Feldgleichungen gegenüber der ursprünglichen Theorie.

Bei Einführung des Riemann-Tensors

$$P_{\mu\alpha} = R_{\mu\alpha} - \tfrac{1}{2} g_{\mu\alpha} R,$$

wobei hier $R_{\mu\alpha}$ definiert ist durch

$$R_{\mu\alpha} = -\Gamma^{\sigma}_{\mu\alpha,\sigma} + \Gamma^{\sigma}_{\mu\sigma,\alpha} + \Gamma^{\sigma}_{\mu\tau}\Gamma^{\tau}_{\alpha\sigma} - \Gamma^{\sigma}_{\mu\alpha}\Gamma^{\tau}_{\sigma\tau},$$

lassen sich unsere (mit $1+q$ dividierten) Feldgleichungen, wenn wir symmetrischen und antisymmetrischen Teil trennen, in die Form bringen (σ und τ sind Zahlenparameter)

$$0 = 2 S^{\mu\alpha} = 2 P_{\underline{\mu}\underline{\alpha}}$$
$$+ \sigma\left[\phi_{\underline{\mu};\underline{\alpha}} + \phi_{\underline{\alpha};\underline{\mu}} - 2 g^{\mu\alpha}\phi_{\underline{\nu};\nu} - (\Lambda^{\mu}_{\underline{\sigma}\underline{\alpha}} + \Lambda^{\alpha}_{\underline{\sigma}\underline{\mu}})\phi_{\sigma} - \sigma\phi_{\underline{\alpha}}\phi_{\underline{\mu}} + \left(2 - \frac{\sigma}{2}\right) g^{\alpha\mu}\phi_{\underline{\nu}}\phi_{\nu}\right] \quad (11)$$

$$0 = 2 A^{\mu\alpha} = \tau \frac{1}{h}(h S^{\nu}_{\underline{\alpha}\underline{\mu}})_{,\nu} - \sigma(\phi_{\underline{\alpha},\underline{\mu}} - \phi_{\underline{\mu},\underline{\alpha}}) \quad \ldots \quad (11\,\mathrm{a})$$

Sie erfüllen die Identität

$$0 \equiv S^{\mu\alpha}{}_{;\mu} - S^{\alpha\sigma}\phi_{\sigma} - S^{\sigma\tau}\Lambda^{\tau}_{\sigma\underline{\alpha}} + \sigma(S^{\alpha\sigma}\phi_{\sigma} - \tfrac{1}{2} S^{\underline{\sigma}\sigma}\phi_{\underline{\alpha}}) + \frac{1}{h}(h A^{\mu\alpha})_{,\mu} \quad \ldots \quad (12)$$

Gleichungen (11) und Identität (12) nehmen eine übersichtlichere Form an, wenn man die Ableitungen des allgemeinen Differentialkalküls der Riemann-Geometrie einführt gemäß den Formeln

$$A^{\mu}{}_{;;\sigma} = A^{\mu}{}_{,\sigma} + A^{\alpha}\Gamma^{\mu}_{\alpha\sigma},$$

wobei die Beziehung besteht

$$2\Gamma^{\mu}_{\alpha\sigma} \equiv (\Delta^{\mu}_{\alpha\sigma} + \Delta^{\mu}_{\sigma\alpha}) + (\Lambda^{\underline{\alpha}}_{\underline{\mu}\sigma} + \Lambda^{\underline{\sigma}}_{\underline{\mu}\alpha}):$$

$$0 = 2 S^{\mu\alpha} = 2 P^{\mu\alpha} + \sigma\left[\phi_{\underline{\alpha};;\underline{\mu}} + \phi_{\underline{\mu};;\underline{\alpha}} - 2 g^{\mu\alpha}\phi_{\underline{\nu};;\nu} - \sigma(\phi_{\underline{\alpha}}\phi_{\underline{\mu}} + \tfrac{1}{2} g^{\alpha\mu}\phi_{\underline{\nu}}\phi_{\nu})\right] \quad (11')$$

$$0 = 2 A^{\mu\alpha} = \tau \frac{1}{h}(h S^{\nu}_{\underline{\alpha}\underline{\mu}})_{,\nu} - \sigma(\phi_{\underline{\alpha},\underline{\mu}} - \phi_{\underline{\mu},\underline{\alpha}}) \quad \ldots \quad (11\,\mathrm{a}')$$

$$0 \equiv S^{\mu\alpha}{}_{;;\mu} + \sigma(S^{\alpha\sigma}\phi_{\sigma} - \tfrac{1}{2} S^{\underline{\sigma}\sigma}\phi_{\underline{\alpha}}) + \frac{1}{h}(h A^{\mu\alpha})_{,\mu} \quad \ldots \quad (12')$$

Was den Hauptfall II anlangt, so bleiben aus den in der letzten Kolonne angegebenen Gründen nur die beiden Fälle II_{22112} und II_{221221}. Ersterer hat zwei Zahlenparameter und wurde früher aus der Vertauschungsregel der Differentiation abgeleitet. Er läßt sich in übersichtlichere Form bringen.

Es sei

$$L^{\alpha}_{\mu\nu} = \Lambda^{\alpha}_{\mu\nu} + \alpha(\phi_{\mu}\delta^{\alpha}_{\nu} - \phi_{\nu}\delta^{\alpha}_{\mu}) + \beta S^{\alpha}_{\mu\nu},$$

wobei α und β Zahlenparameter bedeuten. Dann lauten die Feldgleichungen mit zugehöriger Identität

$$\left.\begin{array}{l} G^{\mu a} \equiv L^{a}_{\underline{\mu}\underline{\nu}/\nu} - \frac{1}{2} L^{a}_{\sigma\tau}\Lambda^{\mu}_{\sigma\tau} = 0 \\ G^{\mu a}{}_{/\mu} \equiv 0 \\ (T^{\cdot\mu}_{\cdot}{}_{/\mu} \equiv T^{\cdot\mu}_{\cdot}{}_{;\mu} - T^{\cdot\mu}_{\cdot}\phi_{\mu}) \end{array}\right\} \quad \ldots\ldots \quad (13)$$

oder auch bei Einführung der Tensoren mit lokalen (lateinischen) und Koordinaten- (griechischen) Indizes und der Tensor-Dichten ($\mathfrak{G}$ bzw. $\mathfrak{L}$)

$$\left.\begin{array}{l} \mathfrak{G}_{s}{}^{\mu} \equiv \mathfrak{L}^{s}_{\underline{\mu}\underline{\nu},\nu} = 0 \\ \mathfrak{G}_{s}{}^{\mu}{}_{,\mu} \equiv 0. \end{array}\right\} \quad \ldots\ldots \quad (13a)$$

Der Fall II_{221221} ist in seiner Allgemeinheit bisher noch nicht bekanntgeworden. Nur der Spezialfall II_{221111} ($q = 0$) wurde früher genauer untersucht; er ist dadurch ausgezeichnet, daß ihm die Gleichung $F_{\mu\nu} = 0$ adjungiert werden kann und wurde ebenfalls früher aus der Vertauschungsregel der Differentiation abgeleitet.

Was unsere ursprüngliche, durch (2a) ausgedrückte Spezialisierung betrifft, so haben wir uns durch eine der hier dargestellten analogen Rechnung überzeugt, daß der allein in Betracht kommende Fall $A = \pm 1$ zu keinen neuen Gleichungstypen führt.

Als Ergebnis der ganzen Untersuchung ergibt sich also folgendes: Es gibt in einem Raume mit RIEMANN-Metrik und Fernparallelismus von dem in (1), (2) definierten Charakter im ganzen vier (nichttriviale) verschiedene Typen von (kompatiblen) Feldgleichungen. Hiervon sind zwei (nichttriviale) Verallgemeinerungen der ursprünglichen Feldgleichungen der Gravitation, von denen eine als aus dem HAMILTON-Prinzip hervorgehend bereits bekannt ist [vgl. (10) und (11)]. Die beiden übrigen Typen sind in der Arbeit durch (13) und II_{221221} bezeichnet.

Ausgegeben am 30. Mai.

Berlin, gedruckt in der Reichsdruckerei.

EINHEITLICHE THEORIE VON GRAVITATION UND ELEKTRIZITÄT

VON

A. EINSTEIN UND W. MAYER

SONDERAUSGABE AUS DEN SITZUNGSBERICHTEN
DER PREUSSISCHEN AKADEMIE DER WISSENSCHAFTEN
PHYS.-MATH. KLASSE. 1931. XXV

EINHEITLICHE THEORIE VON GRAVITATION UND ELEKTRIZITÄT

VON

A. EINSTEIN UND W. MAYER

Die allgemeine Relativitätstheorie war bisher in erster Linie eine rationelle Theorie der Gravitation und der metrischen Eigenschaften des Raumes. Bei der Behandlung der elektromagnetischen Erscheinungen aber mußte sie sich mit einer bloß äußerlichen Einverleibung der MAXWELLschen Theorie in das relativistische Schema begnügen. Neben der quadratischen metrischen Form des Gravitationsfeldes mußte man eine von ihr logisch unabhängige Linearform einführen, deren Koeffizienten man als die Potentiale des elektromagnetischen Feldes deutete; in den Tensorgleichungen des Gravitationsfeldes stand neben dem Krümmungstensor — nur äußerlich und logisch willkürlich durch ein Plus-Zeichen mit ihm verknüpft — der kovariant geschriebene MAXWELLsche Tensor des elektromagnetischen Feldes. Dies mußte um so schmerzlicher empfunden werden, als die MAXWELLsche Theorie nur als Feldtheorie erster Näherung durch ein allerdings sehr reiches empirisches Material gestützt ist; der Verdacht war nicht von der Hand zu weisen, daß die Linearität der MAXWELLschen Gleichungen nicht der Wirklichkeit entspreche, sondern daß die wahren Gleichungen des Elektromagnetismus für starke Felder von den MAXWELLschen abweichen.

Deshalb waren die Theoretiker seit der Aufstellung der allgemeinen Relativitätstheorie bemüht, eine logisch einheitliche Theorie des Gesamtfeldes aufzustellen. Man kann aber nicht behaupten, daß die bisher auf das Problem verwandten großen Anstrengungen zu einem befriedigenden Erfolg geführt hätten. Seit der Aufstellung der Quantenmechanik hat man im allgemeinen sich von diesen Bemühungen abgewandt, indem man vermutete, daß das Problem im Rahmen einer Feldtheorie im bisherigen Sinne des Wortes überhaupt unlösbar sei. Im Gegensatz zu dieser Meinung wollen wir hier eine Theorie geben, von der wir glauben, daß sie, abgesehen vom Quantenproblem, eine völlig befriedigende definitive Lösung bedeutet. Man gelangt zu den alten Formeln der Gravitation und Elektrizität auf einem neuen, durchaus einheitlichen Wege. Es erweist sich, daß MAXWELLS Gleichungen, wie sie gleich zu Anfang in die allgemeine Relativitätstheorie eingeführt wurden, in demselben Sinne als strenge Gleichungen anzusehen sind wie die Gravitationsgleichungen des leeren Raumes.

Die hier darzustellende Theorie knüpft psychologisch an die bekannte Theorie von KALUZA an, vermeidet es aber, das physikalische Kontinuum zu einem solchen von fünf Dimensionen zu erweitern. KALUZA beschreibt das Gesamtfeld in einem fünfdimensionalen Raume durch einen fünfdimensionalen

Maßtensor $g_{\mu\nu}$, wobei $g_{11} \cdots g_{44}$ physikalisch die Rolle des Gravitationspotentials spielen, während $g_{15} \cdots g_{45}$ als elektromagnetisches Potential gedeutet werden und die Bedeutung von g_{55} offengelassen ist. Das Kontinuum wird, um der erfahrungsgemäßen Vierdimensionalität des zeit-räumlichen Kontinuums gerecht zu werden, als »zylindrisch« bezüglich der Koordinate x^5 aufgefaßt $\left(\frac{\partial g_{ik}}{\partial x^5} = 0\right)$. Es gelingt KALUZA in ungezwungener Weise, Gleichungen zu erhalten, welche in erster Näherung mit den bekannten Gravitationsgleichungen bzw. den MAXWELLschen Gleichungen des elektromagnetischen Feldes übereinstimmen, indem er für den fünfdimensionalen Raum Gleichungen ansetzt, welche den Gleichungen des reinen Gravitationsfeldes der allgemeinen Relativitätstheorie völlig analog sind. Die Gleichungen der geodätischen Linie im fünfdimensionalen Raume sollen die Bewegungsgleichungen des elektrisch geladenen Massenpunktes darstellen.

Das Unbefriedigende der KALUZAschen Theorie liegt zunächst in der Annahme eines fünfdimensionalen Kontinuums, da doch die Welt unserer Erfahrung dem Anscheine nach vierdimensional ist. Ferner ist vom Standpunkt einer relativistischen fünfdimensionalen Theorie die Zylindrizitätsbedingung eine formal wenig natürliche. Auch gelang es dieser Theorie nicht, der Konstanz des Verhältnisses von elektrischer und ponderabler Masse eines bewegten Massenpunktes gerecht zu werden. Endlich gelang — wie schon erwähnt — die physikalische Deutung der Komponente g_{55} des metrischen Tensors nicht.

All diese Schwierigkeiten werden bei der im folgenden dargelegten Theorie dadurch vermieden, daß man zwar bei dem vierdimensionalen Kontinuum bleibt, aber in diesem Vektoren mit fünf Komponenten und dementsprechend Tensoren einführt, deren Indizes von 1 bis 5 laufen. Wie dies möglich ist, wird im folgenden auseinandergesetzt. Ist diese formale Schwierigkeit überwunden, so ergibt sich die ganze Theorie auf einem Wege, der dem in der ursprünglichen allgemeinen Relativitätstheorie bei der Aufstellung des Gesetzes des reinen Gravitationsfeldes bzw. dem in der KALUZAschen Theorie bei Aufstellung des allgemeinen Feldgesetzes eingeschlagenen Wege weitgehend analog ist.

§ 1. Viererverektoren und Fünferverektoren.

In jedem Punkte eines vierdimensionalen RIEMANNNschen Raumes ist neben dem vierdimensionalen Vektorraume V_4, gebildet aus den kontravarianten und kovarianten Vektoren, noch ein fünfdimensionaler linearer Vektorraum V_5 gegeben. Die Komponenten eines kontravarianten Vektors dieses letzteren Raumes seien z. B. mit

$$a^\iota \quad (\iota = 1 \cdots 5)$$

bezeichnet. Griechische Indizes sollen Komponenten eines Fünfervektors, lateinische solche eines Vierervektors bezeichnen. Die Koordinaten des RIEMANNschen Raumes bezeichnen wir mit x_i $(i = 1 \cdot \cdot 4)$.

Fünfdimensionaler (linearer) Vektorraum bedeutet, daß jeder seiner (kontravarianten) Vektoren durch fünf Zahlen a^ι festgelegt ist, und daß im Bereiche dieser a^ι erstens die Addition und zweitens die Multiplikation mit einer reinen Zahl (Skalar) in üblicher Weise definiert ist und nicht aus dem Bereich herausführt. Es sollen also $\alpha a^\iota + \beta b^\iota$ (α und β reine Zahlen) Komponenten eines Vektors im Vektorraum V_5 sein, wenn dies für a^ι und b^ι gilt. Der Vektor, dessen Komponenten alle null sind, heißt der Nullvektor.

Einer Koordinatentransformation des V_5 entsprechen Gleichungen von der Form

$$a^\iota = M^\iota_{\ \tau} \bar{a}^\tau \,, \tag{1}$$

wobei

$$| M^\iota_{\ \tau} | \neq 0 \,. \tag{2}$$

Die $M^\iota_{\ \tau}$ sind hierbei im allgemeinen Funktionen der x_i. Wegen der homogen linearen Gestalt dieser Transformationen ist die Operation der Summenbildung von Fünfervektoren oder die der Multiplikation mit einem Skalar unabhängig von der speziellen Wahl der Koordinaten.

Größen b_ι, die sich bei einer Transformation (1) so ändern, daß für jedes a^ι

$$b_\iota a^\iota \tag{3}$$

invariant ist, nennen wir die Komponenten eines kovarianten Fünfervektors. Auch für kovariante Vektoren sind die Operationen der Summenbildung und der Multiplikation mit einem Skalar sinnvoll.

Wie die Vektoren des V_4 mit dem Maßtensor des R_4

$$g_{ik} \text{ bzw. } g^{ik} \quad (g_i^{\ k} = \delta_i^{\ k})$$

gemessen werden, so gibt es auch für die Fünfervektoren a^ι, b_ι einen Maßtensor (nicht ausgearteter symmetrischer Tensor)

$$g_{\iota\kappa} \text{ bzw. } g^{\iota\kappa} \quad (g_\iota^{\ \kappa} = \delta_\iota^{\ \kappa}),$$

und wir wollen vom Fünfervektor a nun schlechtweg sprechen, der eine kontravariante Schreibweise (a^ι) und eine kovariante Schreibweise (a_ι) besitzt, wobei gilt

$$\left.\begin{aligned} a_\iota &= g_{\iota\kappa} a^\kappa \\ a^\iota &= g^{\iota\kappa} a_\kappa \end{aligned}\right\} . \tag{4}$$

Zwischen den Fünfervektoren (a^ι) des V_5 und den Vierervektoren a^i des V_4 besteht bis jetzt keine Beziehung. Eine solche führen wir nun ein mittels des »gemischten« Tensors

$$\gamma_\iota^{\ k} , \tag{5}$$

der einem Vektor (a^ι) des V_5 einen Vektor (a^k) des V_4 und umgekehrt zuordnet:

$$a^k = \gamma_\iota^{\ k} a^\iota \tag{6}$$

$$b_\iota = \gamma_\iota^{\ k} b_k \,. \tag{7}$$

Vermittels der Maßtensoren des V_4 und V_5 können wir den Zuordnungstensor in den folgenden gleichwertigen Formen schreiben:

$$\gamma_\iota^{\ k},\ \gamma_{\iota k},\ \gamma^{\iota k},\ \gamma^\iota_{\ k}, \tag{8}$$

wo z. B.

$$\gamma^\iota_{\ k} = g^{\iota\sigma} g_{kl} \gamma_\sigma^{\ l}.$$

Wir wollen nun die in (6) und (7) festgelegte Zuordnung näher betrachten. Wir treffen die Festsetzung, daß der Rang der Matrix

$$\| \gamma_\iota^{\ k} \|$$

gleich vier ist. Durch $\gamma_\iota^{\ k} v_k$ (v_k beliebig) wird dann ein vierdimensionaler Vektorraum im V_5 gegeben, die »ausgezeichnete Ebene A«.

Die Relation

$$\gamma_\iota^{\ k} v_k = 0 \tag{9}$$

hat als einzige Lösung $v_k = 0$, wogegen

$$\gamma_\iota^{\ k} A^\iota = 0 \tag{10}$$

als einzige Lösung den bis auf einen Faktor bestimmten Normalvektor A^ι der ausgezeichneten Ebene A besitzt (denn $\gamma_\iota^{\ k} v_k A^\iota$ verschwindet wegen (10) für jedes v_k). A^ι wollen wir »die ausgezeichnete Richtung des V_5« nennen und durch die Festsetzung[1] normieren

$$g_{\iota\kappa} A^\iota A^\kappa = 1. \tag{11}$$

Der ausgezeichneten Richtung A^ι ist nach (10) und (6) im V_4 der Nullvektor zugeordnet, wogegen (7) jedem Vektor (b_k) des V_4 einen Vektor der ausgezeichneten Ebene des V_5 zuordnet.

Der Fünfertensor $(g_{\iota\kappa})$ bestimmt zusammen mit dem gemischten Tensor $(\gamma_\iota^{\ k})$ den Vierertensor $(g_{\iota\kappa}\gamma^\iota_{\ i}\gamma^\kappa_{\ k})$; von diesem wollen wir annehmen, daß er mit dem Maßtensor g_{ik} des V_4 identisch sei. Es bestehe also die Beziehung

$$g_{\iota\kappa}\gamma^\iota_{\ i}\gamma^\kappa_{\ k} = g_{ik}\ ^{2}. \tag{12}$$

---

[1] Diese Festsetzung bedeutet aber auch eine Annahme über den Charakter der Metrik des V_5.

[2] Wenn $g_{\iota\kappa}$ nicht ausgeartet ist und $\| \gamma^\iota_{\ p} \|$ den Rang vier hat, dann ist auch g_{pq} nicht ausgeartet.

Beweis: Wir zeigen, daß aus $g_{pq}\sigma^p = 0 \cdots (\alpha)$, $\sigma^p = 0$ folgt. Aus (α) folgt nämlich wegen (12)

$$0 = g_{\iota\kappa}\gamma^\kappa_{\ q}\sigma^\iota = \tau_\kappa \gamma^\kappa_{\ q},$$

wobei gesetzt ist

$$\sigma^\iota = \gamma^\iota_{\ p}\sigma^p.$$

Daraus folgt, daß $\tau_\kappa = \varrho A_\kappa$, also auch $\sigma^\iota = \varrho A^\iota$.

Durch Gleichsetzung der beiden Ausdrücke für σ^ι folgt

$$\varrho A^\iota = \gamma^\iota_{\ p}\sigma^p,$$

woraus durch Multiplikation mit A_ι wegen (10) $\varrho = 0$, und weiter das Verschwinden von σ^p nach (9) folgt.

Mit (12) gleichwertig sind die Relationen

$$\gamma_{\kappa p}\gamma^{\kappa}_{\ q} = g_{pq} \qquad (12\text{a})$$

$$\gamma_{\kappa}^{\ p}\gamma^{\kappa}_{\ q} = \delta^{p}_{\ q} \qquad (12\text{b})$$

$$g^{\iota\kappa}\gamma_{\iota}^{\ p}\gamma_{\kappa}^{\ q} = g^{pq} \qquad (12\text{c}) \text{ usw.}$$

Wir berechnen noch die Größe

$$\gamma_{\kappa}^{\ p}\gamma^{\iota}_{\ p} = \Sigma_{\kappa}^{\ \iota}. \qquad (13)$$

Durch Multiplikation mit $\gamma^{\kappa}_{\ q}$ ergibt sich wegen (12b)

$$\gamma^{\iota}_{\ q} = \gamma^{\kappa}_{\ q}\Sigma_{\kappa}^{\ \iota} \quad \text{oder}$$

$$\gamma^{\kappa}_{\ q}(\delta^{\iota}_{\ \kappa} - \Sigma^{\iota}_{\ \kappa}) = 0.$$

Folglich gilt

$$\delta^{\iota}_{\ \kappa} - \Sigma^{\iota}_{\ \kappa} = \rho^{\iota}A_{\kappa}. \qquad (14)$$

Aus (13) folgt ferner durch Multiplikation mit A^{κ}

$$\Sigma_{\kappa}^{\ \iota}A^{\kappa} = 0.$$

Deshalb ergibt (14) durch Multiplikation mit A^{κ}

$$A^{\iota} = \rho^{\iota},$$

wodurch (14) übergeht in

$$\Sigma^{\iota}_{\ \kappa} = \delta^{\iota}_{\ \kappa} - A^{\iota}A_{\kappa}.$$

Folglich nimmt (13) die Form an

$$\gamma_{\kappa}^{\ p}\gamma^{\iota}_{\ p} = \delta_{\kappa}^{\ \iota} - A_{\kappa}A^{\iota} \qquad (13\text{a})$$

oder durch Herunterziehen des Index ι

$$g_{pq}\gamma_{\kappa}^{\ p}\gamma_{\iota}^{\ q} + A_{\kappa}A_{\iota} = g_{\kappa\iota}. \qquad (13\text{b})$$

In den Gleichungen (12) und (13b) haben wir die Beziehungen gewonnen, welche die Metriken im V_4 und V_5 miteinander verknüpfen.

Die durch (7) hergestellte Verbindung zwischen den Vektoren (b_k) des V_4 und den Vektoren b_ι des V_5 ist ein-eindeutig. Multipliziert man nämlich (7) mit $\gamma^{\iota}_{\ r}$, so erhält man wegen (12b)

$$b_r = \gamma^{\iota}_{\ r}b_{\iota}, \qquad (14)$$

also den ganz bestimmten Vektor b_r des V_4.

Wenn wir dagegen (6) mit $\gamma^{\sigma}_{\ k}$ multiplizieren, erhalten wir nach (13a)

$$\gamma^{\sigma}_{\ k}a^{k} = (\delta_{\iota}^{\ \sigma} - A_{\iota}A^{\sigma})a^{\iota} = a^{\sigma} - \rho A^{\sigma}, \quad (\rho = A_{\iota}a^{\iota}),$$

also

$$a^{\sigma} = \gamma^{\sigma}_{\ k}a^{k} + \rho A^{\sigma}.$$

Der Fünfervektor (a^{σ}) ist also durch den Vierervektor (a^{k}) nur bis auf einen (A^{σ}) proportionalen Zusatz bestimmt.

Tensoren beliebiger Stufe lassen sich in bezug auf den V_5 ganz analog definieren wie in bezug auf den V_4, nur bezieht sich deren Kovarianz auf Transformationen vom Typus (1). Ebenso lassen sich gemischte Tensoren bilden, welche durch lateinische und griechische Indizes charakterisiert sind. Der Beziehungstensor γ^ι_k ist ein Beispiel hierfür. Bezüglich der Bildung von Tensoren aus Tensoren durch Addition, Multiplikation und »Verjüngung« (Kontraktion) ist eine explizite Darlegung nicht erforderlich; die letztere Operation kann sich natürlich nur auf zwei Indizes gleicher Art (zwei griechische bzw. zwei lateinische) beziehen.

§ 2. Absoluter Differentialkalkul.

Absolutes Differential und absolute Ableitung eines Fünfervektors. Die Transformation (1)

$$a^\iota = M^\iota{}_\tau \bar{a}^\iota$$

ist für $da^\iota (= a^\iota(x^i + dx^i) - a^\iota(x^i))$ an Stelle von a^ι nicht mehr gültig, da die $M^\iota{}_\tau$ im allgemeinen Funktionen der x^i sind. Wir führen nun unter Verwendung von Drei-Index-Größen $\Gamma^\iota_{\pi q}$ (ι und π von 1 bis 5, q von 1 bis 4) das absolute Differential ein

$$\mathfrak{d} a^\iota = da^\iota + \Gamma^\iota_{\pi q} a^\pi dx^q, \tag{15}$$

wobei sein soll

$$\mathfrak{d} a^\iota = M^\iota{}_\tau \mathfrak{d} \bar{a}^\tau$$
$$d\bar{a}^\tau = d\bar{a}^\tau + \bar{\Gamma}^\tau_{\pi q} \bar{a}^\pi dx^q.$$

Hieraus ergibt sich für die Γ das Transformationsgesetz

$$M^\pi{}_\sigma \Gamma^\iota_{\pi q} = M^\iota{}_\tau \bar{\Gamma}^\tau_{\sigma q} - M^\iota{}_{\sigma,q}, \quad \left(M^\iota{}_{\sigma,q} = \frac{\partial}{\partial x^q} M^\iota{}_\sigma \right). \tag{16}$$

Ebenso definieren wir das absolute Differential des kovarianten Vektors

$$\mathfrak{d} b_\iota = db_\iota - \Gamma^\pi_{\iota q} b_\pi, \tag{17}$$

wobei diese Definition so gewählt ist, daß

$$d(b_\iota a^\iota) = \mathfrak{d} b_\iota a^\iota + a^\iota \mathfrak{d} b_\iota. \tag{18}$$

In üblicher Art wird dann das absolute Differential eines Fünfertensors von beliebiger Stufe gebildet. Das absolute Differential eines Fünfertensors ist ein Fünfertensor der gleichen Art.

Wir bezeichnen jetzt den Koeffizienten von dx^q in $\mathfrak{d} a^\iota$ mit $a^\iota{}_{;q}$, so daß gilt

$$a^\iota{}_{;q} = a^\iota{}_{,q} + \Gamma^\iota_{\pi q} a^\pi; \tag{15a}$$

$a^\iota{}_{;q}$ verhält sich bei Koordinatentransformationen (der x^i) wie ein kovarianter Vierervektor. $a^\iota{}_{;q}$ ist demnach ein gemischter Tensor, wie z. B. $\gamma^\iota{}_q$. Durch Differentiation entstehen also aus Fünfertensoren gemischte Tensoren.

Absolute Differentiation des Vierervektors. Ist (τ^i) ein Vektor im V_4, so definieren wir die absolute Ableitung wie in der RIEMANN-Geometrie durch die Gleichung

$$\tau^i_{;q} = \tau^i_{,q} + \left\{ \begin{matrix} i \\ pq \end{matrix} \right\} \tau^p . \qquad (19)$$

wobei $\left\{ \begin{matrix} i \\ pq \end{matrix} \right\}$ die mit dem Maßtensor g_{ik} des V_4 gebildeten CHRISTOFFEL-Symbole sind. Genau so sei $T^{\cdot\cdot}_{\cdot\,;q}$ gleich der entsprechenden RICCI-Ableitung, sobald $T^{\cdot}_{\cdot\cdot}$ nur lateinische Indizes besitzt.

Ist dagegen $S^{\cdot\cdot}_{\cdot}$ ein gemischter Tensor, so definieren wir

$$S^{\cdot\cdot}_{\cdot\,;q} = S^{\cdot\cdot}_{\cdot\,,q} + \sum (\cdot) . \qquad (20)$$

wo die Summe genau so viele Summanden hat wie der Tensor Indizes, und zwar entspricht

einem griechischen Index	$S^{\cdot\cdot\tau}_{\cdot\cdot}$	der Summand	$+\Gamma^{\tau}_{\sigma q} S^{\cdot\cdot\sigma}_{\cdot\cdot}$
» »	» $S^{\cdot\cdot\cdot}_{\cdot\pi}$	» »	$-\Gamma^{\sigma}_{\pi q} S^{\cdot\cdot\cdot}_{\cdot\sigma}$
» lateinischen	» $S^{\cdot\cdot i}_{\cdot\cdot}$	» »	$+\left\{ \begin{matrix} i \\ pq \end{matrix} \right\} S^{\cdot\cdot p}_{\cdot\cdot}$
» »	» $S^{\cdot\cdot\cdot}_{\cdot p}$	» »	$-\left\{ \begin{matrix} r \\ pq \end{matrix} \right\} S^{\cdot\cdot\cdot}_{\cdot r}$.

Diese zuerst in einem formal analogen Falle von WAERDEN und BARTOLOTTI eingeführte Erweiterung des absoluten Differentialkalkuls ist so gewählt, daß die Rechenregeln gelten:

$$\left. \begin{aligned} (A^{\cdot\cdot}_{\cdot} B^{\cdot})_{;q} &= A^{\cdot\cdot}_{\cdot\,;q} B^{\cdot} + B^{\cdot}_{;q} A^{\cdot}_{\cdot\cdot} \\ (A^{\cdot\cdot}_{\cdot} + B^{\cdot\cdot}_{\cdot})_{;q} &= A^{\cdot\cdot}_{\cdot\,;q} + B^{\cdot\cdot}_{\cdot\,;q} \\ \rho_{;q} &= \rho_{,q} \qquad (\rho = \text{Skalar}) . \end{aligned} \right\} \qquad (21)$$

Natürlich gilt auch hier wie im gewöhnlichen RICCI-Kalkul

$$0 = g_{ik;q} = g^{ik}_{\ ;q} = \delta^k_{i;q} . \qquad (22)$$

Genügt ein längs eines Kurvenstückes im Raume der x^i definierter Fünfervektor a^ι der Bedingung

$$\mathfrak{d} a^\iota = 0 = d a^\iota + \Gamma^\iota_{\pi q} a^\pi dx^q ,$$

so wollen wir ihn einen längs des Kurvenstückes parallel verschobenen Vektor nennen. Der Fünfervektor ändert sich dann längs der Kurve gemäß der Gleichung:

$$d a^\iota = -\Gamma^\iota_{\pi q} a^\pi dx^q . \qquad (23)$$

Ferner definiert die Gleichung

$$d a^i = -\left\{ \begin{matrix} i \\ pq \end{matrix} \right\} a^p dx^q \qquad (24)$$

die Parallelverschiebung eines Vierervektors (a^i) längs einer Kurve.

§ 3. Bestimmung der Drei-Indizes-Symbole $\Gamma^{\iota}_{\pi q}$.

Eine Mannigfaltigkeit der hier ins Auge gefaßten Art ist zunächst als gegeben zu betrachten, wenn die Tensoren $(g_{\iota\kappa})$ und $(\gamma_{\iota}{}^{k})$ gegeben sind, durch welche Tensoren der vierdimensionale Maßtensor g_{pq} gemäß (12c) mitbestimmt ist. Bei gegebenem Gaussschen Koordinatensystem sind aber die Tensoren $(g_{\iota\kappa})$ und $(\gamma_{\iota}{}^{k})$ noch insoweit willkürlich, als die Koordinatenwahl im V_5 noch willkürlich getroffen werden kann. Von den 15 + 20 Komponenten dieser Tensoren sind deshalb gemäß (1) noch 25 wählbar, so daß bei gegebenem Gaussschem Koordinatensystem wie im Falle der alten Gravitationstheorie nur 10 zur eigentlichen Charakterisierung der Mannigfaltigkeit übrigbleiben. Letztere ist jedoch erst dann als völlig charakterisiert zu betrachten, wenn die Größen $\Gamma^{\iota}_{\pi q}$ festgelegt sind, was nun geschehen soll. Hierfür treffen wir drei Bestimmungen.

Ist (a^{ι}) bzw. (a_{ι}) ein Fünfervektor, so besteht die Relation

$$a_{\iota} = g_{\iota\kappa} a^{\kappa}.$$

Bilden wir die absoluten Differentiale, so erhalten wir

$$\mathfrak{d} a_{\iota} = g_{\iota\kappa} \mathfrak{d} a^{\kappa} + a^{\kappa} \mathfrak{d} g_{\iota\kappa}.$$

Aus $\mathfrak{d} a_{\iota} = 0$ folgt also nur dann $\mathfrak{d} a^{\kappa} = 0$ (und umgekehrt), wenn die Festsetzung getroffen wird, daß $\mathfrak{d} g_{\iota\kappa}$ verschwindet, oder daß

$$g_{\iota\kappa;q} = 0. \qquad \text{(I)}$$

Nur vermöge dieser Festsetzung I erlangt die Aussage, daß das absolute Differential eines Fünfervektors (in einer bestimmten Richtung) verschwinde, einen bestimmten Sinn. Diese Festsetzung kann auch durch die gleichwertige ersetzt werden, daß bei einer Parallelverschiebung zweier Fünfervektoren (a^{ι}) und (b^{κ}) die Form

$$g_{\iota\kappa} a^{\iota} b^{\kappa}$$

ungeändert bleibt. Die Festsetzung (I) liefert 60 Gleichungen für die 100 Größen $\Gamma^{\iota}_{\pi q}$. —

Zwischen einem Vektor (a^{ι}) der ausgezeichneten Ebene und dem ihm im V_4 zugeordneten Vektor (a^{k}) besteht die ein-eindeutige Beziehung

$$a^{\iota} = \gamma^{\iota}{}_{k} a^{k}.$$

Wenn (a^{k}) längs eines Kurvenstückes C des vierdimensionalen Raumes irgendwie (nicht parallel) verschoben wird, so wird gemäß dieser Gleichung der Vektor a^{ι} der ausgezeichneten Ebene A in ganz bestimmter Weise mitverschoben, wobei die Gleichung gilt

$$\mathfrak{d} a^{\iota} = \gamma^{\iota}{}_{k} \mathfrak{d} a^{k} + a^{k} \mathfrak{d} \gamma^{\iota}{}_{k}. \qquad (25)$$

Unsere zweite Festsetzung ist nun folgende: Bei P a r a l l e l v e r s c h i e b u n g von (a^{k}) (d. h. $\mathfrak{d} a^{k} = 0$) soll das absolute Differential des mitverschobenen Vektors in die ausgezeichnete Richtung A^{ι} fallen. Dies bedeutet, daß in (25) für $\mathfrak{d} a^k = 0$ die $\mathfrak{d} a^\iota$ den A^ι proportional sein sollen, oder daß (bei beliebigem a^k, dx_q)

$$a^k dx^q \gamma^\iota{}_{k;q}$$

proportional A^ι sein soll. Es muß also sein

$$\gamma^\iota{}_{k;q} = A^\iota F_{kq}, \tag{II}$$

wobei F_{kq} ein Vierertensor zweiter Stufe ist.

Unsere dritte Festsetzung ist eine Spezialisierung der zweiten: Erfolgt die Parallelverschiebung des Vektors (a^k) in seiner eigenen Richtung $(dx^q = \rho a^q)$, so soll auch der ihm in der ausgezeichneten Ebene zugeordnete Vektor (a^ι) eine Parallelverschiebung erfahren $(\mathfrak{d} a^\iota = 0)$. Dies liefert die Bedingung

$$0 = \gamma^\iota{}_{k;q} a^k a^q = A^\iota F_{kq} a^k a^q$$

oder, da a^k ein beliebiger Vierervektor ist,

$$F_{kq} = -F_{qk}. \tag{III}$$

Die Vereinbarkeit der Bedingungen I, II, III wird später bewiesen.

Multipliziert man (II) mit A_ι, so ergibt sich wegen (11) und (10)

$$F_{kq} = A_\iota \gamma^\iota{}_{k;q} = -\gamma^\iota{}_k A_{\iota;q}. \tag{26}$$

Multiplikation mit $\gamma_\sigma{}^k$ ergibt weiter wegen (13a)

$$\gamma_\sigma{}^k F_{kq} = -(\delta_\sigma{}^\iota - A_\sigma A^\iota) A_{\iota;q} = -A_{\sigma;q} + A_\sigma A^\iota A_{\iota;q}$$

oder wegen des Verschwindens von $A^\iota A_{\iota;q} (= \frac{1}{2}(A^\iota A_\iota)_{;q})$

$$A_{\sigma;q} = \gamma_\sigma{}^k F_{qk}. \tag{27}$$

Das Hauptergebnis dieses Paragraphen ist folgendes. Unterwirft man die Γ den durch ihre Einfachheit naheliegenden Bedingungen I, II, III, so sind sie dadurch bei gegebenen $g_{\iota\kappa}$ und $\gamma_\iota{}^k$ noch nicht vollständig, sondern nur bis auf den antisymmetrischen Tensor F_{kq} bestimmt, der noch frei wählbar bleibt. Es wird sich zeigen, daß dieser zusammen mit dem RIEMANNschen Maßtensor g_{ik} die Eigenschaften der betrachteten Mannigfaltigkeit völlig bestimmt.

Es ist instruktiv, das hier behandelte Problem in Beziehung zu bringen mit dem eines RIEMANN-Raumes R_m, welcher in einen RIEMANN-Raum R_n von höherer Dimension eingebettet ist. Denn auch bei diesem Problem existieren in einem Punkte von R_m zwei Metriken, von denen eine zu R_m, die andere zu R_n gehört. R_m entspricht dem vierdimensionalen Raume, während in unserem Falle statt R_n nur der jedem Punkte von R_m zugeordnete Vektorraum von $n (= 5)$ Dimensionen vorhanden ist.

$x^\iota = x^\iota(y^1 \cdots y^m)$ $(\iota = 1 \cdots n)$ ist die analytische Darstellung des Unterraumes. Einem Punkte von R_m kommt die Metrik $g_{pq} dy^p dy^q$ im R_m und die Metrik $g_{\iota\kappa} dx^\iota dx^\kappa$ im R_n zu. $\frac{\partial x^\iota}{\partial y^p} = \gamma^\iota_p$ ist hier der Zuordnungstensor. A^ι, definiert durch $\frac{\partial x^\iota}{\partial y^p} A_\iota = 0$, ist die Normale des R_m im betrachteten Punkte.

Auch in diesem Falle gelten die Relationen I und II. F_{kq} ist aber bei diesem Problem symmetrisch und ist im Falle $n = m + 1$ als »die zweite Grundform« bekannt. Es ist also ausschließlich die Festsetzung III, welche die von uns betrachtete Raumstruktur gegenüber dem Problem der eingebetteten Mannigfaltigkeit unterscheidet. Hier liegt also auch das unterscheidende Moment der von uns entwickelten Theorie gegenüber derjenigen von Kaluza.

§ 4. In bezug auf den V_5 geradeste Linien.

Wenn wir einen Vektor (a^ι) des V_5 in der ihm im V_4 zugeordneten Richtung $a^k = \gamma_\iota^{\ k} a^\iota$ parallel verschieben, so wird dadurch im Koordinatenraum eine Kurve bestimmt, deren Gleichung wir jetzt aufstellen wollen.

Bei geeigneter Wahl eines Parameters t können wir $a^k = \gamma_\iota^{\ k} a^\iota = \frac{dx^k}{dt}$ setzen. Aus

$$a^k = \gamma_\iota^{\ k} a^\iota$$

folgt dann durch Differenzieren wegen $\mathfrak{d} a^\iota = 0$

$$\mathfrak{d} a^k = \gamma_{\iota\ ;r}^{\ k} a^\iota a^r dt$$

oder wegen II

$$\frac{d^2 x^k}{dt^2} + \begin{Bmatrix} k \\ pq \end{Bmatrix} \frac{dx^p}{dt} \frac{dx^q}{dt} = A_\iota a^\iota F^k{}_r \frac{dx^r}{dt}. \qquad (28)$$

Nun ist aber

$$\frac{\mathfrak{d}(A_\iota a^\iota)}{\mathfrak{d} t} = A_{\iota;p} a^p a^\iota + A_\iota \frac{\mathfrak{d} a^\iota}{\mathfrak{d} t},$$

wobei das zweite Glied der rechten Seite wegen $\mathfrak{d} a^\iota = 0$ verschwindet. Aber auch das erste Glied der rechten Seite verschwindet; denn es ist wegen (27)

$$A_{\iota;p} a^p a^\iota = \gamma_\iota^{\ k} F_{pk} a^p a^\iota = F_{pk} a^p a^k = 0.$$

Es ist also $A_\iota a^\iota = \rho$ auf der Kurve konstant, so daß (28) in der Form zu schreiben ist

$$\frac{d^2 x^k}{dt^2} + \begin{Bmatrix} k \\ pq \end{Bmatrix} \frac{dx^p}{dt} \frac{dx^q}{dt} = \rho F^k{}_r \frac{dx^r}{dt}, \quad (\rho = \text{konst}). \qquad (28\text{a})$$

Was den Parameter t anlangt, so ist längs der Kurve $\mathfrak{d}(g_{\iota\kappa} a^\iota a^\kappa) = 0$, also $g_{\iota\kappa} a^\iota a^\kappa = \text{konst}$, oder wegen (13b)

$$g_{pq} \frac{dx^p}{dt} \frac{dx^q}{dt} + \rho^2 = \text{konst}$$

oder

$$g_{pq} \frac{dx^p}{dt} \frac{dx^q}{dt} = \text{konst}.$$

Wir können daher bei Beschränkung auf zeitartige Kurven in (28a) die durch

$$ds^2 = -g_{pq} dx^p dx^q$$

definierte Bogenlänge als Parameter einführen, wodurch auch die in (28a) eintretende Konstante ρ fixiert ist.

Gleichung (28a) entspricht genau der relativistischen Bewegungsgleichung des elektrisch geladenen Massenpunktes, nicht nur angenähert wie in KALUZAS Theorie. Insbesondere ist bemerkenswert, daß hierbei das Verhältnis ρ der elektrischen zur ponderablen Masse als streng konstant herauskommt.

§ 5. Die Krümmung bezüglich des V_5.

Die Integrabilitätsbedingung bezüglich der Parallelverschiebung

$$\mathfrak{d} a^\sigma = 0$$

bzw.

$$da^\sigma = -\Gamma^\sigma_{\iota p} a^\iota dx^p$$

lauten

$$P^\sigma{}_{\iota q p} a^\iota = 0, \tag{29}$$

wobei

$$P^\sigma{}_{\iota q p} = -\Gamma^\sigma_{\iota q, p} + \Gamma^\sigma_{\iota p, q} + \Gamma^\sigma_{\tau q}\Gamma^\tau_{\iota p} - \Gamma^\sigma_{\tau p}\Gamma^\tau_{\iota q}. \tag{30}$$

Aus (29) folgt, daß das Verschwinden von (30) invarianten Charakter hat. Der Beweis, daß $P^\sigma{}_{\iota q p}$ ein gemischter Tensor von der durch die Indizes ausgedrückten Art ist, läßt sich wie folgt erbringen. Wir betrachten die zweidimensionale Mannigfaltigkeit $x^q = x^q(u, v)$, welche in einem ihrer Punkte die zwei Richtungen $\frac{\partial x^i}{\partial u}, \frac{\partial x^i}{\partial v}$ definiert. Ist in dem betrachteten Punkte und Umgebung der Fünfervektor a^ι gegeben, so bilden wir

$$\frac{\mathfrak{d}}{\mathfrak{d} v}\left(\frac{\mathfrak{d} a^\iota}{\mathfrak{d} u}\right) - \frac{\mathfrak{d}}{\mathfrak{d} u}\left(\frac{\mathfrak{d} a^\iota}{\mathfrak{d} v}\right).$$

Es ist

$$\frac{\mathfrak{d} a^\iota}{\mathfrak{d} u} = \frac{\partial a^\iota}{\partial u} + \Gamma^\iota_{\pi q} a^\pi \frac{\partial x^q}{\partial u}$$

und weiter

$$\frac{\mathfrak{d}}{\mathfrak{d} v}\left(\frac{\mathfrak{d} a^\iota}{\mathfrak{d} u}\right) = \left(\frac{\partial a^\iota}{\partial u} + \Gamma^\iota_{\pi q} a^\pi \frac{\partial x^q}{\partial u}\right)_{,r} + \Gamma^\iota_{\sigma p}\left(\frac{\partial a^\sigma}{\partial u} + \Gamma^\sigma_{\pi q} a^\pi \frac{\partial x^q}{\partial u}\right)\frac{\partial x^p}{\partial v}.$$

Daraus folgt

$$\frac{\mathfrak{d}}{\mathfrak{d} v}\left(\frac{\mathfrak{d} a^\iota}{\mathfrak{d} u}\right) - \frac{\mathfrak{d}}{\mathfrak{d} u}\left(\frac{\mathfrak{d} a^\iota}{\mathfrak{d} v}\right) = P^\iota{}_{\pi p q} a^\pi \frac{\partial x^p}{\partial v}\frac{\partial x^q}{\partial u}, \tag{31}$$

woraus der Tensorcharakter von $P^\iota{}_{\pi p q}$ hervorgeht.

Natürlich existiert im Rahmen der von uns untersuchten Raumstruktur auch die aus dem g_{ik} gebildete gewöhnliche RIEMANN-Krümmung ebenso wie auch die aus den g_{ik} gebildete geodätische Linie. Die neu gewonnene Erkenntnis besteht aber gerade darin, daß die für die physikalischen Gesetze maßgebenden Bildungen diejenigen sind, welche aus der durch die Γ bestimmten Parallelverschiebung von Fünfervektoren gewonnen werden.

Andererseits ist es klar, daß die so gewonnenen mathematischen Gebilde nur in ihrer Beziehung zum vierdimensionalen Raume bzw. zum Tangentialraume V_4 in die physikalischen Gesetze eingehen können. Damit hängt es zusammen, daß sich die für letztere maßgebenden Ausdrücke schließlich durch die Vierertensoren g_{ik} und F_{ik} allein ausdrücken lassen, während in diesen Ausdrücken γ^{ι}_{k} und $g_{\iota\kappa}$ nicht mehr explizite vorkommen (vgl. z. B. Gleichung (28a)); dies wird im nächsten Paragraphen näher auseinandergesetzt.

Aus diesem Grunde ist es zweckmäßig, die Beziehung aufzusuchen, welche zwischen der Fünferkrümmung (30) und der (RIEMANNschen) Viererkrümmung besteht. Wir gehen aus von den Gleichungen (II) und (27)[1]:

$$\gamma_{\iota k;q} = A_{\iota} F_{kq} \tag{II}$$

$$A_{\iota;p} = \gamma_{\iota k} F_{p}^{\ k} \tag{27}$$

Durch nochmalige absolute Differentiation erhält man

$$\gamma_{\iota k;q;p} = F_{kq;p} A_{\iota} + F_{kq} F_{p}^{\ r} \gamma_{\iota r} \tag{IIa}$$

$$A_{\iota;p;q} = F_{kq} F_{p}^{\ k} A_{\iota} + \gamma_{\iota k} F_{p\ ;q}^{\ k} \tag{27a}$$

und hieraus

$$\gamma_{\iota k;q;p} - \gamma_{\iota k;p;q} = A_{\iota}(F_{kq;p} - F_{kp;q}) + \gamma_{\iota r}(F_{kq} F_{p}^{\ r} - F_{kp} F_{q}^{\ r}) \tag{IIb}$$

$$A_{\iota;p;q} - A_{\iota;q;p} = \gamma_{\iota k}(F_{p\ ;q}^{\ k} - F_{q\ ;p}^{\ k}) . \tag{27b}$$

Durch explizites Ausrechnen der linken Seiten dieser Gleichungen erhält man nach einiger Rechnung

$$\gamma_{\iota k;q;p} - \gamma_{\iota k;p;q} = P^{\sigma}_{\ \iota qp} \gamma_{\sigma k} - R^{r}_{\ kpq} \gamma_{\iota r} \tag{32}$$

$$A_{\iota;p;q} - A_{\iota;q;p} = P^{\sigma}_{\ \iota pq} A_{\sigma}, \tag{33}$$

wobei R die RIEMANNsche Viererkrümmung bedeutet:

$$R^{r}_{\ kqp} = -\begin{Bmatrix} r \\ kq \end{Bmatrix}_{,p} + \begin{Bmatrix} r \\ kp \end{Bmatrix}_{,q} + \begin{Bmatrix} r \\ tq \end{Bmatrix}\begin{Bmatrix} t \\ kp \end{Bmatrix} - \begin{Bmatrix} r \\ tp \end{Bmatrix}\begin{Bmatrix} t \\ kq \end{Bmatrix} . \tag{34}$$

Aus (IIb), (27b), (32) und (33) erhält man die gesuchten Relationen:

$$P^{\sigma}_{\ \iota qp} \gamma_{\sigma k} = A_{\iota}(F_{kq;p} - F_{kp;q}) + \gamma_{\iota r}\{R^{r}_{\ kpq} + F_{kq} F_{p}^{\ r} - F_{kp} F_{q}^{\ r}\} \tag{35}$$

$$P^{\sigma}_{\ \iota qp} A_{\sigma} = \gamma_{\iota r}(F_{q\ ;p}^{\ r} - F_{p\ ;q}^{\ r}) . \tag{36}$$

---

[1] Aus den Gleichungen II und (27) sind die Γ eindeutig berechenbar. Ist $F_{pq} + F_{qp} = 0$, so sind, wie man leicht sieht, die Festsetzungen I und III erfüllt, womit ihre Vereinbarkeit gezeigt ist. Es ist ja nur das Gelten von I nachzuweisen, was bei Anwendung von (13b) leicht gelingt.

Multiplikation von (35) mit $\gamma^{\tau k}$ ergibt wegen $\gamma_{\sigma k}\gamma^{\tau k} = \gamma_\sigma^{\ k}\gamma^\tau_k = \delta_\sigma^\tau - A_\sigma A^\tau$ und (36)

$$P^\tau_{\ \iota q p} = -\gamma_{\iota r} A^\tau (F_p^{\ r}{}_{;q} - F_q^{\ r}{}_{;p}) + \gamma^{\tau k} A_\iota (F_{kq;p} - F_{kp;q})$$
$$+ \gamma_{\iota r}\gamma^{\tau k}(R^r_{\ kpq} + F_{kq}F_p^{\ r} - F_{kp}F_q^{\ r}). \quad (37)$$

Es sei noch bemerkt, daß auch für den Fünferkrümmungstensor die (BIANCHIsche) Identität gilt.

$$P^\tau_{\ \iota pq;r} + P^\tau_{\ \iota qr;p} + P^\tau_{\ \iota rpq} \equiv 0. \quad (38)$$

Man beweist sie am einfachsten, indem man im betrachteten Punkte durch Koordinatentransformation (der x^i) die $\left\{ {r \atop pq} \right\}$ und durch Transformation (1) der Fünferkoordinaten die $\Gamma^\tau_{\sigma q}$ zum Verschwinden bringt, was gemäß (16) möglich ist.

Wir bilden ferner aus (37) durch Verjüngung

$$P_{\iota p} = \gamma^q_\tau P^\tau_{\ \iota qp} = A_\iota F_p^{\ k}{}_{;k} + \gamma_{\iota r}(R^r_p - F_{kp}F^{kr}) \quad (39)$$

$$P = \gamma^{\iota p} P_{\iota p} = R - F_{kp}F^{kp} \quad (40)$$

und

$$U_{\iota p} = P_{\iota p} - \tfrac{1}{4}\gamma_{\iota p}(P+R) = A_\iota F_p^{\ k}{}_{;k} + \gamma_\iota^r \{(R_{rp} - \tfrac{1}{2}g_{rp}R) - (F_{kr}F^k_{\ p} - \tfrac{1}{4}g_{rp}F_{kl}F^{kl})\}. \quad (41)^1$$

Indem wir endlich (37) mit $-A_\tau\gamma^\iota_i$ multiplizieren, bezüglich der Indizes $i\ p\ q$ zyklisch vertauschen, addieren und halbieren, ergibt sich so der antisymmetrische Tensor

$$N_{piq} = F_{pi;q} + F_{iq;p} + F_{qp;i} = F_{pi,q} + F_{iq,p} + F_{qp,i}. \quad (42)$$

§ 6. Die Feldgleichungen.

Im folgenden bedienen wir uns der beiden bekannten Identitäten

$$(R_r^p - \tfrac{1}{2}\delta_r^p R)_{;p} \equiv 0, \quad (43)$$

$$(F_{kr}F^{kp} - \tfrac{1}{4}\delta_r^p F_{kl}F^{kl})_{;p} \equiv F_{kr}F^{kp}{}_{;p} + \tfrac{1}{2}(F_{pk;r} + F_{kr;p} + F_{rp;k})F^{kp}, \quad (44)$$

deren erste sich am bequemsten durch zweimalige Verjüngung aus der BIANCHIschen Identität des gewöhnlichen Krümmungstensors ableiten läßt, während die zweite leicht direkt zu verifizieren ist. Mit Hilfe von (43), (44), (II) und (27) erhält man aus (41) durch Divergenzbildung nach dem Index p

$$U_\iota^{\ p}{}_{;p} - \tfrac{1}{2}\gamma_\iota^r N_{rkp}F^{kp} \equiv 0. \quad (45)$$

Setzt man also als Feldgleichungen an

$$U_{\iota p} = 0, \quad (46)$$

$$N_{rkp} = 0 = F_{rk,p} + F_{kp,r} + F_{pr,k}, \quad (47)$$

so besteht zwischen ihnen die Identität (45). Multipliziert man (41) einerseits mit γ^ι_q, andererseits mit A^ι, so erkennt man, daß sich (46) in den Gleichungen spaltet

---

[1] In der Festsetzung (41) ist das RIEMANNsche R eingeführt, obwohl es sich nicht durch algebraische Operationen aus dem Tensor der Fünferkrümmung ableiten läßt. Die Rechtfertigung hierfür liefert die Identität (45), in welcher die Ableitung von R durch Fünfertensoren ausgedrückt ist (implizite).

$$(R_{qp}-\tfrac{1}{2}g_{qp}R)-(F_{kq}F^{k}{}_{p}-\tfrac{1}{4}g_{qp}F_{kl}F^{kl})=0\,, \tag{46a}$$

$$F^{pk}{}_{;k}=\frac{1}{\sqrt{g}}\frac{\partial}{\partial x^{k}}(\sqrt{g}\,F^{pk})=0\,, \tag{46b}$$

welche ebenso wie (47) nur mehr die g_{ik} und F_{ik} enthalten. Damit sind wir auf diejenigen Gleichungen gekommen, welche auch bisher in der allgemeinen Relativitätstheorie als die Feldgesetze der Gravitation und Elektrizität betrachtet worden sind, nur daß durch Gleichung (46) die Gravitationsgleichungen und das erste Maxwellsche Gleichungssystem in ein einziges Gleichungssystem zusammengefaßt sind, und daß alle drei Gleichungssysteme mit der »Krümmung« in Zusammenhang gebracht sind. Die Korpuskeln sind in dieser Theorie gar nicht, oder — was auf dasselbe hinauskommt — als Singularitäten enthalten.

§ 7. Einführung spezieller Koordinaten im V_5.

Unter den möglichen Festsetzungen bezüglich der Koordinatenwahl im V_5 erscheint jene die natürlichste, welche die $\gamma^{\iota}{}_{p}$ auf $\delta^{\iota}{}_{p}$ und A^{ι} auf $\delta^{\iota}{}_{5}$ spezialisiert ($\delta^{\iota}{}_{p}$ gleich 1 bzw. 0, je nachdem $\iota=p$ oder $\iota\neq p$, $\delta^{\iota}{}_{5}$ gleich 1 bzw. 0, je nachdem $\iota=5$ oder $\iota\neq 5$ ist).

Ist nämlich

$$a^{\iota}=M^{\iota}{}_{\tau}\bar{a}^{\tau}$$

eine Transformation auf neue Fünferkoordinaten, so gilt

$$\gamma^{\iota}{}_{p}=M^{\iota}{}_{\tau}\bar{\gamma}^{\tau}{}_{p}$$
$$A^{\iota}=M^{\iota}{}_{\tau}\bar{A}^{\tau}.$$

Wenn wir also $\bar{\gamma}^{\tau}{}_{p}=\delta^{\tau}{}_{p}$, $\bar{A}^{\tau}=\delta^{\tau}{}_{5}$ haben wollen, so brauchen wir nur

$$M^{\iota}{}_{p}=\gamma^{\iota}{}_{p}$$
$$M^{\iota}{}_{5}=A^{\iota}$$

zu wählen. Aus der Gleichung

$$\bar{b}_{\varkappa}=M^{\iota}{}_{\varkappa}b_{\iota}$$

folgt dann auch

$$\bar{\gamma}_{\varkappa}{}^{p}=\delta_{\varkappa}{}^{p}\qquad(=1 \text{ für } \varkappa=p\,;\ =0 \text{ für } \varkappa\neq p)$$
$$\bar{A}_{\varkappa}=\delta_{\varkappa}{}^{5}\qquad(=1 \text{ für } \varkappa=5\,;\ =0 \text{ für } \varkappa\neq p)$$

Wenn wir nach vollzogener Transformation die Querstriche weglassen, so gilt:

$$\gamma^{\iota}{}_{p}=\delta^{\iota}{}_{p}\,,\ \gamma_{\iota}{}^{p}=\delta_{\iota}{}^{p}\,,\ A^{\iota}=\delta^{\iota}{}_{5}\,,\ A_{\iota}=\delta_{\iota}{}^{5}. \tag{48}$$

Wenn wir nun eine Transformation der Raumkoordinaten x^{ι} vornehmen, so müssen wir, damit (48) fortbestehe, die Fünferkoordinaten so mittransformieren, daß sich die a^{ι} bzw. a_{ι} ($\iota=1\cdots4$) wie die Komponenten eines kontra- bzw. kovarianten Vierervektors verhalten, während sich a^{5} bzw. a_{5} wie eine Invariante transformiert.

Es wäre aber falsch, zu schließen, ein Fünfervektor sei nichts als eine Art »Summe« aus einem Vierervektor und einem Skalar. Zwei Größen sind nur dann gleich, wenn sie bei keiner definierten Operation verschiedene Ergebnisse liefern. Aber das absolute Differential eines Fünfervektors ist von dem des »ihm gleichen« Vierervektors + Skalar verschieden.

Im neuen Koordinatensystem ergibt sich aus der Schreibweise die Schwierigkeit, die vier ersten Komponenten des Fünfervektors a^ι von den numerisch gleichen des ihm zugeordneten Vierervektors $a^k = \gamma_\iota{}^k a^\iota$ zu unterscheiden. Wir wollen $a^{\underline{k}}$ schreiben, um die vier ersten Komponenten des Fünfervektors a^κ zu bezeichnen. Dann gilt als numerische Relation

$$a^{\underline{k}} = a^k \qquad (49)$$

an Stelle der Beziehung

$$\gamma_\iota{}^k a^\iota = a^k .$$

Analog wollen wir $T^{\cdot}_{\cdot\,\cdot\,\underline{k}\,\cdot}$ schreiben, wenn wir einen der vier ersten Indizes von $T^{\cdot}_{\cdot\,\cdot\,\kappa\,\cdot}$ meinen.

In unserem Koordinatensystem hat die ausgezeichnete Ebene A die Gleichung $a^5 = a_5 = 0$. Aus $A_\iota a^\iota = g_{\iota\kappa} a^\iota a^\kappa = 0$ für Vektoren der Ebene A schließen wir

$$g_{5\kappa} = 0 \qquad (50)$$

und aus $g_{\iota\kappa} A^\iota A^\kappa = 1$

$$g_{55} = 1 . \qquad (51)$$

Gleichung (12) nimmt hier die Form an

$$g_{\underline{i}\underline{k}} = g_{ik} . \qquad (52)$$

Wir betrachten die durch die Γ charakterisierte Parallelverschiebung des Fünfervektors.

Festsetzung I ($g_{\iota\kappa;q} = 0$) liefert mit Rücksicht auf (52), (50), (51)

$$\left.\begin{aligned} g_{jk,q} - \Gamma^s_{\underline{j}q} g_{sk} - \Gamma^s_{\underline{k}q} g_{js} &= 0 \\ - \Gamma^s_{5q} g_{sk} - \Gamma^5_{\underline{k}q} &= 0 \\ - \Gamma^5_{5q} &= 0 \end{aligned}\right\} \qquad (53)$$

Festsetzung II war, daß bei Parallelverschiebung des Vierervektors a^i der invariante Zuwachs $\mathfrak{d} a^\iota$ des ihm in der Ebene A zugeordneten Vektors $a^\iota = \gamma^\iota{}_k a^k$ in die Richtung A^ι fällt, daß also bei unserer Koordinatenwahl $\mathfrak{d} a^{\underline{i}}$ verschwinden soll.

Aus

$$da^{\underline{i}} + \left\{ {i \atop pq} \right\} a^p dx^q = 0$$

hat also

$$da^{\underline{i}} + \Gamma^{\underline{i}}_{\underline{p}q} a^{\underline{p}} dx^q = 0 \qquad (a^5 = 0) ,$$

zu folgen, oder wegen $a^{\underline{i}} = a^i$

$$\Gamma^{\underline{i}}_{\underline{p}q} = \left\{ {i \atop pq} \right\}. \tag{54}$$

Festsetzung III besagt: Verschieben wir den Vektor a^k parallel in seiner eigenen Richtung, so soll auch der invariante Zuwachs $\mathfrak{d}a^\iota$ des ihm in der A-Ebene zugeordneten Vektors $a^\iota = \gamma^\iota_k a^k$ verschwinden. Es muß also neben $\mathfrak{d}a^{\underline{i}}$ auch $\mathfrak{d}a^5$ verschwinden:

$$\mathfrak{d}a^5 = da^5 + \Gamma^5_{\underline{p}q} a^{\underline{p}} a^q = 0,$$

was wegen $a^5 = 0$ (und $da^5 = 0$) und $a^p = a^{\underline{p}}$ zur Folge hat

$$\Gamma^5_{\underline{p}q} = -\Gamma^5_{\underline{q}p}, \tag{55}$$

und zwar ist Γ^5_{pq} hier der Ausdruck der von uns mit F_{pq} bezeichneten Größe (elektromagnetische Feldstärke). (53), (54) und (55) zeigen, daß die Γ durch die g_{ik} und F_{ik} völlig bestimmt sind (bei fixiertem Koordinatensystem im V_5).

Die Benutzung der speziellen Koordinaten hat den Vorteil, daß sich die Gleichungen infolge der Elimination der entbehrlichen Feldvariabeln einfacher schreiben. Man muß aber dafür den Index 5 auszeichnen, wodurch die Zahl der Gleichungen vermehrt und die Erkenntnis der natürlichen formalen Zusammenhänge erschwert wird. Wir haben uns daher von vornherein bei unserer Darstellung allgemeiner Koordinaten im V_5 bedient; es sei aber bemerkt, daß wir auf die ganze Theorie zuerst aufmerksam wurden durch Überlegungen, welche den in diesem Paragraph durchgeführten ähnlich waren. Wir verzichten darauf, die übrigen früher gegebenen Überlegungen und Resultate in das spezielle Koordinatensystem zu übertragen.

§ 8. Feldgleichungen und Bewegungsgesetz.

Es soll noch gezeigt werden, daß die in § 6 postulierten Feldgleichungen zu dem unabhängig von ihnen in § 4 aufgestellten Bewegungsgesetz in einer natürlichen Beziehung stehen. Dabei ist zu beachten, daß in der Theorie das Wesen der materiellen Teilchen noch nicht erfaßt ist, so daß diese als singuläre Punkte behandelt werden müßten. Statt dessen ist es aber einfacher, den Gleichungen ein fiktives Glied hinzuzufügen, welches die Dichte der Materie ausdrückt; dadurch kann man nämlich mit der Betrachtung von kontinuierlichen Funktionen auskommen, was rechnerisch einfacher ist.

Wir nehmen an, daß überall, auch da wo »Materie« vorhanden ist, Gleichung (47) exakt gelte (Abwesenheit magnetischer Massen). Dann folgt aus (45), daß überall die Gleichung

$$U_\iota{}^p{}_{;p} = 0 \tag{56}$$

exakt erfüllt ist. Dagegen haben wir auf die rechte Seite von (46) den fingierten gemischten Tensor der Dichte der Materie zu setzen. In Analogie zu dem primitivsten Ansatz hierfür, welcher in der alten Gravitationstheorie druckfreie (staubartige) Materie darstellt, setzen wir an Stelle von (46)

$$U^{\iota p} = \mu \xi^\iota \xi^p \tag{57}$$

(ξ^ι) ist ein Fünfervektor, dem der Vierervektor $(\gamma_\iota^{\ p}\xi^\iota)$ oder (ξ^p) zugeordnet ist. Wegen (56) ergibt sich

$$(\mu\xi^p)_{;p}\xi^\iota + \mu\xi^\iota_{\ ;p}\xi^p = 0\,. \tag{58}$$

Aus (57) geht hervor, daß μ erst dann festgelegt ist, wenn man durch Normierung den »Betrag« von ξ^ι festlegt, d. h. wenn man z. B. setzt

$$\xi^\iota\xi_\iota = \text{konst.} \tag{59}$$

Dann liefert (58) durch Multiplikation mit ξ_ι wegen $\xi_\iota\xi^\iota_{\ ;p} = \frac{1}{2}(\xi_\iota\xi^\iota)_{;p} = 0$:

$$(\mu\xi^p)_{;p} = 0\,, \tag{60}$$

wodurch (58) übergeht in

$$\xi^\iota_{\ ;p}\xi^p = 0\,. \tag{61}$$

Wir fassen nun die Kurven des Koordinatenraumes ins Auge, die das ξ^p-Feld »tangieren«, bei geeigneter Parameter-Wahl ist

$$\frac{dx_p}{dt} = \xi^p(x_1, \cdot\cdot x_4) \tag{62}$$

das System der diese Kurven definierenden Differentialgleichungen.

Gleichung (61) besagt dann, daß längs einer solchen Kurve $\delta\xi^\iota = 0$ ist, d. h. aber, daß ξ^ι in der ihm zugeordneten Richtung $(\xi^p = \gamma_\iota^{\ p}\xi^\iota)$ parallel verschoben ist.

Die bei dieser Verschiebung entstehenden Kurven (62) sind im § 4 behandelt worden und genügen dem Gleichungssystem

$$\frac{d^2 x_k}{dt^2} + \left\{ {k \atop pq} \right\} \frac{dx^p}{dt}\frac{dx^q}{dt} = \rho F^k_{\ r}\frac{dx^r}{dt}\,, \quad \rho = \text{konstant.} \tag{63}$$

Aus Gleichung (60) läßt sich nun weiter zeigen. daß diese Kurven die »Bahnkurven der Materie« darstellen. Betrachten wir nämlich einen aus solchen Kurven gebildeten Faden, so besagt (60) (Kontinuitätsgleichung), daß das Verschwinden bzw. Nichtverschwinden der Dichtefunktion μ sich längs des Fadens fortpflanzt oder genauer, daß längs eines solchen Fadens die »Masse« konstant ist, was aber inhaltlich der Behauptung äquivalent ist.

Die hier dargelegte Theorie liefert die Gleichungen des Gravitationsfeldes und des elektromagnetischen Feldes zwanglos auf einheitlichem Wege; dagegen liefert sie vorläufig kein Verständnis für den Bau der Korpuskeln sowie für die in der Quantentheorie zusammengefaßten Tatsachen.

Ausgegeben am 2. Dezember.

Berlin, gedruckt in der Reichsdruckerei.

EINHEITLICHE THEORIE VON GRAVITATION UND ELEKTRIZITÄT

ZWEITE ABHANDLUNG

VON

A. EINSTEIN UND W. MAYER

SONDERAUSGABE AUS DEN SITZUNGSBERICHTEN
DER PREUSSISCHEN AKADEMIE DER WISSENSCHAFTEN
PHYS.-MATH. KLASSE. 1932. XII

EINHEITLICHE THEORIE VON GRAVITATION UND ELEKTRIZITÄT

ZWEITE ABHANDLUNG

VON

A. EINSTEIN UND W. MAYER

In einer im vorigen Jahre erschienenen Arbeit (Sitz. Ber. XXV. 1931) haben wir gezeigt, daß durch Einführung von Fünfervektoren im vierdimensionalen Raume sich eine Raumstruktur ergibt, die ungezwungen zu einer einheitlichen Theorie von Gravitation und Elektrizität führt. Die sich ergebenden elektromagnetischen Gleichungen stimmten mit den allgemein relativistisch geschriebenen Maxwellschen Gleichungen des leeren Raumes überein. Diese Gleichungen erlauben keine von null verschiedene elektrische Massen- und Stromdichte, können daher im Innern elektrischer Korpuskeln nicht gültig sein. In einer solchen Theorie können elektrische Korpuskeln nur als Singularitäten des Feldes figurieren. Eine befriedigende Feldtheorie muß aber nach unserer Überzeugung mit einer singularitätsfreien Beschreibung des Gesamtfeldes, also auch des Feldes im Innern der Korpuskeln, auskommen.

Deshalb stellten wir uns die Frage, ob die von uns betrachtete Raumstruktur nicht eine Verallgemeinerung zulasse, die zu elektromagnetischen Gleichungen mit nicht verschwindender elektrischer Dichte führen. Im folgenden soll gezeigt werden, daß es eine ganz natürliche derartige Verallgemeinerung gibt, welche zur Aufstellung eines kompatibeln Systems von Feldgleichungen Veranlassung gibt. Die Frage der Eignung dieses Gleichungssystems zur Beschreibung der Wirklichkeit soll hier noch nicht behandelt werden.

Die einzige Änderung gegenüber der früher betrachteten Raumstruktur besteht darin, daß die in § 3 l. c. figurierende Hypothese II fallengelassen wird. Es zeigt sich, daß die Aufstellung kompatibler Feldgleichungen für diese Raumstruktur an die Vierdimensionalität des Kontinuums gebunden ist.

§ 1. Die Raumstruktur.

§ 1 und § 2 l. c. sei hier unverändert übernommen, ebenso aus § 3 die Hypothese I, welche durch die Festsetzung

$$g_{\iota\kappa;q} = 0 \quad . \quad . \quad . \quad . \quad . \quad . \quad . \quad . \quad . \quad . \quad . \quad \text{(I)}$$

charakterisiert ist. An die Stelle des Restes des § 3 l. c. tritt aber folgendes.

Jedenfalls muß sich die Ableitung $\gamma^{\iota}{}_{k;q}$ in der Form darstellen lassen

$$\gamma^{\iota}{}_{k;q} = A^{\iota} F_{kq} + \gamma^{\iota r} V_{rkq}, \quad \ldots \ldots \quad (1)$$

wobei F_{kq}, V_{rkq} Tensoren von vorläufig unbekannten Symmetrie-Eigenschaften sind. Diese Gleichung hat wegen des Verschwindens von $\gamma^{\iota}{}_{k} A_{\iota}$ (also auch von $(\gamma^{\iota}{}_{k} A_{\iota})_{;q}$) die Gleichung

$$A_{\iota;q} = -\gamma_{\iota}^{k} F_{kq} \quad \ldots \ldots \ldots \quad (2)$$

zur Folge.

Das Verschwinden von $g_{lk;q} \equiv (\gamma_{\iota l}\gamma^{\iota}{}_{k})_{;q}$ verlangt mit Rücksicht auf (1) die Antisymmetrie von V_{rkq} bezüglich der ersten beiden Indizes. Hierdurch wird auch das Verschwinden der absoluten Ableitungen von $g^{\iota\kappa}$ $(= A^{\iota}A^{\kappa} + \gamma^{\iota}{}_{k}\gamma^{\kappa k})$ erzielt; was ja gemäß (I) gefordert werden muß.

Wir betrachten wieder einen Vierervektor a^k und den ihm in der »ausgezeichneten Ebene« ihm zugeordneten Fünfervektor

$$a^{\iota} = \gamma^{\iota}{}_{k} a^k.$$

Verschiebt man a^k irgendwie längs einer Kurve, so wird a^{ι} mitverschoben, und es besteht die Relation

$$\mathfrak{d} a^{\iota} = \gamma^{\iota}{}_{k}\, \mathfrak{d} a^k + (A^{\iota} F_{kq} + \gamma^{\iota r} V_{rkq}) a^k dx_q.$$

Nach unserer dritten Festsetzung (die zweite fällt ja hier weg) soll $\mathfrak{d} a^{\iota}$ verschwinden, wenn a^k in s e i n e r e i g e n e n R i c h t u n g parallel verschoben wird, d. h. wenn $\mathfrak{d} a^k$ verschwindet und dx_q proportional a^q ist. Deshalb muß sein

$$F_{kq} = -F_{qk}$$
$$V_{rkq} = -V_{rqk}.$$

Da V_{rkq} in den beiden ersten Indizes ebenfalls antisymmetrisch ist, so ist es überhaupt antisymmetrisch.

Es sei bemerkt, daß die Ableitung des § 4 l. c. der durch Parallelverschiebung eines Fünfervektors in der ihm zugeordneten Richtung charakterisierten Linie, welche ja die klassische Bewegungsgleichung des elektrisch geladenen Massenpunktes ergibt, hier ungeändert gültig bleibt.

§ 2. Krümmung und Feldgleichungen.

Leitet man für diese erweiterte Struktur die Fünferkrümmung ab, so erhält man nach der § 5 l. c. angegebenen Methode

$$\left.\begin{aligned} P_{\sigma\iota qp} = {} & (\gamma_{\sigma}{}^{k} A_{\iota} - \gamma_{\iota}{}^{k} A_{\sigma})(F_{kq;p} - F_{kp;q} + V_{rkq} F^{r}{}_{p} - V_{rkp} F^{r}{}_{q}) \\ & + \gamma_{\sigma}{}^{k} \gamma_{\iota}{}^{r} (R_{krqp} - F_{kq} F_{rp} + F_{kp} F_{rq} - V_{tkq} V^{t}{}_{rp} + V_{tkp} V^{t}{}_{rq} - V_{krq;p} + V_{krp;q}) \end{aligned}\right\} \quad (3)$$

[132] Einstein und W. Mayer: Einheitliche Theorie von Gravitation und Elektrizität. II 5

Multiplikation mit γ^{rq} (einmalige Verjüngung) führt zu

$$P_{\iota p} = \gamma_\iota^{\ r}(R_{rp} - F_{rq}F_p^{\ q} - V_{tqr}V^{tq}{}_p + V_{rp}{}^q{}_{;q}) + A_\iota(F_p{}^q{}_{;q} - V_{prq}F^{rq}). \qquad (4)$$

Hieraus durch nochmalige Verjüngung

$$P = R - F_{rq}F^{rq} - V_{rqp}V^{rqp} \quad . \ . \ . \ . \ . \ . \quad (5)$$

Wir wenden uns nun zur Aufstellung der Feldgleichungen. Diese dürfen nicht willkürlich gewählt werden, etwa durch Nullsetzung der einfachsten aus der Fünferkrümmung algebraisch zu gewinnenden Ausdrücke; das zu wählende Gleichungssystem muß vielmehr auch der Bedingung der Kompatibilität entsprechen: es muß die Variabeln vollständig bestimmen, aber derart, daß jede Lösung in einem Querschnitt (z. B. $x_4 =$ konst.) sich im Einklang mit dem Gleichungssystem fortsetzen läßt.

In Anlehnung an die erste Arbeit setzen wir zunächst fest, daß das Gleichungssystem

$$G_{\iota p} \equiv P_{\iota p} - \tfrac{1}{4}\gamma_{\iota p}P = 0 \quad . \ . \ . \ . \ . \ . \ . \quad (6)$$

erfüllt sein soll. Dann muß im Speziellen auch der antisymmetrische Teil, den wir H_{qp} nennen, von $\gamma^\iota{}_q G_{\iota p}$ verschwinden:

$$0 = V^{rpq}{}_{;q} (\equiv H^{rp}) \quad . \ . \ . \ . \ . \ . \ . \quad (7)$$

Aus (7) kann man folgern, daß sich der Tensor V durch einen Skalar ausdrücken läßt. Unter Verwendung des bekannten antisymmetrischen Pseudo-Skalars $\eta^{lrpq} (\equiv (-g)^{-\frac{1}{2}}\delta^{lrpq})$, wobei $\delta^{lrpq} = \pm 1$ ist, je nachdem $lrpq$ durch eine gerade oder ungerade Zahl von Vertauschungen aus der Permution 1 2 3 4 zu gewinnen ist, läßt sich setzen

$$V^{rpq} = \eta^{lrpq}\varphi_l .$$

Da die kovarianten Ableitungen von η verschwinden, so ist

$$V^{rpq}{}_{;q} = \eta^{lrpq}\varphi_{l;q},$$

was nur dann verschwindet, wenn

$$0 = \varphi_{l;q} - \varphi_{q;l} = \varphi_{l,q} - \varphi_{q,l} = 0 .$$

φ_l hat also die Form $\frac{\partial \varphi}{\partial x_l}$. Es tritt also zu den Feldgrößen der ursprünglichen Theorie de facto nur eine Variable hinzu.

Gleichung (6) spalten wir nun in die beiden Gleichungssysteme

$$0 = A^\iota G_{\iota p} = G_p = F_p{}^q{}_{;q} - V_{prq}F^{rq} \quad . \ . \ . \ . \ . \ . \ . \ . \quad (6a)$$

$$\left.\begin{aligned} 0 = \gamma^\iota{}_q G_{\iota p} = G_{qp} = (R_{qp} - \tfrac{1}{4}g_{qp}R) - (F_{sq}F^s{}_p - \tfrac{1}{4}g_{qp}F_{st}F^{st}) \\ - (V_{stq}V^{st}{}_p - \tfrac{1}{4}g_{qp}V_{str}V^{str}) \end{aligned}\right\} \quad (6b)$$

(6a) entspricht dem ersten Maxwellschen Gleichungssystem, das zweite Glied der elektrischen Stromdichte. (6b) entspricht den Gleichungen des Gravitationsfeldes, jedoch ohne die zugehörige skalare Gleichung, indem die Verjüngung von (6b) identisch verschwindet.

Um zu dem zweiten Maxwellschen Gleichungssystem zu gelangen, wie es vom Standpunkte unserer Raumstruktur das Natürlichste ist, bildet man $-A^{\sigma}\gamma'_{r}P_{\sigma\iota q p} (= 2 P_{rqp})$ und hierauf durch zyklische Vertauschung den in allen drei Indizes antisymmetrischen Ausdruck

$$G_{rqp} = P_{rqp} + P_{qpr} + P_{prq}$$

oder nach einer von Schouten herrührenden abkürzenden Bezeichnungsweise $P_{[rqp]}$ und setzt dies gleich Null. Man erhält so in analoger Bezeichnungsweise

$$0 = G_{rqp} = F_{[rq;p]} + V_{s[rq}F^{s}{}_{p]}\,[1]. \quad . \quad . \quad . \quad . \quad . \quad (8)$$

Was nun noch fehlt, ist offenbar die skalare Gleichung des Gravitationsfeldes sowie eine Gleichung, welche die analytische Fortsetzung von φ bestimmt. Diese fehlenden Gleichungen folgen nicht aus der betrachteten Raumstruktur, sondern nur aus der Bedingung der Kompatibilität des gesamten Gleichungssystems, die ihrerseits auf dem Bestehen gewisser Identitäten beruht, wie später gezeigt werden soll.

Aus (6a) folgt

$$G^{p}{}_{;p} \equiv F^{pq}{}_{;q;p} - V^{prq}{}_{;p}F_{rq} - V^{prq}F_{rq;p}\,.$$

Das erste Glied der rechten Seite verschwindet identisch. Für das zweite schreiben wir gemäß (7) $-F_{rq}H^{rq}$. Das dritte kann $-\frac{1}{3}V^{prq}F_{[pr;q]}$ geschrieben werden und wegen (8) in der Form $-\frac{1}{3}V^{prq}G_{prq} + V^{prq}V_{spr}F^{s}{}_{q}$, wobei der letzte Term aus Symmetriegründen verschwindet. Man erhält also die Identität

$$G^{p}{}_{;p} + H^{rq}F_{rq} + \frac{1}{3}G^{prq}V_{prq} \equiv 0\,. \quad . \quad . \quad . \quad . \quad . \quad (9)$$

Analog führt auch die Betrachtung des zweiten Maxwellschen Systems (8) zur Aufstellung einer Identität. Wir führen zunächst eine für die Rechnung bequeme Bezeichnungsweise ein. In irgendeinem in bezug auf kein Indexpaar symmetrischen kovarianten oder kontravarianten Tensor $A_{ik\ldots}$ gibt es einen antisymmetrischen $\{A_{ik\ldots}\}$, der so definiert ist: Man bildet alle durch Permutation der Indizes zu bildenden Tensoren und aus diesen ein Aggregat mit dem

---

[1] Es existiert auch ein kompatibles Gleichungssystem, wobei statt (8)

$$0 = F_{[rq;p]} + \beta V_{s[rq}F^{s}{}_{p]} \equiv G_{rqp}$$

mit konstantem β gesetzt wird. Unter diesen Möglichkeiten ist der Fall $\beta = 0$ formal ausgezeichnet; es tritt nämlich dann an die Stelle der Ableitung des zweiten Maxwell-Systems aus dem Krümmungstensor die Voraussetzung der Existenz eines Viererpotentials, wobei das Auftreten eines magnetischen Viererstromes vermieden würde.

Gliedfaktor + 1 oder − 1, je nachdem die betreffende Permutation gerade oder ungerade ist. Bei Verwendung dieser Bezeichnungsweise folgt zunächst

$$\{G_{rqp;t}\} \equiv 3\{F_{rq;p;t}\} + 3\{V_{srq;t} F^s{}_p\} + 3\{V_{srq} F^s{}_{p;t}\}.$$

Das erste Glied der rechten Seite verschwindet bekanntlich wegen der Antisymmetrie von F. Das zweite, welches auch $3\{V^s{}_{rq;t} F_{sp}\}$ geschrieben werden kann, berechnen wir in einem Punkt des Raumes zunächst für ein lokales Koordinatensystem, in welchem $g_{ik} = \delta_{ik}$ ist. Es kommt dann für die Summation nach s wegen der Antisymmetrie der Tensoren im angeschriebenen Term nur $s = t$ in Betracht, so daß wir es in der (ersten) Form $3\{V^s{}_{rq;s} F_{tp}\}$ $(s = t)$ schreiben können. Wegen der Definition von $\{\;\}$ kann man es aber auch in der Form $-3\{V^s{}_{rq;p} F_{st}\}$ oder $3\{V^s{}_{rq;p} F_{ts}\}$ schreiben, wobei nur $s = p$ in Frage kommt. Deshalb ist auch die Schreibweise $3\{V^s{}_{rq;s} F_{tp}\}$ $(s = p)$ richtig (zweite Form). Die Verschmelzung beider Formen ergibt $\frac{3}{2}\{V^s{}_{rq;s} F_{tp}\}$, wobei nun der Summationsindex s keinen einschränkenden Bedingungen mehr unterliegt. Dies kann [vgl. (8)] auch $\frac{3}{2}\{H_{rq} F_{tp}\}$ geschrieben werden, welche Schreibweise natürlich von der Koordinatenwahl unabhängig ist.

Analog verfahren wir mit dem dritten Glied, indem wir für die Rechnung das Koordinatensystem wieder lokal spezialisieren. Für dies Glied kann zunächst

$$\{V_{srq} F^s{}_{p;t}\} + \{V_{sqt} F^s{}_{p;r}\} + \{V_{str} F^s{}_{p;q}\}$$

gesetzt werden, wobei s im ersten Term nur den Wert t, im zweiten nur den Wert r, im dritten nur den Wert q haben kann. Das Glied kann deshalb in der Form

$$\{V_{trq} F^s{}_{p;s}\}$$

geschrieben werden, wobei der Index s keiner Beschränkung mehr unterliegt. Hierfür kann gemäß (6a) geschrieben werden

$$\{V_{trq} G_p\} + \{V_{trq} V_{plm} F^{lm}\}.$$

Das zweite Glied dieses Ausdruckes verschwindet aber aus Symmetriegründen. Wir ersetzen es nämlich durch

$$2\,[\{V_{trq} V_{prq} F^{rq}\} + \{V_{trq} V_{pqt} F^{qt}\} + \{V_{trq} V_{ptr} F^{tr}\}].$$

Jedes dieser Glieder verschwindet, z. B. das erste wegen Symmetrie von $V_{trq} V_{prq}$ bezüglich der Indizes p und t. Die betrachtete Identität nimmt also die Form an

$$\{G_{rqp;t}\} + \tfrac{3}{2}\{H_{rq} F_{pt}\} - \{G_r V_{qpt}\} \equiv 0 \quad . \quad . \quad . \quad . \quad . \quad (10)$$

Es wird sich zeigen, daß die Kompatibilität des Gesamtsystems noch die Existenz einer Vieridentität erfordert, welche durch Divergenzbildung aus

(6b) zu erlangen ist. Mit Rücksicht auf (43) und (44) l. c. erhalten wir

$$G_q{}^p{}_{;p} \equiv \tfrac{1}{4} R_{,q} - F^{kp}{}_{;p} F_{kq} + \tfrac{1}{2} F_{[kp;q]} F^{kp} - V^{stp}{}_{;p} V_{stq} - V_{stq;p} V^{stp} + \tfrac{1}{4} V_{,q},$$

wobei zur Abkürzung

$$V \equiv V_{stp} V^{stp}$$

gesetzt ist. Die Glieder der rechten Seite außer dem ersten und letzten formen wir nach (6a) und (8) um:

$$-F^{kp}{}_{;p} F_{kq} \equiv -G^k F_{kq} - V^{krt} F_{rt} F_{kq}.$$

Man sieht, daß $V^{krt} F_{rt} F_{kq} \equiv \frac{1}{3} V^{krt} F_{[rt} F_{k]q}$. Aber $F_{[rt} F_{k]q}$ ist in allen Indizes schiefsymmetrisch und also $\equiv \frac{1}{8} \{F_{rt} F_{kq}\}$.

Somit gilt

$$-F^{kp}{}_{;p} F_{kq} \equiv -G^k F_{kq} - \tfrac{1}{24} V^{krt} \{F_{rt} F_{kq}\}.$$

Gemäß (8) ist

$$+\tfrac{1}{2} F_{[kp;q]} F^{kp} \equiv +\tfrac{1}{2} G_{kpq} F^{kp} - \tfrac{1}{2} V_{s[kp} F^s{}_{q]} F^{kp}.$$

Beim Auflösen des Schouten-Symbols im zweiten Glied rechts fallen aus Symmetriegründen der zweite und der dritte Term weg, so daß dieses die Form $-\frac{1}{2} V_{skp} F^s{}_q F^{kp}$ oder $-\frac{1}{2} V^{skp} F_{sq} F_{kp}$ annimmt. Dieses ist nach dem oben Gesagten $\equiv -\frac{1}{48} V^{skp} \{F_{sq} F_{kp}\}$, so daß gilt

$$+\tfrac{1}{2} F_{[kp;q]} F^{kp} \equiv \tfrac{1}{2} G_{kpq} F^{kp} - \tfrac{1}{48} V^{skp} \{F_{sq} F_{kp}\}.$$

Das vierte Glied obiger Identität wird gemäß (7)

$$-V^{stp}{}_{;p} V_{stq} \equiv -H^{st} V_{stq}.$$

Behufs Umformung des fünften Gliedes betrachten wir den Ausdruck $-V^{stp} \{V_{stq;p}\}$. Jede der 18 Indexpermutationen in $\{\,\}$, bei welcher q vor dem Differentiationszeichen steht, liefert den Wert des gesuchten 5ten Gliedes; jede der sechs Indexkombinationen, bei denen q nach dem Differentiationszeichen steht, liefert den Wert $+\frac{1}{2} V_{,q}$. Demnach hat man

$$-V_{stq;p} V^{stp} \equiv -\tfrac{1}{18} V^{stp} \{V_{stq;p}\} - \tfrac{1}{6} V_{,q}.$$

Auf Grund aller dieser Umformungen erhält man die untersuchte Identität in der Gestalt

$$G_q{}^p{}_{;p} + G^k F_{kq} - \tfrac{1}{2} G_{kpq} F^{kp} + H^{st} V_{stq} \equiv \tfrac{1}{4} (R + \tfrac{1}{3} V)_{,q} - \tfrac{1}{18} V^{skp} \{V_{qsk;p} - \tfrac{9}{8} F_{qs} F_{kp}\}.$$

Diese Identität legt es nahe, den bisher gesetzten Feldgleichungen noch folgende zwei zu adjungieren:

$$G \equiv R + \tfrac{1}{3} V_{pqr} V^{pqr} - \lambda = 0, \quad \ldots \ldots \quad (11)$$

[136] Einstein und W. Mayer: Einheitliche Theorie von Gravitation und Elektrizität. II 9

wobei λ eine universelle Konstante bedeutet, sowie

$$G_{qskp} \equiv \left\{V_{qsk;p} - \tfrac{9}{8} F_{qs} F_{kp}\right\} = 0 \quad . \quad . \quad . \quad . \quad . \quad . \quad (12)$$

Diese Gleichung kann auch leicht in die Form gebracht werden

$$(V_{123;4} - V_{234;1} + V_{341;2} - V_{412;3}) - \tfrac{3}{2}(F_{12}F_{34} + F_{13}F_{42} + F_{14}F_{23}) = 0$$

oder kürzer

$$V_{[123;4]} - \tfrac{3}{2} F_{1\,[2} F_{34]} = 0\,.$$

Obige Identität nimmt dann die Formen an

$$G^{p}_{q\ ;p} + G^{k} F_{kq} - \tfrac{1}{2} G_{kpq} F^{kp} + H^{st} V_{stq} - \tfrac{1}{4} G_{,q} + \tfrac{1}{18} G_{qskp} V^{skp} \equiv 0\,. \quad (12)$$

Endlich ist noch hinzuzufügen, daß die Feldgleichungen (7) die Identität

$$H^{rp}_{\ \ ;p} \equiv 0 \quad . \quad . \quad . \quad . \quad . \quad . \quad . \quad . \quad . \quad (14)$$

erfüllen.

§ 3. Die Kompatibilität der Feldgleichungen.

Dies sind die aufgestellten Feldgleichungen:

$$G_{qp} \equiv (R_{qp} - \tfrac{1}{4} g_{qp} R) - (F_{sq} F^{s}_{\ p} - \tfrac{1}{4} g_{qp} F_{st} F^{st})$$
$$- (V_{stq} V^{st}_{\ \ p} - \tfrac{1}{4} g_{qp} V_{rsr} V^{str}) = 0 \quad (6b)$$

$$G_{p} \equiv F_{p\ ;q}^{\ q} - V_{prq} F^{rq} = 0 \quad . \quad . \quad . \quad . \quad . \quad . \quad . \quad . \quad . \quad . \quad . \quad (6a)$$

$$G_{rqp} \equiv F_{[rq;p]} + V_{s\,[rq} F^{s}_{\ p]} = 0\,. \quad . \quad . \quad . \quad . \quad . \quad . \quad . \quad . \quad . \quad (8)$$

$$G \equiv R + \tfrac{1}{3} V_{prq} V^{prq} - \lambda = 0\,. \quad . \quad . \quad . \quad . \quad . \quad . \quad . \quad . \quad . \quad (11)$$

$$G_{qskp} \equiv \left\{V_{qsk;p} - \tfrac{9}{8} F_{qs} F_{kp}\right\} = 0 \quad . \quad . \quad . \quad . \quad . \quad . \quad . \quad . \quad . \quad (12)$$

$$H^{qp} \equiv V^{qpr}_{\ \ \ ;r} = 0 \quad . \quad . \quad . \quad . \quad . \quad . \quad . \quad . \quad . \quad . \quad . \quad . \quad (7)$$

Sie sind verknüpft durch die Identitäten:

$$G^{p}_{q\ ;p} - \tfrac{1}{4} G_{,q} + G^{k} F_{kq} - \tfrac{1}{2} G_{kpq} F^{kp} + \tfrac{1}{18} G_{qskp} V^{skp} + H^{sk} V_{skq} \equiv 0 \quad . \quad . \quad (13)$$

$$G^{p}_{\ ;p} + H^{rq} F_{rq} + \tfrac{1}{3} G^{prq} V_{prq} \equiv 0 \quad . \quad . \quad (9)$$

$$\left\{G_{rqp;t}\right\} + \tfrac{3}{2}\left\{H_{rq} F_{pt}\right\} - \left\{G_{r} V_{qpt}\right\} \equiv 0 \quad . \quad . \quad (10)$$

$$H^{rp}_{\ \ ;p} \equiv 0 \quad . \quad . \quad (14)$$

Die Zahl der abhängigen Funktionen ist $10+6+4 = 20$. Die Zahl der zu ihrer (relativistischen) Bestimmung nötigen und hinreichenden voneinander unabhängigen Differentialgleichungen ist also $20-4 = 16$. Die Zahl der aufgestellten Differentialgleichungen ist $9+4+4+1+1+6 = 25$; es ist also ein Nachweis von deren Kompatibilität nötig.

Für diesen Nachweis ist es — wie der Bau von (13) zeigt — zweckmäßig, die Gleichungen (6b) und (11) zu einer Gleichung

$$\overline{G}_{qp} \equiv G_{qp} - \tfrac{1}{4} g_{qp} G = 0$$

zusammenzufassen. Wir sondern nun die 9 Gleichungen

$$\overline{G}^{14}, \overline{G}^{24}, \overline{G}^{34}, \overline{G}^{44}, G^{4}, G_{123}, H^{14}, H^{24}, H^{34}$$

aus und nennen sie die *W*-Gleichungen, alle übrigen zusammengenommen die B-Gleichungen, deren Zahl $25-9=16$ ist.

Ein Blick auf die Identitäten zeigt nun, daß folgendes gilt: Sind die 16 B-Gleichungen im ganzen Raume erfüllt (was bestimmt erreichbar ist) und außerdem die W-Gleichungen in einem Schnitte $x_4 = \overline{x}_4 =$ konst, so sind die W-Gleichungen auch in dem »infinitesimal benachbarten« Schnitte $x_4 = \overline{x}_4 + dx_4$ erfüllt. Hieraus folgert man nach bekannten Methoden die Kompatibilität des aufgestellten Gleichungssystems.

Wir bemerken, daß Hr. Cartan[1] in einer allgemeinen und überaus aufklärenden Untersuchung jene Eigenschaft von Differentialgleichungssystemen tiefer analysiert hat, welche von uns in dieser Arbeit und früheren Arbeiten als »Kompatibilität« bezeichnet wurde.

Endlich nehmen wir die Gelegenheit wahr, der Macy-Stiftung in New York herzlich dafür zu danken, daß sie unsere Zusammenarbeit auch in diesem Jahre durch Verleihung eines Forschungsstipendiums an einen von uns möglich gemacht hat.

[1] E. Cartan, Bulletin de la Société Mathématique de France, Paris 1931: Sur la théorie des systèmes en involution et ses applications a la Relativité.

Ausgegeben am 30. April.

Berlin, gedruckt in der Reichsdruckerei.

SEMI-VEKTOREN UND SPINOREN

VON

A. EINSTEIN UND W. MAYER

SONDERAUSGABE AUS DEN SITZUNGSBERICHTEN
DER PREUSSISCHEN AKADEMIE DER WISSENSCHAFTEN
PHYS.-MATH. KLASSE. 1932. XXXII

SEMI-VEKTOREN UND SPINOREN

VON

A. EINSTEIN UND W. MAYER

Bei der großen Bedeutung, welche der von Pauli und Dirac eingeführte Spinor-Begriff in der Molekularphysik erlangt hat, kann doch nicht behauptet werden, daß die bisherige mathematische Analyse dieses Begriffes allen berechtigten Ansprüchen genüge. Dem ist es zuzuschreiben, daß P. Ehrenfest bei dem einen von uns mit großer Energie darauf gedrungen hat, wir sollten uns bemühen, diese Lücke auszufüllen. Unsere Bemühungen haben zu einer Ableitung geführt, welche nach unserer Meinung allen Ansprüchen an Klarheit und Natürlichkeit entspricht und undurchsichtige Kunstgriffe völlig vermeidet. Dabei hat sich — wie im folgenden gezeigt wird — die Einführung neuartiger Größen, der »Semi-Vektoren«, als notwendig erwiesen, welche die Spinoren in sich begreifen, aber einen wesentlich durchsichtigeren Transformationscharakter besitzen als die Spinoren. In der vorliegenden Arbeit haben wir uns absichtlich auf die Darlegung der rein formalen Zusammenhänge beschränkt, um das Mathematisch-Formale in seiner Reinheit klar hervortreten zu lassen.

Das Wesentliche des in dieser Arbeit ausgeführten Gedankenganges läßt sich folgendermaßen skizzieren. Jede reelle Lorentz-Transformation $\mathfrak{D}$ läßt sich eindeutig in zwei spezielle Lorentz-Transformationen $\mathfrak{B}$ und $\mathfrak{C}$ zerlegen, deren Transformationskoeffizienten b^i_k und c^i_k zueinander konjugiert komplex sind, wobei die Transformationen $\mathfrak{B}$ und $\mathfrak{C}$ Gruppen $(\mathfrak{B})$ und $(\mathfrak{C})$ bilden, die zur Gruppe $(\mathfrak{D})$ der Lorentz-Transformationen isomorph sind. Semi-Vektoren sind Größen mit vier komplexen Komponenten, welche bei Vornahme einer Lorentz-Transformation eine $\mathfrak{B}$- bzw. $\mathfrak{C}$-Transformation erleiden. Es gibt spezielle Semi-Vektoren, welche durch gewisse Symmetriebedingungen charakterisiert sind und nur zwei (statt vier) voneinander unabhängige (komplexe) Komponenten haben. Dieser Umstand gibt Anlaß zur Einführung von Größen mit nur zwei (komplexen) Komponenten, nämlich den Diracschen Spinoren.

§ 1. Drehung und Lorentz-Transformation.

Wir denken uns den Raum R_4 der speziellen Relativitätstheorie auf kartesische (nicht notwendig rechtwinklige) Koordinaten bezogen. Der Maßtensor (g_{ik}) hat bestimmte konstante Komponenten, welche gegenüber den nachher ins Auge zu fassenden Transformationen (Lorentz-Transformationen im weiteren Sinne) numerisch invariant sind.

Wir betrachten in dem gewählten Koordinatensystem eine Vektor-Abbildung

$$\lambda^{i'} = a^i_{\ k} \lambda^k, \quad \ldots \quad (1)$$

die wir als »Drehung« bezeichnen, wenn sie »längenerhaltend« ist, d. h. wenn stets

$$g_{ik} \lambda^{i'} \lambda^{k'} = g_{ik} \lambda^i \lambda^k$$

gilt. Für die $a^i_{\ k}$ gibt dies die Bedingung

$$g_{ik} a^i_{\ p} a^k_{\ q} = g_{pq} \quad \ldots \quad (2)$$

Es sei andererseits

$$x^{i'} = \alpha^i_{\ k} x^k \quad \ldots \quad (3)$$

eine Koordinatentransformation (mit konstanten $\alpha^i_{\ k}$); es gelten für die Komponenten λ^i bzw. g_{ik} die Transformationsgesetze

$$\lambda^{i'} = \alpha^i_{\ k} \lambda^k \quad \ldots \quad (4)$$

$$g_{ik}' \alpha^i_{\ p} \alpha^k_{\ q} = g_{pq} \quad \ldots \quad (5)$$

Die Transformationen (3), welche die g_{ik} numerisch invariant lassen ($g_{ik}' \equiv g_{ik}$), nennen wir »Lorentz-Transformationen«. Die Matrix $(\alpha^i_{\ k})$ einer Lorentz-Transformation genügt nach (5) den Gleichungen (2), welche wir für die »Drehung« herleiteten. Dies erlaubt uns, den Lorentz-Transformationen die Drehungen mit gleicher Matrix zuzuordnen und statt ersteren die Drehungen zu studieren. Die Zweckmäßigkeit dieses Verfahrens beruht darauf, daß die Drehungsmatrix Tensorcharakter hat.

Jede Aussage über eine »Drehung« $(a^i_{\ k})$ ist gleichbedeutend einer Aussage über eine »Lorentz-Transformation« $(\alpha^i_{\ k})$ der gleichen Matrix.

Noch eine Bemerkung über den Sinn des Auf- und Niederziehens von Indizes (einer tensoriellen Operation) bei der Transformationsmatrix $(\alpha^i_{\ k})$. Wir wollen dies am allgemeineren Beispiel des Riemannschen R_n darlegen.

Es sei

$$x_i' = x_i'(x_1 \cdots x_n) \quad \ldots \quad (6)$$

eine Punkttransformation. Für die Komponenten λ^i eines kontravarianten Vektors in einem Punkte gilt dabei

$$\lambda^{i'} = \alpha^i_{\ k} \lambda^k \left(\alpha^i_{\ k} = \frac{\partial x'_i}{\partial x_k} \right). \quad \ldots \quad (7)$$

In $\alpha^i_{\ k}$ bezieht sich dabei der Index (i) auf das System der x_i' mit den Maßtensorkomponenten g_{ik}', der Index (k) auf das System der x_i mit den Maßtensorkomponenten g_{ik}. Beachten wir dies, so können wir in (7) die Indizes auf- und niederziehen, also schreiben

$$\lambda_i' = a_{ik}\lambda^k \, (a_{ik} = g'_{ir}\, a^r{}_k) \quad \ldots\ldots\ldots \quad (7a)$$

$$\lambda_i' = a_i^k \lambda_k \, (a_i^k = g'_{ir} g^{ks}\, a^r{}_s) \quad \ldots\ldots\ldots \quad (7b)$$

$$\lambda^{i'} = a^{ik}\lambda_k \, (a^{ik} = g^{ks}\, a^i{}_s), \quad \ldots\ldots\ldots \quad (7c)$$

d. h. in (7) sind alle Transformationsgesetze für die Komponenten des Vektors (λ) enthalten, wenn man nur die Regel für das Auf- und Niederziehen der Indizes bei $a^i{}_k$ beachtet.

Bei der Lorentz-Transformation ist hierbei natürlich $g_{ik}' \equiv g_{ik}$.

§ 2. Die Zerlegung des antisymmetrischen Tensors zweiter Stufe im R_4.

Obwohl die Überlegungen dieses Paragraphen für den allgemeinen Riemannschen R_4 gelten, beschränken wir uns im wesentlichen auf den pseudoeuklidischen Raum der speziellen Relativitätstheorie, den wir auf rechtwinklige Koordinaten beziehen. Der Maßtensor (g_{ik}) hat dann die Komponenten

$$\begin{vmatrix} 1 & 0 & 0 & 0 \\ 0 & 1 & 0 & 0 \\ 0 & 0 & 1 & 0 \\ 0 & 0 & 0 & -1 \end{vmatrix}. \quad \ldots\ldots\ldots \quad (8)$$

Im R_4 gibt es bekanntlich den kovarienten, in allen Indizes antisymmetrischen Tensor[1] vierter Stufe

$$t_{iklm} = \sqrt{g}\,\eta_{iklm}, \quad \ldots\ldots\ldots \quad (9)$$

[1] Beweis. Aus der Transformationsformel für g_{ik} folgt bekanntlich durch Determinantenbildung

$$\sqrt{g'} = \frac{\partial(x_1, x_2, x_3, x_4)}{\partial(x_1', x_2', x_3', x_4')}\sqrt{g}.$$

Andererseits ist

$$t_{iklm}' = \frac{\partial x_p}{\partial x_i'}\frac{\partial x_q}{\partial x_k'}\frac{\partial x_r}{\partial x_l'}\frac{\partial x_s}{\partial x_m'}\sqrt{g}\,\eta_{pqrs} = \sqrt{g}\,\eta_{iklm}\frac{\partial(x_1 \cdot\cdot x_4)}{\partial(x_1' \cdot\cdot x_4')}.$$

Aus beiden Gleichungen folgt die zu beweisende Gleichung $t_{iklm}' = \sqrt{g'}\,\eta_{iklm}$. — Ferner ist

$$t^{pqrs} = \sqrt{g}\, g^{pi} g^{qk} g^{rl} g^{sm}\, \eta_{iklm} = \sqrt{g} \cdot \frac{1}{g}\,\eta_{pqrs} = \frac{1}{\sqrt{g}}\,\eta_{pqrs}.$$

wobei $\eta_{1234} = 1$, $g = |g_{ik}|$ ist, oder in kontravarienter Darstellung

$$t^{iklm} = \frac{1}{\sqrt{g}} \eta^{iklm} \quad \text{. . . . . (10)}$$

$$(\eta^{iklm} = \eta_{iklm}).$$

Hierbei werde für die besondere Koordinatenwahl in Einklang mit (8)

$$\sqrt{g} = +i \quad \text{. . . . . (11)}$$

gesetzt (Beschränkung auf reine Drehungen.)

Ist nun h_{ik} ein antisymmetrischer Tensor zweiter Stufe, der nicht reell zu sein braucht, so können wir ihm den gleichfalls antisymmetrischen Tensor $(h_{ik}^{\times})$

$$\left.\begin{aligned} h_{ik}^{\times} &= \frac{1}{2}\sqrt{g}\,\eta_{iklm} h^{lm} \\ \text{bzw. } h^{ik\times} &= \frac{1}{2\sqrt{g}}\,\eta^{iklm} h_{lm} \end{aligned}\right\} \quad \text{. . . . . . . (12)}$$

zuordnen. Ausführlicher geschrieben heißt dies

$$h_{12}^{\times} = \sqrt{g}\,h^{34} \cdot\cdot\,; \quad h_{34}^{\times} = \sqrt{g}\,h^{12} \cdot\cdot \quad \text{. . . . . (12a)}$$

$$h^{12\times} = \frac{1}{\sqrt{g}} h_{34} \cdot\cdot\,; \quad h^{34\times} = \frac{1}{\sqrt{g}} h_{12} \cdot\cdot \quad \text{. . . . . (12b)}$$

Hieraus folgt

$$(h_{ik}^{\times})^{\times} = h_{ik}. \quad \text{. . . . . (13)}$$

Es gibt nun spezielle antisymmetrische Tensoren h_{ik} von der Art, daß $h_{ik}^{\times} = \alpha h_{ik}$; gemäß (13) ist für solche $\alpha^2 = 1$.

Wir nennen einen derartigen Tensor einen speziellen Tensor erster Art und bezeichnen ihn mit u_{ik}, wenn

$$u_{ik}^{\times} = u_{ik} \quad \text{. . . . . (14)}$$

gilt. Ebenso soll

$$v_{ik}^{\times} = -v_{ik} \quad \text{. . . . . (15)}$$

einen speziellen schiefsymmetrischen Tensor zweiter Art definieren. Wir wollen im folgenden Größen dieser Symmetriecharaktere stets mit den Buchstaben u und v bezeichnen. Dies bedeutet in ausführlicher Schreibweise

$$u_{12} = \sqrt{g}\,u^{34} \cdot\cdot \qquad u_{34} = \sqrt{g}\,u^{12} \cdot\cdot \quad \text{. . . . . (14a)}$$

$$v_{12} = -\sqrt{g}\,v^{34} \cdot\cdot \qquad v_{34} = -\sqrt{g}\,v^{12} \cdot\cdot \quad \text{. . . . (15a)}$$

oder bei unserer speziellen Koordinatenwahl:

$$u_{12} = -i\,u_{34} \cdot\cdot \qquad u_{34} = i\,u_{12} \cdot\cdot \quad \ldots \quad (14\text{b})$$

$$v_{12} = i\,v_{34} \cdot\cdot \qquad v_{34} = -i\,v_{12} \cdot\cdot \quad \ldots \quad (15\text{b})$$

Aus (14), (15) und (12) oder auch aus (14b), (15b) folgt, daß die konjugiert komplexe eines u_{ik} ein v_{ik} ist.

Der beliebige antisymmetrische Tensor h_{ik} läßt sich nach dem Schema

$$h_{ik} = \tfrac{1}{2}(h_{ik} + h_{ik}^{x}) + \tfrac{1}{2}(h_{ik} - h_{ik}^{x}) \quad \ldots \quad (16)$$

zerlegen. Da $h_{ik} + h_{ik}^{x}$ ein u_{ik}, $h_{ik} - h_{ik}^{x}$ ein v_{ik} ist, so haben wir in (16) die eindeutige ^{x}-Zerlegung des allgemeinen antisymmetrischen Tensors zweiter Stufe in einen u- und einen v-Tensor[1].

Ist h_{ik} reell, so ist h_{ik}^{x} rein imaginär und $h_{ik} + h_{ik}^{x}$ zu $h_{ik} - h_{ik}^{x}$ konjugiert komplex. Die speziellen antisymmetrischen Tensoren erster (bzw. zweiter) Art bilden einen linearen Raum: mit u_{ik}, u_{ik}' gehört auch $\alpha u_{ik} + \alpha' u_{ik}'$ zur Gesamtheit der u_{ik}.

Durch drei geeignet gewählte u_{ik} läßt sich jedes u_{ik} linear darstellen; in unseren speziellen Koordinaten kann man zur Darstellung (natürlich in bezug auf das gewählte Koordinatensystem) die so definierten $\underset{\alpha}{u_{ik}}$ verwenden:

$$\left.\begin{array}{l} \underset{1}{u_{ik}};\ \text{von null verschieden nur } \underset{1}{u_{12}} = -i\,\underset{1}{u_{34}} = 1 \ \ (\text{natürlich ist auch } \underset{1}{u_{21}}, \underset{1}{u_{43}} \text{ ungleich Null}) \\ \underset{2}{u_{ik}};\ \text{von null verschieden nur } \underset{2}{u_{23}} = -i\,\underset{2}{u_{14}} = 1 \\ \underset{3}{u_{ik}};\ \text{von null verschieden nur } \underset{3}{u_{31}} = -i\,\underset{3}{u_{24}} = 1 \end{array}\right\} \quad (14\text{c})$$

Da in der Darstellung

$$u_{ik} = \underset{1}{\alpha}\,\underset{1}{u_{ik}} + \underset{2}{\alpha}\,\underset{2}{u_{ik}} + \underset{3}{\alpha}\,\underset{3}{u_{ik}}$$

die α komplex sein können, ist der Raum der u_{ik} 6-dimensional. Das Analoge gilt natürlich für den Raum der v_{ik}. In bezug auf unser Koordinatensystem können wir

$$\underset{\alpha}{v_{ik}} = \underset{\alpha}{\bar{u}_{ik}} \ (\alpha = 1\,2\,3) \quad \ldots \quad (15\text{c})$$

definieren und damit das allgemeinste v_{ik} linear darstellen.

---

[1] Der Eindeutigkeitsbeweis läßt sich darauf gründen, daß aus $u_{ik} + v_{ik} = 0$ das Verschwinden von u_{ik} und v_{ik} folgt.

§ 3. Die Zerlegung der Lorentz-Gruppe.

Wir betrachten wieder wie in § 1 die längenerhaltende Abbildung (Drehung)

$$\lambda^{i'} = a^i{}_k \lambda^k .$$

Für sie ist gemäß (2)

$$\delta^i{}_k = a^i{}_p \, a_k{}^p . \quad (17)$$

Hieraus folgt, daß die Determinante $|a^i{}_p|$ von null verschieden ist; es gibt also zu jeder Drehung eine inverse. Ferner folgt aus der Definition, daß die Komposition zweier Drehungen wieder eine Drehung ist. Wir können also von der Gruppe ($\mathfrak{D}$) der Drehungen, der Lorentz-Gruppe sprechen. Die einzelnen Drehungen der Gruppe können auch komplex sein ($a^i{}_k$ komplex).

Setzen wir

$$a_k{}^p = (a^{-1})^p{}_k , \quad (18)$$

so folgt aus (17)

$$a^i{}_p (a^{-1})^p{}_k = \delta^i{}_k . \quad (17a)$$

Es ist also a_{ki} die zu a_{ik} inverse Drehung.

Wir betrachten jetzt eine infinitesimale Drehung

$$a^i{}_k = \delta^i{}_k + \varepsilon^i{}_k$$

oder

$$a_{ik} = g_{ik} + \varepsilon_{ik} , \quad (19)$$

die sich von der identischen Drehung (g_{ik}) nur um die unendlich kleinen Größen ε_{ik} unterscheidet, wobei das Produkt zweier ε vernachlässigt wird. Setzt man dies in (17) ein, so erhält man die Bedingung

$$\varepsilon_{ik} = -\varepsilon_{ki} . \quad (20)$$

(19), (20) charakterisieren die allgemeine infinitesimale Drehung.

Den antisymmetrischen Tensor (ε_{ik}) können wir nun nach § 2 spalten gemäß der Gleichung

$$\varepsilon_{ik} = u_{ik} + v_{ik} , \quad (21)$$

wobei (u_{ik}) und (v_{ik}) (infinitesimale) spezielle antisymmetrische Tensoren erster bzw. zweiter Art im Sinne des § 2 sind. Sind die ε_{ik} reell, so sind die u_{ik} und v_{ik} konjugiert komplex ($v_{ik} = \bar{u}_{ik}$).

Der Darstellung (21) entspricht die Zerlegung der infinitesimalen Drehung (19)

$$g_{ik} + \varepsilon_{ik} = (g_{ip} + u_{ip})\,(g^p{}_k + v^p{}_k) \quad (22)$$

in zwei Drehungen bestimmter Art, wobei $g^p{}_k$ für $\delta^p{}_k$ geschrieben ist.

Entspricht dieser Zerlegung des infinitesimalen Elementes der Drehungs- (bzw. Lorentz-) Gruppe eine bestimmte Zerlegung auch des endlichen Elementes dieser Gruppe?

Wir wollen es vorläufig annehmen. Ist dann (a_{ik}) eine Drehung, so möge es dazu zwei durch (a_{ik}) bestimmte Drehungen (b_{ik}) und (c_{ik}) geben, so daß

$$a_{ik} = b_{ip} c^p{}_k \quad . \quad . \quad . \quad . \quad . \quad . \quad . \quad . \quad . \quad . \quad (\alpha)$$

gilt. Dabei möge b_{ik} (bzw. c_{ik}) eine noch zu bestimmende Untergruppe der Drehungs- (Lorentz-) Gruppe bilden, die überdies auf Grund der durch (α) gegebenen Zuordnung mit der Lorentz-Gruppe isomorph sei. Die durch (α) gegebene Zuordnung von b_{ik} zu a_{ik} werde durch $a_{ik} \rightarrow b_{ik}$ symbolisch angedeutet.

Einer zweiten Lorentz-Transformation

$$a_{ik}' = b_{ip}' c^p{}_k' \quad . \quad . \quad . \quad . \quad . \quad . \quad . \quad . \quad . \quad (\beta)$$

entspricht analog die Zuordnung

$$a_{ik}' \rightarrow b_{ik}' .$$

Die Bedingung der Isomorphie fordert dann, daß der komponierten Lorentz-Transformation die entsprechende komponierte b-Transformation gemäß dem Schema

$$a_{ir} a^r{}_k' \rightarrow b_{ir} b^r{}_k'$$

zugeordnet sei. (Analog für die Untergruppe der c_{ik}.)

Es soll somit auf Grund von (α) und (β) auch die Zerlegung

$$a_{ir} a^r{}_k' = (b_{ip} b^p{}_r') \; (c^r{}_q c^q{}_k'), \quad . \quad . \quad . \quad . \quad . \quad . \quad . \quad (\gamma)$$

bestehen, und zwar natürlich neben

$$a_{ir} a^r{}_k' = (b_{ip} c^p{}_r) \; (b^r{}_q' c^q{}_k'), \quad . \quad . \quad . \quad . \quad . \quad . \quad . \quad (\delta)$$

(γ) und (δ) sind dann und nur dann erfüllt, wenn

$$b^p{}_r' c^r{}_q = c^p{}_r b^r{}_q', \cdots (\varepsilon),$$

d. h. wenn jede b-Drehung mit jeder c-Drehung vertauschbar ist. Falls eine Zerlegung (α) von der gesuchten Art existiert, muß sie also der Bedingung (ε) genügen. Außerdem soll ihr eine Zerlegung der infinitesimalen Drehung vom Typus (22) entsprechen.

Wir suchen demgemäß (b_{ik}) so zu bestimmen, daß (ε) erfüllt ist, wenn wir für c_{ik} gemäß (22) die infinitesimale Drehung

$$c_{ik} = g_{ik} + v_{ik}$$

einsetzen. Wir erhalten so für die b_{ik} die Bedingung

$$b_{ip}(\delta^p{}_k + v^p{}_k) = (g_{ip} + v_{ip})\, b^p{}_k \quad \ldots \ldots \quad (23)$$

oder

$$b_{ip}\, v^p{}_k = v_{ip}\, b^p{}_k\,, \quad \ldots \ldots \ldots \quad (23\text{a})$$

und zwar für die allgemeinste Wahl des Tensors 2. Art v_{ik}, welche durch (15) bzw. (15b) festgelegt ist.

Die Lösungen von (23a), für welche $|b_{ik}| \neq 0$, bilden eine Gruppe; denn mit b_{ip} und b_{ip}' ist auch $b_{ip}\, b^p{}_k{}'$ mit v_{ik} vertauschbar und hat eine von 0 verschiedene Determinante. Ferner enthält die Gesamtheit dieser Lösungen die Identität g_{ik}, und es existiert mit b_{ik} das inverse Element $(b^{-1})_{ik}$, das ebenfalls eine Lösung von (23a) ist[1].

Unsere Aufgabe ist die Bestimmung der Struktur der Elemente dieser Gruppe, die wir mit ($\mathfrak{B}'$) bezeichnen wollen. Die dazu führende Rechnung führen wir wieder durch für ein Koordinatensystem, in welchem die g_{ik} durch (8) gegeben sind. Wegen des tensoriellen Charakters von (23a) ist aber das Ergebnis von der speziellen Wahl der Koordinaten unabhängig.

Das in (23a) auftretende allgemeinste v_{ik} läßt sich im verwendeten Koordinatensystem durch die in (15c) definierten $\underset{a}{v}_{ik}$ linear darstellen. Ist demnach (23a) für jeden dieser drei Tensoren erfüllt, so gilt diese Relation für jedes v_{ik}.

Wir setzen also zuerst $\underset{1}{v}_{ik}$ in (23a) ein ($\underset{1}{v}_{12} = i\, \underset{1}{v}_{34} = 1$). Das Ergebnis für $i, k = 1 \cdots 4$ ordnen wir in der folgenden Tabelle

i	k	
1	1	$b_{12} = -b_{21}$
2	2	
3	3	$b_{34} = -b_{43}$
4	4	

i	k	
1	2	$b_{11} = b_{22}$
2	1	
1	3	$b_{14} = i\, b_{23}$
3	1	$b_{41} = i\, b_{32}$
1	4	$b_{24} = -i\, b_{13}$
4	1	$b_{42} = -i\, b_{31}$

i	k	
2	3	$b_{24} = -i\, b_{13}$
3	2	$b_{42} = -i\, b_{31}$
2	4	$b_{14} = i\, b_{23}$
4	2	$b_{41} = i\, b_{32}$
3	4	$b_{33} = -b_{44}$
4	3	

Da die $\underset{2}{v}_{ik}$ definierende Relation aus der $\underset{1}{v}_{ik}$ definierenden durch zyklische Vertauschung von 1, 2, 3 entsteht, so liefert $\underset{2}{v}_{ik}$, in (23a) eingesetzt, Relationen, die aus obiger Tabelle durch zyklische Vertauschung der Indizes 1, 2, 3 ent-

[1] Man beweist dies durch Multiplikation von (23a) mit $(b^{-1})_q{}^i\, (b^{-1})^k{}_r$.

stehen. Denn zu jeder Relation (z. B. $b_{1p}\underset{1}{v}^{p1} = \underset{1}{v}_{1p}b^{p1}$) für $\underset{1}{v}_{ik}$ existiert eine zyklisch zugeordnete (hier $b_{2p}\underset{2}{v}^{p2} = \underset{2}{v}_{2p}b^{p2}$) für $\underset{2}{v}_{ik}$, die für b_{ik} die Relation liefert, die aus der ersten durch zyklische Vertauschung von 1, 2, 3 entsteht.

Wir erhalten so die Relationen

$$b_{23} = -b_{32} \quad b_{22} = b_{33} \quad b_{42} = ib_{13} \quad b_{43} = -ib_{12}$$

$$b_{14} = -b_{41} \quad b_{24} = ib_{31} \quad b_{34} = -ib_{21} \quad b_{11} = -b_{44}.$$

$\underset{3}{v}_{ik}$ liefert entsprechend

$$b_{31} = -b_{13} \quad b_{33} = b_{11} \quad b_{43} = ib_{21} \quad b_{41} = -ib_{23}$$

$$b_{24} = -b_{42} \quad b_{34} = ib_{12} \quad b_{14} = -ib_{32} \quad b_{22} = -b_{44}.$$

Setzen wir $b_{11} = b_{22} = b_{33} = -b_{44} = b$, so erhält man als Zusammenfassung aller dieser Relationen mit Rücksicht auf (14b) das Resultat

$$b_{ik} = bg_{ik} + u_{ik}. \qquad (24)$$

In (24) haben wir demnach die Struktur des allgemeinsten Tensors b_{ik}, der mit v_{ik} vertauschbar ist. Da das allgemeinste u_{ik} $(= \underset{1}{a}\underset{1}{u}_{ik} + \underset{2}{a}\underset{2}{u}_{ik} + \underset{3}{a}\underset{3}{u}_{ik})$ drei komplexe Parameter enthält, so enthält b_{ik} deren vier.

Wir wollen die Form des inversen Elementes von (24) $(b^{-1})_{ik}$ feststellen. Zu den Tensoren b_{ik} gehört (für $b = 0$) auch u_{ik}; also ist auch $u_{ir}u^r{}_k$ in der Gesamtheit der b_{ik}, die ja eine Gruppe ($\mathfrak{B}'$) bilden, enthalten. Da aber $u_{ir}u^r{}_k$ in i und k symmetrisch ist, muß gelten

$$u_{ir}u^r{}_k = ag_{ik}. \qquad (24a)$$

Dabei ist, wie man durch Verjüngung erkennt

$$a = \tfrac{1}{4}u_{ir}u^{ri}. \qquad (24b)$$

Wir setzen nun für das inverse Element an

$$(b^{-1})_{ik} = b'g_{ik} + c'u_{ik}.$$

Aus

$$g_{il} = b_{ik}(b^{-1})^k{}_l = (bg_{ik} + u_{ik})(b'g^k{}_l + c'u^k{}_l)$$
$$= (bb' + c'a)g_{il} + (bc' + b')u_{il}$$

folgt dann

$$b' = \frac{b}{b^2 + \frac{1}{4}u_{ik}u^{ik}} \qquad c' = -\frac{1}{b^2 + \frac{1}{4}u_{ik}u^{ik}}.$$

Man erhält also für das inverse Element

$$(b^{-1})_{ik} = \frac{1}{b^2 + \frac{1}{4} u_{ik} u^{ik}} (b g_{ik} - u_{ik}) = \frac{1}{b^2 + \frac{1}{4} u_{ik} u^{ik}} b_{ki} \,. \qquad (25)$$

Die Abbildung b_{ik} ist im allgemeinen keine »Drehung«. Multiplikation mit b^{kl} ergibt nämlich mit Rücksicht auf die Definition der Inversen

$$b_{ki} b^{kl} = \delta_i^l (b^2 + \tfrac{1}{4} u_{ik} u^{ik}) \,.$$

Gemäß (2) bestimmt b_{ik} also nur dann eine Drehung (Lorentz-Transformation), wenn die in (24) auftretenden Parameter der Bedingung entsprechen

$$b^2 + \tfrac{1}{4} u_{ik} u^{ik} = 1 \,. \qquad (26)$$

Die Gesamtheit der Drehungen in der Gruppe ($\mathfrak{B}'$) wird durch den »Durchschnitt« der beiden Gruppen ($\mathfrak{B}'$) und ($\mathfrak{D}$) (Gruppe der Drehungen) gebildet. Dieser Durchschnitt, der selbst eine Gruppe ist, sei mit ($\mathfrak{B}$) bezeichnet.

Das infinitesimale Element der Gruppe ($\mathfrak{B}'$) lautet in leicht verständlicher Bezeichnungsweise gemäß (24)

$$g_{ik}(1 + \delta b) + \delta u_{ik} \,. \qquad (27)$$

Das infinitesimale Element von ($\mathfrak{B}$) erfüllt wegen (26) die zusätzliche Bedingung $(1 + \delta b)^2 + \frac{1}{4} \delta u_{ik} \, \delta u^{ik} = 1$ oder $\delta b = 0$. Es lautet daher

$$g_{ik} + \delta u_{ik} \,, \qquad (28)$$

im Einklang mit (22), welche Gleichung für die Zerlegung der infinitesimalen Drehung ja unsern Ausgangspunkt bildete (dort ist nur u_{ik} an Stelle von δu_{ik} geschrieben).

Genau wie (23a) zur Gruppe ($\mathfrak{B}'$) führt, führt die Relation

$$c_{ip} u^p{}_k = u_{ip} c^p{}_k \qquad (29)$$

zu einer Gruppe ($\mathfrak{C}'$) mit den Elementen c_{ik}. Da jedes $\bar{v}^p{}_k$ ein $u^p{}_k$ ist, so daß beide durch die Relation $\bar{v}^p{}_k = u^p{}_k$ einander zugeordnet werden können, kann (29) als die konjugiert komplexe Gleichung zu (23a) aufgefaßt werden, deren Lösungen c_{ik} also zu denen von (23a) b_{ik} konjugiert komplex sind. Aus (24) geht daher hervor, daß (29) gelöst wird durch

$$c_{ik} = c \, g_{ik} + v_{ik} \,. \qquad (30)$$

An die Stelle von (26) tritt hier als zusätzliche (notwendige und hinreichende) Bedingung dafür, daß die Abbildung eine Drehung sei, die Bedingung

$$c^2 + \tfrac{1}{4} v_{ik} v^{ik} = 1 \qquad (31)$$

(30), (31) stellen das Element der Drehungsgruppe ($\mathfrak{C}$) dar, welche der Durchschnitt der Gruppen ($\mathfrak{C}'$) und ($\mathfrak{D}$) (Drehungsgruppe) ist. Das infinitesimale Element von ($\mathfrak{C}$) ist gemäß (28)

$$g_{ik} + \delta v_{ik} \qquad (32)$$

Wir beschränken uns auf jene (eigentlichen) reellen Lorentz-Transformationen $a^i{}_k$, die sich in reelle infinitesimale Transformationen zerlegen lassen.

Diese bilden offenbar eine echte Untergruppe der Lorentz-Gruppe, für deren Elemente (§ 4) die Zerlegung $a^i{}_k = b^i{}_p \bar{b}^p{}_k$ gilt[1].

Diese Untergruppe, mit der wir uns in der Folge allein beschäftigen, enthält von den beiden Lorentz-Transformationen ($a^i_{.k}$) und ($-a^i{}_k$) stets nur eine.

Wenn wir in der Folge von der Lorentz-Gruppe ($\mathfrak{D}$) sprechen, so meinen wir diese Untergruppe der Gruppe aller reellen Lorentz-Transformationen.

§ 4. Beziehungen zwischen den definierten Gruppen.

Wir zeigen zuerst, daß jedes Element der Gruppe ($\mathfrak{B}'$) mit jedem Element der Gruppe ($\mathfrak{C}'$) vertauschbar ist. In der Tat ist

$$b_{ik}\, c^k{}_l = b_{ik}\,(c\, g^k{}_l + v^k{}_l) = c\, b_{il} + b_{ik}\, v^k{}_l = c\, b_{il} + v_{ik}\, b^k{}_l = (c\, g_{ik} + v_{ik})\, b^k{}_l = c_{ik}\, b^k{}_l\,.$$

Da das »Produkt« einer Drehung aus $\mathfrak{C}$ mit einer Drehung $\mathfrak{B}$

$$a_{il} = b_{ik}\, c^k{}_l \qquad (33)$$

$3 + 3 = 6$ komplexe Parameter enthält, also so viel wie die allgemeinste (nicht reelle) Drehung, so ist zu vermuten, daß sich jede Drehung als ein solches Produkt darstellen läßt. Für die infinitesimale Drehung ist dies im § 3 gezeigt worden. Es läßt sich aber jede Drehung als Aufeinanderfolge von infinitesimalen Drehungen darstellen, jede solche aber wieder als Produkt einer infinitesimalen Drehung $\mathfrak{B}$ und einer solchen $\mathfrak{C}$.

Da wir aber wissen, daß jedes $\mathfrak{B}$ mit jedem $\mathfrak{C}$ vertauschbar ist, so können wir jetzt in der durch infinitesimale $\mathfrak{B}$ und $\mathfrak{C}$ dargestellten Drehung die Vertauschungen so vornehmen, daß zuerst alle $\mathfrak{B}$-Drehungen, hierauf alle $\mathfrak{C}$-Drehungen der Reihe nach folgen. Vereinigt man in dieser Darstellung alle $\mathfrak{B}$-Drehungen zu einer einzigen und ebenso alle $\mathfrak{C}$-Drehungen, so ergibt sich die Spaltung der beliebig gegebenen Drehung $\mathfrak{D}$ in der Art

$$\mathfrak{D} = \mathfrak{B}\,\mathfrak{C}\,.$$

Ist die gegebene (eigentliche) Lorentz-Transformation reell, so kann jede der sie aufbauenden infinitesimalen Drehungen reell gewählt werden. Deren

[1] Eine reelle Lorentz-Transformation ($a^i{}_k$) hat entweder die Zerlegung ($b^i{}_p \bar{b}^p{}_k$) oder ($-b^i{}_p \bar{b}^p{}_k$). Aus (§ 4) $a^i{}_k = b^i{}_p c^p{}_e$ folgt nämlich $b^i{}_p c^p{}_e = \bar{b}^i{}_p \bar{c}^p{}_e = \bar{c}^i{}_p \bar{b}^p_{.e}$, also weiter (§ 4) $b^i{}_p = \pm \bar{c}^i{}_p$.

Spaltungsprodukte 𝔅 und ℭ sind dann konjugiert komplex und ebenso die durch ihre Zusammenfassung entstehenden endlichen Drehungen (Lorentz-Transformationen) 𝔅 und ℭ.

Infolge der Vertauschbarkeit der b_{ik} und c_{ik} bedingt die durch (33) induzierte Zuordnung

$$a_{il} \rightarrow b_{il}, \quad a_{il} \rightarrow c_{il}$$

der Elemente der Gruppen (𝔅) und (ℭ) zu denen der Gruppe (𝔇) eine Isomorphie. Der Beweis ergibt sich aus der Ableitung des vorigen Paragraphen.

Neben einer Zerlegung

$$a_{il} = b_{ir} c^r{}_l$$

gibt es stets die Zerlegung

$$a_{il} = (-b_{ir})(-c^r{}_l).$$

Gibt es für a_{il} noch weitere Zerlegungen der betrachteten Art? Wir behaupten, daß dies nicht der Fall ist, und zwar zuerst für $a_{il} = g_{il}$.

Aus

$$g_{il} = b_{ik} c^k{}_l \quad \ldots\ldots\ldots \quad (33\text{a})$$

folgt durch Multiplikation mit $b^i{}_r$ (weil $b_{ik} b^i{}_r = g_{kr}$)

$$b_{lr} = c_{rl}$$

oder

$$b\, g_{lr} + u_{lr} = c\, g_{rl} + v_{rl}.$$

Hieraus folgt sofort $b = c$; $u_{lr} = v_{rl} = 0$. Weiter folgt durch Einsetzen in (33a) $b^2 = 1$. Also ist $b = c = \pm 1$. Damit ist unsere Behauptung für $a_{il} = g_{il}$ bewiesen; die einzige Zerlegung der betrachteten Art von $a_{il} = g_{il}$ ist nämlich

$$g_{il} = (\pm g_{ik})(\pm g^k{}_l).$$

Nun sei a_{ik} eine beliebige Lorentz-Drehung und

$$b_{ik} c^k{}_l = b_{ik}' c^k{}_l'$$

zwei Darstellungen für a_{il}. Multiplikation mit $b^i{}_p\, c_q{}^l$ ergibt mit Rücksicht auf die Fundamentaleigenschaft der Drehungen

$$g_{pq} = (b_{ik}' b^i{}_p)(c^k{}_l' c_q^l) = [(b^{-1})_{ki}' b^i{}_p]\,[c^k{}_l' (c^{-1})^l{}_q].$$

Dies ist gerade eine Zerlegung von g_{pq} in eine 𝔅- und eine ℭ-Drehung. Nach dem soeben bewiesenen Satze ist also

$$(b^{-1})_{ki}' b^i{}_p = c_{kl}' (c^{-1})^l{}_p = \pm g_{kp}.$$

Hieraus folgt durch Multiplikation mit $b_r^{k'}$ (bzw. $c^p{}_r$)

$$\left.\begin{array}{l} b_{rp} = \pm\, b'_{rp} \\ c_{kr}{}' = \pm\, c_{kr} \end{array}\right\} \text{beide Gleichungen mit demselben Vorzeichen.}$$

Damit ist die Behauptung bewiesen.

Abgesehen von dieser Zweideutigkeit des Vorzeichens ist also die Zuordnung von $\mathfrak{B}$ bzw. $\mathfrak{C}$ zu $\mathfrak{D}$ eindeutig.

Bemerkung. Die durchgeführte Zerlegung der Lorentz-Drehung gilt nur für reine Drehungen $|a^i{}_k| = +1$, also nicht für Spiegelungen; denn nur reine Drehungen lassen sich aus infinitesimalen zusammensetzen. Die Elemente $\mathfrak{B}$ bzw. $\mathfrak{C}$ sind ebenfalls reine Drehungen.

§ 5. Der Semi-Vektor und seine Invarianten.

Wir beziehen den Raum der speziellen Relativitätstheorie auf rechtwinklig kartesische Koordinaten. Die Koordinaten-Transformationen, die diese Systeme ineinander überführen, sind die Lorentz-Transformationen

$$x_i' = a^i{}_k\, x_k\, (a^i{}_p\, a_{iq} = g_{pq})\,.$$

Der kontravariante (bzw. kovariante) Vektor λ^i (bzw. λ_i) ist dann durch sein Transformationsgesetz

$$\lambda^{i'} = a^i{}_k\, \lambda^k$$

bzw.

$$\lambda_i' = a_i{}^k \lambda_k\, (a_i{}^k = g_{ip}\, g^{kq}\, a^p{}_q)$$

definiert.

Nun läßt sich aber die Lorentz-Transformation, die vom System der x zum System der x' führt, also Produkt einer Transformation $\mathfrak{C}$ und einer Transformation $\mathfrak{B}$ schreiben:

$$a_{ik} = b_i{}^p\, c_{pk}\,,$$

wobei $b_i{}^p$ und c_{pk} bis auf eine (gemeinsame) Vorzeichenänderung völlig bestimmt sind.

Die b_{ik} (c_{ik}) bilden in ihrer Gesamtheit eine Untergruppe der Lorentz-Gruppe, die in bezug auf die Zuordnung

$$a_{ik} \to b_{ik}$$

mit der Lorentz-Gruppe isomorph ist.

Dies setzt uns in die Lage, neuartige tensorielle Gebilde zu definieren (ein- und mehrstufige), die durch die Transformationen b_{ik} (bzw. c_{ik}) der Gruppe ($\mathfrak{B}$) (bzw. ($\mathfrak{C}$)) definiert sind. Und zwar möge der kontravariante Semi-Vektor erster Art, den wir $\varrho^{\bar{s}}$ schreiben, im System der x' die Komponenten

$$\varrho^{\bar{s}\prime} = b^s{}_t \varrho^{\bar{t}} \quad \ldots\ldots\ldots\ldots \quad (34)$$

haben. Analog sei für den kontravarianten Semi-Vektor zweiter Art $\sigma^{\bar{\bar{s}}}$

$$\sigma^{\bar{\bar{s}}\prime} = c^s{}_t \sigma^{\bar{\bar{t}}} \quad \ldots\ldots\ldots\ldots \quad (35)$$

Da $a^i{}_k$ eine reelle Lorentz-Transformation ist, so ist

$$c^s{}_t = \overline{b^s{}_t}.$$

Hieraus geht hervor, daß die konjugiert Komplexe eines kontravarianten Semi-Vektors erster Art ein kontravarianter Semi-Vektor zweiter Art ist und umgekehrt.

Da $(b^s{}_t)$ und $(c^s{}_t)$ selbst Lorentz-Transformationen sind, so ist der Maßtensor g_{ik} auch ein Semi-Tensor 1. Art (und 2. Art) mit transformations-invarianten Komponenten. Wir können ihn also auch zum Messen von Semi-Vektoren sowie zum Auf- und Niederziehen von Indizes von Semi- (und gemischten) Tensoren verwenden.

Wir sind demnach in der Lage, aus (34) und (35) die Transformationen für kovariante Semi-Vektoren $\varrho_{\bar{s}}$ (bzw. $\sigma_{\bar{\bar{s}}}$) herzuleiten:

$$\varrho_{\bar{s}}{}' = b_s{}^t \varrho_{\bar{t}} \, (b_s{}^t = g_{su} g^{tv} b^u{}_v) \quad \ldots\ldots \quad (36)$$

$$\sigma_{\bar{\bar{s}}}' = c_s{}^t \sigma_{\bar{\bar{t}}} \, (c_s{}^t = g_{su} g^{tv} c^u{}_v). \quad \ldots\ldots \quad (37)$$

Wir müssen zwar beachten, daß durch die freie Vorzeichenwahl bei den b_{ik} und c_{ik} (bei gegebenen a_{ik}) eine Zweideutigkeit im Transformationsgesetz der Semi-Tensoren auftritt. Diese jedoch hat, wie man leicht einsieht, für die Kovarianz von Gleichungen, in denen Semi-Tensoren auftreten, keine Bedeutung.

Da b_{ik} einer speziellen Lorentz-Transformation entspricht, ist zu erwarten, daß es außer $g_{\bar{s}\bar{t}}$ noch weitere bei Transformation numerisch invariante (Semi-)Tensoren erster Art gibt. Welches sind die einfachsten?

Um sie zu finden, brauchen wir nur auf die Relationen (23a) zurückzugehen, welche die Gruppe ($\mathfrak{B}'$) definieren:

$$b_i{}^p v_{pk} = v_{ip} b^p{}_k,$$

wobei v_{ip} der allgemeinste antisymmetrische Tensor zweiter Art ist. Da b_{ik} als Drehung der Relation genügt

$$b^p{}_k b_q{}^k = \delta^p{}_q,$$

so folgt

$$v_{iq} = b_i{}^p b_q{}^k v_{pk}. \quad \ldots\ldots\ldots \quad (38)$$

Dies aber bedeutet, daß $v_{\bar{i}\bar{q}}$ ein numerisch invarianter Semi-Tensor erster Art ist.

Die numerische Invarianz von $c g_{\bar{s}\bar{t}} + v_{\bar{s}\bar{t}}$ charakterisiert die $\mathfrak{B}$-Transformationen vollständig, da für Drehungen $b_i^{\ p}$ (23a) und (38) äquivalent sind.

Für zwei Semi-Vektoren erster Art $\lambda^{\bar{s}}$, $\mu^{\bar{s}}$ gibt es demnach neben der Invarianten

$$g_{\bar{s}\bar{t}}\, \lambda^{\bar{s}} \mu^{\bar{t}} \quad . \quad . \quad . \quad . \quad . \quad . \quad . \quad . \quad . \quad (39)$$

noch die für diese Größen charakteristischen Invarianten

$$v_{\bar{s}\bar{t}}\, \lambda^{\bar{s}} \mu^{\bar{t}} \quad . \quad . \quad . \quad . \quad . \quad . \quad . \quad . \quad . \quad (40)$$

Setzt man in (40) (im rechtwinkligen kartesischen Koordinatensystem) der Reihe nach $\underset{\alpha}{v}_{\bar{s}\bar{t}}$ $(\alpha = 1, 2, 3)$, so erhält man die Invarianten

$$\left.\begin{aligned}
\underset{1}{v}_{\bar{s}\bar{t}}\, \lambda^{\bar{s}} \mu^{\bar{t}} &= (\lambda^{\bar{1}} \mu^{\bar{2}} - \lambda^{\bar{2}} \mu^{\bar{1}}) - i(\lambda^{\bar{3}} \mu^{\bar{4}} - \lambda^{\bar{4}} \mu^{\bar{3}}) \\
\underset{2}{v}_{\bar{s}\bar{t}}\, \lambda^{\bar{s}} \mu^{\bar{t}} &= (\lambda^{\bar{2}} \mu^{\bar{3}} - \lambda^{\bar{3}} \mu^{\bar{2}}) - i(\lambda^{\bar{1}} \mu^{\bar{4}} - \lambda^{\bar{4}} \mu^{\bar{1}}) \\
\underset{3}{v}_{\bar{s}\bar{t}}\, \lambda^{\bar{s}} \mu^{\bar{t}} &= (\lambda^{\bar{3}} \mu^{\bar{1}} - \lambda^{\bar{1}} \mu^{\bar{3}}) - i(\lambda^{\bar{2}} \mu^{\bar{4}} - \lambda^{\bar{4}} \mu^{\bar{2}}),
\end{aligned}\right\} \quad . \quad . \quad . \quad (41)$$

die mit

$$g_{\bar{s}\bar{t}}\, \lambda^{\bar{s}} \mu^{\bar{t}} = \lambda^{\bar{1}} \mu^{\bar{1}} + \lambda^{\bar{2}} \mu^{\bar{2}} + \lambda^{\bar{3}} \mu^{\bar{3}} - \lambda^{\bar{4}} \mu^{\bar{4}} \quad . \quad . \quad . \quad (41a)$$

den Semi-Vektor erster Art charakterisieren.

Ganz analog folgt (schon aus der Tatsache des Konjugiertseins der Semi-Tensoren erster und zweiter Art), daß für die Transformationen $\mathfrak{C}'$ der Semi-Tensoren zweiter Art $g_{\dot{s}\dot{t}}$ und der allgemeinste Tensor $\mu_{\dot{s}\dot{t}}$ numerisch invariant bleiben, welche Eigenschaft die Untergruppe ($\mathfrak{C}$) der Drehungsgruppe ($\mathfrak{D}$) charakterisiert.

Besteht zwischen zwei Semi-Vektoren erster Art (μ) und (λ) die Beziehung

$$\varrho\, \mu_{\bar{s}} = v_{\bar{s}\bar{t}}\, \lambda^{\bar{t}} \ (\varrho \text{ Skalar}), \quad . \quad . \quad . \quad . \quad . \quad . \quad . \quad (42)$$

so ist sie wegen der numerischen Invarianz von $v_{\bar{s}\bar{t}}$ eine vom Koordinatensystem unabhängig numerische Beziehung zwischen den Komponenten. Im rechtwinkligen Koordinatensystem kann also beispielsweise (für v der Reihe nach $\underset{1}{v}, \underset{2}{v}, \underset{3}{v}$ gesetzt) eine der folgenden Relationen sinnvoll (invariant) bestehen:

$$\varrho\, \mu_{\bar{1}} = \lambda^{\bar{2}}; \quad \varrho\, \mu_{\bar{2}} = -\lambda^{\bar{1}}; \quad \varrho\, \mu_{\bar{3}} = -i\, \lambda^{\bar{4}}; \quad \varrho\, \mu_{\bar{4}} = i\, \lambda^{\bar{3}} \qquad (42a)$$

$$\varrho\, \mu_{\bar{2}} = \lambda^{\bar{3}}; \quad \varrho\, \mu_{\bar{3}} = -\lambda^{\bar{2}}; \quad \varrho\, \mu_{\bar{1}} = -i\, \lambda^{\bar{4}}; \quad \varrho\, \mu_{\bar{4}} = i\, \lambda^{\bar{1}} \qquad (42b)$$

$$\varrho\, \mu_{\bar{3}} = \lambda^{\bar{1}}; \quad \varrho\, \mu^{\bar{1}} = -\lambda^{\bar{3}}; \quad \varrho\, \mu_{\bar{2}} = -i\, \lambda^{\bar{4}}; \quad \varrho\, \mu_{\bar{4}} = i\, \lambda^{\bar{2}}. \qquad (42c)$$

Analog erhält man für die Semi-Vektoren zweiter Art sinnvolle Relationen, indem man $v_{\bar{s}\bar{t}}$ durch $u_{\dot{s}\dot{t}}$ ersetzt (in einer Relation analog (42)) bzw. i durch $-i$ (in Relationen analog (42a), (42b), (42c)).

§ 6. Der Tensor $E_{a\bar{s}\bar{\bar{t}}}$.

Wir suchen in diesem Paragraphen gemischte Tensoren zu finden, die in bezug auf die ihren Indizes entsprechenden Transformationen numerische Invarianz zeigen.

Einen gemischten Tensor zweiter Stufe ($t_{i\bar{s}}$, $t_{i\bar{\bar{s}}}$, $t_{\bar{r}\bar{\bar{s}}}$) von numerischer Invarianz gibt es nicht. Der einfachste gemischte numerische invariante Tensor hat den Bau $E_{r\bar{s}\bar{\bar{t}}}$; er ist dritter Stufe (in bezug auf den ersten Index ein gewöhnlicher Tensor, in bezug auf den zweiten ein Semi-Tensor erster Art, in bezug auf den dritten ein Semi-Tensor zweiter Art).

Wir benutzen bei seiner Herleitung wieder rechtwinklige kartesische Koordinaten. Infolge der geforderten numerischen Invarianz gilt für die beliebige Lorentz-Transformation

$$E_{r\bar{s}\bar{\bar{t}}} = a_r{}^l b_s{}^m c_t{}^n E_{l\bar{m}\bar{\bar{n}}} \quad \ldots \ldots \ldots \quad (43)$$

Wegen

$$a_r{}^l = b_r{}^p c_p{}^l$$

ist auch

$$E_{r\bar{s}\bar{\bar{t}}} = b_r{}^p b_s{}^m c_p{}^l c_t{}^n E_{l\bar{m}\bar{\bar{n}}} \quad \ldots \ldots \quad (43\text{a})$$

Die numerische Invarianz von E trifft auch für die inverse Transformation zu, so daß auch gilt

$$E_{r\bar{s}\bar{\bar{t}}} = a^l{}_r b^m{}_s c^n{}_t E_{l\bar{m}\bar{\bar{n}}} \quad \ldots \ldots \quad (43\text{b})$$

Daß $b_s{}^m$, $c_t{}^n$ durch $-b_s{}^m$, $-c_t{}^n$ ersetzt werden kann, hat auf die Gültigkeit von (43) keinen Einfluß.

Wir wollen nun aus (43) die Form von $E_{r\bar{s}\bar{\bar{t}}}$ bestimmen. Bei der Rechnung werden wir die die Semi-Indizes kennzeichnenden Querstriche weglassen, da in E die Art des Index aus seiner Stellung zu erkennen ist.

Ist $a_r{}^l$ selbst als $\mathfrak{B}$-Transformation gewählt, so gilt $a_r{}^l = b_r{}^l$, $c_t{}^n = \delta_t{}^n$, so daß man aus (43) erhält

$$E_{rst} = b_r{}^l b_s{}^m E_{lmt} \quad \ldots \ldots \ldots \quad (44)$$

Ebenso wird für $a_r{}^l = c_r{}^l$, $b_s{}^m = \delta_s{}^m$ aus (43)

$$E_{rst} = c_r{}^l c_t{}^n E_{lsn} \quad \ldots \ldots \ldots \quad (44\text{a})$$

Multipliziert man (44) mit $b^s{}_u$, so folgt

$$E_{rst} b^s{}_u = b_r{}^l E_{lut} = b_{rs} E^s{}_{.ut} \quad \ldots \ldots \quad (44\text{b})$$

(44), (44a) haben umgekehrt (43a), also auch (43) zur Folge, sind also (43) äquivalent.

Aus (44b) folgt, daß E_{rst} bezüglich der Indizes r und s notwendig die Form hat[1]

$$E_{rst} = g_{rs} a_{(t)} + v_{rs(t)} \quad . \quad . \quad . \quad . \quad . \quad . \quad . \quad . \qquad (45)$$

Analog folgt aus (44a)

$$E_{rst} = g_{rt} b_{(s)} + u_{rt(s)} \quad . \quad . \quad . \quad . \quad . \quad . \quad . \quad . \qquad (45a)$$

Diese beiden Relationen haben umgekehrt (44) und (44a), also zusammen auch (43) zur Folge, sind also (43) äquivalent. Setzt man in (45) und (45a) $r = s = t$ (natürlich ohne Summation), so folgt $a_{(s)} = b_{(s)}$. Weiter folgt (immer ohne Summieren)

$$E_{rrr} = g_{rr} a_{(r)}; \quad E_{rrs} = g_{rr} a_{(s)}; \quad E_{rsr} = g_{rr} a_{(s)} \quad . \quad . \quad . \qquad (46)$$

und weiter

$$E_{rst} + E_{srt} = 2 g_{rs} a_{(t)}; \quad E_{rst} + E_{tsr} = 2 g_{rt} a_{(s)} .$$

Aus jeder dieser Gleichungen folgt für $r \neq s$, $s = t$

$$E_{rss} = - g_{ss} a_r \; (r \neq s) \quad . \quad . \quad . \quad . \quad . \quad . \quad . \qquad (46a)$$

Es fehlen uns noch die E_{rst} mit ungleichen Indizes. Sind r, s, t ungleich und ist w ein vierter, von allen drei verschiedener Index, so folgt aus (45)

$$E_{rst} = v_{rs(t)} = - \tfrac{1}{2} \sqrt{g}\, \eta_{rstw} v^{tw}{}_{(t)} = \mp \sqrt{g} E^{tw}{}_{(t)}$$

$$= \mp \sqrt{g} a^{(w)} = - \sqrt{g}\, \eta_{rstw} a^{(w)}, \qquad (47)$$

wobei

$$a^{(w)} = g^{wz} a_{(z)} .$$

Die nämliche Relation hätte (45a) ergeben. Zusammenfassend erhält man

$$E_{r\bar{s}\bar{t}} = g_{rs} a_{(t)} + g_{rt} a_{(s)} - g_{st} a_{(r)} - \sqrt{g}\, \eta_{rstw} a^{(w)} \quad . \quad . \quad . \quad . \qquad (48)$$

Dies $E_{r\bar{s}\bar{t}}$, das numerisch invariant ist, genügt in der Tat den Gleichungen (45) und (45a), wie sogleich gezeigt werden soll. $a_{(t)}$ sind vier willkürlich zu wählende Konstante; sind sie reell, so sind E_{rst} und E_{rts} konjugiert komplex.

Wir zeigen, daß — wie (45) verlangt —

$$E_{rst} - g_{rs} a_{(t)} = (g_{rt}\, g_{sw} - g_{st}\, g_{rw} - \sqrt{g}\, \eta_{rstw})\, a^{(w)}$$

in bezug auf die Indizes r, s die Symmetrieeigenschaft eines v_{rs} hat. Ist nämlich a_{rs} ein beliebiger antisymmetrischer Tensor, so ist $a_{rs} - a_{rs}{}^{*}$ nach § 2 ein v_{rs}; also gilt

$$v_{rs} = a_{rs} - \frac{\sqrt{g}}{2}\, \eta_{rstw}\, a^{tw}$$

[1] Vgl. (38) und die folgenden Bemerkungen.

oder, wenn $a_{rs} = (g_{rt} g_{sw} - g_{st} g_{rw})\, a^{(w)}$ gesetzt wird,

$$v_{rs} = (g_{rt} g_{sw} - g_{rw} g_{st} - \sqrt{g}\, \eta_{rstw})\, a^{(w)}.$$

Der Vergleich ergibt, daß — wie zu beweisen war — $(E_{rst} - g_{rs}\, a_{(t)})$ ein v_{rs} ist. Der Nachweis, daß (48) der Bedingung (45a) genügt, ist analog zu führen.

§ 7. Die einfachsten Systeme von Differentialgleichungen für Semi-Vektoren.

Die Bedeutung des gemischten Tensors $E_{r\bar{s}\bar{t}}$ liegt darin, daß mit seiner Hilfe Tensoren verschiedener Art miteinander in Beziehung gebracht werden können. Wir betrachten hierfür einige Beispiele, wobei wir vorläufig den auf kartesische Koordinaten bezogenen R_4 der speziellen Relativitätstheorie zugrunde legen.

Aus einem Semi-Vektor $\chi^{\bar{s}}$ erster Art und einem Semi-Vektor $\psi^{\bar{t}}$ zweiter Art läßt sich der gewöhnliche Vektor

$$A_r = E_{r\bar{s}\bar{t}}\, \chi^{\bar{s}} \psi^{\bar{t}} \quad \ldots \ldots \quad (49)$$

bilden. Im Speziellen kann man als Semi-Tensor zweiter Art den konjugiert komplexen von χ wählen ($\psi^{\bar{t}} = \bar{\chi}^{\bar{t}}$):

$$A_r = E_{r\bar{s}\bar{t}}\, \chi^{\bar{s}} \bar{\chi}^{\bar{t}} . \quad \ldots \ldots \quad (49a)$$

Die Wahl der Zahlenparameter $a_{(w)}$ in E ist hierbei (wie auch bei den nachfolgenden Bildungen) vollkommen frei. Man kann ferner für zwei derartige Semi-Vektoren (Felder solcher Vektoren) die folgenden linearen Systeme von kovarianten Differentialgleichungen bilden:

$$\left.\begin{aligned} E^{r}{}_{\bar{s}\bar{t}} \frac{\partial \chi^{\bar{s}}}{\partial x_r} &= \alpha \psi_{\bar{t}} \\ E^{r}{}_{\bar{s}\bar{t}} \frac{\partial \psi^{\bar{t}}}{\partial x_r} &= \beta \chi_{\bar{s}} \end{aligned}\right\}, \quad \ldots \ldots \quad (50)$$

wobei α und β Konstante sind. Es läßt sich zeigen, daß durch Elimination eines der Semi-Vektoren in (50) ein der Schrödinger-Gleichung analog gebautes Gleichungssystem entsteht[1].

---

[1] Dies beruht auf der leicht zu beweisenden Relation

$$E^{kr}{}_{s} E^{hps} + E^{hr}{}_{s} E^{kps} \equiv 2\, g^{hk} g^{rp}\, a_{(t)}\, a^{(t)} .$$

Wir können ferner das System (50) wieder in natürlicher Weise dadurch spezialisieren, daß wir in (50) ψ als den konjugiert komplexen Semi-Vektor zu χ wählen. Wir erhalten so das System

$$E^{r}{}_{\bar{s}\bar{t}} \frac{\partial \chi^{\bar{s}}}{\partial \chi_{r}} = a\bar{\chi}_{\bar{t}}. \qquad \ldots \ldots \quad (51)$$

Wir können in gewissem Sinne bei (50) von einer unechten, bei (51) von einer echten Spaltung einer »Schrödinger-Gleichung« sprechen[1].

Das Auf- und Niederziehen der Indizes in all diesen Gleichungen geschieht mit den Maß-Tensoren g_{st}, $g_{\bar{s}\bar{t}}$, $g_{\bar{\bar{s}}\bar{\bar{t}}}$. —

Das zunächst Befremdende an diesen Gleichungssystemen ist das Auftreten der vier willkürlichen Konstanten $a_{(w)}$ in E, von deren Wahl die Struktur der Gleichungssysteme abhängt. Es wird sich später herausstellen, daß dieser Schönheitsfehler durch Einführung der Diracschen Spin-Größen für diese Größen von selbst wegfällt.

§ 8. Der Einbau der Semi-Größen in den R_4 der allgemeinen Relativitätstheorie.

Von nun an sind im R_4 die Semi-Größen auf ein in jedem Punkt definiertes, beliebig orientiertes orthogonales normiertes Bein zu beziehen, welches durch den »gemischten« Tensor

$$h_{\alpha i} \qquad \ldots \ldots \quad (52)$$

beschrieben sei. Ist A^i ein kontravarianter Vektor, so ist

$$A_\alpha = h_{\alpha i} A^i \qquad \ldots \ldots \quad (53)$$

derselbe Vektor, auf das Bein bezogen. Im folgenden beziehen sich die griechischen Indizes stets auf das Vierbein, lateinische Indizes auf das allgemeine Koordinatensystem. Es gilt dann

$$g_{ik} = h_{\alpha i} h_{\beta k} g^{\alpha\beta} = h_{1i} h_{1k} + h_{2i} h_{2k} + h_{3i} h_{3k} - h_{4i} h_{4k}. \quad \ldots \quad (54)$$

Für den Betrag des Vektors (A) hat man dann

$$g_{ik} A^i A^k = g^{\alpha\beta} A_\alpha A_\beta,$$

[1] Diese Gleichung — vervollständigt durch elektromagnetische Glieder — scheint deshalb in der Theorie des Elektrons nicht verwendbar zu sein, weil sie sich bei Zufügung eines Gradienten zum elektrischen Potential verändert.

wobei

$$g^{\alpha\beta} = g_{\alpha\beta} = \begin{vmatrix} 1 & 0 & 0 & 0 \\ 0 & 1 & 0 & 0 \\ 0 & 0 & 1 & 0 \\ 0 & 0 & 0 & -1 \end{vmatrix}.$$

Einer Drehung (Änderung) des Beines ($h^{\alpha}{}_{i}{}' = a^{\alpha}{}_{\beta} h^{\beta}{}_{i}$) entspricht also eine Lorentz-Transformation des Lokal-Vektors gemäß der Gleichung

$$A^{\alpha\prime} = a^{\alpha}{}_{\beta} A^{\beta} \,. \qquad (55)$$

Neben den Lokal-Vektoren führen wir in bezug auf das Bein die Semi-Vektoren $\chi_{\bar\mu}$, $\psi_{\bar{\bar\sigma}}$ ein, die sich wie die Lokal-Vektoren nur bei einer Beindrehung transformieren, und zwar nach den Gesetzen

$$\chi_{\bar\sigma}{}' = b_{\sigma}{}^{\mu} \chi_{\bar\mu} \qquad (55\text{a})$$

$$\psi_{\bar{\bar\tau}}{}' = c_{\tau}{}^{\nu} \psi_{\bar{\bar\nu}} \,, \qquad (55\text{b})$$

wobei

$$a_{\alpha}{}^{\beta} = b_{\alpha}{}^{\gamma} c_{\gamma}{}^{\beta} \qquad (56)$$

die Zerlegung der Lorentz-Transformation gemäß § 3 ist. Wie der Lokal-Vektor wird der Semi-Vektor mit dem lokalen Maßtensor $g_{\alpha\beta}$ gemessen ($g_{\bar\alpha\bar\beta}$, $g_{\bar{\bar\alpha}\bar{\bar\beta}}$), der ja auch gegen die Transformationen $b_{\alpha}{}^{\gamma}$ und $c_{\beta}{}^{\gamma}$ numerisch invariant ist.

Die Einführung von

$$E^{r}{}_{\bar\sigma\bar{\bar\tau}} = h_{\alpha}{}^{r} E^{\alpha}{}_{\bar\sigma\bar{\bar\tau}} \qquad (57)$$

mit Hilfe unseres E-Tensors (§ 6) gestattet eine Übertragung der Differentialgleichungen (50), (51) in das Schema der allgemeinen Relativitätstheorie:

$$\left.\begin{aligned} E^{r}{}_{\bar\sigma\bar{\bar\tau}} \chi^{\bar\sigma}{}_{;r} &= \alpha \psi_{\bar{\bar\tau}} \\ E^{r}{}_{\bar\sigma\bar{\bar\tau}} \psi^{\bar{\bar\tau}}{}_{;r} &= \beta \chi_{\bar\sigma} \end{aligned}\right\} \qquad (58)$$

$$E^{r}{}_{\bar\sigma\bar{\bar\tau}} \chi^{\bar\sigma}{}_{;i} = \alpha \bar{\chi}_{\bar{\bar\tau}} \,. \qquad (59)$$

Die in diesen Gleichungen[1] durch Strichpunkt gekennzeichnete invariante Ableitung für Semi-Größen soll zunächst so festgelegt werden, daß

$$g_{\bar\sigma\bar\tau;i} = 0 \qquad (60)$$

$$g_{\bar{\bar\sigma}\bar{\bar\tau};i} = 0 \,. \qquad (60\text{a})$$

[1] Daß diese Gleichungssysteme bezüglich der griechischen Indizes (Beindrehung) und bezüglich der lateinischen Indizes (Koordinatentransformation) invariant sind (Tensorcharakter besitzen), ist leicht nachzuweisen, wenn man die numerische Invarianz des E bezüglich Beindrehungen sowie den Tensorcharakter der $h_{\alpha r}$ beachtet.

Dann und nur dann können die Indizes unter dem Differentiationszeichen auf- und niedergezogen werden.

Natürlich ist die Einordnung der Theorie der Semi-Tensoren in das Schema der allgemeinen Relativitätstheorie erst dann eine vollständige, wenn die Regeln für die absolute Differentiation aller Größen festgelegt sind. Dies soll nun durch folgende Postulate (A) bis (D) geschehen, wobei wir uns der Bezeichnungen bedienen

$$\left.\begin{aligned} \lambda_{\alpha;r} &= \lambda_{\alpha,r} - \lambda_\beta P^\beta{}_{\alpha r} \\ \psi_{\bar\sigma;r} &= \psi_{\bar\sigma,r} - \psi_{\bar\beta} \Gamma^\beta{}_{\sigma r} \\ \chi_{\bar\sigma;r} &= \chi_{\bar\sigma,r} - \chi_{\bar\beta} \bar\Gamma^\beta{}_{\sigma r}. \end{aligned}\right\} \quad \ldots\ldots\ldots \quad (61)$$

Die $\bar\Gamma$ sind zu den Γ konjugiert komplex gewählt, damit konjugiert komplexe Semi-Vektoren bei der Differentiation konjugiert komplex bleiben.

(A) Die Beziehung (53) zwischen Koordinaten-Vektor und Lokal-Vektor darf natürlich durch Differentiation nicht zerstört werden, woraus folgt

$$0 = h_{\alpha i;k} \left(= h_{\alpha i,k} - h_{\alpha r} \left\{ {r \atop ik} \right\} - h_{\beta i} P^\beta{}_{\alpha k}\right) \quad \ldots \quad (62)$$

oder

$$P_{\gamma\alpha k} = h_\gamma^i \left(h_{\alpha i,k} - h_{\alpha r} \left\{ {r \atop ik} \right\}\right). \quad \ldots\ldots \quad (62\text{a})$$

Aus (62) und $g_{\alpha\beta} = h_\alpha^i h_{\beta i}$ (ortogonalesnormiertes Bein) folgt $g_{\alpha\beta;k} = 0$ und daraus die Antisymmetrie von P in den ersten beiden Indizes

$$P_{\gamma\alpha k} = - P_{\alpha\gamma k}. \quad \ldots\ldots\ldots \quad (62\text{b})$$

(B) Dies Postulat wurde schon oben in (60), (60a) festgelegt und gibt analog (62b) die Bedingung

$$\Gamma_{\tau\sigma r} = - \Gamma_{\sigma\tau r} \quad \ldots\ldots\ldots \quad (62\text{c})$$

(C) Die absolute Ableitung des numerisch invarianten Semi-Tensors erster (bzw. zweiter) Art $v_{\bar\sigma\bar\tau}$ (bzw. $u_{\bar\sigma\bar\tau}$) soll verschwinden[1]:

$$0 = v_{\bar\sigma\bar\tau;k} = - v_{\alpha\tau} \Gamma^\alpha{}_{\sigma k} - v_{\sigma\alpha} \Gamma^\alpha{}_{\tau k}.$$

Dies ergibt

$$v_{\sigma\alpha} \Gamma^\alpha{}_{\tau k} = \Gamma_\sigma^\alpha{}_k v_{\alpha\tau}$$

oder

$$v_{\sigma\alpha} \Gamma^\alpha{}_{\tau k} = \Gamma_{\sigma\alpha k} v^\alpha{}_\tau \quad \ldots\ldots\ldots \quad (62\text{d})$$

Ein Vergleich von (62d) mit (23a) zeigt, daß die Γ bezüglich der griechischen Indizes den Bau eines (b_{ik}), und weiter wegen ihrer Anti-

[1] Wo die Klarheit darunter nicht leidet, haben wir bei den Indizes Striche weggelassen, um den Druck zu erleichtern.

symmetrie (62c) und wegen (24) den Bau eines (u_{ik}) besitzen müssen (vgl. (14), (14a), (14b)).

Es ergibt sich dann, daß die $\overline{\Gamma}$ bezüglich der ersten beiden Indizes den Bau des entsprechenden (konjugiert komplexen) v_{ik} besitzen müssen.

Um dies besser hervortreten zu lassen, wollen wir im folgenden vorübergehend

$$U^{\alpha}{}_{\tau(k)} \text{ statt } \Gamma^{\alpha}{}_{\tau k}$$

$$V^{\alpha}{}_{\tau(k)} \text{ statt } \overline{\Gamma}^{\alpha}{}_{\tau k}$$

schreiben.

(D) Die absolute Ableitung des numerisch invarianten Lokal-Tensors E soll verschwinden:

$$0 = E_{\alpha\sigma\tau\,;\,k} = -\left(E_{\beta\sigma\tau}\, P^{\beta}{}_{\alpha k} + E_{\alpha\beta\tau}\, \Gamma^{\beta}{}_{\sigma k} + E_{\alpha\sigma\beta}\, \overline{\Gamma}^{\beta}{}_{\tau k}\right). \quad (62\text{e})$$

Nun hat aber wegen (45), (45a) der Tensor E bezüglich seiner ersten beiden Indizes den Bau eines (c_{ik}), bezüglich des ersten und dritten Index den Bau eines (b_{ik}). Es gelten daher vermöge der Vertauschungsregeln (23a) und (29) die Umformungsgleichungen

$$E_{\alpha\beta\tau}\, \Gamma^{\beta}{}_{\sigma k} = E_{\alpha\beta\tau}\, U^{\beta}{}_{\sigma(k)} = U_{\alpha\beta(k)}\, E^{\beta}{}_{\sigma\tau} = -E_{\beta\sigma\tau}\, \Gamma^{\beta}{}_{\alpha k}$$

$$E_{\alpha\sigma\beta}\, \overline{\Gamma}^{\beta}{}_{\tau k} = E_{\alpha\sigma\beta}\, V^{\beta}{}_{\tau(k)} = V_{\alpha\beta(k)}\, E^{\beta}{}_{\sigma\tau} = -E_{\beta\sigma\tau}.\overline{\Gamma}^{\beta}{}_{\alpha k}.$$

Dies, in (62e) eingesetzt, ergibt

$$E_{\beta\sigma\tau}\left(P^{\beta}{}_{\alpha k} - \Gamma^{\beta}{}_{\alpha k} - \overline{\Gamma}^{\beta}{}_{\alpha k}\right) = 0 \quad . \quad . \quad . \quad . \quad . \quad (62\text{f})$$

Hieraus aber ergibt sich[1]

$$P_{\beta\alpha k} = \Gamma_{\beta\alpha k} + \overline{\Gamma}_{\beta\alpha k} \quad . \quad . \quad . \quad . \quad . \quad . \quad (62\text{g})$$

Die Γ ergeben sich also aus den P (bei festem drittem Index) durch eine eindeutige Zerlegung, welche der in § 1 dargelegten (siehe (16) des antisymmetrischen Tensors zweiter Stufe völlig entspricht. Die Größen P sind vermöge (62) auf die Riemann-Christoffelschen $\{\ \}$ und die $h_{\alpha i}$ zurückgeführt. Die (16) Größen $h_{\alpha i}$ sind durch die g_{ik} bis auf 6 willkürliche Funktionen bestimmt, welche der willkürlich bleibenden Orientierung des orthogonalen Beines in jedem Punkte des R_4 entsprechen.

[1] Nämlich durch Multiplikation von (62f) mit $E_{\nu\rho}{}^{\tau}$ bei Berücksichtigung der sich aus (48) ergebenden Formel (Fußnote Seite 539)

$$E^{kr}{}_{s}\, E^{ips} + E^{kp}{}_{s}\, E^{irs} = 2 g^{ik} g^{rp} a_{(t)} a^{(t)}.$$

Damit ist die Einverleibung der Semi-Vektoren in das Schema der allgemeinen Relativitätstheorie erreicht.

Bemerkung: In der Quantentheorie spielt der Operator $(;_a + i\varepsilon\varphi_a)$ eine wichtige Rolle, wobei φ_a als elektrisches Potential gedeutet wird. Um dem gerecht zu werden, führen wir vorübergehend neben der bisher verwendeten Strichpunkt-Ableitung (;) eine »Strich-Ableitung« (/) ein, die für gewöhnliche (Koordinaten- und Lokal-) Vektoren mit der Ableitung (;) zusammenfällt. Wir führen für Semi-Vektoren die Bezeichnung ein

$$\left.\begin{aligned} \psi_{\bar{\sigma}/k} &= \psi_{\bar{\sigma},k} - \psi_{\bar{a}}\,\Delta^{a}{}_{\sigma k} \\ \chi_{\bar{\bar{\sigma}}/k} &= \chi_{\bar{\bar{\sigma}},k} - \chi_{\bar{\bar{a}}}\,\bar{\Delta}^{a}{}_{\sigma k}, \end{aligned}\right\} \quad \ldots\ldots \quad (63)$$

wobei

$$\Delta^{a}{}_{\sigma k} = \Gamma^{a}{}_{\sigma k} + i\varepsilon\,\delta^{a}{}_{\sigma}\,\varphi_k. \quad \ldots\ldots \quad (63\text{a})$$

Es ist also

$$\left.\begin{aligned} \psi_{\bar{\sigma}/k} &= \psi_{\bar{\sigma};k} - i\varepsilon\,\psi_{\bar{\sigma}}\,\varphi_k & \qquad \psi^{\bar{\sigma}}{}_{/k} &= \psi^{\bar{\sigma}}{}_{;k} + i\varepsilon\,\psi^{\bar{\sigma}}\,\varphi_k \\ \chi_{\bar{\bar{\sigma}}/k} &= \chi_{\bar{\bar{\sigma}};k} + i\varepsilon\,\chi_{\bar{\bar{\sigma}}}\,\varphi_k & \qquad \chi^{\bar{\bar{\sigma}}}{}_{/k} &= \chi^{\bar{\bar{\sigma}}}{}_{;k} - i\varepsilon\,\chi^{\bar{\bar{\sigma}}}\,\varphi_k. \end{aligned}\right\} \quad (63\text{b})$$

An Stelle der Gleichungen (58) treten nun die nämlichen Gleichungen, wobei nur die »;«-Ableitung durch die »/«-Ableitung ersetzt ist.

Wie für die »;«-Ableitung gelten auch für die »/«-Ableitung die Relationen

$$E^{a}{}_{\bar{\sigma}\bar{\bar{\tau}}/k} = 0; \quad E^{a\bar{\sigma}\bar{\bar{\tau}}}{}_{/k} = 0.$$

Führt man in analoger Art wie Infeld und Van der Waerden[1] einen reellen »Strom-Vektor« ein

$$\mathfrak{J}^{a} = E^{a}{}_{\sigma\tau}\,\overline{\overset{\sigma}{\chi}\,\overset{\tau}{\chi}} + E^{a\sigma\tau}\,\bar{\psi}_{\sigma}\,\psi_{\tau}$$

und bildet man $\mathfrak{J}^{a}{}_{;a}$ $(= \mathfrak{J}^{a}{}_{/a})$, so verschwindet diese Divergenz, wenn nur $\alpha + \bar{\beta} = 0$ ist. (Die $a_{(\iota)}$ sind dabei als reell vorausgesetzt.)

§ 9. Spezielle Semi-Vektoren (Spinoren).

Wir sind mit der Theorie der Semi-Vektoren noch nicht am Ende, da es, wie wir jetzt zeigen wollen, spezielle Semi-Vektoren gibt, die nur zwei unabhängige Komponenten haben. (Wir verwenden dabei im folgenden rechtwinklige Lokal-Koordinaten.)

---

[1] Die Verfasser waren so freundlich, uns die Abschrift ihrer Arbeit »Die Wellengleichung des Elektrons in der allgemeinen Relativitätstheorie«, die demnächst veröffentlicht wird, vor einigen Monaten schon zur Einsicht zuzusenden. Es wird dort die allgemeine Relativierung der Dirac-Gleichungen ohne Einführung von Semi-Vektoren auf einem ähnlichen Weg wie dem von uns durchgeführten versucht.

Wir zeigen dies zuerst an den Semi-Vektoren erster Art und benutzen zu der Bildung der speziellen Semi-Vektoren den bereits oft verwendeten invarianten Tensor[1]:

$$\underset{1}{v}_{\bar\sigma\bar\tau} \qquad (\underset{1}{v}_{\bar 1\bar 2} = i\underset{1}{v}_{\bar 3\bar 4} = 1).$$

Mit seiner Hilfe können wir jedem Semi-Vektor $\lambda_{\bar\tau}$ den Sternvektor $\lambda_{\bar\tau}{}^{x}$ gemäß

$$\underset{1}{v}_{\bar\sigma\bar\tau}\lambda^{\bar\tau} = \lambda_{\bar\sigma}{}^{x}$$

zuordnen. Ausführlich gilt:

$$\lambda_{\bar 1}{}^{x} = \lambda_{\bar 2}\,, \quad \lambda_{\bar 2}{}^{x} = -\lambda_{\bar 1}\,, \quad \lambda_{\bar 3}{}^{x} = i\lambda_{\bar 4}\,, \quad \lambda_{\bar 4}{}^{x} = i\lambda_{\bar 3}\,,$$

was wieder

$$(\lambda_{\bar\sigma}{}^{x})^{x} = -\lambda_{\bar\sigma} \quad \ldots\ldots\ldots \quad (64)$$

zur Folge hat. Es gibt nun Semi-Vektoren $\lambda_{\bar\sigma}$, deren Sternvektoren $\lambda_{\bar\sigma}{}^{x}$ den $\lambda_{\bar\sigma}$ proportional sind. In $\lambda_{\bar\sigma}{}^{x} = \varrho\,\lambda_{\bar\sigma}$ muß nach (64) $\varrho = \pm\, i$ sein. Wir nennen einen Semi-Vektor $\lambda_{\bar\sigma}$ einen α-Semi-Vektor und schreiben ihn $\underset{\alpha}{\lambda}_{\bar\sigma}$, wenn

$$\underset{\alpha}{\lambda}_{\bar\sigma}{}^{x} = +\,i\underset{\alpha}{\lambda}_{\bar\sigma}$$

gilt, entsprechend heißt ein Semi-Vektor ein β-Semi-Vektor, wenn für ihn

$$\underset{\beta}{\lambda}_{\bar\sigma}{}^{x} = -\,i\underset{\beta}{\lambda}_{\bar\sigma}$$

gilt. Ausführlich lauten diese beiden Beziehungen

$$\left.\begin{array}{ll} \underset{\alpha}{\lambda}_{\bar 2} = i\underset{\alpha}{\lambda}_{\bar 1} \text{ bzw. } & \underset{\beta}{\lambda}_{\bar 2} = -\,i\underset{\beta}{\lambda}_{\bar 1} \\ \underset{\alpha}{\lambda}_{\bar 4} = \underset{\alpha}{\lambda}_{\bar 3} & \underset{\beta}{\lambda}_{\bar 4} = -\,\underset{\beta}{\lambda}_{\bar 3} \end{array}\right\} \quad \ldots\ldots \quad (64\text{a})$$

Man sieht sofort, daß das absolute »;« wie »/« Differential den Charakter eines α-bzw. β-Semi-Vektors ungeändert läßt.

Jeder Semi-Vektor erster Art läßt sich additiv in einen α-Semi-Vektor und einen β-Semi-Vektor erster Art eindeutig zerlegen.

In analoger Weise kann man mittels des numerisch invarianten Tensors $(\underset{1}{u})$ spezielle Semi-Vektoren zweiter Art einführen, die den Bedingungen genügen

$$\left.\begin{array}{ll} \alpha\text{-Semi-V. 2. Art: } \underset{\alpha}{\lambda}_{\bar{\bar 2}} = -\,i\underset{\alpha}{\lambda}_{\bar{\bar 1}}\,; & \beta\text{-Semi-V. 2. Art: } \underset{\beta}{\lambda}_{\bar{\bar 2}} = i\underset{\beta}{\lambda}_{\bar{\bar 1}} \\ \underset{\alpha}{\lambda}_{\bar{\bar 4}} = \underset{\alpha}{\lambda}_{\bar{\bar 3}} & \underset{\beta}{\lambda}_{\bar{\bar 4}} = -\,\underset{\beta}{\lambda}_{\bar{\bar 3}} \end{array}\right\}. \quad (65)$$

[1] Würde man z. B. $\underset{2}{v}$ wählen, so würde das nur einer anderen Numerierung der Vektoren des Vierbeins entsprechen.

Die Bezeichnung ist so gewählt, daß die konjugiert komplexe Größe eines α- (bzw. β-) Semi-Vektors der einen Art der α- (bzw. β-) Semi-Vektor der andern Art ist.

Die α- und β-Semi-Vektoren sind zwar zwei verschiedene Symmetrietypen für die Semi-Vektoren (wie z. B. für die gewöhnlichen Tensoren zweiter Stufe der symmetrische und antisymmetrische Tensor); sie können aber (im Gegensatz zu den letzteren) durch eine einfache algebraische Operation ineinander übergeführt werden, wodurch sie in gewissem Sinne einen einzigen Typus darstellen (wie z. B. der gewöhnliche kovariante und kontravariante Vektor)[1].

Bildet man nämlich mit Hilfe des in (14c), (15c) definierten Tensors $\underset{2}{v}$ (bzw. $\underset{3}{v}$) den Semi-Vektor

$$\underset{2}{v}_{\sigma\tau}\underset{\beta}{\psi}^{\tau},$$

so ist dies ein α-Semi-Vektor (den wir χ_{σ} nennen wollen). Umgekehrt gibt $\underset{2}{v}$, ausgeübt an einem α-Semi-Vektor, einen β-Semi-Vektor. Letzteres ist wegen (siehe (24a), (24b))

$$\underset{2}{v}_{\sigma\tau}\underset{2}{v}^{\sigma}{}_{\beta} = g_{\tau\beta}$$

aus der Beziehung ableitbar

$$\underset{\alpha}{\chi}_{\sigma} = \underset{2}{v}_{\sigma\tau}\underset{\beta}{\psi}^{\tau} \qquad (66)$$

Der Beweis von (66) folgt aus der $\underset{2}{v}$ definierenden Gleichung

$$\underset{2}{v}_{23} = i v_{14} = +1$$

bei Berücksichtigung der Symmetrieeigenschaften des β-Semi-Vektors.

Analog lassen sich die α- und β-Vektoren zweiter Art mit Hilfe des dem $\underset{2}{v}$ konjugierten $\underset{2}{u}$ einander zuordnen.

Aus dem Bisherigen geht hervor, daß sich jede Semi-Vektor-Gleichung eindeutig in eine α- und eine β-Gleichung spalten läßt. Es ist also natürlich, statt allgemeiner Semi-Größen bzw. -Gleichungen jene vom Symmetrietypus α (bzw. β) zu betrachten, welche beiden Typen ja nach dem soeben ausgeführten im wesentlichen nur einen einzigen Spezialtypus repräsentieren.

Zur Bildung von Differentialgleichungen brauchen wir Ausdrücke vom Typus

$$E^{r}{}_{\sigma\tau}\,\psi^{\sigma}{}_{;r} \text{ bzw. } h^{\alpha r}\,E_{\alpha\sigma\tau}\,\psi^{\sigma}{}_{;r}\,.$$

[1] Wie wir später zeigen werden, wird die Beziehung zwischen den α- und β-Semi-Vektoren im Diracschen Schema der Spin-Größen tatsächlich in solcher Weise dargestellt.

Wie spaltet sich ein solcher Ausdruck in einen α- und β-Tensor, wenn wir ihn für einen α- (bzw. β-) Vektor bilden? Es kommt hierbei offenbar nur auf eine Untersuchung von $E_{\epsilon\sigma\tau}\,\psi^{\sigma}$ ($= E_{\epsilon\tau}$) bezüglich des Index τ an[1]. Nun können wir natürlich den E-Tensor (eindeutig) bezüglich der Indizes σ und τ in folgender Weise spalten:

$$E_{\epsilon\sigma\tau} = \underset{\alpha}{E_{\epsilon\sigma\tau}} + \underset{\beta}{E_{\epsilon\sigma\tau}} \quad \text{(Spaltung bezüglich des Index } \sigma)$$

$$= (\underset{\alpha\alpha}{E_{\epsilon\sigma\tau}} + \underset{\alpha\beta}{E_{\epsilon\sigma\tau}}) + (\underset{\beta\alpha}{E_{\epsilon\sigma\tau}} + \underset{\beta\beta}{E_{\epsilon\sigma\tau}}) \quad \text{(Spaltung beider Terme bezüglich } \tau).$$

Wir führen nun die Spaltung[2]

$$\left.\begin{aligned} E &= \underset{1}{E} + \underset{2}{E} \\ E_1 &= \underset{\alpha\beta}{E_{\epsilon\sigma\tau}} + \underset{\beta\alpha}{E_{\epsilon\sigma\tau}} \\ E_2 &= \underset{\alpha\alpha}{E_{\epsilon\sigma\tau}} + \underset{\beta\beta}{E_{\epsilon\sigma\tau}} \end{aligned}\right\} \quad \ldots\ldots\ldots \quad (67)$$

aus. Man beweist leicht, daß das innere Produkt zweier α-Semi-Vektoren (bzw. zweier β-Semi-Vektoren) verschwindet. Daraus folgert man, daß $\underset{1}{E_{\epsilon\sigma\tau}}\,\psi^{\tau}$ in bezug auf $\tau\,\alpha$- bzw. β-Charakter hat, wenn ψ ein α- bzw. β-Semi-Vektor ist. Umgekehrt liefert $\underset{2}{E_{\epsilon\sigma\tau}}\,\psi^{\tau}$ aus einer α-Größe ψ eine β-Größe in bezug auf τ und aus einer β-Größe ψ eine α-Größe. Wie drückt sich diese Zerlegung in den Konstanten $a_{(\omega)}$ aus, die im E linear auftreten? Um dies zu erfahren, wollen wir $E_{\epsilon\sigma\tau}\,\underset{\beta}{\psi^{\sigma}}$ und $E_{\epsilon\sigma\tau}\,\underset{\alpha}{\psi^{\sigma}}$ berechnen, da nach unserer Definition für $\underset{1}{E}$ und $\underset{2}{E}$ folgende Zuordnungen bestehen:

$$\left.\begin{aligned} E_{\epsilon\sigma\tau}\,\underset{\beta}{\psi^{\sigma}} &= \begin{cases} \underset{\beta}{\chi_{\epsilon\tau}} & \text{für } E = \underset{1}{E} \\ \underset{\alpha}{\chi_{\epsilon\tau}} & \text{für } E = \underset{2}{E}, \end{cases} \\ E_{\epsilon\sigma\tau}\,\underset{\alpha}{\psi^{\sigma}} &= \begin{cases} \underset{\alpha}{\chi_{\epsilon\tau}} & \text{für } E = \underset{1}{E} \\ \underset{\beta}{\chi_{\epsilon\tau}} & \text{für } E = \underset{2}{E}. \end{cases} \end{aligned}\right\} \quad \ldots\ldots \quad (68)$$

Für unseren Zweck genügt es, die obigen Zuordnungen für $\varepsilon = 1$ zu untersuchen. Die linke Seite des ersten Systems (68) ergibt durch Ausrechnung für $\tau = 1, \cdots 4$

---

[1] Ein Tensor mit einem Semi-Index kann bezüglich dieses Index natürlich ebenfalls in einen α- und einen β-Typ gespalten werden.

[2] Die vier durch Spaltung des allgemeinen E-Tensors entstehenden speziellen E-Tensoren sind, da sie aus dem invarianten E und v zusammengesetzt sind, numerisch invariant. Sie haben also die allgemeine Form (48) mit (natürlich) speziellen $a_{(\iota)}$.

$$\left.\begin{array}{l}
(a_1 - i a_2)\underset{\beta}{\psi^1} + (a_3 + a_4)\underset{\beta}{\psi^3} \\
(a_2 + i a_1)\underset{\beta}{\psi^1} + (-\, i a_4 - i a_3)\underset{\beta}{\psi^3} \\
(a_3 + a_4)\underset{\beta}{\psi^1} + (-\, a_1 + i a_2)\underset{\beta}{\psi^3} \\
(a_4 + a_3)\underset{\beta}{\psi^1} + (-\, i a_2 + a_1)\underset{\beta}{\psi^3}
\end{array}\right\} \quad \ldots \quad (68\,\mathrm{a})$$

Damit dies ein $\underset{\beta}{\chi_{1\tau}}$ sei, muß gemäß (65) $a_3 + a_4 = 0$ sein. Dies ist somit eine notwendige Bedingung für $\underset{1}{E}$.

Die entsprechenden Ausdrücke (für $\varepsilon = 1,\ \tau = 1, \cdots 4$) für die linke Seite des zweiten Systems (68) erhält man aus (68a) durch Änderung des Vorzeichens der zweiten Glieder in allen Klammern. Die der obigen Überlegung analoge gibt dann für $\underset{1}{E}$ die zusätzliche Bedingung $a_3 - a_4 = 0$.

Also ist $\underset{1}{E}$ durch $a_3 = a_4 = 0$ charakterisiert. Analog liefern die entsprechenden Überlegungen für $\underset{2}{E}$ aus (68), (68a) $\cdots\ a_1 = a_2 = 0$.

Wir können nun die Zerlegung von $\underset{1}{E}$ bzw. $\underset{2}{E}$ gemäß der zweiten und dritten Gleichung (67) ergänzen.

Es ist nämlich $\underset{\alpha\beta}{E_{\epsilon\sigma\tau}}$ ein $\underset{1}{E}$ $(a_3 = a_4 = 0)$ der besonderen Natur:

$$\underset{\alpha\beta}{E_{\epsilon\sigma\tau}}\underset{\alpha}{\Psi^{\sigma}} = 0\,.$$

Bezeichnet man mit A_1, A_2 die a_1, a_2 entsprechenden Konstanten in $\underset{\alpha\beta}{E_{\epsilon\sigma\tau}}$, so folgt aus dem (68a) entsprechenden (nicht angeschriebenen) System $A_1 + iA_2 = 0$.

Analog erhält man für den zweiten Term in $\underset{1}{E}$ $(\underset{\beta\alpha}{E_{\epsilon\sigma\tau}})$ die vier Konstanten B_1, B_2, 0, 0, wobei $B_1 - iB_2 = 0$ ist. Aus $a_1 = A_1 + B_1$ und $a_2 = A_2 + B_2$ erhält man $A_1 = \dfrac{a_1 - i a_2}{2}$, $B_1 = \dfrac{a_1 + i a_2}{2}$.

Eine analoge Betrachtung läßt sich für die Spaltung von $\underset{2}{E}$ anstellen. Man erhält so für die vier E:

$$\left.\begin{array}{l}
\underset{\alpha\beta}{E_{\epsilon\sigma\tau}} = \dfrac{a_1 - i a_2}{2}\, E_{\epsilon\sigma\tau}(1, i, 0, 0) \\[2ex]
\underset{\beta\alpha}{E_{\epsilon\sigma\tau}} = \dfrac{a_1 + i a_2}{2}\, E_{\epsilon\sigma\tau}(1, -i, 0, 0) \\[2ex]
\underset{\alpha\alpha}{E_{\epsilon\sigma\tau}} = \dfrac{a_3 + a_4}{2}\, E_{\epsilon\sigma\tau}(0, 0, 1, 1) \\[2ex]
\underset{\beta\beta}{E_{\epsilon\sigma\tau}} = \dfrac{a_3 - a_4}{2}\, E_{\sigma\sigma\tau}(0, 0, 1, -1),
\end{array}\right\} \quad \ldots \quad (69)$$

wobei $E\,(a_1, a_2, a_3, a_4)$ die Abhängigkeit des E von den vier Konstanten $a_{(\omega)}$ kennzeichnen soll.

Das allgemeinste E läßt sich nach (69) durch die vier speziellen E (69) linear darstellen, die durch ihren α, β-Charakter völlig (bis auf einen belanglosen Faktor) bestimmt sind. Diese vier völlig bestimmten speziellen E- Tensoren lassen sich wie gemäß (66) die α, β-Semi-Vektoren ineinander überführen[1], sie spielen also bezüglich ihrer Anwendungen die Rolle eines einzigen Tensors (wie etwa in der gewöhnlichen Tensortheorie der kontravariante Tensor nur eine verschiedene Schreibart des kovarianten Tensors ist.) Wir werden also von dem völlig bestimmten E-Tensor sprechen (aber mit Bezug auf spezielle Semi-Tensoren). Wir können nun die Gleichungen (58) für spezielle (α, β) Semi-Vektoren aufschreiben etwa unter Verwendung von $\underset{\alpha\beta}{E_{\epsilon\sigma\tau}}$, $\underset{\beta\alpha}{E_{\epsilon\sigma\tau}}$

$$\left.\begin{aligned} \underset{\alpha\beta}{E^r{}_{\sigma\bar\tau}}\, \underset{\beta}{\chi^{\sigma}{}_{;r}} &= \alpha \underset{\beta}{\psi_{\bar\tau}} \\ \underset{\beta\alpha}{E^r{}_{\sigma\bar\tau}}\, \underset{\beta}{\psi^{\bar\tau}{}_{;r}} &= \beta \underset{\beta}{\chi_{\sigma}}, \end{aligned}\right\} \quad \ldots\ldots\ldots (70)$$

wo

$$\underset{\alpha\beta}{E^r{}_{\sigma\bar\tau}} = h^{\lambda r} \underset{\alpha\beta}{E_{\lambda\sigma\bar\tau}} \quad \ldots\ldots\ldots (71)$$

§ 10. Zusammenhang mit den Spinoren.

Da die speziellen Semi-Vektoren (α, β) nur je zwei unabhängige Komponenten haben, so ist es möglich, jedem solchen Semi-Vektor $\underset{\alpha}{\lambda_\sigma}$ eine neuartige Größe mit nur zwei Komponenten, den α-Spinor erster Art, zuzuordnen, indem wir als seine Komponenten setzen

$$\left.\begin{aligned} \underset{\alpha}{\lambda_1} (= -i \underset{\alpha}{\lambda_2}) &= \underset{\alpha}{p^1} \\ \underset{\alpha}{\lambda_3} (= \underset{\alpha}{\lambda_4}) &= \underset{\alpha}{p^2}. \end{aligned}\right\} \quad \ldots\ldots\ldots (72)$$

Entsprechend ordnen wir dem β-Semi-Vektor erster Art $\underset{\beta}{\nu_\sigma}$ den β-Spinor erster Art $\underset{\beta}{q}$ zu gemäß

$$\left.\begin{aligned} \underset{\beta}{\nu_1} (= i \underset{\beta}{\nu_2}) &= \underset{\beta}{q_1} \\ \underset{\beta}{\nu_3} (= -\underset{\beta}{\nu_4}) &= \underset{\beta}{q_2}. \end{aligned}\right\} \quad \ldots\ldots\ldots (72\text{a})$$

[1] Es lassen sich Größen $\underset{\alpha\beta}{E_{\epsilon\sigma\tau}}$, ..., die bis auf konstante Faktoren den in (69) angegebenen Größen gleich sind, so bestimmen, daß sie bei Ausübung der entsprechenden $\underset{2}{\mu}$- bzw. $\underset{2}{\nu}$- Operationen (analog (66)) direkt ineinander übergehen. Es ist vorteilhaft bei der Aufstellung von Gleichungen die so normierten E-Tensoren zu verwenden.

Die Stellung der Indizes bei p und q wird sich sogleich rechtfertigen. Ganz analog führen wir α- und β-Spinoren zweiter Art ein. Aus der Definition folgt dann, daß die Konjugierte eines α- bzw. β-Spinors erster Art ein α- bzw. β-Spinor zweiter Art ist.

Bildet man

$$g^{\bar{\sigma}\bar{\tau}} \underset{\alpha}{\lambda_{\bar{\sigma}}} \underset{\beta}{\nu_{\bar{\tau}}} = 2\,(\underset{\alpha}{p^1} \underset{\beta}{q_1} + \underset{\alpha}{p^2} \underset{\beta}{q_2})\,, \quad \ldots\ldots \quad (73)$$

so liegt in dieser Gleichung die Berechtigung der von uns gewählten Stellung der Indizes. Hierdurch wird es möglich, die Bezeichnungen α und β fortzulassen.

Wir bilden nun für zwei α-Größen $\underset{\alpha}{\lambda}$ und $\underset{\alpha}{\mu}$ die Invariante

$$\underset{2}{v^{\bar{\sigma}\bar{\tau}}} \underset{\alpha}{\lambda_{\bar{\sigma}}} \underset{\alpha}{\mu_{\bar{\tau}}} = 2i(p^1 r^2 - p^2 r^1)\,, \quad \ldots\ldots \quad (74)$$

wobei r der dem Semi-Vektor μ entsprechende Spinor ist. Aus (74) folgt, daß

$$\eta_{\sigma\tau} = \begin{vmatrix} 0 & 1 \\ -1 & 0 \end{vmatrix} \quad \ldots\ldots \quad (75)$$

ein (kovarianter) Spin-Tensor ist, der in der Spinoren-Theorie als »Maßtensor« verwendet zu werden pflegt. Aus (74) folgt weiter, daß die Transformation aller Spinoren uni-modular ist.

Man sieht, daß sich die Theorie der Spinoren aus der Theorie der Semi-Vektoren ergibt. Es scheint aber, daß infolge seines einfacheren Transformationsgesetzes der Semi-Vektor dem Spinor vorzuziehen ist.

Ausgegeben am 24. Januar 1933.

Berlin, gedruckt in der Reichsdruckerei.